CONVERSIONS BETWEEN U.S. CUSTOMARY UNITS AND SI UNITS

U.S. Customary unit		Times conversion factor		Equals SI unit	
		Accurate	Practical		
Acceleration (linear)					
foot per second squared	ft/s^2	0.3048*	0.305	meter per second squared	m/s^2
inch per second squared	$in./s^2$	0.0254*	0.0254	meter per second squared	m/s^2
Area					
circular mil	cmil	0.0005067	0.0005	square millimeter	mm^2
square foot	ft^2	0.09290304*	0.0929	square meter	m^2
square inch	$in.^2$	645.16*	645	square millimeter	mm^2
Density (mass)					
slug per cubic foot	$slug/ft^3$	515.379	515	kilogram per cubic meter	kg/m^3
Density (weight)					
pound per cubic foot	lb/ft^3	157.087	157	newton per cubic meter	N/m^3
pound per cubic inch	$lb/in.^3$	271.447	271	kilonewton per cubic meter	kN/m^3
Energy; work					
foot-pound	ft-lb	1.35582	1.36	joule (N·m)	J
inch-pound	in.-lb	0.112985	0.113	joule	J
kilowatt-hour	kWh	3.6*	3.6	megajoule	MJ
British thermal unit	Btu	1055.06	1055	joule	J
Force					
pound	lb	4.44822	4.45	newton ($kg{\cdot}m/s^2$)	N
kip (1000 pounds)	k	4.44822	4.45	kilonewton	kN
Force per unit length					
pound per foot	lb/ft	14.5939	14.6	newton per meter	N/m
pound per inch	lb/in.	175.127	175	newton per meter	N/m
kip per foot	k/ft	14.5939	14.6	kilonewton per meter	kN/m
kip per inch	k/in.	175.127	175	kilonewton per meter	kN/m
Length					
foot	ft	0.3048*	0.305	meter	m
inch	in.	25.4*	25.4	millimeter	mm
mile	mi	1.609344*	1.61	kilometer	km
Mass					
slug	$lb\text{-}s^2/ft$	14.5939	14.6	kilogram	kg
Moment of a force; torque					
pound-foot	lb-ft	1.35582	1.36	newton meter	N·m
pound-inch	lb-in.	0.112985	0.113	newton meter	N·m
kip-foot	k-ft	1.35582	1.36	kilonewton meter	kN·m
kip-inch	k-in.	0.112985	0.113	kilonewton meter	kN·m

CONVERSIONS BETWEEN U.S. CUSTOMARY UNITS AND SI UNITS (Continued)

U.S. Customary unit		Times conversion factor		Equals SI unit	
		Accurate	Practical		
Moment of inertia (area)					
inch to fourth power	in.^{4}	416,231	416,000	millimeter to fourth power	mm^4
inch to fourth power	in.^{4}	0.416231×10^{-6}	0.416×10^{-6}	meter to fourth power	m^4
Moment of inertia (mass)					
slug foot squared	slug-ft^2	1.35582	1.36	kilogram meter squared	kg·m^2
Power					
foot-pound per second	ft-lb/s	1.35582	1.36	watt (J/s or N·m/s)	W
foot-pound per minute	ft-lb/min	0.0225970	0.0226	watt	W
horsepower (550 ft-lb/s)	hp	745.701	746	watt	W
Pressure; stress					
pound per square foot	psf	47.8803	47.9	pascal (N/m^2)	Pa
pound per square inch	psi	6894.76	6890	pascal	Pa
kip per square foot	ksf	47.8803	47.9	kilopascal	kPa
kip per square inch	ksi	6.89476	6.89	megapascal	MPa
Section modulus					
inch to third power	in.^{3}	16,387.1	16,400	millimeter to third power	mm^3
inch to third power	in.^{3}	16.3871×10^{-6}	16.4×10^{-6}	meter to third power	m^3
Velocity (linear)					
foot per second	ft/s	0.3048*	0.305	meter per second	m/s
inch per second	in./s	0.0254*	0.0254	meter per second	m/s
mile per hour	mph	0.44704*	0.447	meter per second	m/s
mile per hour	mph	1.609344*	1.61	kilometer per hour	km/h
Volume					
cubic foot	ft^3	0.0283168	0.0283	cubic meter	m^3
cubic inch	in.^{3}	16.3871×10^{-6}	16.4×10^{-6}	cubic meter	m^3
cubic inch	in.^{3}	16.3871	16.4	cubic centimeter (cc)	cm^3
gallon (231 in.^{3})	gal.	3.78541	3.79	liter	L
gallon (231 in.^{3})	gal.	0.00378541	0.00379	cubic meter	m^3

*An asterisk denotes an *exact* conversion factor

Note: **To convert from SI units to USCS units, *divide* by the conversion factor**

Temperature Conversion Formulas

$$T(°C) = \frac{5}{9}[T(°F) - 32] = T(K) - 273.15$$

$$T(K) = \frac{5}{9}[T(°F) - 32] + 273.15 = T(°C) + 273.15$$

$$T(°F) = \frac{9}{5}T(°C) + 32 = \frac{9}{5}T(K) - 459.67$$

기계공학 개론

SI 4th Edition

An Introduction to
Mechanical Engineering

An Introduction to
MECHANICAL ENGINEERING,
Fourth Edition, SI Edition

Jonathan Wickert
Kemper Lewis

ISBN-13:978-89-6218-391-7

Cengage Learning Korea Ltd.
14F YTN Newsquare 76 Sangamsan-ro
Mapo-gu Seoul 03926 Korea

Printed in Korea
Print Number: 04 Print Year: 2024

SI 4th Edition

Jonathan Wickert
Kemper Lewis

기계공학 개론

An Introduction to Mechanical Engineering

한병기 • 백태현 • 김무근 • 이정기 • 양 협 • 최 영 옮김

Cengage

Australia • Brazil • Canada • Mexico • Singapore • United Kingdom • United States

옮긴이 소개

한병기
홍익대학교 공과대학 기계·시스템디자인공학과

백태현
군산대학교 공과대학 기계자동차공학부

김무근
인제대학교 공과대학 전자IT기계자동차공학부

이정기
홍익대학교 과학기술대학 기계정보공학과

양 협
강원대학교 삼척캠퍼스 기계설계공학과

최 영
중앙대학교 공과대학 기계공학부

기계공학개론 -제4판-

An Introduction to MECHANICAL ENGINEERING 4e, SI Edition

제4판 1쇄 발행 | 2016년 9월 6일
제4판 4쇄 발행 | 2024년 2월 28일

지은이 | Jonathan Wickert, Kemper Lewis
옮긴이 | 한병기, 백태현, 김무근, 이정기, 양협, 최영
발행인 | 송성헌
발행처 | 센게이지러닝 코리아㈜
등록번호 | 제313-2007-000074호(2007.3.19.)

이메일 | asia.infokorea@cengage.com
홈페이지 | www.cengage.co.kr

ISBN-13: 978-89-6218-391-7

공급처 | 도서출판 동화기술
주　소 | 경기도 파주시 광인사길 201 (문발동, 파주출판도시)
도서안내 및 주문 | TEL 031) 955-4211 FAX 031) 955-4217
홈페이지 | www.donghwapub.co.kr

값 30,000원

역자 머리말

본 교재는 Iowa State University의 Jonathan Wicket 교수와 University of Buffalo- SUNY의 Kemper Lewis 교수가 공동 저술한 "An Introduction to Mechanical Engineering" 4th edition을 번역한 것이다.

기계공학개론은 모든 공학도에게 기계공학 분야를 소개하고, 엔지니어들이 문명의 이기가 되는 여러 장치 및 기기(hardware)를 어떻게 창의적으로 설계하는지를 다루고 있다. 또한 기계공학에서 필요한 기본 개념 및 원리들을 설명하고 있으며, 대수학, 삼각법, 그리고 초등 미적분학의 지식만으로도 기본 개념 및 원리를 충분히 이해할 수 있도록 하였다. 이는 앞으로 배우게 될 전공과목을 잘 이해하고 응용력을 배양하는 데 큰 도움을 줄 것이라고 생각한다. 그리고 앞으로 기계공학도가 공부하게 될 기계공학의 여러 분야가 어떻게 서로 연계되고 있는지를 파악하는 데 도움이 될 것이다. 실제로 기계공학에서는 여러 전문분야가 있어, 우수한 엔지니어가 되기 위해서는 많은 노력이 필요하다.

실제적인 문제의 설명에서는 심도 있게 다루기보다는 개괄적으로 설명하면서 전체적인 안목을 가질 수 있도록 하고 있다. 기계공학 이외의 다른 공학을 전공하는 공학도에게는 "기계공학은 무엇인지", "기계공학자와 어떻게 협력 및 협업을 할 수 있는지"를 파악하는 데 도움이 될 것이다. 세상은 새로운 그 무엇인가를 개발할 것을 끊임없이 요구하고 있으며, 이를 달성하기 위해서는 공학 내의 다른 전공뿐만 아니라 타 학문분야와 융합을 통하여 획기적인 새로운 무엇을 설계할 수 있게 될 것이다.

이 교재에서 사용된 단위는 국제단위인 SI단위계를 기본적으로 사용하고 있으나, 여러 선진국의 기술이 도입된 우리의 현실에서는 미국전통단위계(USCS)도 익혀둘 필요가 있으므로 일부 문제에서 다루고 있다. 또한 우리에게 익숙한 미터단위계도 일부 포함하고 있다. 그리고 이 교재는 많은 문제를 충분하게 싣고 있어, 기본 개념과 원리를 이해하는 데 도움이 되도록 하였다.

원서를 번역하게 된 이유는, 대부분의 학과에서 원서에 익숙하지 않은 저학년(주로 1학년)에서 이 교재를 다루게 되는데, 어학수준 차이로 이해도에 문제가 있을 수 있기 때문이다. 번역에서 일부는 직역하면 오히려 이해하기 어려운 문제가 야기됨으로 의역을 함으로써 이러한 문제가 없도록 노력하였다. 많은 사람들이 공학은 이해를 바탕으로 하는 학문이라고 하지만, 기본 개념과 원리는 이해와 함께 암기를 하여야 이를 다양하게 잘 응용할 수 있음에도 유의하기를 바란다.

끝으로 기계공학은 인간의 삶에 많은 기여를 해 왔으며, 앞으로도 다른 학문분야와 융합하여 더 많은 발전을 할 것으로 예상되고 있다. 이와 함께 많은 산업분야와도 관련이 있으므로 장래 취업에서도 여러 분야에서 가능성이 가장 많음을 알리고 싶다.

공학을 처음 접하는 공학도들에게 기계공학을 이해하는 데 이 책이 많은 보탬이 되기를 바란다.

2016. 8

역자 씀

SI판 머리말

기계공학개론 *4*판은 교재 전체를 통하여 SI (*Système International d'Unités*) 국제단위계를 사용하였다.

SI 국제단위계

미국 관습단위계(United States Customary Sytem of unit: USCS)에서는 피트-파운드-초(foot-pound-second: FPS) 단위를 사용한다. 이 단위계는 영국의 야드-파운드법(Imperial unit)으로도 불린다. 미터단위계(Metric System of unit: MKS)에서는 주로 미터-킬로그램-초(meter-kilogram-second: MKS) 단위를 사용한다. 그러나 센티미터-그램-초(centimeter-gram-second: CGS) 단위도 가끔 사용한다. 그리고 국제단위계(International System of unit: SI)는 미터-뉴톤-초(meter-newton-second) 단위를 사용한다.

이 교재의 SI단위 사용에 관하여

이 교재에서는 MKS와 CGS 단위를 모두 사용하였다. 미국판 교재에서 사용된 미국관습단위(USCS) 또는 FPS (foot-pound-second) 단위는 교재의 본문과 연습문제에서 SI단위로 환산하였다. 그러나 제조 매뉴얼, 정부 표준, 편람에 인용된 데이터를 모두 SI단위로 바꾸는 것은 어려울 뿐만 아니라, 지적 재산 침해의 소지가 있을 수 있다. 그림, 표, 예제, 그리고 참고자료의 몇몇 데이터는 FPS 단위를 원래대로 사용하였다. USCS와 SI단위 관계에 대해 익숙하지 않은 독자들은 교재의 앞과 뒤표지 안쪽의 환산표를 이용할 수 있으며, 3.3절에서는 단위계 사이의 변환에 대해 다루었다.

소스 데이터(source data)가 있는 문제를 풀기 위해서는 계산하기 전에 소스 값을 FPS에서 SI단위계로 변환해야 한다. SI 단위계로 된 표준 값이나 제조 데이터를 얻기 위해서는 해당 정부기관이나 적합한 관련 기구에 알아보아야 한다.

강의 보조자료

SI 단위계로 된 강의용 문제풀이와 강의노트 파워포인트, ISM 디지털 버전과 다른 자료들을 센게이지러닝 출판사에 요청하면 인증 절차를 거친 후 제공받을 수 있다.

SI판에 관한 독자들의 고견을 바라며, 이를 반영하여 다음에 더 나은 개정판이 되도록 하겠다.

학생들을 위한 머리말

목적

이 교재는 최근 새로운 기계공학 분야를 학생 여러분들에게 소개하고, 엔지니어들이 우리 사회를 발전시키는 하드웨어를 어떻게 설계하는지 이해할 수 있도록 도울 것이다. 책의 제목이 의미하듯이, 이 교과서는 백과사전도 아니고 기계공학을 종합적으로 다루는 책도 아니다. 이러한 사항은 한 권의 책으로는 불가능하지만, 이런 점에 개의치 않고 나는 4년의 공학 교육 과정은 일생 동안 배움의 과정에서 한 부분에 지나지 않는다고 생각한다. 이 교재를 읽는 동안, 여러분은 기계공학의 몇 그루 큰 "나무"들을 살펴보면서 기계공학이라는 "숲"을 발견하게 될 것이다. 이와 동시에 여러분은 기계공학이라고 일컫는 여러 가지 흥미롭고도 실제적인 분야의 여러 요소들을 경험하게 될 것이다.

강의 대상 및 내용

이 교재는 전문대학이나 종합 대학교에서 1학년 또는 2학년 때에 기계공학이나 이에 관련된 분야를 공부하는 학생들을 위한 것이다. 이 교재에 포함된 여러 장(chapter)들은 문제를 푸는 방법, 설계, 공학적 분석과 실제적인 기술들을 다루는 데 서로 균형을 이룰 수 있도록 하였다. 이 교재의 제1장에서는 기계공학자와 그들이 하는 일이 무엇인지 그리고 그들이 할 수 있는 영향에 대해 서술식으로 설명하였다. 이어서 제2장(기계설계), 제3장(전문 지식), 제4장(기계 및 구조물에서 힘), 제5장(재료와 응력), 제6장(유체역학), 제7장(열 및 에너지 시스템), 그리고 제8장(운동 및 동력전달)에서 기계공학의 7개 "요소"를 강조하여 설명하였다. 학생 여러분이 이러한 교과과정 동안 접하게 될 응용 분야는 상업용 우주여행, 3-D 프린팅, 보잉 787 드림라이너, 의료기구 설계, 나노기기(nanomachine), 내연기관, 로봇공학, 스포츠 기술, 신소재, 마이크로 유체 기구(micro-fluidic device), 자동변속기 및 신재생 에너지(renewable energy)에 관한 사항 등이 있다.

여러분들은 이 교과서에서 무엇을 배울 수 있을 것인가? 무엇보다 먼저, 여러분은 누가 기계공학자이며 그들이 어떤 일을 하는지, 그들이 무슨 기술을 개발하는지 알게 될 것이다. 1.3절에서는 기계공학의 "열 가지' 중요한 성과에 대해서 자세히 기술하였다. 지금 그 부분을 펼치고 기계공학에 관한 기술들을 살펴보면, 기계공학 분야가 우리의 일상생활과 사회를 전반적으로 어떻게 향상시켰는지 알 수 있을 것이다. 둘째로, 여러분은 엔지니어링이 생산과 판매를 위해 저렴하고, 사용하기에 안전하며, 환경 영향 등에 책임질 수 있고 작동 가능한 것을 설계하는 것을 목표로 하는 실용적인 노력임을 알게 될 것이다. 셋째로, 여러분은 기계공학도들이 문제를 해결하고, 결과를 서로 소통할 수 있는 몇 가지 계산법, 어림 추정 방법, 그리고 근삿값 등에 관해 배우게 될 것이다. 기계공학도들은 그들의 일을 좀 더 정확하고 빠르게 처리할 수 있도록 수학, 과학, 컴퓨터원용 공학도구(computer-aided engineering tool), 경험과 실제 기술들을 조합한다.

여러분은 이 교재를 공부하고 나서 곧바로 기계공학의 전문가가 되지는 않을 것이다. 이것은 저자의 목적도 아니며 여러분의 목표도 아니다. 하지만 저자의 의도대로라면, 여러분은 문제 풀이, 설계와 분석 능력에 있어서는 튼튼한 기초를 갖추게 될 것이고, 이러한 기초 지식들은 여러분이 기계공학 분야에 기여할게 될 때 밑바탕이 되리라 믿어 의심치 않는다.

강의담당 교수를 위한 머리말

강의 대상

이 교재는 대학 1학년, 2학년을 대상으로 기계공학을 소개하는 데 목적이 있다. 지난 10여 년 동안, 많은 대학들은 엔지니어링 기술과 적용을 교과과정의 초반에 배치하는 데 목적을 두고 교과과정을 새롭게 검토하고 있다. 특히 1학년 교과과정의 경우 그 형식은 매우 다양하며, 내용은 "기계공학자는 누구인가?", "그들이 무엇을 하는가?", 세미나, 설계경험, 문제해결 능력, 기초적인 해석과 사례연구 등을 포함하고 있다. 2학년 수준 과정의 경우는 설계 프로젝트, 컴퓨터원용공학(computer-aided engineering), 공학과학(engineering science)의 원리, 기계공학 하드웨어의 기초훈련(healthy dose of mechanical engineering hardware)에 중점을 두고 있다.

중요 공학과학 교육과정, 예를 들면 유체역학, 재료역학, 그리고 동역학과 같은 과목들은 2차 세계 대전 후부터 발전해 최근에는 상대적으로 안정기에 접어들었다. 반면에 기계공학 입문 과정의 경우는 명확한 기준이 거의 존재하지 않는다. 원리가 구체적으로 명시되어 있는 교육 자료가 부족한 이러한 교과과정의 경우에도, 저자는 여전히 학생들의 관심을 이끌어 내고, 교과과정을 통해 예상되는 내용으로 학생들이 흥미롭게 학습하며 좋은 설계, 해석과 문제 풀이 방법에 대한 기초를 학생들에게 제공할 수 있는 중요한 기회를 가질 수 있다고 믿는다.

목적

이 교재를 개발하면서, 저자는 강의담당자가 기계공학 입문에 대한 과정을 1학년과 2학년들을 대상으로 가르칠 때 참고할 수 있는 자료들을 제공하는 데 목적을 두었다. 대부분 이런 강의들은 제1장의 기계공학자(mechanical engineering profession), 제2장의 기계설계(mechanical design), 그리고 제3장의 문제해결 기술과 의사소통 기술(technical problem solving and communication skill)에 내용이 포함되어 있다고 생각한다. 강의담당 교수는 강의 수준과 수업 시간에 따라 제4장의 구조물과 기계류에서의 힘(forces in structures and machines), 제5장의 재료와 응력(materials and stresses), 제6장의 유체공학(fluid engineering), 제7장의 열에너지 시스템(thermal and energy systems), 그리고 제8장의 운동과 동력 전달(motion and power transmission)에서 주제들을 추가적으로 선택하여 가르칠 수 있다. 예를 들면, 5.5절은 재료의 선택에 관한 독립적(self-contained)인 주제이므로, 공학 재료에 관한 다른 강의 시간에 입문 과정에서 몇 가지 내용들을 학생들에게 개괄적으로 소개할 수 있다. 마찬가지로, 7.6절과 7.7절에서는 내연기관과 발전소 제트엔진의 기본적인 내용을 설명하였으며, 이러한 내용은 몇몇 중요한 기계공학 하드웨어 작동을 설명하기 위한 사례연구에 포함시킬 수 있다. 4.6절에서는 구름접촉 베어링, 8.3절에서는 기어, 8.6절에서는 벨트 및 체인 구동장치의 기본사항을 개괄적으로 다루었다.

이 교재는 기계공학에 대한 용어, 적용과 학습하는 즐거움 등을 학생들에게 소개할 때의 저자의 경험과 철학을 담고 있다. 우리가 재직 중인 대학에서 기계공학 기초를 강의하면서 이 교재 집필에 대한 동기부여를 받았다. 전체적으로 이러한 과정은 강의, 컴퓨터 원용 설계 및 제조 프로젝트, 제품 분석 실험실(2.1절의 예), 그리고 팀 설계프로젝트[이들 중 대부분은 각 장의 마지막에 새로운 개방형 설계 문제(open-ended design problems)에 적용] 등을 포함하고 있다. 여러 가지의 간단한 예(vignette)와 사례연구에 관한 토의를 통하여 학생들에게 그들이 배우는 내용에 대해 현실감을 느낄 수 있도록 하였다. 예를 들면, 이들은 미국 기계공학회(ASME)에서 개발한 기계공학의 상위 신기술 분야(emerging field) 목록과 과거 기계공학 성과의 "상위 10대 업적"(1.3절), 미국국립공학 아카데미(National Academy of Engineering: NAE)의 14가지 "원대한 도전"(2.1절), 설계 혁신과 특허, 그리고 미국에서 최근 개정된 특허보호 시스템(2.2절), 보잉787 드림라이너 설계(2.3절), 화성의 기후탐색 궤도 우주선 분실과 캐나다 항공기 143호의 재급유 착오(3.1절), 심해 시추회사(Deepwater Horizon)의 기름 유출재해(3.6절), 심장이식 설계(4.5절), 극한 환경에서 제품 및 재료의 설계(5.2절), 혁신 응용 분야에 관한 첨단소재 설계(5.5절), 미세유체 장치(6.2절), 인체 피의 흐름(6.5절), 세계 에너지 소비(7.3절), 신재생 에너지(7.5절), 내연기관(7.6절), 태양광 발전 및 크라우드 소싱을 통해 혁신적인 에너지 솔루션의 개발(7.7절), 나노기계(8.3절), 차세대 엔진용 첨단 기어트레인(8.5절) 등이 있다.

각 장에서 "중점사항(Focus on …)"으로 표시된 칸은 기계공학에서 흥미 있는 주제나 최근에 생성된 개념을 강조하기 위해 사용하였다.

내용

이 교재에 포함된 내용이 기계공학에 대한 모든 내용들을 자세히 표현했으리라고 생각하지는 않는다. 그리고 이러한 견지에서 이 책을 공부하지는 않을 것이라고 생각한다. 정반대의 경우이다. 1학년과 2학년을 가르칠 때 나는 언제나 "적다는 것은 사실상 많은 것과 같다." 라는 진언을 의식하고 있다. 가능한, 나는 특정한 주제에서 단 한 절이라도 더 기술하려는 충동을 억제하곤 했다. 또한 학생들이 내용을 이해하고 쉽게 관심을 가질 수 있도록 노력을 기울였다. 실제로, 기계공학도들이 알아야 할 중요한 많은 주제들이 여기에 전부 포함되어 있지는 않다. 즉, 의도적으로 요약하여 기술하였다. 이러한 의도는 나의 실수가 될 수도 있다. 그러나 나는 학생들이 이 책에서 생략된 주제들에 대해서는 앞으로의 공학 교과과정을 통해 공부할 수 있을 것이라고 확신한다.

제2장에서 제8장까지 기계공학을 처음 접하는 학생들이 실용적으로 설계, 기술적 문제해결, 그리고 해석능력을 개발할 수 있도록 기계공학 "요소"들 중 중요한 부분을 선택하여 기술하였다. 수업이 다양한 형식을 가진다는 조건 아래, 이 교재의 사용이 편리하도록 기술 내용의 범위를 선택하였다. 이 교재는 한 학기 강의용으로 충분한 내용이 포함되어 있으므로 강의담당 교수는 내용을 선택하여 적합한 메뉴를 만들 수 있을 것이다. 특별히 다음과 같은 목적으로 이 교재 내용이 기술되었다.

1. 공학을 처음 공부하는 학생들의 배경, 성숙도(maturity), 흥미에 일치시킨다.
2. 우리 사회가 직면하고 있는 기술적 도전에 관한 혁신적 해결 과정에서 기계설계의 중요성을 학생들에 알린다.
3. 학생들이 비판적으로 사고할 수 있게 도움을 줄 수 있고 올바른 공부 방법과 문제 풀이 능력을 배울 수 있도록 한다. 특히, 근삿값을 계산하는 방법, 이중 점검(double check), 적합한 단위 표기법(bookkeeping proper unit)에 관한 사항을 습득한다.
4. 1학년과 2학년의 수준에 적용할 수 있는 기계공학의 범위와 경험할 수 있는 사항을 전달한다.
5. 공학에서 다양한 하드웨어, 혁신적인 설계, 그리고 기계공학의 실제적인 본질을 학생들이 접할 수 있도록 한다.
6. 우주 비행, 3-D 프린팅, 보잉787 드림라이너, 의료기기 설계, 나노기계, 엔진, 로봇공학, 스포츠 기술, 소비재, 첨단 소재, 마이크로 유체 기기, 자동차 변속기, 신재생 에너지 생성 등을 포괄하는 응용 프로그램을 통해 흥미를 이끌어 낼 수 있도록 한다.

설명, 예제, 과제에 포함된 문제들은 1, 2학년 수준에서 가능한 범위 안에서 실제로 응용할 수 있는 내용을 택하였다. 이 교재에서는 어렵거나 해결이 어려운 시스템을 포함시키지 않았다. 저자의 견해로는 엔지니어링이 시각적이고 그래픽화할 수 있다고 생각하기 때문에 책 전반에 걸쳐 산업체, 정부 기관, 대학에서 일하는 동료들이 제공한 300여 개에 달하는 사진과 삽화를 포함시켰다. 리얼리즘을 이끌어 냄과 동시에 학생들이 장차 공부하게 될 분야를 접해보고 결과적으로 그들이 직접 경험하게 될 흥미로운 실례들을 통해 학생들에게 동기부여를 하는 데 중점을 두고 이 교재를 저술하였다.

4판에서 새로운 사항들

4판을 준비하는 과정에서 여러 내용을 수정하였다. 몇몇 절은 다시 작성하고, 재배치하였으며, 새로운 내용을 추가하였고 어떤 내용은 삭제하였으며, 사소한 오자는 바로 잡았으며, 새로운 연습문제를 만들어 추가하였다. 거의 20여 개의 새로운 연습문제를 만들었으며, 30여 개 이상의 새로운 그림들을 포함시켰다. 가정 설정에 따라 풀이가 달라지는 개방형 문제(open-ended problem) 형태의 새로운 연습문제에 대해 기쁘게 생각한다. 이러한 문제들은 하나의 정확한 정답을 갖지 않으며, 어떤 것들은 더 좋고 어떤 것들은 더 좋지 않을 수 있다. 따라서 학생들은 자신이 세운 가정에 대한 타당성, 답변의 적절성을 고려해야 하는 문제해결 접근법 도전에 직면하게 된다. 이러한 새로운 문제들은 각 장의 마지막 연습문제에 포함되어 있으며, 이 문제들은 그룹 설정과 뒤바뀐 수업환경에서도 사용될 수 있도록 개발되었다. 더 복잡한 개방형 문제에 대해서는 별표(*)가 표시되었다.

포괄적인 문제해결에 관한 기계공학 직무의 중요성을 강조한 처음 세 판의 기본적인 취지는 가능하면 그대로 유지하도록 하였다. 제1장에서 최근 직업 동향, 기술개발, 기계공학도의 전통적인 그리고 새롭게 출현하는 경력 경로, 그리고 지식분야에 관한 새로운 내용을 추가하였다. 제1장에서는 또한 기계공학자가 제조 또는 소비되는 기구나 기계를 만들어내는 에너지 범위에 관한 그림 1.2를 업데이트하였다. 기계공학의 과거 성취한 상위 성과를 요약하였으며 ASME의 최근 보고서에서 발표된 기계공학과 관련된 상위의 새로운 분야에 대한 내용을 추가하였다.

제2장에서는 미국의 개정된 특허법, 그리고 세계적인 디자인 특허에 관한 새로운 내용을 포함시켰다. 제2장과 제6장에서 하나의 사례연구는 학생 자습용 웹사이트로 옮겼다.

교재 전반에 걸쳐, 문제의 기술, 접근법, 풀이, 검토가 포함된 개선된 교육적 형식에 대한 사용을 그대로 유지하였다. 특히, 검토에서는 답의 숫자가 왜 관심사항이며, 직관적으로 이해가 되는지를 강조하였다. 기호로 나타낸 식을 숫자 계산식 옆에 표시하였다. 이 교재를 통하여, 계산에 나타나는 차수(dimension)는 명시적으로 나타내고, 서로 삭제하여 올바른 기술 문제해결 기법을 익힐 수 있도록 하였다.

"중점사항(Focus on …)"으로 표시된 칸은 내용의 흐름을 떨어뜨림이 없이 이 교재의 범위를 폭넓게 하기 위해 개념적으로 또는 적용되는 내용을 포함한다. "중점사항(Focus on …)"에 관한 새로운 주제로 기계공학에서 새롭게 나타난 경력 기회(emerging career opportunity), 제품 고고학 "발굴"(product archeology "digs"),

세계적 디자인 팀, 심해 시추회사 재해(Deepwater Horizon disaster)에 사용된 기름 유출 비율을 예측하기 위해 사용된 공학적인 어림계산 형식, 형식적 기술차트를 사용한 비효과적인 의사전달, 공학적 고장 분석에서 발생한 혁신적 디자인 기회, 극한 환경에 관한 기구 설계, 새로운 공학재료 개발, 세계 에너지 도전에 관한 혁신적 해법의 크라우드소싱(일반 대중이나 아마추어들의 노동력, 제품, 컨텐츠와 사외 자원 등을 활용하는 방법), 경제적 연비 표준을 달성하기 위한 첨단 자동차 기어열(gear train) 등이 있다.

처음 3판의 의도와 마찬가지로 4판에서도 중등학교 과정에서 수학과 물리를 배운 학생은 누구나 이해할 수 있도록 기술하였다. 대수, 기하, 삼각법(부록 B 참고) 이상의 수학은 이용하지 않았으며, 적분이나 미분, 미분방정식, 그리고 벡터의 외적(cross-product)에 관한 사항도 이 책에서는 이용하지 않았다. 이런 관점에서 동역학, 동역학 시스템, 그리고 기계 진동학(아이러니하게도 나의 주전공)이 포함된 장은 의도적으로 배제하였다. 최근에 미적분학을 동시에 공부하려는 학생들에게 주안점을 두었다. 이러한 학생들을 염두에 두어, 수학적으로 복잡한 사항들이 포함되면 이 교재의 전반적인 수준에 적합하지 않으리라 생각한다.

강의 보조자료

교수용 강의 보조자료는 센게이지러닝 출판사에 요청하면 인증 절차를 거친 후 제공받을 수 있다.

- 사례연구: 교재 내용의 손실이 없이 이전 버전의 사례연구 일부를 학생용 웹사이트에 이동시켰다. 사례연구는 각 장(chapter)의 개념을 확장한 설계 응용으로, 그들은 해당 장의 개념을 탐구하고자 하는 학생들에게 효과적인 참고 정보로 잘 이용될 것이다.
- 강의용 문제 풀이집: 처음 3판의 경우와 마찬가지로 제4판에서도 상세한 강의용 문제 풀이집을 제공한다. 매뉴얼은 각 장의 마지막에 몇몇 “개방형 문제”를 제외하고, 이 교재의 각 수치문제에 대한 풀이가 포함되어 있다. 이러한 풀이의 설명과 스타일(문제의 서술, 간단한 접근방법 기술, 적절한 가정을 세우고, 스케치하고, 계산을 수행, 단위와 유효숫자를 추적, 계산결과의 점검, 풀이의 타당성을 검토 등등)은 그들 자신의 문제를 다루는 형식에 대해 학생들을 안내하기 위한 것이다.
- 강의노트 파워포인트: 각 장에 수록된 여러 그림, 표와 함께 주요 강의 포인트를 중점적으로 나타낸 각 장의 파워포인트 프리젠테이션을 만들었다.

마인드탭(MindTab) 온라인 강좌

마인드탭은 디지털딕스(Digital Digs), 각 장의 학습가이드, 그리고 비디오를 포함한다.

이 교재는 센게이지 러닝(Cengage Learning)의 마인드탭, 즉 맞춤형 학습 프로그램을 통해 온라인에서도 이용할 수 있다. 마인드탭을 구입한 학생들은 교재의 멀티미디어가 잘 갖추어져 있는 전자 판독기에 엑세스 할 수 있으며, 데스크톱, 노트북 또는 아이패드에서 온라인 평가 자료 및 숙제를 풀어볼 수 있다. 새로운 마인드탭 모바일 앱은 학생들이 언제 어디서나 공부할 수 있도록 사용이 쉽다. 코스 내용, 과제 및 점수 관리, 예를 들면 칠판 또는 무들(Moodle)과 같은 학습관리 시스템을 사용하는 강의담당 교수는 이 과정에 대한 내용과 평가의 마인드탭 슈트에 완벽히 엑세스할 수 있다.

마인드탭으로 강의담당 교수는 다음 사항을 할 수 있다.

- 온라인 콘텐츠 원본자료 내용을 정리하거나 추가하여 강의 계획서에 적합한 학습과정 표시
- 학습관리 시스템 포털을 온라인 코스와 리더에 연결
- 디지털 교재에 주석을 달고 강조한 노트를 학생들과 공유
- 온라인 평가와 과제를 사용자에 맞춤
- 학생들의 참여, 진행 상황과 이해에 대한 추적
- 대화형 멀티미디어 및 연습을 통해 학생들의 성공을 촉진

또한, 학생들은 참고하기 쉽게 내용을 강조하거나, 그들 자신의 플래쉬 카드를 만들고 학습하고, 디지털 리더에서 노트를 작성, 교재의 읽고 말하는 리드스피커(ReadSpeaker)를 통해 들어 볼 수 있으며, 학습용 퀴즈와 자동으로 채점된 숙제를 통해 자료에 대한 이해를 확인할 수 있다.

감사의 글

처음부터 많은 관계자와 단체들의 도움과 공헌이 없었다면 이 교재의 제4판을 완성하지 못했을 것이다. 우리는 그분들에게 깊은 감사의 뜻을 표한다. 맨 먼저 공학 교육에 앞장서는 마샤 및 필립다우드 교원협회(Marsha and Philip Dowd Faculty Association)로부터 많은 도움을 받았다. 카네기 멜론 대학의 동문인 Adrina Moscatelli, Jared Schneider, Katie Minardo, 그리고 Stacy Mitchell은 삽화들을 초벌 정리하면서 이 교재의 저술이 성공적으로 시작될 수 있도록 도와주었다. Jean Stiles 여사는 이 교재와 강의용 연습문제 풀이집을 준비하고 교정을 보면서 꼭

필요한 전문적인 도움을 주었으며, 우리는 그녀가 제공한 많은 공헌에 깊이 감사한다.

Carnegie Mellon University, Iowa State University, 그리고 University at Buffalo-SUNY의 동료 교수들, 대학원생, 그리고 강의조교들 모두는 이 개정판을 준비하는 데 귀중한 의견과 제안을 해 주었다. 특별히 조언을 하여준 Adnan Akay, Jack Beuth, Paul Stief, Allen Robinson, Shelly Anna, Youd Rabin, Burak Ozdoganlar, Parker Lin, Elizabeth Ervin, Venkataraman Kartik, Matthew Brake, John Collinger, Annie Tangpong, Matthew Iannacci, Erich Devendorf, Phil Cormier, Aziz Naim, David Van Horn, Brian Literman, 그리고 Vishwa Kalyanasundaram에게 감사한다. 또한 이 강의에 관련된 Fundamentals of Mechanical Engineering (Carnegie Mellon), Introduction to Mechanical Engineering Practice (University at Buffalo-SUNY), Design Process and Methods (University at Buffalo-SUNY)를 수강한 학생들에게도 도움을 받았다. 그들의 공통적인 관심, 의견과 열정은 많이 필요로 하는 앞으로 나아가고자 하는 탄력을 항상 제공하였다. 제7장의 내연기관 연소과정 논의에 도움이 되도록 엔진 동력계(engine dynamometer)와 실린더 압력 자료를 기꺼이 제공한 Joe Elliot과 John Wiss에게 고마움을 표한다. 대부분의 문제 풀이 자료는 Brad Lisien과 Alert Costa가 준비하였으며, 그들의 근면과 성실한 노력에 깊이 감사한다.

이 외에도 초판, 제2판, 제3판, 그리고 제4판에서 다음 검토위원들 모두에게 그들의 식견과 강의경험이 좋은 참고가 되었음을 밝힌다: Terry Berreen, Monash University; John R. Biddle, California State Polytechnic University at Pomona; Terry Brown, University of Technology (Sydney); Peter Burban, Cedarville University; David F. Chichka, George Washington University; Scott Danielson, Arizona State University; Amirhossein Ghasemi, University of Kentucky; William Hallett, University of Ottawa; David W. Herrin, University of Kentucky; Robert Hocken, University of North Carolina (at Charlotte); Damir Juric, Georgia Institute of Technology; Bruce Karnopp, University of Michigan; Kenneth A. Kline, Wayne State University; Pierre M. Larochelle, Florida Institute of Technology; Steven Y. Liang, Georgia Institute of Technology; Per Lundqvist, Royal Institute of Technology (Stockholm); William E. Murphy, University of Kentucky; Petru Petrina, Cornell University; Anthony Renshaw, Columbia University; Timothy W. Simpson, Pennsylvania State University; K. Scott Smith, University of North Carolina (at Charlotte); Michel M. Stanisic, University of Notre Dame; Gloria Starns, Iowa State University; David J. Thum, California Polytechnique State University (San Luis Obispo); and David A. Willis, Southern Methodist University. 이들의 자상한 조언과 도움이 되는 제안에 감사한다.

모든 출판과정에서, 우리는 센게이지 러닝(Cengage Learning)사의 편집국 직원들과 의견을 자주 나누었다. 교재 출판 및 발행인으로, Tim Anderson과 Mona Zeftel은 높은 품질의 교재가 개발되도록 공헌하였으며, 그들과 즐겁게 협력하며 진행하였다. 제4판 출판팀에 Jean Buttrom, Michelle Kunkler, Kristiina Paul, Alex Sham, 그리고 RPK 편집부 직원이 함께 하였다. 그들은 숙련된 솜씨와 세부사항에 대해 예리한 시각으로 편집 업무를 처리하였다. 모두에게 이 교재가 성공적으로 출판되었다는 고마움을 전한다.

Jonathan Wickert
Kemper Lewis

저자에 대하여

Photo courtesy of Dave Gieseke

Jonathan Wickert

Jonathan Wickert는 Iowa State University의 수석 부총장(Senior Vice President) 겸 학장(Provost)으로 대학의 교육, 연구, 사회 교육원 및 홍보담당 업무를 맡고 있다. 그는 Iowa State University에 학과장과 학장을 역임하였으며, 이전에는 Carnegie Melon University 교수진이었다. Wickert 박사는 University of California, Berkeley에서 기계공학 전공으로 학사, 석사 및 박사 학위를 취득했으며, University of Cambridge에서 포스트 닥터로 있었다. Wickert 박사는 미국 자동차공학회(Society of Automotive Engineers), 공학교육학회(American Society for Engineering Education), 그리고 정보저장 산업체 컨소시엄(Information Storage Industry Consortium)으로부터 교육 및 연구 업적을 인정받아 미국 기계학회(American Society of Mechanical Engineers)와 국립 발명가 학술위원회(National Academy of Inventors) 특별위원(fellow)으로 추대되었다. Wickert 박사는 다양한 기술 응용분야에 관해 기업체와 정부기관에 기계진동 분야의 연구 또는 자문역할을 하였으며, 연구범위는 컴퓨터 데이터 기억 장치, 금속판 제조, 유리섬유, 폴리머, 공업용 화학제품, 자동차 브레이크, 방사형 유동 가스 터빈, 그리고 소비자 제품 등을 포함한다.

© 2011 University at Buffalo/Douglas Levere

Kemper Lewis

Kemper Lewis 교수는 University at Buffalo-SUNY에서 교수로 재직하며, 기계 및 항공공학과 학과장을 맡고 있으며, 기계설계, 시스템 최적화, 그리고 의사 결정 모델링에 관한 분야를 강의하고 연구를 수행하고 있다. 또한 그는 터빈 엔진의 제품 및 공정 설계, 산업용 가스시스템 최적화, 항공 및 육상 차량 설계, 소비자 제품 설계의 혁신, 박막 저항기, 열교환기 및 의료 전자기기에 대한 제조공정 제어 등을 포함한 엔지니어링 설계 문제에 대해 여러 분야에 걸쳐 기업과 연방정부 기관에서 연구원과 자문역할을 하고 있다. Lewis 박사는 Duke University에서 기계공학 및 수학전공 학사학위를, 그리고 Georgia Institute of Technology로부터 기계공학 석사 및 박사학위를 취득하였다. 그는 기계공학 분야의 미국 국립학술원 연구경시대회 벤치마크 패널(National Academies Panel on Benchmarking the Research Competitiveness), 그리고 ASME 설계자동화 집행위원회(ASME Design Automation Executive Committee)의 ASME 기계설계저널 부편집장을 맡고 있다. Lewis 박사는 미국 국립과학재단, 우주항공국, 공학교육학회, 그리고 자동차공학회로부터 교육과 연구에 대한 업적을 인정받아 수상하였다. 그는 또한 미국 기계공학회(ASME) 특별 위원(fellow)으로 선출되었다.

차례

CHAPTER 01

기계공학자

The Mechanical Engineering Profession

이 장의 목적

1-1 공학자, 수학자, 그리고 과학자들 사이의 차이점을 이해하기

1-2 기계공학자가 하는 일의 종류를 알아보고, 그들이 다루는 기술적 주제를 열거하고, 또한 그들이 세계적, 사회적, 환경적, 그리고 경제문제를 해결하는 데 영향력에 대해 인지하기

1-3 기계공학자를 채용하는 산업체나 정부기관이 어디인가를 알아보기

1-4 기계공학자가 설계한 제품, 공정, 그리고 하드웨어의 종류를 열거하기

1-5 기계공학자의 "상위 10개" 업적이 어떻게 우리 사회를 발전시켰고 일상생활을 개선하였는가 알아보기

1-6 기계공학도에 관한 전형적인 교과과정 구성과 목적을 이해하기

1.1 서론

제 1장은 서론에 관한 내용으로 누가 기계공학자이며, 그들이 무엇을 하는지, 그들이 도전하고 보상을 받는 것이 무엇인지, 그들이 세계적으로 영향력을 미치는 사항이 무엇이며, 그들이 이룩한 주목할 만한 성과에 관해 설명한다. 공학은 수학 및 과학의 도구를 적용하여 우리 사회가 직면하고 있는 기술 문제에 대해 비용 효율이 높은 솔루션을 개발하기 위해 적용되는 실제적 노력이라 할 수 있다. 공학자, 또는 엔지니어는 우리가 매일 사용하는 많은 소비재를 설계한다. 그들은 또한 우리가 인식하지는 못하지만 산업과 기업을 바탕으로 사용되는 많은 다른 생산품을 설계한다. 그럼에도 불구하고, 그들은 우리 사회, 우리 세계, 그리고 우리 지구에 중요한 기여를 하고 있다. 공학자들은 제품을 만들고 생산하는 기계와 공장, 제품의 안전과 성능을 보장하는 품질관리 시스템 등을 설계한다. 공학은 인류에게 필요한 모든 유익한 제품들을 만들어 내는 것이다.

기계공학 기본 요소

기계공학 학습에 다음 기본 "요소(element)" 내용을 필요로 한다.

- 설계(제2장)
- 실무 교육(제3장)
- 힘(제4장)
- 재료(제5장)
- 유체(제6장)
- 에너지(제7장)
- 운동(제8장)

기계공학자들은 유익한 목적을 갖고 문제를 풀기 위해 위의 요소들을 이용하는 하드웨어를 개발한다. 최초의 설계와 작동하는 실제 결과 뒤에는 공학자의 노력이 포함되어 있다. 엔지니어는 누군가 기술문제를 해결할 수 있는 기계나 제품을 만들어 낸다. 엔지니어는 백지상태에서 시작해서, 새로운 것을 상상하고, 제조성, 안전도, 경제성이라는 제약조건을 만족하면서 확실히 작동할 수 있는 장치를 개발하며 개량한다.

로봇 용접시스템(그림 1.1), 내연기관, 스포츠 기구, 컴퓨터 하드 디스크 드라이브, 인공 팔과 다리, 자동차, 항공기, 제트엔진, 수술기구, 그리고 풍력 터빈 등은 기계공학자들이 다루고 있는 기술들 중의 몇 가지 예이다. 우리가 생각할 수 있는 모든 제품들에 대해서도 기계공학자들이 설계, 재료의 선택, 온도 조절, 품질 보증 또는 제품 등에 어느 정도 참여했다고 주장해도 큰 과장은 아닐 것이다. 공학자들이 제품 자체를 고안하였거나 설계하지는 않았더라도, 기계공학자들이 제품을 제조, 검사, 배달하는 데 필요한 기계들을 설계한 것은 확실하다.

기계공학은 에너지를 만들고 에너지를 소비하는 분야를 연구하고, 설계하며

그림 1.1
로봇은 산업용 조립 라인에서 정확하고 반복적인 작업을 요구하는 환경이나 깊은 바다에서 부식된 파이프를 수리하는 극한 환경에서 사용된다.

Paul Fleet/Shutterstock.com

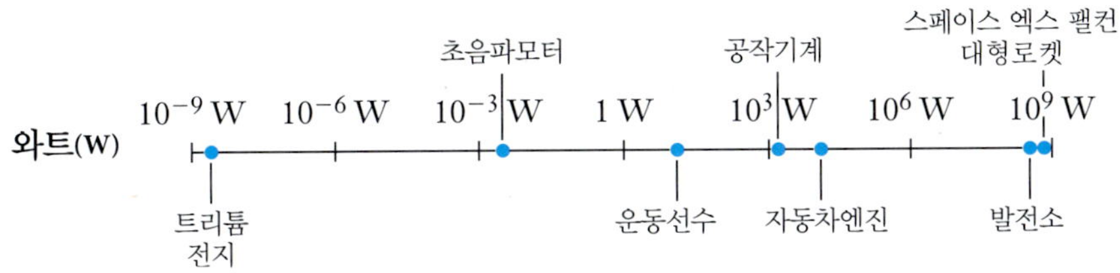

그림 1.2

기계공학자들은 매우 다양한 범위의 동력을 생산하거나 소비하는 기계를 다룬다.

제조하는 직업으로 정의한다. 실제로, 기계공학자들은 그림 1.2와 같이 나노와트(nW)에서 기가와트(GW)에 이르기까지 다양한 범위의 에너지를 생산하거나 소비하는 기계류들을 고안한다. 수많은 자릿수(수십조 또는 1,000,000,000,000,000)를 다루는 직종이 많지 않으나, 기계공학자들은 이런 자릿수들을 모두 다룬다. 예를 들어 아주 낮은 쪽의 동력 범위(power range)를 살펴보면, 수소 동위 원소 삼중 수소의 붕괴에 의해 발생되는 에너지를 이용한 트리티움 전지(tritium battery)는 카메라의 자동 초점 렌즈 조절에 사용되는 센서, 전자 기기, 소형 정밀 초음파 모터의 구동을 위한 나노와트(nW)의 전력을 생성할 수 있다. 좀 더 높은 출력 수준을 살펴보면, 노 젓는 기구(rowing machine)나 계단 오르기(stair climber)용 스텝퍼와 같은 기구를 이용하는 운동선수는 장시간에 걸쳐 수백 와트에 상당하는 동력을 발생시킬 수 있다. 드릴프레스의 전기 모터는 1,000 W (1 kW)를 일으킬 수 있고, 스포츠형 다목적 차량(SUV)의 엔진은 1,000 W의 약 100배 정도의 동력을 발생시킨다. 동력 스케일의 더 높은 부분을 살펴보면, 그림 1.3과 같은 스페이스 엑스 팰컨 대형로켓(Space X Falcon Heavy rocket) 추진체는 약 1,350,000,000 W의 동력을 발생시킨다. 마지막으로, 상업용 전력 생산 발전소는 800,000가구의 전기를 충분히 공급할 수 있는 10억 W의 전기를 만들 수 있다.

그림 1.3

스페이스 엑스 팰컨 대형로켓은 승객, 승무원, 화물, 그리고 연료를 적재한 보잉 737 제트여객기에 상당한 물체를 궤도에 진입시킬 수 있다.

HO/Reuters/Landov

1.2 공학은 무엇인가?

"공학(engineering)"이라는 단어는 설계하다(design) 또는 고안하다(devise)라는 뜻을 가지고 있으며, 또한 "독창적(ingenious)" 단어의 기초를 이루는 라틴 어원 *ingeniere*에서 파생되었다. 이러한 의미들은 엔지니어의 특성을 적절히 요약하고 있다. 가장 기본적인 수준에서, 엔지니어들은 새롭고 더 나은 기술을 개발하기 위해 수학, 과학, 재료뿐만 아니라 커뮤니케이션 및 비즈니스에 관한 그들의 능력을 활용한다. 공학자, 즉 엔지니어들은 시행 오차를 수반하는 단독적인 실험보다는 수학, 과학의 원리, 그리고 컴퓨터 시뮬레이션(그림 1.4)이라는 도구를 바탕으로 좀 더 빠르고, 좀 더 정확하고, 좀 더 경제적으로 설계한다.

이러한 관점에서 공학자의 일은, 생산제품을 만들기 위해 응용하기보다는 근본적 물리 법칙의 발견에 주안점을 두는 과학자와 서로 다르다고 할 수 있다. 엔지니어들은 과학적 발견과 상업적 응용 사이를 잇는 교량 역할을 한다. 공학은 수학, 과학, 계산을 스스로 적용하거나 발전시키기 위해 존재하지는 않는다. 오히려 공학은 사회 발전의 원동력이며 경제 산업 사이클에 필수적인 구성 요소이다. 이러한 관점에서 **미국 노동부**(U.S. Department of Labor)는 공학 직업을 다음과 같이 설명한다.

> 공학자는 수학 및 과학적 이론과 원리를 적용하여 기술 문제에 대한 경제적인 해결책을 연구하고 개발한다. 그들의 임무는 상업적 응용과 감지된 사회적 요구 사이의 링크 역할을 한다. 공학자는 제조과정과 노동의 효율성, 그리고 제품의 품질이 보증되는 시스템, 제품을 제조할 수 있는 플랜트, 제품을 제작하는 기계와 제품을 설계한다. 공학자는 수송 시스템, 고속도로, 건물의 구조를 설계, 계획, 그리고 감독한다. 그들은 천연가스나 석유와 같은 원료를 추출하여 가공하고 사용하는 개선된 방법을 구현하고 개발한다. 그들은 제품 성능을 개선하고 기술 발전의 이점을 이용하여 새로운 물질을 개발한다. 그들은 국가의 전력 수요를 맞추고 사용하기 위해 태양, 지구, 원자, 전기의 힘을 활용하여 전력을 사용하는 수백만 개의 제품을 만들어 낸다. 그들은 자신들이 개발하거나 또는 특정 환경과 그것들을 이용하는 사람들에게 설계된 시스템을 분석한다. 공학적 지식을 적용하여 경제구조의 기능, 식품 안전성, 그리고 의료의 질을 등을 포함한 많은 분야를 개선한다.

그림 1.4
일상생활을 기준으로 하여, 기계공학자들은 그림의 자동차와 같은 상품을 설계, 시각화, 시뮬레이션, 개선하기 위해 첨단 가상 도구(state of the art cyber enabled tool)를 이용한다.
© Kevin C. Hulsey

(a) (b)

많은 학생들은 수학과 과학이라는 분야에 관심을 갖고 있기 때문에 공학을 공부하기 시작한다. 다른 학생들은 기술에 관한 사항이나 일상 세계의 것들이 어떻게 작동하는가에 관심을 갖거나, 좀 더 관심이 있는 학생들은 아마도 특수한 사물들의 작동에 관심이 있어서 공학을 공부한다. 깨끗한 물, 신재생 에너지, 지속 가능한 기반시설, 그리고 재난 구조 등과 같은 세계적 쟁점에 관해 더 많은 사람들이 엔지니어의 중요 역할에 대해 인정하고 있다.

어느 쪽이든, 공학은 수학과 과학의 근본적인 주제와는 거리가 있음을 인식해야 한다. 결과적으로, 엔지니어의 목적은 과거에는 완성되지 않았던 일이나, 또는 정확하게, 빠르게 또는 안전하게 할 수 없었던 작업들을 수행할 수 있는 장치를 제작하는 것이다. 수학과 과학은 금속이 가공되거나 하드웨어가 제작되기 전, 종이와 컴퓨터 모델을 통해 설계를 다듬기 위해 엔지니어가 실물모형(mock-up)을 시험할 수 있는 도구들 중 몇 가지 방법에 속한다. 그림 1.5에서와 같이 "공학"은 수학, 과학, 컴퓨터 시뮬레이션, 그리고 하드웨어 관련 활동의 공통 영역으로 규정한다.

미국에서 약 150만 명의 엔지니어가 업무에 종사하고 있다. 대다수의 엔지니어는 산업체 분야에서 일하고 있다. 약 10% 정도만이 연방 정부, 주 정부, 지방 정부에 고용되어 있다. 연방정부에 고용된 엔지니어는 **미국 우주항공국**(NASA), **국방부**(DOD), **교통부**(DOT), **에너지부**(DOE)와 같은 기구에서 근무한다. 모든 엔지니어 중 약 3~4% 정도만이 자유업자이며, 이들은 대부분 자문역할을 하거나 기업가로서 일하고 있다. 더욱이, 공학사 학위를 얻기 위해서는 영향력이 큰 분야를 다방면으로 공부해야 한다. Standard & Poor (S&P) 500에 발표한 CEO 목록을 살펴보면 33%가 공학사로, 경영학이나 경제학 학사보다 3배나 많다. Fortune 50에서 발표한 목록에서도 CEO의 28%가 공학사로 비슷하게 조사되었다. 공학은 13개의 주요 산

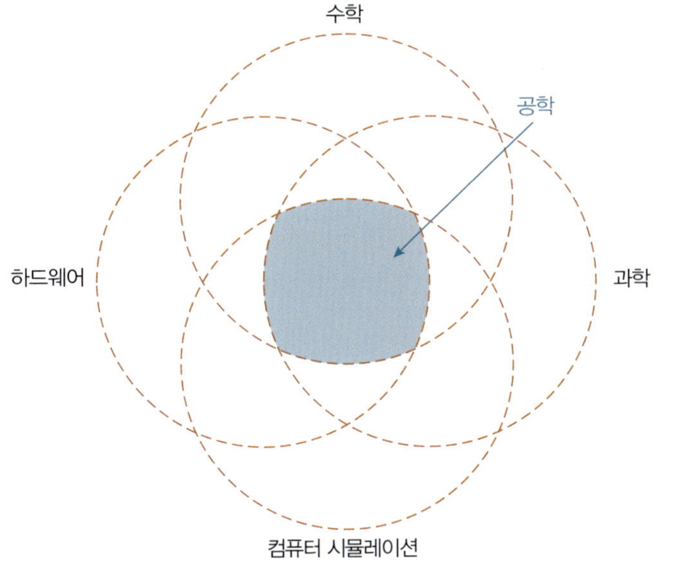

그림 1.5
엔지니어는 수학, 과학, 컴퓨터와 하드웨어에서 그들의 능력을 조합하여 활용한다.

업부문에서 다음 9개 분야에서 CEO의 가장 인기 있는 주요 전공이다.[1]

- 비즈니스 서비스
- 화학제품
- 통신
- 전기, 가스, 그리고 위생
- 전자부품
- 산업 및 상업용 기계
- 측정기구
- 오일 및 가스 추출
- 수송기기

공학자들은 효과적으로 정보를 수집하고 합리적인 가정으로 성공적으로 문제를 해결하는 방법을 알고 있기 때문에 이것을 이해할 수 있다. 그들은 미지 변수를 고려하여 의사 결정할 수 있도록 정보를 처리하는 방법을 알고 있다. 그들은 또한 다분히 직관적이고 혁신적으로 이루어진 의사 결정에 대해 이성과 감성을 분리하여 판단할 수 있다.

비록, 공학 전공(engineering major)이 상위 비즈니스 리더십 위치에 잘 나타나 있지만, 상위의 정치적 그리고 시민 리더십 위치에서는 대표자의 전공이 혼재되어 있다. 현재, 114차 미합중국 의회의 540명 의원 중 단지 9명이 공학사로,[2] 113차 미합중국 의회의 11명에서 줄어들었다.[3] 그러나 중국에서는 상위 시민 리더십 위원의 9명 중 8명이 공학사 학위를 갖고 있다.[4] 또한, 최근의 중국 주석 3명은 모두가 공학자이다. 공직자가 되는 것이 직업에 대한 목표가 아니라 하더라도, 전 세계 지도자들은 모든 분야에서 세계화와 통신 기술로 인하여 지리적 구분이 점점 무관하게 되는 경향이므로 자연과학(hard science)과 인문과학(soft science) 필요성을 모두 인식하고 있다. 결과적으로 공학 분야는 변화되고 있다. 이 교재는 엔지니어가 세계적인 관점에서 기술적, 사회적, 환경적, 경제적, 그리고 시민의 도전(civic challenge)을 어떻게 보고, 모델링하고, 해석하고, 해결하고, 그리고 전파하는 방법에 대한 많은 변화를 포함하고 있다.

대부분 엔지니어는 주요 분야에서 하나의 학위를 얻고 전공하는 것으로 끝난다. 비록 **연방정부 표준 직업 분류**(Federal Government's Standard Occupational

[1] Spencer Stuart, "Leading CEOs: A Statistical Snapshot of S&P 500 Leaders" (Chicago, 2008).

[2] 2Lucey, B., "By the Numbers: How well do you know the 114th Congress?" http://www.dailynewsgems.com/2015/01/by-the-numbers-how-well-do-you-know-the-114th-congress.html, January 25, 2015.

[3] "Engineers in Politics," https://www.asme.org/career-education/early-career-engineers/me-today/me-today-march-2013-issue/engineers-in-politics

[4] Norman R. Augustine, *Is America Falling off the Flat Earth*? (Washington, DC: The National Academies Press, 2007).

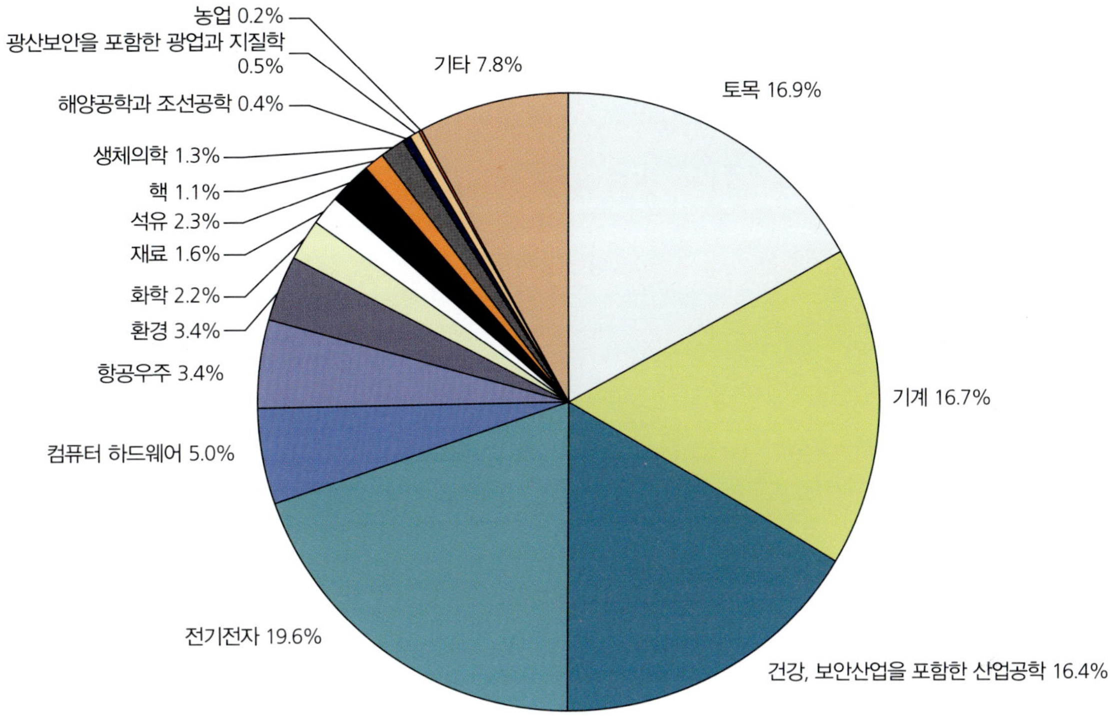

그림 1.6
전통적인 공학 분야와 다른 전문직들의 고용 분포 비율
미국 노동부 자료

Classification: SOC) 시스템에서 17개의 엔지니어 전문 분야로 구분하지만, 전문 협회에서는 여러 다양한 전문직들을 인정하고 있다. 더욱이, 공학의 주요 분야는 많이 세분되어 있다. 예를 들면, 토목공학은 구조, 교통, 도시, 그리고 건설공학으로, 그리고 전자공학은 전력, 제어, 전자, 그리고 통신공학으로 세분된 분야를 포함한다. 그림 1.6은 주요 공학 분야와 더불어 다른 전문직들의 분포 현황을 나타낸다.

엔지니어들은 공인된 4년제 대학 교육 과정을 밟으며, 전문가들의 감독 아래 실제 작업 경험을 통해서 그들의 능력을 발전시켜 나간다. 새로운 설계를 시작하는 경우, 엔지니어는 또한 과거의 기술적인 프로젝트에서 얻은 경험으로 그들의 상식, 물리적 직관, 수행 능력, 판단력을 활용할 수 있다. 엔지니어는 근사적으로 그러나 실용적인 "간단한 계산"을 한다. 예를 들어, "7.5 kW 엔진은 공기 압축기를 작동하는 데 충분한 동력일까?", "배기(排氣) 터빈 과급장치(過給裝置)의 블레이드는 몇 g의 중력 가속도까지 버틸 수 있을까?" 등과 같은 질문의 답을 구할 수 있다.

특정 문제에 대해 답이 알려지지 않았거나, 과제(task)를 완성하기 위해 더 많은 정보가 필요할 경우, 엔지니어는 기술서적, 전문학술지, 기술 도서에 관한 업계 출판물; 구글스칼라(Google Scholar), 사이트시어(SiteSeer)와 같은 인터넷 사이트; 공학 학술대회, 박람회, 특허, 판매자가 제공한 데이터와 같은 자료를 추가적으로 이용하여 해결책을 구하기 위한 연구를 수행한다. 훌륭한 엔지니어가 되기 위한 과정은 지속적인 노력이 필요하며, 학습과 경험이 복합적으로 이루어져야 한다. 대학

평생학습

에서 배운 지식으로는 평생 직업을 구축하는 데 충분하지 못하다는 것을 누구나 받아들일 수 있다. 기술, 시장, 경제가 빠른 속도로 발전해 나가기 때문에, 엔지니어는 지속적으로 새로운 접근 방법과 문제 풀이 기법을 배워나가고, 그들이 발견한 정보를 다른 사람들에게 알린다.

중점사항 기계공학도에 관한 직업

정규 기계공학 교육을 받은 후, 학위를 받고 할 수 있는 일을 생각해 보자. 공식적으로 더 많은 학위를 취득하기 위해 또는 비공식인 직업교육을 받는 과정에서, 직접적인 결과는 실력, 열정, 그리고 교육에 맞는 직업이다. 여러분은 기계공학자가 어떤 분야에서 일하는지에 대한 고정관념이 있겠지만, 기계공학이 모든 회사에서 쓰인다는 사실을 알고 깜짝 놀랄 것이다. 예를 들면, 여러분은 간단한 검색만으로도 기계공학 학사 학위자를 위한 채용 공고가 아래와 같이 다양함을 알게 될 것이다.

Google/Skybox Imaging:

채용공고 요약: 부분품이 적합하고 CAD 모델이 프로그램에 효율적으로 충분한 성능을 갖는 차세대 위성(크고 복잡한 어셈블리)의 CAD 설계; 경량 모델에 대한 초기의 레이아웃에서 "제작 완료(as built)"된 상세모델이 포함된 업무. 지원 장비의 조립과 부품 소싱(sourcing), 그리고 중소(small to medium)의 CAD 모델링 담당. 정현파(sine) 및 무작위 진동시험, 소음 시험, 충격시험을 포함한 환경시험의 일부 부분적인 일과 기구의 특성에 대한 책임. 위성 또는 지원 장비 설계에 필요한 시험 계획 및 보고서, 시험 절차, 조립 도면과 조립 설명서를 포함한 상세 설계 문서 작성에 기여. 설명서, 도면 수정, 변경사항을 포함한 CAD 업데이트와 같은 제조 설계업무를 담당.

일반적 요구사항:

- 설계 또는 최선의 결과를 얻기 위해 다른 엔지니어와 공동 작업
- 제조 가능성을 예리하게 인지하여 기계부품을 설계하고 단순화하기 위한 노력
- 하드웨어의 중요부품에 대한 복합적인 시험
- 기계공장에서 프로토타입(prototype)을 제작하고 완성된 설계 부품을 조립, 시험을 수행
- 기계공학 기본(열역학, 유체역학, 재료역학)에 대한 기본적인 이해와 경험

Apple, Inc.

채용공고 요약: 센서 모듈을 제품에 통합, 궁극적(end-to-end)으로 기계 개발을 포함한 센서 기술의 검증, 개발 및 설계를 선도.

- 모든 개발 사이클 단계에서 설계 개념을 수행하고 설계 개념에 관한 창조적 집단사고(brainstorming)
- 애플이 추구하는 미적 디자인을 추구하면서, 다양한 팀과 협력하여 혁신적인 디자인 만들기
- 기계 구성 요소 개요 및 조립 방식 정의
- 치수 및 공차 분석을 생성
- 새로운 제조공정 개발에 참여
- 프로토타입에 직면하는 문제점으로부터 제품 테스트에 이르는 특성화 및 설계 검증

일반적 요구사항:

- 3차원 CAD경험이 필요함
- 과학적인 방법, 실험 과정, 근본 원인 분석
- 기초화학, 재료과학, 인쇄회로 기판, 플렉스회로(flex circuit) 응용지식이 유용함
- 기록을 잘하고 구두로 대화하는 기술과 대인관계 능력, 관리 및 팀 구성원과 외부 공급 업체와 상호 관계하는 능력
- 팀워크 : 지원자는 복합기능 팀 구성원과 의사소통 및 협업하여 사업 목표를 달성하기 위해 팀 구성원과 효율적으로 협력할 수 있으며 공학 커뮤니티에 긍정적으로 기여할 수 있어야 함.

Amazon

채용공고 요약: 당사의 급속한 성장을 감안할 때, 당사는 전 세계에서 가장 많은 제품을 보유하면서도, 최신의 자동화 테크놀로지와 우수한 선택 지원 도구 및 서비스를 제공하여 소비자들에게 가장 낮은 가격으로 제품들을 판매할 수 있도록 경영하고 있다. 만약 여러분이 혁신을 이뤄내고, 최신의 테크놀로지를 바탕으로 거대 현실 세계의 문제를 해결하면서, 반복 급변하는 환경에서 최종 사용자들에게 괄목할 만한 혜택을 주고 싶다면, 아마존 프라임 에어 팀(Amazon Prime Air Team)은 여러분에게 좋은 기회가 될 것이다. 귀하는 다양한 분야의 팀들과 일하면서 프로토타입에서 완성품까지 전 과정의 제품 디자인을 맡으며, 디자인, 프로토타이핑, 검증, 테스트 및 인증에 관한 업무를 담당할 것이다. 또한 생산이 순조롭게 이행될 수 있도록 외부 업체들, 품질, 공급망, 그리고 제조 업무를 담당할 것이다.

일반적 요구사항:

- 범용 기계 시스템을 해석하고 설계를 담당
- 문제 해결을 선호하고 프로토 타입 디자인과 생산 운전 제조 방법에 대한 실무 지식
- 강인한 부품 설계 지식을 갖는 PTC CREO 경험을 갖고, 어셈블리를 관리하며 상세한 문서를 작성
- 개념입증 모델을 사내에서 자체 제작할 수 있는 실무 경험
- 기계, 항공, 또는 로봇공학 및 설계에 대한 개념, 이론 및 원리의 이용과 철저한 이해

이 교재에서는 위의 여러 방법들을 살펴보고 귀하가 기계공학의 역동적인 분야에서 성공적인 전문가가 되도록 도움을 줄 것이다.

1.3 누가 기계공학자인가?

기계공학 분야는 기계의 구성 요소, 힘, 재료, 에너지, 운동에 관한 특성을 다루며, 사회와 구성원들의 삶을 향상시킬 수 있는 새로운 기계와 상품을 고안하기 위해 이러한 요소들을 이용한 응용 분야와 관계가 있다. 미국 노동부는 이 분야를 다음과 같이 설명한다.

> **기계공학자**는 도구, 기계, 엔진과 다른 기계 장치들을 연구, 개발, 설계, 생산하고 시험한다. 그들은 전력을 생산하는 발전기, 내연기관, 증기 및 가스 터빈, 제트 및 로켓 엔진과 같은 동력 생산 기계에 관한 일을 한다. 또한, 그들은 냉각기, 공기 조절 장치, 생산에 쓰이는 로봇, 기계 도구, 재료 처리 시스템, 산업 생산 장치 같은 동력 이용 장치를 개발한다.

기계공학자들은 여러 분야의 전문지식을 갖고 다양한 기계에 관해 일을 하는 것으로 알려져 있다. 몇 가지 예를 들어보면, 자동차의 에어백의 마이크로 전기기계 가속센서(microelectromechanical acceleration sensor), 가열장치, 환기장치, 건축물의 공기조화장치, 육지, 바다, 그리고 우주로봇 탐사선, 오프로드(off-road) 건설 중장비, 하이브리드 가스-전기 자동차, 기어, 베어링 및 다른 기계 구성 요소(그림 1.7); 인공 골반 임플란트, 심해 탐사선, 로봇 제조 장치, 심장 판막 교체, 폭발물 감지 장치; 그리고 행성 탐사 우주선(그림 1.8) 등이 있다.

직업 통계자료에 의하면 기계공학은 가장 넓은 공학 분야의 하나로, 직업 선택에 있어 가장 큰 유연성이 있는 것으로 알려졌다. 미국에서 2013년도에 기계공

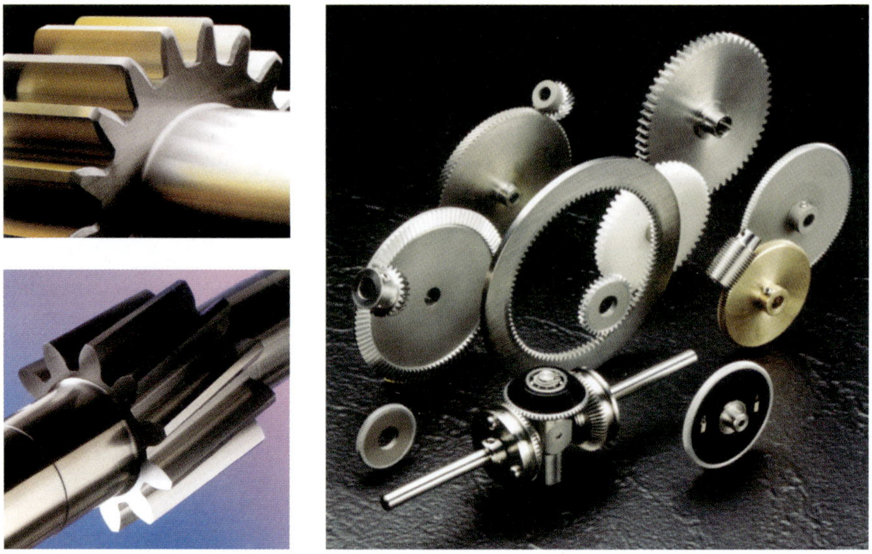

그림 1.7
기계공학자는 여러 가지의 기어와 기계요소 구성품을 조합하여 동력전달 장치와 기계를 설계한다.

Niagara Gear Corporation, Boston Gear Corporation, W.M. Berg, Incorporated

학자로 약 258,630명(전체 공학자의 16%)이 고용되었다. 기계공학은 산업 공학(254,430명), 항공 우주 공학(71,500명), 원자력 공학(16,400명)과 깊은 관계를 갖고 있으며, 이들 분야는 역사적으로 기계공학을 토대로 하여 발전해 왔다. 기계공학, 산업 공학, 항공 우주 공학, 그리고 원자력 공학을 모두 합하면 전체 공학자 중 약 39%를 차지하고 있다. 바이오기술, 재료과학, 그리고 나노기술과 같은 새로운 분야가 기계공학자에게 새로운 일자리를 제공할 것으로 기대한다. 미국 노동 통계청(U.S. Bureau of Labor Statistics) 자료에 따르면, 2022년까지 거의 20,000개의 기계공학자 일자리가 늘어날 것으로 예상한다. 기계공학 학위를 가진 사람은 또한 제조공학, 자동차공학, 토목공학, 또는 항공공학과 같은 다른 전문가로서도 일할 수 있다.

기계공학은 일반적으로 전통적인 공학 분야에서 가장 넓은 분야로 여겨지고 있지만, 특정 분야에 관심을 갖는 산업이나 기술 분야에서 특성을 발휘할 수 있는 기회가 많다. 예를 들어, 항공 산업 분야의 엔지니어는 제트엔진 추진이나 비행 조절 시스템과 같은 핵심 기술 개발에 집중할 수 있을 것이다.

무엇보다도, 기계공학자는 기능을 발휘하며 작동할 수 있는 하드웨어를 만든다. 기계공학자가 기여하는 일은 궁극적으로 제품이 원래 의도한 것처럼 작동 여부에 따라 판단될 수 있다. 기계공학자들은 장치를 설계하고, 기업은 장치를 생산하며, 일반인이나 산업체 고객은 이들을 구매한다. 이러한 비즈니스 사이클 과정에서, 고객의 삶의 질은 특정 부분이 개선되고, 공학 연구와 개발에 의한 기술적인 진보와 추가적인 기회를 통해 사회는 전체적으로 혜택을 받는다.

그림 1.8
*화성탐사 로버(Rover)*는 화성의 물의 역사를 알아내기 위한 지질실험 차량이다. 기계공학자는 이 로봇 차량의 설계, 추진, 열 제어, 그리고 다른 측면에 기여하였다.
NASA/JPL/Cornell University

기계공학자의 상위 10대 업적

기계공학은 숫자, 계산, 컴퓨터, 기어, 기름(grease) 등에 관한 것만은 아니다. 기계공학 가운데에는 기술을 통해 사회를 발전시키려는 열망이 있다. 여러 분야에서 가장 중요한 전문 기관 중 하나는 미국 기계공학회(American Society of Mechanical Engineers: ASME)이며, 이 기구는 "전 세계에 걸쳐 예술과 과학 그리고 종합 공학과 관련된 과학에 관한 실무를 추진하고 있다." ASME는 기계공학의 주요 업적을 확인하기 위해 회원들을 대상으로 조사하였다. 이들 상위 10대 업적 목록을 표 1.1에 요약하였으며, 기계공학자는 무엇을 하며, 그들이 세계를 위해 공헌한 것이 무엇인가에 대해 좀 더 잘 이해할 것이다. 사회에 끼치는 성취의 인지된 영향을 내림차순으로 정리하여 조사로부터 다음과 같은 이정표(milestone) 목록을 만들었다.

표 1.1
미국 기계공학회가 작성한 기계공학의 상위 10대 업적

1. 자동차
2. 아폴로 프로그램
3. 발전소
4. 농업의 기계화
5. 항공기
6. 집적회로 대량생산
7. 공기 조절 및 냉장장치
8. 컴퓨터 이용 공학기술
9. 생명공학
10. 코드와 표준규격

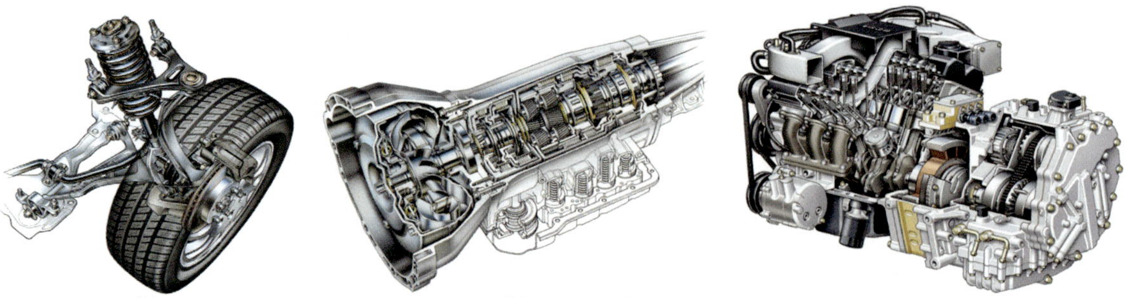

(a) (b) (c)

그림 1.9

기계공학자는 이 그림과 같이 자동차 시스템을 설계, 시험, 그리고 생산한다. (a) 현가장치, (b) 자동변속기, (c) 6기통 가스-전기 하이브리드 엔진

Copyright © Kevin C. Hulsey

1. **자동차** *The automobile* 기계공학자들은 자동차의 개발과 상업화를 기계공학의 20세기의 가장 중요한 업적으로 선택하였다. 자동차 공학의 성장 요인에는 고출력 경량 엔진과 효율적인 대량 생산 체제, 이 두 가지가 있다. 더 나아가 엔진 성능의 개량 이외에도 자동차 시장 경쟁으로 인해 자동차의 안전도, 연료효율, 안락도, 배기 조절 분야 등이 개선되었다(그림 1.9). 새로운 몇 가지 기술로서, 하이브리드 가스-전기 자동차, 잠김 방지 브레이크(급제동 시 바퀴를 잠기지 않도록 하고 핸들 조작 불능이나 차체의 미끄러짐을 막는 장치), 런-플랫 타이어(펑크 나지 않는 타이어), 에어백, 광범위한 복합재료 사용, 연료분사 장치의 컴퓨터 컨트롤, 위성항법 장치, 가변 밸브 타이밍(variable valve timing), 그리고 연료전지(fuel cell) 등이 있다.

2. **아폴로 프로그램** *The Apollo program* 미국의 존 케네디(John Kennedy) 대통령은 1961년에 국민들에게 달에 사람이 착륙하고 무사히 지구로 귀환할 수 있는 도전적인 계획을 발표하였다. 이 계획은 1969년 7월 20일, 아폴로 11호가 달 표면에 착륙한 지 십 년도 지나지 않아 실현되었다. 닐 암스트롱(Neil Armstrong), 마이클 콜린스(Michael Collins), 버즈 앨드린(Buzz Aldrin)으로 이루어진 세 명의 우주인들은 며칠 후 무사히 귀환하였다. 아폴로 프로그램의 기술적 진보와 의미 심장한 문화적 충격으로 인하여, 이 프로그램이 20세기의 기계공학 분야에서 두 번째로 가장 영향력 있는 업적으로 선택될 수 있었다(그림 1.10).

   아폴로 프로그램은 발진 시에 약 33,400,000뉴턴(N)의 추진력을 발생시키는 거대한 3단 새턴 5호(*Saturn V*) 발진차량, 지휘 모듈과 실행 모듈, 우주에서만 비행할 수 있도록 설계된 첫 번째 우주선인 달 탐사 모듈과 같은 세 가지 핵심 기술의 발전에 기초하고 있다.

3. **발전소** *Power generation* 기계공학자의 다른 한 측면은 에너지를 한 형태에서 다른 형태로 바꾸는 기계를 설계하는 일을 포함한다. 풍부하고 값싼 에너지는 경제 성장과 번영에 필수적인 요소이고, 전기 에너지의 분배는 전 세계적으로

그림 1.10
아폴로 16호 우주인 존 영(John Young) 사령관이 데카르트 착륙 지점에서 성조기에 경례하면서 달 표면에서 뛰어 오르고 있다. 달 탐사 모듈 옆에 정찰 차량이 주차되어 있다.
NASA/Charlie Duke

수십억이 넘는 사람들의 삶의 질을 개선하였다. 20세기에 전기가 생산되고, 가정, 비즈니스, 공장 등으로 분배되면서 경제와 사회는 두드러지게 발전하였다.

기계공학자들은 에너지를 훨씬 쉽게 배분하고 사용할 수 있도록, 저장된 에너지를 전기의 형태로 바꾸는 기술 개발에 기여하였다. 그러나 전 세계의 모든 사람이나 여성, 그리고 어린이들이 사용할 수 있도록 동력을 공급해주는 도전적인 일이 여전히 기계공학자에게 남아 있다. 자연 자원이 좀 더 많이 소비되고, 연료비용이 환경적인 측면에서 점점 비싸게 소요되므로, 기계공학자들은 태양 에너지, 해양 에너지, 풍력 시스템 같은 대체 에너지 생산 기술을 개발하는 데 더 많은 노력을 기울이고 있다(그림 1.11).

4. 농업의 기계화 *Agricultural mechanization* 기계공학자는 농업 효율을 획기적으로 개선하기 위한 기술을 개발해 왔다. 농업기계 자동화는 1916년에 작물 수확을 손쉽게 하는, 엔진이 달린 트랙터와 콤바인의 도입으로부터 시작되었다. 그 이후 수십 년 동안 GPS 기술, 지능형 유도 및 제어 알고리즘의 첨단기기를 사

그림 1.11
기계공학자는 여러 신재생 자원으로부터 에너지를 생산하는 기계를 설계한다. (a) 태양열 발전타워, (b) 파력발전소, (c) 혁신적 풍력터빈
(a) © PM photos/Alamy. (b) Science Source. (c) eldeiv/Shutterstock.com

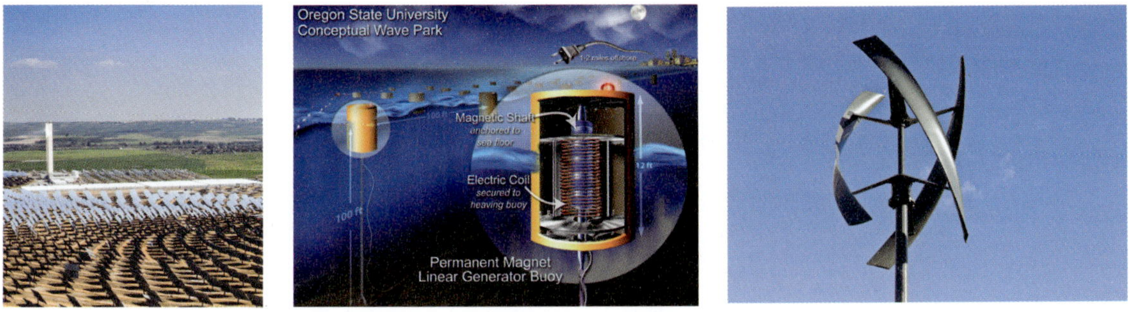

(a) (b) (c)

그림 1.12
개발 중인 로봇 차량을 이용하여 농장의 지질과 형태를 감지할 수 있게 되어, 궁극적으로 무인으로 경작할 수 있다.

National Robotics Engineering Consortium 허가로 게재

용하여 사람이 없이 자동으로 경작할 수 있는 기계에 관한 연구가 진행되고 있다(그림 1.12). 농업 발전에 기여한 다른 사항으로 개선된 기상 관측과 예측, 대용량의 관개 펌프, 우유 생산 기계의 자동화, 작물 관리와 해충 제어 등이 있다.

5. 항공기 *The airplane* 항공기의 발달과 안전한 동력비행을 위한 관련 기술은 미국 기계공학회(ASME)가 중요한 업적으로 인정하고 있다.

기계공학자들은 항공기 연구와 개발 모든 단계에 기여하였으며, 오늘날의 동력 비행기로 발전되도록 하였다. 고도로 발달된 군용항공기에서는 조종사가 이륙과 착륙 시에 엔진의 추진력 방향을 바꿀 수 있고, 전파로 진로를 인도받을 수 있는 터보팬 엔진(turbofan engine)을 사용하고 있다. 기계공학자는 연소 시스템, 터빈, 첨단 제트엔진의 조정 시스템을 설계한다. 풍동과 같은 시험 설비를 이용하여(그림 1.13), 이들은 터빈 설계, 제어 시스템 개발, 그리고 티타늄 합금, 흑연 섬유 강화 에폭시 복합재와 같은 경량의 항공우주 재료 발견에 선도적으로 일하고 있다.

6. 집적회로 대량 생산 *Integrated-circuit mass production* 전자공학 산업에서 집적회로, 컴퓨터 메모리 칩, 마이크로프로세서의 소형화와 대량생산이 가능하도록 놀랄만한 기술들이 개발되었다. 기계공학자는 20세기에 집적회로 생산에 관련된 제조 방법에 크게 기여하였다. 1972년 인텔사가 판매한 빈티지(vintage) 8008형 프로세서는 2500개의 트랜지스터로 제작되어 있는 반면, 현재 오라클의 SPARC M7프로세서는 집적회로는 100억 개의 트랜지스터가 포함되어 있다(그림 1.14).

기계공학자는 나노미터 스케일의 집적회로가 될 수 있도록 방진, 온도제어,

그림 1.13
버지니아 NASA 랭글리 연구소의 풀 스케일 풍동에서 블렌드 날개-몸체(blended wing-body)로 된 X-48B 시제 항공기를 시험하고 있다.

NASA/Jeff Caplan 제공

첨단재료, 시스템 정렬, 기계류 등을 설계한다.

비슷한 제조기술을 사용하여 마이크로 또는 나노 수준의 다른 기계를 만들 수 있다. 이러한 기술들을 이용하여 사람 눈으로는 감지할 수 없으며, 오로지 현미경으로만 볼 수 있는 부품이 움직이는 기계를 아주 작게 만들 수 있다. 그림 1.15에서와 같이 각각의 기어를 만들어 꽃가루 반점과 같이 작은 기어열(gear train)에 조립할 수 있다.

7. 공기 조절 및 냉장 장치 ***Air conditioning and refrigeration*** 기계공학자는 효율적인 공기 조절 장치와 냉장 장치를 발명하였다. 오늘날, 이 시스템으로 인하여

그림 1.14
기계공학자들은 오라클 SPARC M7 같은 기판에 수십억 개의 전자 부품 장착에 필요한 제조 기술 개발을 담당해 왔다.

Intel 제공

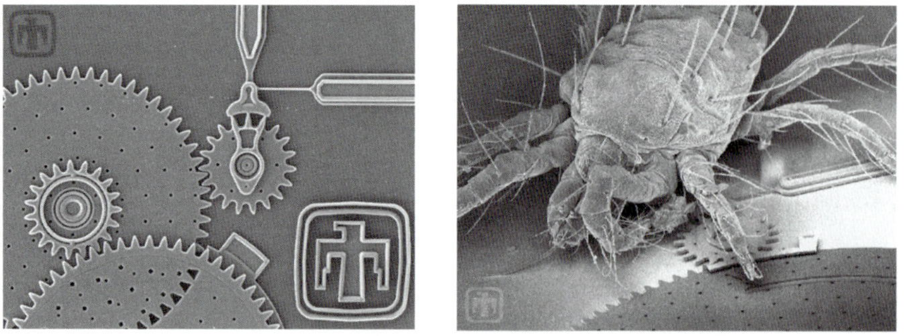

그림 1.15
기계공학자들은 미세 크기의 기계를 설계하고 제작한다. 작은 기어는 잎진드기(spider mite)와 같이 아주 작은 크기이며, 전제 기어열은 사람 머리카락 지름보다 작다.

Sandia National Laboratories 제공

사람들이 안전하고 편히 지낼 수 있을 뿐 아니라, 음식물과 의약용품을 냉장 시스템에 보관할 수 있게 되었다. 다른 기반시설과 마찬가지로, 이러한 설비들이 없을 때까지 에어컨 장치의 혜택을 인지하지 못하였다. 예를 들면 2003년 여름, 유럽의 기록적인 혹서로 10,000명 이상—대부분 고령자들—이 타는 듯한 고온으로 인하여 사망하였다.

8. 컴퓨터 원용 공학기술 *Computer-aided engineering technology* "컴퓨터 원용 공학(computer-aided engineering: CAE)"이라는 용어는 기계공학과 다른 분야에서 자동화 응용에 대한 다양한 범위를 일컫는다. CAE는 계산을 수행하고, 기술적 도형에 관한 제도, 성능을 모의시험하고(그림 1.16), 그리고 공장 기계장치 제어에 사용되는 컴퓨터의 이용까지 모든 범위를 포함한다. 지난 수십 년간, 컴퓨팅 기술과 정보기술로 인하여 기계공학자들이 하는 일이 바뀌도록 하였다.

예를 들면, 보잉 777기는 처음으로 제도용지를 이용하지 않고 컴퓨터를 이용하여 개발된 상업용 항공기이다. 보잉 777기는 1990년대 초반에 개발이 시작되었으며, 컴퓨터 인프라스트럭처(infrastructure)가 설계팀을 위해 새로 구성되었다. 기존의 종이와 연필로 제도하는 업무는 거의 사라졌다. 컴퓨터를 이용한 설계, 해석, 생산 활동은 17개의 시간대로 분산되어 있는 200개의 설계팀에 의해 종합적으로 완성되었다. 비행기가 3백만 개에 달하는 낱개의 부품으로 이루어지기 때문에, 모든 부품을 꼭 맞게 조립하는 것은 놀라운 도전이었다. CAE 도구의 광범위한 사용을 통해, 설계자는 하드웨어가 생산되기 전에 가상, 시뮬레이

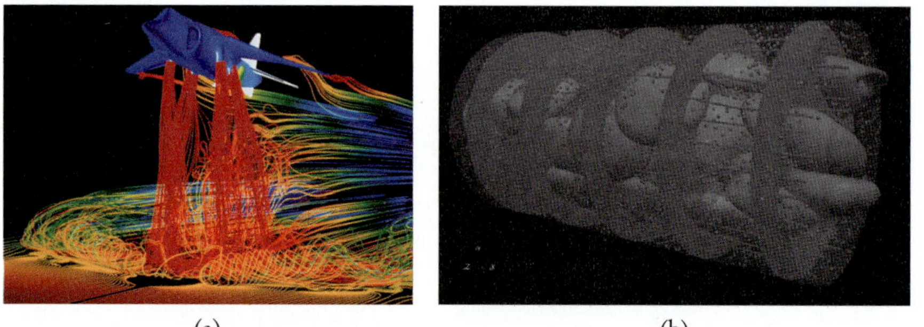

(a) (b)

그림 1.16
a) 기계공학자는 컴퓨터를 사용하여 해리어제트기(Harrier Jet)를 포함한 항공기 주위의 공기흐름을 동시에 해석하고 시각화한다.

Science Source

(b) 엔지니어가 의료기를 설계하고, 의사가 병을 진찰하고 치료에 도움이 되도록 뇌 동맥을 통한 혈액 흐름의 동적 모의실험을 사용하여, 플라즈마와 혈액사이의 상호작용을 관찰할 수 있다.

Joseph A. Insley and Michael E. Papka, Argonne National Laboratories.

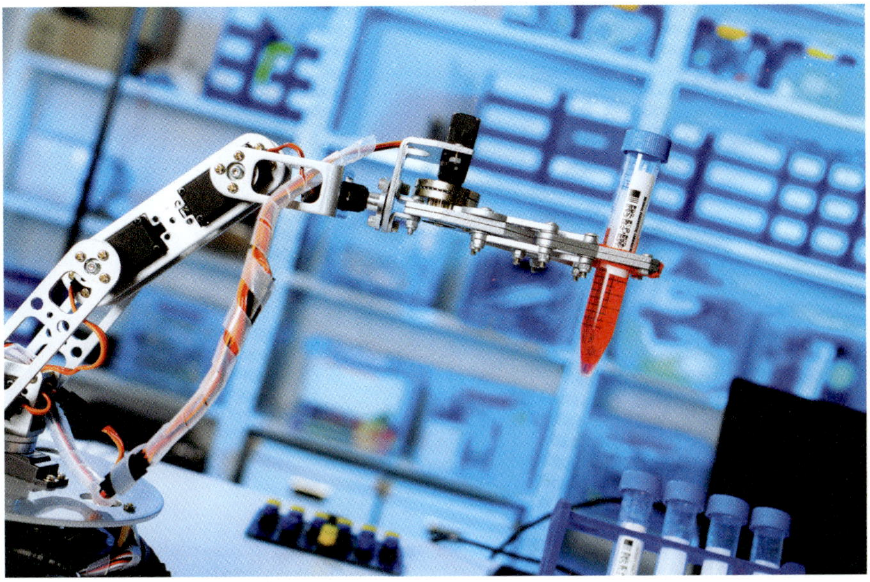

그림 1.17

기계공학자는 생명공학 산업에 이용되는 자동화 시험 장치를 설계하고 제작한다.

science photo/Shutterstock.com

션 환경에서 부품과 부품의 조립상태가 맞는지 미리 확인할 수 있게 되었다. 현재 CAE 도구를 활용하여 모바일 기기, 클라우드 컴퓨팅 기술 및 가상 머신 등 다양한 플랫폼 등을 개발하고 있다.

9. 생명공학 *Bioengineering* 생명공학에 관한 학문은 의학과 생명 과학을 전통적인 엔지니어링 분야에 연결시키는 공학이다. 생명공학은 새로이 발생된 분야이지만 지금까지의 발전뿐만 아니라 의료 및 건강관련 문제 대응에 미래의 무한한 발전 가능성으로 인하여 ASME의 열 번째 목록 이내로 들게 되었다.

생명공학의 한 목적은 제약 및 헬스케어 산업을 확장하기 위한 기술을 개발해 내는 것이다. 여기에는 신약개발, 유전체학(그림 1.17), 초음파 영상 진료법, 인공 관절 교체, 심장박동기, 심장 판막, 로봇 이용 수술(그림 1.18) 등이 있다. 예를 들면, 기계공학자는 열전달 원리를 이용하여 외과의사가 주위의 온전한 장기에 피해를 주지 않고 악성 종양을 제거하기 위해 액체 질소를 이용, 매우 낮은 온도 환경에서 저온 수술(cryosurgery)을 할 수 있도록 돕는다. 조직 공학은 기계공학자가 기여한 또 다른 분야이고, 그들은 인체의 파괴된 피부, 뼈, 연골 조직을 재생하기 위해 의사, 과학자와 같이 일한다.

10. 코드와 표준규격 *Codes and standards* 기계공학자가 설계한 제품은 다른 사람들이 개발한 하드웨어와 연결이 가능하고 호환성이 있어야 한다. 코드와 표준규격이 있기 때문에, 오늘 구입한 연료처럼 다음 달에 구입한 연료로도 자동차를 움직일 수 있으며; 미국의 자동차 부품 상점에서 구입한 소켓 렌치가 독일에서 생산된 자동차의 스파크 플러그에도 맞는다는 것을 확신할 수 있다. 코드와 표준규격은 기계 부품의 물리적 특성을 명시하여 다른 사람들이 부품의 구조와 작동을 명확하게 이해할 수 있도록 하기 위해 필요한 것이다.

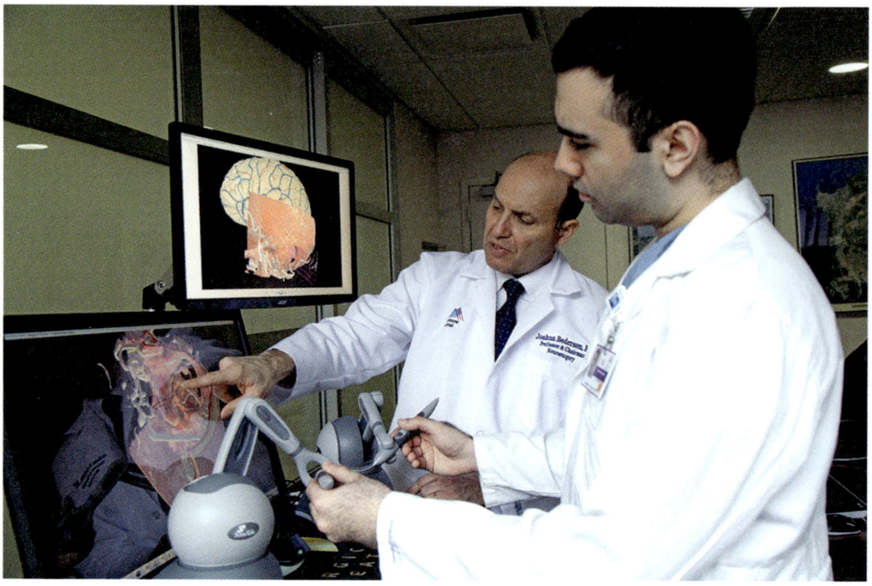

그림 1.18
신경외과에서는 수술하기 전에 환자의 특정 부분에 대해 증강현실(augmented reality), 즉 눈으로 보는 현실세계에 컴퓨터를 통해 가상 물체를 겹쳐 보여주는 기술과 가상현실을 적용하여 수술을 계획한다.

Joshua B. Bederson, MD and Mount Sinai Health System

수많은 표준규격은 정부와 산업체의 합의하에 제정된다. 이러한 규격은 사업체들이 사업상 국제적으로 경쟁할 때 더욱더 중요한 역할을 한다. 코드와 표준규격은 같은 직종 단체, **미국 기계공학회**(ASME)와 같은 전문 공학 단체, 보험업 연구소(Underwriters Laboratories) 등의 테스트 그룹, 미국 재료 및 시험 협회(American Society of Testing and Materials)와 같은 단체들이 공동으로 협의하여 제정한다.

기계공학도의 장래

ASME 상위 10대 성취한 목록은 기계공학 분야의 과거 업적을 정확히 파악하여 나타내는 한편, ASME는 기계공학과 관련하여 새롭게 나타나는 여러 분야를 식별하는 연구 결과를 발표하였다.[5] 그림 1.19에서는 설문조사에서 유망한 분야(emerging field)가 자주 언급되는 횟수에 따라 분류하였다. 당연하게도 유망한 연구 분야는 건강관리와 에너지 문제 해결에 관련되어 있다. 종합적으로, 이 분야는 기계공학이 세계 보건, 사회, 환경 문제에 상당한 영향을 미치는 눈에 띄는 기회가 될 것이다.

우리 의도의 한편으로는 귀하가 새로운 또는 기존의 모든 기계공학 분야에서 성공적이고 의미 있는 경력을 준비하도록 도와주는 것이다. 결과적으로, 다음 장에서 귀하가 지속적으로 연구와 훈련, 연습을 통해 발전할 수 있도록 기계공학의 기본원리를 다룰 것이다. 사실, 동일한 ASME 연구에서도 기계공학에서 가장 중요한 지속적인 분야/도구도 역시 확인되었다. 다음 장에서 다루는 원칙은 다음 사항을 포함하여 여러 지속적인 분야에 해당한다.

- 기계설계(제2장)

[5] *The State of Mechanical Engineering: Today and Beyond*, ASME, New York, NY, 2012. 35753_

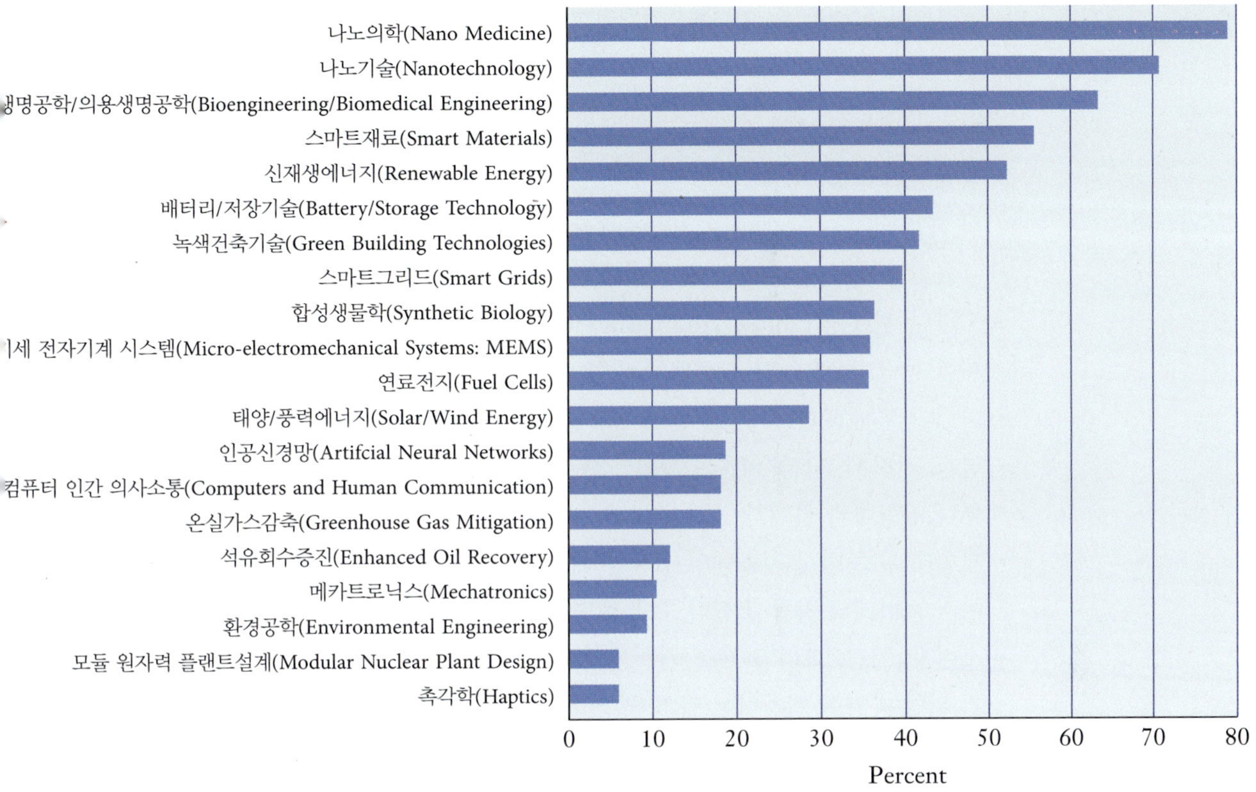

그림 1.19
ASME 연구에 의해 발표된 기계공학에서 상위 유망한 분야

Based on data from *The State of Mechanical Engineering: Today and Beyond*, ASME, New York, NY, 2012.

- 유한요소 해석(제4장 및 제5장)
- 유체역학(제6장)
- 열유동 해석의 응력(제7장)
- 전기모터 개발(제8장)

또한, ASME는 기계공학도가 향후 10~20년 동안 성공하기 위해서 "가장 필요한 기술"을 확인하였다. 목록 상위에 있는 사항은 소통 능력(ability to communicate)이며, 제3장에서 이에 관해 초점을 맞추었다. 귀하의 경력 경로가 새롭게 나타나는 유망 분야 또는 지속적인 분야로 이동하더라도, 해석모델, 계산 도구, 개인 능력을 조합하여 기계공학으로 문제를 해결할 수 있도록 준비할 것이다.

1.4 직업 진로

지금까지 우리는 기계공학 분야와 중요한 공헌과 기술에 대해서 몇 가지 살펴보았다. 이제 기계공학자가 국제적, 사회적 그리고 환경적으로 여러 도전에 직면한 상황에서 직업 선택에 관해 알아보기로 하자.

여러 산업체에서 기계공학자를 고용하고 있기 때문에, 한 직업이 모든 사항에 다 적용될 수는 없다. 기계공학자는 새로 창업한 조그마한 기업부터 거대한 다국적 기업에 이르기까지 다양한 범위에서 설계자, 연구자, 기술 관리자로 일을 할 수 있다. 여러분이 이해할 수 있도록, 기계공학자들이 할 수 있는 일의 범위를 소개하면 다음과 같다.

- 차세대 자동차의 부품, 재료, 모듈, 또는 시스템에 대한 설계와 해석
- 장애인 보조용, 수술 및 진찰 장비, 보철(prosthetics), 그리고 인공장기의 설계와 해석
- 효율적인 냉동기, 난방장치, 그리고 공기조화 시스템의 설계 및 해석
- 모바일 컴퓨팅(mobile computing) 및 네트워킹 장비(networking device)에 대한 동력 및 열 소산 시스템에 대한 설계와 해석
- 차세대 도시 교통 및 차량 안전 시스템에 대한 설계와 해석
- 국가, 지자체, 도시, 마을, 그리고 집단들이 쉽게 받아들일 수 있는 지속 가능한 에너지 형태의 설계와 해석
- 차세대 우주 탐사 시스템의 설계와 해석
- 여러 소비재의 자동 조립라인 및 혁명적 제조설비의 설계와 해석
- 소비자, 시장, 그리고 제조 기회를 인지하여, 세계적인 제품 플랫폼 개발을 하기 위한 다양한 엔지니어 팀의 운영
- 화학 물질, 플라스틱, 고무제조; 석유 및 석탄 생산, 컴퓨터 및 전자 제품, 시품 및 음료 제조; 인쇄 및 발간; (수도, 전기, 가스등) 공익사업; 서비스 제공 업체 등을 포함한 여러 산업체에 자문
- 미국항공우주국(NASA), 국방부(DOD), 국립 표준기술 연구소(NIST), 환경보호국(EPA), 그리고 국립연구소 등을 포함한 공공기관에서 근무
- 고등학교, 2년제 전문대학 및 4년제 대학에서 수학, 물리, 과학, 또는 공학 강의
- 법학, 의학, 사회복지, 사업, 또는 금융 분야에서 특별한 직업 추구

역사적으로, 기계공학자들은 기술 분야와 경영 분야 직업 중에서 택하여 일할 수 있다. 그러나 기술적인 이슈뿐만 아니라 경제, 환경, 고객, 그리고 제조 문제에 관한 복합 지식을 필요로 하는 개발과정에서 이 두 분야의 경계선은 분명하지 않다. 회사에서 공학 전문지식을 사용하여 같은 장소에 배치된 팀에서 해왔던 일들은, 이제 선도적으로 기술을 받아들일 수 있고, 국제적으로 발전할 수 있는 기회와 여러 지역에서 공학 지식을 활용할 수 있는 국제적으로 분산된 팀에서 하게 되었다.

진로 기회

역사적으로 "기계공학"이라는 분류된 전문 분야는 이제 직종 본질의 변화를 반영하는 여러 다양한 타이틀을 포함한다. 예를 들면, 기계공학 학위를 필요로 하는 직종에 대해 잘 알려진 구직 웹사이트로부터 요약하면 다음과 같다.

- 제품 기사

- 시스템 기사
- 생산 기사
- 신재생 에너지 자문
- 응용 기사
- 제품 활용 기사
- 기계 장치 기사
- 공정 개발 기사
- 선임 기사
- 영업 기사
- 설계 기사
- 전기 기사
- 포장 기사
- 전기-기계 기사
- 설비 디자인 기사
- 기계 제작 기사
- 에너지 관리 기사
- 메카트로닉스 기사
- 프로젝트 수주 기사
- 플랜트 기사

기술적인 지식 및 기능을 별개로 하더라도, 진로를 통하여 직업을 구하고, 유지하며, 그리고 승진에는 얼핏 보면 본질적으로 기술과 관계없는 몇 가지 능력에 좌우되는 것으로 보인다. 기계공학자는 문제에 관해 효율적으로 답을 구하고, 부가적인 책임을 훌륭하게 해낼 수 있으며, 주어진 업무를 주도적으로 처리할 수 있어야 한다. 어느 구직 웹사이트에서나 공학 직종의 기계공학자는 모든 형태의 구술자료 또는 서류로 된 미디어와 넓은 범위의 배경으로 소통할 수 있는 능력이 중요하다는 사항을 기술하고 있다. 사실상, 엔지니어를 관례대로 채용하는 회사는 엔지니어로서 가장 중요한 자질로서 기술 능력과 더불어 효과적인 **의사소통**(communication)을 중요하게 여긴다. 이러한 이유는 간단하다. 즉, 제품개발 단계에서 기계공학자는 감독관, 동료, 판매, 경영, 고객, 투자자, 그리고 공급자와 같은 여러 사람들과 같이 일을 해야 하기 때문이다. 엔지니어가 동료들과 서로 잘 소통하고, 기술적 그리고 사업적인 개념을 명확하게 설명하고 협의할 수 있는 능력이 중요하다.

의사소통능력

결과적으로, 여러분이 뛰어나고 혁신적인 기술 아이디어를 갖고 있다 하더라도 다른 사람들을 설득하지 못할 경우, 그 아이디어는 받아들여지지 않을 것이다.

1.5 일반적인 교육 프로그램

기계공학을 전공하는 대학 교육과정은 대략 다음의 네 가지 내용을 포함하고 있다.

- 인문, 사회 과학, 그리고 예술 분야에 관한 교양강좌 과목
- 수학, 과학, 그리고 컴퓨터 프로그래밍의 기초과정
- 모든 기계공학자들이 알아야 하는 기초 분야의 중요 과목
- 여러분이 관심 있는 특정 분야의 선택 과목 등

중요 교육 과목을 이수한 후, 여러분은 선택 과목을 통하여 개인에 맞는 학습 프로그램을 만들어 나갈 수 있다. 선택과목은 항공 우주 공학, 자동차 공학, 컴퓨터 원용 설계, 생산, 생물 의학 공학, 로봇 공학과 그 이외의 분야에서 기계공학의 전문 분야를 개발하기 위해 선택할 수 있다.

일반적인 기계공학 교과과정의 중요 과목들이 그림 1.20에 소개되어 있다. 각각의 과목들이 분리된 분야로 표시되어 있지만, 기계공학 교육과정은 여러 과정, 주제, 그리고 지식분야들이 상호 관계되는 시스템으로 통합되어 가고 있다. 기계공학자가 되기 위한 핵심은 **혁신과 설계**(*innovation and design*)이다. 전공을 시작하기 전에 중요 사항으로 제품, 시스템, 그리고 공정 설계를 통하여 기계공학자가 세계에서 사회적, 국제적, 경제적인 사안에 어떠한 영향을 미치는가를 이해하는 것이다. 엔지니어는 혁신적으로 기술문제를 해결하기 위해 창의적이어야 할 뿐 아니라, 이러한 문제들을 새로운 방법으로 알아내고 제안할 수 있어야 한다.

혁신과 설계

그림 1.20
대표적인 기계공학 교과과정의 이수 체계도

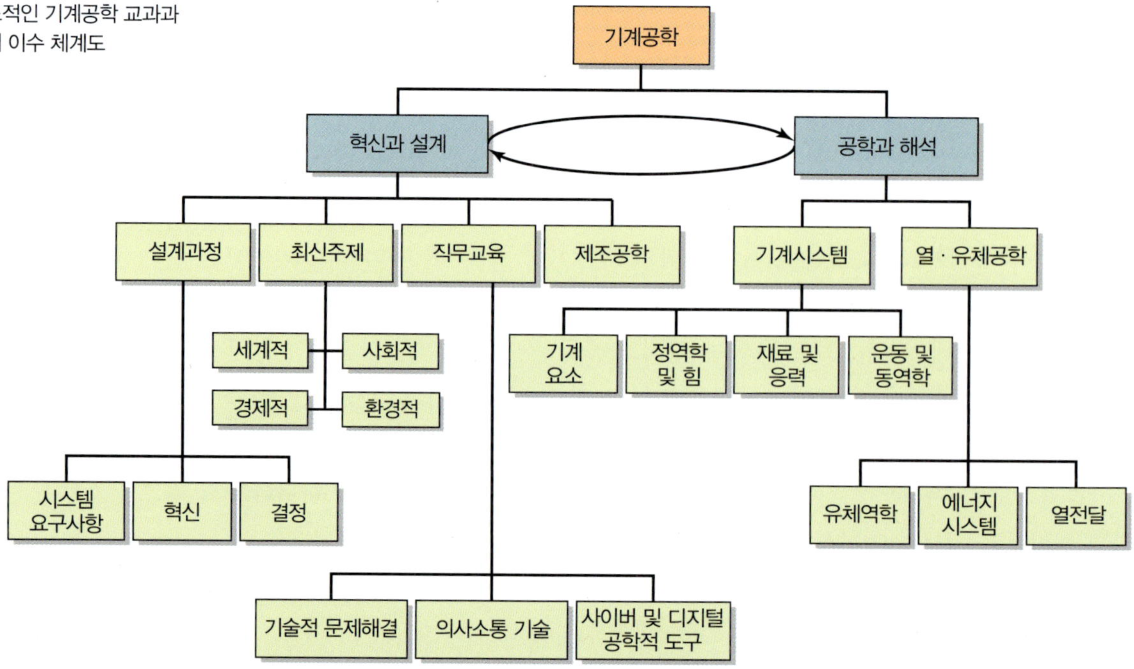

혁신과 설계 지식은 다음 주제를 포함하여, 설계과정이 어떻게 이루어지는가에 대한 학습이 필요하다.

- 다양한 이해 당사자(주주)를 만족시킬 수 있는 시스템 필요조건의 개발
- 최종 설계의 효율적인 선택과 실현 및 혁신적 개념 발생
- 제품 개발과정과 관련, 다수의 형평에 적용할 수 있는 건전한 의사결정 원리

덧붙여서, 동시대의 그리고 새로운 이슈에 대한 지식은 지속 가능하고, 생활, 공동체, 경제, 국가, 그리고 환경을 변화시키는 시스템과 제품설계에 필수적이다. 물론, 기계공학자는 잠재적으로 여러 생명에 직접적인 영향을 미칠 수 있으므로 최고의 인격을 갖춘 뛰어난 전문가여야 한다. 이러한 전문가가 되기 위해서는 다음 기술들을 배워야 한다.

- 안전한 문제 해결 기술
- 기술적 의사소통을 위한 효율적인 연습(구두발표, 기술보고서, 이메일)
- 공학설계과정을 지원할 수 있는 최근의 디지털 및 컴퓨터 관련 툴

혁신과 설계에 관한 지침서는 실제 제품을 현실화하기 위해 필요로 하는 기본적인 과정을 이해하지 않는다면 완전할 수 없다. 이러한 사항은 제품이 어떻게 만들어지고, 생산되고, 그리고 조립되는 과정과 제조 과학에 주안점을 둔 과목 내용들을 포함한다.

교과과정 구성요소가 혁신과 설계에 기초하기 위해 주요한 **공학과학과 해석**(*engineering science and analysis*)에 대해 배워야 한다. 일련의 교과목들이 기계장치(예를 들면 기어, 스프링, 메커니즘 등) 요소의 모델링과 해석을 포함한 기계 시스템에 중점을 둔다. 이러한 중요 교과목은 일반적으로 다음 내용을 포함한다. 공학과학과 해석

- 움직이거나 정지한 구성 요소를 포함하여, 작동 중인 기계와 구조에 작용하는 힘의 이해
- 구조의 구성 요소에 작용되는 힘을 지지하기에 충분히 강하며, 가장 적합한 재료를 결정
- 기계와 메커니즘의 작동 방법과 그들 사이에 전달되는 동력, 에너지, 그리고 힘의 양을 결정

다른 일련의 교과목들은 열동력 및 유체 시스템의 거동과 특성에 대한 모델링과 해석을 포함한 열 유체 원리에 중점을 둔다. 이러한 중요 교과목은 일반적으로 다음 내용을 포함한다.

- 액체와 기체의 물리적 성질, 그리고 유체와 구조 사이에 작용하는 항력, 양력과 부력
- 능률적인 동력 발생 기계, 장치, 그리고 기술에 의해 에너지의 한 형태에서 다

른 형태로 변환

- 전도, 대류, 그리고 복사를 통한 열 관리와 온도 조절

정규 교육 과정과 함께, 학생들은 방학 기간 동안 일을 하거나 인턴, 연구 프로젝트, 그리고 해외 유학 기회 등을 활용해 **경험을 획득**하는 것이 중요하다. 공과대학 이외에서 이수한 과목뿐만 아니라, 이러한 과정을 통해 얻은 경험으로 인하여 여러분이 받은 교육과 시야가 넓어지게 될 것이다. 기업체에서는 점점 일반적인 기술 능력 이상의 분야를 공부한 공학계 졸업생을 찾고 있다. 비즈니스에 관한 지식, 대인 관계, 조직 행동(organizational behavior), 외국어, 그리고 커뮤니케이션 능력은 많은 공학 활동 중에 중요한 요소들이다. 예를 들어, 해외에 지사가 있는 회사, 외국 고객이 많은 회사, 그리고 해외 매각인에게 제품을 구입하는 회사에서는 외국어를 잘할 수 있는 엔지니어를 우선적으로 채용한다. 여러분이 공학 전공을 계획한다면 선택과목을 이수하고, 부전공을 준비하여라. 폭넓은 능력들을 습득할 수 있도록 유의해야 한다.

경험 획득

미국 공학기술 인증위원회(Accreditation Board for Engineering and Technology: ABET, http://www.abet.org/)는 미국 기계공학회(ASME) 등 여러 기술학회가 관련된 협회이다. ABET는 인증과정을 통해 미국의 600여 개 이상 대학에서 대략 3,000개 공학프로그램을 보증, 인가하고 있다. 또한, ABET는 국제적인 공학프로그램 인증을 시작했다. 이 위원회에서는 새로운 공학계열 졸업생들이 갖추어야 할 사항들을 명시하였다. 이렇게 열거된 사항들은 여러분이 학습과정 중 발달 사항과 지적 성장을 살펴보는 기준으로도 유용하다.

1. **수학, 과학, 공학의 지식을 이용하는 능력.** 2차 세계 대전 이후, 과학은 공학 교육의 중요한 대들보였으며, 기계공학 학생들은 전통적으로 수학, 물리, 그리고 화학을 공부하고 있다.
2. **자료의 분석과 해석, 그리고 실험을 설계하고 수행할 수 있는 능력.** 기계공학자는 어떻게 실험을 준비하고 수행하며, 최첨단 기술을 사용한 장비와 측정 도구들을 사용하고, 시험 결과로부터 물리적 의미와 관련된 사항을 해석할 수 있어야 한다.
3. **경제, 환경, 사회, 정치, 윤리, 건강과 안전, 생산성, 그리고 지속 가능성과 같은 실제 제한조건에 합당한 필요사항을 만족시킬 수 있는 시스템, 구성 요소, 그리고 과정을 설계하는 능력.** 이 능력은 기계공학의 가장 중요한 핵심 사항이다. 공학자는 **개방형 기술문제**(open-ended technical problem)에 대해 확신할 수 있는 해답을 제시하고, 구체적이고, 기능을 발휘하며, 안전하고, 친환경적으로, 그리고 이익을 가져올 수 있는 설계를 할 수 있도록 배운다.
4. **여러 전문 분야에 걸친 팀들과 활동할 수 있는 능력.** 기계공학자는 혼자 하는 활동이 아니기 때문에, 여러분은 비즈니스 공동체에서 다른 사람들과 효과적으로 함께 일할 수 있는 능력을 개발하여야 한다.

5. **공학 문제를 식별, 공식화, 해결할 수 있는 능력.** 공학은 수학과 과학의 원리에 견고히 기초하고 있지만, 그러나 그것은 또한 새로운 것을 설계하기 위한 창의성과 혁신을 포함하고 있다. 엔지니어들은 생소한 상황에 직면했을 때 문제를 풀고, 명확히 해결할 수 있는 능력을 개발해야 한다.
6. **전문적이고 윤리적인 책임의 이해.** 교육 과정과 개인적인 경험을 통해서, 엔지니어들이 전문적이고 도덕적으로 행하여야 할 의무가 있음을 알게 될 것이다. 엔지니어는 도덕적, 그리고 업무에 관련된 갈등을 인식하고, 이러한 문제가 발생될 때 해결할 수 있어야 한다.
7. **효과적인 의사소통 능력.** 엔지니어는 컴퓨테이션, 측정 결과, 설계, 그리고 공학적 계산에 관해 설명할 때 구두발표 또는 서류로 의사소통이 가능한 능력을 고루 갖추어야 한다.
8. **세계적, 경제적, 환경적, 그리고 사회적인 견지에서 공학적 해결의 영향력을 이해할 수 있는 다양한 교육.** 엔지니어는 세계의 많은 사람들에게 영향을 미칠 수 있는 제품, 시스템, 그리고 서비스업을 만든다. 이 내용을 인식할 수 있는 엔지니어는 건실한 기술을 갖는 윤리적인 직업 결정을 할 수 있다.
9. **일생 동안 배움의 과정에 참여하고 이러한 필요성을 인지하기.** "교육"은 사실(fact)로만 채우는 것을 뜻하지는 않으며, 대신에 "발휘(bring out)"하는 것을 의미한다. 그러므로, 여러분의 지적 성장은 졸업 후에도 새로운 지식과 이해를 가져올 수 있도록 계속되어야 한다.
10. **동시대의 관심 사항들에 관한 지식.** 엔지니어는 사회적, 세계적, 환경적, 경제적, 그리고 정치적으로 현재 중요한 발달 사항을 알고 있어야 한다. 왜냐하면, 이들을 이해하는 것은 사회가 직면하고 공학자가 해결해야 하는 기술 문제의 맥락을 포함하고 있기 때문이다.
11. **공학에 필요한 기능(*tecninque*), 기술(*skill*), 그리고 현대의 공학 툴을 사용할 수 있는 능력.** 이 능력은 컴퓨터를 이용한 공학 소프트웨어 툴과 수치 결과를 비판적으로 분석할 수 있는 기량에 기초한다.

(1)과 (2)항의 성과(outcome)는 제4장 제8장에서 소개할 기계공학 교육과정을 통한 핵심적인 공학 과학과 수학의 기본사항을 배움으로써 얻을 수 있다. (3), (8), 그리고 (10)항의 성과는 제1장과 제2장에서 다루었으며, 다른 상위의 기계공학 교과과정 중의 부분일 수 있다. 컴퓨터를 이용한 설계와 제조에 관한 몇 가지 내용은 제2장에 소개하였으며, (11)항의 성과와 관계된다. 제3장에서는 (5)와 (7)항의 성과를 얻을 수 있는 내용을 직접 강조하였다. 이들은 설계, 창조, 혁신, 학습, 분석, 생산, 그리고 변화하는 세계 사회의 사람들에게 영향을 끼칠 수 있는 성공적인 공학 직업인이 되기 위해서 중요한 사항이다. 교과과정을 통해 (4), (6), 그리고 (7)항의 성과를 다룰 능력과 이해를 개발하기 위한 기회를 가져야 한다.

요약

이 장은 기계공학자로서 목적, 도전, 책임, 기회, 보상, 그리고 만족감에 대한 관점을 갖도록 기술하였다. 간단히 말하면, 공학자는 삶에 영향을 미치고 기능을 발휘할 수 있는 것을 생각하고, 설계하고 그리고 만든다. 엔지니어는 도면, 보고서 작성, 그리고 구두발표로 다른 사람들에게 그들이 한 일을 분명하게 소통할 수 있으므로, 문제를 잘 해결하는 사람으로 간주될 수 있다. 기계공학은 다양한 학문이고, 전통적인 공학 분야에서 가장 일반적인 분야이다. 1.3절에서는 기계공학자들이 기여한 상위 10가지 업적이, 수십억 사람들의 일상생활을 글자 그대로 향상시켰다는 내용을 설명하였다. 이러한 업적들을 달성할 수 있도록 기계공학자는 설계, 시뮬레이션, 그리고 제조하기 위해서 컴퓨터를 이용한 툴을 사용한다. 여러분이 당연하다고 여기는 풍부하고 값싼 전기, 냉장, 교통수단과 같은 기술들이 사회에 기여하는 중요성, 그리고 작동이 가능한 놀랄만한 하드웨어에 대해 심사숙고해 보면 엔지니어에 대한 새로운 의미를 깨닫게 될 것이다. 이러한 지속적인 기술 및 다른 새롭게 나타나는 기술에 대해서도 기계공학자가 지금도 전 세계적 문제점의 해를 구현하고 설계하는 데 계속 그 영향을 확대해나가고 있다.

자습과 복습

1.1 공학이란 무엇인가?

1.2 엔지니어, 수학자, 과학자의 차이점은 무엇인가?

1.3 기계공학은 무엇을 하는 일인가?

1.4 기계공학을 다른 전통적인 공학과 비교하라.

1.5 기계공학자가 설계하거나 개선, 그리고 생산한 제품 여섯 개를 들어 설명하고, 해결해야 할 기술적인 문제점들을 나열하라.

1.6 1.3절에서 열거한 기계공학자의 상위 10가지 업적에 관계되는 사항을 설명하라.

1.7 기계공학자가 선택할 수 있는 직책과 직업을 논하라.

1.8 전형적인 기계공학 교육 과정에 포함되어 있는 주요 분야에 대해 설명하라.

연습문제

P1.1

다음에 나타낸 각 시스템에 대해, 기계공학자가 어떻게 설계에 관련되어 있는지 각각 두 가지 예를 들어 설명하라.

(a) 승용차 엔진

(b) 에스컬레이터

(c) 컴퓨터 하드 디스크 드라이브

(d) 인공 고관절 임플란트

(e) 연습용 야구볼 투척기

P1.2

다음에 나타낸 각 시스템에 대해, 기계공학자가 어떻게 해석 연구에 관련되어 있는지 각각 두 가지 예를 들어 설명하라.

(a) 상용 여객기 제트엔진

(b) 우주탐사용 로버(Rover) 로봇

(c) 컴퓨터 잉크-젯 프린터

(d) 스마트폰

(e) 자판기의 음료수 캔

P1.3

다음에 나타낸 각 시스템에 대해, 기계공학자가 어떻게 제조에 관련되어 있는지 각각 두 가지 예를 들어 설명하라.

(a) 그래파이트-에폭시 스키, 테니스 라켓, 골프 채

(b) 엘리베이터

(c) 블루레이 플레이어(Blu-ray player)

(d) 자동 현금 인출기

(e) 유아용 자동차 안전 시트

P1.4

다음에 나타낸 각 시스템에 대해, 기계공학자가 어떻게 제조에 관련되어 있는지 각각 두 가지 예를 들어 설명하라.

(a) 하이브리드 가스-전기 승용 자동차

(b) 자동차, 비행기, 선박의 원격 조정용 모터

(c) 스노보드 체결 바인딩

(d) 위치추적장치(GPS) 위성 수신기

(e) 전동 휠체어

P1.5

다음에 나타낸 각 시스템에 대해, 기계공학자가 설계에서 세계적인 쟁점을 어떻게 다루는지 하나의 예를 들어 설명하라.

(a) 신장 투석기

(b) 전자레인지

(c) 산악 자전거용 알루미늄 프레임

(d) 자동차 ABS(급제동 시 휠의 고정을 방지하는 장치)

(e) 레고 장난감

P1.6

다음에 나타낸 각 시스템에 대해, 기계공학자가 설계에서 어떻게 사회적인 이슈(issue)를 다루는지 하나의 예를 들어 설명하라.

(a) 접시 세척기

(b) 전자책 판독기(e-Book reader)

(c) 커피메이커

(d) 무선 전기드릴

(e) 유아 식사용 의자(infant high chair)

P1.7

다음에 나타낸 각 시스템에 대해, 기계공학자가 설계에서 어떻게 환경적인 이슈를 다루는지 하나의 예를 들어 설명하라.

(a) 잠수복(wetsuit)

(b) 냉장고

(c) 우주 관광선(space tourism vehicle)

(d) 자동차 타이어

(e) 유아 조깅용 스트롤러(infant jogging stroller)

P1.8

다음에 나타낸 각 시스템에 대해, 기계공학자가 설계에서 경제적인 이슈를 어떻게 다루는지 하나의 예를 들어 설명하라.

(a) 빨래 건조대

(b) 로봇식 잔디 깎는 기계

(c) 집어넣을 수 있는 경기장 지붕(retractable stadium roof)

(d) 치약 튜브

(e) 종이 클립

P1.9

이 장의 마지막에 인용한 참고문헌 가운데, **기계공학** 잡지(*Mechanical Engineering* magazine) 중의 기사를 읽고 열 가지 업적 중에 해당되는 한 가지 이상에 대해 기술하여라. 업적 중에 흥미 있고 중요한 부분에 관한 기사를 요약하여 약 250단어로 된 리포트를 작성하라.

P1.10

이 장에서 열거한 열 가지 기계공학 업적 이외에도 어떤 상품이나 장치가 업적에 포함되어야 한다고 생각하는가? 여러분이 생각할 수 있는 이론적 근거와 해당 업적에 대해서 흥미롭고 중요한 부분을 열거하여 250단어로 된 리포트를 작성하라.

P1.11

여러분은 100년 후에 어떤 기술적인 진보가 21세기의 기계공학 분야의 중요한 업적으로 평가될 것이라고 생각하는가? 여러분이 예상한 사항에 대하여 이론적 근거를 약 250단어의 리포트로 작성하라.

P1.12

오늘날 엔지니어에게 직면한 가장 중요한 세 가지 요소는 무엇이라고 생각하는가? 여러분이 생각할 수 있는 이론적 근거를 약 250단어의 리포트로 작성하라.

P1.13

여러분이 알고 있는 사람, 또는 알고 있는 회사에 연락하여 인터뷰하고 여러분의 흥미를 끄는 제품에 관련되거나 포함된 세부 사항을 알아보라. 제품, 회사 또는 기계공학자가 그 제품의 설계나 생산에 기여한 내용을 종합하여 약 250단어로 요약하라.

P1.14

여러분이 알고 있는 사람, 또는 알고 있는 회사에 연락하여 인터뷰하고 기계공학과 관련된 컴퓨터 원용 공학 소프트웨어 툴에 대해서 알아보라. 소프트웨어 툴이 어떤 것인지, 그 툴이 공학자를 어떻게 효율적이고 정확하게 일을 할 수 있도록 도와주는지에 대하여 약 250단어로 요약하라.

P1.15

뉴스에 보도된 최근의 공학 실패에 대해 알아보고 기계공학자가 어떻게 그 실패를 예방할 수 있는지, 약 250단어의 리포트로 작성하라. 제안된 예방책이 어떻게 설계, 제조, 분석, 그리고/또는 시험되어야 하는가를 명확히 설명하라.

P1.16

귀하가 개인적으로 사용해 온 제품 중에 원래의 목적에 실패했다고 생각한 제품을 고려해 보라. 이 제품이 실패한 이유와 기대에 못 미치는 제품이 되지 않도록 하기 위해서는 기계공학자가 무엇을 해야 하는가에 대해 약 250단어의 리포트로 작성하라.

P1.17*

구글을 사용하여 *ASME*에서 발행한 보고서, 기계공학 현황: 현재와 미래(*The State of Mechanical Engineering: Today and Beyond*)에 대해 찾아보아라. 보고서를 읽고 그룹으로 15페이지의 도구와 기술 중에서 여러분이 익숙하지 않은 하나를 선택하고, 기계공학의 어떤 종류가 그것에 사용될 수 있는지 명확히 나타낼 수 있는 있는 간단한 설명서(구두 또는 서면)를 작성하라.

P1.18*

P1.17*의 동일한 보고서에서 그룹으로 공학의 미래 전망에 대한 6페이지 차트를 보라. 차트 항목(행)에서 세 가지를 선택하고 항목에서 표현된 원리를 구체적으로 강조하는 현재의 관련 기사를 살펴보아라. 그리고 세 가지 선택된 원리가 기계공학 교과과정에 포함되어야 한다고 생각하는 영향과 기사에 대해 간단한 자료를 작성하라.

참고문헌

Armstrong, N. A., “The Engineered Century,” *The Bridge*, National Academy of Engineering, Spring 2000, pp. 14-18.

Gaylo, B. J., “That One Small Step,” *Mechanical Engineering*, ASME International, October, 2000, pp. 62-69.

Ladd, C. M., "Power to the People," *Mechanical Engineering,* ASME International, September, 2000, pp. 68-75.

Lee, J. L., "The Mechanics of Flight," *Mechanical Engineering,* ASME International, July, 2000, pp. 55-59.

Leight, W., and Collins, B., "Setting the Standards," *Mechanical Engineering,* ASME International, February, 2000, pp. 46-53.

Lentinello, R. A., "Motoring Madness," *Mechanical Engineering,* ASME International, November, 2000, pp. 86-92.

Nagengast, B., "It's a Cool Story," *Mechanical Engineering,* ASME International, May, 2000, pp. 56-63.

Petroski, H., "The Boeing 777," *American Scientist,* November-December, 1995, pp. 519-522.

Rastegar, S., "Life Force," *Mechanical Engineering,* ASME International, March, 2000, pp. 75-79.

Rostky, G., "The IC's Surprising Birth," *Mechanical Engineering,* ASME International, June, 2000, pp. 68-73.

Schueller, J. K., "In the Service of Abundance," *Mechanical Engineering,* ASME International, August, 2000, pp. 58-65.

Weisberg, D. E., "The Electronic Push," *Mechanical Engineering,* ASME International, April, 2000, pp. 52-59.

CHAPTER 02

기계설계

Mechanical Design

이 장의 목적

2-1 기계설계 프로세스에 필요한 주요 단계를 요약하기

2-2 사회가 직면하고 있는 기술적, 국제적, 환경적인 문제를 해결하는 데 있어서 기계설계의 중요성을 인식하기

2-3 효율적인 제품, 시스템 그리고 프로세스를 설계하는 데 있어서 혁신의 중요성을 인식하기

2-4 엔지니어링에서 다학제적 팀, 공동작업, 기술적인 의사소통의 중요성을 인식하기

2-5 제조에서 사용되는 일부 프로세스 및 공작기계와 친숙해지기

2-6 엔지니어링의 비즈니스 측면에서 신기술을 보호하기 위해 특허가 어떻게 사용되는지 이해하기

2-7 기계설계, 해석, 제조를 연결하는 데 있어서 컴퓨터 원용공학(CAE) 도구들의 역할에 대해서 이해하기

2.1 서론

미국국립공학아카데미(National Academy of Engineering: NAE)는 21세기에 엔지니어링 공동체가 직면하고 있는 14개의 소위 **"원대한 도전(Grand Challenges)"**을 선정했다. 이러한 도전은 공학자(engineer)들이 자신을 어떻게 자리매김하고, 무엇을 어떻게 배우며, 어떻게 사고하는지를 보여준다. 또한 이 도전과제들은 공학자의 관점과 그들의 활동에 의해서 영향을 받는 공동체를 바라보는 시각을 넓혀준다. 14개의 도전 과제들은 다음과 같다.

- 태양에너지를 경제적으로 만든다.
- 핵융합에 의해 에너지를 공급한다.
- 탄소 포집 방법을 개발한다.
- 질소 사이클을 관리한다.
- 깨끗한 물을 공급한다.
- 도시 기반시설을 복원하고 개선한다.
- 보건 정보과학을 발전시킨다.
- 더 좋은 의약품을 개발한다.
- 뇌기능을 복제한다.

- 핵 테러를 예방한다.
- 사이버공간을 안전하게 한다.
- 가상현실 기술을 발전시킨다.
- 개인 맞춤교육을 발전시킨다.
- 과학적 발견을 위한 도구들을 개발한다.

기계공학자(mechanical engineer)들은 이러한 도전 과제들 각각에서 중요한 역할을 수행할 뿐 아니라 많은 도전 과제들에서 기술적이고 글로벌한 리더십을 행사할 것이다. 어떤 학생은 이 과제들의 리스트를 읽고 나서 자신이 수백만의 삶에 영향을 미치는 혁신적인 해결책을 고안하는 꿈을 꾸면서, 한 개 혹은 그 이상의 도전과제들을 마음속에 품을 것이다. 이 과제들은 많은 과학과 공학 분야 영역의 전문성을 필요로 하지만 이 분야를 모두 연결하는 원칙은 **설계**(*design*)이다. 미국 기계공학회의 최근 보고서는 **기계공학**[1] 영역 중에서 **설계공학**(design engineering) 분야가 다가오는 10년 내지는 20년에 걸쳐서 가장 중요한 분야가 될 것이라고 기술하고 있다. 각 도전과제들이 내포하고 있는 무수한 하부과제들을 해결하기 위해서 많은 다학제적 팀들이 혁신적이고 효과적인 해결책들을 설계해야 한다. 이 장의 초점은 기본 원리들을 이해하고 성공적인 설계 프로세스의 일부를 구성하거나, 거기에 일조하거나, 혹은 거기에 이르기 위해서 필요한 스킬을 배우는 데 있다.

요소 1 : 기계설계

제1장에서 공학자, 과학자 그리고 수학자 간의 차이를 설명할 때 "**엔지니어링**"이라는 단어가 "독창적"이라는 단어 및 "고안하다"라는 단어와 관계가 있다는 점을 보았다. 실제로 새롭고 독창적인 것을 개발하는 과정은 엔지니어링 직업에서 가장 핵심이다. 궁극적인 목표는 세계가 가지고 있는 기술적인 문제 중 하나를 해결할 수 있는 하드웨어를 만드는 데 있다. 이 장의 목적은 독자에게 새로운 제품을 설계, 제조하고 특허를 등록할 때 발생하는 이슈들에 대해서 소개하는 데 있다. 기계공학 분야의 체계와 이 장의 관계는 그림 2.1에서 알 수 있다.

새롭거나 혹은 개선된 제품에 대한 좋은 아이디어를 내기 위해서 정규과정의 공학 교육을 받을 필요는 없다. 사실 여러분의 기계공학에 대한 관심이 어떤 하드웨어를 만드는 데에 대한 아이디어에 의해서 시작되었을 수도 있다. 이 책의 나머지 장들에서 다룰 기계공학의 요소들, 즉 구조물과 기계에서의 힘, 재료와 응력, 유체공학, 열에너지 시스템, 그리고 운동과 동력전달은 여러분의 아이디어를 효과적이고 체계적으로 현실화할 수 있도록 도와주는 기초를 놓기 위한 것이다. 이러한 측면에서 이 교재에서 취한 방법은 전통적인 기계공학 교과과정과 유사하다. 설계 문제의 해결과정에서 시행착오를 줄이기 위해서 근사화, 수학, 과학이 사용된다. 여

[1] *The State of Mechanical Engineering: Today and Beyond*, ASME, New York, NY, 2012.

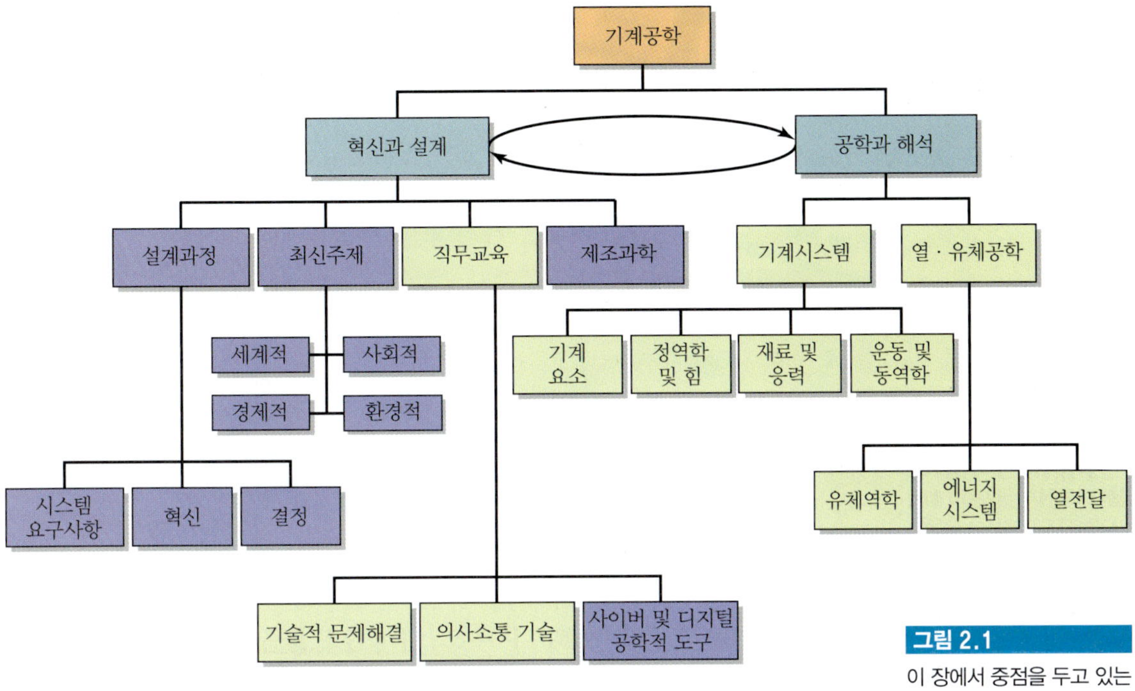

그림 2.1
이 장에서 중점을 두고 있는 주제(음영부분)와 기계공학의 전체 학습 프로그램과의 관계

러분은 설계 과정에서 발생하는 많은 문제들에 답하기 위해서 제3장부터 제8장까지 기술된 계산방법들을 활용할 수 있고 그러한 계산은 단순히 학문적인 연습이 아니라 더 현명하고 신속하게 설계할 수 있도록 도와준다.

이 장에서는 제품개발 프로세스의 개요를 다룬다. 즉 설계문제의 정의로부터 시작해서 새로운 개념의 개발과 제조로 이어지며, 마지막으로 새로운 기술을 특허 출원하는 단계로 마무리 짓는다. 먼저 공학자가 새로운 아이디어를 현실화할 때 따르는 설계과정 중 상위레벨의 단계에 대해서 논의를 시작한다. 새로운 제품이 설계되고 만들어지면, 공학자나 회사는 개발된 새로운 기술을 보호하고, 다른 사람이나 회사가 그 기술을 사용하지 못하도록 막아서 시장에서의 경쟁력을 확보하기 원한다. 미국의 헌법에는 발명에 대해서 특허를 인정하는 조항이 있는데, 이는 공학의 비즈니스 측면에서 매우 중요하다. 제품의 상세사항이 결정되면 하드웨어를 경제적으로 제조해야 한다. 기계공학자는 제품이 어떻게 제조되는지를 명시하는데, 2.3절에서는 주요 **제조공정**(manufacturing processes)들을 소개한다.

중점사항 제품 고고학

아마도 여러분은 고고학자가 과거의 기술을 *발견*하는 것처럼 공학자가 새로운 기술을 발견한다고 말하는 것을 들어보았을 것이다. 발견이라는 개념이 고고학자와 공학자에게 공히 동기를 부여하지만, 고고학자는 이미 존재하는 것을 발견하는 반면에 공학자는 전에 존재하지 않았던 것을 발견한다. 하지만 공학자는 제품 고고학을 활용하여 기존의 기술을 공부함으로써 설계에 대해 많은 것을 배울 수 있다.

제품 고고학(*product archaeology*)이란 그 제품의 개발에 이르는 단계에서의 의사결정을 이해하기 위해서 제품의 생애주기(life cycle), 즉 고객 요구조건, 설계명세서, 생산에 사용되는 제조공정을 재구성하는 과정이다. 제품 고고학은 제품 자체의 분석을 통하여 원가를 구성하는 설계 속성을 측정하기 위한 방법으로 1998년에 처음 소개되었다.[2] 최근에는 제품 고고학이 제품의 제조원가를 분석하기 위한 목적뿐 아니라, 제품의 개발에 영향을 미치는 국제적 및 사회적 맥락을 분석하기 위한 목적으로도 확장되어 활용된다. 또한 제품 고고학은 공학자가 제품 생애주기 기간의 에너지 및 재료 사용량을 고려함으로써 제품의 환경에 대한 영향을 분석할 수 있게 한다. 제품 고고학을 공학 교실에서 가르치면 학생들은 설계자의 마음 상태를 경험할 수 있으며, 또한 그 제품의 개발에 이르게 한 국제적 및 지역적 조건의 재구성을 위해서 제품이 개발된 특정 시간대를 경험할 수 있다.

예를 들어 세계의 많은 대학교 기계공학 교과과정에서 학생들은 고고학자들이 사용하는 다음과 같은 프로세스를 따라함으로써 다양한 제품 고고학 프로젝트와 연습에 참여한다.

1. *준비*: 시장 조사, 특허 조사, 기존 제품의 벤치마크 등을 포함하는 제품에 대한 배경을 조사한다.
2. *발굴*: 제품을 해부하고, 부품 분석을 실시하며, 기능 설명서를 만들고, 다시 재조립한다.
3. *평가*: 재료의 분석과 시험을 수행하고, 유사 제품과 성능을 비교하며 부품의 경제적 환경적 영향을 평가한다.
4. *설명*: 제품의 설계에 영향을 미쳤고, 현재 유사한 제품의 설계에 영향을 미치는 국제적, 경제적, 환경적, 사회적 이슈들에 대한 결론을 유도한다.

예를 들어 펜실베니아 주립대학교에서는 학생들이 자전거의 "고고학적 발굴"을 수행하였다. 학생들은 연구와 분해, 그리고 제품 분석의 결과로 다양한 범위의 세계시장을 대상으로 하는 미래 자전거 설계를 도와줄 다음과 같은 정보를 찾아냈다.

지역적인 맥락에서의 자전거:

- 사하라 남쪽의 아프리카 지역에서는 자전거가 앰뷸런스로 사용된다.
- 일본에는 자전거가 너무 많아서 자전거 주차구조물이 있다.
- 네덜란드에는 자전거 길, 교통신호, 주차장, 도로 표지판, 터널 등을 포함하는 자전거만을 위한 교통 기반시설이 있다.
- 중국의 많은 자전거는 전기자전거이다.

사회적 맥락에서의 자전거:

- 많은 자전거 카페가 유기농 음식을 제공하고, 사람들이 도시를 여행할 수 있도록 자전거를 대여해 준다.
- 헨리 포드는 자전거 기계공이었고, 라이트 형제는 첫 비행을 위해서 자전거 파이프를 사용했다.
- 자전거는 여성해방운동의 일부인 소위 "합리적 복장"의 촉매제 역할을 하였다.

환경에 대한 자전거의 영향:

- 유럽 국가에는 많은 자전거 공유 프로그램이 있다.
- 탄소배출을 줄이기 위해서 자전거 출퇴근을 장려하는 다양한 프로그램들이 있다.
- 학생들은 자전거 효율 정보를 포함하여 미국 도시들의 자전거 통근자들에 대한 다양한 통계를 찾았다.

자전거 설계에 있어서 경제적 이슈:

- 각각의 제조, 운영, 정비 비용을 포함하여 자전거와 자동차의 상대적 비용 비교
- 플라스틱 자전거와 전통적인 재료의 자전거 사이에는 원가의 차이가 있다.
- 자전거가 주 교통수단이 될 때의 의료비용 절감

제품 고고학을 이용하여 설계 원칙을 배우는 것의 장점 중 하나는 제품 설계와 개발이 다학제적 특성을 가지고 있음을 명

[2] K. T. Ulrich and S. Pearson, "Assessing the Importance of Design Through Product Archaeology," *Management Science*, 1998, 44(3), 352 – 369.

확하게 보여준다는 점이고, 또한 설계의 기본 원칙이 기계공학에 매우 필수적이라는 점이다.

고고학에서 영감을 받은 "발굴하기"는 기계공학 엔지니어가 설계 능력을 개발하는 데 도움을 주기도 한다. 예를 들어서 고고학자는 발굴지에서 돌로 된 유물, 섬유, 도기 조각, 고대 집기 등을 발굴하여 그 시대의 문화와 기술을 재구성한다. 이와 유사하게 기계공학 엔지니어는 기존에 설계된 구성품들을 연구하여 거기에서 얻어진 재료, 에너지 정보를 활용하여 제품을 재설계한다. 아래의 구성품들이 어떤 제품으로부터 왔는지 생각해보라(답은 이 장의 후반에).

- 적외선 센서
- 모터
- 기어
- 저장 상자
- 창문
- 튜브
- 마이크로스위치
- 주둥이(spout)

2.2 설계과정

넓은 관점에서 보면 기계설계는 세계가 필요로 하는 기술적 수요 중 하나를 만족시키는 제품이나 시스템을 고안하기 위한 체계적인 과정이다. 2.1절의 "원대한 도전"과 1.3절의 기계공학의 상위 10개 업적 리스트에서 본 것처럼, 그 수요는 보건, 수송, 기술, 통신, 에너지, 혹은 안전 분야 등 다양할 수 있다. 공학자는 이러한 문제들에 대한 해결책을 구상하고 그 구상을 실제로 작동하는 하드웨어로 현실화한다.

기계공학자가 재료선택 혹은 유체공학의 전문가일지라도 일상적인 활동의 초점은 설계이다. 어떤 경우에는 설계자가 아무것도 없이 시작해서 개념설계 단계부터 계속 자유롭게 독창적인 제품을 개발할 수도 있다. 개발된 기술이 혁신적이어서 완전히 새로운 시장과 비즈니스 기회를 창출하기도 한다. 스마트폰과 하이브리드 자동차는 기술이 어떻게 사람들의 통신과 교통수단에 대한 생각을 획기적으로 바꾸는지 보여주는 사례이다. 다른 경우에는 공학자의 설계 작업이 점진적이며 기존 제품을 개선하는 데 초점을 둔다. 다른 예로는 휴대전화기에 고화질 비디오카메라를 결합하는 것과 자동차 모델에 매년 약간의 변화를 주는 것을 들 수 있다.

새로운 제품의 생애는 어디에서 시작하는가? 첫째로, 회사가 새로운 비즈니스 기회를 찾아내고 새로운 제품, 시스템 혹은 서비스에 대한 요구조건을 정의한다. 과거와 현재의 고객 및 잠재적인 고객을 조사하고, 온라인 제품평가와 피드백 토론회 결과를 연구하며 관련 제품을 조사한다. 마케팅팀, 경영진, 공학자들은 모두 추가적인 의견을 제공하여 종합적인 시스템 요구조건을 개발하는 데 도움이 되도록 한다.

다음 단계에서는 공학자들이 창의성을 발휘하여 복수의 잠재적 제품 개념들을 개발하고, 요구조건을 기준으로 그중 최상의 개념을 선택한다. 다음으로 상세설계(설계 배치도, 재료의 선택, 부품의 크기 결정 등)를 진행하고 제품을 생산하게 된다. 제품이 초기 요구조건을 만족하고 경제적이고 안전하게 생산될 수 있을까? 이러한 질문에 답하기 위해서 공학자들은 개발과정에서 근사화, 트레이드오프 분석을 통한 결정을 수행한다. 기계공학자는 설계가 개념단계로부터 최종 제품으로 성숙해감에 따라 필요한 계산 정밀도가 점점 높아진다는 점을 염두에 두어야 한다. 설계가 거의 최종 형태에 이르기 전에 상세 사항을(1020강이 충분이 강한가? 오일의 점도는 얼마로 하는가? 볼 베어링과 롤러 베어링 중 어떤 것이 적합한가?) 결정하는 것은 이치에 맞지 않다. 설계의 초기 단계에서는 제품의 크기, 무게, 동력 혹은 성능 등이 아직 변할 수 있다. **설계공학자**(design engineers)는 **근사계산법**(order-of-magnitude calculation)에 익숙하며(3.6절), 모호성이 존재하여 아직 변할 수도 있는 요구조건에 맞는 제품을 개발할 수 있다.

중점사항 혁신

사람들은 흔히 혁신적인 성향은 태어날 때 결정된다고 생각한다. 어떤 사람의 경우에는 창의적 기능을 하는 우뇌가 더 발달해 있을 수 있지만, 모든 사람은 더 혁신적으로 되는 방법을 배울 수 있다. 산업디자이너, 예술가, 마케팅담당자들에게 익숙한 개념인 혁신은 복잡한 사회적, 환경적, 시민적, 경제적, 기술적 도전을 해결하는 전략을 개발하는 측면에서 매우 중요한 주제가 되고 있다. 기술과 과학의 혁신에 중점을 둔 계획들이 세계적으로 진행되고 있다.

- 미국 연방정부는 "미국 혁신 전략"을 개발했는데, 이는 "혁신과 기업가 정신 오피스"와 "혁신과 기업가 정신 국가자문회의"의 구성을 포함한다.
- 미국정부에는 역사상 처음으로 "기술 담당 최고 책임자"가 있다.
- "중국 표준 및 혁신 정책" 계획은 글로벌 리더를 위해 표준과 혁신과의 관계를 분석하는 데 목적이 있다.
- 호주에서는 "혁신, 산업, 과학, 연구"를 담당하는 장관이 국가를 위하여 "혁신계획 원칙 프레임워크"를 개발하였다.
- 인도의 과학기술부는 전국적으로 혁신자들과 상업화를 격려하고 지원하여, 혁신 네트워크를 생성하기 위해서 "인도 혁신계획(i3)"을 개발하였다.
- 빌 앤드 멜린다 게이츠 재단이 지원하는 "아프리카 농업혁신" 프로젝트는 농업의 과학적 혁신과 "아프리카 지역 경제 공동체"를 통하여 기술정책을 개선하는 노력을 지원한다.

혁신 계획들은 국가적인 차원에서 진행될 뿐만 아니라 많은 회사들은 신제품, 새로운 공정 및 서비스 개발을 유도하기 위해서 혁신센터를 가지고 있다. 마이크로소프트, 프록터 앤드 갬블, 엑센추어, IBM, AT&T, 컴퓨터 사이언스 코퍼레이션, 퀄컴, 버라이존과 같은 회사들은 모두 주요 과학적, 기술적 혁신에 초점을 맞춘 혁신 센터를 운영하고 있다.

기계공학자는 이러한 기업들과 국가 혁신계획에서 중요한 역할을 수행한다. 기계공학 설계가 혁신 기술의 성공에 어떤 영향을 미치는지를 인식하고 이해하는 것이 "원대한 도전"에 대한 문제를 해결하는 데 중요하다. 여러분은 교과과정에서 설계를 다시 만나게 되지만, 더 좋은 공학적 해결책을 제공하기 위해 혁신이 어떻게 넓은 범위의 기술을 개발할 수 있는지 이해해야 한다. 그림 2.2는 세로축이 스타일(낮음/높음), 가로축이 기술(낮음/높음)인 2 × 2의 표를 보여준다. 이 표는 다양한 고객들을 위한 혁신적인 제품들을 전략적으로 개발하는 데 필요한 프레임워크를 제공한다.

각 사분면에는 각각 다른 디지털 음악 플레이어가 있다. 왼쪽 아래에 있는 낮은-스타일/낮은-기술 버전은 단순히 음악재생만을 원하는 고객들을 위해 설계 된 표준의 저렴한 플

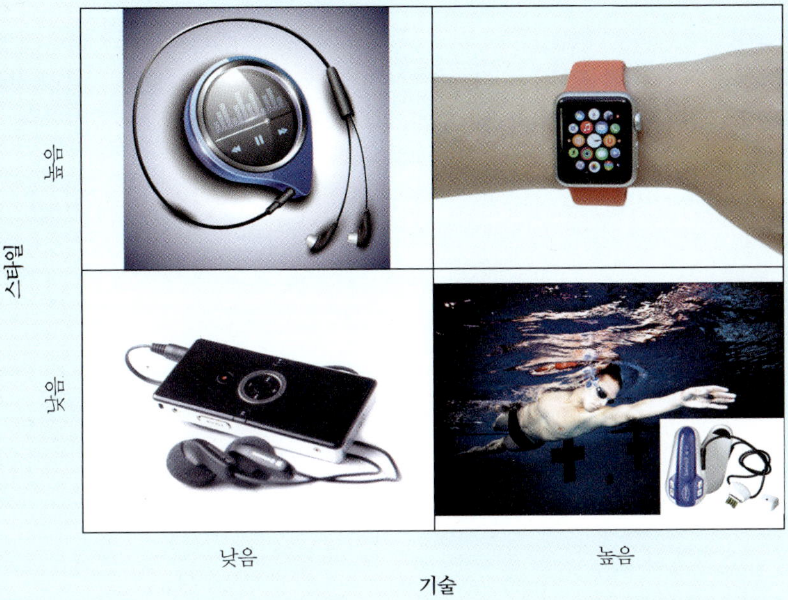

그림 2.2
디지털 음악 플레이어에 대한 스타일 대 기술표

Istvan Csak/Shutterstock.com; Allies Interactive/Shutterstock.com; charnsitr/Shutterstock.com; Courtesy of FINIS, Inc.

레이어이다. 이 플레이어는 스타일이 좋거나 고성능은 아니지만 음악을 잘 재생한다. 오른쪽 아래의 낮은-스타일/높은-기술 버전은 FINIS의 SwiMP3 플레이어이다. 이 플레이어는 방수 기능이 있고 수영하는 사람이 수중에서도 맑은 소리를 들을 수 있는 획기적인 골전도(bone conduction) 방식을 채택하고 있다. 이 플레이어는 기능은 좋지만 좋은 스타일을 가질 필요는 없다. 왼쪽 위의 높은-스타일/낮은-기술 버전은 스타일에 민감한 고객을 위해 설계된 레고® 블록 형태의 표준 플레이어이다. 오른쪽 위의 높은-스타일/높은-기술 버전은 최신 기술과 스타일을 동시에 원하는 고객을 위한 애플사의 아이폰이다.

그림 2.3은 정수기 제품에 대한 유사한 표이다. 왼쪽 아래의 낮은-스타일/낮은-기술 제품은 기본적인 가열을 이용하여 미생물을 제거하기 위해 물을 끓이는 데 사용하는 냄비이

그림 2.3
정수기 제품에 대한 스타일 대 기술표

Istvan Csak/Shutterstock.com; Allies Interactive/Shutterstock.com; charnsitr/Shutterstock.com; Courtesy of FINIS, Inc.

다. 오른쪽 아래의 낮은-스타일/높은-기술 제품은 작은 크기의 박테리아, 바이러스, 낭포, 기생 충, 곰팡이, 그리고 모든 수중 미생물 병원체를 걸러내기 위해 최신 나노기술을 사용한 LIFESAVER® 병이다. 왼쪽 위의 높은-스타일/낮은-기술 제품은 Clear2O® 사의 Fashion Bottle 정수시스템이다. 오른쪽 위의 높은-스타일/높은-기술 제품은 집 전체를 위한 고객주문 설계 정수시스템인 Hague WaterMax® 시스템이다.

다양한 시장의 요구에 대응하고 사회적, 문화적 요구를 만족시키며 기술적으로 효과적이고, 소비자 안전을 고려하면서, 환경 친화적인 제품을 개발하기 위해서는 혁신적으로 생각하는 기계공학자가 필요하다. 결론은 여러분의 현재 능력과 관계없이 언제나 더 혁신적으로 변할 수 있다는 것이다. 혁신을 통한 효과적인 설계는 기계공학자가 졸업 시에 가져야 할 기술들 중 하나이다.

넓은 관점에서 볼 때, 기계설계 과정은 그림 2.4에서 더 자세하게 요약된 네 개의 주요 단계로 구분할 수 있다.

- 요구조건 작성
- 개념설계
- 상세설계
- 생산

그림 2.4
전형적인 기계설계 과정 플로우차트

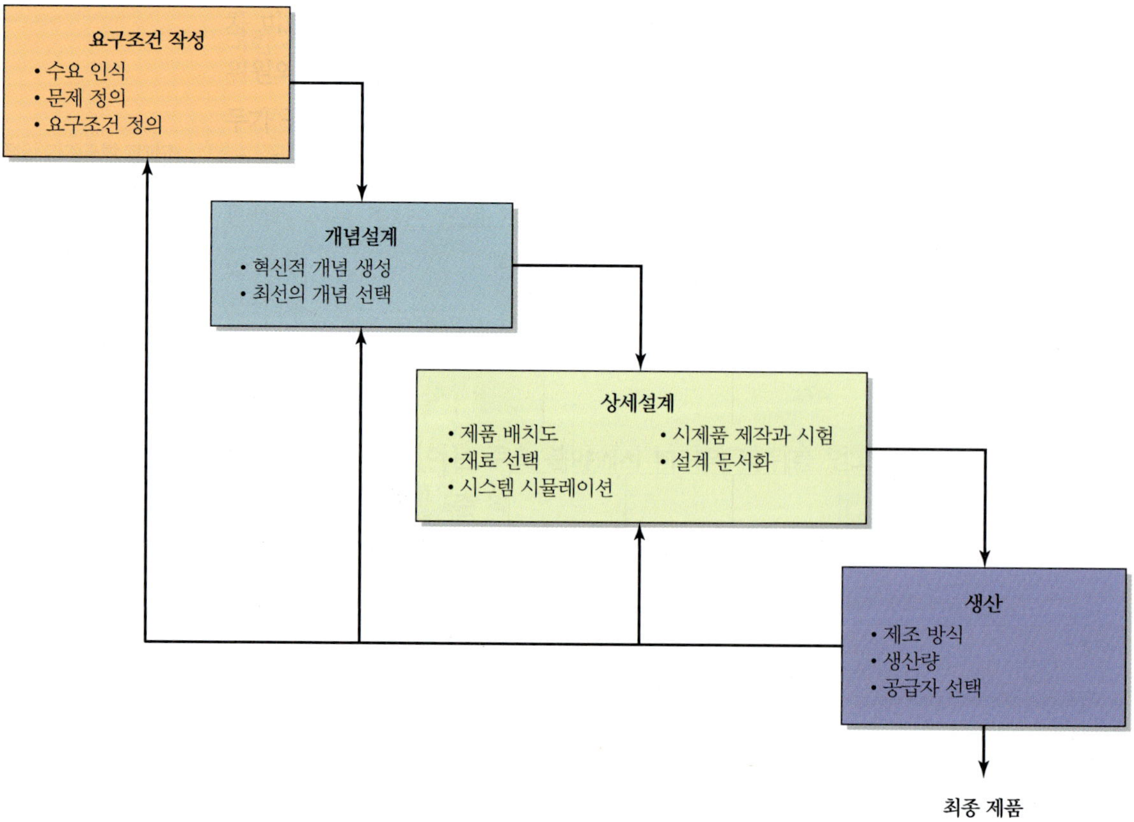

요구조건 작성

공학설계는 기본적인 수요가 파악되었을 때 시작된다. 이는 어떤 시장에서의 기술적인 수요일 수도 있고 깨끗한 물, 재생에너지 혹은 자연재해로부터의 보호와 같이 인류를 위한 기본적인 수요일 수도 있다. 설계공학자는 초기에 다음과 같은 이슈를 고려하여 종합적인 시스템 요구조건을 작성한다.

- 기능적 성능: 제품이 수행해야 하는 것
- 환경 영향: 생산 중, 사용 중, 사용 후
- 제조: 자원과 재료의 한계
- 경제적 이슈: 예산, 원가, 가격, 이윤
- 인간공학적 고려: 인체 공학, 미적 감각, 사용의 편리성
- 국제적 이슈: 국제적 시장, 수요, 기회
- 생애주기 이슈: 사용, 유지보수, 계획적 구식화
- 사회적 요인: 시민, 도시, 문화적 이슈

이러한 요구조건들은 근본적으로 설계가 만족시켜야 할 구속조건을 나타낸다. 공학자는 이러한 요구조건을 작성하기 위해서 광범위한 연구와 함께 다양한 종류의 출처로부터 배경 정보를 수집해야 한다. 1.4절에서 언급한 바와 같이 공학자는 설계과정에서 다양한 종류의 이해관계자들과 의사소통을 잘할 필요가 있다. 왜냐하면 관련 기술에 대해 등록된 특허를 읽어야 하고, 제품에서 사용되는 부품의 공급자와 상담해야 하며, 전시회에 참가하고, 경영진 에게 제품에 대한 제안을 발표해야 하고, 잠재적 고객들과 만나야 하기 때문이다.

개념설계

이 단계에서 설계공학자는 주어진 문제에 대한 다양한 잠재적 해결책을 창의적이고 협동적으로 만들어내고 그중 하나 혹은 그 이상을 선택해서 개발을 진행한다. 그림 2.5에서처럼 초기에는 **발산적 사고**(*divergent thinking*)에 의해 진행되는데, 즉 다양한 창조적인 아이디어가 개발된다. 어떤 이는 창의성은 타고난 예술가에게만 있는 것이라고 생각하고, 실용적일 필요가 있는 공학자는 창의적인 작업은 다른 사람들에게 맡긴다고 생각한다. 실제적으로는 그렇지 않으며 창의성을 가지는 것은 공학자의 업무에 매우 중요한 부분이다. 즉, 제품설계는 공학자가 한편에서는 이성적인 과학자, 다른 한편에서는 혁신적인 예술가가 되기를 요구한다. 엔지니어는 더 창의적이 되기 위한 방법을 배워서 자신의 학문적, 직업적 경력에서 성공할 수 있는 능력을 갖출 수 있다. 흔히 가장 창의적인 해결책은 다양한 전문성, 산업, 나이, 교육배경, 문화, 국적 등을 가진 다른 사람들과 토론을 하는 협동적 혁신세션에서 나온다.

충분한 수의 설계개념이 생성되고 나면 **수렴적 사고**(*convergent thinking*)에 의해서 아이디어들을 선별하고 소수의 최적 설계개념만 남는다. 첫 단계에서의 요구

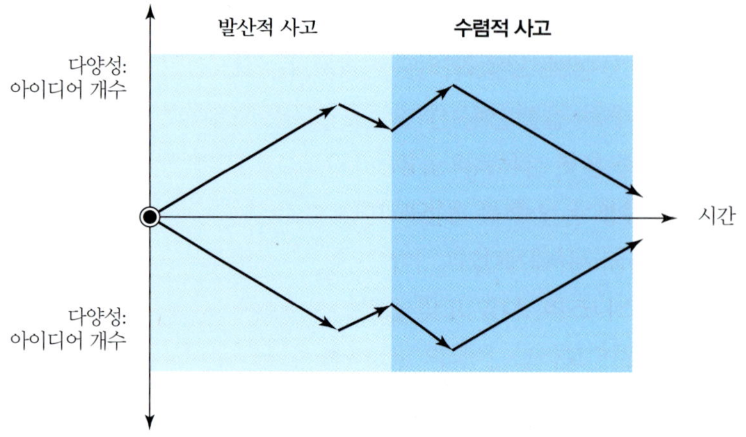

그림 2.5
개념설계 단계의 아이디어 생성과 선택

조건 리스트를 이용하여 불가능하거나 상대적으로 열등한 설계를 탈락시키고 잠재적으로 요구조건을 가장 잘 만족시킬 수 있는 설계개념을 찾아낸다. 이러한 평가를 하기 위해서 장단점 리스트를 이용하거나, 주요 요구조건을 비교하는 단순한 계산으로 개념의 순위를 정하는 행렬을 이용하기도 한다. 이 단계에서는 선택과정에 도움을 주기 위해서 컴퓨터 모델이나 **시제품**(prototype)을 만들기도 한다. 이 단계에서는 설계가 비교적 유동적이고 설계변경 비용도 많이 들지 않지만, 개발과정이 더 진행되면 설계변경은 점점 더 어려워지고 설계변경 비용도 많이 발생한다. 이 단계는 가장 유망한 설계개념을 찾아내는 것으로 종료된다.

상세설계

이 시점에서는 이미 설계팀이 문제를 정의하고, 혁신, 분석 및 의견수렴을 통하여 최적의 설계개념에 이르렀다. 하지만 아직 많은 설계와 제조 상세사항이 미결정 상태이고 제품의 생산이 시작되기 전에 모든 상세사항이 결정되어야 한다. 제품의 상세설계 단계에서 많은 이슈들이 결정되어야 한다.

- 제품 배치도와 구성(configuration)
- 각 부품에 대한 재료 선택
- X이슈를 위한 설계 고려(예를 들어 신뢰성, 제조, 조립, 변형, 원가, 재활용 등을 위한 설계)
- 적절한 공차를 포함하여, 최종 형상의 최적화
- 모든 부품과 조립체의 컴퓨터 모델 완성
- 컴퓨터 모델과 수학적 모델을 사용한 시스템 시뮬레이션
- 주요 부품과 모듈의 시작품 제작과 시험
- 생산계획 수립

단순성

상세설계 단계에서 가장 중요한 일반 원칙은 **단순성**(*simplicity*)이다. 설계개념이 단순할수록 복잡한 것보다 나은데 그 이유는 잘못될 수 있는 요인의 개수가 작아지기

때문이다. 가장 성공적인 공학제품들에 대해 생각해보면 많은 경우에 설계혁신, 견고한 엔지니어링 및 기능적 단순함의 효과적인 통합이라는 특성을 볼 수 있다. 되도록 단순한 것이 좋다는 것은 공학자들 간에 널리 알려져 있는 사실이다.

또한 공학자는 설계과정에서 반복이라는 개념에 대해 익숙해질 필요가 있다. **반복**(*iteration*)은 설계를 개선하고 완전하게 하기 위하여 설계에 반복적으로 변경과 수정을 가하는 과정이다. 예를 들어 생성된 개념들 중 어느 것도 요구조건을 만족시키지 못하면 공학자는 요구조건 리스트를 다시 살펴보거나 개념설계 단계로 되돌아가야 한다. 이와 유사하게, 만일 최종설계의 생산계획이 실행 불가능하면 상세설계를 다시 들여다보고 다른 재료를 선택하거나, 새로운 부품 구성을 하거나, 다른 상세 사항을 변경해야 한다. 설계는 각 반복 단계마다 점차적으로 개선되어서 더 효율적이고, 세련되고, 성능이 좋아진다. 제품은 반복과정에 의해서 점차 기능이 개선된다. 반복

공학자는 당연히 설계의 기술적인 측면(힘, 재료, 유체, 에너지, 운동 등)에 대해서 관심을 갖지만 제품의 외관, 인간공학적 측면, 심미적 관점의 중요성도 인식한다. 가전제품이건, 발전소의 통제실이건, 혹은 상용 제트항공기의 조정실이건 간에 사용자와 하드웨어 간의 인터페이스는 편안하고 단순하며 직관적이어야 한다. 제품의 **편의성**(*usability*)은 특히 기술이 복잡해짐에 따라서 문제가 되고 있다. 기술이 아무리 인상적이라 하더라도 만일 작동하기가 어렵다면 그렇지 않은 경우에 비해서 고객들은 그 제품에 대해 덜 열정적일 것이다. 이런 이유로 공학자는 제품의 매력과 편의성을 향상시키기 위해 흔히 산업공학자 및 심리학자들과 협력한다. 결국 공학은 고객의 수요를 만족시키는 비즈니스벤처이다. 편의성

공학자는 설계과정의 도면, 회의록, 보고서 등을 부지런하게 문서화해서 다른 사람들이 각각의 결정의 배경이 되는 이유를 이해할 수 있도록 해야 한다. 이러한 **문서화**(*documentation*)는 현재 설계팀의 경험으로부터 배우고, 그것을 기반으로 시작하고자 하는 미래의 설계팀에게 매우 유용하다. 설계노트(3.7절 참조)는 설계과정에서 생성되는 정보와 지식을 수집하는 효과적인 방법이다. 문서화

특히 묶여져 있고 페이지와 날짜가 있으며 서명이 있는 설계노트는 회사가 다른 사람들이 사용하는 것을 막기 원하는 중요한 신기술을 특허출원하는 데 도움이 된다. 도면, 계산, 사진, 시험 데이터, 중요한 일정들에 대한 날짜 기록은 정확하게 언제 어떻게 누가 발명을 했는지를 증명하는 데 매우 중요하다. **특허**(*patents*)는 공학의 비즈니스 측면에서 매우 중요한데 그 이유는 발명자에게 새로운 기술에 대한 법적 보호를 제공하기 때문이다. 특허는 지적재산권(저작권, 상표권, 영업비밀 등을 포괄하는 분야)의 한 가지인데, 건물이나 토지의 구획 등에 대한 권리와 마찬가지로 재산에 대한 권리이다. 특허

특허는 새롭고 유용한 공정, 기계, 제조 물품, 혹은 물질의 구성에 대해서 부여

되는데, 그러한 종류에 대한 개선에도 부여된다. 특허란 발명자와 정부 간의 계약이다. 발명자는 다른 사람들이 발명품을 만들거나, 사용하거나, 판매를 제안하거나, 팔거나, 수입하는 것을 금지하는 법적인 권리를 부여받는다. 그 대가로 발명자는 일반 대중에게 특허라 부르는 문서의 형식으로 발명을 공개하고 설명하는 데 동의한다. 특허는 새로운 기술에 대한 독점이고 이는 정해진 기간이 지나면 만료되는데, 그 기간은 특허의 종류와 특허를 부여하는 국가에 따라 달라진다. 우리 사회가 기술적인 진보를 이룩하여 경제적 토대를 형성하는 데 특허제도가 도움이 되었다는 의견에 대해서는 이견이 있을 수 있다. 특허는 혁신에 대한 **인센티브**(제한적인 독점)를 제공하므로 기업의 연구와 제품개발을 활성화시킨다. 발명자는 창의성을 이용하여 비즈니스 경쟁자들로부터 유리한 위치를 차지하기 위해 특허를 보호받을 수 있다.

미국의 헌법은 국회가 특허법을 제정할 권한을 부여하고 있다. 흥미롭게도 이 권한은 선전포고, 군대의 유지와 같이 잘 알려진 국회의 다른 권한보다 앞에서 언급된다는 점이다.

미국에는 식물, 의장, 그리고 실용의 세 가지 종류의 특허가 있다. 이름이 함축하고 있듯이 **식물특허**(*plant patent*)는 특정 타입의 무성생식 식물에 대해서 발행되는데, 기계공학자가 마주칠 경우는 흔치 않다.

의장특허

의장특허(*design patent*)는 새롭고, 독창적이며, 장식용인 디자인에 발행된다. 의장특허는 예술적 기량의 결과로 심미적으로 매력이 있는 제품을 보호하기 위한 것이다. 그러나 의장특허는 제품의 기능적인 특성은 보호하지 않는다. 예를 들어 자동차 바디가 매력적이고, 보기에 즐겁거나 혹은 스포티한 외관을 가진다면 의장특허로 보호를 받을 수 있다. 그러나 바디의 기능적인 특성, 즉 바람의 저항을 줄이는 기능 혹은 향상된 충돌보호 기능 등은 의장특허에 의해서 보호받을 수 없다.

결과적으로 많은 의장특허를 가지고 있는 회사도 기능적으로는 경쟁자들과 차이가 없는 제품들을 보유하고 있다. 예를 들면 운동화, 청소용품, 가전기기, 가구, 손목시계, 개인 위생용품 등을 개발하는 회사들은 상당히 많은 양의 의장특허를 보유하고 있다.

실용특허

기계공학 분야에서 보편적인 것은 장치의 기능, 공정, 제품 혹은 물질의 구성을 보호해주는 **실용특허**(*utility patent*)이다. 실용특허는 일반적으로 세 가지 주요 요소를 포함한다.

- **명세서**(*specification*)는 발명의 목적, 구성 그리고 작동에 대한 서면 서술이다.
- **도면**(*drawing*)은 발명의 한 개 혹은 그 이상의 버전을 그림으로 보여준다.
- **클레임**(*claim*)은 그 특허가 보호하는 고유한 특징을 정확한 문장으로 설명한다.

특허설명서는 다른 사람에게 그 특허를 어떻게 사용할 수 있는지 가르칠 수 있을 정도로 상세해야 한다. 예를 들어, 그림 2.6에 미국 의장특허 표지가 있다. 이 페이지에는 특허명과 번호, 특허등록 날짜, 발명자의 이름, 관련 특허 정보, 그리고 특허의 간략한 설명이 있다. 실용특허는 특허가 부여된 날로부터 유효하고, 최근에 부여된 특허는 출원일로부터 20년 후에 만료된다. 특허는 발명자가 발명을 공개하거나 사용하기(예를 들어 다른 사람에게 팔거나, 팔기 위해 제안하거나, 산업박람회에 전시하거나, 논문을 출판하는 등의 행위) 시작한 지 1년 이내에 출원해야 한다.

2013년에 IBM은 미국 내에서 6,700건의 특허를 받아 최다특허등록을 기록했다. 삼성은 4,652건으로 2위를 차지했다. 2013년의 상위 15개 회사들로는 캐논, 소니, LG전자, 마이크로소프트, 도시바, 파나소닉, 히타치, 구글, 퀄컴, GE, 지멘스, 후지츠, 애플 등이 있다.

엔지니어는 특허를 출원하기 위해서 보통 기존 특허를 조사하고, 출원서를 작성하고, 특허청과의 업무를 담당하는 변리사와 함께 작업한다. 2013년에 미국에서만 277,000건의 특허, 23,000건의 의장특허가 등록되었는데, 그중 절반의 출원자가 미국인 혹은 미국기업이다. 다음의 표는 2013년에 미국에서 특허를 등록한 수에 의해 순위를 매긴 상위 10개국을 보여준다.

국가	미국에 등록한 특허 개수	2000년 대비 증가율
일본	54,170	65%
독일	16,605	53%
한국	15,745	353%
대만	12,118	108%
캐나다	7272	85%
중국	6597	3947%
프랑스	6555	57%
영국	6551	60%
이스라엘	3152	277%
이탈리아	2930	49%

다음의 표는 2000년과 2013년 사이의 미국 특허등록 증가율 기준의 상위 10개국을 보여 준다(2013년에 최소 100건의 특허가 등록된 나라 포함).

국가	2000년 기준 증가율
중국	3947%
인도	2900%
사우디아라비아	1158%
폴란드	769%
말레이시아	389%
한국	353%
체코	329%
이스라엘	277%
헝가리	271%
싱가포르	254%

US005855257A

United States Patent [19]
Wickert et al.

[11] **Patent Number: 5,855,257**
[45] **Date of Patent: Jan. 5, 1999**

[54] **DAMPER FOR BRAKE NOISE REDUCTION**

[75] Inventors: **Jonathan A. Wickert**, Allison Park; **Adnan Akay**, Sewickley, both of Pa.

[73] Assignee: **Chrysler Corporation**, Auburn Hills, Mich.

[21] Appl. No.: **761,879**

[22] Filed: **Dec. 9, 1996**

[51] **Int. Cl.**[6] **F16D 65/10**
[52] **U.S. Cl.** .... **188/218 XL**; 188/218 A
[58] **Field of Search** .... 188/18 A, 218 A, 188/218 R, 218 XL; 74/574

[56] **References Cited**

U.S. PATENT DOCUMENTS

1,745,301	1/1930	Johnston .	
1,791,495	2/1931	Frey .	
1,927,305	9/1933	Campbell .	
1,946,101	2/1934	Norton .	
2,012,838	8/1935	Tilden .	
2,081,605	5/1937	Sinclair .	
2,197,583	4/1940	Koeppen et al. .	
2,410,195	10/1946	Baselt et al. .	
2,506,823	5/1950	Wyant .	
2,639,195	5/1953	Bock .	
2,702,613	2/1955	Walther, Sr. .	
2,764,260	9/1956	Fleischman .	
2,897,925	8/1959	Strohm .	
2,941,631	6/1960	Fosberry et al.	188/218 A
3,250,349	5/1966	Byrnes et al. .	
3,286,799	11/1966	Shilton	188/218 A
3,292,746	12/1966	Robiette .	
3,368,654	2/1968	Wegh et al. .	
3,435,925	4/1969	Harrison .	
3,934,686	1/1976	Stimson et al. .	
4,043,431	8/1977	Ellege	188/218 A
4,656,899	4/1987	Contoyonis .	
5,004,078	4/1991	Oono et al. .	
5,383,539	1/1995	Bair et al. .	

FOREIGN PATENT DOCUMENTS

123707	7/1931	Australia .	
2275692	1/1976	France	188/218 A
58-72735	4/1983	Japan .	
63-308234	12/1988	Japan .	
141236	9/1984	Rep. of Korea	18/218 A
254561	9/1925	United Kingdom	188/218 A
708083	10/1952	United Kingdom .	
857043	12/1960	United Kingdom	188/218 A
934096	8/1963	United Kingdom	188/218 A
2181199	4/1987	United Kingdom .	
2181802	4/1987	United Kingdom .	

Primary Examiner—Robert J. Oberleitner
Assistant Examiner—Chris Schwartz
Attorney, Agent, or Firm—Roland A. Fuller, III

[57] **ABSTRACT**

An apparatus for reducing unwanted brake noise has a ring damper affixed around a periphery of a brake rotor in a disk brake system in a manner that permits relative motion and slippage between the ring damper and the rotor when the rotor vibrates during braking. In a preferred embodiment, the ring damper is disposed in a groove formed in the periphery of the disk and is pre-loaded against the rotor both radially and transversely. The ring damper is held in place by the groove itself and by the interference pre-load or pre-tension between the ring damper and the disk brake rotor.

30 Claims, 4 Drawing Sheets

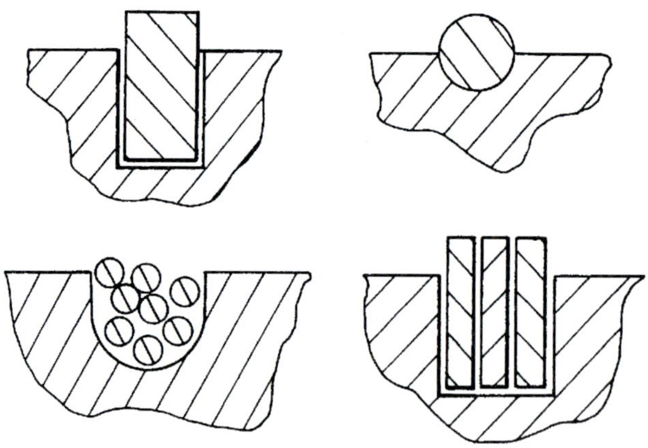

그림 2.6

미국 특허 표지

Source: United States Patent, Wickert et al., Patent Number: 5,855,257, Jan. 5, 1999.

특정 국가에서 특허를 획득하면 그 국가 내에서 개인이나 기업이 보호를 받지만 가끔 국제적인 특허보호가 필요하다. **세계지적재산권기구**(World Intellectual Property Organization, WIPO; www.wipo.org)는 개인과 기업의 특허 출원자들이 국제적으로 특허보호를 받을 수 있도록 한다. 2013년에는 처음으로 전 세계로부터 WIPO에 총 200,000건이 넘는 특허가 출원되었는데 미국이 가장 많았고, 일본, 중국, 독일의 순이었다.

2013년은 특허법에 있어서 중요한 한 해였는데, 이는 미국이 "최초 발명" 시스템에서 "최초 출원" 시스템으로 바꾸었기 때문이다. 이는 발명의 실제 날짜가 이제 더 이상 중요하지 않고 특허 아이디어가 언제 태동했던 간에 최초 출원자가 특허 권리를 가진다는 것이다. 이 중요한 변화는 세계의 각 회사들이 자기들의 제품 아이디어와 설계변경을 개발하고, 공표하며, 보호해야 할지 다시 생각하게 하는 계기가 되었다.

어떤 때에는 공학자가 특허출원, 제품의 문서화 혹은 제품 상세사항에 대한 다른 사람과의 의사소통을 위해서 시작품을 신속하게 제작하기 원한다. 사진이 백 마디의 말보다 낫지만 물리적 시작품은 공학자가 복잡한 기계 부품을 시각화하는 데 매우 유용하다. 많은 경우에 이러한 시작을 물리적으로 시험한 다음 측정과 분석을 기반으로 트레이드오프 결정을 할 수도 있다. 이러한 부품을 만드는 한 가지 방법으로 **쾌속조형법**(*rapid prototyping*)이 있는데, 그 주요 기능은 복잡한 3차원 물체를 컴퓨터모델로부터 직접 몇 시간 내에 제작하는 것이다. 쾌속조형법

어떤 쾌속조형기는 액체 폴리머 층을 융합시키거나(*stereolitftograpfty*), 분말 형태의 원자재를 용융하기 위해서 레이저를 사용한다. 다른 종류의 쾌속조형기법은 분말에 액체 접착제를 분사하여 점차적으로 시작품을 "붙여나가기" 위해 프린터 헤드(잉크젯 프린터에 사용되는 것과 유사)를 사용한다. 본질적으로 쾌속조형기는 부품의 전자적인 표현을 플라스틱, 세라믹 혹은 금속 부품으로 변환하는 3차원 프린터이다. 그림 2.7은 두 가지의 3D 프린팅 쾌속조형기[(a), (b)]와 여러 재료를 사용한 재료 3차원 의수 조형물(c)의 사례를 보여주고 있다. 이러한 쾌속조형 기술은 폴리머와 다른 재료를 사용하여 내구성이 있고 기능적인 시작품을 생산할 수 있게 한다. 제작된 부품들은 조립, 시험에 사용할 수 있고, 심지어는 실제 생산 부품으로 사용되기도 한다.

(a) (b) (c)

그림 2.7
3차원 프린팅 시스템과 여러 재료로 만든 의수

Chesky_W/iStock/Thinkstock; Anadolu Agency/Getty Images; Anadolu Agency/Getty Images

생산

작동하는 시제품이 만들어지고 도면의 최종 마무리가 완료되었다고 공학자의 역할이 끝나는 것은 아니다. 기계공학자는 더 광범위한 환경에서 작업을 수행하고, 설계는 결과가 의도된 대로 가능한지를 넘어서는 비판적인 시각으로 평가된다. 결국에는 제품이 기능적으로는 매우 훌륭하더라도 고가의 재료와 제조 장비를 필요로 한다면 고객은 그 제품을 피하고 가격과 성능이 더 균형 잡힌 제품을 선택할 것이다.

따라서 공학자는 요구조건 작성 단계에서부터 생산 단계의 제조 요구조건을 고려하여야 한다. 결국에는 무엇인가를 설계하고자 할 때 가능하면 최소의 원가로 실제로 만들어질 수 있어야 한다. 제품을 구성하는 재료의 선택은 제품이 어떻게 제조될 수 있는지에 영향을 미친다. 금속을 절삭해서 만들어진 부품이 한 가지의 설계개념에는 최선일지 모르지만 다른 설계개념에는 사출성형으로 제작된 플라스틱 부품이 더 나은 선택이 될 수도 있다. 결국 설계의 기능, 형상, 재료, 원가, 생산 방법은 설계과정 내내 서로 긴밀하게 연결되고 균형을 이룬다.

상세설계가 완료되면 설계자는 제품의 제조와 생산에 관여하게 된다. 공학자가 선택하는 제조기술은 부분적으로 공구 셋업 시간과 경비, 그리고 생산에 필요한 기계들에 따라 결정된다. 예를 들어 자동차, 에어컨, 마이크로프로세서, 유압밸브, 컴퓨터 하드디스크 드라이버 같은 시스템들은 대량으로 생산되는데, 이 용어는 기계적인 자동화 시스템을 광범위하게 사용하는 것을 의미한다. 예를 들어 그림 2.8은 자동차 제조공장에서 로봇이 다양한 조립작업을 수행하는 라인을 보여준다. 역사적으로 이러한 종류의 조립라인은 특정 종류의 자동차를 위한 특정한 종류의 부품만을 효율적으로 생산하기 위한 주문제작 공구와 특수 **고정구**(fixture)로 구성된다. 하지만 지금은 **유연생산시스템**(flexible manufacturing system) 기술로 인해서 생산라인을 다른 모델의 자동차에 필요한 다른 부품들의 생산에 맞게 신속히 재구성할 수 있다. 회사는 **대량생산**(*mass production*) 방식에 의해서 제품을 비교적 빠른 속도로 생산할 수 있기 때문에 넓은 공간에 비용 효과가 높은 고가의 공작기계를 많이 설치했다. 하지만 이들 공작기계들 중에는 서너 개 구멍을 드릴링 작업하거나 한 면에 광택을 내는 단순한 작업을 수행한다.

대량생산

대량제조에 의한 생산과는 다르게 어떤 제품들은 상용 제트항공기와 같이 비교적 소량으로 생산하거나 허블 우주망원경처럼 한 개만 생산하기도 한다. 어떤 독특한 제품은 근본적으로 3차원 프린터를 이용해서 컴퓨터에서 생성된 모델로부터 직접 생산될 수도 있다(그림 2.7). 어떤 제품을 위한 최적의 생산 방법은 생산량, 허용 원가 및 요구되는 정밀도 수준에 의해서 결정된다. 다음 절에서는 가장 중요한 생산 및 제조 방법들에 대해서 논의한다.

그림 2.8

로봇이 자동차 대량생산 라인에서 다양한 조립작업을 수행한다.

© imageBROKER/Alamy

중점사항 글로벌 설계팀

시뮬레이션과 가상시작(virtual prototyping) 기술의 발달로 인해서 설계팀 간의 지리적 간격은 더 이상 문제가 되지 않게 되었다. 결과적으로 제품과 시스템은 글로벌 협력 설계팀에 의해서 개발될 수 있다. 최근에 보잉은 787 드림라이너에서 가장 기술적으로 발전된 상용항공기를 선보인 것뿐 아니라, 네 개의 대륙에 걸친 135곳의 사이트에서 50개의 최고의 시스템 공급자들과 함께 긴밀하게 제품을 개발하는 프로젝트를 시도하였다. 그림 2.9에서 보잉의 주요 공급사들을 볼 수 있다. 보잉은 또한 모든 사이트를 연결하는 매우 정교한 데이터베이스 관리 시스템을 사용하였다.

따라서 모든 기술자들은 동일한 솔리드모델과 CAD표현을 사용하여 작업을 할 수 있었다. 이렇게 제조기술과 쾌속시작품 기술이 계속 발전하는 동안에 보잉과 다른 기업들은 공학설계에서 가상시작품 기술의 장점을 활용하였다. 가상시작품 기술은 VR, 과학적 시각화, CAD 등의 분야에서 사용되는 발전된 시각화와 시뮬레이션 기술을 활용하여 그림 2.10에서와 같이 부품, 모듈, 제품을 실감 있게 표현하게 해준다. 가상시작 기술은 디지털 모델에 설계변경이 신속히 적용될 수 있게 하므로 설계 프로세스에서 반복적인 설계 변경작업을 가능하게 해준다. 3차원 스캐너 기술은 실제 모델로부터 디지털 모델을 신속하게 만들 수 있도록 하는 데 사용된다.

그림 2.9

보잉 787 드림라이너의 주요 글로벌 공급사

REUTERS/LANDOV

그림 2.10

(a) 787 드림라이너의 와이어프레임 구조모델

(b) 시에틀의 보잉 VR연구실. 엔지니어들이 다양한 설계 대안과 작동 시나리오를 시뮬레이션할 수 있다.

Boeing Images; Bob Ferguson/Boeing Images

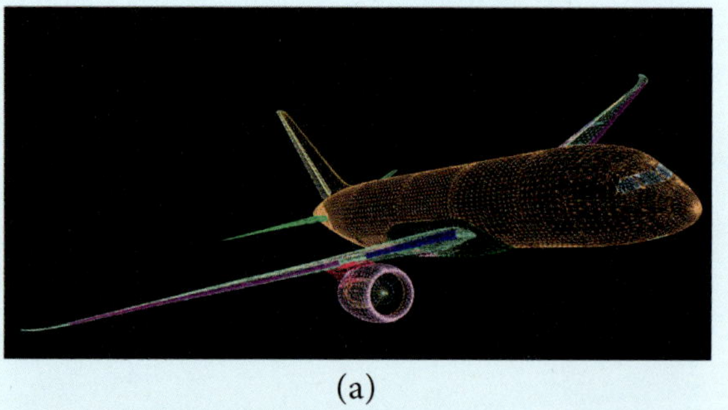

(a)

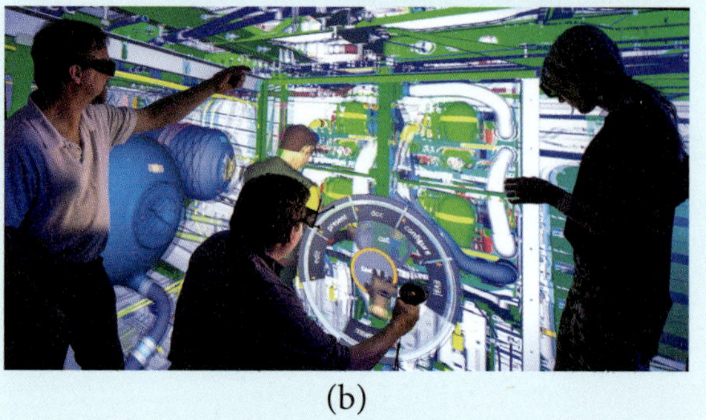

(b)

2.3 제조공정

제조기술은 원자재를 유용한 제품으로 변환함으로써 부가가치를 창출하는 수단이기 때문에 경제적으로 매우 중요하다. 다양한 종류의 많은 **제조공정**(manufacturing processes) 각각은 환경적 영향, 치수 정확도, 재료의 성질 및 부품의 형상에 기반을 둔 특수한 필요성에 적합하다. 공학자는 공정을 선택하고, 기계와 공구를 정하며, 최종 제품이 요구조건을 만족하도록 하기 위해서 생산을 모니터링한다. 제조공정의 주요 분류는 다음과 같다.

- 주조 **주조**(*casting*)는 주철, 알루미늄 혹은 청동과 같은 액체상태 금속을 틀에 부어 냉각 후 굳히는 공정이다.
- 성형 **성형**(*forming*)은 원자재를 늘이거나, 구부리거나 압축하는 등의 다양한 공정을 포함한다. 재료에 영구 변형된 형태로 소성변형을 주기 위해서 큰 힘이 가해진다.
- 절삭 **절삭**(*machining*)은 날카로운 금속공구를 이용하여 절삭에 의해 재료를 제거하는 공정을 의미한다. 가장 많이 사용되는 절삭법으로는 드릴링, 톱질, 밀링, 선반 가공 등이 있다.
- 접합 **접합**(*joining*) 공정은 용접, 납땜, 리벳팅, 볼팅 혹은 접착제를 이용하여 부품들을 최종 제품으로 조립하는 데 사용되는 공정이다. 예를 들어 자전거의 프레임들은 개별 금속 튜브 조각들을 용접해서 제작한다.
- 다듬질 **다듬질**(*finishing*) 공정은 부품의 표면을 더 단단하게 하고, 외관을 개선하며, 외부 환경으로부터 보호하기 위해 표면을 처리하는 공정이다. 다듬질 공정에는 광택(polishing), 도금, 양극 산화(anodizing), 페인팅 등이 있다.

이 절의 나머지 부분에서는 주조, 성형 그리고 절삭에 대해서 더 자세히 다룬다.

주조공정에서는 먼저 일회용 혹은 재사용 가능한 **주형**(mold) 내에 액체금속을 부어 넣는다. 그러면 액체는 냉각되어 주형의 형상과 동일한 모습으로 굳는다. 주조 공정의 매력적인 특성은 부품들을 결합하지 않고도 복잡한 고체 형상을 제조할 수 있다는 점이다. 주조는 동일한 3차원 물체를 여러 개 생산할 수 있는 효과적인 공정이므로 주조 부품은 비교적 원가가 저렴하다. 한편으로는 액체가 너무 빠른 속도로 굳으면 주형 내부가 완전히 채워지지 않아서 결함이 생길 수도 있다. 주조 부품의 표면은 보통 매우 거칠어서 매끄럽고 평활한 면이 필요한 경우에는 추가적인 절삭공정이 필요하다. 주조 부품의 예로는 자동차 엔진 블록, 실린더 헤드, 브레이크 로터와 드럼 등을 들 수 있다(그림 2.11). 주조

성형 공정 중의 한 가지인 **압연**(*rolling*)공정은 금속 판재를 롤러 사이에서 압축 압연

그림 2.11
주조에 의해 생산된 부품들. 디스크 브레이크 로터, 자동차 오일펌프, 피스톤, 베어링 마운트, V-벨트 도르래, 모델 항공기 엔진블록, 2행정 엔진 실린더
저자제공

함으로써 두께를 줄이는 공정이다. 이 원리는 쿠키나 피자 반죽을 만드는 것과 유사하다. 이러한 방법으로 생산된 판재는 항공기 날개, 동체, 음료 캔 및 자동차 차체 패널 등에 사용된다. **단조**(*forging*)는 다른 종류의 성형법인데, 금속을 가열한 후 충격을 가해 최종 형상에 이르도록 소성변형을 일으키는 원리에 기반을 두고 있다. 산업적 규모의 단조공정은 대장장이가 모루에 금속을 놓고 망치로 때리는 수작업의 현대판 버전이다. 단조로 생산되는 부품으로는 내연기관 엔진의 크랭크 축, 커넥팅 로드 등이 있다. 단조 부품은 주조 부품에 비해서 강하고 단단하므로 수공구의 많은 종류가 단조에 의해 생산된다(그림 2.12).

단조

압출

압출(*extrusion*)이라고 부르는 성형공정은 단면이 둥글거나, 직사각형, L-형상, T-형상, 혹은 C-형 상인 긴 직선형 금속 부품을 만드는 데 사용된다. 압출공정에서는 가열된 금속에 힘을 가해 끝부분이 최종 제품의 단면과 동일하게 끝나는 테이퍼 구멍 모양을 가지는 금형을 통과하여 밀어낸다. 이때 압력을 가하기 위해서 기계식 혹은 유압식 프레스를 사용한다. 금형은 원자재의 형상을 변화시키기 위해서 사용되므로 금형의 재료는 성형하는 부품의 재료보다 훨씬 더 단단하다. 개념적으로 압출의 원리는 치약 튜브에서 치약을 짜는 과정과 유사하다. 그림 2.13은 다양한 종류의 단면 형상을 가지는 알루미늄 압출제품을 보여준다.

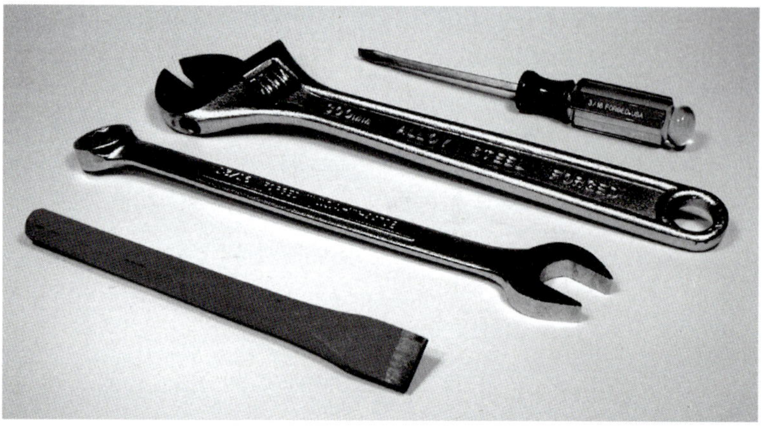

그림 2.12
단조로 생산된 공구의 예
저자제공

그림 2.13
알루미늄 압출의 예
저자제공

절삭(*machining*)공정은 재료가 작은 크기의 칩 형태로 공작물로부터 점진적으로 제거되는 공정이다. 가장 일반적인 절삭 고정으로는 드릴링, 톱질, 밀링, 선반 가공 등이 있다. 절삭 가공 공정을 이용하면 주조나 단조에 비해서 훨씬 더 정밀한 치수와 형상의 기계 부품을 생산할 수 있다. 절삭가공의 단점으로는 가공법의 특성상 제거된 재료가 낭비된다는 점이다. 보통 생산라인에서는 주조 부품이나 단조 부품의 면을 평활하게 하거나, 구멍을 뚫거나, 나사를 내는 추가적인 작업이 필요할 때 절삭가공이 주조 혹은 단조 공정과 연결되어 수행된다(그림 2.14). 절삭

공작기계에는 드릴프레스, 띠톱, 선반, 밀링머신 등이 있다. 각 공작기계는 뾰족한 날에 의한 절삭 작업으로 불필요한 부분의 재료를 공작물로부터 제거하는 원리에 기반을 두고 있다. 그림 2.15의 **드릴프레스**(*drill press*)는 공작물에 원형의 구멍을 뚫을 때 사용한다. 드릴 공구는 회전하는 **척**(chuck)에 고정되고, 작업자가 조종 손잡이를 돌리면 공구는 공작물의 표면으로 내려온다. 금속을 절삭할 때는 언제나 그렇듯이, 공구가 공작물을 절삭하는 부위에는 윤활유를 친다. 윤활유는 마찰을 줄이고 절삭부위의 온도를 낮추는 역할을 한다. 안전상의 이유로 바이스와 클램프를 이용하여 공작물을 단단히 고정하고, 공작물이 예기치 않게 움직이는 것을 방지한다. 드릴프레스

띠톱(*band saw*)은 금속을 거칠게 자르는 용도로 사용된다(그림 2.16). 톱날은 띠톱

그림 2.14
유압밸브의 바디는 먼저 알루미늄 주조 공정(왼쪽)을 거치고 나서 차례대로 구멍 가공, 평면 가공, 그리고 나사 절삭 작업이 수행된다(오른쪽)
저자제공

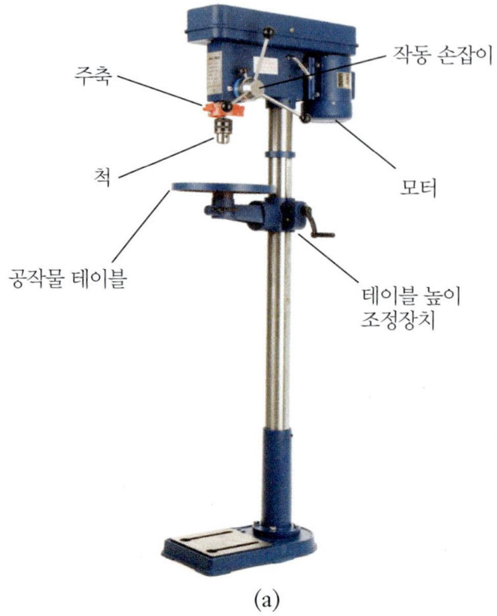

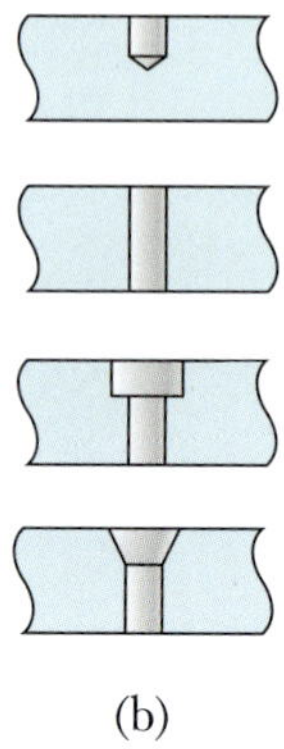

그림 2.15
(a) 드릴프레스의 주요 구성 요소
© David J. Greenengi- neering themes/Alamy.
(b) 가공할 수 있는 구멍의 종류

한쪽 편에 날카로운 이가 있는 길고 연속적인 루프인데, 구동 바퀴와 공전(idle) 바퀴에 감겨져 있다. 작업자는 자르는 재료의 종류와 두께를 고려하여 가변속도 모터를 이용, 날의 속도를 조정할 수 있다. 공작물은 원하는 각도로 기울일 수 있는 기능을 가진 테이블에 지지된다. 작업자는 공작물을 톱날로 이송하고 직선 혹은 곡선 모양으로 자르기 위해 손으로 가이드한다. 톱날이 무디어져서 교환해야 하거나 부러지면 날의 끝부분을 깨끗이 하고 연결해서 루프를 다시 만들기 위해 띠톱 내부에

그림 2.16
띠톱의 주요 구성 요소
저자제공

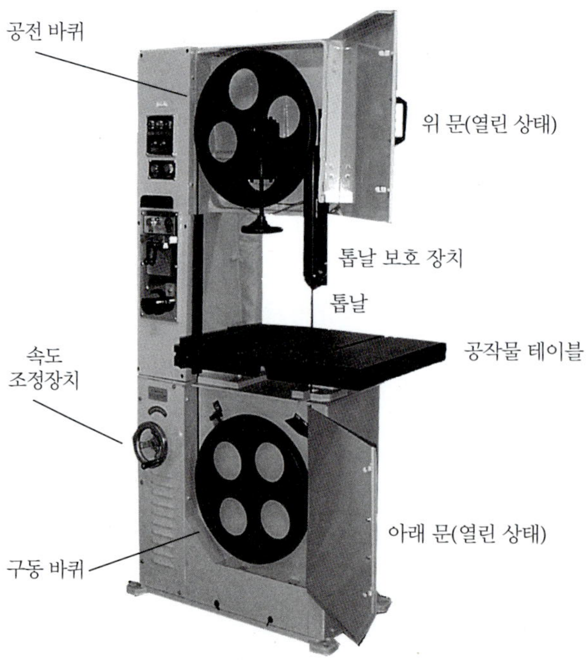

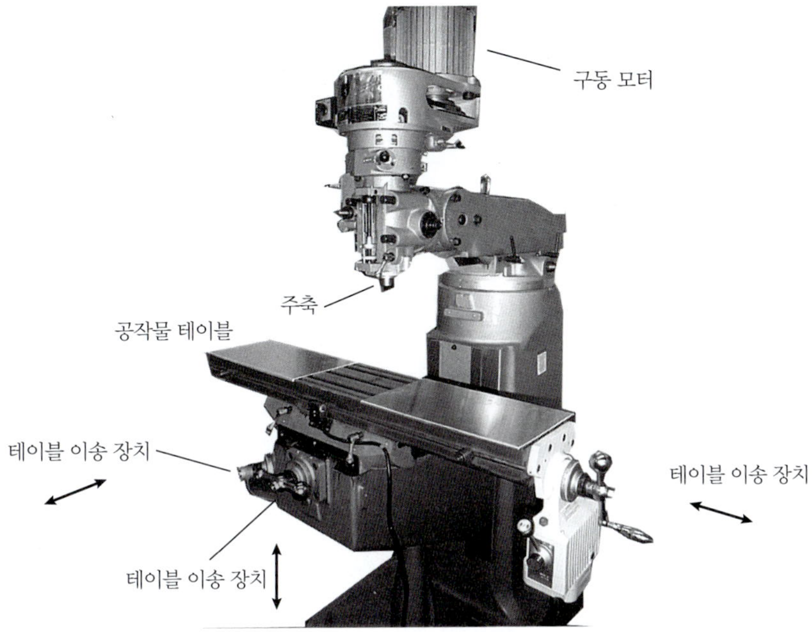

그림 2.17
밀링머신의 주요 구성 요소
저자제공

있는 톱날 연마기와 용접기를 사용한다.

밀링머신

밀링머신(*milling macftine* **혹은** *mill*)은 공작물의 거친 표면을 평평하고 매끄럽게 절삭하거나 슬롯, 홈 및 구멍을 가공하는 데 사용된다(그림 2.17). 밀링머신은 회전하는 절삭공구에 대해 상대적으로 서서히 공작물을 이송시키는 다용도의 공작기계이다. 공작물은 조정할 수 있는 테이블에 바이스로 단단히 고정하여 절삭 비트 아래에 정밀하게 공작물을 위치시키기 위하여 세 방향(테이블 평면상의 두 축 방향 및 평면에 수직한 방향)으로 정확하게 이송된다. 먼저 금속판을 띠톱을 이용하여 대략적인 크기로 자르고, 면을 매끄럽게 가공하고 최종 치수에 맞게 모서리를 직각으로 만드는 데 밀링머신을 사용할 수 있다.

선반

선반(*lathe*)은 고정된 공작물을 중심축을 기준으로 회전시키고 예리한 공구를 이용하여 칩의 형태로 재료를 제거한다. 따라서 선반은 원통 형상과 대칭축을 가지는 부품을 생산하는 데 사용된다. 선반을 사용하는 응용분야로는 축 가공과 디스크 브레이크 로터의 표면 재가공 등을 들 수 있다. 축이 회전하는 동안 절삭공구를 축의 길이 방향으로 이송함으로써 축의 직경을 줄이는 선반 가공을 수행할 수 있다. 나사, 베어링 위치를 위한 축의 어깨부위, 고정 클립을 위한 홈 등도 이러한 방식으로 가공할 수 있다.

공작기계는 수동으로 조정하거나 혹은 컴퓨터로 조종할 수 있다. **컴퓨터 원용 가공**(computer-aided manufacturing: CAM)에서는 금속 및 다른 재료를 높은 정밀도의 형상으로 절삭하기 위해 공작기계 제어에 컴퓨터를 사용한다. 기계부품이 매우 복잡하거나, 매우 높은 정밀도가 요구되거나, 많은 개수의 부품에 대해서 반복적인 작업이 필요하거나 하는 경우에는 컴퓨터를 이용하여 기계를 제어한다. 이

수치제어

러한 경우에는 **수치제어**(*numerical control*) 공작기계가 수동 작업자보다 더 빠르고 정밀하게 가공을 수행할 수 있다. 그림 2.18은 수치제어 밀링머신의 예를 보여준다. 이 밀링머신은 전통적인 밀링머신과 동일한 작업을 수행할 수 있다. 하지만 수동으로 작동되는 대신에 키패드 입력 혹은 CAM 소프트웨어에서 생성된 명령을 다운로드 하는 방식에 의해서 프로그래밍된다. 컴퓨터제어 공작기계는 컴퓨터로 만든 도면으로부터 직접 물리적 하드웨어를 생성할 수 있는 기능을 가지고 있다. 공작기계를 신속히 재프로그램할 수 있는 기능을 가지고 있으므로 작은 규모의 일반 공장에서도 고품질의 가공품을 생산할 수 있다.

주문생산

설계 평가를 위한 쾌속 시작품 제작에 사용되는 기술과 비슷한 기술이 **주문생산**(*customized production*)에 사용되기 시작하고 있다. 쾌속 혹은 직접 디지털 제조 기술은 주문 부품이나 교체 부품을 생산하기 위해서 사용되는 **첨가**(additive) 제조 기술이다. 대량 제조라인은 기계적인 자동화의 장점을 활용하여 다수의 동일한 제품을 생산한다. 쾌속 제조 시스템은 정반대의 관점을 가지고 있는데, 컴퓨터에서 생성된 전자 파일로부터 직접 특별한 부품을 생산하는 방식이다. 전자적 표현은 CAD 소프트웨어를 이용해서 혹은 물체를 스캔해서 생성한다. 이 기술은 복잡한 주문생산 제품을 합리적인 가격에 생산할 수 있는 가능성을 제공한다. 쾌속조형법으로 부품을 만들기 위해서는 보통 열가소성 수지, **광중합체**(photopolymer), 혹은 세라믹을 사용하는데, 쾌속제조 기술에서는 이제 다양한 종류의 금속과 합금을 사용할 수 있다. 이 기술을 이용하면 완전히 기능하는 부품을 극히 빠른 시간 내에 만들 수 있다. 예를 들어 진공실에서 전자 빔으로 금속 분말을 용해시켜 고온에서 견디는 매우 강한 부품을 생산할 수 있다. 이러한 주문생산 기술은 누군가가 특별한 규격의 제품을 주문하자마자 쾌속제조 기술을 이용하여 제품을 제조할 수 있도록 한다.

그림 2.18

수치제어 밀링머신은 3-D CAD 소프트웨어에서 생성한 명령으로 직접 부품을 가공할 수 있다.

요약

기계설계에 있어서 창의적인 과정은 교재의 한 장에서, 사실상 책 한 권으로도 다 설명할 수는 없다. 여러분은 이 장의 내용을 시작으로 해서 지속적 직업 경력을 통해 설계기술을 개발하고 직접 경험을 해야 한다. 가장 경력이 많은 엔지니어조차 비싸지 않은 가격에 팔리는 물건이라 할지라도 그 설계 과정에 관련된 모든 결정과 트레이드오프 때문에 고심한다. 기계설계에 관련된 주제에는 많은 서로 다른 측면이 있다. 여기에서는 기본적인 설계과정과 어떻게 신제품이 설계되고 제조되며, 특허를 통해서 비즈니스 환경에서 보호받는지를 소개하였다. 또한 독자가 설계의 기본 원칙들이 우리가 직면하고 있는 복잡한 기술적, 지구적, 사회적, 환경적 도전에 대응하는 다양한 제품, 시스템, 서비스를 개발하고 생산하는 데 사용될 수 있다는 점을 인식하기 바란다.

제1장에서 설명한 것처럼 엔지니어는 수학, 과학, 컴퓨터 원용공학을 안전하게 작동하며 생활을 바꾸는 물건을 만드는 목적으로 사용한다. 가장 상위 수준에서는 개방형 문제를 일련의 관리 가능한 단계로 분해하기 위해서 2.2절의 절차를 적용한다. 그 단계들은 시스템 요구조건의 정의, 설계개념들이 생성되고 좁혀지는 개념설계 단계, 제품의 모든 기학학적, 기능적, 생산 관련 상세 사항들이 개발되는 상세설계 단계들이다. 여러분은 엔지니어링이 결국 비즈니스 벤처이고 기계공학이 실행되는 이보다 넓은 맥락을 이해해야 한다. 새로운 제품을 개발할 때 엔지니어, 엔지니어로 구성된 팀, 혹은 회사는 그 새로운 기술을 특허로 보호받기 원한다. 특허는 다른 사람들에게 발명내용을 공개하는 조건하에 발명자에게 제한적인 독점권을 부여한다.

결국 성공적인 설계는 창의성, 우아함, 사용 편의성 및 원가의 함수이다. 엔지니어는 설계과정을 통해서 판단을 내리고, 아이디어를 설계개념으로 변환하기 위해서 근사계산을 수행하며, 개념설계를 상세설계로 발전시킨다. 엔지니어는 또한 물건을 생산하는 방법을 결정하는데, 그 방법은 생산량, 허용 원가, 그리고 요구 정밀도에 따라 결정된다. 주문제품을 신속하게 제작하기 위해서 쾌속조형법이 점차 사용되고는 있지만, 대량생산을 위한 주요 가공 프로세스는 주조, 성형, 절삭, 접합, 그리고 다듬질이다. 공정은 기계 부품의 형상 및 사용되는 재료에 따라서 선택된다. 절삭공정은 띠톱, 드릴프레스, 밀링머신, 선반 등에 의해서 수행되며 각 공작기계는 공작물로부터 재료를 제거하기 위해서 날카로운 공구를 사용한다. 공작기계는 CAE 소프트웨어를 이용해서 설계한 고정밀도 부품을 가공하기 위해서 수치적으로 제어될 수 있다.

자습과 복습

2.1 기계설계 프로세스의 주요 단계는 무엇인가?

2.2 설계 프로세스에서 혁신의 중요성에 대해서 논의하라.

2.3 설계 엔지니어가 설계 프로세스를 시작할 때 고려해야 할 시스템 요구조건의 범주에는 어떤 것들이 있는가?

2.4 치수, 재료 및 다른 요소들과 관련하여 설계 과정 초기에 어느 정도까지 상세한 결정이 내려져야 하는가?

2.5 엔지니어가 글로벌한 영향을 가지는 설계 프로젝트의 다학제적 팀에서 일할 때 발생할 수 있는 대인관계 및 의사소통 이슈에 대해서 논의하라.

2.6 간결성, 설계 반복 작업, 문서화가 설계 프로세스에서 어떻게 중요한 역할을 하는지 설명하라.

2.7 제조공정의 주요 분류는 무엇인가?

2.8 주조, 압연, 단조, 압출, 절삭에 의해서 생산되는 물건의 예를 들어라.

2.9 띠톱, 드릴프레스, 밀링머신이 어떻게 사용되는지 설명하라.

2.10 쾌속조형 기술이 무엇인지, 언제 그 기술이 가장 잘 활용될 수 있는지 설명하라.

2.11 의장특허와 실용특허의 차이점을 설명하라.

2.12 최근에 부여된 실용특허는 얼마 동안 유효한가?

연습문제

P2.1~P2.6 문제에서 제품은 우연하게 특정 형상이나 색을 가지는 것이 아니다. 규정 혹은 기본적인 기능 때문에 특정 형상 혹은 색을 가져야 한다.

P2.1

형상이 원형이어야 하는 제품의 예를 세 가지 들고 그 이유를 설명하라. 구 형상의 예는 정답이 아니다.

P2.2

형상이 삼각형이어야 하는 제품의 예를 세 가지 들고 그 이유를 설명하라.

P2.3

형상이 사각형이어야 하는 제품의 예를 세 가지 들고 그 이유를 설명하라.

P2.4

초록색이어야 하는 제품의 예를 세 가지 들어라.

P2.5

검정색이어야 하는 제품의 예를 세 가지 들어라.

P2.6

색이 투명해야 하는 제품의 예를 세 가지 들어라.

P2.7

최소 무게는 요구되지만 무게의 상한은 필요 없는 제품의 예를 세 가지 들고 대략적인 최소 무게를 정하라.

P2.8

정확하게 정해진 무게를 가져야 하는 제품의 예를 세 가지 들고 그 무게를 제시하라.

P2.9

깨지거나 부러짐으로써 설계 목적을 달성하는 제품의 예를 세 가지 들어라.

P2.10

100만 번 이상 잘 작동하도록 설계되어야 하는 제품의 예를 세 가지 들어라.

P2.11

시각장애 여부와 상관없이 사람이 잘 사용할 수 있는 제품을 세 개 나열하라.

P2.12

스타일 대 기술설계 차트(혁신에 대한 중점사항 참조)에서 모든 네 개의 상한에 해당되는 버전이 있는 제품 유형을 선택하라. 제품의 네 가지 버전을 보이고 왜 각각이 특정 상한에 해당되는지 분명하게 설명하라.

P2.13

전 세계적으로 분포하는 카페에 팔 수 있는 커피메이커를 설계하는 임무가 주어졌다고 가정하라. 설계 프로세스를 시작하면서 고려해야 하는 세계적, 사회적, 환경적, 경제적 이슈들을 결정하기 위해서 커피메이커에 대한 연구를 수행하라. (이 작업은 기본적으로 제품 고고학의 준비 단계에 해당된다. 제품 고고학에 대한 중점사항 참조.)

P2.14

유럽과 미국 시장을 위한 식기세척기를 설계하는 임무가 주어졌다고 가정하라. 설계 프로세스에서 고려해야 하는 세계적, 사회적, 환경적, 경제적 이슈들을 결정하기 위해서 식기세척기에 대한 연구를 수행하라. (이 작업은 기본적으로 제품 고고학의 준비 단계에 해당된다. 제품 고고학에 대한 중점사항 참조.)

P2.15

자동차, 가전제품, TV, 모터 혹은 이와 유사한 소비재의 제품 사양서(specification) 시트를 찾아서 사양들이 이해하기 쉬운지 판단하라. 예를 들어 공학도로서 모든 사양이 의미하는 바를 다 이해하는가? 이해하는 이유와 그렇지 못한 이유는 무엇인가? 엔지니어가 아니거나, 기술을 잘 모르는 소비자는 이해할 수 있는가? 이해하는 이유와 그렇지 못한 이유는 무엇인가? 또한 사양서가 직접 혹은 간접적으로 환경과 경제적인 이슈를 어떻게 다루고 있는지 설명하라. 당신의 사양을 포함해서 제출하라.

P2.16

어떤 방향이 북쪽인지를 결정하는 15가지 방법을 개발하라. 각 아이디어의 설명과 스케치를 제출하라.

P2.17

이 과목의 교실을 개선할 수 있는 15가지 방법을 개발하라. 각 아이디어의 설명과 스케치를 제출하라.

P2.18

달걀이 계단에서 떨어졌을 때 깨지는 것을 방지하는 포장 시스템에 대한 아이디어 10개를 개발하라. 각 아이디어의 설명과 스케치를 제출하라.

P2.19

장애인이 수영장에 들어가고 나오는 것을 도와주는 시스템에 대한 아이디어 10개를 개발하라. 이 장치는 새로 짓는 수영장과 기존의 수영장에 설치하려고 한다. 각 아이디어의 설명과 스케치를 제출하라.

P2.20

가정용 사다리에서 떨어지는 사고를 방지할 수 있는 안전장치에 대한 아이디어 10개를 개발하라. 각 아이디어의 설명과 스케치를 제출하라.

P2.21

2010년에 260제곱킬로미터 크기의 거대한 빙산(맨해튼의 네 배 크기)이 그린란드의 북서쪽 코너에서 떨어져 나갔다. 그 빙산은 그린란드와 캐나다 사이의 항로를 방해하면서 떠다닐 수 있었다. 거대한 빙산을 한 장소에 고정할 수 있는 아이디어 10개를 개발하라. 각 아이디어의 설명과 스케치를 제출하라.

P2.22

2010년 8월 파키스탄에 비가 너무 많이 와서 대규모 홍수가 발생하였고 최소 1,500명이 사망하였다. 홍수로 많은 강둑이 무너졌고 수백 킬로미터에 이르는 새 물길로 인해서 급박하게 닥치는 홍수에 대한 경보를 받지 못한 마을들이 며칠 사이에 파괴되었다. 이러한 마을에서 사망을 방지하기 위한 아이디어 10개를 개발하라. 각 아이디어의 설명과 스케치를 제출하라.

P2.23

물에 대한 수요가 증가하고 있음에도 불구하고 북중국 평원의 지하수면이 지속적으로 1년에 1.2 m씩 낮아지고 있다. 2035년에는 지하수가 고갈될 것으로 예측되고 있다. 이 문제를 해결하기 위한 아이디어 10개를 개발하라. 각 아이디어의 설명과 스케치를 제출하라.

P2.24

세계적으로 수천 개의 대학에서 수백만 명의 학생들이 매일 캠퍼스를 걸으면서 운동에너지를 생산한다. 캠퍼스를 걷는 학생들로부터 운동에너지를 수집해서 저장하는 아이디어 10개를 개발하라. 각 아이디어의 설명과 스케치를 제출하라.

P2.25

쥐덫 동력 자동차를 설계하는 학생 설계팀이 바퀴로 컴퓨터용 CD를 사용하기로 결정했다. CD는 가볍고 쉽게 구할 수 있다. 그러나 바퀴는 차축에 잘 정렬되어 단단히 고정되어야 한다. 바퀴를 5 mm 직경의 차축에 고정하는 설계개념 5개를 개발하라. CD는 두께가 1.25 mm이고 내경은 15 mm, 외경은 120 mm이다.

P2.26

Google Patents에 가서 시장에서 성공할 것 같지 않다고 판단되는 혁신적인 기계장치에 대한 특허를 찾아라. 그 기술은 특허로 등록되었으므로 혁신적이라고 할 수 있다. 그 장치에 대해서 설명하고 왜 성공할 수 없다고 생각하는지 설명하라.

P2.27

그림 P2.27에 보이는 마그네슘 카메라 몸체를 제조하는 데 어떤 제조프로세스가 사용되었을 것으로 생각되는지 말하고 그 판단 이유를 설명하라.

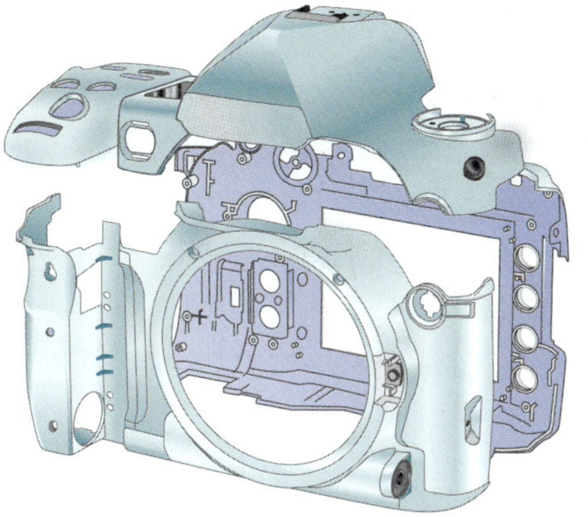

그림 2.27

P2.28

그림 P2.28에 보이는 알루미늄 막대를 제조하는 데 어떤 제조프로세스가 사용되었을 것으로 생각되는지 말하고 그 판단 이유를 설명하라.

P2.29

2010년에 아이슬란드의 에이야프얄라요쿨 화산 분출로 인해 몇 주 동안 유럽의 비행항로가 영향을 받았다. 이로 인해 수백만 명의 사람이 불편을 겪었다. 앞으로 이 화산의 화산재 구름이 유럽의 항공교통에 영향을 미치지 않게 할 수 있는 시스템에 대한 아이디어 5개를 개발하라.

P2.30

문제 P2.29의 아이디어에 대해서 각 아이디어의 장점과 단점을 표시하는 표를 만들고 기술적 효과, 비용, 환경적 문제, 사회적 영향 등을 고려해서 어떤 아이디어가 최적인지 추천하라.

P2.31

다음의 구성품과 힌트에 기반하여 어떤 제품을 표현하고 있는지 답하라.

그림 2.28

80/20 Inc. Ⓡ 제공 www.8020.net

- 디젤엔진
- 풀리
- 마찰열이 사용될 수 있는 엔진 출력을 제한한다.
- 대부분의 구성품이 주철이나 강이다.
- 대부분의 제조사가 유럽, 아시아, 아프리카이다.
- 적용 압력이 수동으로 조절 가능하다.
- 나사송곳(auger)
- 아프리카에서 많이 사용된다.
- 체(sieve)
- 전단력에 의해 작동한다.

P2.32

소지하고 있거나 가까이에 있는 제품을 이용하여 기능을 개선하거나 원가를 줄일 수 있도록 재설계할 수 있는 아이디어를 개발하라. 되도록 많은 아이디어를 도출하라.

P2.33*

그룹을 구성하여 최소 십 년 된 제품을 찾아라. 그 제품이 목표로 한 시장, 가격, 기능을 기반으로 하여 설계(모양, 구성, 재료, 제조)에 영향을 준 전지구적, 사회적, 환경적, 경제적 요인을 분석하라. 조사한 자료(제품 자체, 규격서, 사용자 매뉴얼, 회사 웹사이트, 사용자 평가)로부터 도출된 증거를 사용하여 각 요인들을 설명하는 보고서를 작성하라.

P2.34*

그룹을 구성하여 비효율적, 비효과적, 우아하지 않은, 혹은 쓸데없는 문제 해결에 사용되는 "나쁜" 설계를 찾아라. 이는 제품, 프로세스, 시스템, 혹은 서비스일 수도 있다. 이러한 설계에 대한 2분짜리 발표자료를 만들어라.

참고문헌

Cagan, J., and Vogel, C.M., *Creating Breakthrough Products*. Upper Saddle River, NJ: FT Press, 2012.

Dieter, G., and Schmidt, L., *Engineering Design*, 4th ed. New York: McGraw-Hill, 2009.

Haik, Y., and Shahin, T. M., *Engineering Design Process*. Stamford, CT: Cengage Learning, 2011.

Juvinall, R. C., and Marshek, K. M., *Fundamentals of Machine Component Design*, 2nd ed. Hoboken, NJ: Wiley, 1991.

Kalpakjian, S., and Schmid, S. R., *Manufacturing Processes for Engineering Materials*, 4th ed. Upper Saddle River, NJ: Prentice-Hall, 2003.

Selinger, C., "The Creative Engineer," *IEEE Spectrum*, August 2004, pp. 48-49.

Shigley, J. E., Mitchell, L. D., and Budynas, R. G., *Mechanical Engineering Design*, 7th ed. New York: McGraw-Hill, 2004.

Ullman, D., *The Mechanical Design Process*, 4th ed. New York: McGraw-Hill, 2009.

Ulrich, K. T., and Eppinger, S. D., *Product Design and Development*. New York: McGraw-Hill, 1998.

CHAPTER 03

문제해결 기술과 의사소통 기술

Technical Problem-Solving and Communication Skills

이 장의 목적

- **3-1** 공학문제를 해석하고 풀이하는 기본 과정 이해
- **3-2** 계산 과정에서 숫자와 단위 처리
- **3-3** 미국전통단위계와 국제단위계의 기본단위 및 유도 단위 사용
- **3-4** 공학 계산에서 적절한 단위 취급의 필요성에 대한 이해
- **3-5** 단위계 사이의 수치값 변환
- **3-6** 차원 일치를 확인하기 위한 계산 검증
- **3-7** 근삿값 계산법을 수행하는 방법 이해
- **3-8** 공학자에게 의사소통 기술의 중요성에 대한 인식 및 결과를 구술, 문서, 도식적으로 분명하게 발표할 수 있는 능력

3.1 서론

이 장에서는 공학자가 기술적 문제를 해결하고 계산을 수행할 때 거쳐야 하는 기본단계를 살펴보도록 한다. 종종 공학 설계과정에서 설계 결정사항을 뒷받침하기 위해서 기계공학자는 광범위한 변수와 물리량을 포함하는 질문에 대하여 수치 답을 얻어야 한다. 제3장 전반부에서는 기술적 문제를 해석하여 다른 사람들이 이해할 수 있는 답을 얻고 전달하기 위하여 기계공학자가 사용하는 기본 과정을 공부한다. 기계공학에서 문제를 풀 때 사용하는 변수는 실제로 매우 많지만 대표적으로 힘, 토크, 열전도도, 전단 응력, 유체 점도, 탄성계수, 운동에너지, 레이놀즈 수, 비열 등이 있다. 이와 같이 많은 변수를 잘 이해하려면 계산할 때와 결과를 설명할 때 변수에 대하여 명확히 알고 있어야 한다. 각 물리량은 숫자와 단위 두 가지 요소로 이루어져 있으며, 두 요소는 서로 불가분의 관계를 가진다. 공학자는 계산할 때 숫자와 마찬가지로 단위에도 주의해야 한다. 제3장 후반부에서는 단위계에 대한 기본개념과 단위 변환, 차원 일치를 다루도록 한다.

설계과정에서 공학자는 정확한 값보다는 근삿값을 계산해야 할 경우가 있다. 예를 들어 불확실하고 불완전한 정보를 가지고 강도가 얼마인가, 중량이 얼마인가, 동력이 얼마나 필요한가, 온도가 얼마인가 등에 관한 질문에 답해야 한다. 또한 재료의 물성치에 대한 정확한 값을 전혀 모르므로 시료 물질 사이에 약간의 변동은 있을 수 있다.

이러한 이유로 미지 양에 수치를 할당하기 위하여 적절한 근사를 행할 필요가 있다. 공학자는 상식, 경험, 직관, 물리법칙을 사용하여 **근삿값 계산법**(*order-of-magnitude approximation*)이라고 하는 과정을 통해 답을 구한다. 3.3절에서 근삿값 계산법을 하기 위하여 기본 문제풀이과정에 대하여 설명할 것이다.

마지막으로 기계공학자는 계산 결과를 다른 사람에게 효과적으로 전달하는 능력을 가져야 한다. 기술적 문제에 대한 답을 얻는 것은 과제 해결의 절반에 불과하다. 나머지 절반은 다른 사람에게 결과를 분명하고 정확히 설득력 있게 설명하는 것이다. 다른 공학자가 계산 결과를 이해할 수 있어야 하고, 수행한 일을 인정할 수 있어야 하며 정확히 문제를 풀었다는 확신을 가져야 한다. 따라서 마지막 부분에서 다른 사람이 이해할 수 있는 방식으로 계산 결과를 효과적으로 정리하고 제시하는 방법을 다룰 것이다.

요소 2 : 직무교육

이 장에서 다루는 주제는 기계공학 주제 분류표에서 **직무교육**(*professional practice*)에 해당한다(그림 3.1). 여기서 습득한 기술은 교과과정의 다른 주제에서도 도움이 될 것이다. 이러한 기술은 기술적 문제해결의 능숙성, 차원, 단위계, 단위 변환, 유효숫자, 근사, 소통기술 등을 포함한다.

전문 공학자에게 문제해결 기술과 의사소통 기술은 대단히 중요하다. 효과적으로 잘 설계된 시스템도 해석, 단위, 차원의 작은 실수로 운전 중에 잘못될 수 있다. 1999년 **화성 기후 탐사위성** 실종사건과 같은 과거 사례로부터 많은 교훈을 얻을 수 있다. 그림 3.2의 탐사위성은 무게 6,170뉴톤으로 1억2천5백만불 행성 간 탐사 프로그램의 일환으로 화성에 보낸 최초의 기후 탐사위성이었다.

그림 3.1

전반적인 기계공학 프로그램과 3장 주제(음영된 박스)와의 관계

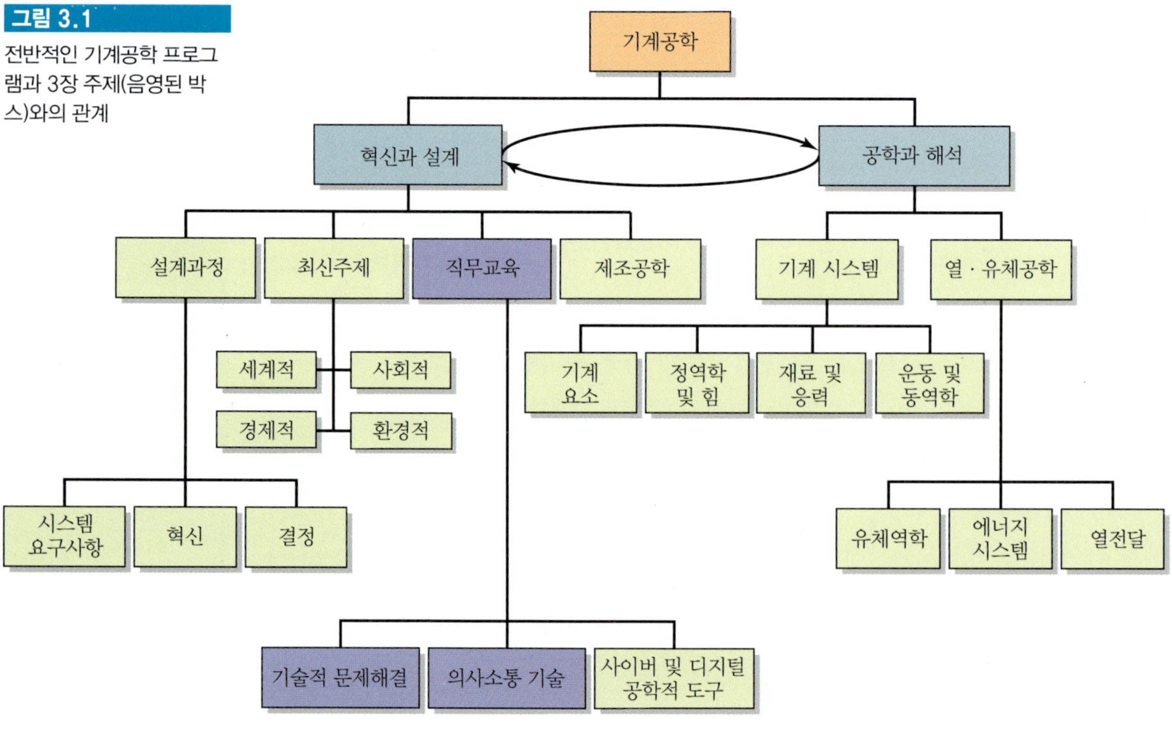

그림 3.2
클린룸에서 이륙을 준비하고 있는 *화성 기후 탐사위성*
Courtesy of NASA.

이 위성은 플로리다주 케이프 케너베럴에서 델타 II 로켓에 실려 발사되었으며, 화성 북반구에 다다를 때 640 N 추진력으로 16분 23초 동안 주 엔진을 가동하여 속도를 감소시킨 후 타원궤도에 진입하게 되어 있었다.

그러나 주 엔진 연소 후에 **미국 우주항공국**(NASA)은 다음과 같은 발표문을 내놓았다.

> 화성 기후 탐사위성은 운항 착오로 인하여 실종된 것으로 보인다. 태평양 시각으로 오전 2시경 이른 아침에 탐사위성은 주 엔진을 연소하여 화성 주위 궤도에 진입하였으며 당시까지 탐사위성에서 오는 모든 정보는 정상이었다. 탐사위성이 지구에서 보았을 때 화성 뒤를 통과하기 직전 5분간 계획한 대로 엔진 연소가 시작되었다. 그러나 탐사위성이 화성 뒷면에서 나올 것이라고 예상한 시각에 비행 관제탑에서는 신호를 감지하지 못했다.

이튿날 미국 우주항공국(NASA)은 다음과 같은 기사를 발표하였다.

> **화성 기후 탐사위성**을 통제하는 NASA의 비행 관제소는 위성과 접촉을 시도하기 위하여 Deep Space Network의 직경 70 m 안테나를 사용하였으나 태평양 시각으로 오늘 오후 3시 탐사위성에 대한 탐색을 포기한다.

무엇이 잘못되었나? 탐사위성 비행궤적을 조사한 결과 탐사위성이 화성에 접근하는 동안 원래 계획한 높이인 140 ~ 150 km보다 훨씬 낮은 화성 표면상공 60 km를 통과했다. 이와 같이 예상 밖의 낮은 고도로 비행한 결과, 탐사위성이 타버렸거나 수면 위에 튕기는 돌처럼 얇은 화성 대기를 튕겨 지나쳐 태양 주위를 돌게 된 것이다. 결국 탐사위성은 실종되고 말았다.

화성 기후 탐사위성 실종 조사위원회는 탐사위성의 작동과 운항에 공동으로 일했던 두 팀 사이의 정보전달 과정에서 단위 착오가 있었음을 알아내었다. 탐사위성의 방향을 조정하기 위하여 로켓엔진 추진력과 엔진 연소시간의 곱인 엔진 충격량으로부터 속도를 구해야 한다. 충격량은 (힘)×(시간) 차원을 가지며 국제단위계의 표준 단위인 N-s단위로 주어진다. 그러나 차원을 표시하지 않고 이 값을 전달받은 다른 팀은 미국전통단위계의 표준단위인 Lb-s로 해석하였다. 이 실수로 탐사위성 궤적에 대한 주 엔진의 영향이 뉴톤과 파운드 사이의 변환계수인 4.45배 만큼 차이나는 결과를 가져온 것이다.

단위 착오로 인하여 참사로 이어질 뻔했던 다른 사건으로 1983년 7월 몬트리올에서 에드먼튼으로 가는 캐나다 항공 143편 비행기 비상착륙사건이 있다. 보잉 767은 양쪽 날개와 동체에 3개 연료탱크를 가지고 있으며 2개 제트엔진에 연료를 공급하였다. 순항하던 비행기는 연료탱크가 완전히 바닥나면서 연료펌프가 멈추게 되었다. 왼쪽 날개 엔진이 먼저 멈추었고 비행기가 하강하면서 3분 뒤에 두 번째 엔진도 멈추었다. 소형 보조 백업시스템을 제외하고 비행기는 무동력상태가 되었다.

비행사와 관제탑은 캐나다 공군이 사용하던 공항에 비상착륙하기로 결정하였다. 마침 그날 공항에는 아마추어 자동차경주가 있었는데, 조종사의 노련한 기술로 활주로에 모여 있던 관중과 경주차를 피하여 안전하게 비행기를 착륙시킬 수 있었다(그림 3.3). 착륙 과정에서 전방 착륙기어 파손으로 비행기 앞부분이 부서졌지만 승무원과 승객들은 크게 다치지 않았다.

사고대책위원회는 철저한 조사를 통해 급유 착오로 탱크에 주입해야 할 연료량을 잘못 계산한 것이 사고의 중요한 원인 중 하나라는 결론을 내렸다. 항공기가 이륙하기 전 연료탱크에 7,682리터의 연료가 있음이 확인되었으나, 신형 767 항공기는 연료소비량을 kg으로 계산하였고 몬트리올에서 에드먼튼까지 비행에 필요한 총 연료량은 22,300 kg이었다. 그동안 비행기 연료량은 파운드 단위로 표시해 왔지만 연료량 계산과정에서 체적을 리터로, 무게를 파운드로, 질량은 kg으로 각각 다른 단위계를 사용한 결과, 사고가 발생하였다.

그림 3.3
캐나다 항공 143편 비행기 착륙 모습

급유계산에서 연료의 체적(리터)을 질량(kg)으로 바꾸는 데 변환계수 1.77을 사용하였으나 숫자와 관련된 단위를 명확하게 언급하거나 확인하지 않았다. 결국 1.77 lb/L 제트연료 밀도를 1.77 kg/L로 잘못 인식하여 16,000리터 대신 약 9,000리터 연료가 비행기에 공급되어 143편 비행기는 연료가 부족할 수밖에 없었다.

단위계산을 어렵게 할 필요는 없지만 실제로 매우 중요하다. 다음 절에서는 공학문제를 해석하는 계산과정에서 단위를 잘 확인하고 풀이 결과의 의미를 이해하는 데 필요한 방법을 알아보도록 한다.

3.2 일반적 문제해결 방법

1장에 설명한 것처럼 공학자는 오랜 기간 많은 기술 분야에 걸쳐 세밀한 것에 관심을 기울이고 올바른 해결책을 찾아왔다는 명성을 쌓아왔다. 일반인들은 공학자가 설계하고 만든 제품을 신뢰하며 그 신뢰는 그동안 쌓아온 확신에서 비롯한다.

공학자는 상호 간에 기술적 작업을 분명하고 설득력 있게 잘 정돈된 형태로 제시하기를 원한다. 또한 공학자는 힘, 압력, 온도, 재질, 소요 동력 등 제품의 설계에 대한 결정을 뒷받침하는 계산을 수행한다. 이 계산 결과는 설계 형태, 제품 생산 방법과 같이 재정적으로 비용에 상당한 영향을 미치는 결정에 사용된다. 이러한 결정은 수백만 달러의 비용을 지출할 수도 또는 절약할 수도 있으므로 올바른 계산 결과를 가지고 결정하는 것이 매우 중요하다. 일반적으로 공학자가 추천하면 일반사람들은 그것이 옳은 것이라 여기고 믿는다.

이러한 관점에서 계산은 자신에게 분명히 이해되어야 하며, 계산 결과를 읽고 이해하고 또 알고자 하는 모든 이들에게도 자명해야 한다. 다른 공학자가 계산 결과를 이해하지 못하면 그 결과는 무시되거나, 혹 이해하기 어려운 것, 불완전한 것 심지어 틀린 것으로 간주될 수 있다. 훌륭한 문제해결 기법은 각 계산 단계를 분명하게 작성하고 정리하는 것으로 올바른 답을 얻을 뿐만 아니라 다른 사람에게도 설득력이 있어야 한다.

이 교재에서 개발할 수 있는 중요한 의사소통 기술 중 하나는 다음과 같이 공학문제에 대하여 일관성있는 **풀이 과정**(*problem-solving process*)이다. 풀이는 과정을 문서화하고, 다른 사람도 이해할 수 있는 형태로 결과를 설명하는 기술보고서 형태로 보아야 한다. 체계적 풀이방법을 개발함으로써 계산과정에 일어날 수 있는 일반적인 실수를 줄일 수 있다. 계산, 차원, 단위, 변환계수, 문제에 대한 오해와 같은 실수는 세심하게 주의를 기울이면 최소화할 수 있다. 풀이 과정

각 장 뒤에 있는 문제를 풀기 위하여 제시된 예시를 구성하는 3단계에 따라 내용을 정리하고 계산을 수행한다.

가정

1. **접근방법** *approach* 이 단계는 머릿속으로 문제에 대한 풀이 계획을 가지고, 숫자를 대입하여 계산하기 전에 문제에 대하여 생각하는 기회이다. 문제에 대한 요약을 작성하고 사용하려는 일반적 접근 방법을 설명한 다음 사용하려는 변환계수, 개념, **가정**, 방정식 등을 나열한다. 적절한 가정은 문제를 정확히 푸는 데 매우 중요하다. 예를 들어 중력이 있다고 가정하면 모든 요소의 무게를 계산해야 한다. 마찬가지로 마찰이 있다고 하면 해당 방정식을 고려해야 한다. 공학자는 대부분의 해석 문제에서 중력, 마찰력, 적용 하중의 분포, 응력 집중, 재질 불일치, 불확실성에 관한 가정을 해야 한다. 이러한 가정을 언급하고 주어진 정보를 확인하여 미지수와 기지수를 요약함으로써 문제가 완벽하게 정의된다. 목적이 명확해지면 추가 정보를 무시할 수 있고 효과적으로 문제를 푸는 데 집중할 수 있다.

2. **풀이** *solution* 일반적으로 풀이는 단계적 계산과 함께 설명과 그림을 포함한다. 만일 필요하다면 해석하고자 하는 시스템의 개략도를 포함시키고 주요 성분의 이름을 기재하고, 관련 크기에 대한 수치값을 명시한다. 방정식을 풀고 계산을 수행할 때 수치값과 단위를 대입하기 전에 미지수에 대하여 풀어보는 것은 방정식의 차원 일치를 확인할 수 있는 좋은 방법이다. 방정식에 숫자를 대입할 때 단위도 반드시 포함시킨다. 계산 단계마다 숫자와 관련된 단위를 쓰고, 단위를 약분하고 결합하는 과정도 분명히 보여야 한다. 숫자 없는 단위가 의미 없듯이 단위 없는 숫자도 무의미하다. 계산 마지막에 적절한 유효자릿수로 답을 제시한다. 그러나 반올림 오차가 커지는 것을 방지하기 위해 중간과정에서는 더 많은 자릿수를 사용한다.

3. **검토** *discussion* 검토는 가정, 방정식, 풀이에 대한 이해를 보여주기 때문에 항상 필요하다. 우선 답의 자릿수가 적당한지 여부를 알아보기 위해 직관적으로 판단한 다음, 가정을 평가하여 가정이 타당한지를 확인한다. 그리고 풀이에서 도출할 수 있는 주요 결론을 확인하여 물리적 관점에서 의미하는 바를 설명한다. 물론 계산을 재확인해야 하고 차원이 일치하는지 분명히 확인한다. 마지막으로 결과에 밑줄을 치거나 네모 등으로 표시하여 애매함이 없도록 한다.

이러한 프로세스를 반복 시행하여 옳은 답을 얻기 위해서는 차원, 단위, 기본단위계를 잘 이해해야 한다.

3.3 단위계와 변환

국제단위계(SI)

물리량은 두 가지 다른 단위계, 즉 **미국전통단위계(*USCS*)**와 **국제단위계(*SI*)**로 표시된다. 기계공학자는 두 단위계에 대하여 잘 알아야 하고 경우에 따라 한 단위계에서 다른 단위계로 변환할 수 있어야 한다. 이 책의 예제와 연습문제는 국제단위계로 풀고, 각 장에서 새로운 물리량을 소개할 때 해당 SI단위를 설명할 것이다.

기본단위와 유도단위

화성 기후 탐사위성 실종사건과 캐나다 항공기 비상착륙 사건에서 단위의 중요성을 알았으므로, 미국전통단위계와 국제단위계에 관하여 자세하게 살펴보도록 한다. 단위란 물리량으로서 상호 동의에 의하여 합의된 크기를 갖는다. 두 단위계는 기본단위와 유도단위로 되어 있다. **기본단위**(*base units*)는 더 나누어질 수 없거나, 다른 단순 요소로 표시할 수 없는 기본량이다. 기본단위는 서로 독립적이며 단위시스템의 핵심요소이다. 한 예로 국제단위계에서 길이에 대한 기본단위는 미터(m)인 반면에, 미국전통단위계에서는 피트(ft)이다. 기본단위

유도단위(*derived units*)는 이름에서 알 수 있듯이 기본단위의 조합으로 구성되어 있다. 예를 들어 유도단위인 속도(길이/시간)는 기본단위인 길이와 시간으로 이루어져 있다. 0.001 m^3에 해당하는 1리터는 체적에 대한 국제단위계의 유도단위이다. 일반적으로 단위계는 작은 수의 기본단위와 훨씬 많은 수의 유도단위를 갖는다. 뒤에서 두 단위계 사이의 변환과 기본단위와 유도단위에 대하여 상세히 다루도록 한다. 유도단위

국제단위계

전 세계의 서로 다른 측정시스템을 표준화하려는 노력의 결과로 1960년에 표 3.1처럼 7가지 기본단위로 구성된 **국제단위계**(*International System of Units*)가 지정되었다. 이 단위계는 기계공학적 물리량인 미터, 킬로그램, 초와 함께 전류, 온도, 물질량, 광도를 측정하는 기본단위도 포함하고 있다. 국제단위계는 미터단위계로 불리고 10의 멱수를 사용하여 표시한다.

기본단위는 상세한 국제적 합의로 정의되어 있다. 그러나 단위에 대한 정의는 측정기술 발달과 함께 개선되면서 약간씩 바뀌었다. 예를 들어 미터의 기원은 18세기로 거슬러 올라간다. 원래 1미터는 북극에서 적도까지 파리를 지나는 자오선 길이(지구 원주의 1/4)의 천만분의 일(10^{-7})과 같다고 하였으나, 나중에 플라티늄-이

물리량	기본단위	약자
길이	미터(meter)	m
질량	킬로그램(kg)	kg
시간	세컨드(second)	s
전류	암페어(ampere)	A
온도	켈빈(Kelvine)	K
물질량	몰(mole)	mol
광도	칸델라(candela)	cd

표 3.1
국제단위계의 기본단위

리듐 금속 합금으로 만들어진 막대 길이로 정의하였다. 세계 각국 정부와 실험실에 **미터 원기**(*prototype meter*)로 불리는 표준막대가 배포되었으며, 막대 길이는 항상 얼음물 온도에서 측정하도록 되어 있다. 길이 단위인 미터의 정의는 실제 길이 변화를 가능한 작게 하여 표준 길이가 보다 정확하고 재현성 있도록 주기적으로 갱신되어 왔다. 1983년 10월 20일 현재 1미터는 원자시계로 측정한 1/299,792,458초 사이에 진공에서 빛이 진행한 길이로 설정되어 있다.

미터 원기

마찬가지로 18세기 말에 물 1,000 cm^3의 질량을 1킬로그램으로 정의하였으나 오늘날에는 **표준 킬로그램**(*standard kilogram*)이라고 하는 샘플의 질량으로 정의한다. 이것은 미터 원기처럼 플라티늄과 이리듐으로 만들었으며, 원본은 국제 무게 측정원에 의해 프랑스 세버에 보관되어 있고, 복제본은 전 세계 실험실에 보급되어 있다. 오늘날 미터는 빛의 속도, 시간과 같이 재현성 있는 측정에 기초하지만 킬로그램은 그렇지 못하다. 과학자들은 킬로그램을 등가의 전자기력으로 정의하거나 정교하게 가공된 실리콘 구 안의 원자 개수로 정의하려는 대체 방안을 찾고 있다. 그러나 당분간 킬로그램은 인간이 만든 물품으로 정의된 유일한 기본단위가 될 것 같다.

표준 킬로그램

국제단위계의 기본단위 중 초는 세슘 133 원자 내에서 일어나는 양자 천이에 필요한 시간으로 정의된다. 기호인 도(°) 없이 K로 표시하는 절대온도 켈빈은 물이 3가지 상태로 존재하는 특정한 삼중점에 기초한다. 암페어, 몰, 칸델라에 대해서도 유사한 기본 정의를 설정하였다.

국제단위계의 몇 가지 유도단위가 표 3.2에 있다. 뉴톤(N)은 힘에 대한 유도단위로 영국 물리학자 뉴톤의 이름에서 유래되었다. 4장에서 고전 운동법칙을 상세히 설명하겠지만 뉴톤의 **제2운동법칙**(*second law of motion*) $F = ma$는 물체에 작용하는 힘 F는 질량과 가속도의 곱과 동일함을 의미한다. 따라서 뉴톤은 질량 1 kg 물체를 1 m/s^2 가속도를 일으키는 힘과 같다.

제2운동법칙

$$1\text{N} = (1\text{kg})\left(1\frac{\text{m}}{\text{s}^2}\right) = 1\frac{\text{kg}\cdot\text{m}}{\text{s}^2} \tag{3.1}$$

표 3.2
국제단위의 유도단위

물리량	유도단위	약자	정의
길이	micrometer/micron	μm	1 μm = 10^{-6} m
체적	liter	L	1 L = 0.001 m^3
힘	newton	N	1 N = 1 (kg · m)/s^2
모멘트, 토크	newton-meter	N · m	—
압력/응력	pascal	Pa	1 Pa = 1 N/m^2
일에너지 또는 열에너지	joule	J	1 J = 1 N · m
동력	watt	W	1 W = 1 J/s
온도	degree Celsius	°C	°C = K − 273.15

절대온도와 섭씨온도의 온도차이는 동일하지만 절대값은 공식을 사용하여 변환된다.

사람 이름에서 유래된 기본단위 kelvin (K)과 유도단위 joule (J), pascal (Pa), watt (W) 등은 소문자로 쓰지만 약어는 대문자로 표시한다.

국제단위계의 기본단위와 유도단위에 **접두사**(*prefix*)를 사용하여 물리량을 10의 지수승 없이 간편하게 표시할 수 있다. 수치 표시를 단축하거나 자릿수를 나타내는 0이 많은 경우에 접두사를 사용한다. 표준 접두사는 표 3.3과 같다. 예를 들어 풍력 터빈의 출력이 7,000,000 W인 경우 자릿수 0을 쓰는 것이 번거로우므로 10^6을 의미하는 접두사 M을 사용하여 7 MW로 표시한다.

접두사

보통 0.1과 1000 사이의 숫자에 대해서 접두사를 사용하지 않으므로 “deci”, “deca”, “hecto” 등은 거의 사용되지 않는다. 기타 다른 약속은 다음과 같다.

SI 규약

1. 물리량이 분수 형태의 차원을 포함하면 크기를 나타내는 접두사는 분모보다 분자에 나타나는 단위에 적용된다. N/mm 대신 kN/m를 사용하는 것이 좋다. 기본단위 kg이 차원의 분모에 나타나는 경우는 예외로 한다.
2. 인접한 단위 사이에 점을 찍거나 하이픈하는 것은 시각적으로 분리되어 보이게 하므로 좋은 방법이다. 예를 들어 뉴톤을 기본단위로 풀어쓸 때 kgm/s^2으로 쓰는 대신 (kg · m)/s^2이라고 쓴다. mkg/s^2으로 쓰는 경우는 밀리 킬로그램으로 잘못 오해할 소지가 있으므로 안 좋은 표기방법이다.
3. 복수 차원은 접미사 “s”를 쓰지 않는다. 예를 들어 7 kgs이라고 쓰면 “s”를 시간 초로 오해할 수 있기 때문에 7 kg으로 쓴다.
4. 사람 이름으로 명명된 유도단위를 제외하고 국제단위계의 차원은 소문자를 사용한다.

이름	기호	배수
테라(tera)	T	1,000,000,000,000 = 10^{12}
기가(giga)	G	1,000,000,000 = 10^9
메가(mega)	M	1,000,000 = 10^6
킬로(kilo)	k	1000 = 10^3
헥토(hecto)	h	100 = 10^2
데카(deca)	da	10 = 10^1
데시(deci)	d	0.1 = 10^{-1}
센티(centi)	c	0.01 = 10^{-2}
밀리(milli)	m	0.001 = 10^{-3}
마이크로(micro)	μ	0.000,001 = 10^{-6}
나노(nano)	n	0.000,000,001 = 10^{-9}
피코(pico)	p	0.000,000,000,001 = 10^{-12}

표 3.3
국제단위계의 크기 접두사

미국전통단위계

1866년 미국 의회는 상업 용도로 국제단위계의 사용을 합법화하였다. 그 후 1975년 미터 환산 조례는 미국전통단위계에서 국제단위계로 자발적 변환을 간략히 설명하였다.

> 따라서 미국의 무역 통상 분야에서 중량과 측정에 대한 우선 시스템으로 미터단위계를 지정한 것이 미국의 정책이다.

이러한 정책에도 불구하고 미국 내에서 미터전환 과정은 지지부진하였고 당분간 두 단위계를 계속 사용할 것 같다. 미국전통단위계에서는 파운드, 톤, 피트, 인치, 마일, 초, 갤론과 같은 단위를 사용한다. **영국단위계** 또는 *foot-pound-second* 단위계라고도 하는 미국전통단위계는 단위의 기원이 고대 로마제국까지 거슬러 올라간다. 사실 파운드에 대한 약자는 로마의 무게단위, *libra*에서 왔다. "pound"는 "무게"를 측정한다는 의미를 갖는 라틴어 *pendere*에서 유래되었다. 미국전통단위계는 원래 영국에서 사용하였으나 오늘날 미국에서 사용되고 있다. 대부분 다른 산업화 국가들은 사업과 무역에서 표준 측정단위로 국제단위계를 채택하고 있다. 따라서 미국이나 미국관련 회사에서 일하는 공학자는 두 단위계에 익숙해야 한다.

영국단위계

왜 미국은 미국전통단위계 사용을 고수하고 있는가? 그 이유는 경제, 물류, 문화 등 매우 복잡하다. 이미 미국 내에 구축된 인프라가 미국전통단위계에 기초하고 있고 현재 단위 시스템에서 즉각적인 변환은 엄청난 비용이 들 것이다. 무수히 많은 구조물, 공장, 기계, 부속품들이 이미 전통단위를 사용하여 제작되었다. 더욱이 대부분의 미국 소비자들은 1갤론의 휘발유가 어느 정도인지 1파운드 사과가 얼마인지 잘 알지만 국제단위계에 대해서는 익숙하지 못하다. 미국 내에서 국제단위계로의 표준화 작업은 진행되고 있다. 국제 사업 분야에서 상대 파트너와 교류하고 경쟁하기 위하여 미국이 국제단위계로 완전히 변화될 때까지 두 단위계에 대하여 익숙할 필요가 있다.

표 3.4처럼 미국전통단위계의 7개 기본단위는 foot, pound, second, ampere, degree Rankine, mole, candela 등이다. 두 단위계 사이의 주요 차이점은 국제단위계에서 질량(kg)이 기본단위지만 미국전통단위계에서는 힘(lb)이 기본단위이다. 파운드가 파운드 힘을 의미하도록 약자 lbf로 쓰기도 한다. 힘, 재질, 구조물을 다루는 기계공학 분야에서는 "파운드"라는 용어와 약어 "lb"가 더욱 일반적이므로 이 책에서는 이 약속을 사용한다.

파운드 질량과 슬러그

두 단위계 사이의 다른 차이점으로 미국전통단위계는 질량에 대해 2가지 다른 단위, **파운드 질량**과 **슬러그**를 사용한다. 파운드 질량은 lbm으로 쓰지만 슬러그는 약자를 사용하지 않고 숫자 뒤에 전체 이름을 쓰며, 복수형태 slugs를 사용하기도 한다. 슬러그는 어원을 살펴보면 물질 덩어리를 의미했던 것으로 보이며, 같은 철자의 작은 연체동물과는 무관하다. 보통 슬러그는 기계공학에서 중력, 운동, 운동

표 3.4
미국전통단위계의 기본단위

물리량	기본단위	약자
길이	피트(foot)	ft
힘	파운드(pound)	lb
시간	초(second)	s
전류	암페어(ampere)	A
온도	랭킨(Rankine)	°R
물질량	몰(mole)	mol
광도	칸델라(candela)	cd

량, 운동에너지, 가속도를 포함하는 계산에서 주로 사용된다. 그러나 파운드 질량은 액체, 기체, 연료의 열역학적 또는 연소 성질에 관한 계산에서 보다 편리한 단위이다. 이 책에서는 두 단위 모두 사용한다.

슬러그와 파운드 질량은 단순히 2가지 다른 질량에 대한 유도단위로 동일한 물리량에 대한 측정값이므로 서로 밀접하게 연관되어 있다. 파운드, 초, 피트 기본단위로 슬러그를 정의하면 다음과 같다.

$$1\ \text{slug} = 1\,\frac{\text{lb}\cdot\text{s}^2}{\text{ft}} \tag{3.2}$$

제2운동법칙에 따라 1파운드 힘은 질량 1슬러그에 대하여 초당 1피트 가속도를 일으킨다.

$$1\ \text{lb} = (1\ \text{slug})\left(1\,\frac{\text{ft}}{\text{s}^2}\right) = 1\,\frac{\text{slug}\cdot\text{ft}}{\text{s}^2} \tag{3.3}$$

반면 파운드 질량은 1파운드 무게에 해당하는 질량으로 정의된다. 1파운드 질량에 1파운드 힘이 작용하면 32.174 ft/s^2 가속도가 발생한다.

$$1\ \text{lbm} = \frac{1\ \text{lb}}{32.174\ \text{ft/s}^2} = 3.1081\times 10^{-2}\,\frac{\text{lb}\cdot\text{s}^2}{\text{ft}} \tag{3.4}$$

지구 중력가속도는 일정하므로 표준 가속도를 32.174 ft/s^2라고 한다. 식 (3.2)와 (3.4)를 비교하면 슬러그와 파운드 질량은 다음 관계가 있다.

$$1\ \text{slug} = 32.174\ \text{lbm} \qquad 1\ \text{lbm} = 3.1081\times 10^{-2}\ \text{slugs} \tag{3.5}$$

결국 슬러그와 파운드 질량은 1파운드 힘이 작용하는 경우에 정의되고, 슬러그에 대한 기본 가속도는 1 ft/s^2이고, 파운드 질량에 대한 가속도는 32.174 ft/s^2이다. 약속에 따라 1파운드 질량은 0.45359237 kg에 해당한다.

파운드 질량과 파운드는 질량과 힘이라는 다른 물리량임에도 종종 혼용되기도 한다. 이름이 비슷하기도 하고 파운드 질량의 정의와 관련이 있기 때문이기도 하다. 중력장에서 질량 1 lbm 물체의 무게는 1 lb이지만, 질량 1슬러그 물체의 무게

표 3.5
미국전통단위계의 유도단위

물리량	유도단위	약어	정의
길이	mil	mil	1 mil = 0.001 in.
	inch	in.	1 in. = 0.0833 ft
	mile	mi	1 mi = 5280 ft
체적	gallon	gal	1 gal = 0.1337 ft^3
질량	slug	slug	1 slug = 1 (lb · s^2)/ft
	pound-mass	lbm	1 lbm = 3.1081×10^{-2}(lb · s^2)/ft
힘	ounce	oz	1 oz = 0.0625 lb
	ton	ton	1 ton = 2000 lb
토크/모멘트	foot-pound	ft· lb	-
압력/응력	pound/$inch^2$	psi	1 psi = 1 lb/in^2
에너지, 일, 열	foot-pound	ft· lb	-
	British thermal unit	Btu	1 Btu = 778.2 ft · lb
동력	horsepower	hp	1 hp = 550 (ft · lb)/s
온도	degree Fahrenheit	°F	°F = °R − 459.67

절대온도 1°R와 화씨온도 1°F의 차이는 동일하지만 절대값은 다르다.

는 32.174 lb이다. 미국전통단위계에서 질량과 무게의 혼동이 있지만 국제단위계도 질량 단위 kg을 힘으로 사용할 때가 있다. 예를 들어 타이어 압력게이지에서 압력을 kg/m^2 단위로 표시하기도 하고, 어떤 경우에는 무게를 kg 또는 SI단위계가 아닌 kgf로 표시하기도 한다.

미국전통단위계에서도 기본단위 조합으로 유도단위를 만들 수 있지만 질량은 예외이다. 기계공학에서 사용하는 몇 가지 유도단위 예가 표 3.5에 있다. 이 중 *mil* (1/1000 inch, 또는 1/12,000 foot), *foot-pound*(열에너지 또는 일에너지), 마력(550 (ft · lb)/s) 등이 있고, 특히 inch에 대한 약어는 단어 "in"과 구분하기 위해 마침표를 찍는다.

중점사항 질량과 무게

질량 m은 물질의 양과 밀도에 기초한 물체의 고유한 양으로 위치, 운동, 형태 등이 변화해도 바뀌지 않는다. 반면 무게는 중력에 대하여 물체를 지지하는 힘으로 다음과 같이 계산한다.

$$w = mg$$

여기서 중력가속도는

$$g = 9.8067\frac{m}{s^2} \approx 9.81\frac{m}{s^2} \qquad (SI)$$

국제 규약에 따라 이 표준값은 위도 45도 해수면에서의 중력가속도이다. 그러나 특정 위치에서 중력가속도는 위도, 지구형상, 지각 밀도, 인근 지형의 크기에 따라 변한다. 물체 무게는 중력가속도에 달려 있지만 질량은 그렇지 않다. 대개 공학 계산에서 g값을 3자리 유효숫자로 근사해도 충분하다.

국제단위계와 미국전통단위계 사이의 변환

변환계수를 사용하면 한 단위계에서 다른 단위계로 숫자를 바꿀 수 있다. 기계공학에서 자주 사용하는 변환계수가 표 3.6에 있다. 변환 과정에서 수치와 단위 모두 변환이 필요하며, 숫자와 단위가 함께 변환되므로 물리적 양은 그대로 유지된다. 일

물리양	변환		
길이	1 in.	=	25.4 mm
	1 in.	=	0.0254 m
	1 ft	=	0.3048 m
	1 mi	=	1.609 km
	1 mm	=	3.9370×10^{-2} in.
	1 m	=	39.37 in.
	1 m	=	3.2808 ft
	1 km	=	0.6214 mi
면적	1 in^2	=	645.16 mm^2
	1 ft^2	=	9.2903×10^{-2} m^2
	1 mm^2	=	1.5500×10^{-3} in^2
	1 m^2	=	10.7639 ft^2
체적	1 ft^3	=	2.832×10^{-2} m^3
	1 ft^3	=	28.32 L
	1 gal	=	3.7854×10^{-3} m^3
	1 gal	=	3.7854 L
	1 m^3	=	35.32 ft^3
	1 L	=	3.532×10^{-2} ft^3
	1 m^3	=	264.2 gal
	1 L	=	0.2642 gal
질량	1 slug	=	14.5939 kg
	1 lbm	=	0.45359 kg
	1 kg	=	6.8522×10^{-2} slugs
	1 kg	=	2.2046 lbm
힘	1 lb	=	4.4482 N
	1 N	=	0.22481 lb
압력/응력	1 psi	=	6895 Pa
	1 psi	=	6.895 kPa
	1 Pa	=	1.450×10^{-4} psi
	1 kPa	=	0.1450 psi
에너지, 일, 열	1 ft· lb	=	1.356J
	1 Btu	=	1055 J
	1 J	=	0.7376 ft · lb
	1 J	=	9.478×10^{-4} Btu
동력	1 (ft· lb)/s	=	1.356 W
	1 hp	=	0.7457 kW
	1 W	=	0.7376 (ft · lb)/s
	1 kW	=	1.341 hp

표 3.6
미국전통단위계와 국제단위계 사이의 변환계수

반적으로 변환 과정은 다음과 같다.

1. 주어진 양을 숫자, 단위와 함께 쓴다. 단위는 kg/s, N/m처럼 분수일 수 있다.
2. 마지막 결과에서 요구하는 단위를 확인한다.
3. L, Pa, N, lbm, mi처럼 유도단위가 있다면 정의에 따라 기본단위로 풀어쓸 필요가 있다. 예를 들어 Pa 경우는 다음처럼 쓴다.

$$\text{Pa} = \frac{\text{N}}{\text{m}^2} = \left(\frac{1}{\text{m}^2}\right)\left(\frac{\text{kg}\cdot\text{m}}{\text{s}^2}\right) = \frac{\text{kg}}{\text{m}\cdot\text{s}^2}$$

   여기서 길이 차원이 서로 약분되었다.
4. 마찬가지로 변환계수에 포함되지 않은 접두사가 있다면 표 3.3 정의에 따라 풀어쓴다. 예를 들어 킬로 뉴톤은 다음처럼 풀어쓴다.

$$1\ \text{kN} = 1000\ \text{N}$$

5. 표 3.6에서 적절한 변환계수를 찾아서 주어진 양을 곱하거나 나눈다.
6. 대수식처럼 차원을 약분하여 마지막 결과에서 원하는 단위로 만든다.

기계공학자는 미국전통단위계와 국제단위계에 모두 능숙해야만 단위 변환을 할 수 있고 복잡한 공학문제를 해결할 수 있게 된다. 문제를 풀 때 어느 단위를 사용할지 여부는 주어진 정보에 달려 있다. 단위 변환은 한 단계로 제한하는 것이 바람직하다. 미국전통단위계에서 국제단위계로 변환하여 국제단위계로 계산한 후 다시 미국전통단위계로 변환하는 것은 좋은 방법이 아니다. 그 이유는 단위 변환 과정에서 오차가 포함될 가능성이 높기 때문이다.

예제 3.1 엔진동력 계산

가솔린 엔진의 최고 출력이 10 hp일 때 국제단위계로 동력, P를 구하시오.

접근방법

표 3.5의 유도단위처럼 "hp"는 마력을 의미한다. 동력에 대한 국제단위는 와트(W)로, 표 3.6에 동력에 대한 변환계수가 있다. 1 hp = 0.7457 kW. 여기서 "k (kilo)"는 1,000을 의미한다.

풀이

변환계수를 적용하여 엔진 동력을 계산하면 다음과 같다.

$$P = (10\ \text{hp})\left(0.7457\ \frac{\text{kW}}{\text{hp}}\right)$$

$$= 7.457\ (\cancel{\text{hp}})\left(\frac{\text{kW}}{\cancel{\text{hp}}}\right)$$

$$= 7.457\ \text{kW}$$

검토

변환 과정에서 숫자와 단위를 결합하는 단계를 거치며, 계산과정에서 hp가 약분되었다. 유도단위 와트로 모터는 7457 W 출력을 발생하는데, 숫자가 1,000보다 크므로 접두사 "k (kilo)"를 사용하여

$$P = 7.457 \text{ kW}$$

로 표시한다.

예제 3.2 화재 스프링클러

주택용 소방시스템에 대한 사양설명서를 보니 물이 10 gal/min의 유량으로 분사하도록 되어 있다. 미국 지역 외 고객을 위하여 국제단위계로 유량을 나타내시오.

접근방법

체적과 시간 모두 변환계수를 적용한다. 표 3.6을 보면 국제단위계에서 체적은 m^3 또는 L로 표시한다. 초당 분사량이 1 m^3보다 훨씬 적다고 가정하여 1 gal = 3.785 L 변환값으로 바꾸고 나중에 이 가정을 확인한다.

풀이

체적과 시간 모두 변환하면

$$q = \left(10 \frac{\text{gal}}{\text{min}}\right)\left(\frac{1}{60} \frac{\text{min}}{\text{s}}\right)\left(3.785 \frac{\text{L}}{\text{gal}}\right)$$

$$= 0.6308 \left(\frac{\cancel{\text{gal}}}{\cancel{\text{min}}}\right)\left(\frac{\cancel{\text{min}}}{\text{s}}\right)\left(\frac{\text{L}}{\cancel{\text{gal}}}\right)$$

$$= 0.6308 \frac{\text{L}}{\text{s}}$$

검토

변환 과정에서 숫자를 계산하고 단위를 약분하였다. 변환 과정에서 단위가 명확하게 약분되는 것을 보이는 것이 좋다. 유량을 m^3/s 단위로 표시할 수도 있지만 입방미터는 리터보다 1,000배 크다. 이 문제의 경우에 0.6308은 10의 지수가 없으므로 L/s가 적당한 변환 단위임을 알 수 있다.

$$q = 0.6308 \frac{\text{L}}{\text{s}}$$

예제 3.3 레이저

헬륨-네온 레이저는 실험실, 로봇 비전 시스템, 슈퍼마켓 계산대 바코드 검색기에서 사용된다. 출력이 3 mW인 레이저는 파장 λ = 632.8 nm 빛이 발생한다. 일반적으로 파장은 기호 λ로 표시한다. 부록 A에 보면 그리스 문자에 대한 이름과 기호가 있다. (a) 출력을 마력으로 변환하시오. (b) 파장을 인치로 바꾸시오.

접근방법

표 3.3을 참고하면 출력 차원 mW는 10^{-3} W를 의미하고 nm는 10^{-9} m를 의미한다. 출력과 길이에 대한 변환계수는 1 kW = 1.341 hp, 1 m = 39.37 in이다.

풀이

(a) 우선 변환계수를 적용하기 위하여 접두사 밀리를 킬로로 바꾼다. 레이저 출력 3×10^{-3} W = 3×10^{-6} kW를 다음과 같이 영미단위로 바꾼다.

$$P = (3 \times 10^{-6}\ \text{kW})\left(1.341\ \frac{\text{hp}}{\text{kW}}\right)$$

$$= 4.023 \times 10^{-6}(\cancel{\text{kW}})\left(\frac{\text{hp}}{\cancel{\text{kW}}}\right)$$

$$= 4.023 \times 10^{-6}\ \text{hp}$$

(b) 레이저 파장은 632.8×10^{-9} m = 6.328×10^{-7} m이며 인치로 변환하면

$$\lambda = (6.328 \times 10^{-7}\ \text{m})\left(39.37\ \frac{\text{in.}}{\text{m}}\right)$$

$$= 2.491 \times 10^{-5}(\cancel{\text{m}})\left(\frac{\text{in.}}{\cancel{\text{m}}}\right)$$

$$= 2.491 \times 10^{-5}\ \text{in.}$$

검토

마력과 인치 단위는 레이저 출력과 파장에 대하여 매우 큰 단위이므로 사양을 표시하는 단위로 적당하지 못하다.

$$P = 4.023 \times 10^{-6}\ \text{hp}$$

$$\lambda = 2.491 \times 10^{-5}\ \text{in.}$$

3.4 유효숫자

유효숫자(*significant digits*)는 주어진 정보, 근사과정, 계산 자체에 존재하는 오차범위의 관점에서 정확하고 신뢰할 만하다고 알려진 숫자이다. 일반적으로 문제의 답에서 보고하는 유효숫자는 문제에서 제공된 유효숫자와 같은 크기여야 한다. 제공된 데이터의 주어진 숫자보다 답에서 더 많은 숫자를 제공하는 것은 입력보다 계산 결과가 더 정확하다는 것을 의미하므로 부적절하다.

어떤 숫자의 **정확도**(*precision*)는 그 숫자를 나타내는 데 사용된 마지막 유효숫자 크기의 절반이다. 숫자의 마지막 수는 숫자의 반올림 과정을 거쳐 계산된 숫자이므로 마지막 유효숫자의 1/2이란 인자가 발생한다. 예를 들어 하드디스크 구동 모터 베어링에 작용하는 힘이 43.01 mN이라고 한다면, 힘은 43.00 mN이나 43.02 mN보다 43.01 mN에 더 근사하다는 것을 의미한다. 보고된 값 43.01 mN과 유효숫자 수는 실제 힘 값이 43.005 mN과 43.015 mN 사이에 있다는 것을 의미한다[그림 3.4(a)]. 수치값의 정확도는 힘을 읽을 때 존재할 수 있는 차이 ±0.005 mN로, 결국 근삿값은 43.01 mN이다. 43.00 mN이라고 쓸 때도 유효숫자가 4개이고 정확도는 ±0.005 mN이다. 정확도

만일 힘을 43.010 mN으로 썼다면 이 값은 매우 정확함을 의미한다. 43.009 mN이나 43.011 mN보다 43.010 mN에 더 가까움을 의미한다. 정확도는 ±0.0005 mN 이다[그림 3.4(b)].

마찬가지로 200 kg과 같은 양을 보고할 때도 애매모호함은 발생할 수 있다. 한편으로는 보고된 값이 100 kg 단위에서 제일 가까운 단위로 측정했음을 의미하기도 한다. 즉 실제 무게값이 100 kg 또는 300 kg보다 200 kg에 더 가깝다는 의미이다. 반면 이 값이 199 kg이나 201 kg이 아니고 실제 200 kg을 의미할 수 있다. 실제 값은 199.5 kg과 200.5 kg 사이에 있는 것이다. 어느 방법이든 숫자의 정밀도에 관한 표시 없이 200 kg이라고 쓰면 애매함이 발생할 수 있다.

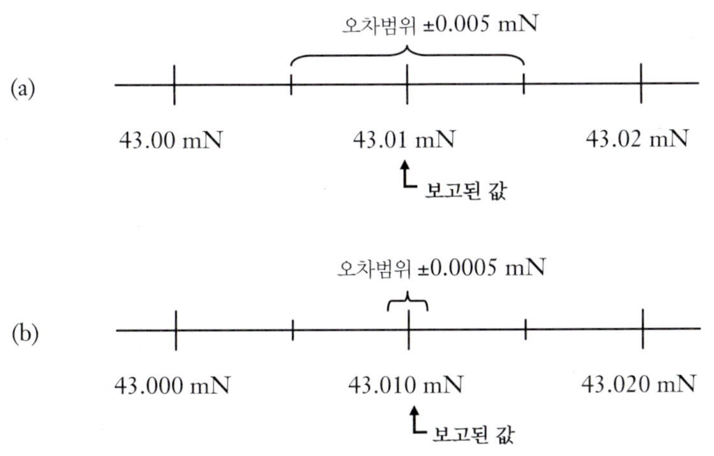

그림 3.4
힘에 대한 수치값의 정확도는 유효숫자 개수에 달려있다. 실제 값은 보고된 값을 중심으로 범위 내에 있다.
(a) 소수점 아래 2자리
(b) 소수점 아래 3자리

일반적으로 중간 단계 계산에서는 마지막 답에서 요구하는 숫자보다 더 많은 유효숫자를 사용해야 한다. 왜냐하면 계산과정 동안 발생한 오차가 누적되어 마지막 답이 요구하는 오차범위를 벗어날 수 있기 때문이다. 계산이 끝났을 때 답은 항상 합리적인 유효자리 숫자까지 축약될 수 있으므로 다음과 같은 일반적 지침을 따른다.

> 이 책의 예제와 문제에서 사용하는 데이터는 정확한 것으로 간주하며, 공학적 근사와 측정상 제한을 감안하여 답의 유효자릿수는 4개로 한다.

또한 계산기나 컴퓨터를 사용하는 경우에 정확도에 대한 잘못된 인식을 주의해야 한다. 예를 들어 계산기나 컴퓨터가 어떤 계산을 8자리 이상의 유효자릿수로 확실하게 수행할 수 있더라도 기계공학에서 다루는 거의 모든 차원과 물질의 성질 및 기타 물리적 변수의 유효자릿수는 훨씬 적다. 즉 계산 자체는 매우 정확하더라도 계산에 제공되는 입력 데이터는 동일한 정확도를 가지지 못하다는 것이다.

3.5 차원 일치

수학, 과학, 공학 방정식을 풀 때 계산이 차원적으로 일치하지 않으면 틀린다. 차원 일치(*dimensional consistency*)란 방정식 등호 양쪽의 수치값과 관련 단위가 일치해야 함을 의미하므로 두 항을 더하거나 뺄 때 두 항의 차원이 같아야 한다. 이 원리는 계산을 이중 확인하는 직접적인 방법이다.

손으로 계산할 때 방정식의 각 숫자와 관련한 단위를 기재하여 풀이 과정에서 결합되거나 약분될 수 있도록 한다. 다른 대수 양과 마찬가지로 차원도 계산할 수 있다. 이와 같은 방식으로 차원 일치 원리를 사용함으로써 계산을 확인하고 정확도에 대한 확신을 가질 수 있다. 물론 차원이 아닌 다른 이유로 답이 틀릴 수도 있지만, 방정식에서 단위를 이중 체크하는 것은 좋은 습관이다.

단위를 기입함으로써 방정식의 차원 일치를 입증하는 과정이 다음 예제에 있다.

예제 3.4 항공기 급유

미공군의 KC-10 익스텐더(Extender) 항공 급유기는 비행 중인 다른 항공기에 급유하는 데 사용된다. 이 비행기는 1,620,000 N 제트연료를 수송하여 두 비행기를 연결하는 급유관을 통해 급유한다. 제트연료 질량을 구하시오.

접근방법

질량 m과 중력가속도 $g = 9.81\ \mathrm{m/s^2}$로 무게 w를 계산한다. w를 뉴톤으로, g를 $\mathrm{m/s^2}$ 단위로 나타내는 경우, 질량 단위가 kg이면 $w = mg$는 차원적으로 일치한다. 따라서 변환계수 1 kg = 9.81 N을 사용하여 kg을 뉴톤으로 변환한다.

풀이

다음처럼 연료 질량을 구한다.

$$m = \frac{1.62 \times 10^6\,\mathrm{N}}{9.81\,\mathrm{m/s}^2} \qquad \leftarrow \left[m = \frac{w}{g}\right]$$

$$= 1.655 \times 10^5 \frac{\mathrm{N \cdot s^2}}{\mathrm{m}}$$

$$= 1.655 \times 10^5\,kg$$

마지막 계산에서 1 kg = 1 (N s^2)/m를 사용했다.

지수는 3의 배수이므로 m = 165.5 × 10^3 kg으로 쓸 수 있고 접두사 "kilo"는 10^3을 의미하므로 m = 165.6 × $10^6 g$, 즉 165.5 Mg으로 "M"은 "메가"를 의미한다.

토론

연료량을 계산하는 다른 방법은 연료탱크의 체적을 사용하는 것으로 대략 19,800 L이다. 제트연료 밀도가 800 g/L이므로 질량을 구하면 1.58 × 10^8 g 즉, 158 Mg으로 구한 답과 매우 근사하다.

$$m = 165.5\ \mathrm{Mg}$$

예제 3.5 위성과 궤도 파편의 충돌

그림 3.5와 같은 국제 우주정거장은 지구 저궤도에 존재하는 파편과 충돌로 인한 충격에서 보호할 목적으로 방탄성 복합 재질과 알루미늄으로 제작된 수많은 보호막을 갖고 있다. 우주정거장은 조기 경보시스템이 갖추어져 있어서 비교적 큰 물체의 접근을 피하기 위하여 궤도를 약간 변경할 수도 있다. 미국 우주센터가 확인한 바에 의하면 지구 궤도상에는 페인트 가루, 버려진 로켓 부스터 케이스, 우주인 장갑 등 13,000개 이상의 파편이 있다. (a) 지구 저궤도에서 v = 8 km/s로 이동하는 m = 1 g 파편의 운동에너지, $U_k = \frac{1}{2}mv^2$를 구하시오. (b) 1.4 N 야구공이 같은 운동에너지를 갖기 위한 속력은 얼마인가?

접근방법

표 3.3의 접두사 "kilo" 정의를 사용하여 파편의 질량과 속력을 각각 kg, m/s 단위로 변환한다. 에너지에 대한 국제단위는 1 N · m로 정의된 주울이다. (b)의 문제에서 야구공 무게가 주어졌으므로 질량을 구한다.

그림 3.5
국제 우주정거장

Image courtesy Johnson Space CenterOffice of Earth Sciences/NASA

풀이

(a) $m = 0.001$ kg, $v = 8000$ m/s인 파편의 운동에너지는

$$U_k = \frac{1}{2}(0.001\ \text{kg})\left(8000\ \frac{\text{m}}{\text{s}}\right)^2 \quad \leftarrow \quad \left[U_k = \frac{1}{2}mv^2\right]$$

$$= 32{,}000\ (\text{kg})\left(\frac{\text{m}^2}{\text{s}^2}\right)$$

$$= 32{,}000\ \left(\frac{\text{kg}\cdot\text{m}}{\text{s}^2}\right)(\text{m})$$

$$= 32{,}000\ \text{N}\cdot\text{m}$$

$$= 32{,}000\ \text{J}$$

자릿수 0을 없애기 위하여 접두사를 쓰면 파편의 운동에너지는 32 kJ이다.

(b) 입자의 운동에너지는 $U_k = 32{,}000$ J이다. 운동에너지에 대한 차원 일치 계산을 통해 야구공 질량을 *kg*으로 구한다.

$$m = \frac{1.4\ \text{N}}{9.81\ \text{m/s}^2} \quad \leftarrow \quad \left[m = \frac{w}{g}\right]$$

$$= 143 \times 10^{-3}\ \frac{\text{N}\cdot\text{s}^2}{\text{m}}$$

$$= 14 \times 10^{-3}\ kg$$

파편과 동일한 운동에너지를 갖기 위한 야구공 속력은 다음과 같다.

$$v = \sqrt{\frac{2(32{,}000\ \text{J})}{143 \times 10^{-3}\ \text{kg}}} \quad \leftarrow \left[v = \sqrt{\frac{2U_k}{m}}\right]$$

$$= 669\sqrt{\frac{\text{J}}{\text{kg}}}$$

$$= 669\sqrt{\frac{\text{m}\cdot(\text{kg}\cdot\text{m/s}^2)}{\text{kg}}}$$

$$= 669\ \frac{\text{m}}{\text{s}}$$

검토

궤도를 떠도는 파편조각 크기가 작더라도 속력이 빠르므로 매우 큰 운동에너지를 가지고 있다. 야구공 속력은 2400 km/h로 메이저 리그의 최고 속력보다 약 15배 이상 빠르다.

$$U_k = 32\ \text{kJ}$$

$$v = 669\ \frac{\text{m}}{\text{s}}$$

예제 3.6 드릴 날 벤딩

이 예제는 3.2절의 문제해결 과정을 예시하며 3.3 ~ 3.5절의 차원해석 원리가 포함되어 있다.

드릴 프레스는 회전 척(chuck)에 날카로운 비트(bit)를 물려 작업물체에 구멍을 뚫는 데 사용한다. 강철 드릴날 직경이 $d = 6$ mm이고 길이가 $L = 65$ mm이다. 드릴 작업을 하는 동안 작업물체가 벗어나면서 날이 굽게 되어 측면 방향으로 $F = 50$ N의 힘을 받는다. 응력 해석에 의하여 날의 측면 변형은 다음 식으로 계산된다.

$$\Delta x = \frac{64\ FL^3}{3\pi\ Ed^4}$$

여기서

Δx는 날 끝의 변형길이

F는 날에 적용된 하중 크기

L은 드릴 비트 길이

E는 탄성 모듈러스라고 하는 드릴날 재질의 성질

d는 드릴 직경

강철에 대한 탄성 모듈러스 $E = 200 \times 10^9$ Pa을 사용하여 팁의 변형량 Δx를 구하시오(그림 3.6 참조).

접근방법

하중을 받는 강철 드릴날 끝의 변형을 구하는 문제이다. 우선 시스템에 대한 여러 가정을 한다.

그림 3.6

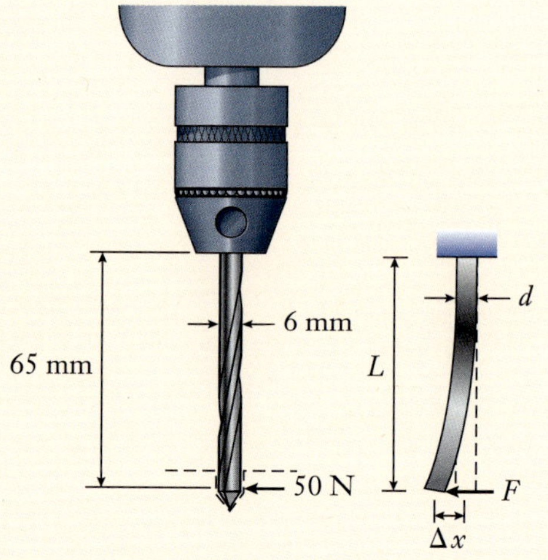

- 비트의 곡선부는 작으므로 해석에서 무시한다.
- 하중은 비트의 주 굽힘축에 대하여 수직이다.
- 비트 주위의 나선형 채널은 굽힘에 영향이 극히 적으므로 무시한다.

우선 주어진 방정식의 각 양의 단위를 결합하여 등호 양편의 단위가 일치함을 확인한 다음에 비트 길이, 직경, 탄성계수, 하중 등을 대입한다.

풀이

$64/3\pi$는 무차원이므로 단위가 없다. 방정식에 나오는 각 변수의 단위를 약분하면 다음과 같다.

$$(\text{길이}) = \frac{(\text{힘})\,(\text{길이})^3}{((\text{힘})/(\text{길이})^2)(\text{길이})^4} = (\text{길이})$$

따라서 차원이 일치한다. 팁은 측면으로 다음 양만큼 휜다.

$$\Delta x = \frac{64(50\ \text{N})(0.065\ \text{m})^3}{3\pi(200 \times 10^9\ \text{Pa})(6 \times 10^{-3}\ \text{m})^4} \quad \leftarrow \quad \left[\Delta x = \frac{64\,FL^3}{3\pi\,Ed^4}\right]$$

수치와 차원을 결합하여 정리하면

$$\Delta x = 3.6 \times 10^{-4}\ \frac{\text{N}\cdot\text{m}^3}{\text{Pa}\cdot\text{m}^4}$$

표 3.2 정의에 따라 유도단위 파스칼을 풀어쓰면

$$\Delta x = 3.6 \times 10^{-4}\ \frac{\text{N}\cdot\text{m}^3}{(\text{N/m}^2)(\text{m}^4)}$$

분모, 분자를 약분하면

$$\Delta x = 3.6 \times 10^{-4}\ \text{m}$$

검토

우선 해의 크기에 대하여 살펴보면 이 정도 길이의 강철 비트에 대하여 큰 변형은 예상되지 않으므로 결과값의 크기는 타당해 보인다. 다음으로 결과가 타당함을 입증하기 위해 가정을 다시 살펴보자. 비트의 곡선 채널이 굽힘에 약간의 영향을 미칠 수 있으나 여기서는 그 영향을 무시한다고 가정한다. 또한 하중이 비트에 완전한 수직이 아닐 수 있지만 변형 순간에는 이 가정이 타당하다. 세 번째로 해로부터 결론을 도출하여 물리적 의미를 설명한다. 드릴날은 운전하는 동안 여러 힘을 받으며, 대개 비트는 변형을 최소화하기 위하여 강철로 만든다. 변형에 대한 수치값이 매우 작으므로 10^{-3}을 나타내는 접두사 “밀리”를 사용하여 표준 형태로 바꾼다. 드릴날 끝은 1밀리미터의 약 1/3인 $\Delta x = 0.36$ mm만큼 이동한다.

예제 3.7 엘리베이터 가속

이 예제는 3.2절의 문제해결 과정을 예시하며 3.3 ~ 3.5절의 차원해석 원리가 포함되어 있다.

그림처럼 질량 70 kg인 사람이 엘리베이터 안의 저울 위에 서있다. 저울 눈금이 622 N인 경우에 엘리베이터의 방향과 가속 여부를 결정하시오. 뉴톤 제 2운동법칙에 따라 물체가 가속되면 합력은 질량 m과 가속도 a의 곱으로 표시된다.

$$\Sigma F = ma$$

힘의 방향의 합력이 0이면 그 방향으로 가속도는 0이다(그림 3.7 참조).

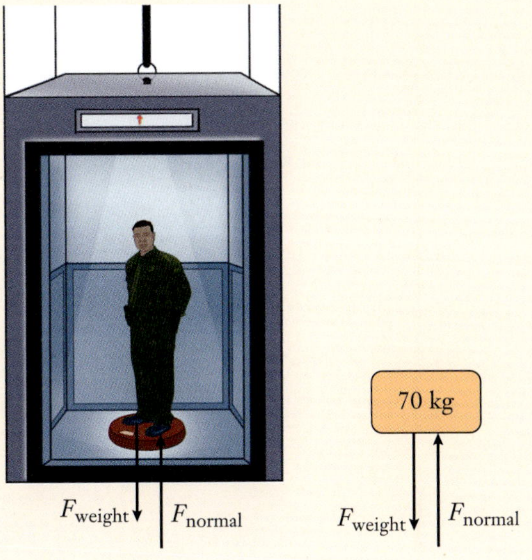

그림 3.7

접근방법

엘리베이터 방향과 가속 여부를 결정하기 전에 시스템에 대한 여러 가정을 한다.

- 엘리베이터와 사람은 함께 이동하므로 사람에 대한 힘만 해석한다.
- 이동방향은 y축 방향이다.
- 해석 대상이 지상에 있으므로 중력 가속도는 9.81 m/s^{2}이다.
- 저울은 엘리베이터 바닥과 사람에 대하여 움직이지 않는다.

우선 뉴톤 무게에 해당하는 질량을 킬로그램으로 구한다. 사람의 무게와 저울 값을 비교하여 엘리베이터 방향을 결정한다. 다음에 무게 차이를 이용하여 가속도를 구한다. 무게 차이가 없다면 엘리베이터는 가속되고 있지 않다.

풀이

사람 무게는 다음처럼 구한다.

$$W = (\text{질량})(\text{가속도}) = (70\ \text{kg})(9.81\ \text{m/s}^2) = 687\ \text{N}$$

이것은 그림 3.7에 표시한 F_{weight}로 사람에 작용하는 아래 방향 힘이다. 저울 표시값은 저울이 사람에 작용하는 위 방향 힘, 즉 수직항력 F_{normal}을 나타낸다. 사람 몸무게가 저울 값보다 크므로 엘리베이터는 아래 방향으로 가속되어 저울 눈금을 감소시킨다.

$$\Sigma F = F_{\text{normal}} - F_{\text{weight}} = 622\ \text{N} - 687\ \text{N} = -65\ \text{N}$$

마지막으로 가속도를 구하면

$$a = \frac{\Sigma F}{m} = \left(\frac{-65\ \text{N}}{70\ \text{kg}}\right)\left(\frac{\text{kg}\cdot\frac{\text{m}}{\text{s}^2}}{\text{N}}\right) = -0.93\ \frac{\text{m}}{\text{s}^2}$$

검토

우선 결과를 보면 가속도는 그리 크지 않다. 저울 눈금이 사람 몸무게와 크게 다르지 않으므로 크리라 예상하지는 않았다. 두 번째로 가정이 타당함을 입증하기 위해 재검토한다. 모든 가정은 매우 논리적이다. 사람, 저울, 엘리베이터는 실제 서로 약간의 상대운동을 한다. 그러나 해석에 거의 영향을 미치지 못한다. 세 번째로, 결과로부터 결론을 도출하여 물리적 의미를 설명한다. 가속도가 음수이므로 아래 방향을 의미하며 저울 눈금과도 맞는다. 엘리베이터가 아래 방향으로 가속하기 시작할 때 승객은 순간 가벼워짐을 느낀다. 중력이 바뀌지 않았으므로 질량은 바뀌지 않는다. 그러나 저울이 측정한 것처럼 감지된 무게는 바뀌었다.

$$a = -0.93\ \frac{\text{m}}{\text{s}^2}$$

3.6 공학적 추정

설계과정(design process)의 나중 단계에서 문제를 풀 때 정확한 계산을 수행하지만, 초기 단계에서는 거의 추정 계산을 한다. 그러한 계산은 실제 시스템을 마치 불완전하고 비이상적인 것처럼 가장 기본적이고 필수요소로 만들어 버린다. 추정 계산할 때는 문제를 복잡하게 만들 뿐 최종 결과에는 거의 영향이 없는 불필요한 인자를 제거한다. 공학자는 타당한 추정 계산을 통해 수학적 모델을 간단하게 만들고, 해결하려는 과제에 충분히 정확한 결과를 얻는다. 최종 설계 단계에서 정확도를 높이려면 추가로 물리 현상을 포함하거나 기하학적 형태에 대한 상세함을 추가하는데 이 경우 방정식은 더욱 복잡해질 것이다.

어느 정도의 불완전성과 불확실성은 실제 하드웨어에 항상 존재하므로 공학자들은 종종 **근삿값 계산법**(*order-of-magnitude estimates*)을 사용한다. 설계 초기단계에서 이 방식은 잠재적 설계안의 타당성을 평가하는 데 사용된다. 몇 가지 예로 구조물의 중량, 동력 발생량과 소비량에 대한 산정 등이 있다. 공학적 추정은 신속하게 이루어지며 세부사항을 구체화하기 위해 많은 노력을 기울이기 전, 아이디어를 집중하고, 설계에 적용되는 옵션을 줄이는 데 도움이 된다.

근삿값 계산법

공학자들은 답을 얻기 위하여 타당한 근사가 필요할 것이라는 사실을 인식하면서 근삿값 계산을 한다. 사실 **자릿수**(order of magnitude)는 계산에 사용된 값과 답이 대략 10배 내에서 정확하다는 것을 의미한다. 예를 들어 볼트로 전달되는 힘이 1,000 N이라면 대략 그 힘은 100 N보다 작지 않고 10,000 N보다 크지 않음을 의미하며 아마 800 N 또는 3000 N이 될 수도 있다. 얼핏 보면 근사 범위가 꽤 넓

중점사항 — 추정의 중요성

2010년 4월 20일 멕시코 만에서 작업하던 Transocean Deepwater Horizon 석유 시추 장비의 폭발사고로 11명의 사망자와 17명의 부상자가 발생하고 역사상 최악의 해양오염이 발생했다. 이 사고로 4.5억~6.8억 리터의 원유가 유출되어 사고처리에 영국 석유(BP)회사는 100억 달러의 비용을 들여 7월 15일에 겨우 유출을 막을 수 있었다. 초기 유출 동안 해수, 진흙, 원유, 가스 등 여러 유체가 동시에 유정에서 흘러나왔다. 공학자들은 이 유체들의 유량을 추정하기 위해 신속하게 해석모델을 만들기 시작했다. 접근 방식은 매우 복잡하게 바뀌었으며 다음과 같은 기본 방법이 포함되어 있다.

- 원격조정장비로부터 비디오를 사용하여 유량과 일치성을 산정하였다.
- 누출 오일 속도를 구하기 위해 PIV기법과 유동가시화를 사용하였다.
- 기름 기둥 단면적을 구하기 위해 음향 도플러 데이터를 수집하였다.
- 7월 15일 유정 폐쇄 동안 압력을 측정하여 유량을 계산하였다.
- 기름 저장고 모델을 만들어 남은 기름양을 구하여 유출 기름양을 계산하였다.

그림 3.8
사고발생 2주 후 수중에서 유출되는 오일
REUTERS/BP/Landov

- 실제 표면에서 수집된 데이터로 기름과 가스비율을 계산하여 기름 누출량을 근사하였다.

상이한 추정 방법과 가정에도 불구하고 대부분 방법에서 유량은 하루에 5만 내지 7만 배럴로 추정되었다. 이것은 하루에 8백만 내지 1100만 리터에 해당한다. 이 값은 환경정화뿐만 아니라 사고 이유를 밝히고 향후 기름 유출 시에 미치는 영향과 더 안전한 장비 개발에 중요하다.

기술적 문제 해결은 종종 부정확할 때가 많으며, 도리어 대략적 추정이 공학자가 할 수 있는 최선의 방책일 때도 있다. 실제 데이터와 잘 맞아 보이는 모델이 미래의 결과를 효과적으로 예측하지 못할 수도 있다. 이 사례처럼 유동 환경이 동적인 경우에 불확실성 범위는 매우 크므로 모델은 기껏해야 어떤 일이 일어날지 추정값을 제공할 따름이다.

어 보이지만, 힘의 크기가 어느 정도인지 경계를 알려주므로 유용하다. 또한 이 값은 추후에 이루어질 보다 상세한 계산에 대한 초기값을 제공하기도 한다. 이 방식의 계산은 분명히 불완전하고 부정확한 주먹구구식 계산이지만 없는 것보다 낫다. 이 계산은 비공식적으로 신속히 수행할 수 있으므로 **간이 계산**(*back-of-an-envelope calculations*)이라고 부르기도 한다.

간이 계산

이 방법은 공학자가 크기, 중량, 물성, 온도, 압력 등에 수치를 할당할 때 사용된다. 정보가 수집되고 해석이 개선되고 설계가 잘 정의되면서 근삿값은 더욱 정확한 값으로 정의될 것이다. 다음 예제는 근삿값 계산법의 적용과 사고 과정을 보여준다.

예제 3.8 항공기 객실 문

대기가 희박한 고도에서 비행하는 상업용 제트비행기의 객실은 가압된다. 비행기가 9.1 km 고도에서 운항할 때 대기압은 표준 대기압의 약 30%이고 객실은 표준 대기압의 70%에 해당하는 압력으로 가압된다. 이러한 압력차로 인하여 객실문이 받는 힘을 계산하시오. 근사 계산을 할 때 다음과 같은 정보가 "주어졌다"고 하자. (1) 해수면에서의 대기압은 101 kPa이다. (2) 문에 미치는 힘 F는 압력차이 Δp와 문면적 A의 곱, 즉 $F = A\Delta p$이다.

접근방법

비행기가 운항하는 동안 객실문 안쪽에 가해지는 힘을 추정하고자 한다. 압력 정보는 주어져 있으나 문과 객실에 관하여 몇 가지 가정을 해야 한다.

- 항공기 문은 대략 1.8 m × 0.9 m, 즉 1.7 m^{2}이다.
- 문이 정확히 사각이 아니라는 사실을 무시한다.
- 객실 문이 항공기 동체 모양처럼 곡면이라는 사실을 무시한다.
- 객실 내 탑승객 이동에 의한 압력의 작은 변화를 고려하지 않는다.

우선 압력차를 계산한 다음 전체 힘을 구하기 위해 문 면적을 계산한다.

풀이

문에 미치는 순수 압력은 비행기 안의 압력과 비행기 밖의 압력 차이이다.

$$\begin{aligned}\Delta p &= (0.7 - 0.3)(101\ \text{kPa}) \\ &= 40.4\ \text{kPa}\end{aligned}$$

문에 작용하는 힘은 다음과 같다.

$$\begin{aligned}F &= (1.7\ \text{m}^2)(40.4\ \text{kpa}) \qquad \leftarrow [F = A\Delta p] \\ &= 68.7\ (\text{m}^2)\left(\frac{\text{kN}}{\text{m}^2}\right) \\ &= 68.7\ \text{kN}\end{aligned}$$

검토

우선 답의 크기를 살펴보면 겉보기에 작은 압력도 큰 면적에 작용하면 무척 큰 힘이 발생할 수 있음을 알 수 있으며 답은 타당해 보인다. 두 번째로 가정은 문제를 매우 단순화시켰다. 그러나 힘만 계산할 필요가 있으므로 이 가정은 실제적이다. 세 번째로 압력 차이의 실제 값과 문 면적에 대한 추정치의 불확실성을 감안하면 압력이 60~70 kN 사이에 있다는 결론을 내릴 수 있다.

대략 60~70 kN

예제 3.9 인체 동력 발생

지속 가능한 에너지 해석으로 사람이 만들 수 있는 동력 크기를 산정하고자 한다. 예를 들어 체력단련용 자전거를 타는 사람이 운동하면서 텔레비전이나 가전 장비에 동력을 공급할 수 있는가? 근삿값 계산을 할 때 다음 정보가 주어졌다고 하자. (1) 일반 LCD 텔레비전의 소비전력은 110 W이다. (2) 발전기는 공급되는 기계동력의 80%를 전기로 변환시킨다. (3) 동력 P에 대한 식은 다음과 같다.

$$P = \frac{Fd}{\Delta t}$$

여기서 F는 힘의 크기, d는 작용 거리, Δt는 힘이 작용하는 시간이다.

접근방법

해결하고자 하는 과제는 운동하는 사람이 소비동력이 110 W인 제품에 동력을 공급할 수 있는가 하는 것이다. 이 계산을 하기 위해 몇 가지 가정을 한다.

- 운동하는 동안 사람이 만드는 출력을 추정하기 위하여 동일한 노력으로 계단에 오르는 경우와 비교한다.
- 무게 700 N인 사람이 10초 안에 약 3 m 높이의 계단을 오를 수 있다고 가정한다.

사람이 계단을 오르면서 만드는 동력을 계산하고 필요한 동력과 비교한다.

풀이

계단을 오르는 경우에 추정 동력은 다음과 같다.

$$\begin{aligned} P &= \frac{(700\ \mathrm{N})(3\ \mathrm{m})}{10\ \mathrm{s}} \qquad \leftarrow \left[P = \frac{Fd}{\Delta t}\right] \\ &= 210\ \frac{\mathrm{N \cdot m}}{\mathrm{s}} \\ &= 210\ \mathrm{W} \end{aligned}$$

표 3.2에서 와트에 대한 정의를 사용하였다. 따라서 사람이 만들 수 있는 유용한 일은 대략 200 W 정도이다. 기계적 일을 전기로 만드는 발전기는 완전하지 않으므로 효율 80%로 가정하면 약 (210 W)(0.80) = 168 W 전기가 만들어 진다.

검토

우선 답의 크기를 검토한다. 일반적으로 비전동식 체력단련용 자전거의 경우에 자체적으로 동력을 만들어 디스플레이와 저항을 나타내기 때문에 이 정도의 동력은 타당성이 있어 보인다. 두 번째로 가정이 타당한지 재검토해 본다. 계단 해석 경우가 완벽하지는 않지만 일정 시간 동안 사람이 만들 수 있는 동력을 효과적으로 추정한다. 세 번째로 추정계산의 불확실성과 운동하는 동안 활동 범위를 고려하면 일정 시간 동안 사람이 만들 수 있는 동력은 100~200 W 정도라고 결론을 내릴 수 있다. 따라서 소비전력 100~200 W 범위의 LCD 텔레비전에 동력을 공급할 수 있다.

대략 100~200 W

3.7 의사소통 기술

앞에서 미국 NASA의 화성 기후 탐사위성 실종사건에 대한 예를 들었다. 조사 위원회는 사고의 주 원인이 엔진 추진력에 대한 두 단위계 사이의 잘못된 변환임을 알아냈지만, 이 프로젝트에 참여한 팀과 팀원 사이의 잘못된 소통도 또 다른 원인이라고 결론을 내렸다.

> 운전항해팀은 궤도문제에 관하여 우주선 운전팀 또는 프로젝트 관리팀과 효과적으로 의사소통하지 않은 사실이 명백하며, 더욱이 우주선 운전팀은 운전항해팀의 궤도에 대하여 이해조차 하지 못했다.

위원회는 힘 단위처럼 외관상 분명한 공학적 개념에 대해서도 "의사소통이 중요하다"는 결론을 내렸다. 최종 권고안 중 하나가 NASA는 프로젝트 참여기관 사이에 의사소통 개선조치를 취하라고 한 것이었다. 고가의 복잡하고 정교한 대형 우주선에 대한 통제가 잘못된 이유는 설계나 기술적 오류가 아니라 함께 작업하는 사람 사이의 불분명한 의사소통과 잘못된 이해 때문이었다.

상투적 표현이지만 공학은 사회적 열정이다. 사무실이나 실험실에서 혼자 일하는 사람들이 과제를 수행할 수는 없다. 주요 고용 웹사이트에서 기계공학 일자리를 검색하면 분명 대부분 일자리가 다양한 방법으로 효과적인 의사소통 능력을 요구하고 있다. 직업적 특성상 공학자는 매일 다른 공학자, 고객, 직장 상사들, 마케팅 직원, 사회구성원과 교류한다. 가령 공인된 공학 프로그램 학위를 받은 사람이라면 수학, 과학, 공학 분야의 기술적 실력을 가지고 있을 것이다. 그러나 타인과 일하는 능력, 팀에 대한 협조, 구두, 문서상으로 기술적 내용을 전달하는 능력은 사람마다 다를 수 있다. 일반적으로 이러한 요소는 개인의 승진과 출세에 중요한 역할을 한다. 예를 들어 1,000개 이상의 주요 미국 회사 경제담당자 설문조사에 의하면 대인관계 기술, 의사소통, 청취 등이 직업적 성취도에 영향을 미치는 중요한 요소임이 밝혀졌다. 또한 미국 경영 협회가 조사한 바에 의하면 직업적 성공을 결정하는 가장 중요한 단일 요소로 구두와 문서에 의한 의사소통 기술을 들었다.

유능한 공학자는 자신의 아이디어, 결과와 풀이를 계산, 일대일 토론, 기술보고서, 공식발표, 편지, 이메일 등으로 다른 사람에게 전할 수 있어야 한다. 기계공학을 시작하는 단계에서 기계공학자는 다른 공학자와 일반인들이 기대하는 수준에 맞도록 문제해결 능력과 **기술적 의사소통 기술**(technical communication skill)을 개발해야 한다.

문서 의사소통(Written Communication)

전문 영업자가 광고, 페이스북, 트위터 등으로 고객에게 제품 정보를 알리는 것처럼 공학자는 노트, 보고서, 편지, 메모, 사용자 매뉴얼, 설치 설명서, 무역 출판물, 이메일 등 다양한 형태의 서류로 제품 정보를 서로 교환한다. 대규모 프로젝트 경우 시간대가 다른 지역에 있거나 다른 나라에 있는 공학자는 일상적으로 설계과정에서 공동 작업한다. 그러므로 문서형태 서류는 복잡한 기술적 정보를 정확히 전달하는 핵심적이고 실질적인 방법이다.

설계노트

공학 프로젝트를 문서화하는 효과적 방법은 제2장에 설명한 것처럼 **설계노트**(*design notebook*)를 사용하는 것이다. 설계노트는 제품 개발의 전 과정을 문서화하여 정확한 정보가 기록되어 있다. 따라서 이 노트는 특허 보호, 기술보고서 준비, 연구 개발 시험 결과 문서화, 그 일에 참여할 공학자에게 도움 제공 등에 사용될 수 있다. 설계노트는 제품 개발에 관한 상세한 설명을 제공하기 때문에 특허에 관한 법적 분쟁에서 중요한 역할을 하게 된다. 고용주는 설계노트의 소유권을 가지므로 다음과 같은 내용을 추가적으로 노트에 포함할 것을 요구할 수 있다.

- 모든 내용은 잉크로 작성한다.
- 페이지를 제본하여 일련번호를 매긴다.
- 작업 수행자는 각 항마다 날짜를 적고 서명한다.
- 각 과제에 참여한 인원의 명단을 작성한다.
- 수정 또는 변경 내용은 날짜를 적고 서명한다.

이러한 요구사항은 설계노트가 의심할 여지 없이 정확해야 하는 법적 서류라는 사실을 강조한다. 공학자는 설계노트의 시간적, 기술적 정보를 참고하여 공학보고서를 작성한다.

공학보고서

공학보고서(*engineering reports*)는 기술적 정보를 일반인에게 설명할 뿐만 아니라 기록 보관용으로도 사용된다. 보고서 목적은 신제품 설계 개념과 개발 과정을 문서화하거나 특정 부품 요소가 고장난 이유 등을 분석하는 것이다. 또한 공학보고서는 제품기능이 적절히 작동하는지 안전기준에 적합한지 입증하기 위해 실시한 시험 결과를 포함할 수 있다. 이러한 이유로 공학보고서는 제품으로 부상이 야기될 수 있는 소송에서 중요할 수 있다. 공학보고서는 공식 문서이므로 제품이 신중하게 개발되었는지 여부를 나타내고 안전 문제에 충분한 관심이 기울여졌는지 여부를 보여준다.

일반적으로 보고서에는 문장, 그림, 사진, 계산, 그래프, 데이터표 등이 포함되며, 제품 설계, 시험, 제조, 개정 내용 등을 연대순으로 기록할 수 있다.

공학보고서 양식이 사업 목적과 당면한 특정 이슈에 따라 바뀌지만 일반 양식은 다음 요소를 포함한다.

- **표지**는 보고서 목적, 제품이나 기술적 문제, 날짜, 보고서 작성에 관여한 사람 이름 등을 나타낸다.
- **요약문**은 전체 내용을 1~2페이지로 요약하며, 문제, 접근방법, 해결과정, 주요 결론 등을 포함한다.
- 필요한 경우에 주요 단락, 그림, 표에 대한 페이지를 나타내는 **목차**가 있다.
- **보고서 본문**은 이전의 연구를 검토하고 독자에게 최신 자료를 제공한 다음에 설계, 결정, 시험 결과, 성능 계산, 기타 기술적 정보 등을 상세하게 기술한다.
- **결론**은 주요 발견 사실을 강조하고 특정한 권고사항을 제안함으로써 마무리한다.
- **부록**은 권고사항을 뒷받침하는 정보를 담고 있으며, 보고서 본문에 포함하기에 너무 길거나 상세한 부분이다.

기술보고서에 다음과 같은 내용이 포함되면 독자에 관계없이 보고서 효율성이 극대화될 것이다.

- 추천, 가정, 결론, 관찰 내용을 작성할 때 개조식으로 서술한다.
- 주안점, 문구, 용어를 강조하고 싶으면 이탤릭체나 볼드체를 사용한다. 그러나 너무 많이 사용하면 효과가 감소하므로 가장 중요한 점만 강조할 때 사용한다.
- 전체 구도를 알려주기 위하여 각 단락에 번호를 붙이거나 간략히 설명한다. 각 단락 없이 장문의 보고서를 읽다 보면 내용 파악이 어려울 수 있다.
- 각 단락 사이에 연결점을 제공한다. 보고서에 단락을 포함시키는 것이 효과적인 방법이지만, 논리적으로 연결되지 못하면 서로 분리되어 혼동을 줄 수 있다.
- 보고서 마지막에 참고문헌 목록을 효과적으로 사용한다. 참고문헌에는 연구논문, 무역보고서, 서적, 웹사이트, 회사내부 문서, 기타 기술보고서 등이 포함된다.

도식적 의사소통(Graphical Communication)

기술보고서의 필수요소는 그림, 그래프, 차트, 표와 같은 시각적 요소들이다. 대부분의 공학자는 시각적으로 생각하고 배우려는 경향이 있으므로, 도식적 의사소통 방식이 복잡한 기술적 정보를 전달하는 가장 좋은 방법이라고 생각한다. 거의 모든 공학적 문제나 설계를 시작하는 중요한 첫 단계는 상황을 그림으로 나타내는 것이다. 도식적 의사소통 방식은 스케치, 치수가 포함된 도면, 3차원 컴퓨터 그림, 도표 등으로, 각각은 서로 다른 형태의 정보를 전달하는 데 유용하다. 손으로 그린 스케치는 설계나 실험실 노트에 포함될 수 있다. 스케치에는 치수와 상세 내용이 없지만 하드웨어 부품의 전체 모양을 정의할 수 있고 몇 가지 주요 특징을 나타낼 수 있다. 나중에 컴퓨터 설계 프로그램으로 제작될 공식적 도면은 공작실에서 부품을 가공 완료할 정도로 충분히 상세할 것이다.

표와 그래프는 광범위한 데이터를 제시할 필요가 있는 공학자에게 중요한 의사소통 방식이다. 표는 설명하는 제목과 적정한 단위와 함께 열과 행으로 구성된다. 데이터는 일관된 유효자릿수를 사용하여 제시되어야 하고 이해하기 쉽도록 정렬되어야 한다. 그래프와 선도는 적절한 단위와 함께 축에 대한 설명을 포함해야 하며 한 세트 이상의 데이터를 그리는 경우 부호설명을 넣어야 한다. 공학자는 독자들이 이해하기 위해 필요한 통찰 형태와 데이터 특성에 따라 어떤 형태의 그래프나 선도를 사용할지 신중히 고려해야 한다.

기술적 발표(Technical Presentation)

앞에서는 문서에 의한 의사소통을 강조했지만 공학자는 구두 발표로 기술적 정보를 전달하기도 한다. 예를 들어 프로젝트 관련 주간 상황보고서는 상사와 동료에게 제공되어 회의에서 디자인에 관해 논의되고 검토되어 예상 고객을 위한 공식 제안서를 만들게 된다. 공학자는 학술대회에서 기술적 내용을 발표하기도 한다. 공학과 기술에 관한 학습은 평생 해야 하며 그 분야의 최신 기술과 진보를 파악하기 위하여 학술대회와 기타 업무회의 등에 참석한다. 학술대회에서 공학자는 기술적 작업 결과를 각국의 다른 공학자들에게 발표한다. 발표는 간략하고 흥미롭고 정확해야 하며 청중이 내용에서 무엇인가 얻을 수 있어야 한다.

공학자는 경영자 또는 잠재 고객에게 주요 결정 사항이나 권장 사항을 입증하기 위해 결과를 전달할 때, 시간이 충분하지 않다는 점 때문에 효과적으로 또한 효율적으로 정보를 발표할 수 있어야 한다.

중점사항 비능률적 의사소통

경력을 위해 학위를 가진 것과 상관없이 다양한 사람들과 소통하는 능력이 성공의 필수요소이다. 공학의 고용기회를 조사해보면 필기와 구두 형태의 소통 능력이 중요함을 알 수 있다. 소통 부족이 참사를 가져오는 경우는 1986년 챌린저 폭발 사고를 포함하여 많은 사례가 있다. 기술정보를 서면이나 구두로 제시함에 있어서 순간마다 성패가 달려있어 매우 중요하다.

예를 들어 그림 3.9 차트는 유사한 전자제품(블루레이 플레이어)에 대한 무게와 가격 사이의 관계를 보여준다. 무거우면 더 많은 재료가 사용되어 보통 가격이 비싸지므로 무게는 가격을 예측하는 효과적인 변수이다. 또한 추가적인 제품 특징은 더 많은 하드웨어가 필요하여 무게가 늘어나고 가격이 올라간다. 그림 3.9는 공학자들에게 제품가격에 대한 의사결정 영향에 대하여 더 잘 알려주기 위한 방법으로 제품 질량과 가격 간의 관계와 경향을 알아보기 위한 것이다. 도표는 효과적인 것처럼 보이지만 잘못된 기술적 결정을 가져올 수 있으므로 여러 가지로 개선되어야 한다.

- 무엇보다 경향을 나타내는 선이 부적절하다. 차트의 목적은 무게와 가격 사이의 경향을 파악하는 것이지 정확한 관계를 알자는 것이 아니다. 단지 제품 표본을 선정하여 무게가 가격에 미치는 영향을 계산하였다. 따라서 제품 무게가 늘어날 때 가격이 증가하거나 감소하므로 데

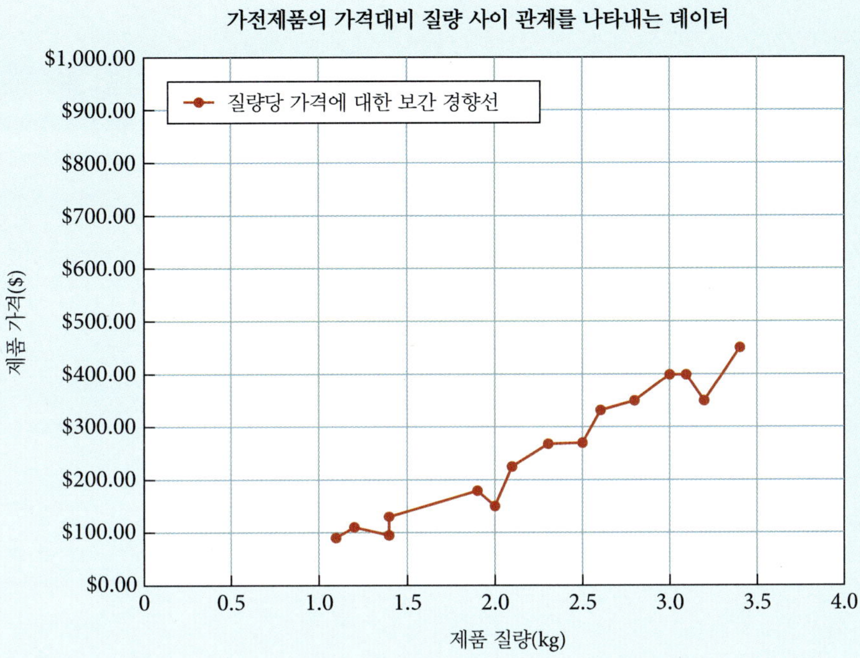

그림 3.9

잘못 개발된 기술차트의 예

Courtesy of Kemper Lewis

이터를 연결하는 선은 매우 잘못되었다. 더 단순한 경향선이 적절할 것이다.

- 축 라벨은 일관성 없이 대문자로 표시되었고 표현이 어색하므로 간결하게 작성되어야 한다.
- 데이터가 사용하지 않는 너무 많은 공간이 있으므로 축의 경계를 조정할 필요가 있다.
- 제목은 훨씬 간결한 문장이어야 한다.
- 범례표시는 도표에 도움되지 않는 내용이 담겨있다.

그림 3.10은 개선된 도표로 데이터는 바꾸지 않았지만 데이터 제시방법이 개선되었다.

- 선형 경향선이 추가되어 무게와 가격 사이의 전체 관계를 훨씬 명확히 설명한다.

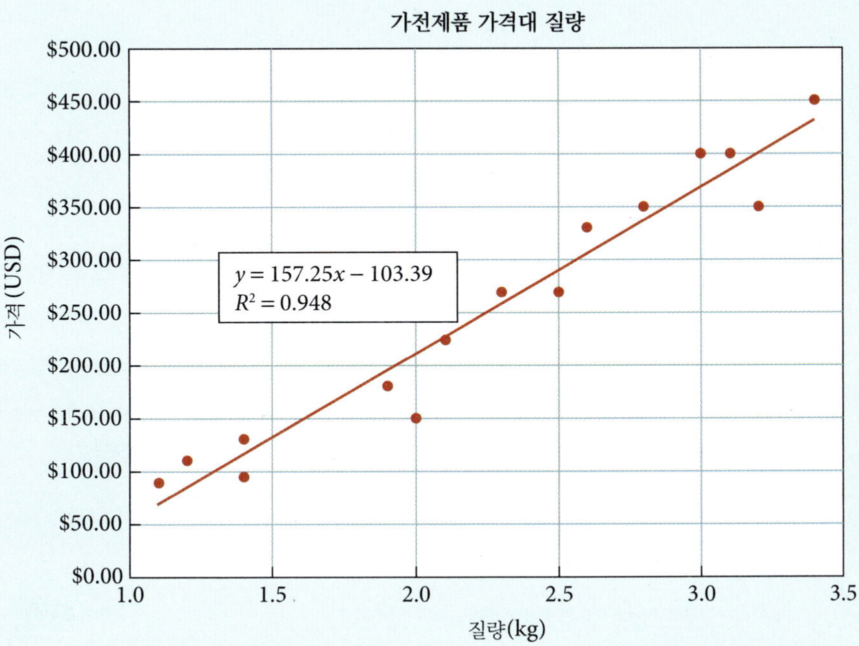

그림 3.10

보다 우수한 공학 결정을 가져오는 개선된 차트

Courtesy of Kemper Lewis

- 명확한 단위와 간결한 단어로 축 라벨을 단축하였다.
- 축 경계를 재설정하여 데이터가 더 잘 나타나 보이도록 하였다.
- 도표 제목을 적절히 개선하였다.
- 범례는 경향선으로 바꾸었으며 통계값(R^2 = 0.948)과 무게와 가격 사이의 관계식(y 157.25x − 103.39)을 나타낸다.

업데이트한 도표를 사용하면 보다 효과적인 공학 결론을 도출할 수 있으므로 더 좋은 공학설계로 제품 결함을 회피할 수 있다.

예제 3.10 문서 의사소통

스프링 신제품(부품번호 #C134)의 스프링 상수를 구하기 위하여 스프링에 질량을 매달고 인장, 압축 변위를 측정하는 실험을 수행하였다. 후크법칙에 의하면 스프링에 가해진 힘은 스프링 변위에 비례하고 다음 식과 같다.

$$F = kx$$

여기서 F는 가해진 힘, x는 변위, k는 스프링 상수이다. 데이터는 국제단위로 다음 표와 같다.

질량	변위
0.01	0.0245
0.02	0.046
0.03	0.067
0.04	0.091
0.05	0.114
0.06	0.135
0.07	0.156
0.08	0.1805
0.09	0.207
0.1	0.231

과제는 스프링에 대한 후크 법칙을 설명하고 데이터를 잘 나타내는 표와 그래프를 작성하는 것이다.

우선 $w = mg$를 사용하여 질량에서 하중을 계산한 다음 힘과 변위 사이의 관계를 보여주는 표를 작성하는 것이다.

표 3.7에서 다음과 같은 내용을 수행하였다.

- 계산한 하중값을 추가하였다.
- 각 열에 대한 단위를 덧붙였다.
- 데이터를 구분하는 경계선을 추가하였다.

질량(kg)	힘(N)	변위(m)
0.01	0.098	0.0245
0.02	0.196	0.0460
0.03	0.294	0.0670
0.04	0.392	0.0910
0.05	0.490	0.1140
0.06	0.588	0.1350
0.07	0.686	0.1560
0.08	0.784	0.1805
0.09	0.882	0.2070
0.10	0.980	0.2310

표 3.7
스프링 실험 데이터 결과

- 각 열의 유효자릿수를 일치시켰다.
- 표제를 볼드체로 굵게 표시하였다.
- 각 열의 데이터를 읽기 쉽도록 정렬하였다.

두 번째로 공학자는 데이터표의 스프링 관계를 전달해야 한다. 그림 3.11처럼 분산형 그래프는 힘과 변위 사이 관계를 효과적으로 설명하고 후크 법칙에 의한 선형 관계와 얼마나 잘 맞는지 보여준다.

그림 3.11에서 다음과 같은 내용을 수행하였다.

- 적절한 단위로 축을 명확히 명명한다.
- 그래프를 설명하는 제목을 붙인다.

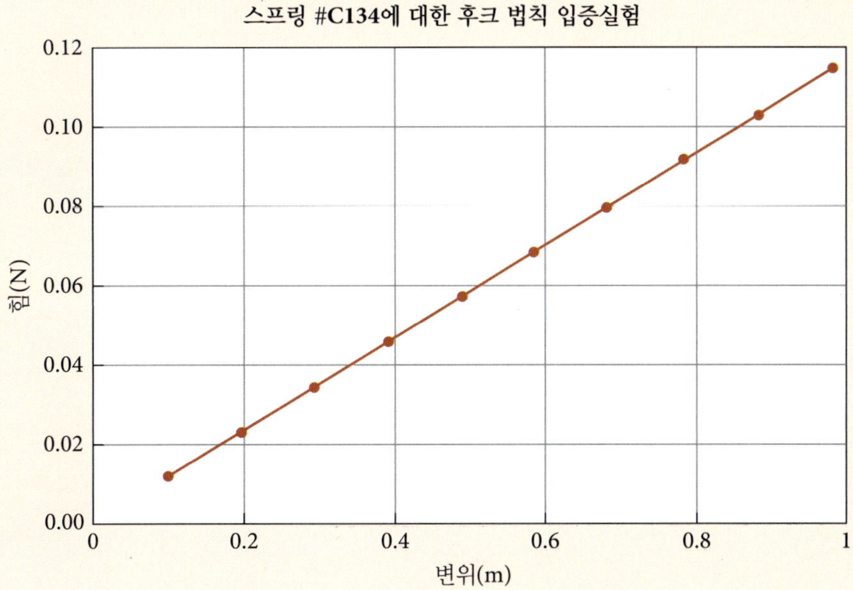

그림 3.11
공학 그래프의 예
Courtesy of Kemper Lewis

- 경향선은 변수 사이의 선형 관계를 분명하게 보여준다.
- 격자선은 최소로 하고 시각적 보조용으로만 사용한다.
- 그래프의 빈 공간을 없애기 위하여 데이터는 축 범위에 걸쳐 있도록 한다.

공학자는 표와 그래프를 사용하면 스프링 상수가 4 N/m임을 쉽게 계산할 수 있으며 설계 요구사항에 대하여 입증할 수 있다.

요약

일반인들에게 공학자는 탁월한 문제해결 기법을 지닌 혁신적인 사고방식의 사람으로 알려져 있다. 제3장에서는 기계공학자가 문제를 해결할 때 사용하는 기본 도구와 전문 기술에 관하여 개략적으로 설명하였다. 수치값, 단위계, 단위 변환, 차원 일치, 유효자릿수, 근삿값 계산법, 기술적 결과의 전달 능력 등은 공학자에게 일상적인 일이다. 기계공학에서 사용하는 양들은 수치와 단위, 2가지 성분을 가지며 서로 불가분의 관계이다. 공학자는 계산을 수행하고 보고서와 구두발표를 통해 다른 사람에게 전달할 때 수치와 차원에 대하여 명확하게 할 필요가 있다. 이 장에서 소개한 일관적인 문제해결 지침을 따르면 체계적인 방법으로 문제에 접근하고 일의 정확도에 자신감을 가질 수 있을 것이다.

자습과 복습

3.1 문제 풀 때 풀이 과정을 분명하게 제시하기 위한 3가지 단계를 요약하시오.

3.2 국제단위계의 기본단위는 무엇인가?

3.3 국제단위계에서 유도단위의 예를 드시오.

3.4 국제단위계에서 질량과 힘이 어떻게 다루어지는가?

3.5 1미터는 대략 몇 피트에 해당하는가?

3.6 1인치는 대략 몇 밀리미터에 해당하는가?

3.7 계산에서 사용하고 답에서 써야 할 유효자리 개수를 어떻게 결정할 것인가?

3.8 근삿값 계산법을 하기 위하여 사용해야 할 예를 드시오.

3.9 공학자가 문서를 준비하고 구두발표를 하는 몇 가지 경우를 드시오.

연습문제

P3.1

자신의 몸무게를 lb, N으로 나타내고 질량을 slug, kg으로 표시하시오.

P3.2

자신의 키를 in, ft, m로 나타내시오.

P3.3

전력회사 풍력터빈에서 날개가 지나간 단위 면적당 출력은 2.4 kW/m^2이다. 이 값을 hp/ft^2으로 나타내시오.

P3.4

세계 수준급 육상선수는 0.5마일을 1분 45초 정도에 달린다. 평균 속력을 m/s로 나타내시오.

P3.5

1갤론은 0.1337 ft^3에 해당하고, 1 foot은 0.3048 m에 해당하며, 1,000리터는 1 m^3에 해

당한다. 이 정의를 사용하여 갤론과 리터 사이의 변환계수를 구하시오.

P3.6

승용차가 고속도로 주행에서 29 mile/gal의 연비를 갖는다. 이 값을 km/L 단위로 표시하시오.

P3.7

(a) 100 W 전구의 소비 마력을 구하시오.

(b) 5마력 크기의 잔디 깎는 기계의 동력은 몇 kW에 해당하는가?

P3.8

2010년 멕시코만 기름 유출사고로 유출된 기름양은 120~180백만 갤론으로 추정된다. 이 값을 L, m^3, ft^3으로 표시하시오.

P3.9

1925년 미주리, 일리노이, 인디아나 3개 주를 219마일에 걸쳐 휩쓴 토네이도의 최대풍속은 318 mph이었으며 695명이 사망했다. 토네이도 최대풍속을 km/h, ft/s로 표시하시오.

P3.10

워터파크에서 오르막 물놀이가 가장 인기가 많다. 오르막 속력은 5.8 m/s에 이른다. 이 속력을 km/h로 표시하시오.

P3.11

신입사원이 제품개발팀 첫 회의에 늦어서 오전 7시 58분에 차에서 내리자마자 13 km/h로 달리기 시작했다. 회의는 8시에 시작하며 회의 장소는 460 m 떨어져 있다. 신입사원이 회의 시각 전에 도착한다면 얼마나 빨리 도착할지 지각한다면 얼마나 늦게 도착할지 판단하시오.

P3.12

과학 장비를 탑재한 로봇차량으로 화성 지질을 탐사하고자 한다. 이 차량의 무게는 지상에서 1.82 kN이다.

(a) 차량 질량을 구하시오.

(b) 차량이 랜더(lander) 플랫폼에서 내릴 때 차량 중량을 구하시오(랜더는 착륙하는 동안 로봇차량을 감싸는 보호 덮개이다). 화성표면의 중력가속도는 3.75 m/s^2이다.

P3.13

143편 항공기는 이륙 전에 연료가 7,682 L 채워져 있었고 급유한 후에는 22,300 kg이 되어야 한다. 다음 각 경우에 비행기의 연료량을 구하시오.

(a) 1.77 kg/L 환산인자를 사용하여 보충해야 할 연료량을 kg으로 구하시오.

(b) 0.803 kg/L 환산인자를 사용하여 연료량을 kg으로 구하시오.

(c) 비행에 필요한 연료가 몇 퍼센트 부족하게 공급되었나? 계산할 때 무게와 질량 사이를 반드시 구분하시오.

P3.14

4륜구동 자동차 타이어 측면에 "44 psi 이상으로 압력을 높이지 마시오"라고 쓰여 있다.

여기서 psi는 lb/in^{2}를 의미한다. 타이어 최고 압력을 kPa 단위로 표시하시오.

P3.15

햇빛으로 지구에 전달되는 에너지량은 위도, 태양열 집열판 면적에 따라 다르다. 북반구 어느 지역에 0.6 kW/m^{2}의 태양에너지가 지상에 도달한다. 이 값을 (ft · lb/s)/ft^2 단위로 표시하시오.

P3.16

유체 물성치 **점도**는 내부마찰과 변형에 대한 저항과 관련이 있다. 예를 들어 경차 엔진 오일의 점도가 그리스(grease) 점도보다 작은 것처럼 물의 점도는 당밀이나 꿀의 점도보다 작다. 기계공학에서 사용하는 점도 단위는 *poise*로 유체역학 초기에 점도 실험을 수행한 물리학자 Jen Louis Poiseuille의 이름을 따라 명명되었다. 이 단위는 1 poise = 0.1(N · s)/m^{2}으로 정의한다. 1 poise가 1 g/(cm · s)에 해당함을 보이시오.

P3.17

문제 3.16의 설명을 참고하여 엔진 오일 점도가 0.25 kg/(m · s)일 때 poise 단위로 나타내시오.

P3.18

문제 3.16을 참고하여 물의 점도 0.01 poise를 kg/(m·s) 단위로 표시하시오.

P3.19

항공기 제트엔진의 연료 효율은 **추진력-비연료 소비**, 즉 TSFC로 표시한다. TSFC는 엔진이 생성하는 추진력에 대하여 연료소비율(시간당 연소된 연료 질량)로 측정한다. 이러한 방식으로 어떤 엔진이 다른 엔진보다 시간당 더 많은 연료를 소비할 수도 있으므로 더 많은 추진력을 생성한다면 반드시 더 비효율적일 필요는 없다. 초기 수소 제트엔진의 TSFC는 0.082 (kg/h)/N이었다. 이 값을 (slug/s)/lb 단위로 표시하시오.

P3.20

어떤 자동차 엔진의 최고 동력이 118 hp (4,000 rpm 속도에서)이고 최고 토크는 186 ft · lb (2,500 rpm 속도에서)이다. 이 값을 kW와 N · m단위로 표시하시오.

P3.21

예제 3.6에서 날 끝의 측면 변형을 mils(표 3.5에 정의) 단위로 표시하시오. 다른 단위는 영미단위로 F = 75 lb, L = 3 in., d = 3/16 in, E = 30 × 10^6 psi로 주어진다.

P3.22

국제단위로 주울(J) 단위를 갖는 열량 Q는 열전달량을 나타낸다. 단열벽을 통해 시간 Δt 동안 흐른 열전달량에 대한 방정식은 다음과 같다.

$$Q = \frac{\kappa A \Delta t}{L}(T_h - T_l)$$

여기서 κ는 벽체의 열전도도이고, A와 L은 벽의 면적과 벽의 두께이다. $T_h - T_l$은 고온벽면과 저온벽면 사이의 온도차이다. 차원 일치 원리를 이용하여 SI단위계로 열전도도 단위를 구하시오. 그리스 문자 κ는 열전도도에 대한 수학적 표기이다. 부록 A에 그리스 문자에 대한 요약이 있다.

P3.23

대류는 따뜻한 공기가 상승하고 차가운 공기가 하강하는 유동 과정을 말한다. **프란틀수**

(Pr)는 열전달과 대류현상을 해석할 때 사용하며, 다음과 같이 정의한다.

$$Pr = \frac{\mu c_p}{\kappa}$$

여기서 비열 c_p의 단위는 kJ/(kg·°C)이고 μ는 점도, κ는 열전도도이다. Pr 수가 무차원임을 보여라. 그리스 문자 뮤(μ)와 카파(κ)는 점도와 열전도도에 대한 수학적 표기이다. 그리스 문자 이름과 기호에 대한 요약이 부록A에 있다.

P3.24

물체 표 면위로 유체가 흐를 때 레이놀즈 수에 따라 유동이 층류, 천이상태, 난류로 구분된다. SI단위를 사용하여 레이놀즈 수가 무차원임을 보이시오. 이 수는 다음과 같이 정의된다.

$$R = \frac{\rho VD}{\mu}$$

여기서 ρ는 유체 밀도, V는 유체의 자유흐름 속도, D는 표면의 특성 길이, μ는 유체 점도이다. 유체 점도 단위는 kg/(m·s)이다.

P3.25

다음 방정식 중 어느 것이 차원적으로 일치하는가?

$$F = \frac{1}{2}mx^2, \quad FV = \frac{1}{2}mx^2, \quad Fx = \frac{1}{2}mV^2, \quad Ft = V, \quad FV = 2mt^2$$

여기서 F는 힘, m은 질량, x는 거리, V는 속도, t는 시간이다.

P3.26

어떤 과학자는 지구와 소행성의 충돌로 공룡이 멸종되었다고 주장한다. 대규모 폭발에 의한 방출에너지를 표시할 때 킬로톤 단위를 사용한다. 이 단위는 TNT 고성능 폭발물 1,000톤의 폭발력으로 정의되었다. 그러나 폭발물의 화학적 조성에 따라 부정확할 수 있기 때문에 4.186×10^{12}과 같다고 다시 정의하였다. 어떤 소행성 크기가 13 × 13 × 33 km이며, 태양계 소행성인 Eros의 밀도인 2.4 g/cm^{3}라고 가정할 때 소행성의 운동에너지를 계산하시오. 운동에너지는 다음 식으로 정의된다.

$$U_k = \frac{1}{2}mv^2$$

여기서 m은 질량이고 v는 속력이다. 일반적으로 태양계 내측을 통과하는 혹성 속도는 20 km/s 정도이다.

P3.27

외팔보는 한 끝이 고정되고 다른 끝이 자유로운 물체로 수영장의 다이빙 보드와 유사하다(그림 P3.27). 다음 과정을 사용하여 외팔보가 얼마나 굽는지 측정실험을 행하시오. 답을 쓸 때 신뢰할 수 있는 유효숫자만 쓰시오.

(a) 힘 F를 가할 때 휘는 플라스틱 빨대의 변형을 측정하기 위하여 소형 실험대를 만드시오. 연필 끝에 빨대를 끼우고 연필을 책상에 고정한다. 외팔보로 자, 젓가락 또는 외팔보와 유사한 요소 등을 사용할 수 있다. 장치에 대한 개략도를 그리고 길이 L을 측정하시오.

(b) 외팔보 끝에 하중을 가하여 변형 Δy를 잰다. 보의 힘-변형관계를 충분히 밝힐 수 있도록 최소한 6번 정도의 측정을 행한다. 하중을 가하기 위하여 동전을 사

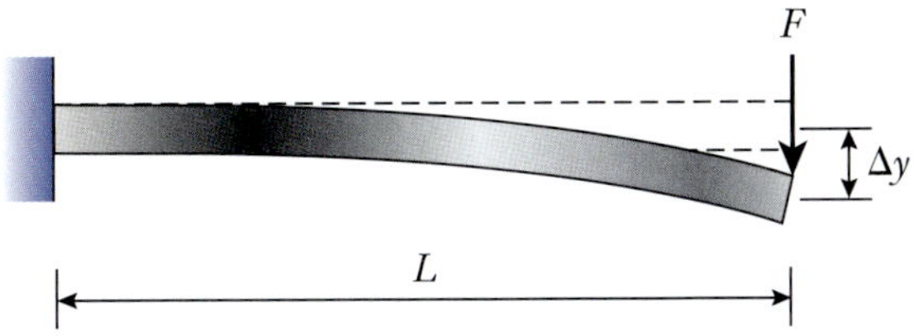

그림 P3.27

용할 수 있으며 페니는 대략 30 mN이다. 각국의 유통되는 동전 무게를 확인해 보시오. 표를 사용하여 실험데이터를 나타내시오.

(c) 데이터에 대한 그래프를 그리시오. 가로좌표와 세로좌표에 각각 변형과 무게를 나타내고 해당단위를 적으시오.

(d) 데이터를 통과하는 가장 잘 맞는 곡선을 그리시오. 이론상 변형은 가한 힘에 비례하는데 맞는지 확인하시오. 이 선의 기울기를 강성도(stiffness)라고 한다. 외팔보의 강성도를 N/m로 표시하시오.

P3.28

여러 길이의 외팔보에 대하여 문제 3.27과 같은 실험을 수행하시오. 주어진 힘에 대하여 변형이 길이 3승에 비례한다는 사실을 실험적으로 보일 수 있는가? 유효숫자를 사용하여 문제 3.27처럼 결과를 표와 그림으로 나타내시오.

P3.29

국제단위계를 사용하여 5 m 길이의 수영장 미끄럼부를 올라가는 670 N 사람의 위치에너지 변화를 구하시오. 위치에너지 변화는 $mg\Delta h$로 정의한다. 여기서 미끄럼부 경사각은 45°이다.

P3.30

문제 3.10에 주어진 속력을 사용하여 문제 3.29의 사람을 미끄럼부로 올리는 데 필요한 동력을 계산하시오. 동력은 에너지 변화를 오르막 부분을 이동하는 데 걸리는 시간으로 나눈 값이다.

P3.31

공기압 차이로 인한 비행기 창문에 작용하는 힘을 추정해 보시오.

P3.32

다음 양에 대하여 근삿값 계산법을 위한 수치를 제공하시오. 필요한 가정과 근사의 타당성에 대하여 설명하고 입증하시오.

(a) 평일 저녁 퇴근시간에 번잡한 시내교차로를 지나는 차량 수

(b) 대학 캠퍼스의 대형 건물의 외벽에 설치된 벽돌 수

(c) 대학 캠퍼스 보도의 콘크리트 부피

P3.33

다음 시스템에 대하여 문제 3.32처럼 답하시오.

(a) 단풍나무 또는 참나무의 잎수

(b) 올림픽 규모 수영장의 물의 부피

(c) 미식축구장 자연잔디의 잎사귀 수

P3.34

다음 시스템에 대하여 문제 3.32를 반복하시오.

(a) 교실에 채울 수 있는 골프공 개수

(b) 매일 출생하는 사람 수

(c) 한 학기 동안 우리 대학에서 학생들이 소비하는 음식의 무게

P3.35

거주지역의 자동차 운행 대수, 평균 주행거리, 표준 연비를 가정하여 매일 자동차가 소비하는 가솔린 양을 근삿값 계산법으로 구하시오.

P3.36

우주왕복선 오비터(Orbiter)가 지구를 한 바퀴 선회하는 데 약 90분 걸린다. km/h단위로 왕복선의 속력을 구하시오. 지구 반경(약 6.36 Mm)에 비하여 위성의 고도(약 200 km)는 작다고 근사하시오.

P3.37

진입도로를 포함하여 5000대 규모의 주차가 가능한 정사각형 구획의 주차장 크기를 산정하시오.

P3.38

매일 400대를 생산하는 자동차 조립공장에서 자동차를 만드는 데 필요한 철강 무게를 근삿값 계산법으로 구하시오. 필요한 가정과 근사에 대하여 설명하고 입증하시오.

P3.39

일상생활 속에서 마주치는 여러 가지 양 중에서 아주 정확하게 구할 수 없지만 대략 근삿값 계산법으로 구할 수 있는 것을 생각하여, 그 양에 대하여 설명하고 필요한 가정과 근사에 대하여 설명하고 입증하시오.

P3.40

여러 물질에 대한 탄성계수, 강성 모듈러스, 포아송 비, 단위 중량이 다음과 같다. 주어진 데이터는 탄성계수, E (GPa); 강성 모듈러스, G (GPa); 포아송 비; 단위 중량(kN/m^3)이다. 효과적인 방식으로 데이터를 나타내도록 표를 작성하시오.

알루미늄 합금 71.0 26.2 0.334 26.6

베릴륨 구리 124.0 48.3 0.285 80.6

황동 106.0 40.1 0.324 83.8

탄소강 207.0 79.3 0.292 76.5

회주철 100.0 41.4 0.211 70.6

구리 119.0 44.7 0.326 87.3

유리 46.2 18.6 0.245 25.4

납 36.5 13.1 0.425 111.5

마그네슘 44.8 16.5 0.350 17.6

몰리브덴 331.0 117.0 0.307 100.0

양은 127.0 48.3 0.322 85.8

니켈강 207.0 79.3 0.291 76.0

인청동 111.0 41.4 0.349 80.1

스테인레스강 190.0 73.1 0.305 76.0

P3.41

문제 3.40 데이터에 대하여 SI단위계를 사용하여 단위 중량(x축)에 대한 탄성계수(y축) 관계를 나타내는 그래프를 작성하시오. 경향에 대한 물리적 의미와 경향에서 편차가 있는지 설명하시오.

P3.42

일반인이 분당 12~20번 호흡하고 평균 호흡량이 0.5리터인 경우 강의실에 있는 학생이 강의실 체적의 공기를 모두 들이마시는 데 걸리는 시간을 계산하시오.

P3.43

교실 안에 어깨와 어깨를 맞대어 들어갈 수 있는 인원을 계산하고 소방안전법의 최대 인원과 비교하시오.

P3.44

전 세계에서 주어진 시각에 비행 중인 비행기 탑승객의 최저 인원과 최고 인원을 계산하시오.

참고문헌

Banks, P., "The Crash of Flight 143," *ChemMatters,* American Chemical Society, October 1996, p. 12.

Burnett, R., *Technical Communication*, 6th ed. Cengage, 2005.

Goldman, D. T., "Measuring Units," In Avallone, E. A., and Baumeister, T., eds., *Marks' Standard Handbook for Mechanical Engineers,* 10th ed. New York: McGraw-Hill Professional, 1996.

Hoffer, W., and Hoffer, M. M., *Freefall: A True Story*. New York: St. Martin's Press, 1989.

Mars Climate Orbiter Mishap Investigation Board Phase I Report. NASA, November 10, 1999.

McNutt, M. K., Camilli, R., Crone, T. J., Guthrie, G. D., Hsieh, P. A., Ryerson, T. B., Savas, O., and Shaffer, F., "Review of Flow Rate Estimates of the Deepwater Horizon Oil Spill," *Proceedings of the National Academy of Sciences*, 109(50), 2011, 20260–20267, doi: 10.1073/pnas.1112139108.

Press Release, "*Mars Climate Orbiter* Failure Board Releases Report, Numerous NASA Actions Underway in Response," NASA, November 10, 1999.

Press Release, "*Mars Climate Orbiter* Mission Status," Media Relations Office, Jet Propulsion Laboratory, September 24, 1999.

Press Release, "NASA's *Mars Climate Orbiter* Believed to Be Lost," Media Relations Office, Jet Propulsion Laboratory, September 23, 1999.

Walker, G., "A Most Unbearable Weight," *Science*, Vol. 304, 2004, pp. 812–813.

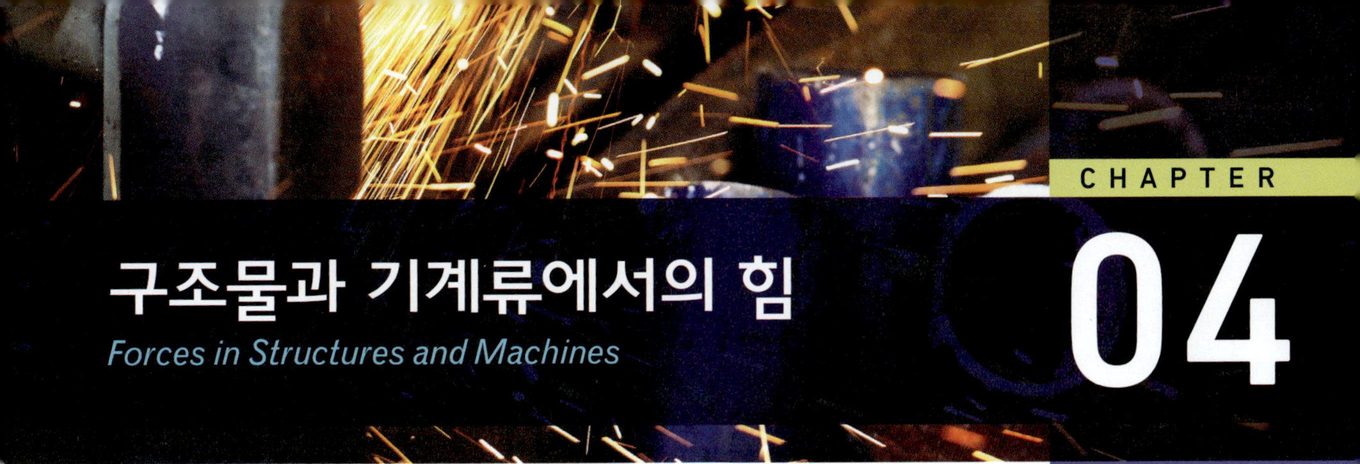

CHAPTER 04

구조물과 기계류에서의 힘

Forces in Structures and Machines

이 장의 목적

- **4-1** 힘을 직각좌표 성분과 극좌표 성분들로 분해하기
- **4-2** 힘 계(force systems)의 합력을 벡터 대수학과 다각형법을 이용하여 결정하기
- **4-3** 힘의 모멘트를 수직 팔거리법과 모멘트 성분법을 이용하여 계산하기
- **4-4** 평형에 필요한 조건들을 이해하고, 간단한 구조물과 기계류에서의 미지의 힘을 계산하기
- **4-5** 설계의 관점에서 여러 종류 가운데 어느 한 종류의 구름 베어링을 선택해야 하는 상황을 설명하고, 구름 베어링에 작용하는 힘을 계산하기

4.1 서론

기계공학자들이 제품, 시스템, 하드웨어를 설계할 때, 수학과 물리학 법칙들을 사용하여 시스템을 모델링하고, 해석하고, 또한 거동을 예측한다. 설계가 성공적으로 완성되기 위해서는 효율적인 공학 해석이 바탕이 되어야 한다. 그런데 효율적인 공학 해석은 **구조물과 기계류에서의 힘**을 이해하는 데서 비롯된다. 이것이 제4장의 핵심이며, 기계공학의 기본 요소 중 하나이다.

요소 3: 구조물과 기계류에서의 힘

이 장에서는 역학이라는 주제에 대하여 소개한다. 역학에서는 구조물과 기계류에 작용하는 힘과 그 힘이 계속 정지 상태를 유지하거나 또는 움직이려는 경향에 대하여 다룬다. 역학의 기본을 형성하는 기본 법칙은 뉴톤의 세 가지 운동 법칙이다.

1. 모든 물체는 불균형한 외력이 작용하지 않는 한, 정지 상태에 있든지 또는 일정한 속도로 움직인다.
2. 질량이 m인 물체에 힘 F가 작용하면 힘이 작용하는 같은 방향으로 힘의 크기에 비례하고 물체의 질량에 반비례하는 가속도가 발생한다. 이러한 관계를 $F = ma$로 나타낼 수 있다.
3. 두 물체 사이의 작용과 반작용은 힘의 크기는 같고, 방향은 반대이며, 동일 직선상에서 이뤄진다.

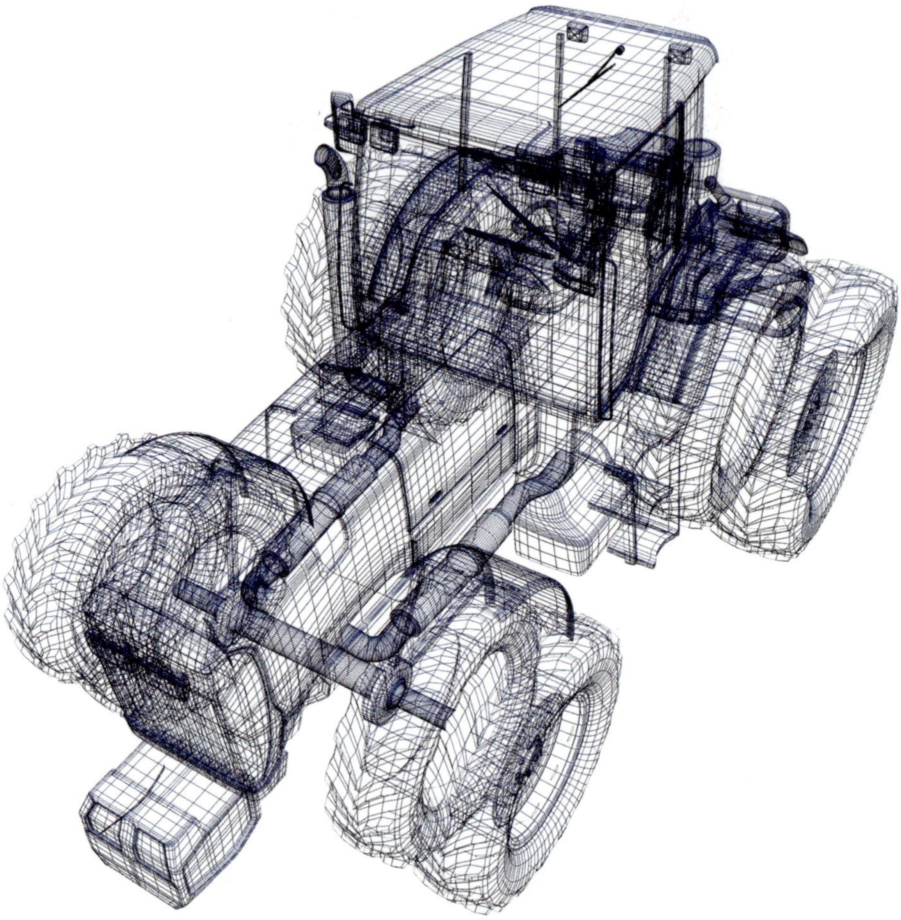

그림 4.1
건설용 중장비는 운행 중에 발생하는 거대한 힘을 지탱할 수 있도록 설계되어 있다.
3DDock/Shutterstock.com

제4장과 제5장에서, 우리는 힘의 기본 법칙과 힘이 공학 하드웨어에 미치는 영향을 이해하는 데 필요한 문제-해결 기술들에 대하여 탐구한다. 힘 계, 모멘트 그리고 정적 평형에 대한 개념을 이해하고 나서, 간단한 구조물과 기계류의 표면 또는 내부에 작용하는 힘의 크기와 방향을 계산하는 방법을 배우게 된다. 간략하게 말해서, 힘을 해석하는 과정은 어떤 특정한 하드웨어가 정상적으로 작동할 것인지 결정해야 할 때 공학자들이 택해야 할 첫 번째 단계이다(그림 4.1).

이 장의 두 번째 목적은 구름 베어링을 이해함으로써 기계 하드웨어의 내부 작동을 이해하는 계기를 마련해 준다. 전기공학자가 회로의 요소로서 저항, 콘덴서, 트랜지스터를 고르는 것처럼, 기계공학자는 베어링, 축, 기어, 벨트 및 다른 기계요소들을 선정하는 훌륭한 직관력을 가져야 한다. 하드웨어 및 기계요소들을 충분히 이해해야만 기술적 전문 용어를 이해하게 된다. 기계공학자는 명확한 용어를 알고 있어야 하고, 다른 공학자들과 효율적으로 대화하기 위하여 이러한 용어를 배우고, 구사하고, 공유해야 한다. 이러한 배경이 적절한 요소를 선정하는데, 예를 들면 볼 베어링, 롤러 베어링, 경사 롤러 베어링 또는 축방향 베어링이 이 설계에 사용되어야만 하는지를 결정할 때 필요하다.

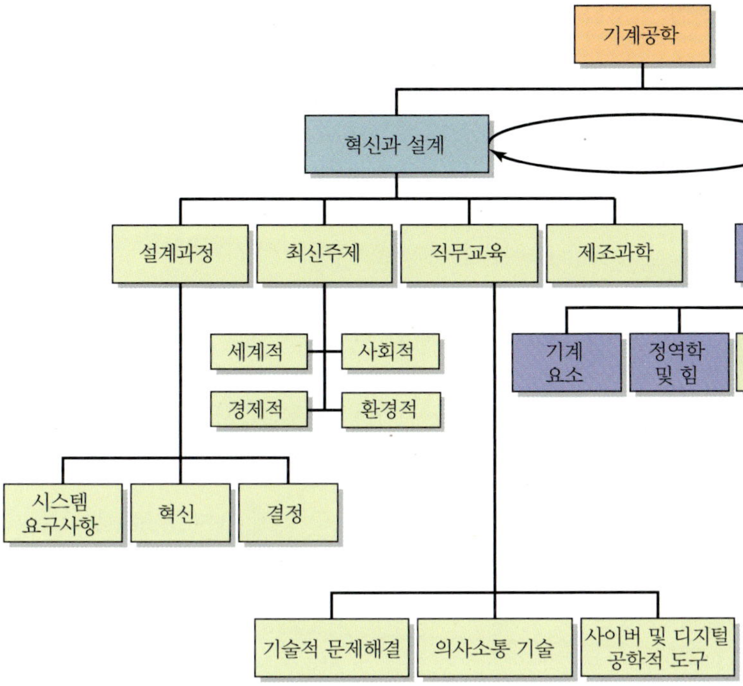

그림 4.2
이 장에서 중점을 두고 있는 주제(음영부분)와 기계공학의 전체 학습 프로그램과의 관계

이 장에서 다루는 힘 계와 기계요소들이라는 주제는 그림 4.2에 간략하게 소개된 기계공학 이수 체계에 잘 맞아 떨어진다. 이 주제는 공학 과학 및 해석(engineering sciences and analysis) 분야에 속하지만, 혁신 시스템을 설계할 때의 중요한 결정에도 필요하다. 물론, 기계공학개론에서 기계공학 법칙을 포함하는 모든 기계와 요소를 서술하는 것은 불가능하며, 제4장 또는 이후의 장에서도 이 교재가 의도하는 것이 아니다. 하지만 단지 몇 개의 기계요소들을 조사함으로써, 기계설계 주제에 대한 이해력을 향상시킬 수 있다. 여러분이 제품에 대하여 호기심을 갖고, 그 제품이 어떻게 만들어졌는지 곰곰이 생각해 보고, 그 제품을 분해해 보고, 또한 어떻게 하면 그 제품이 다르게 또는 더 잘 만들어질 수 있을까 생각해 봄으로써, 지적으로 성장하게 된다. 다양한 형태의 베어링과 베어링에 작용하는 힘에 대한 설명으로 이 장의 본론을 시작한다. 제8장에서 기어, 벨트, 체인 구동에 대한 설명을 계속하도록 한다.

4.2 직각좌표 형태와 극좌표 형태

구조물 또는 기계에 작용하는 힘의 영향을 결정하기 전에, 힘의 크기와 방향에 대하여 설명할 필요가 있다. 여기에서 해석은 모든 힘이 같은 평면에서 작용하는 경우에 한정된다. 이와 같은 2차원 문제 해석을 위한 기본 개념과 해석 방법은 3차원 구조물과 기계류의 일반적인 경우에도 적용되지만, 이 장의 목적을 달성하기 위하여, 대수학과 기하학에서의 불필요한 복잡성을 피하는 것이 더 효율적이다. 3차원 힘, 평형, 그리고 운동에 대해서는 고학년 기계공학 교과과정에서 다루게 될 것이다.

힘의 물리적 운동은 크기와 방향을 수반하기 때문에, 힘은 벡터로 표시된다. 힘의 크기는 국제단위계(SI)에서 뉴톤(N)으로 표시된다.

직각좌표 성분

벡터 표시법

직각좌표 성분

힘 **벡터**는 **F**와 같이 굵은 활자 기호를 사용하여 나타낸다. 힘의 영향을 나타내는 흔한 방법 가운데 하나는 힘의 수평과 수직성분으로 나타내는 것이다. 일단 x축과 y축을 나타내는 방향을 결정하면, 힘 **F**는 x축과 y축 방향에서의 **직각좌표 성분**들로 분해된다. 그림 4.3에서, 힘 **F**를 수평방향(x축)으로 투영했을 때의 성분이 F_x이고, 수직방향(y축)으로 투영했을 때의 성분이 F_y이다. F_x와 F_y에 수치를 부여함으로써, 힘 **F**에 대한 모든 것을 서술하게 된다. 사실상 한 쌍의 숫자들(F_x, F_y)은 단지 힘 벡터 끝점의 좌표값들을 나타낸다.

단위벡터

단위벡터 i와 **j**가 F_x와 F_y가 작용하는 방향을 표시하기 위해 사용되고 있다. 벡터 **i**는 x축의 양의 방향을 가리키고, 벡터 **j**는 y축의 양의 방향을 가리킨다. F_x와 F_y가 수평 및 수직성분들의 크기에 대한 정보를 제공하듯이, 단위벡터들은 이들 성분들의 방향에 대한 정보를 제공한다. 단위벡터의 길이가 1이기 때문에, 단위벡터라는 이름을 갖게 되었다. 힘의 직각좌표 성분들과 단위벡터들을 결합하면, 힘은 벡터 대수학 표기법을 사용하여 아래와 같이 표시된다.

$$\mathbf{F} = F_x\mathbf{i} + F_y\mathbf{j} \tag{4.1}$$

극좌표 성분

다른 관점에서 볼 때, 즉 힘이 얼마나 힘게 오른쪽과 위쪽으로 잡아당길 수 있는가의 관점에서 생각하는 대신에, 힘이 얼마나 힘게 어떤 방향으로 잡아당길 수 있는가에 대하여 다른 사람에게 설명할 수 있다. 이러한 관점은 극좌표계에 바탕을 두고 있다. 그림 4.3에 보이는 대로, 힘 **F**는 수평축과 θ의 각을 이루면서 작용한다. 힘 벡터의 길이는 스칼라 양 또는 단순 수치이고, $F = |\mathbf{F}|$로 표시된다. | | 표시는 벡터의 크기 F를 나타내고, 보통의 글자체를 사용한다. F_x와 F_y로 표시하는 대신에, 힘 벡터 **F**를 F와 θ라는 두 개의 수치로 표시할 수 있다. 이러한 벡터의 표기법을 **극좌표 성분**(*polar component*) 또는 크기-방향 형태라고 부른다.

극좌표 성분

크기와 방향

힘의 **크기**(*magnitude*)와 **방향**(*direction*)은 수평성분과 수직성분을 이용하여 아래와 같이 나타낼 수 있다.

$$\begin{aligned} F_x &= F\cos\theta \quad \text{(극좌표계를 직각좌표계로)} \\ F_y &= F\sin\theta \end{aligned} \tag{4.2}$$

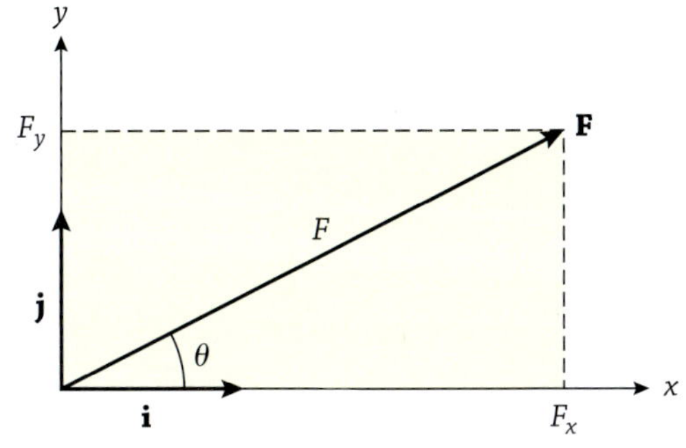

그림 4.3
직각좌표 성분 (F_x, F_y)과 극좌표 성분(F, θ)으로 표시하기

이러한 종류의 삼각함수 방정식은 부록 B에 정리되어 있다. 우리가 힘의 크기와 방향을 알게 되면 식 (4.2)를 이용하여 힘의 수평 및 수직성분들을 결정할 수 있다. 반면에 F_x와 F_y를 알게 되면, 힘의 크기와 방향은 아래의 관계식들을 이용하여 계산할 수 있다.

$$F = \sqrt{F_x^2 + F_y^2} \quad \text{(직각좌표계를 극좌표계로)}$$

$$\theta = \tan^{-1}\left(\frac{F_y}{F_x}\right) \tag{4.3}$$

식 (4.3)에 있는 역탄젠트 함수는 편각의 **주치**(*principal value*)를 계산하여, $-90° + 90°$ 사이의 각도로 변환하는 역할을 한다. 직접 $\theta = \tan^{-1}(F_y/F_x)$라는 방정식을 적용하면, x-y 평면의 1사분면 또는 4사분면에 해당하는 각도를 얻게 된다. 주치

물론, 힘은 x-y 평면의 모든 사분면에 위치할 수 있다. 문제를 해결함에 있어서, F_x와 F_y의 양의 부호와 음의 부호를 조사할 필요가 있으며, 그 부호들을 이용하여 θ에 대한 정확한 사분면을 결정할 수 있다. 예를 들어 그림 4.4(a)에서, $F_x = 445$ N 그리고 $F_y = 222$ N일 때, 힘의 작용각은 $\theta = \text{ten}^{-1}(0.5) = 26.6°$로 계산된다. F_x와 F_y가—힘 벡터 끝점의 좌표값—모두 양수이기 때문에, 이 수치는 정확하게 1사분면에 놓이게 된다. 반면에, 그림 4.4(b)에서 $F_x = -445$ N 그리고 $F_y = 222$ N일 때, $\tan^{-1}(-0.5) = -26.6°$라고 계산하고 싶어질지도 모른다. $-26.6°$는 실제로 4사분면에 속하기 때문에, 힘이 가리키는 방향을 x축의 양의 방향을 기준으로 나타내기에는 부적절하다. 그림 4.4(b)에서 분명하게 볼 수 있듯이, 힘 **F**는 x축의 음의 방향과 26.6°의 각도를 형성한다. x축의 양의 방향을 기준으로 했을 때 힘의 작용각에 대한 정확한 값은 $\theta = 180° - 26.6° = 153.4°$이다.

4.3 여러 힘의 합력

힘 계(*force system*)는 하나의 구조물 또는 기계에 동시에 작용하는 여러 힘의 집합체를 일컫는다. 각각의 힘은 다른 힘과 결합하여 그 최종 결과를 나타내며, **합력**(*re-* 힘 계 합력

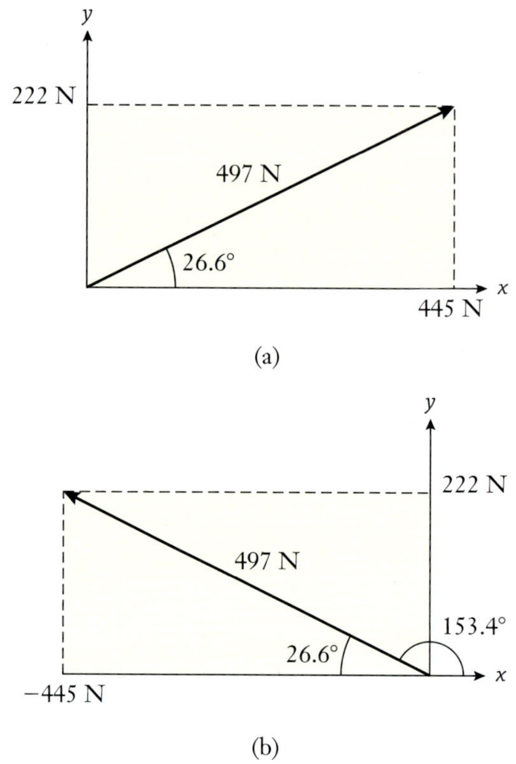

그림 4.4
(a) 1사분면에 놓여 있는 그리고 (b) 2사분면에 놓여 있는 힘에 대한 작용각 결정하기

sultant) **R**은 모든 누적된 운동을 나타낸다. 예를 들어 그림 4.5에 있는 받침 기둥과 브래킷을 고려해 보자. 세 개의 힘 $\mathbf{F}_1$, $\mathbf{F}_2$ 그리고 $\mathbf{F}_3$은 서로 다른 방향으로 작용하며 크기도 서로 다르다. 받침 기둥이 이 힘을 지탱할 수 있을지 또는 없을지를 결정하기 위하여, 공학자는 우선 이 힘의 최종 결과를 결정할 필요가 있다. N개의 개별적인 힘 $\mathbf{F}_i$ (i = 1, 2, ..., N)이 존재할 때, 벡터 대수학 법칙을 이용하여 N개의 힘은 아래와 같이 합할 수 있다.

$$\mathbf{R} = \mathbf{F}_1 + \mathbf{F}_2 + \cdots + \mathbf{F}_N = \sum_{i=1}^{N} \mathbf{F}_i \tag{4.4}$$

이 합은 벡터 대수학(vector algebra) 또는 **벡터 다각형법**(vector polygon approach)에 의하여 수행될 수 있으며, 다음에 서술하도록 한다. 서로 다른 문제해결 상황에 따라, 어느 한 방법이 다른 방법보다 더 간단할 수 있고, 또한 계산 결과를 확인하기 위하여 두 가지 방법이 다 사용될 수도 있다는 사실을 발견하게 될 것이다.

벡터 대수학법

이 방법에서는 각각의 힘을 수평 및 수직성분으로 분해하여, i번째 힘에 대하여 $F_{x,i}$와 $F_{y,i}$로 표시한다. 합력의 수평성분 R_x는 존재하는 모든 개별적인 힘의 수평성분의 합으로 구해진다.

$$R_x = \sum_{i=1}^{N} F_{x,i} \tag{4.5}$$

마찬가지로, 이번에는 다음의 방정식을 이용하여 수직 성분의 합을 구한다.

$$R_y = \sum_{i=1}^{N} F_{y,i} \tag{4.6}$$

따라서 합력은 $\mathbf{R} = R_x\mathbf{i} + R_y\mathbf{j}$의 벡터 형태로 표현된다. 식 (4.3)과 유사하게 아래의 식들을 이용하여 합력의 크기 R과 방향 θ를 계산한다.

$$R = \sqrt{R_x^2 + R_y^2}$$
$$\theta = \tan^{-1}\left(\frac{R_y}{R_x}\right) \tag{4.7}$$

앞에서 고려해 본 대로 θ가 정확한 사분면에 놓이도록 하기 위하여 θ에 대한 실제 값은 R_x와 R_y의 정확한 부호를 고려하여 결정해야 한다.

벡터 다각형법

여러 힘의 누적된 영향을 구하기 위한 또 다른 방법은 **벡터 다각형법**이다. $\mathbf{F}_i$ 벡터들의 합을 나타내는 하나의 다각형을 스케치함으로써, 힘 계의 합력을 구할 수 있다. 즉, 다각형의 구조에 삼각함수 법칙을 적용하여, 합력의 크기와 방향을 결정한다. 그림 4.5(a)에 있는 받침 기둥에 적용해 보면, **끝점과 시작점 일치법칙**(*head-to-tale rule*)에 따라 개개의 힘인 $\mathbf{F}_i$를 연속해서 더함으로써, 세 개의 힘에 대한 다각형이 그려진다.

끝점과 시작점 일치법칙

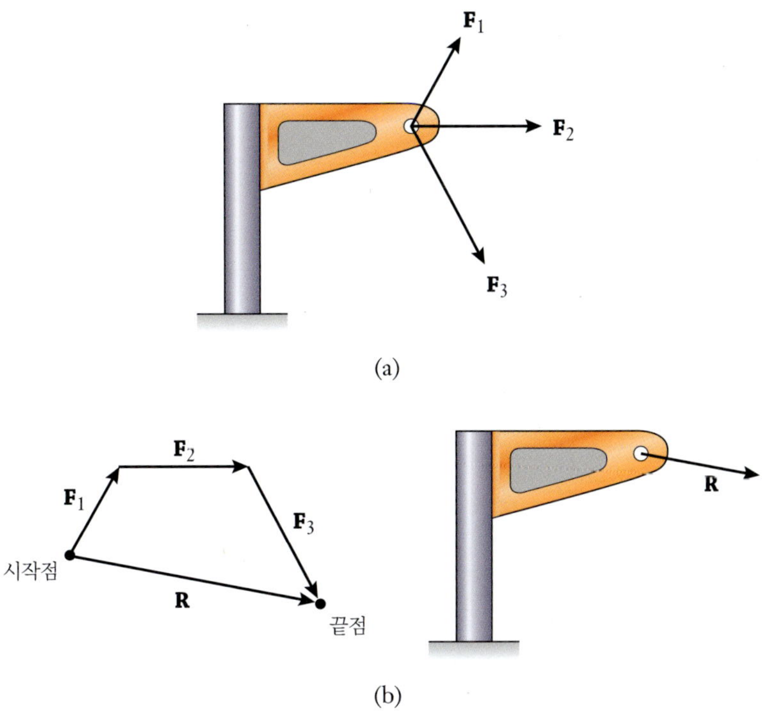

그림 4.5
(a) 세 개의 힘을 받는 받침 기둥과 브래킷. (b) 합력 $\mathbf{R}$은 $\mathbf{F}_1$, $\mathbf{F}_2$ 그리고 $\mathbf{F}_3$을 합함으로써 형성되는 도형의 시작점으로부터 끝점까지 연결한다.

그림 4.5(b)에서 시작점이 표시되어 있고, 세 개의 힘이 차례로 더해지며, 끝점이 또한 표시되어 있다. 힘이 도형에 그려지는 순서는 최종 결과에 관한 한 상관이 없으나, 그리는 도형들은 더하는 순서에 따라서 다르게 보이게 된다. 도형의 끝점은 연속해서 더해지는 마지막 벡터의 끝점에 위치하게 된다. 그림 4.5(b)에 나타난 대로, 합력 **R**은 도형의 시작점으로부터 끝점까지 연결한다. 브래킷에 작용하는 합력 **R**은 세 개의 힘의 결합된 결과와 전적으로 동일하다. 마지막으로 합력의 크기와 방향은 다각형의 형상에 삼각함수 항등식을 적용함으로써 결정된다. 직각 및 빗각 삼각형에 대한 몇 가지 관련 방정식들이 부록 B에 정리되어 있다.

축척 도면

예를 들어, 1 cm가 100 N의 힘에 상당하는 **눈금**이 새겨진 도면(*scale* drawing) 위에 벡터들을 합함으로써 우리는 때때로 상당히 정확한 결과를 얻을 수 있다. 각도기, 소형 자 그리고 직선 자와 같은 제도 도구 등을 사용하여 다각형을 구성하여 미지의 양(quantities)인 크기와 방향을 측정해야 한다. 답을 적절한 유효자릿수까지 결정할 수 있을 만큼 도면이 크고 정확하다면, 공학문제를 해결할 때 순전히 그래프를 그려서 접근하는 방법도 확실하게 허용될 수 있다.

예제 4.1 케이블 연결선

고리가 있는 볼트(eyebolt)가 두꺼운 평판에 체결되어, 650 N, 1.5 kN 그리고 3.5 kN의 장력이 작용하는 세 개의 강철 케이블을 지탱한다. 벡터 대수학법을 이용하여, 고리가 있는 볼트에 작용하는 합력을 결정하라. 단위벡터 **i**와 **j**의 방향은 x-y 좌표계에 표시되어 있다(그림 4.6 참조).

그림 4.6

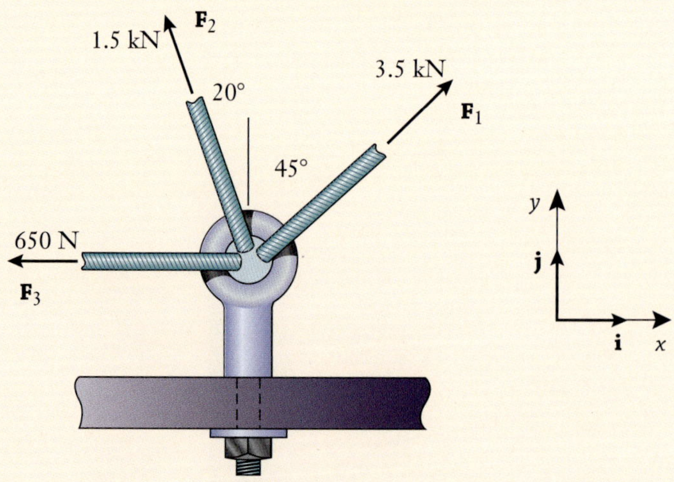

접근방법

고리가 있는 볼트에 작용하는 합력을 구하는 과제를 수행한다. 식 (4.1)과 (4.2)를 이용하여, 힘을 수평성분과 수직성분으로 분해하여, 벡터 형태로 나타낸다. 그리고 세 개의 힘의 각각의 성분들을 더해서 합력의 성분들을 구한다. 그 다음 식 (4.7)을 이용하여 합력 **R**의 크기와 작용각을 구한다.

풀이

힘 3.5 kN의 성분은

$$F_{x,1} = (3.5\ \text{kN})\cos 45^\circ \qquad \leftarrow [F_x = F\cos\theta]$$
$$= 2.457\ \text{kN}$$

$$F_{y,1} = (3.5\ \text{kN})\sin 45^\circ \qquad \leftarrow [F_y = F\sin\theta]$$
$$= 2.475\ \text{kN}$$

$\mathbf{F}_1$은 벡터 형태로 아래와 같이 쓸 수 있다.

$$\mathbf{F}_1 = 2.475\,\mathbf{i} + 2.475\,\mathbf{j}\ \text{kN} \qquad \leftarrow [\mathbf{F} = F_x\mathbf{i} + F_y\mathbf{j}]$$

다른 두 개의 힘에 대하여 같은 과정을 반복하면

$$\mathbf{F}_2 = -(1.5\ \sin 20^\circ)\mathbf{i} + (1.5\ \cos 20^\circ)\mathbf{j}\ \text{kN}$$
$$= -0.5130\,\mathbf{i} + 1.410\,\mathbf{j}\ \text{kN}$$
$$\mathbf{F}_3 = -650\,\mathbf{i}\ \text{N}$$

합력의 성분들을 계산하기 위하여, 세 개의 힘의 수직성분과 수평성분을 따로 더한다.

$$R_x = 2.475 - 0.5130 - 0.650\ \text{kN} \qquad \leftarrow \left[R_x = \sum_{i=1}^{N} F_{x,i}\right]$$
$$= 1.312\ \text{kN}$$
$$R_y = 2.475 + 1.410\ \text{kN} \qquad \leftarrow \left[R_y = \sum_{i=1}^{N} F_{y,i}\right]$$
$$= 3.885\ \text{kN}$$

합력의 크기는

$$R = \sqrt{(1.312\ \text{kN})^2 + (3.885\ \text{kN})^2} \qquad \leftarrow \left[\sqrt{R_x^2 + R_y^2}\right]$$
$$= 4.101\ \text{kN}$$

합력의 작용각은

$$\theta = \tan^{-1}\left(\frac{3.885\ \text{kN}}{1.312\ \text{kN}}\right) \qquad \leftarrow \left[\theta = \tan^{-1}\left(\frac{R_y}{R_x}\right)\right]$$
$$= \tan^{-1}\left(2.961\ \frac{\text{kN}}{\text{kN}}\right)$$
$$= \tan^{-1}(2.961)$$
$$= 71.34^\circ$$

x축의 양의 방향을 기준하여 반시계방향(그림 4.7 참조)이다.

검토

합력은 어떤 힘보다 크지만 $F_{x',3}$를 $F_{x',1}$에서 빼야 하기 때문에, 세 개의 힘의 합보다는 작다. 합력은 예상한 대로 볼트의 위쪽과 오른쪽으로 작용한다. 볼트에 작용하는 세 개의 힘은 볼트에 잡아당기는 장력과 옆으로 작용하는 하중 R_x에 의한 굽힘력을 발생시킨다. 합력의 작용각을 계산할 때 차원의 일치를 확인하는 관점에서, 역탄젠트 함수의 인수에 있는 뉴톤의 단위가 서로 상쇄되는 것을 주목하기 바란다. 여기서 R_x와 R_y의 값이 양의 값이므로, 합력벡터의 끝점(종점; tip)은 x-y 평면의 1사분면에 있게 된다.

$R = 4.101$ kN

$\theta = 71.34°$ 양의 x축을 기준하여 반시계방향으로

그림 4.7

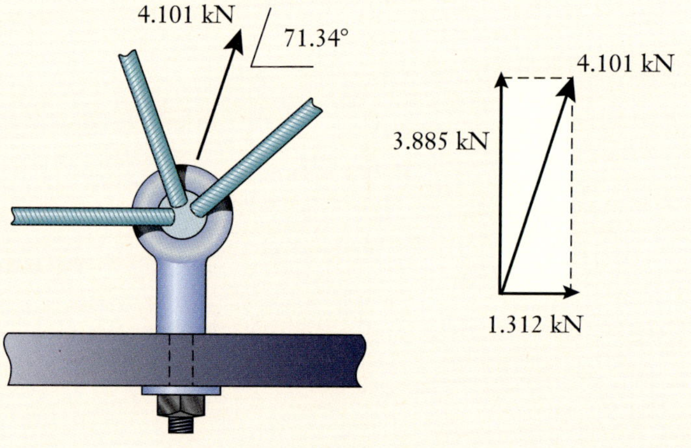

예제 4.2 제어용 레버

45 N과 110 N의 힘이 기계 장치의 제어용 레버에 작용한다. 벡터 다각형법을 이용하여 합력의 크기와 방향을 결정하라(그림 4.8 참조).

접근방법

제어용 레버에 작용하는 합력을 구하는 과제를 수행한다. 우선 레버의 무게가 레버에 작용하는 힘과 비교해 볼 때 무시될 수 있다고 가정한다. 그리고 벡터 다각형을 스케치하고, 끝점과 시작점 일치법칙을 이용하여 모든 힘을 더한다. 두 개의 주어진 힘과 합력은 하나의 삼각형을 형성하게 된다. 부록 B에 있는 코사인과 사인 법칙들을 적용하여, 우리는 삼각형에서 미지의 길이와 각도에

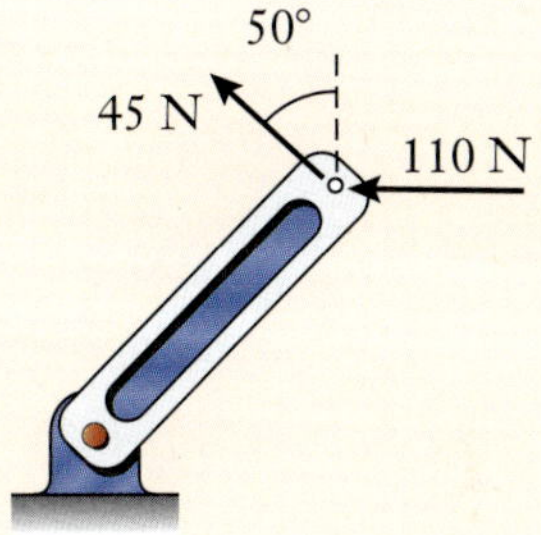

그림 4.8

대한 해를 구할 수 있다(그림 4.9 참조).

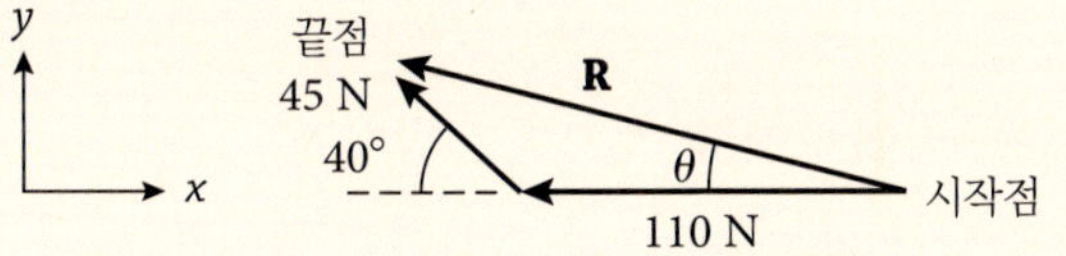

그림 4.9

풀이

우선 110 N의 힘을 도형에 그리고, 45 N의 힘을 수직과 50°의 각도로 더한다. 합력 **R**은 110 N 힘 벡터의 꼬리(시작점이라고 표시됨)로부터 45 N 힘 벡터의 머리(끝점이라고 표시됨)를 연결한다. 세 개의 벡터들은 변-각도-변 형태의 삼각형을 형성한다. 코사인 법칙을 적용함으로써, 아래와 같이 변의 길이 **R**에 대한 해를 구한다.

$$R^2 = (45\text{ N})^2 + (110\text{ N})^2 - 2(45\text{ N})(110\text{ N})\cos(180° - 40°) \qquad \leftarrow [c^2 = a^2 + b^2 - 2ab\cos C]$$

위의 식으로부터 $R = 147.7$ N이 된다. 합력 **R**이 작용하는 각도 θ는 사인 법칙을 적용함으로써, 아래와 같이 구한다.

$$\frac{\sin(180° - 40°)}{147.7\text{ N}} = \frac{\sin\theta}{45\text{ N}} \qquad \leftarrow \left[\frac{\sin A}{a} = \frac{\sin B}{b}\right]$$

합력은 x축의 음의 방향을 기준하여 시계방향으로 11.29° 각도로 작용한다.

검토

힘이 한 방향으로 정렬되어 있지 않기 때문에, 합력은 두 개의 힘의 합보다 작다. 또한 예상한 대로 합력의 방향은 두 개의 힘 사이에 위치하는 각도로 작용한다. 해를 확인하기 위하여 예제 4.1에서 사용한 방법과 동일하게 두 개의 힘을 분해하여 수평성분과 수직성분을 구한다. x-y 좌표계를 이용하여, 45 N 힘에 대한 벡터 표현을 $\mathbf{F} = -34.47\mathbf{i} + 28.93\mathbf{j}$ N으로 나타낸다. 벡터 대수학법을 이용하여, R과 θ를 아래와 같이 구할 수 있는지를 확인해 보라.

$R = 147.7$ N
$\theta = 11.29°$ 음의 x축을 기준하여 시계방향으로

4.4 힘의 모멘트

꽉 조여 있는 볼트를 풀려고 한다면, 손잡이의 길이가 긴 렌치를 사용할 때 볼트는 더 쉽게 풀린다. 사실상, 손잡이의 길이가 길면 길수록, 더 작은 힘이 필요하게 된다. 물체를 회전시키려는 힘의 경향을 **모멘트**(*moment*)라고 부른다. 모멘트의 크기는 작용하는 힘과 회전 중심점과 힘 사이의 팔거리에 따라 좌우된다.

수직 팔거리법

모멘트의 크기는 아래와 같이 정의된다.

$$M_o = Fd \tag{4.8}$$

여기서 M_o는 O점에 관한 힘의 모멘트이며, F는 수직방향에서의 힘의 크기이다.

수직 팔거리

d는 **수직 팔거리**(*perpendicular lever arm*)라고 불리고, 힘의 작용선으로부터 O점까지 연결한다. 때때로, "**토크**(*torque*)"라는 용어가 팔거리에 작용하는 힘의 효과를 서술하는 용어로 사용된다. 그러나 기계공학자들은 일반적으로 **토크**라는 용어는 모터, 엔진 또는 변속장치(gearbox)에서 축의 회전을 유발하는 모멘트를 서술하는 데 사용한다. 토크 적용 사례들은 제8장에서 설명하기로 한다.

토크

식 (4.8)에 따라서, 모멘트에 대한 차원은 힘과 거리의 곱이다. 모멘트에 대한 국제단위계(SI) 단위는 N · m이고, 그 수치가 매우 크거나 작을 때, 다양한 접두사들이 적용된다. 예를 들면, 5000 N · m = 5 kN · m이고, 0.002 N · m = 2 mN · m이다. 기호 (·)는 차원 사이의 곱을 나타내는 데 사용된다는 점을 주목하기 바란다. 따라서 mN · m이 mN-m의 의미를 나타내는 것이 분명해진다.

일과 에너지는 기계공학에서 나타나는 또 다른 양이고, 역시 힘과 거리의 곱의 단위를 가진다. 국제단위계(SI)를 사용하면, 1주울(J)은 1 N-m로 정의되고, 1 N의 힘이 작용해서 1 m의 거리를 이동할 때 발생하는 일의 양을 나타낸다. 하지만 일과 에너지의 물리량은 모멘트와 토크와 아주 다르며, 그 차이를 분명히 하기 위하여 반드시 N · m라는 단위가 국제단위계에서 모멘트와 토크를 나타내는 데 사용되어야 한다.

$M_o = Fd$라는 표현은 이 식을 특별한 구조물에 적용함으로써 가장 잘 이해될 수 있다. 그림 4.10(a)에서, 힘 **F**는 일반적으로 브래킷의 아래쪽으로 그리고 오른쪽으로 향한다. O점이라고 그림에 표시된 받침 기둥의 바닥에 관한 **F**의 모멘트를 구해보도록 하자. 기둥은 O점에서 파괴될 수 있으며, 공학자는 받침 기둥이 **F**를 확실하게 지탱할 수 있도록 기둥의 지름과 길이를 설계해야 한다. 모멘트는 **F**의 크기와 힘의 작용선과 O점 사이의 수직방향 거리 d에 기초해서 계산된다. 힘 벡터가

작용선

놓여있는 연속 직선을 **작용선**이라고 한다. 사실, **F**는 작용선을 따라 임의의 점에서 브래킷에 작용할 수 있으며, O점에 관한 모멘트는 같은 값을 유지하게 된다. 그림

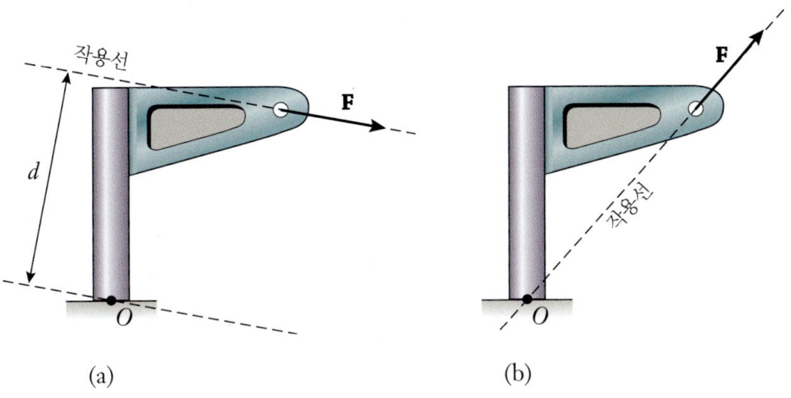

그림 4.10
힘 **F**의 모멘트를 계산하기. (a) **F**의 작용선이 O점으로부터 수직 팔거리 d만큼 떨어져 있다. (b) **F**의 작용선이 O점을 통과하며, $M_o = 0$이다.

4.10(a)에서 모멘트의 방향은 시계 방향이 되는데, 그 이유는 **F**가 받침 기둥이 그 쪽 방향으로 회전하도록 하는 경향이 있기 때문이다(강체 받침대가 받침 기둥이 실제로 움직이지 못하도록 하고 있지만).

그림 4.10(b)에서 힘의 방향은 바뀌었다. 이제 힘의 작용선이 바로 O점을 통과하고, 수직거리 $d = 0$이 된다. 아무런 모멘트가 발생하지 않으며, 힘은 기둥을 회전하도록 하지 않고, 바닥으로부터 직접 기둥을 잡아당기려는 경향을 보인다. 간단히 말해서, 모멘트를 계산할 때는 힘의 크기뿐만 아니라 방향도 고려되어야만 한다.

모멘트 성분법

힘을 직각좌표 성분들로 분해할 수 있듯이, 모멘트를 **모멘트 성분**들을 이용하여 계산하는 것이 때때로 유용할 때가 있다. 모멘트는 힘의 전체 결과값보다는 힘의 두 가지 성분들과 관련이 있는 부분들의 합으로써 결정된다. 이런 방식으로 모멘트를 계산하게 되는 동기는 때때로 전체 힘에 대한 팔거리를 찾는 것보다 힘의 각각의 성분에 대한 팔거리를 찾는 것이 더 쉽기 때문이다. 이 기술을 적용할 때, 부호규약을 사용하여 각각의 모멘트 성분이 시계방향을 가리키는지 또는 반시계방향을 가리키는지 계속해서 주의를 기울일 필요가 있다.

이 방법을 설명하기 위하여 그림 4.11에 보이는 힘이 작용하는 받침 기둥과 브래킷의 예제를 다시 생각해 보기로 한다. 우선 회전 방향에 대한 다음의 **부호규약**을 정한다. 반시계방향으로 회전시키려는 모멘트를 양으로 하고, 시계방향 모멘트를 음으로 정한다. 임의로 양의 방향과 음의 방향을 선택할 수 있으므로, 시계방향을 양의 방향으로 선택할 수도 있다. 하지만 일단 부호규약을 정하면, 그것을 변경하지 말고 일관성 있게 적용해야 한다.

모멘트 부호규약

힘의 성분 F_x와 F_y가 그림 4.11(a)에 나타나 있다. 우리가 피했으면 하는 기하학적 구성을 포함할 수 있는 O점부터 **F**의 작용선까지의 거리를 결정하는 대신에, 좀 더 분명하고 확실한 방법인 F_x와 F_y에 대한 각각의 팔거리를 계산한다. 부호규약을 유지할 때, O점에 관한 모멘트는 $M_o = -F_x\Delta y - F_y\Delta x$가 된다. 이때 M_o의 각각의 항은 음수가 되는데, 그 이유는 F_x와 F_y가 시계방향으로 회전시키려는 경향을 나타내기 때문이다. 각각의 항이 같은 부호를 유지한 채 전체의 모멘트를 생성하게 된다.

힘 **F**의 방향이 그림 4.11(b)에서 바뀌었다. F_x 성분은 계속해서 음의 방향의 모멘트를 생성하지만, F_y 성분은 O점에 관하여 반시계방향, 또는 양의 방향으로 회전하도록 하려는 경향이 있다. 전체 모멘트 $M_o = -F_x\Delta y + F_y\Delta x$가 된다. 여기서 두 가지 성분들은 서로 다른 부호를 유지한 채 결합한다. $\Delta y/\Delta x = F_y/F_x$가 되는 특별한 방향에 대하여, 두 항은 정확하게 서로 상쇄된다. 이 경우에 모멘트는 0이 되는데, 그 이유는 **F**에 대한 작용선이 직접 O점을 통과하기 때문이다.

모멘트 성분법을 사용하는 경우에, 모멘트는 아래와 같이 구해진다.

$$M_o = \pm F_x \Delta y \pm F_y \Delta x \tag{4.9}$$

여기서 F_x, Δx, F_y, Δy에 대한 수치는 모두 양수로 정의된다. 식 (4.9)에서 양의 부호와 음의 부호는 실제 문제를 풀 때 모멘트 성분이 시계방향 또는 반시계방향으로 회전하도록 하는 경향이 있느냐에 따라서 결정된다.

수직 팔거리법을 이용하든지 아니면 모멘트 성분법을 이용하든지, 답을 쓸 때는 (1) 모멘트 크기에 대한 수치, (2) 단위, (3) 방향이 시계방향인지 반시계방향인지를 확실하게 밝혀야 한다. 또한 도면 위에 부호규약을 표시해 놓았다면, + 또는 − 기호를 사용하여 방향을 표시할 수 있다.

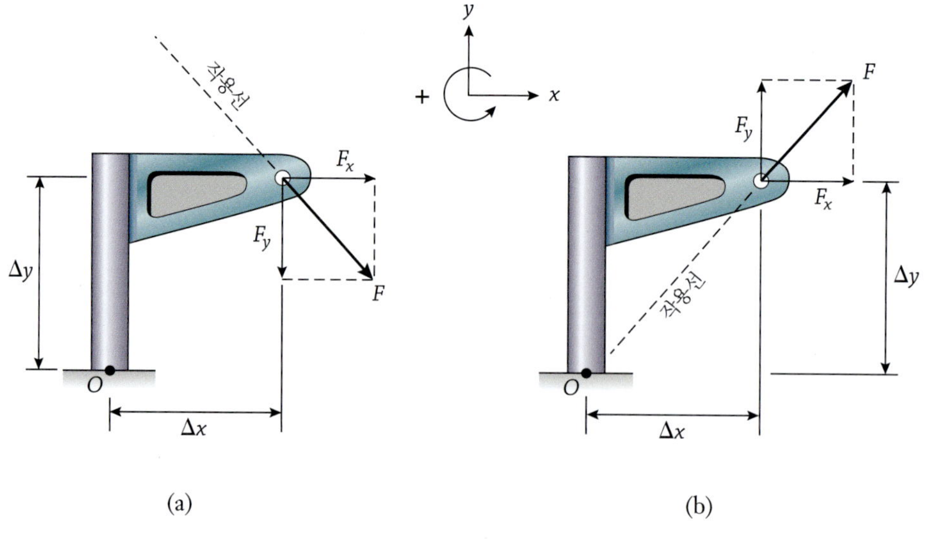

그림 4.11
(a) F_x와 F_y 모두 O점에 관하여 시계방향 모멘트를 생성한다. (b) F_x는 시계방향 모멘트를 생성하나, F_y는 반시계방향 모멘트를 생성한다.

예제 4.3 한쪽 끝이 열려 있는 렌치

한쪽 끝이 열려 있는 렌치를 이용하여 머리 모양이 정육각형인 너트를 조인다. 150 N의 힘이 너트의 중심에 대하여 그림의 (a)와 (b)에 보이는 방향으로 렌치에 작용할 때, 발생하는 모멘트를 계산하라. 약간 위쪽으로 경사진 손잡이의 전체 길이는 열린 끝과 닫힌 끝의 중심 사이의 거리 160 mm이다. 답을 N · m의 단위로 작성하라(그림 4.12 참조).

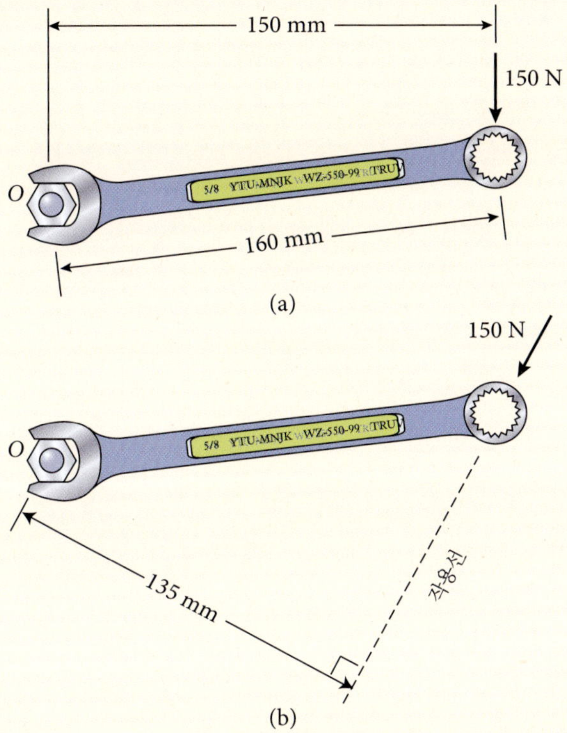

그림 4.12

접근방법

두 방향에서의 모멘트를 계산하는 과제를 수행한다. 우선 렌치의 무게에 의하여 발생하는 모멘트는 무시할 수 있다고 가정한다. 그리고 두 경우에서 수직 거리를 이용할 필요가 있다. (a)의 경우에서 힘이 아래쪽 수직방향으로 작용할 때, 너트의 중심으로부터 힘의 작용선까지의 수직 거리는 $d = 150$ mm이다. 손잡이의 길이가 수직 팔거리의 길이와 반드시 동일할 필요는 없기 때문에, 렌치 손잡이의 기울어짐과 길이는 d를 계산하는 관점에서 볼 때는 별로 중요하지 않다.

풀이

(a) 모멘트의 크기는 아래와 같이 얻어지며, 모멘트의 방향은 시계방향이다.

$$M_o = (150 \text{ N})(0.150 \text{ m}) \qquad \leftarrow [M_o = Fd]$$
$$= 22.50 \text{ N} \cdot \text{m}$$

(b) 두 번째 경우에 힘이 일정한 각도만큼 기울어져 작용하므로 작용선이 바뀌어서 $d = 135$ mm가 된다. 모멘트는 아래와 같이 감소한다.

$$M_o = (150 \text{ N})(0.135 \text{ m}) \qquad \leftarrow [M_o = Fd]$$
$$= 20.25 \text{ N} \cdot \text{m}$$

검토

각각의 경우에 모멘트는 시계방향을 향하지만, (b)의 수직거리가 (a)의 수직거리보다 더 작기 때문에, (b)의 모멘트가 더 작다. 중력을 무시하지 않는다면, 중력에 의하여 렌치의 중심 부근에서 아래쪽으로 작용하는 추가적인 힘이 발생하기 때문에 각각의 경우에 시계방향 모멘트는 더 커지게 될 것이다.

답안을 작성할 때, 아래와 같이 수치, 단위와 방향을 정확하게 나타낸다.

Case (a): $M_o = 22.50$ N · m (시계방향)

Case (b): $M_o = 20.25$ N · m (시계방향)

예제 4.4 조절이 가능한 렌치

250 N의 힘이 조절이 가능한 렌치에 작용할 때, 너트의 중심에 관한 모멘트를 결정하라. (a) 수직 팔거리법과 (b) 모멘트 성분법을 이용하라(그림 4.13 참조).

접근방법

두 가지 방법을 이용하여 모멘트를 구하는 과제를 수행한다. 다시 렌치의 무게의 영향은 무시할 수 있다고 가정한다. 너트의 중심을 A점으로 나타내고, 힘의 작용점을 B점으로 나타낸다. 식 (4.8)과 (4.9)를 적용하여, 모멘트를 계산한다. 부록 B에 있는 삼각함수 방정식을 이용하여, 필요한 길이와 각도를 결정한다(그림 4.14 참조).

그림 4.13

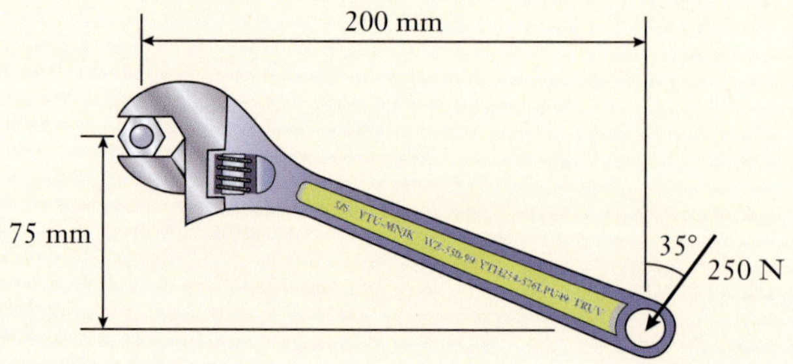

그림 4.14

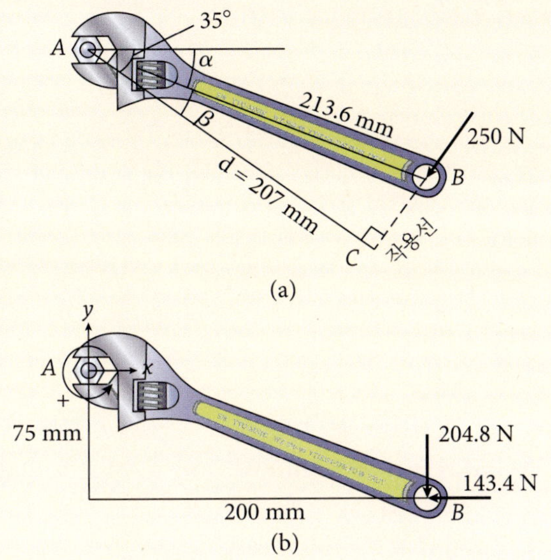

풀이

(a) 우리는 우선 수직 팔거리의 길이를 결정할 필요가 있으며, 이 과정에서 기하학적 작도가 요구된다. 문제에서 주어진 치수를 이용하여, 길이 AB를 아래와 같이 결정한다.

$$AB = \sqrt{(75\text{ mm})^2 + (200\text{ mm})^2} \qquad \leftarrow [z^2 = x^2 + y^2]$$
$$= 213.6\text{ mm}$$

비록 이 길이는 힘이 작용하는 위치까지의 거리지만, 수직 팔거리 길이는 아니다. 이러한 이유로 힘의 작용선에 수직인 AC의 길이를 계산할 필요가 있다. 힘이 수직으로부터 35° 기울어져 작용하고 있기 때문에, 힘에 수직한 선은 수평으로부터 35°만큼 기울어진 방향을 향한다. 선분 AB는 수평으로부터 아래쪽으로 α의 각도만큼 기울어진 방향에 놓이게 된다.

$$\alpha = \tan^{-1}\left(\frac{75\text{ mm}}{200\text{ mm}}\right) \qquad \leftarrow \left[\tan\theta = \frac{y}{x}\right]$$
$$= \tan^{-1}\left(0.375\frac{\cancel{\text{mm}}}{\cancel{\text{mm}}}\right)$$
$$= \tan^{-1}(0.375)$$
$$= 20.56°$$

그 결과 선분 AB는 선분 AC로부터 β의 각도만큼 떨어지게 된다.

$$\beta = 35° - 20.56° = 14.44°$$

따라서 수직 팔거리 거리는 아래와 같이 된다.

$$d = (213.6\text{ mm})\cos 14.44° \qquad \leftarrow [x = z\cos\theta]$$
$$= 206.8\text{ mm}$$

그러므로 렌치의 모멘트는 아래와 같이 되고, 방향은 시계방향을 향한다.

$$M_A = (250\ \text{N})(0.2068\ \text{m}) \qquad \leftarrow [M_A = Fd]$$
$$= 51.71\ \text{N}\cdot\text{m}$$

(b) 모멘트 성분법에서 250 N의 힘을 (250 N) sin 35° = 143 N의 크기를 갖는 수평성분과 (250 N) cos 35° = 204.8 N의 크기를 갖는 수직성분으로 분해한다. 이들 성분은 그림에서 각각 왼쪽과 아래쪽을 향한다. 각각의 성분은 A점에 관하여 시계방향 모멘트를 생성한다. 그림에 있는 부호 규약에 따라서, 반시계방향 모멘트를 양으로 한다. 각각의 힘 성분에 의하여 발생하는 모멘트를 더해서, 아래와 같이 모멘트를 구한다.

$$M_A = -(143.4\ \text{N})(0.075\ \text{m}) - (204.8\ \text{N})(0.2\ \text{m}) \leftarrow [M_A = \pm F_x\,\Delta y \pm F_y\,\Delta x]$$
$$= -51.71\ \text{N}\cdot\text{m}$$

수치가 음수이기 때문에, 모멘트는 시계방향을 향한다.

검토

이 경우에, 렌치의 수평방향과 수직방향의 치수가 문제에서 주어졌기 때문에, 모멘트 성분법을 적용하는 것이 더 쉬울 수 있다. 또한 중력을 무시하지 않는다면, 중력이 렌치의 중심 부근에서 아래쪽으로 작용하는 추가적인 힘이 발생하기 때문에, 시계방향 모멘트는 더 커지게 될 것이다.

$$M_A = 51.71\ \text{N}\cdot\text{m}\ (\text{시계방향})$$

4.5 힘과 모멘트의 평형

지금까지 힘과 모멘트의 성질에 대한 기본적인 내용에 대해서 고찰해 보았으므로, 다음에는 다른 (알고 있는) 힘이 작용할 때, 이 힘에 반응하여 구조물과 기계류에 작용하는 (미지의) 힘을 계산하는 작업에 눈을 돌려보기로 한다. 이 과정은 정지해 있거나 아니면 일정한 속도로 움직이는 구조물과 기계류에 뉴톤의 제1운동법칙으로부터 정적 평형방정식을 적용하는 것이다. 어느 경우든 가속도는 존재하지 않으며, 작용하는 합력은 0이다.

입자와 강체

기계적인 시스템은 단 하나의 물체(예를 들면, 엔진 피스톤) 또는 서로 연결되어 있는 다수의 물체(전체 엔진)를 포함할 수 있다. 물체의 물리적인 치수가 힘을 계산할 때 중요하지 않으면, 그 물체를 **입자**(*particle*)라고 부른다. 이 개념은 시스템을 광범위한 면적이나 부피에 분포되어 있는 것이 아니라, 하나의 점에 집중되어 있는 것으로 이상화한다. 그러므로 문제를 해결할 때, 입자의 치수는 무시할 수 있다.

입자

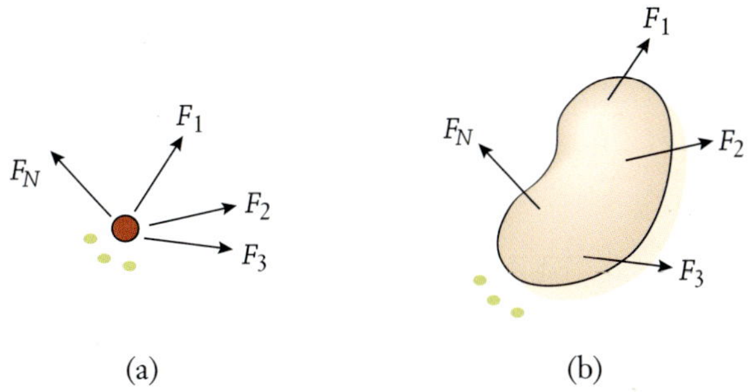

그림 4.15
(a) 한 개의 입자와 (b) 강체에 작용하는 개략적인 N개의 힘. 일련의 세 개의 점들은 명료성을 위해 생략된 F_3와 F_N 사이의 힘 벡터들을 나타낸다.

반면에 물체의 길이, 폭, 그리고 너비가 당면한 문제를 해결할 때 중요하면, 그 물체를 **강체**(*rigid body*)라고 부른다. 예를 들어 지구 주위를 도는 통신 위성의 운동을 고찰해 보면, 통신 위성의 치수는 궤도의 크기와 비교해 볼 때 매우 작기 때문에 우주선을 입자로 간주할 수 있다. 하지만 인공위성이 발사될 때, 공학자들이 로켓의 항공역학과 비행 특성에 관심을 기울일 때는 발사로켓을 강체로 모델링해야 한다. 그림 4.15는 입자와 강체에 작용하는 힘 사이의 개념적인 차이에 대해서 설명하고 있다. 힘의 불균형이 어떻게 입자가 아니라 강체를 회전하도록 할 수 있는지를 살펴볼 수 있다. 강체

입자는 입자에 작용하는 모든 힘의 합력이 0으로 균형을 이루면 **평형 상태**(equilibrium)에 있게 된다. 힘은 벡터로서 더해지기 때문에, 작용하는 N개의 힘의 합력은 x와 y로 표시되는 서로 직교하는 두 방향에서 0이 되어야만 한다. 힘의 균형

$$\sum_{i=1}^{N} F_{x,i} = 0 \qquad \sum_{i=1}^{N} F_{y,i} = 0 \tag{4.10}$$

평형 상태에 있는 강체에서는 가해지는 모멘트의 총합이 0이 되어야만 한다. 이러한 조건들이 충족되면, 물체는 힘에 반응하여 어떤 방향으로 움직이거나 또는 모멘트에 반응하여 회전하지 않게 된다. 강체의 평형을 위한 조건은 식 (4.10)을 포함하고 아래의 식을 만족해야 한다. 모멘트 균형

$$\sum_{i=1}^{N} M_{o,i} = 0 \tag{4.11}$$

기호 $M_{o,i}$는 작용하는 i번째 힘에 대한 모멘트를 표시하는 데 사용된다.

부호규약은 반대방향으로 작용하는 힘과 시계방향 또는 반시계방향으로 향하는 모멘트들을 구분하기 위한 좋은 표기 방법이 된다. 평형방정식에서의 합은 힘과 모멘트의 방향과 크기를 사전에 알고 있든지 아니면 모르든지, 작용하는 모든 힘과 모멘트에 대하여 수행된다. 문제를 해결하기 시작할 때 알려지지 않은 힘도 언제나 합에 포함되어야 하며, 대수 변수들을 그 힘에 할당하여 평형방정식을 적용함으로써 알려지지 않은 힘의 값을 결정한다.

수학적으로 말하면 강체에 대한 **평형방정식**(equilibrium equation)은 알려지지 않은 힘을 포함하는 세 개의 선형방정식(linear equation)으로 구성된다. 이러한 특성이 지니는 한 가지 의미는 식 (4.10)과 (4.11)을 하나의 강체에 적용할 때, 많아야 세 개의 알려지지 않은 양을 결정할 수 있다는 것이다. 대조적으로 평형 조건을 입자에 적용할 때, 모멘트 방정식은 사용되지 않는다. 이 경우에는 단지 두 개의 **독립방정식**(*independent equation*)이 존재하며, 많아야 두 개의 알려지지 않은 값들을 결정할 수 있다. 다른 대안점에 관하여 모멘트를 구한다든지 또는 서로 다른 방향에 있는 힘을 합한다 하여도, 더 많은 독립된 평형방정식을 얻는 것은 불가능하다. 추가되는 방정식들이 유효하긴 하지만, 그 방정식들은 단지 이미 유도된 다른 방정식들의 결합일 뿐이다. 따라서 그 방정식들은 새로운 정보를 제공하지 못한다. 여러분이 평형 문제들을 해결할 때, 가능한 독립된 방정식 개수보다 알려지지 않은 양이 더 많아지지 않도록 항상 확실하게 점검해야 한다.

독립방정식

자유물체도

자유물체도(*free body diagrams*)는 구조물과 기계류에 작용하는 힘과 모멘트들을 분석하는 데 사용되는 개략도이고, 자유물체도를 그리는 것은 중요한 기술이다. 자유물체도는 분석이 필요한 기계적인 시스템을 확인하고, 알고 있거나 알려지지 않은 존재하는 모든 힘을 나타낸다. 자유물체도를 그릴 때, 세 가지 주요 단계는 다음과 같다:

1. 평형방정식을 이용하여 분석이 필요한 물체를 선택하라. 점선을 물체 주위에 그려 넣는 것을 상상하라. 그리고 어떻게 그 점선이 물체를 잘라내서 다양한 힘을 드러낼 수 있는지를 메모하라. 점선 안의 모든 물체는 주위로부터 분리되어 자유물체도에 나타나야 한다.
2. 다음에 힘과 모멘트에 대한 양의 부호규약을 표시하기 위해 좌표계를 그린다. 양과 음의 부호들과 관련된 방향을 정의하지 않고서, 예를 들어 −25 N · m 또는 +250 N이라고 답하는 것은 아무 의미가 없게 된다.
3. 마지막 단계로, 모든 힘과 모멘트들을 그리고 표시를 한다. 이 힘은 무게를 나타내거나 또는 자유물체와 자유물체가 분리될 때 제거되는 다른 물체들 사이의 접촉력을 나타내게 된다. 힘이 알려지면, 힘의 방향과 크기를 자유물체도에 기입해야 한다. 이때 현 단계에서 힘의 크기와 방향을 알 수 없다고 할지라도, 모든 힘을 포함한다. 힘의 방향을 모른다면(예를 들어, 위쪽/아래쪽 또는 왼쪽/오른쪽) 아마도 여러분의 직관에 의존하여, 자유물체도에 방향을 이쪽 또는 저쪽으로 임의로 그려 넣어야 한다. 평형방정식을 적용하고 일관성 있게 부호규약을 사용한 후에, 정확한 방향이 계산을 통하여 결정될 것이다. 양의 값을 얻으면, 방향이 올바르게 설정되었다는 것을 알 수 있다. 반대로 수치가 음의 값으로 나오면, 결과가 의미하는 것은 단지 힘이 예상했던 방향과 반대 방향으로 작용한다는 것이다.

중점사항

공학 손상 해석

우리는 어떻게 기계공학이 새로운 제품을 설계하는 데 기본이 되는지에 대하여 살펴보았다. 그러나 기계공학은 때때로 제품의 손상을 분석하는 내용도 포함한다. 많은 경우의 구조물 손상은 치명적인 결말로 이어지는데, 예를 들면 미국 미주리 주 캔사스 시티에 있는 하얏트 리젠시 호텔의 붕괴(114명 사망), 라트비아의 Riga에 있는 슈퍼마켓의 붕괴(54명 사망), 그리고 방글라데시의 Rana 플라자의 붕괴(1,129명 사망) 등이 있다. 공학자들이 확실한 힘과 응력 해석을 이용하여 견실한 구조물과 기계류를 설계할 책임이 있는 반면에, 공학자들은 다른 방법으로 사람의 목숨을 구하는 데도 이러한 힘과 응력 해석을 이용하고 있다.

사람의 신체는 세포의 과정과 광범위한 기관 사이에서 정교한 상호작용을 필요로 하는 생물학적인 시스템이다. 이러한 상호작용은 때때로 생물학적인 구조물을 손상시키는 내부의 힘과 응력을 유발한다. 여러 가지 이유로 인하여 이러한 구조물의 손상이 발생하나, 특히 많은 자원들의 기능을 저하시키는 한 가지 원인으로 질병에 의한 손상을 들 수 있다. *마르판증후군*(*Marfan syndrome*)이 이에 해당하는 질병이며, 심장의 상행 대동맥에 치명적인 손상을 유발한다. 이 병은 유전적인 결합 조직의 장애를 일으켜서 생명유지에 필요한 기관의 구조적인 완전성을 저해시키게 되며, 가장 흔하게는 상행 대동맥의 파손이라는 무서운 결과를 가져오게 된다.

최근까지, 마르판증후군의 유일한 치료 방법은 대동맥을 제거하고 인공 밸브와 대동맥으로 교체한 후, 평생 동안 새로운 부품이 제대로 작동하도록 강력한 항응고 치료를 위한 항암제를 투여하는 것이었다. Tal Golesworthy라는 마르판증후군으로 고통받던 사람이 치명적인 손상과 죽음으로부터 빠져나오기 위하여 대동맥 이식이 필요한 순간에 있었다. 수술의 전망과 평생의 약물 치료에 회의적이었던 Tal Golesworthy는 대동맥 확장을 위한 전반적인 치료 방법을 바꾸기 위하여, 자신이 갖고 있는 구조물에서의 힘에 관한 해석 능력을 이용하기로 작정하였다.

알다시피, Tal Golesworthy는 공학자인데, 마르판증후군에 의한 문제점들에 대하여 심층적으로 이해한 후에, 그는 그의 병을 구조 설계 문제로 규정하기 시작했다. 그는 대동맥에서의 유일한 문제는 인장 강도가 충분하지 않다라는 것으로 파악했다. 그는 비슷한 관 형태의 환경에서 힘과 응력에 대한 연구를 수행하였으며, 외부에서 취약 지역을 감싸서 그 지역이 안정된 상태를 유지할 수 있는 실현 가능한 해법을 제시하였다. 그 결과, 그는 이러한 구조적인 문제를 해결하기 위하여 기계공학자들, 의료장치 공학자들, 외과의사들, 그리고 다른 의료 전문가들이 참여하는 팀과 공동으로 연구를 수

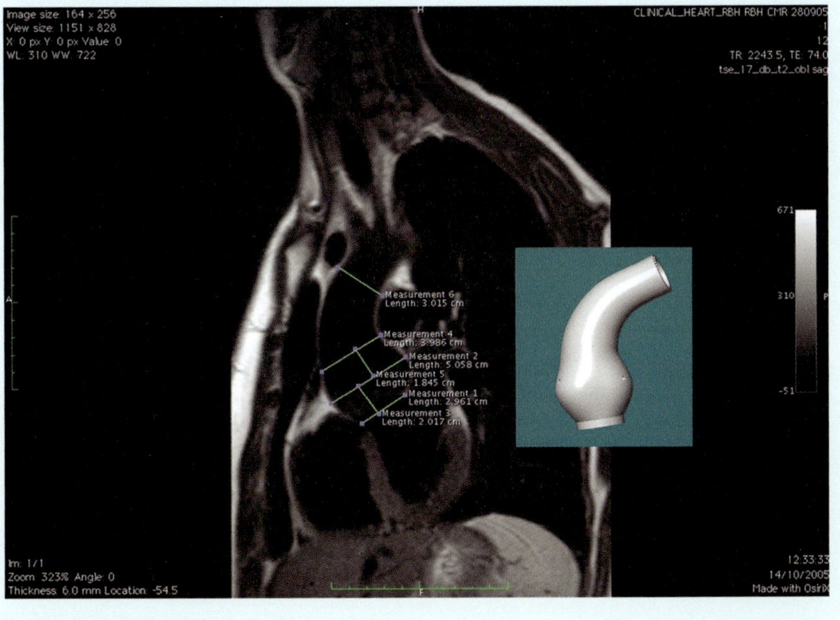

그림 4.16

실제로 3차원 프린터를 이용하여 제작이 가능한, 대동맥의 주문용 디지털 모델을 만드는 데 사용되는 이미지 데이터

John Pepper, Mario Petrou, Filip Rega, Ulrich Rosendahl, Tal Golesworthy, 그리고 Tom Treasure가 2013년에 'Mutimedia Manual of Cardio-Thoracic Surgery'에 게재한 논문 (Implantation of an individually computer-designed and manufactured external support for the Marfan aortic root)에서 인용함 (Oxford University Press 제공).

행하였다.

현재, 그들은 자기공명영상(MRI) 기술을 이용하여 환자의 대동맥을 모델링한 후에, 힘과 응력 해석에 기반하여 구조물을 설계하는 해법을 제시하고 있다. 그 다음에, 새로운 그물 덮개를 제작하는데, 3차원 프린터를 이용하여 환자의 대동맥 구조에 완벽하게 맞도록 제작한다(그림 4.16 참조). 최종적으로, 외과의사가 상대적으로 간단한 절차에 따라 덮개를 이식하며, 항상 환자의 순환계가 완전하게 제 기능을 발휘하도록 한다. 이러한 해법은 계속적으로 진행해야 하는 어떠한 치료에 대한 필요성도 없앨 수 있다.

기계공학자들은 혁신적인 의료장치, 교통체계, 나노기술, 그리고 신소재를 창출함으로써 많은 영역에서 사람의 목숨을 살리는 기회를 갖는다. 정교한 구조물 해석을 적용하여 광범위한 힘과 응력을 받는 구조물을 설계하는 것이 이러한 구조물을 안전하게 사용하는 지름길이 된다.

예제 4.5 안전벨트 죔쇠

자동차의 충돌시험 중에 무릎과 어깨 안전벨트 각각에 1.4 kN의 장력이 작용한다. 죔쇠(buckle) B를 입자로 취급하여, 고정 끈 AB에 작용하는 장력 T를 결정하라. 그리고 장력이 작용하는 각도를 결정하라(그림 4.17 참조).

접근방법

안전벨트 고정 끈에 작용하는 장력의 크기와 방향을 결정하는 과제를 수행한다. 죔쇠를 입자로 취급하여, 어깨와 무릎 안전벨트로부터의 모든 힘은 고정 끈에 작용한다고 가정할 수 있다. 끈의 무게는 무시할 수 있다고 가정한다. 양의 수평방향과 수직방향에 대한 부호규약을 따르는 x-y 좌표계에 따라서 죔쇠의 자유물체도를 그린다. 세 개의 힘이 죔쇠에 작용한다; 고정 끈에 작용하는 1.4 kN으로 주어진 두 개의 힘과 한 개의 미지의 힘. 평형 상태에 있는 죔쇠에 대하여 세 개의 힘은 균형을 이루어야만 한다. 끈 AB에서 힘의 크기 T와 방향 θ는 모르는 값이지만, 두 양이 자유물체도에 나타나야 자유물체도가 완성된다. 두 개의 미지의 상수 T와 θ가 있고, 식 (4.10)에 있는 두 개의 표현식

그림 4.17

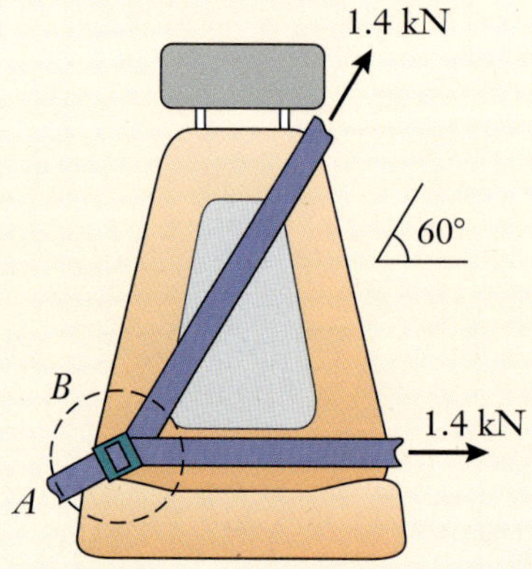

을 이용하여 문제의 해를 구할 수 있다(그림 4.18 참조).

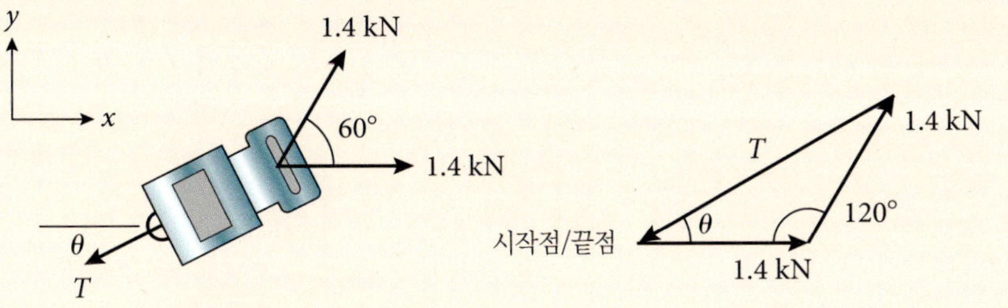

그림 4.18

풀이

벡터 다각형법을 이용하여 세 개의 힘을 결합한다. 세 힘의 합력이 0이기 때문에, 다각형의 시작과 끝점은 동일하다. 즉, 다각형의 시작점과 끝점 사이의 거리가 0이다. 변-각-변 형태의 삼각형(빗각삼각형에 대한 방정식들이 부록 B에 정리되어 있다)에 코사인 법칙을 적용함으로써 장력의 크기를 결정한다:

$$T^2 = (1.4\text{ kN})^2 + (1.4\text{ kN})^2 - 2(1.4\text{ kN})(1.4\text{ kN})\cos 120° \quad \leftarrow [c^2 = a^2 + b^2 - 2ab\cos C]$$

$T = 2.425$ kN으로 계산된다. 고정 끈의 각도는 아래의 사인 법칙을 적용하여 구한다.

$$\frac{\sin\theta}{1.4\text{ kN}} = \frac{\sin 120°}{2.425\text{ kN}} \quad \leftarrow \left[\frac{\sin A}{a} = \frac{\sin B}{b}\right]$$

그리고 $\theta = 30°$이다.

검토

벡터 다각형에서 세 개의 힘은 이등변 삼각형을 형성한다. 반드시 그래야 하듯이, 삼각형 내각의 합은 180°가 되는 것을 확인할 수 있다. 실제로 어깨와 무릎 벨트에 작용하는 힘은 죔쇠에 작용하게 되고, 다음에 고정 끈에 작용하게 된다. 죔쇠를 입자로 가정하여, 해석을 단순화시킬 수 있었다. 또 다른 해법으로서, 두 개의 1.4 kN의 힘을 x, y 성분으로 분해하여 식 (4.10)을 적용할 수 있다.

$T = 2.425$ kN
$\theta = 30°$ $-x$축을 기준으로 하여, 반시계방향으로

예제 4.6 철사 절단기

기계 기사가 70 N의 악력을 철사 절단기의 손잡이에 작용한다. A점에서 전선에 작용하는 절단력과 B점에서 힌지 핀에 의하여 전달되는 힘의 크기는 얼마인가?(그림 4.19 참조)

그림 4.19

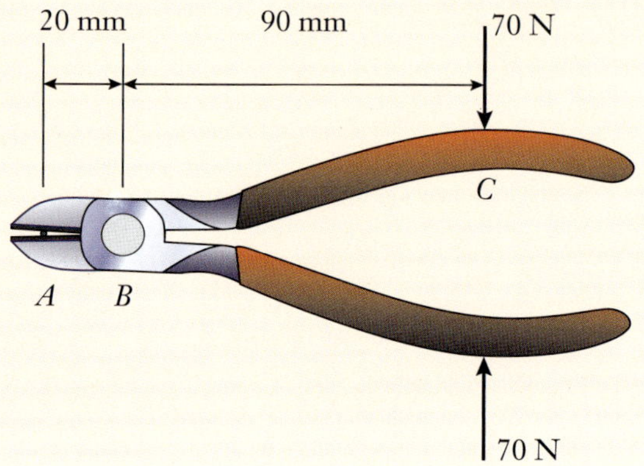

접근방법

절단점과 힌지에서의 힘을 구하는 과제를 수행한다. 철사 커터의 무게는 작용하는 힘과 비교하여 무시할 수 있다고 가정한다. 다음에, 좌표계와 힘과 모멘트의 방향에 대한 양의 부호규약을 나타낸다. 턱 부분(jaw)/손잡이 조립부에 대한 자유물체도를 그리는데, 이 조립부는 회전이 가능하고 힘 사이의 거리가 문제를 해결하는 데 중요하기 때문에 강체로 취급한다. 철사 커터의 날이 전선을 누르면, 이번에는 전선이 작용–반작용 법칙에 따라 칼날을 밀어낸다. 턱 부분의 절삭력을 F_A로 표시하고, 힌지 핀에 의하여 턱 부분/손잡이 조립부에 작용하는 힘을 F_B로 나타낸다. 70 N의 악력이 문제에서 주어졌고, 이 힘 또한 자유물체도에 포함된다(그림 4.20 참조).

그림 4.20

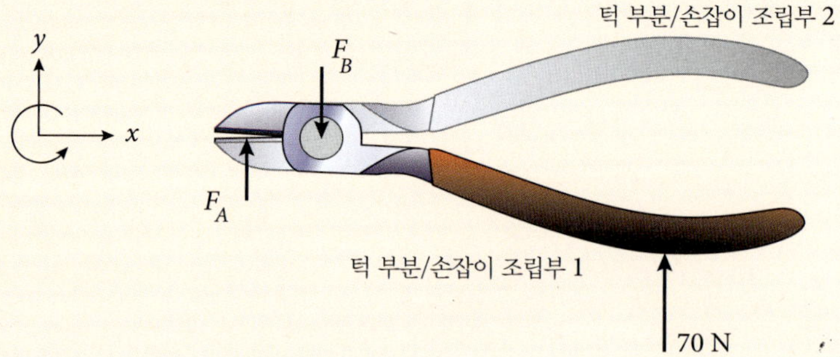

풀이

강체에 대한 평형방정식을 적용함으로써 절단력을 구한다. 수직방향에서 힘이 평형을 이루기 위한 조건은 아래와 같다.

$$F_A - F_B + (70\ \text{N}) = 0 \qquad \leftarrow \left[\sum_{i=1}^{N} F_{y,i} = 0 \right]$$

두 개의 미지의 값인 F_A와 F_B가 있으므로, 하나의 방정식이 추가로 필요하다. B점에 관한 모멘트들을 합함으로써, 아래의 식을 얻는다.

$$(70\ \text{N})(90\ \text{mm}) - F_A(20\ \text{mm}) = 0 \qquad \leftarrow \left[\sum_{i=1}^{N} M_{B,i} = 0 \right]$$

음의 부호는 F_A가 B점에 관하여 시계방향 모멘트를 생성한다는 것을 나타낸다. 절단력 F_A = 315 N이고, 이 값을 대입하여 F_B = 385 N을 구한다. 이 값들은 모두 양의 값이므로, 자유물체도에 임의로 예상해서 표시해 놓은 방향들은 모두 옳다.

검토

철사 절단기들은 지렛대의 원리에 따라 작동한다. 절단력은 손잡이에 작용하는 힘에 비례하고, 또한 거리 AB와 BC의 비와도 관련이 있다. 기계를 사용함으로써 얻는 기계적인 이득은 출력되는 힘과 입력되는 힘의 비로 정의되며, 이 경우에는 (315 N)/(70 N) = 4.5이다. 따라서 철사 절단기는 기계 기사의 악력을 약 450%만큼 증대시킨다.

$$F_A = 315\ \text{N}$$
$$F_B = 385\ \text{N}$$

예제 4.7 지게차 부하 능력

지게차의 무게는 15 kN이고, 3.5 kN의 선적용 컨테이너를 운반한다. 지게차에는 두 개의 앞바퀴와 두 개의 뒷바퀴가 달려있다. (a) 바퀴들과 지면 사이의 접촉력들을 결정하라. (b) 지게차가 앞바퀴들에 관하여 넘어가려 하기 전에 얼마나 무거운 하중을 운반할 수 있는가?(그림 4.21 참조)

그림 4.21

그림 4.22

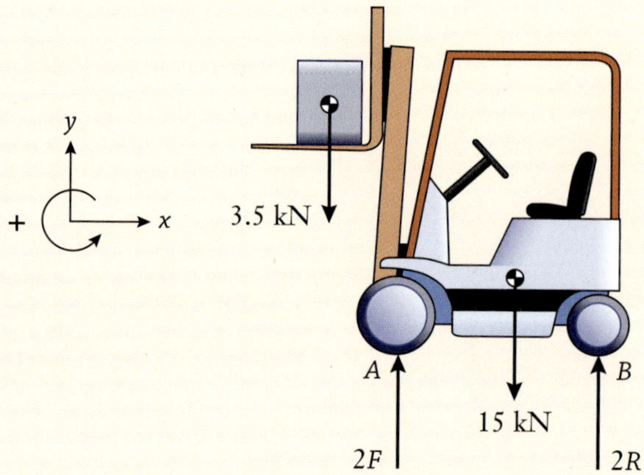

접근방법

바퀴 접촉력과 지게차가 넘어가기 전에 전달할 수 있는 최대 하중을 구하는 과제를 수행한다. 지게차는 움직이지 않는다고 가정하고, 힘과 모멘트에 대한 양의 부호규약에 따라 자유물체도를 그린다. 지게차와 컨테이너의 질량중심을 통하여 작용하는 (알고 있는) 15 kN의 힘과 3.5 kN의 무게를 표시한다. 앞바퀴와 지면 사이에 작용하는 (미지의) 힘을 F로 표시하고, 뒷바퀴와 지면 사이에 작용하는 (미지의) 힘을 R로 표시한다. 자유물체도의 측면도에서 한 쌍의 바퀴에 작용하는 이들 힘의 최종결과는 $2F$와 $2R$이 된다(그림 4.22 참조).

풀이

(a) 두 개의 미지의 힘(F와 R)이 있으므로, 문제의 해를 구하기 위하여 두 개의 독립적인 평형방정식이 필요하다. 우선 수직방향에서의 힘을 합을 구한다.

$$-(3.5\ \text{kN}) - (15\ \text{kN}) + 2F + 2R = 0 \qquad \leftarrow \left[\sum_{i=1}^{N} F_{y,i} = 0\right]$$

또는 $F + R = 9.25$ kN이지만 두 개의 미지의 값을 결정하기 위하여, 두 번째 방정식이 요구된다. 수평방향에서 힘을 합한다 하여도 아무런 유용한 정보를 제공하지 않으므로 모멘트의 평형을 이용한다. 임의의 위치를 모멘트의 회전 중심점으로 정할 수 있다. 모멘트 점을 앞바퀴와 동일하게 정함으로써, 힘 F가 계산 과정에서 편리하게 제거될 것이다. 따라서 A점에 관한 모멘트를 구하면 아래와 같다.

$$(3.5\ \text{kN})(0.610\ \text{m}) - (15\ \text{kN})(1.00\ \text{m}) + (2R)(1.750\ \text{m}) = 0$$

$$\leftarrow \left[\sum_{i=1}^{N} M_{A,i} = 0\right]$$

이 식으로부터 $R = 3.68$ kN으로 구해진다. 여기서 3.5 kN의 무게와 뒷바퀴에 작용하는 힘은 A점에 관하여 반시계방향(양) 모멘트를 생성하며, 지게차의 15 kN 무게는 A점에 관하여 음의 모멘트를 생성한다. R에 대한 해를 수직 힘의 평형방정식에 대입하여

$$F + (3.68 \text{ kN}) = 9.25 \text{ kN}$$

$F = 5.57$ kN을 구한다.

(b) 지게차가 앞바퀴에 관하여 넘어가려는 순간에, 뒷바퀴는 지면으로부터 들리게 되므로 $R = 0$이 된다. 지게차를 넘어가게 하는 선적용 컨테이너의 새로운 무게를 w로 표시한다. 이제 앞바퀴에 관한 모멘트 평형은 아래와 같다.

$$(w)(0.610 \text{ m}) - (15 \text{ kN})(1.00 \text{ m}) = 0 \qquad \leftarrow \left[\sum_{i=1}^{N} M_{A,i} = 0\right]$$

지게차 기사가 $w = 24.59$ kN의 컨테이너를 들려고 시도할 때, 지게차는 막 넘어가는 순간이 된다.

검토

하중이 앞바퀴의 앞부분에 있기 때문에, 앞바퀴에 작용하는 힘이 뒷바퀴에 작용하는 힘보다 크다는 것은 타당성이 있다. 또한 바퀴에 작용하는 힘의 합은 지게차의 무게와 하중을 합한 것과 같다. 또한, 지게차를 넘어가게 하는 데 필요한 큰 무게도 지게차 설계의 한 부분으로 예상된다. (a)의 해를 확인하기 위하여, 우리는 뒷바퀴에 의하여 전달되는 힘을 구하지 않고 앞바퀴에 작용하는 힘을 결정할 수 있다. 핵심은 B점에서 뒷바퀴에 관한 모멘트를 더하는 것이다. 미지의 힘 R이 B점을 통과하고, 수직 팔거리의 거리가 0이 되므로, R이 모멘트 계산과정에서 제거된다. 이제 모멘트 평형은 아래와 같이 된다.

$$(3.5 \text{ kN})(2.36 \text{ m}) + (15 \text{ kN})(0.750 \text{ m}) - (2F)(1.750 \text{ m}) = 0 \qquad \leftarrow \left[\sum_{i=1}^{N} M_{B,i} = 0\right]$$

R을 포함하는 중간 과정 없이, 하나의 방정식만으로 $F = 5.574$ kN을 얻는다. 간단하게 설명하면, 모멘트의 회전 중심점을 주의 깊게 선택함으로써 직접 미지의 힘을 제거하여 계산 분량을 줄일 수 있다.

바퀴에 작용하는 힘: $F = 5.574$ kN 그리고 $R = 3.68$ kN

최대 임계하중: $w = 24.59$ kN

4.6 설계 적용: 구름 베어링

앞의 절에서, 우리는 힘과 모멘트의 성질에 관하여 고찰해 보았고, 평형조건을 적용하여 구조물과 기계류에 작용하는 힘을 조사해 보았다. 이제 우리는 기계설계에 대한 구체적인 적용 예와 **구름 베어링**이라고 하는 기계요소에 작용하는 힘을 고찰해 본다. 베어링은 고정 지지물(예를 들어, 모터 하우징, 기어박스, 또는 변속기)에 관해서 회전하는 축을 지지하는 데 사용된다. 동력 전달 장치를 설계할 때, 기계공학자는 때때로 특수한 용도에 적합한 크기와 종류의 베어링을 선택하기 위하여 힘 또는 평형 해석을 수행한다.

베어링은 크게 두 가지 그룹으로 분류된다; **구름 접촉 베어링**(rolling contact bearing)과 **저널 베어링**(journal bearing). 이 절에서 구름 접촉 베어링을 주로 다루게 되는데, 구름 베어링은 아래의 요소들로 구성된다.

- 내륜
- 외륜
- 볼, 실린더, 또는 원뿔 형태의 회전체
- 회전체가 서로 접촉하지 못하도록 하는 분리기

저널 베어링

구름 베어링은 기계설계에서 흔하게 사용되어 하드 디스크 드라이브, 자전거 바퀴, 로봇 관절과 자동차 변속기와 같이 다양한 응용 분야에서 발견된다. 반면에 **저널 베어링**은 구름 회전체를 갖고 있지 않다. 대신에, 축이 기름이나 다른 유체로 윤활된 매끄러운 슬리브 내에서 단순하게 회전한다. 공기 하키 테이블의 퍽이 얇은 공기막 위에서 매끄럽게 미끄러지는 것처럼 저널 베어링 축은 미끄러지고, 얇은 기름막에 의하여 지지된다. 저널 베어링은 덜 알려져 있지만 저널 베어링 또한 매우 흔하게 사용되며 내연기관, 펌프, 압축기의 축을 지지하는 데 쓰인다.

추력과 반경방향 힘

구름 접촉 베어링의 설치 예가 그림 4.23에 나와 있다. 축과 베어링의 내륜은 함께 회전하지만, 외륜과 변속기 하우징은 정지되어 있다. 이런 방식으로 축이 지지될 때, 베어링의 외륜은 하우징에 형성되어 있는 원형 홈에 끼워 맞춰진다. 축이 회전하며, 예를 들어 기어열 또는 트랜스미션에서 동력을 전달할 때, 베어링은 축방향(**추력**, *thrust force*) 또는 수직방향(**반경방향 힘**, *radial force*)으로 힘을 받을 수 있다. 공학자는 베어링에 작용하게 될 힘이 추력인지 반경방향 힘인지 또는 두 힘의 합성인지 여부에 따라 기계에 사용될 베어링의 종류를 결정하게 된다.

볼 베어링

내륜과 외륜

분리기, 케이지

리테이너

구름 베어링의 가장 흔한 형태는 **볼 베어링**(*ball bearing*)이고, 이것은 표면 경화된 정밀한 강구로 이루어져 있다. 그림 4.24는 표준 볼 베어링의 주요 요소를 나타낸다: 내륜(inner race), 외륜(outer race), 볼(ball)과 분리기(separator). **내륜과 외륜**은 축과 하우징을 베어링으로 연결하고 있다. 분리기[때때로, **케이지**(*cage*) 또는 **리테이너**(*retainer*)라고 함]는 베어링의 원주방향으로 볼을 균일하게 배열하고 서

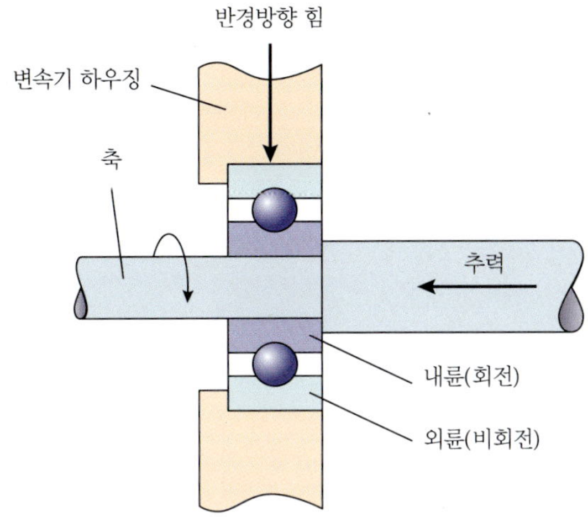

그림 4.23
볼 베어링의 설치

로 접촉하지 못하도록 유지한다. 그렇지 않으면, 베어링이 고속 또는 큰 힘을 받으며 사용될 때, 마찰로 인해서 과열되어 손상받을 수도 있다. 어떤 경우에는 내륜과 외륜 사이의 간극을 고무나 플라스틱 링으로 **밀봉**(seal)하여, 베어링 내에 그리스가 채워져 먼지나 입자가 들어오지 못하도록 한다.

밀봉

이론상, 베어링의 볼은 한 점에서 대리석과 바닥 사이의 접촉과 비슷하게 내륜 및 외륜과 접촉하고 있다. 그러므로 각 볼이 내륜과 외륜 사이에 전달하는 힘은 그림 4.25(a)처럼 강하고 비교적 날카롭게 일부의 면에 집중된다. 대신에 이 힘이 넓은 면적으로 분산될 수 있다면, 베어링은 덜 마모되고 수명이 연장될 것을 기대할 수 있다. 이러한 점을 염두에 두었을 때 구형의 볼 대신 실린더 형태의 롤러나 경사진 원뿔을 갖는 구름 베어링이 힘을 좀 더 균일하게 분산시킬 수 있는 해법의 하나가 된다.

그림 4.25(b)에 보이는 **직선(또는 원통) 롤러 베어링**(*straight roller bearing*)은 베어링의 내륜과 외륜에 힘을 좀 더 균일하게 분산시키는 데 사용할 수 있다. 손바

직선 롤러 베어링

그림 4.24
볼 베어링의 요소들
저자 제공

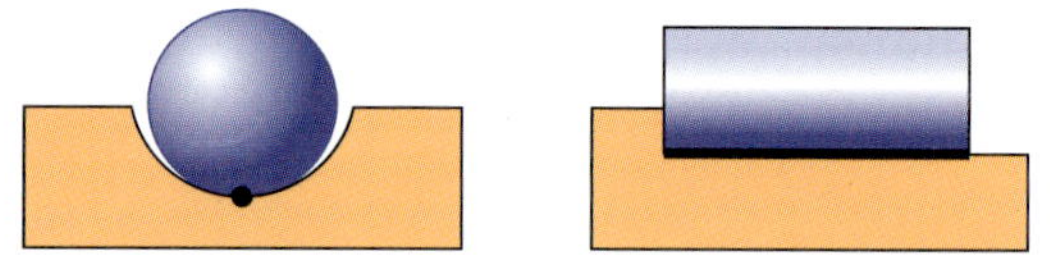

(a) (b)

그림 4.25

(a) 구형 볼과 주행로 사이의 점 접촉 측면도와 (b) 직선 롤러 베어링의 선 접촉 측면도

닥 사이에 몇 자루의 펜을 놓고 두 손을 서로 비비면, 직선 롤러 베어링의 기본 원리를 이해하게 된다. 그림 4.26(a)는 직선 롤러 베어링의 구조에 대하여 설명하고 있다.

테이퍼 롤러 베어링

직선 롤러 베어링은 주로 반경방향의 힘을 지지하지만, **테이퍼**(또는 각) **롤러 베어링**(*tapered roller bearing*)은 반경방향의 힘과 추력이 조합된 힘을 지지할 수 있다. 그 이유는 테이퍼 롤러 베어링은 잘려진 원뿔 형태의 롤러들로 구성되기 때문이다[그림 4.26(b) 참조]. 테이퍼 롤러 베어링의 분명한 적용 예는 반경방향 힘(자동차의 무게)과 추력(자동차가 회전할 때 발생하는 코너링 힘)이 동시에 작용하는 자동차의 바퀴 베어링이다.

트러스트 롤러 베어링

직선 롤러 베어링은 주로 반경방향의 힘을 지지하고, 테이퍼 롤러 베어링은 반경방향의 힘과 추력을 합한 힘을 지지할 수 있고, **트러스트 롤러 베어링**은 주로 축방향 힘을 지지한다. 트러스트 베어링(thrust bearing)의 한 가지 형태가 그림 4.27에 나와 있다. 이 경우에, 회전체는 롤러에 약간의 배럴 형태를 준 원통이다. 그림 4.26(a)의 직선 롤러 베어링과 대조적으로, 이 롤러들은 반경방향을 향하고 축과 직각을 이루고 있다. 트러스트 베어링은 화물의 중량을 지지하면서도 자유롭게 회전할 수 있는 회전 테이블 같은 곳에 적합하다.

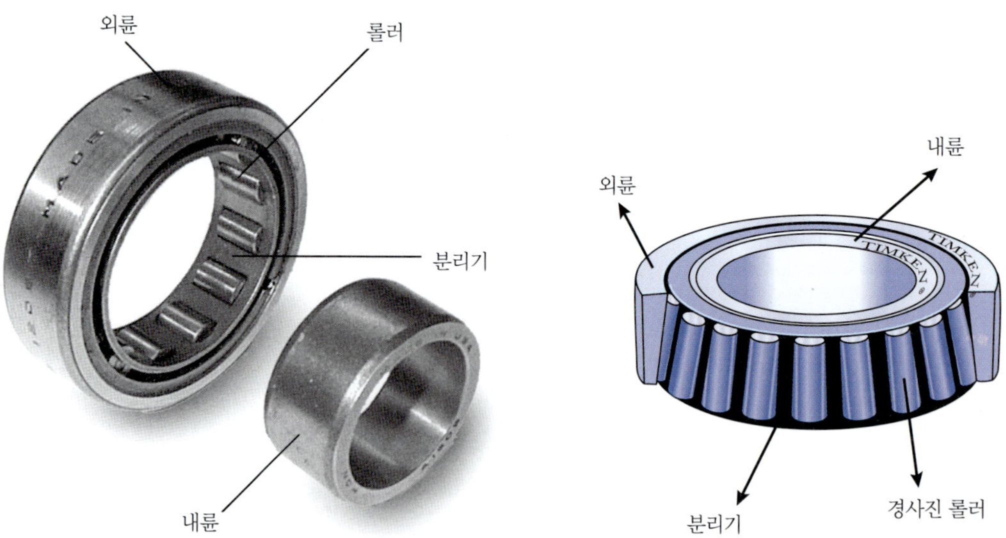

(a) (b)

그림 4.26

(a) 직선 롤러 베어링. 롤러와 분리기를 나타내기 위하여 내륜을 제거하였다. (b) 자동차의 앞바퀴에 널리 사용되는 테이퍼 롤러 베어링

(a) 저자 제공 (b) Timken Company 허가로 게재

그림 4.27

트러스트 롤러 베어링

저자 제공

예제 4.8 러닝머신의 벨트 구동

전기 모터가 헬스용 러닝머신에 동력을 전달하는 데 사용된다. 힘은 모터 구동 벨트와 걷거나 뛸 수 있도록 넓고 평평한 면으로 된 벨트에 의하여 러닝머신의 축에 작용한다. 모터 구동 벨트가 꽉 조여졌다 헐거워졌다 하면서 축에 500 N의 힘을 작용하고, 러닝머신 벨트는 300 N의 힘을 작용한다. 축은 벨트의 양쪽에서 볼 베어링에 의하여 지지된다. 축에 의하여 두 베어링에 작용하는 힘의 크기와 방향을 계산하라(그림 4.28 참조).

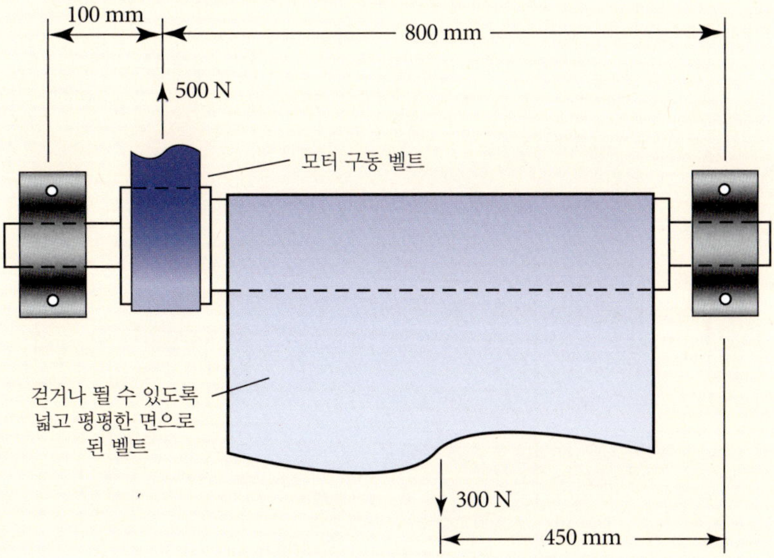

그림 4.28

접근방법

두 개의 벨트로부터 두 개의 베어링에 작용하는 힘을 구하는 과제를 수행한다. 우선 모든 힘은 y축에 평행하게 작용한다고 가정한다. 좌표계 방향과 회전에 대한 부호규약에 따라 축의 자유물체도를 그린다. 우선 자유물체도에 500 N과 300 N의 장력을 표시하고, 축에 베어링에 의해 작용하는 힘을 F_A와 F_B로 나타낸다. 이 시점에서 두 개의 미지의 힘이 y축의 양의 방향 또는 음의 방향으로 작용할지를 모른다. 이 힘을 우리가 정한 부호규약에 따라 자유물체도에 그림으로써, 이 힘의 실제 방향을 결정하는 계산을 신뢰하게 된다. 만약에 수치가 음수가 되면 결과가 의미하는 것은 힘이 y축의 음의 방향으로 작용한다는 것이 된다(그림 4.29 참조).

풀이

두 개의 미지의 힘(F_A와 F_B)이 있으므로, 두 개의 평형방정식이 문제의 해를 구하는 데 필요하다. y축 방향에서의 힘을 더하면, 아래와 같이 된다.

$$(500\text{ N}) - (300\text{ N}) + F_A + F_B = 0 \qquad \leftarrow \left[\sum_{i=1}^{N} F_{y,i} = 0\right]$$

또는 $F_A + F_B = -200$ N이 된다. 두 번째 방정식에 모멘트 평형 조건을 적용한다. 회전 중심점이 베어링 A의 중심과 일치하도록 선택함으로써 힘 F_A는 계산과정에서 제거된다. A점에 관한 모멘트를 더하면 아래와 같이 된다.

$$(500\text{ N})(100\text{ mm}) - (300\text{ N})(450\text{ mm}) + (F_B)(900\text{ mm}) = 0 \qquad \leftarrow \left[\sum_{i=1}^{N} M_{A,i} = 0\right]$$

그림 4.29

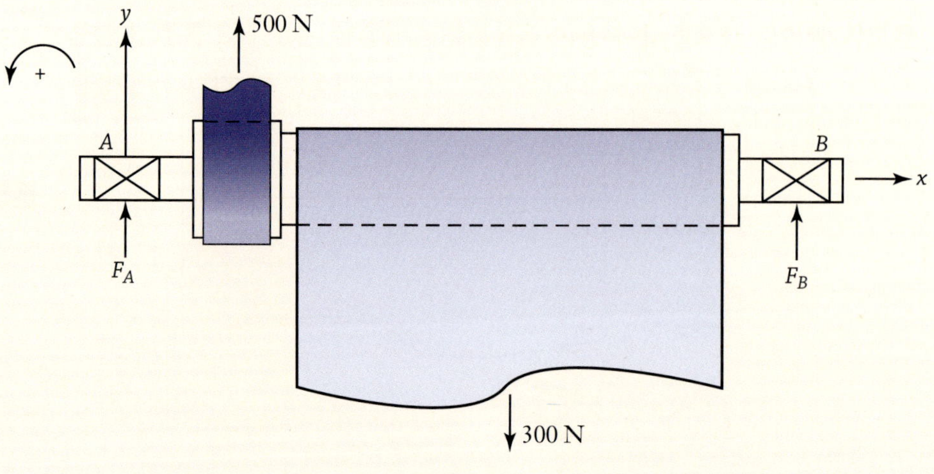

그리고 $F_B = 94.44$ N이 된다. 모터 벨트의 장력과 F_B는 A점에 관하여 반시계방향(양) 모멘트가 발생하고, 러닝머신 벨트의 장력은 음의 모멘트를 발생하여 모멘트의 평형이 이루어지도록 한다. F_B의 값을 힘의 평형방정식에 대입하면 $F_A = -294.4$ N이 된다.

검토

이 힘(F_A, F_B)의 크기는 서로 크게 차이가 나지 않으며 당연히 그래야 한다. 또한 사용 중에 있는 러닝머신은 x축과 z축에서 베어링에 힘을 작용하지만, 이 힘은 계산에 포함시키지 않았다. F_A에 대한 계산값이 음수이므로, 베어링 A에 의하여 축에 작용하는 힘은 294.4 N의 크기를 갖고 y축의 음의 방향으로 작용한다. 뉴톤의 제3운동법칙인 작용–반작용 법칙에 따라, 축에 의하여 베어링에 작용하는 힘의 방향은 베어링에 의하여 축에 작용하는 힘과 반대 방향이다.

베어링 A: 294.4 N 음의 y축 방향으로

베어링 B: 94.44 N 양의 y축 방향으로

예제 4.9 자동차 바퀴 베어링

13.5 kN의 자동차가 시속 50 km의 속도로 반지름이 60 m인 커브 길을 주행하고 있다. 힘이 네 바퀴에 고르게 분산된다고 가정하고, 각 바퀴를 지지하는 테이퍼 롤러 베어링에 작용하는 힘의 합력의 크기를 계산하라. 코너에서 작용하는 힘을 계산하기 위하여, m이 자동차의 질량을, v가 자동차의 속도를, 그리고 r이 회전 반지름을 나타낼 때 구심 가속도($a = v^2/r$)를 이용하여, 뉴톤의 제2운동법칙($F = ma$)을 적용하라.

접근방법

자동차의 바퀴 베어링에 작용하는 반경방향 힘과 추력의 합력을 구하는 과제를 수행한다. 각 바퀴가 자동차 무게의 1/4씩 전달하고, 그 힘 성분은 바퀴 베어링에 반경방향으로 작용한다고 가정한다. 전체 자동차에 작용하는 코너 힘은 mv^2/r이고, 회전의 중심을 향하며, 각 바퀴에 의하여 전달되는 분배된 힘은 자동차의 축에 평행한 추력이다. 이 변수들을 이용하여, 바퀴의 합력의 크기를 결정하기 위한 (기호가 포함된) 일반적인 방정식을 세우고, 각 기호에 특정한 값을 대입하여 합력의 크기에 대한 최종 결과를 얻는다(그림 4.30 참조).

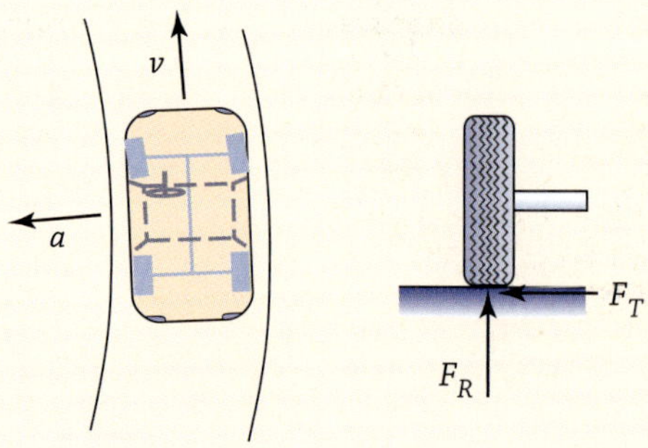

그림 4.30
트러스트 베어링
저자 제공

풀이

w가 자동차의 무게를 나타내고, 각 바퀴가 반경방향의 힘을 전달한다.

$$F_R = \frac{w}{4}$$

하나의 바퀴에 의하여 전달되는 추력은 아래의 표현식으로 주어진다.

$$F_R = \frac{1}{4}\frac{mv^2}{r} \qquad \leftarrow [F = ma]$$

여기서 자동차의 질량은 아래와 같다.

$$m = \frac{w}{g}$$

두 개의 서로 직각인 힘 성분의 합력은 아래와 같다.

$$F = \sqrt{F_R^2 + F_T^2} \qquad \leftarrow \left[F = \sqrt{F_x^2 + F_y^2}\right]$$

$$= \frac{m}{4}\sqrt{g^2 + \left(\frac{v^2}{r}\right)^2}$$

다음으로 문제에서 주어진 값들을 위의 일반식에 대입한다. 자동차의 질량은

$$m = \frac{13.5 \times 10^3 \text{ N}}{9.81 \text{ m/s}^2} \qquad \leftarrow \left[m = \frac{w}{g}\right]$$

$$= 1.376 \times 10^3\left(\frac{\text{kg} \cdot \text{m}}{\text{s}^2}\right)\left(\frac{\text{s}^2}{\text{m}}\right)$$

$$= 1.376 \times 10^3 \text{ kg}$$

또는 1.376 Mg이다. 동일한 차원을 유지하면 속도는 아래와 같다.

$$v = \left(50\frac{\text{km}}{\text{h}}\right)\left(10^3\frac{\text{m}}{\text{km}}\right)\left(\frac{1}{3600}\frac{\text{h}}{\text{s}}\right)$$

$$= 13.89\left(\frac{\text{km}}{\text{h}}\right)\left(\frac{\text{m}}{\text{km}}\right)\left(\frac{\text{h}}{\text{s}}\right)$$

$$= 13.89\frac{\text{m}}{\text{s}}$$

회전 반지름이 60 m이므로, 하나의 바퀴 베어링에 작용하는 합력의 크기는 아래와 같다.

$$F=\left(\frac{1.376\times10^3\ \text{kg}}{4}\right)\sqrt{\left(9.81\frac{\text{m}}{\text{s}^2}\right)^2+\left(\frac{(13.89\ \text{m/s})^2}{60\ \text{m}}\right)^2}\leftarrow\left[F=\frac{m}{4}\sqrt{g^2+\left(\frac{v^2}{r}\right)^2}\right]$$

$$=3551\,\frac{\text{kg}\cdot\text{m}}{\text{s}^2}$$

$$=3551\ \text{N}$$

$$=3.551\ \text{kN}$$

검토

코너 힘 때문에, 바퀴 베어링은 자동차 무게의 1/4 (3.375 kN)보다 조금 더 큰 힘을 전달한다. 결과에 대한 확인 절차로서, 중력가속도 g와 함께 계산식에 나오는 v^2/r항이 가속도의 차원을 갖는 것을 주목함으로써 계산에 대한 차원의 일관성을 검증할 수 있다.

$$F = 3.551\ \text{kN}$$

요약

제4장의 목적은 공학 구조물과 기계류를 바탕으로 하여 힘 계, 모멘트 그리고 평형이라는 공학적인 개념을 소개하는 것이었다. 기본이 되는 변수, 기호 그리고 치수는 표 4.1에 요약되어 있고, 주요 방정식들은 표 4.2에 정리되어 있다. 이러한 개념을 발전시켜서, 간단한 구조물과 기계류의 표면 또는 내부에 작용하는 힘의 크기와 방향을 결정하는 데 적용하였다. 공학자는 때때로 설계가 적절하고 안전한지를 판단하기 위하여 힘에 대한 해석을 수행한다. 기계공학자가 개발하는 여러 기술 중 하나는 방정식을 물리적인 문제에 분명하고 일관성 있게 적용하는 능력이다. 자유물체도에 포함되는 대상을 선택하기, 좌표계에 대한 방향을 결정하기, 그리고 모멘트의 평형 조건을 고려하기 위한 최선의 점을 결정하기 등이 공학 문제를 해결할 때 결정해야 할 선택의 몇 가지 예가 된다.

우리는 또한 힘 계의 개념을 기계설계에 사용되는 여러 다른 종류의 구름 베어링에 적용해 보았다. 베어링과 이 교재의 뒷부분에서 공부하게 될, 다른 기계요소들은 특별한 성질과 전문용어를 갖고 있으며, 기계공학자는 특정한 하드웨어에 가장 적합한 기계요소를 선택하는 데 필요한 구성요소(building block)에 매우 익숙해야 한다.

다음 장에서는 구조물과 기계류에 작용하는 힘을 지지하기에 충분히 튼튼하도록, 구조물과 기계류를 설계하는 데 필요한 또 다른 과정에 대하여 공부한다. 우리는 힘 계의 성질에 대하여 공부하고 또한 기계요소들을 만드는 재료의 강도 특성을 고려하게 된다.

표 4.1
구조물과 기계류에서의 힘을 해석할 때 필요한 물리량, 기호 그리고 단위들

물리량	전형적인 기호	전형적인 단위
힘 벡터	**F**	N
힘 성분	$F_x, F_y, F_{x,i}, F_{y,i}$	N
힘의 크기	F	N
힘의 방향	θ	deg, rad
합력	**R**, R, R_x, R_y	N
*O*점에 관한 모멘트	$M_0, M_{0,i}$	N · m
수직 팔거리	d	m
모멘트 성분 오프셋	$\Delta x, \Delta y$	m

힘 벡터 직각 좌표–극 좌표 변환 극 좌표–직각 좌표 변환	$F = \sqrt{F_x^2 + F_y^2}, \quad \theta = \tan^{-1}\left(\frac{F_y}{F_x}\right)$ $F_x = F\cos\theta, \quad F_y = F\sin\theta$
N개 힘의 합력	$R_x = \sum_{i=1}^{N} F_{x,i}, \quad R_y = \sum_{i=1}^{N} F_{y,i}$
O점에 관한 모멘트 수직 팔거리 모멘트 성분	 $M_o = F_d$ $M_o = \pm F_x \Delta y \pm F_y \Delta x$
평형 변위 회전	 $\sum_{i=1}^{N} F_{x,i} = 0, \quad \sum_{i=1}^{N} F_{y,i} = 0$ $\sum_{i=1}^{N} M_{o,i} = 0$

표 4.2
구조물과 기계류에서의 힘을 해석할 때 필요한 주요 방정식

자습과 복습

4.1 뉴톤의 세 가지 운동법칙은 무엇인가?

4.2 국제단위계(SI)에서 힘과 모멘트의 전형적인 단위는 무엇인가?

4.3 직각좌표 성분의 힘 벡터를 어떻게 극좌표 성분으로 변환하는가? 또, 그 반대로는 어떻게 변환하는가?

4.4 벡터 대수학법과 벡터 다각형법을 이용하여 어떻게 힘 계의 합력을 계산하는가? 언제 어느 한 방법이 다른 방법보다 사용하기에 더 편하다고 생각하는가?

4.5 수직 팔거리법과 모멘트 성분법을 이용하여 어떻게 모멘트를 계산하는가? 언제 어느 한 방법이 다른 방법보다 사용하기에 더 편하다고 생각하는가?

4.6 왜 모멘트 성분법을 이용하여 모멘트를 계산할 때 부호규약이 사용되는가?

4.7 입자와 강체에 대한 평형조건은 무엇인가?

4.8 자유물체도를 그리는 데 어떤 단계들이 필요한가?

4.9 볼 베어링, 직선 롤러 베어링, 테이퍼 롤러 베어링과 트러스트 베어링의 몇 가지 중요한 차이점에 대하여 설명하라. 다른 베어링 대신에 어느 한 가지 베어링을 사용해야 하는 실제 상황의 예를 들어 보라.

4.10 베어링 분리기의 목적은 무엇인가?

4.11 테이퍼 롤러 베어링의 단면도를 그려 보라.

4.12 베어링이 반경방향의 힘, 추력 또는 반경방향의 힘과 추력을 합한 힘을 지지해야 하는 상황의 예를 들어 보라.

연습문제

P4.1

1995년에 한국의 삼풍 백화점이 무너져서 501명이 사망하고 937명이 부상을 당했다. 처음에는 테러를 당한 것으로 생각하였으나, 나중에 부실한 설계와 시공 관리의 결과로

붕괴되었다고 조사자들이 결론지었다. 이 손상에 대하여 자세히 조사하고, 구조물에서의 힘에 대한 해석을 적절하게 했더라면 이런 재앙을 어떻게 예방할 수 있었을지에 대하여 설명하라.

P4.2

공장의 조립 라인에 있는 실린더 좌표계로 표시되는 로봇의 평면도가 그림 P4.2에 나와 있다. 50 N의 힘이 로봇 팔의 끝에 물려 있는 공작물에 작용한다. 50 N의 힘을 *x*축과 *y* 축을 가리키는 단위벡터 **i**와 **j**를 사용하여 벡터로 표현하라.

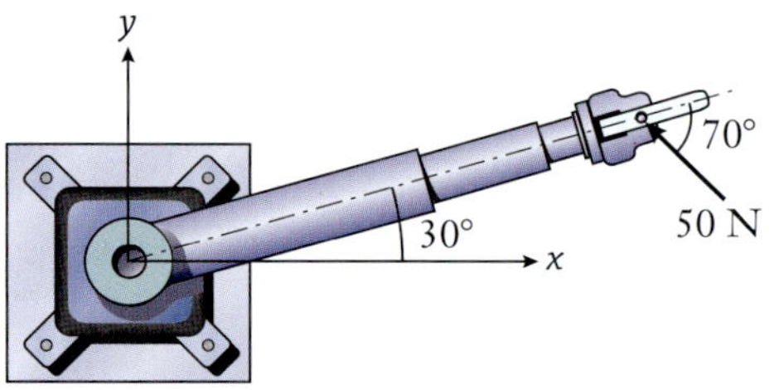

그림 P4.2

P4.3

내연기관의 동력 행정 동안, 1.8 kN의 압력이 실린더 아래쪽으로 피스톤을 민다(그림 P4.3). 커넥팅 로드 *AB*와 같은 방향에서의 힘의 성분과 수직인 방향에서의 힘의 성분을 결정하라.

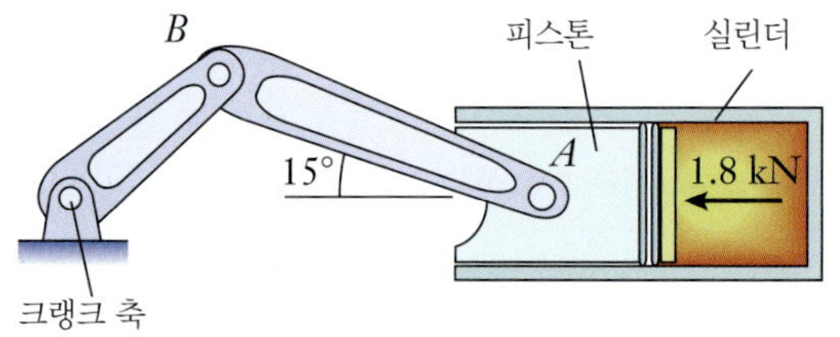

그림 P4.3

P4.4

2 kN과 7 kN의 힘을 합하기 위한 벡터 다각형이 그림 P4.4에 나와 있다. (a) 코사인 법칙을 이용하여 합력 *R*의 크기와 (b) 사인 법칙을 이용하여 합력의 작용각 θ를 결정하라.

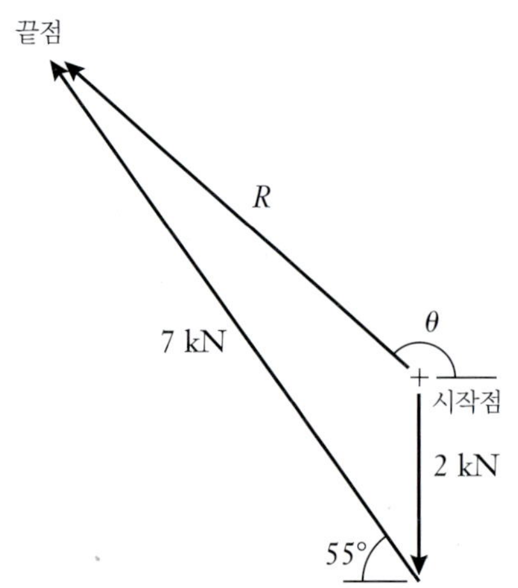

그림 P4.4

P4.5

유압 적재용 트럭이 창고에 있는 경사진 적재 램프에서 선적용 컨테이너를 운반한다(그림 P4.5). 12 kN과 2 kN의 힘이 그림에 보이는 대로 램프의 직각 방향과 평행한 방향으로 뒤 타이어에 작용한다. (a) 두 힘의 합력을 단위벡터 **i**와 **j**를 이용하여 벡터로 표현하라. (b) 합력의 크기와 경사면에 대한 합력의 각도를 결정하라.

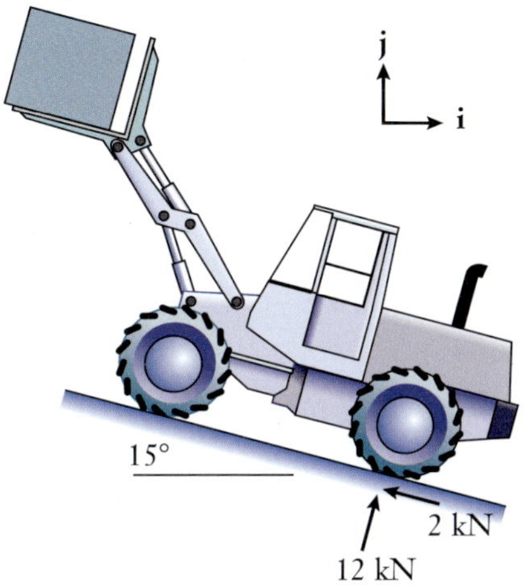

그림 P4.5

P4.6

세 개의 장력이 작용하는 봉들이 보강 판에 볼트로 체결되어 있다(그림 P4.6). 이 힘의 합력의 크기와 방향을 결정하라. (a) 벡터 대수학법과 (b) 벡터 다각형법을 이용하라. 계산 결과를 검증하기 위하여 두 가지 방법으로 구한 답을 서로 비교하라.

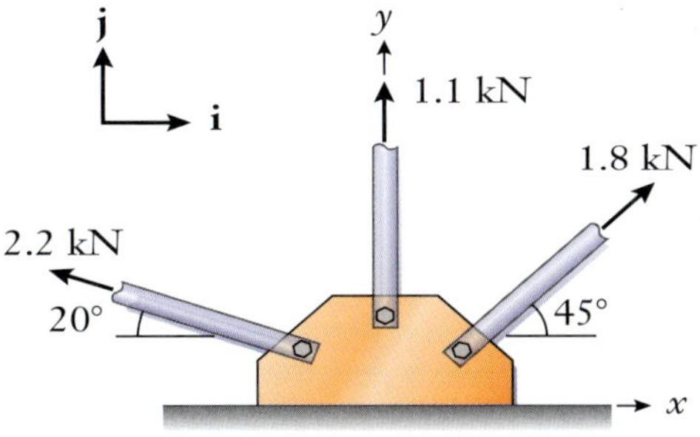

그림 P4.6

P4.7

공사장에서 굴착기의 삽으로 땅을 팔 때, 삽의 끝부분에 5.5 kN과 3 kN의 힘이 작용한다(그림 P4.7). 이 힘의 합력의 크기와 방향을 결정하라. (a) 벡터 대수학법과 (b) 벡터 다각형법을 이용하라. 계산 결과를 검증하기 위하여 두 가지 방법으로 구한 답을 서로 비교하라.

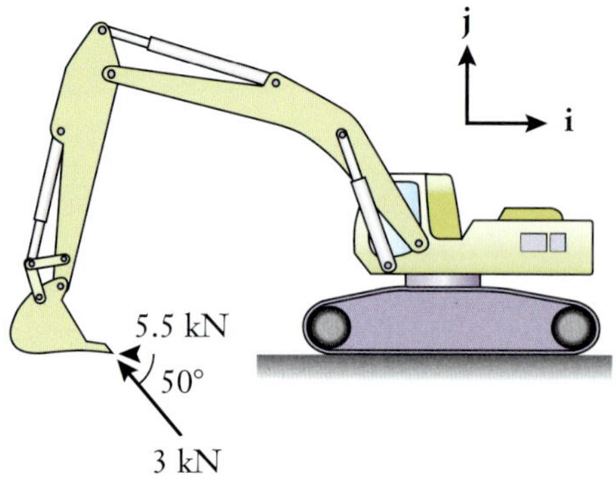

그림 P4.7

P4.8

225 N과 60 N의 힘이 스퍼어 기어의 이(tooth)에 작용한다(그림 P4.8). 이 힘은 서로 직교하지만 x-y 좌표축에 대하여 20°만큼 기울어져 있다. 이 힘의 합력의 크기와 방향을 결정하라. (a) 벡터 대수학법과 (b) 벡터 다각형법을 이용하라. 계산 결과를 검증하기 위하여 두 가지 방법으로 구한 답을 서로 비교하라.

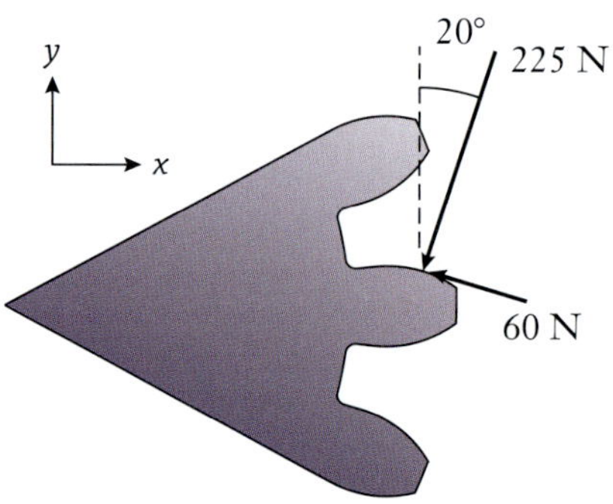

그림 P4.8

P4.9

세 개의 힘(크기가 450 N, 900 N과 P)이 더해져서, 합력 **R**이 발생한다(그림 P4.9). 세 개의 힘은 알려진 방향으로 작용하지만, P의 값은 알려져 있지 않다.

(a) 합력이 최소가 되려면, **P**의 크기는 얼마여야만 하는가?

(b) (a)에서 구한 **P**의 크기에 대하여, 합력은 x축의 양의 방향에 대하여 몇 도의 각도를 이루는가?

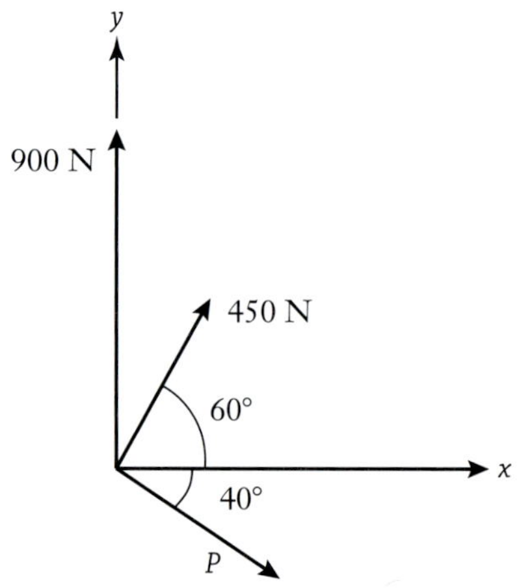

그림 P4.9

P4.10

모멘트가 작용하고 있는 기계 구조물 또는 기계의 실제 물리적인 예를 찾아보라.

(a) 실제 예에 대하여 분명하게 분류가 가능한 그림으로 나타내라.

(b) 치수 및 기계 구조물 또는 기계에 작용하는 힘의 크기와 방향을 추정하라. 이 값들을 그림에 나타내라. 왜 치수와 힘이 정한 값들을 갖도록 추정하는지 간단하게 설명하라.

(c) 모멘트의 회전 중심점을 선택하고, 왜 그 점을 선택하였는지 설명하라(아마도 이 점은 구조물 또는 기계가 파손되지 않도록 한다는 관점에서 볼 때 중요하다). 그리고 그 점에 대하여 발생하는 모멘트를 추정하라.

P4.11

가벼운 바람이 불어서, 100 Pa의 기압 불균형이 가로가 2 m이고 세로가 1.2 m인 고속도로 표지판에 작용한다(그림 P4.11).

(a) 표지판에 작용하는 힘의 크기를 계산하라.

(b) 표지기둥 바닥에 있는 A점에 관하여 생성되는 모멘트를 계산하라.

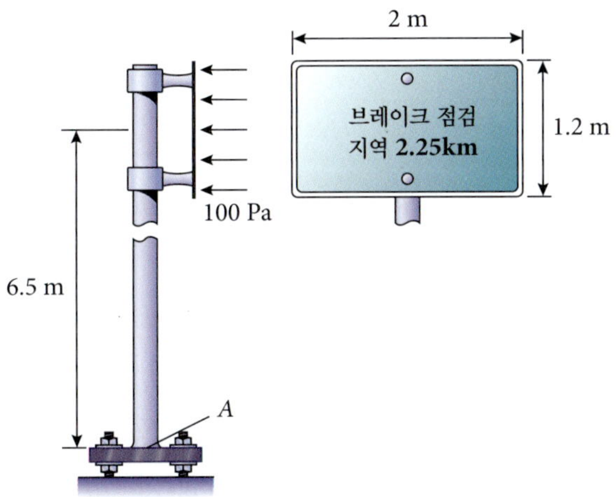

그림 P4.11

P4.12

스퍼어 기어의 피치 반경이 65 mm이다(그림 P4.12). 기어열(geartrain)이 작동하는 동안에 900 N의 맞물림 힘이 수평방향에 대하여 258의 각도로 작용한다. 축의 중심에 관하여 힘의 모멘트를 결정하라. (a) 수직 팔거리법과 (b) 모멘트 성분법을 이용하라. 계산 결과를 검증하기 위하여 두 가지 방법으로 구한 답을 서로 비교하라.

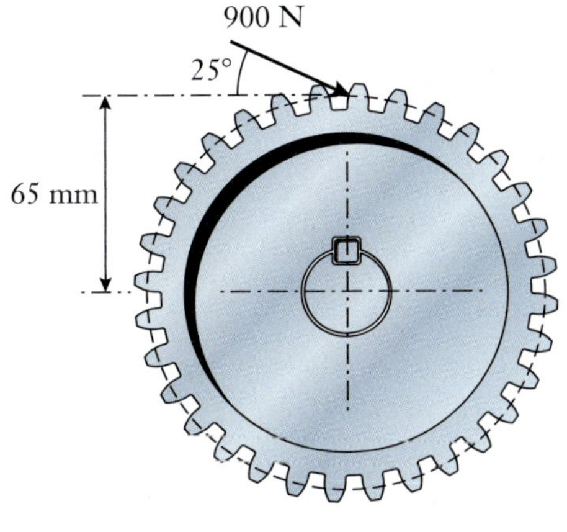

그림 P4.12

P4.13

6각 너트의 중심 A점에 관하여 155 N 힘의 모멘트를 결정하라(그림 P4.13).

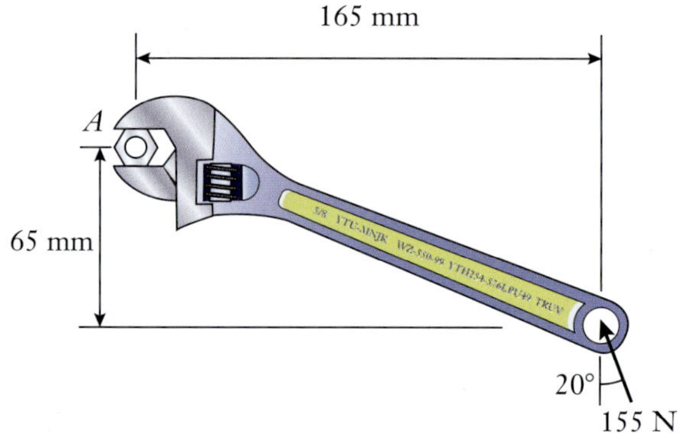

그림 P4.13

P4.14

두 명의 공사장 근로자가 꽉 조여 있는 밸브의 조종 레버를 잡아당긴다(그림 P4.14). 레버는 축과 손잡이에 있는 부분 사각형 홈에 끼워져 있는 키를 통해서 밸브의 축에 연결되어 있다. 축의 중심에 관한 총 모멘트를 결정하라.

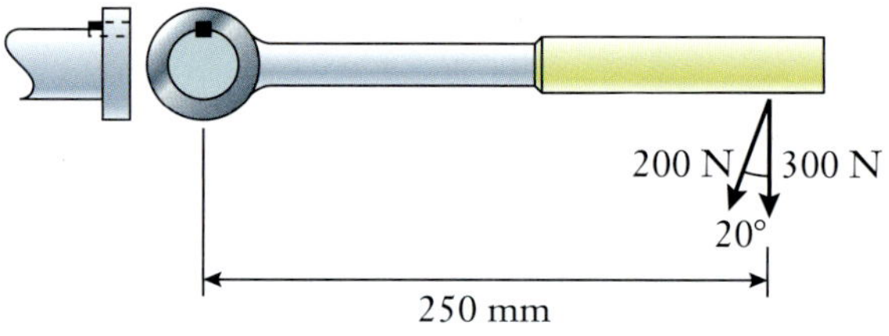

그림 P4.14

P4.15

산업용 로봇의 그리퍼(Gripper) C에 우연히 BC에 수직방향으로 275 N의 측면 하중이 작용한다(그림 P4.15). 로봇 링크들의 길이는 AB = 560 mm이고 BC = 450 mm이다. 모멘트 성분법을 이용하여, 조인트 A의 중심에 관하여 이 힘의 모멘트를 결정하라.

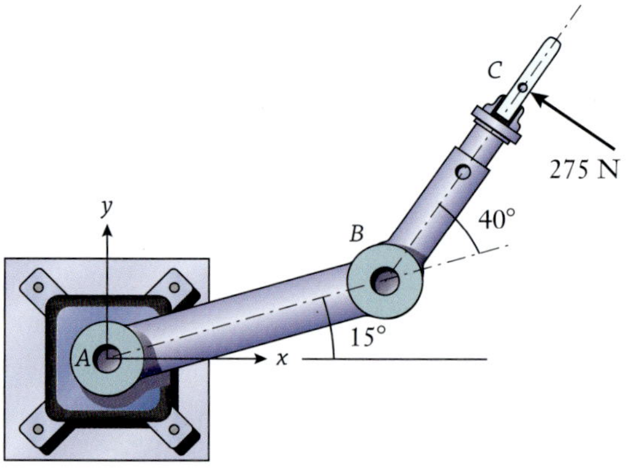

그림 P4.15

P4.16

물건을 달아 올리는 기중기(boom lift)가 건설용과 유지보수용으로 사용되고 있다(그림 P4.16). 유압 실린더 *AB*가 조인트 *B*에 실린더의 방향으로 10 kN의 힘을 작용한다. 모멘트 성분법을 이용하여 붐(boom)의 하부 지지점 *C*에 관하여 이 힘의 모멘트를 계산하라.

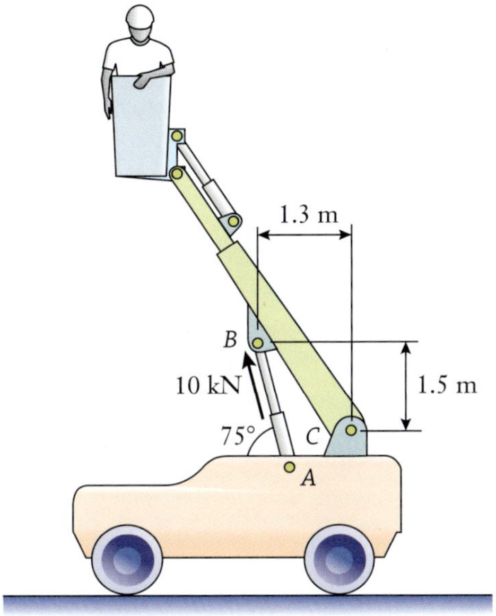

그림 P4.16

P4.17

한 나무 그릇의 콘크리트의 무게가 3.5 kN이다(그림 P4.17).

(a) 케이블 고리 A의 자유물체도를 그려라.

(b) 케이블 고리를 입자로 취급하여 케이블 *AB*와 *AC*에 작용하는 장력을 결정하라.

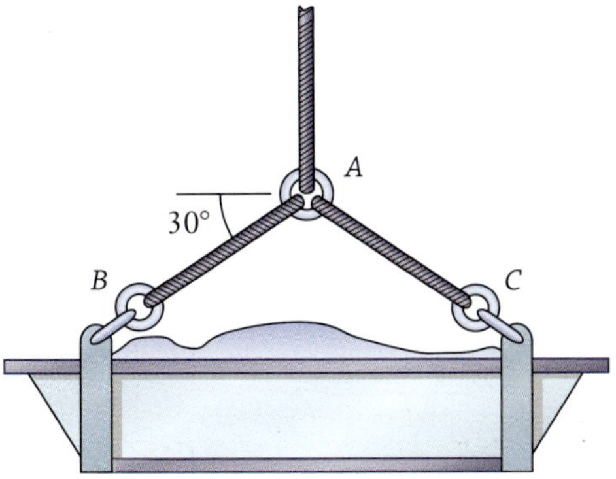

그림 P4.17

P4.18

기중기 트럭의 케이블 *AB*가 11 kN의 조립식 콘크리트 부분품을 끌어올리고 있다(그림 P4.18). 두 번째 케이블에 장력 P가 작용하며, 근로자들은 콘크리트 부분품을 올릴 때, 그 케이블을 잡아당겨서 콘크리트 부분품의 위치를 조절한다.

(a) 훅을 입자로 취급하여, 훅 *A*의 자유물체도를 그려라.

(b) *P*와 케이블 *AB*에 걸리는 장력을 결정하라.

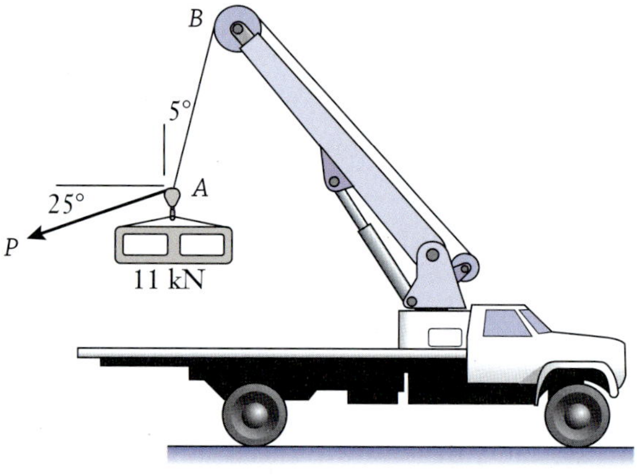

그림 P4.18

P4.19

힘 성분법을 이용하여 예제 4.5의 해를 구하라. 고정 끈에 걸리는 장력의 극좌표 성분을 수평성분(T_x)과 수직성분(T_y)으로 바꾸고 그들의 해를 구하라. 구한 T_x와 T_y에 대한 해를 이용하여, 고정 끈에 걸리는 장력의 크기 T와 방향 θ를 결정하라.

P4.20

질량이 4.5 Mg인 적재기(front loader)가 하중이 0.75 Mg인 자갈을 들어 올릴 때의 측면도가 그림 P4.20에 나와 있다.

(a) 적재기의 자유물체도를 그려라.

(b) 바퀴와 땅바닥 사이의 접촉력을 결정하라.

(c) 적재기가 앞바퀴들에 관하여 넘어가려 하기 전에 얼마나 무거운 하중을 운반할 수 있는가?

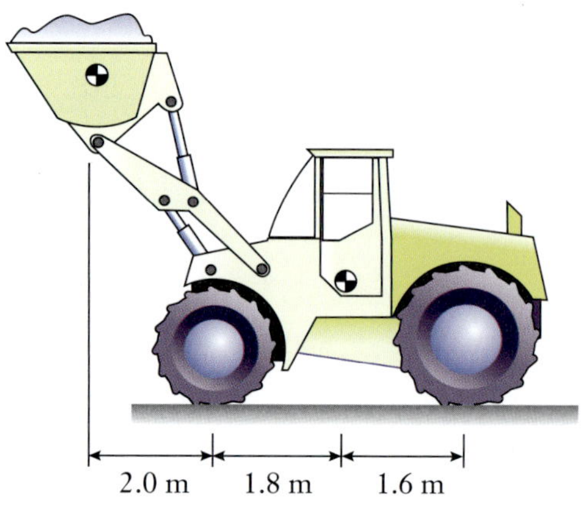

그림 P4.20

P4.21

기계 기사가 P = 50 N의 힘으로 손잡이를 쥐면서 조절 가능한 펜치(adjustable pliers)로 원형의 금속 봉을 잡는다(그림 P4.21). 그림에 보이는 아래쪽 턱 부분/위쪽 손잡이 결합부의 자유물체도를 이용하여, 봉에 작용하는 힘 A를 계산하라.

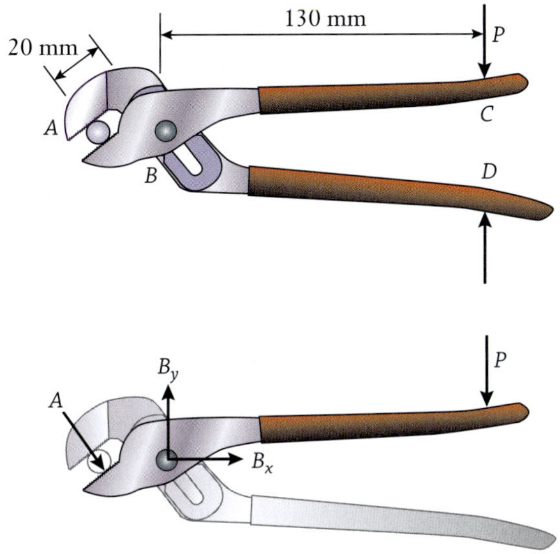

그림 P4.21

P4.22

P4.21의 연습을 참조하여

(a) 자유물체도로부터 직접 힘 A의 각도를 재서 힌지 B에 작용하는 힘의 크기를 구하는 데 이용하라.

(b) 힌지 B에 작용하는 힘이 5 kN보다 작아야만 하는 것이 설계 조건이다. 이 조건이 만족되기 전에 기계 기사가 손잡이에 가할 수 있는 최대 힘은 얼마인가?

P4.23

그림 P4.23에 나와 있는 대형 유압식 절단기가 굴착기에 있는 붐(boom)의 끝에 달려 있다. 이 절단기가 해체 작업 동안 강철 파이프와 I자형 보들을 자르는 데 사용된다. 유압 실린더 AB가 위쪽 턱 부분에 18 kN의 힘을 작용한다.

(a) 부분적으로 그려져 있는 위쪽 턱 부분의 자유물체도를 완성하라.

(b) 파이프에 작용하는 절단력 F를 결정하라.

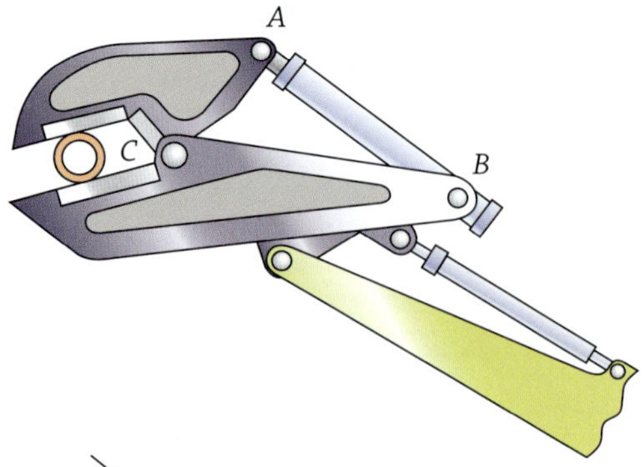

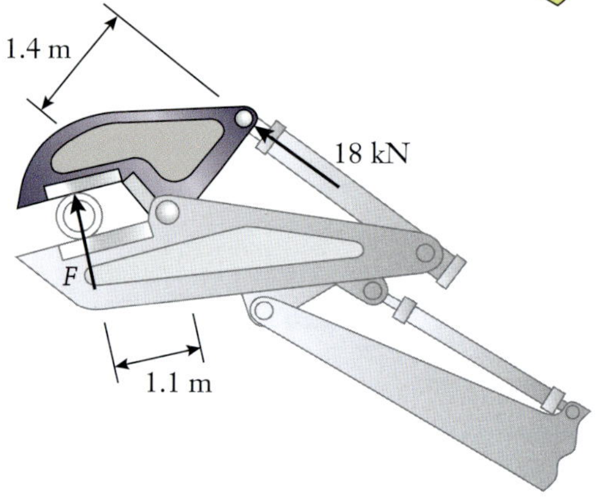

그림 P4.23

P4.24

캔자스 시티 하얏트 호텔 리젠시의 이층 통로(skyway)에 대한 최초 설계의 단면도가 상부와 하부의 통로를 지지하는 너트와 워셔에 작용하는 힘과 함께 그림 P4.24에 나와 있다.

(a) 각 통로에 작용하는 무게 w를 포함하여, 상부와 하부 통로의 자유물체도를 그려라.

(b) 워셔와 통로 사이의 힘 P_1과 P_2, 그리고 행거 봉에 작용하는 장력 T_1과 T_2를 결정하라.

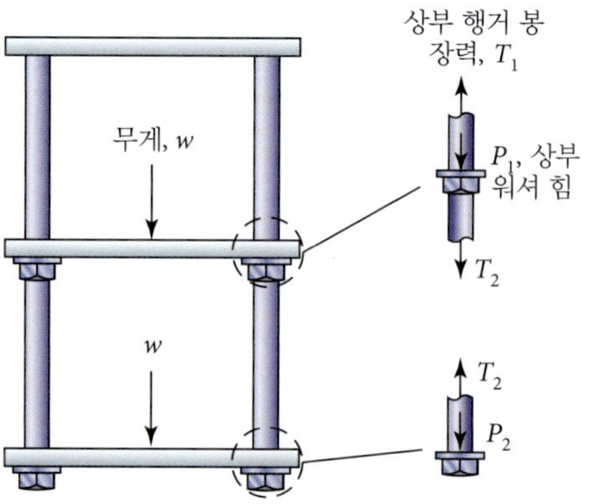

그림 P4.24

P4.25

캔자스 시티 하얏트 호텔 리젠시의 이층 통로(skyway)에 대한 시공 당시의 단면도가 상부와 하부의 통로와 접촉하는 너트와 워셔에 작용하는 힘과 함께 그림 P4.25에 나와 있다.

(a) 각 통로에 작용하는 무게 w를 포함하여, 상부와 하부 통로의 자유물체도를 그려라.

(b) 워셔와 통로 사이의 힘 P_1, P_2와 P_3 그리고 행거 봉에 작용하는 장력 T_1, T_2와 T_3를 결정하라.

(c) 통로의 붕괴는 과도한 힘 P_1과 관련이 있었다. 이 문제에서 계산된 P_1의 값과 P4.24에서 구한 P_1의 값이 어떻게 비교되는가?

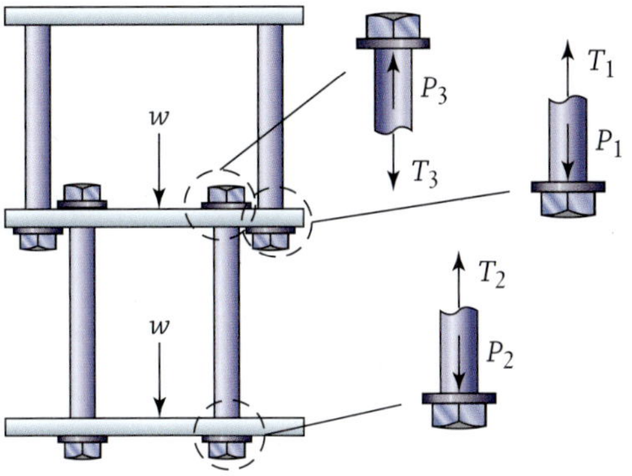

그림 P4.25

P4.26

무게가 120 N이고 길이가 1.8 m인 핸드 레일(그림 P4.26)이 몇 개 안 되는 계단에 인접한 벽에 설치되었다. A점에서의 지지대가 부러져서 핸드 레일이 B점에 있는 느슨하게 조여진 볼트에 관하여 떨어져서, 이제 핸드 레일의 한쪽 끝이 매끄러운 아래쪽 계단에 놓여 있다.

(a) 핸드 레일의 자유물체도를 그려라.

(b) B점에서의 힘의 크기를 결정하라.

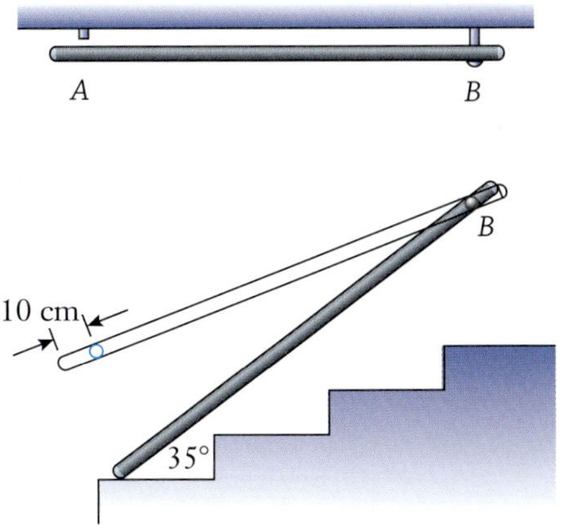

그림 P4.26

P4.27

65 N의 힘으로 손잡이를 누르면서 다목적용 실용 공구로 *A*점에서 핀(cotter pin)을 집는다(그림 P4.27).

(a) 부분적으로 그려져 있는 결합된 위쪽 턱 부분/아래쪽 손잡이 조립부의 자유물체도를 완성하라.

(b) *A*점에 작용하는 힘을 계산하라.

(c) 다른 관점에서, 만약 핀을 *B*점에서 자르려면 힘이 얼마나 더 커져야 하는가?

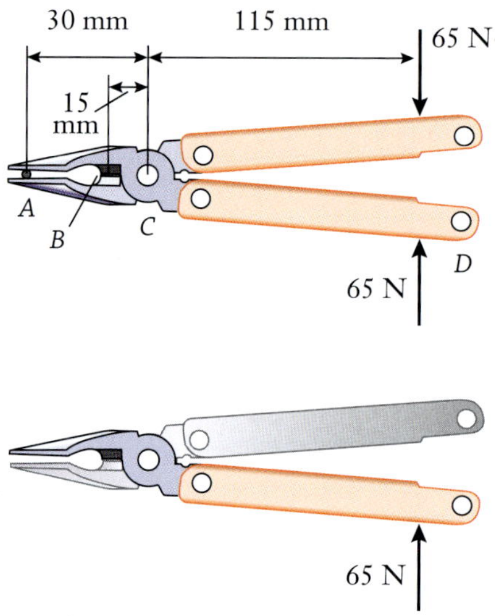

그림 P4.27

P4.28

굴대받이(pillow-block) 베어링의 구름 베어링은 하우징 블록 안에 속해 있고, 하우징 블록은 다른 면에 볼트로 체결된다. 그림 P4.28에 보이는 대로 두 개의 반경방향 힘이 굴대받이 베어링에 작용한다.

(a) 두 힘의 합력이 0이 되도록, *F*의 값을 조절할 수 있는가?

(b) 그렇지 않다면, 합력의 최솟값은 얼마가 되는가?

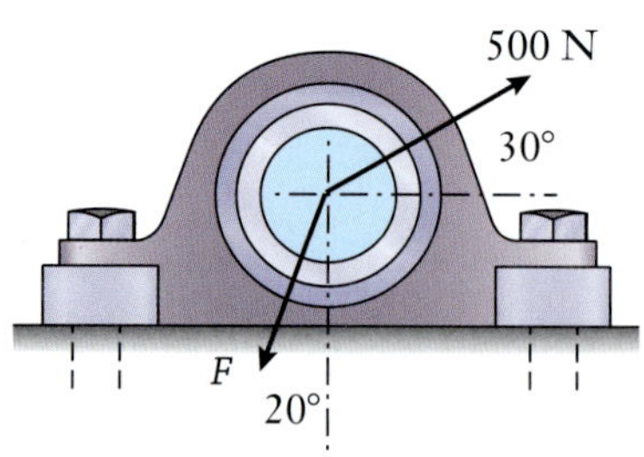

그림 P4.28

P4.29

수평성분과 수직성분의 힘이 회전축을 지탱하는 굴대받이 베어링에 작용한다(그림 P4.29). 합력의 크기와 합력의 수평방향에 대한 각도를 결정하라. 베어링에 작용하는 합력은 추력인가 또는 반경방향 힘인가?

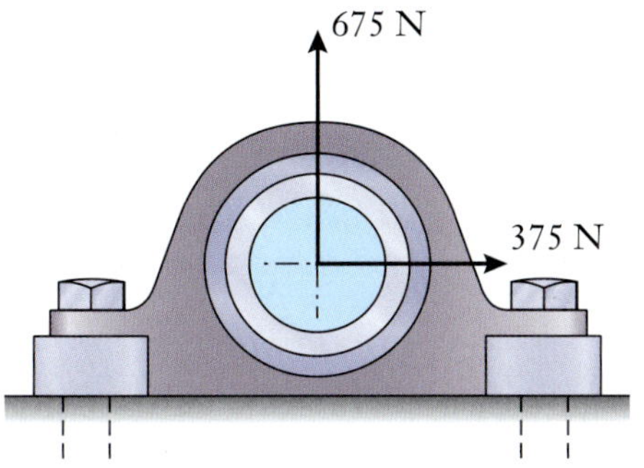

그림 P4.29

P4.30

볼 베어링이 *A*점과 *B*점에서 축을 지지한다(그림 P4.30). 축은 축에 1 kN과 1.4 kN의 힘을 작용하는 두 개의 V 벨트 사이에 동력을 전달한다. 베어링에 작용하는 힘의 크기와 방향을 결정하라.

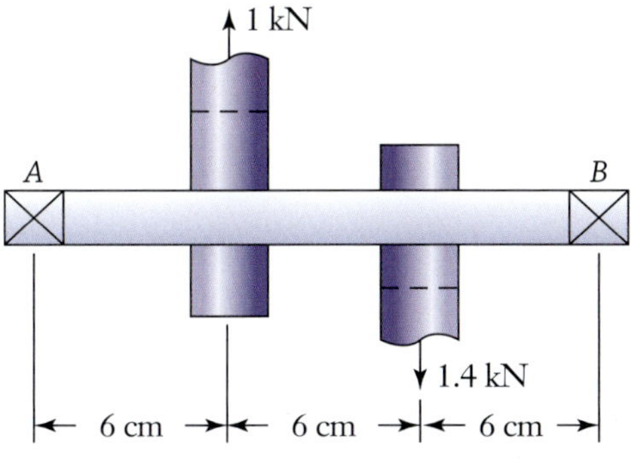

그림 P4.30

P4.31

휴대용 음악 플레이어가 도킹 스테이션(docking station)에 놓여 있다(그림 P4.31). 도킹 스테이션의 질량은 500 g이고, 음악 플레이어의 질량은 100 g이다. 두 개의 지지점에서의 반력을 결정하라.

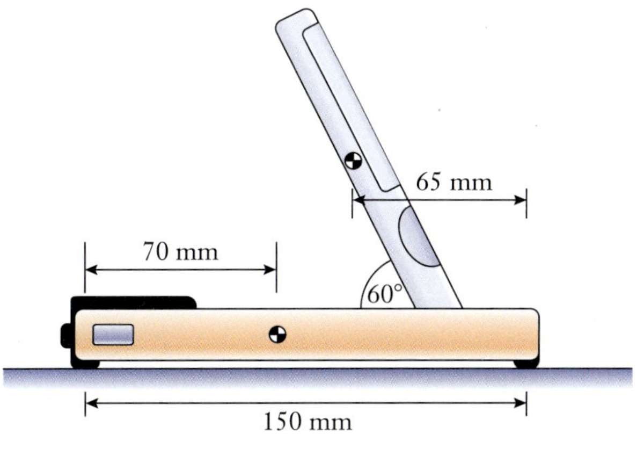

그림 P4.31

P4.32

태양 에너지 요리 도구 위에 있는 두 개의 음식 용기에서 음식이 만들어지고 있다(그림 P4.32). 작은 용기의 무게는 18 N이고, 큰 용기의 무게는 40 N이다. 또한 포물선 형태 반사기의 열 팽창 때문에, 2 N의 수평방향의 힘이 두 개의 지지점에서 바깥쪽으로 작용한다. 두 개의 지지점, *A*와 *B*에서 합력의 크기와 각각의 합력이 수평방향에 대하여 이루는 각도를 결정하라.

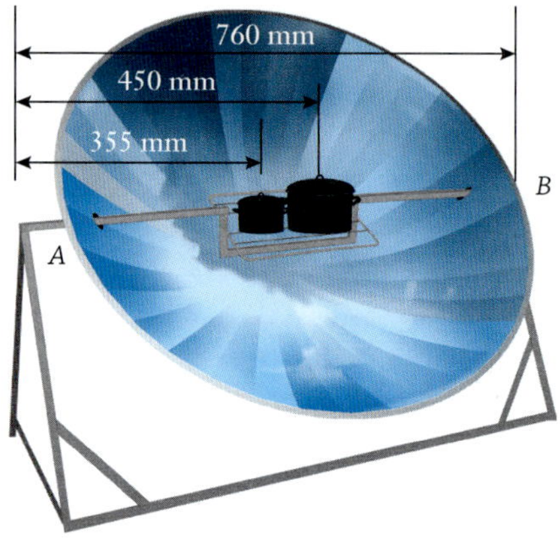

그림 P4.32

P4.33

여러 개의 힘이 작용하는 구조물이나 기계의 예를 들어보라.

(a) 실제 예에 대하여 분명하고, 물리량이 잘 표시된 그림으로 나타내라.

(b) 치수 및 구조물 또는 기계에 작용하는 힘의 크기와 방향을 추정하라. 이 값들을 그림에 나타내라. 왜 치수와 힘이 여러분이 정한 값들을 갖도록 추정하는지 간단하게 설명하라.

(c) 선택한 방법을 이용하여, 힘 계의 합력을 계산하라.

P4.34*

많은 여러 나라의 도시들은 극심한 기후 조건으로 인해서 중요한 도시 기반시설들이 파괴될 수 있는 위치에 자리하고 있다. 대표적인 위험을 안고 있는 도시를 선택하여, 그 도시를 보호할 수 있는 구조물 시스템을 설계하라. 여러분이 속한 그룹에서, 일련의 설계 요구조건과 적어도 열 가지의 다른 설계개념을 개발하라. 여러분이 정한 설계 요구조건에 따라, 상위 두 가지의 설계개념을 선택하라. 두 가지 설계개념에 대한 가장 나쁜 하중 조건을 추정하고, 각각의 경우에 대한 자유물체도를 그려라. 어느 설계개념이 가장 나쁜 하중 조건을 더 잘 견딜 수 있을 것으로 생각하는가? 그리고 그 이유는?

P4.35*

안전과 비용을 고려하여, 주어진 높이, H = 30m이고, 최대 수평력, F = 20 kN인 무선 전화용 타워를 지지하기 위한 최적의 케이블 선택지를, 표 P4.35를 이용하여 결정하시오(그림 P4.35 참조). 또한 구조물의 바닥에서 측정한, 지점 B, C, D에 있는 지지대까지의 반지름 R (m 단위에 가장 가깝게); 선택된 강 케이블의 지름; 그리고 사용된 케이블의 전체 비용을 결정하시오. 공식 보고서에 여러분의 접근, 풀이, 그리고 검토 방식을 제출하시오. 여러분의 조가 제시해야 할 다음의 초기 가정들을 주목하시오(대개는 여러분들은 다른 가정들을 더 추가해야 할 것이다):

케이블 직경(mm)	허용 하중(kN)	Meter당 비용($/m)
6	6	10
10	13	30
13	20	50
16	35	90
19	50	100
22	70	140
25	90	180

표 P4.35

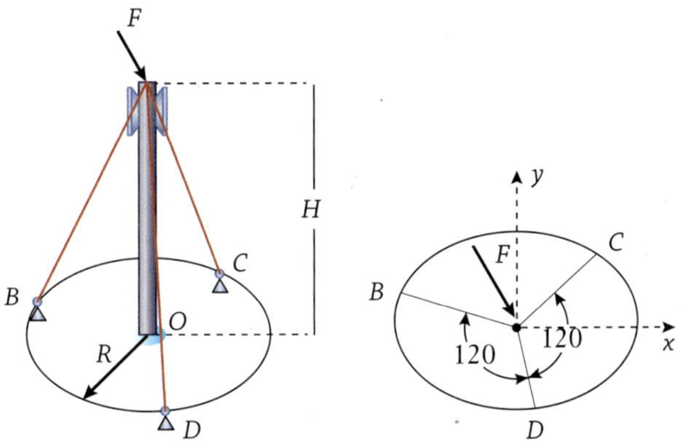

그림 P4.35

- 힘은 수평을 유지하며, 타워의 꼭대기에 작용한다.
- 타워 바닥의 중심이 원점, O로 한다.
- 그림 P4.35에서 힘은 임의의 방향으로 작용한다. 여러분의 케이블 구조물은 타워의 임의의 각도에서 작용하는 이 힘에 견디도록 설계되어야 한다.
- 케이블들은 오직 장력으로 타워를 지지한다. 그렇지 않으면, 케이블들이 느슨해진다.
- 타워와 지지대들은 모두 평평한 수평면 위에 있다.
- 지지대 B, C, D는 모두 바닥으로부터 R만큼 떨어진 곳에 위치하고, 서로 동일한 간격을 유지해야 한다.
- 케이블들의 무게는 무시한다.

참고문헌

Meriam, J. L., and Kraige, L. G., *Engineering Mechanics: Statics*, 5 ed. Hoboken, NJ: Wiley, 2002.

Pytel, A., and Kiusalaas, J., *Engineering Mechanics: Statics*, 3rd ed., Mason, Ohio: Cengage, 2010.

Roddis, W.M.K., "Structural Failures and Engineering Ethics," *ASCE Journal of Structural Engineering*, 119(5), 1993, pp. 1539–1555.

CHAPTER 05

재료와 응력

Materials and Stresses

이 장의 목적

5-1 기계요소에 인장력, 압축력 또는 전단력이 작용하는 상황을 이해하고, 해당 응력을 계산하기

5-2 응력-변형률 선도를 스케치하고, 선도를 이용하여 재료가 어떻게 재료에 작용하는 하중에 대응하는지 설명하기

5-3 탄성계수와 항복강도로 알려진 재료 특성치의 의미를 설명하기

5-4 재료의 탄성변형과 소성변형의 차이와 연성거동과 취성거동의 차이를 이해하기

5-5 금속과 금속 합금, 세라믹, 폴리머와 복합재료의 성질과 용도에 대하여 논의하기

5-6 안전계수의 개념을 인장 또는 전단응력을 받는 기계요소의 설계에 적용하기

5.1 서론

기계공학자의 책임 가운데 한 가지는 하드웨어를 사용할 때 부서지지 않고, 하드웨어에 작용하는 힘을 신뢰할 수 있고 또한 안전하게 전달될 수 있도록 하드웨어를 설계하는 것이다. 예를 들어 무게가 최대 2.4 MN이 되는 보잉 787 여객기를 생각해 보자. 비행기가 지상에 착륙할 때, 비행기의 무게는 랜딩 기어와 바퀴에 의하여 지지된다. 비행 중에, 비행기의 날개는 정확하게 무게와 균형을 이루는 위쪽 방향의 양력을 생성한다. 그러므로 각각의 날개는 비행기의 무게의 절반에 해당하는 힘을 전달하는데, 이 크기는 약 90대의 가정용 승용차의 무게에 해당한다. 양력을 받게 되면 비행기의 날개는 위쪽으로 굽어지고, 만약에 비행기가 고르지 못한 기상상태를 만나게 되면 비행기가 난류에 의하여 타격을 입을 때 추가로 발생하는 상당한 크기의 힘에 의하여 비행기의 날개는 위와 아래로 굽어지게 된다. 공학자는 비행기의 재료를 선정할 때 비행기의 날개가 큰 힘을 받게 되고, 자체 무게 때문에 아래로 처지고, 그리고 양력에 대응하여 위로 굽어진다는 사실들을 고려한다. 날개는 튼튼하고, 안전하고 신뢰할 수 있게 설계되어야 하는 반면에 설계 조건을 만족하는 필요 이상으로 무거워서도 안 된다.

제4장에서 설명한 힘의 성질을 시스템에 적용함으로써, 우리는 어떤 구조물과 기계류에 작용하는 힘의 크기와 방향을 계산하는 방법에 대하여 공부하였다. 그러

나 이러한 힘에 대하여 아는 것만으로는 어떠한 하드웨어가 충분히 튼튼해서 해당 업무 수행 중에 고장이 나지 않게 될지를 결정하는 데는 충분한 정보를 제공하지 못한다. "고장"이나 "파손"이라는 용어는, 하드웨어가 부러지지 않을 것임을 의미할 뿐만 아니라 심각하게 비틀어질 만큼 늘어나거나 휘지 않을 것임도 의미한다. 예를 들어 5 kN의 힘은 작은 볼트를 부러뜨리거나 또는 축을 휘게 하여 축이 떨려서 매끄럽게 회전하지 못하도록 하기에 충분히 큰 힘이 될 수 있다. 한편, 직경이 더 큰 축이나 등급이 더 높은 재료로 만든 축이라면 어떠한 손상도 입지 않고 이 5 kN의 힘을 아주 잘 지지할 수 있을 것이다.

이러한 생각을 염두에 두고, 기계요소가 부러지고 늘어나고 또는 휘는 상황은 기계요소에 가해지는 힘뿐만 아니라 기계요소의 치수와 기계요소를 만드는 재료의 특성에 달려 있다는 것을 알 수 있다. 이러한 관점으로부터 어떤 특정한 면적에 작용하는 힘의 세기를 측정하는 수단으로 **응력**(*stress*)이라는 개념이 도입된다. 반대로, 재료의 **강도**(*strength*)는 재료에 작용하는 응력을 지지하고 견딜 수 있는 재료의 능력을 나타낸다. 공학자는 설계가 만족스러운지를 결정하기 위하여, 기계요소에 작용하는 응력과 재료의 강도를 비교한다. 예를 들어 그림 5.1에 나와 있는 파손된 크랭크축은 단기통 내연기관에서 나온 폐품이다. 이 파손은 축과 기어 또는 풀리 사이에 토크를 전달하는 데 사용되는, 축의 4각 키 홈에 각진 모서리가 있을 때 촉진된다. 파단면의 나선 형상은 축이 파손되기 전에 큰 토크에 의하여 축에 과부하가 걸렸음을 나타낸다. 공학자는 과거의 실패를 교훈 삼아 새로운 하드웨어 설계를 더 잘하기 위하여, 힘, 재료 그리고 치수에 대한 지식을 통합할 수 있어야 한다.

응력

강도

요소 4: 재료와 응력

이 장에서는 공업용 **재료**(*materials*)의 특성치에 관하여 설명하고, 그 재료 안에 형성될 수 있는 **응력**(*stress*)에 대하여 공부하기로 한다. 이러한 주제는 고체역학이라고 불리는 전공과목에 속하며, 그림 5.2에 나와 있는 기계공학 이수체계에 잘 맞아 떨어진다. 공학자는 기계요소의 치수와 요소에 작용하는 힘을 관련시켜서 인

그림 5.1
단기통 내연기관에서 나온 파손된 크랭크 축
저자 제공

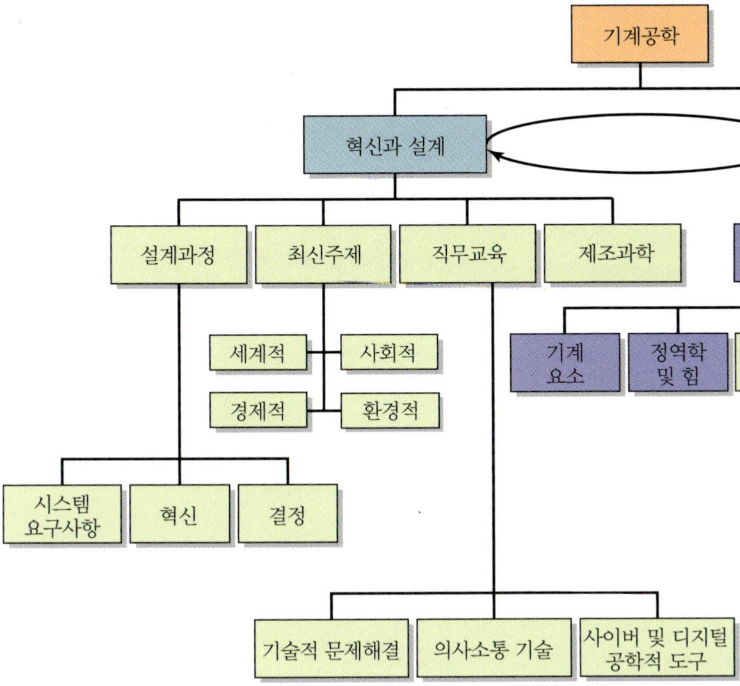

그림 5.2
이 장에서 중점을 두고 있는 주제(음영부분)와 기계공학의 전체 학습 프로그램과의 관계

장, 압축 및 전단응력이라는 물리량을 계산한다. 다음에 이 응력과 재료의 물리적인 특성치를 비교하여, 파손이 일어날지를 결정한다. 재료의 강도가 응력을 초과하면, 구조물 또는 기계요소는 어떠한 손상도 입지 않고 힘을 전달할 수 있을 것으로 예측한다. 공학자는 제품을 설계할 때, 이러한 종류의 힘, 응력, 재료 그리고 파손 해석을 수행한다.

5.2 인장과 압축

가장 쉽게 가시화할 수 있고, 재료와 응력에 대한 직관을 발달시키는 데 유용한 응력의 종류가 인장응력과 압축응력이다. 그림 5.3은 왼쪽 끝이 벽에 고정되어 있는 원형 봉을 나타내는데, 나중에 오른쪽 끝을 잡아당기는 F라고 하는 인장력이 작용한다. 힘이 가해지기 전에 봉의 원래 길이는 L이고, 지름이 d, 그리고 단면적은 아래와 같다.

$$A = \pi \frac{d^2}{4} \tag{5.1}$$

공학자는 종종, 캘리퍼 게이지를 이용하여 축의 지름을 측정하는 것이 더 실용적이므로, 반지름 $r(A = \pi r^2)$보다 지름을 이용하여 원형 봉, 볼트 그리고 축의 단면적을 계산한다. 힘이 점차 가해지면서, 봉은 그림 5.3(b)에 나와 있는 대로 그 길이 방향으로 ΔL의 양만큼 늘어난다. 더욱이 봉의 지름은 **포아송**(*Poisson*) **수축**으로 알려 포아송 수축

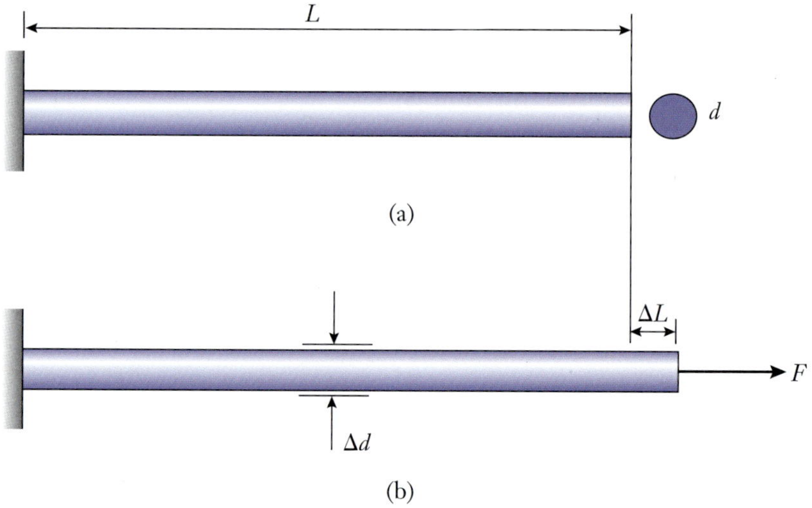

그림 5.3
직선 봉이 인장력을 받아 늘어난다.

진 효과 때문에 적은 양만큼 수축되는데, 이 주제에 관하여는 다음 절에서 자세히 설명할 것이다. 어떤 경우든 지름의 변화량 Δd는 길이 방향의 신장량 ΔL보다 더 작고, 보통 덜 두드러진다. ΔL과 Δd의 상대량을 계측하기 위하여 고무줄을 잡아당겨서 그 길이, 폭과 두께가 어떻게 변화하는지를 주목한다.

힘이 너무 크지 않으면, F가 제거될 때 봉은 원래의 지름과 길이로 되돌아가게 된다(마치 스프링처럼). 봉이 힘 F가 가해진 후에 영구변형을 일으키지 않으면서 신장되는 것을 **탄성적**으로 변형되었다고 한다. 이와 다른 경우로, 충분히 큰 힘이 가해지면 봉이 **소성변형**을 일으키게 되는데, 그 의미는 힘이 가해졌다 제거되었을 때 봉의 최종 길이가 최초 길이보다 더 길어지게 되는 것이다. 재료의 **탄성거동**(elastic behavior)과 **소성거동**(plastic behavior)의 차이를 직접적으로 알아보기 위하여 사무용 종이 클립으로 실험을 할 수 있다. 종이 클립의 한쪽 끝을 약간만—아마도 1 또는 2 mm 정도—구부린 다음, 이를 놓았을 때 어떻게 원래 형상대로 돌아가는지 살펴본다. 한편, 여러분은 종이 클립을 풀어서 거의 직선의 철사가 되게 할 수 있다. 이 경우에, 종이 클립은 원래대로 돌아가지 않는다. 그 이유는 소성변형을 통하여 재료의 형상이 영구적으로 변형하기에 충분할 정도로 가해진 힘이 크기 때문이다.

탄성거동 / 소성거동

이 예제에서 힘은 봉의 한쪽 끝에만 가해지지만, 그 영향은 봉의 길이를 따라 각 단면에서 나타난다. 그림 5.4에 나와 있는 대로 봉의 임의의 내부 점에서 봉이 절단되는 경우를 생각해 보자. 그림 5.4(b)의 자유물체도는 절단되어 분리된 봉을 나타내며, 오른쪽에 작용하는 힘 F와 평형을 이루는 **내력**(*internal force*)이 왼쪽 절단면에 나타나 있다. 실제로 이와 같이 되어야만 한다. 그렇지 않으면 자유물체도에 보이는 절편이 평형상태에 있지 않게 된다. 봉에서 가상 절단의 위치는 임의로 정할 수 있으며, 크기가 F인 힘은 봉의 임의의 위치에서 봉의 단면을 통하여 전달되어야만 한다고 결론지을 수 있다.

내력

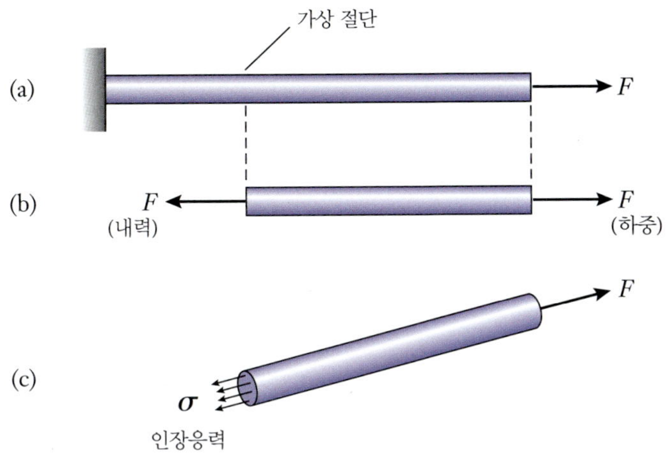

그림 5.4
(a) 봉이 늘어나 있다. (b) 내력을 나타내기 위하여 봉으로부터 잘려나간 절편 (c) 봉의 단면에 걸쳐 분포되어 있는 인장응력

봉이 연속적인 고체 재료로 형성되어 있기 때문에, 내력이 그림 5.4(b)에 힘 벡터 화살표로 나타나 있는 것처럼 한 점에 집중될 것으로 예측하는 것은 현실성이 없다. 대신에, 힘의 영향은 봉의 단면에 고루 퍼져서 분포하게 된다. 이 과정이 기계 요소에서의 응력을 이해하는 데 필요한 기본 개념이다. **응력**은 본질적으로 봉의 단면적에 분포되어 있는 내력으로서[그림 5.4(c)], 아래의 방정식으로 정의된다.

응력

$$\sigma = \frac{F}{A} \quad \textbf{(5.2)}$$

여기서 힘 F와 같이 응력 σ(그리스 소문자 시그마)는 가상 절단에 단면을 통하여 수직으로 작용한다. 응력이 봉의 길이를 늘어나게 하려는 경향을 보일 때, **인장**(*tension*)이라고 하며, $\sigma > 0$이다. 반면에, 봉의 길이가 수축될 때 응력을 **압축**(*compression*)이라고 한다. 이 경우에, 그림 5.4에서 σ의 방향은 안쪽으로 바뀌게 되며, $\sigma < 0$이다. 인장과 압축 상태에 있는 힘의 방향이 그림 5.5에 나타나 있다.

인장

압축

액체나 기체 내에서 작용하는 압력과 비슷하게, 응력 또한 면적에 걸쳐 분포된 힘으로 해석될 수 있다. 그러므로 응력과 압력은 단위가 동일하다. 국제단위계(SI)에서 응력의 단위는 파스칼(1 Pa = 1 N/m^2)이다. 응력과 재료 특성치가 포함된 계산을 수행할 때, 종종 수치가 매우 큰 양이 등장하므로, "kilo" (k), "mega" (M)와 "giga" (G)의 접두사들이 각각 10^3, 10^6 그리고 10^9의 인수를 나타내는 데 적용된다. 그러므로

$$1\ \text{kPa} = 10^3\ \text{Pa} \qquad 1\ \text{MPa} = 10^6\ \text{Pa} \qquad 1\ \text{GPa} = 10^9\ \text{Pa}$$

응력은 작용하는 힘의 세기와 관련이 있는 반면에, 변형률이라고 불리는 공학

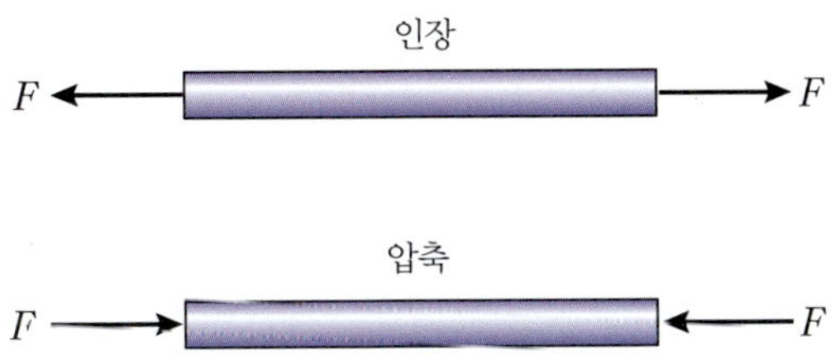

그림 5.5
인장 및 압축 상태에 있는 힘의 방향

신장량 에서 사용하는 양은 봉이 늘어나는 양을 측정한다. 그림 5.3에 있는 **신장량**(*elongation*) ΔL은 힘 F가 가해질 때 봉이 어떻게 늘어나는지를 설명하는 한 가지 방법이지만, 이는 유일한 방법도 아니며 반드시 최상의 방법이라고 할 수도 없다. 만약 두 번째 봉의 단면적이 첫 번째 봉의 단면적과 동일하지만, 길이는 그 절반이라고 하면, 식 (5.2)에 따라 두 번째 봉에서의 응력은 첫 번째 봉에서의 응력과 동일하게 된다. 그러나 우리는 직관적으로 봉이 짧으면 덜 늘어나게 된다는 사실을 예측할 수 있다. 이러한 사실을 확신하기 위하여, 길이가 다른 두 개의 고무줄에 동일한 무게의 추를 매달아서 길이가 긴 고무줄이 어떻게 더 많이 늘어나는지를 관찰한다. 응력이 단위 면적당 작용하는 힘으로 측정될 수 있듯이, **변형률**(*strain*)이라고 하는 양은 봉의 단위 길이당 발생하는 신장량으로 정의된다. 변형률(그리스 소문자 엡실론)은 아래의 표현식으로부터 계산된다.

변형률

$$\varepsilon = \frac{\Delta L}{L} \tag{5.3}$$

길이의 단위가 분모와 분자에서 상쇄되므로, ε은 무차원 양이다. 변형률은 일반적으로 매우 작아서, 소수점이 포함된 양(예를 들면, $\varepsilon = 0.005$)이나 퍼센트(예를 들면, $\varepsilon = 0.5\%$)로 나타낼 수 있다.

예제 5.1 캔자스 시티 하얏트 리젠시 호텔의 통로에서의 행거 봉

1981년에, 미주리 주 캔자스 시티에 있는 하얏트 리젠시 호텔은 40층 탑과 공간이 넓은 4층짜리 야외 홀을 갖고 있는 1년 된 건물이었다. 중앙 로비 위에 천장과 매달기(hanging)로 연결되어 있는, 세 개의 떠 있는 통로(skyway)는 호텔의 아래 몇 개의 층에 투숙하고 있는 손님들이 값비싼 로비를 관람하고 즐길 수 있도록 하였다. 어느 금요일 저녁에, 호텔의 이 야외 홀에서 파티가 열리고 있는 동안에, 4층 통로를 지탱하고 있는 연결부가 갑자기 부러졌다. 445 kN의 잔해로 변한 전체 skyway 구조물이 사람들로 가득 찬 야외 홀을 덮치면서, 114명이 사망하였다. 붕괴의 조사 과정에서, 행거 봉과 위쪽 통로 사이의 연결부가 약 91 kN의 하중을 받아 파손된 것으로 밝혀졌다. kPa의 단위로 인장력이 91 kN일 때, 지름이 30 mm인 행거 봉에서의 응력을 결정하라.

접근방법

행거 봉이 그림 5.3에 보이는 대로 인장력을 전달하는데, F = 91 kN이고 d = 30 mm이다. 식 (5.2)를 적용하여 응력을 계산하도록 한다.

풀이

식 (5.1)을 이용하여, 행거 봉의 단면적을 아래와 같이 구한다.

$$A = \frac{\pi(30\text{mm})^2}{4} \qquad \leftarrow \left[A = \frac{\pi d^2}{4}\right]$$

$$= 706.8 \ \text{mm}^2$$

인장응력은 아래와 같다.

$$\sigma = \frac{91 \text{ kN}}{706.8 \ \text{mm}^2} \qquad \leftarrow \left[\sigma = \frac{F}{A}\right]$$

$$= 128.7 \frac{\text{MN}}{\text{m}^2}$$

$$= 128.7 \times 10^3 \text{ kPa}$$

검토

다음 절에서 볼 수 있듯이, 이 정도의 응력은 강이라는 재료의 강도와 비교해 볼 때 특별히 크지 않다. 인장력이 행거 봉을 파손하기에 충분하지는 않더라도, 봉과 보도 사이의 연결부를 파괴하기에는 충분히 컸다. 통로 붕괴의 예에서처럼, 기계공학에서 기계요소 사이의 연결부가 요소 자체보다 취약한 경우는 흔치 않다.

$$\sigma = 128.7 \times 10^3 \text{ kPa}$$

예제 5.2 U볼트 클램프

U볼트는 영업용 이삿짐 운반 차량의 바디(I빔 구조로 되어 있음)를 섀시(중공 박스형 채널 부재로 되어있음)에 부착하는 데 사용된다(그림 5.6 참조). 이 U볼트는 지름이 10 mm인 봉으로 되어 있으며, 너트는 U볼트의 직선부에서의 장력이 4 kN이 될 때까지 조여진다. (a) U볼트와 너트, 바디와 섀시부 그리고 조임판에 대한 자유물체도를 그려서 어떻게 힘이 이 조립체를 통하여 전달되는지 보여라. (b) MPa의 단위로, U볼트의 직선부에 발생하는 인장응력을 계산하라.

그림 5.6

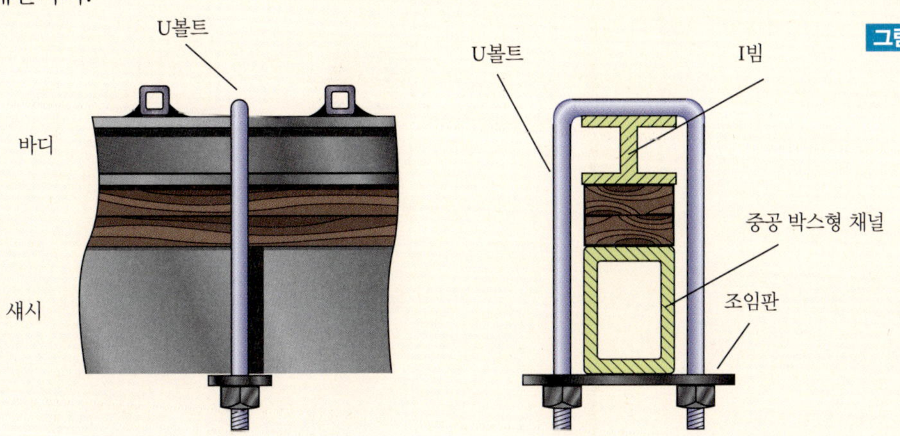

접근방법

(a)에서, 세 개의 자유물체를 분리하여, 각각의 자유물체가 평형을 유지하도록 한다: U볼트와 너트, 바디와 섀시부 그리고 조임판. 조립체 안에 작용하는 힘은 크기는 같으나, 인접한 요소들에 반대방향으로 작용한다. U볼트의 직선부에는 그림 5.3에 나와 있는 대로 $F = 4$ kN과 $d = 10$ mm의 값으로 인장력이 작용한다. 식 (5.2)를 이용하여 응력을 계산하게 된다.

풀이

(a) U볼트의 두 개의 직선부는 각각 4 kN의 장력을 전달하기 때문에, 총 8 kN의 합력이 바디와 섀시부에 압축력으로 전달된다(그림 5.7 참조). 비슷하게, 8 kN의 하중이 박스형 채널 부재에 의하여 조임판에 작용한다. 크기는 같고 방향이 반대인 4 kN의 힘이 조임판과 U볼트에 나사산으로 체결되어 있는 너트 사이에 작용한다.

(b) 볼트의 단면적은 아래와 같다.

$$A = \frac{\pi(10\text{ mm})^2}{4} \qquad \leftarrow \left[A = \frac{\pi d^2}{4}\right]$$

$$= 78.54\text{ mm}^2$$

국제단위계(SI)의 응력과 동일한 단위계의 단위로 바꿔주면 아래와 같다.

$$A = (78.54\text{ mm}^2)\left(10^{-3}\frac{\text{m}}{\text{mm}}\right)^2$$

$$= 7.854 \times 10^{-5}(\text{mm}^2)\left(\frac{\text{m}^2}{\text{mm}^2}\right)$$

$$= 7.854 \times 10^{-5}\text{ m}^2$$

그림 5.7

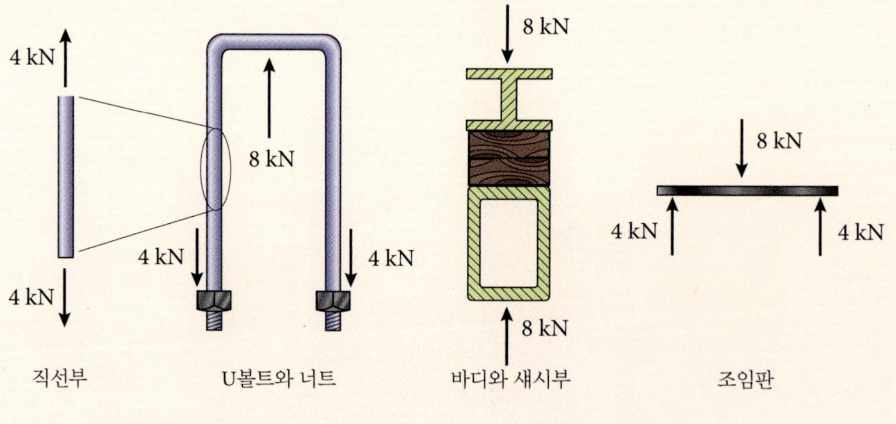

인장응력은 아래와 같이 된다.

$$\sigma = \frac{4000 \text{ N}}{7.854 \times 10^{-5} \text{ m}^2} \qquad \leftarrow \left[\sigma = \frac{F}{A}\right]$$

$$= 5.093 \times 10^7 \frac{\text{N}}{\text{m}^2}$$

$$= 5.093 \times 10^7 \text{ Pa}$$

여기서 우리는 표 3.2에 있는 파스칼이라는 단위의 정의를 이용하였다. 표 3.3에 있는 "mega"라는 국제단위계 접두사는 큰 10의 지수값을 간결하게 하여, 큰 값의 결과를 좀 더 간략하게 쓸 수 있도록 한다.

$$\sigma = (5.093 \times 10^7 \text{ Pa})\left(10^{-6} \frac{\text{MPa}}{\text{Pa}}\right)$$

$$= 50.93 \text{ (Pa)}\left(\frac{\text{MPa}}{\text{Pa}}\right)$$

$$= 50.93 \text{ MPa}$$

검토

봉의 직선부에 작용하는 인장응력이 매우 크다. 작용하는 하중이 크기 때문에 이러한 결과는 타당성이 있다. 봉과 90° 각도를 이루며 I빔에 닿아 있는 U볼트의 상부에는 좀 더 복잡한 상태의 응력이 작용하는데, 이 응력을 구하기 위해서는 다른 해석이 필요하다.

$$\sigma = 50.93 \text{ MPa}$$

중점사항 극한 환경

많은 혁신적인 제품들은 극한 환경에서도 구조적으로 완전하기 때문에 성공적이라고 할 수 있다. 극한 환경에서 사용할 제품들을 설계할 때, 공학자들은 정확한 사용 조건들을 모의 실험하기 위하여 많은 경우의 적용 하중을 고려해야만 한다. 예를 들면, 2011년에 일본에서 발생한 쓰나미 재앙의 폐해가 아직도 전 국토를 강타하고 있지만, 한편으로는 미래의 재앙에서 피해자들을 돕기 위한 혁신적인 제품들이 창출되고 있다. 그림 5.8(a)에, 휠체어를 돌려서 현대판 인력거로 전달하는 "Jinriki"라는 제품이 나와 있는데, 이 제품을 이용하면 아주 쉽게 계단을 올라가거나 내려올 수 있고, 또한 눈, 모래, 또는 진흙길에서 아주 쉽게 이동이 가능하다. 극한 환경에서 누군가를 잡아당길 때 핸들에 작용하는 부가적인 힘이 핸들의 형상, 크기 및 재료를 설계할 때 반드시 고려되어야만 한다. 그림 5.8(b)에서, 콜로라도의 두 명의 기계공학자들이 설계한 스키 바인딩은 속이 찬 스테인리스 강으로 된 주 회전축을 포함시킴으로써, 두 개의 나사산 형태의 부품을 사용하던 종래의 설계에서의 구조적인 손상 문제를 해결하였다. 또한, 유한요소법과 같은 최근의 모델 시뮬레이션 기술을 적용하여, 중요 부품의 특정 면에서의 벽 두께를 늘리는 결정을 함으로써 해당 면에서의 응력을 30% 줄였다. 이러한 사례는 매우 중요한데, 왜냐하면 이 부품에 사용되고 있는 고강도 알루미늄의 수명이 현저하게 늘어났기 때문이다. 상용 우주 여행, 자연 재해 경감, 생의학 장치 개발, 또는 고성능 스포츠 제품에서든, 이러한 극한 환경은 기계공학자들이 제품의 부품으로 선정하는 재료에서 다양한 형태의 하중, 응력 및 손상 조건을 고려하도록 만든다.

그림 5.8

(a) 극한 환경에서 휠체어를 쉽게 끌 수 있도록 주문 제작된 핸들 (b) 구조와 재료의 성능이 개선된 Bishop Bindings사의 스키 바인딩

Wilderness Inquiry 제공; Bishop Bindings LLC 제공

5.3 재료 반응

응력과 변형률의 정의는 힘과 신장량과는 달리, 봉의 크기에 대한 비율로 그 값이 결정되기 때문에 유용하다. 재료는 동일하지만 지름과 길이가 다양한 여러 개의 봉을 가지고 일련의 실험을 수행한다고 가정한다. 각각의 봉에 대하여 인장력을 작용하면, 힘과 신장량을 측정할 수 있다. 일반적으로 가해진 일정한 힘에 대하여 각각의 봉의 지름과 길이가 다양하기 때문에, 각 봉의 신장량은 서로 다르

게 된다.

그러나 각각의 봉에 대하여 가해진 힘과 신장량은 서로 비례하여, 아래와 같이 나타낼 수 있다.

$$F = k\Delta L \tag{5.4}$$

여기서 매개변수 k는 **강성**(*stiffness*)이라고 한다. 이러한 관찰 내용은 **후크법칙**(*Hooke's law*)이라고 알려진 개념의 바탕이 된다. 실제로, 영국의 과학자 로버트 후크는 1678년에 다음과 같이 기술하였다.

강성과 후크법칙

> 스프링의 파워(power)는 스프링에 가해진 힘과 똑같이 비례한다. 즉 1이라는 파워가 1눈금만큼 늘어나거나 휘게 하고, 2라는 파워는 2눈금만큼 늘어나거나 휘게 하고, 3이라는 파워는 3눈금만큼 늘어나거나 휘게 하고, 이러한 관계는 계속 지속된다.

여기서 주목할 것은 후크가 오늘날 우리가 사용하는 "힘" 대신에 "파워"라는 용어를 사용했다는 점이다. 이러한 관점에서 볼 때, 그 요소 자체가 반드시 똘똘 감겨진 나선형의 강선이라는 의미의 "스프링"처럼 보이지 않는다 하더라도, 늘어나거나 휘는 어떠한 구조요소도 강성이 k인 스프링으로 간주할 수 있다.

가상 실험을 계속하면서, 서로 다른 봉에 대하여 F와 ΔL에 관한 그래프를 작성해 보기로 한다. 그림 5.9(a)에 나와 있는 대로, 이러한 그래프상의 선들은 봉의 d와 L에 따라 그 기울기(또는 강성)가 다르게 나타나게 된다. 힘이 일정한 경우에, 봉의 길이가 길수록 그리고 단면적이 작을수록, 다른 봉보다 더 많이 늘어나게 된다. 반

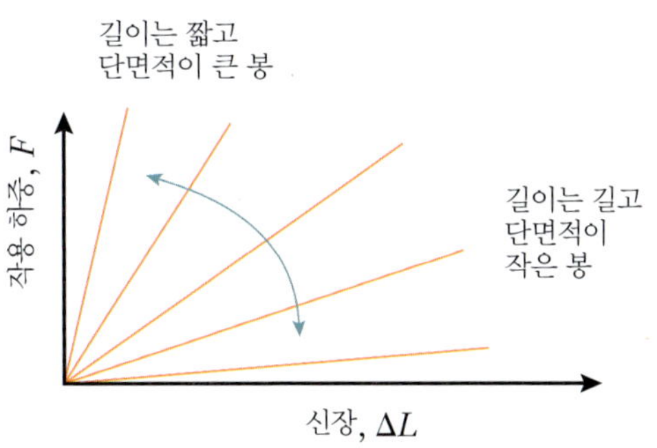

(a)

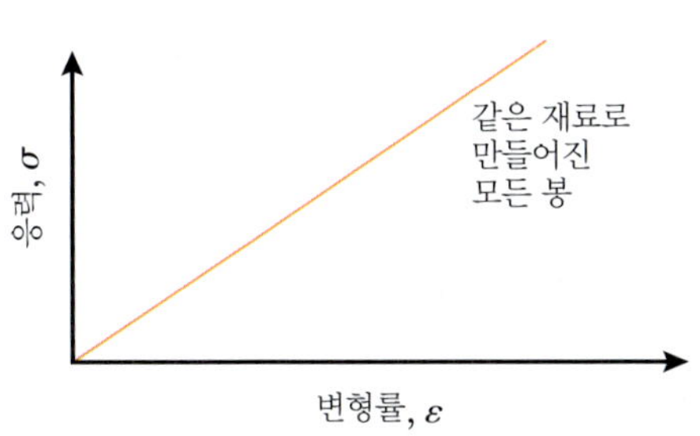

(b)

그림 5.9
(a) 다양한 단면적과 길이를 갖는 봉에 대한 힘-신장량 거동. (b) 각각의 봉은 유사한 응력-변형률 거동을 나타낸다.

대로, 봉의 길이가 짧을수록 그리고 단면적이 클수록, 다른 봉보다 더 적게 늘어나게 된다. 그래프에는 서로 다른 기울기를 갖는 많은 직선들이 나타나게 된다. 봉이 동일한 재료로 만들어졌음에도 불구하고, 그 직선들은 힘(F)과 신장량(ΔL)의 관계를 나타내는 그래프의 관점에서 볼 때, 서로 매우 다르게 보인다.

반면에, 신장량 대신 응력과 변형률의 관점에서 설명하면, 봉은 동일한 방식으로 거동한다. 그림 5.9(b)에 나타난 대로, 각각의 힘(F)–신장량(ΔL) 직선들은 응력–변형률 선도에서 하나의 선으로 겹쳐진다. 이러한 실험에 대한 결론은 강성은 봉의 치수에 좌우되지만, 응력–변형률 관계식은 시편의 크기와 무관한, 재료의 고유한 특성이다.

응력–변형률 선도

탄성영역과 소성영역

비례한도

그림 5.10은 전형적인 구조 강에 대한 이상적인 **응력–변형률 선도**를 나타낸다. 응력–변형률 선도는 몇 개의 구간으로 구분된다. 작은 변형률의 **탄성영역**(*elastic region*; 이 영역에서는 가해준 하중을 제거하면 영구변형이 남지 않음)과 큰 변형률의 **소성영역**(*plastic region*; 이 영역에서는 하중이 충분히 커서, 하중이 제거된 후에 영구변형이 발생됨). **비례한도**(*proportional limit*; A점) 이하의 변형률 영역에서는 응력과 변형률은 서로 비례하므로 아래의 식을 만족한다는 사실을 선도로부터 확인할 수 있다.

$$\sigma = E\varepsilon \tag{5.5}$$

탄성계수

물리량 E는 **탄성계수**(*elastic modulus*) 또는 **영**(Young)**계수**라고 불리는데, 단위 면적당 힘의 단위를 가진다. 국제단위계에서 단위 GPa는 주로 탄성계수를 나타내는데 사용된다. 탄성계수는 물리적인 재료 특성치이며, 작은 변형률 영역에서 응력–변형률 선도의 기울기를 나타낸다. 식 (5.2)와 (5.3)을 결합하면, 비례한도 이하에서

그림 5.10
구조 강에 대한 이상적인 응력–변형률 선도

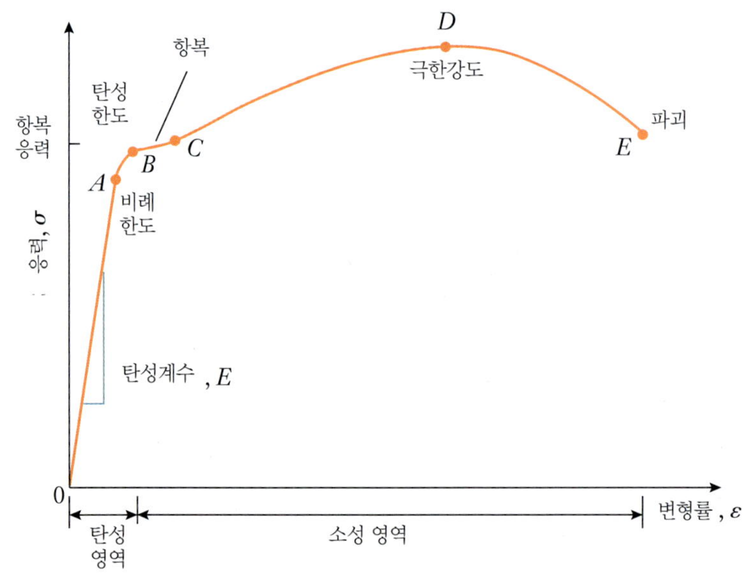

봉에 하중이 작용할 때 봉의 신장량은 아래의 식으로 표현된다.

$$\Delta L = \frac{FL}{EA} \tag{5.6}$$

그리고 식 (5.4)에서 강성은 아래와 같이 된다.

$$k = \frac{EA}{L} \tag{5.7}$$

금속과 대부분의 다른 공업용 재료는 다양한 화학 원소의 결합물이기 때문에, 재료의 탄성계수는 해당 재료의 원자 간 결합강도와 관계가 있다. 일례로서, 합금강마다 함유되어 있는 탄소, 몰리브덴, 망간, 크롬과 니켈 같은 원소의 중량 백분율이 다르다. 1020급 강으로 알려진 재료에는 탄소가 0.18~0.23%(무게), 망간이 0.30~0.60%, 인이 최대 0.04% 그리고 황이 0.05% 함유되어 있다. 이 합금강은 다른 강의 조성의 경우와 같이 주로 철로 구성되어 있어서, 대부분의 합금강에 대한 탄성계수의 값은 서로 대동소이하다. 비슷한 상황이 다양한 알루미늄 합금의 경우에도 존재한다. 강과 알루미늄의 탄성계수에 대한 다음의 값들은 대부분의 공학용 계산과 설계 목적에 사용될 수 있는 충분히 정확한 값이다.

$$E_{\text{steel}} \approx 210 \text{ GPa}$$
$$E_{\text{aluminum}} \approx 70 \text{ GPa}$$

여기서 강의 탄성계수가 알루미늄의 탄성계수의 3배가 된다는 사실을 알 수 있다. 식 (5.6)에서 강과 알루미늄의 탄성계수 차이 때문에, 동일한 치수와 하중에 대하여, 알루미늄 봉이 강 봉의 세 배 만큼 늘어나게 된다는 점을 생각할 수 있다. 특정한 샘플에 대한 탄성계수가 이 값과 다를 수 있으므로 매우 중요한 경우에는 그 재료의 특성치를 측정해야 한다.

앞 절에서 설명한 대로, 봉이 늘어나면 지름이 약간 감소하게 된다. 이와는 반대로, 압축력이 가해지면 봉의 지름이 다소 늘어나게 된다. 이러한 단면효과를 포아송 수축 또는 팽창이라고 하는데, 이는 작용력의 방향에 대한 수직방향에서 발생하는 치수의 변화를 나타낸다. **연질재료**(고무줄 등)가 늘어날 때, 때때로 별도의 특수 장비 없이도 이러한 치수변화를 관찰할 수 있다. 금속과 대부분의 공업용 재료에 대하여, 이 변화량은 매우 작으므로 정교한 정밀기기를 이용하여 측정하어야 한다.

단면에서의 수축 또는 팽창을 정량화할 수 있는 재료 특성치가 **포아송 비**(*Poisson's ratio*)인데, ν(그리스 소문자 누)로 나타낸다. 이는 봉의 지름 변화량(Δd)과 길이 변화량(ΔL)을 이용하여 아래와 같이 정의된다.

포아송 비

$$\Delta d = -\nu d \frac{\Delta L}{L} \tag{5.8}$$

이 식에서 음(−)의 부호는 인장력($\Delta L > 0$)은 지름을 수축($\Delta d < 0$)하고, 압축력은 지름을 팽창하게 하는 부호규약을 나타낸다. 대부분의 금속에 대하여, 그 값이 일반적으로 0.25~0.35의 범위에 들어가므로, $\nu \approx 0.3$으로 한다.

탄성한도 **항복** **항복강도** **극한강도**

다시 그림 5.10의 응력–변형률 선도에 대한 설명으로 돌아가서, B점을 **탄성한도**(*elastic limit*)라고 한다. A점과 B점 사이의 하중에 대하여, 재료는 계속해서 탄성거동을 하므로, 힘을 제거하게 되면 **탄성복원**(spring back)을 하게 되지만, 응력과 변형률은 더 이상 비례 관계를 보이지 않는다. 하중이 B점를 지나 더욱 증가하게 되면, 재료는 영구변형을 나타내기 시작한다. B점과 C점 사이의 영역에서는 **항복**(*yield*)현상이 나타나게 된다. 즉, 응력이 조금만 변화하여도, 봉의 변형률은 크게 변화되어 나타나게 된다. 항복영역에서, 응력–변형률 선도의 기울기가 매우 작기 때문에, 하중이 아주 조금만 증가하여도 봉은 상당히 늘어나게 된다. 이러한 이유로, 공학자는 때때로 항복이 개시되는 것을 파손의 징후로 간주한다. 영역 B-C에서의 응력값은 **항복강도**(*yield strength*), S_y라고 하는 재료 특성치로 정의된다. 하중이 C점을 지나서도 계속 증가하게 되면, 응력은 D점의 **극한강도**(*ultimate strength*), S_u까지 증가한다. 이 값은 재료가 견딜 수 있는 최대의 응력을 나타낸다. 시험을 계속 진행하면, 그림에서의 응력은 봉의 단면적의 감소로 인하여 시편이 결국 E점에서 파손될 때까지 실제로 감소하게 된다.

재료시험기

응력–변형률 선도는 **재료시험기**(*materials testing machine*)라고 불리는 장비에서 측정된다. 그림 5.11은 컴퓨터가 시험대를 제어하고 실험 데이터를 기록하는 장비의 예를 보여준다. 인장시험 동안에, 강철봉과 같은 시편이 서서히 이격되는 두 개의 턱 부분(jaw)에 물려있어 이 시편에 인장력이 작용한다. 힘을 측정하는 로드셀(load cell)은 한쪽 턱 부분에 부착되고, 두 번째 센서(신장계라 함)는 시편이 얼마만큼 늘어나는지를 측정한다. 컴퓨터는 실험 중에 힘과 변형량 데이터를 기록하며, 이 값들은 식 (5.2)와 (5.3)을 이용하여 응력과 변형률로 변환된다. 응력–변형률 데이터가 그래프에 그려지면, 작은 변형률 영역에서의 기울기를 측정하여 E를 결정하고, 그래프로부터 항복점에서의 항복응력, S_y값을 결정한다.

그림 5.12에는 구조강 샘플에 대한 응력–변형률 선도가 나타나 있다. 응력은 MPa이라는 국제단위계로 표시되고, 무차원 수인 변형률은 퍼센트로 표시되어 있다. 이 선도를 이용하여 이 샘플에 대한 탄성계수와 항복강도를 결정한다. 응력(σ)과 변형률(ε)과의 관계는 작은 변형률 영역(약 0.2%까지)에서 거의 직선이고, 탄성계수 E는 이 영역에서 직선의 기울기로부터 결정된다. 응력이 작용하지 않을 때 변형률은 0이고, 그래프의 x-y축을 이용하여 값을 읽어보면, 시편에 317 MPa의 응력이 작용할 때 변형률은 0.15%가 되는 것을 알 수 있다. 식 (5.5)에 따라서 탄성계수는 아래와 같이 결정된다.

$$E = \frac{317 \times 10^6\,\text{Pa}}{0.0015} = 211 \times 10^9\,\text{Pa} = 211\ \text{GPa}$$

그림 5.11

재료시험기를 이용하여 두 개의 지지부의 금속 봉을 굽히고 있다. 컴퓨터는 이 실험을 제어하고 그 힘과 변형량 데이터를 기록한다.

MTS 시스템 코퍼레이션 제공

이 값은 강에 대해 어림잡아 구한 값(210 GPa)에 매우 가깝다. 항복점 또한 그림 5.12(b)에 분명하게 나타나 있고, 우리는 그래프의 세로 좌표로부터 직접 S_y = 372 MPa이라는 값을 구한다.

알루미늄이나 다른 비철금속에 대하여, 그림 5.10에 있는 응력–변형률 선도의 항복점에 보이는 모난 부분과 폭이 좁은 항복영역 *B-C*는 일반적으로 나타나지 않는다. 반면에 그런 재료는 탄성영역과 소성영역 사이에서 매끄럽고 완만한 천이를 보이는 경향이 있다. 이런 경우에는 **0.2% 오프셋 방법**(*0.2% offset method*)이라고 하는 기법이 항복강도를 정의하는 데 사용된다. 그 예로 그림 5.13은 재료시험기에서 측정한 알루미늄 합금에 대한 응력–변형률 선도를 나타낸다. 이때 탄성계수는 원점을 통과하고 비례영역의 응력–변형률 선도 위의 점을 지나는 직선의 기울기로부터 결정된다. 응력이 103 MPa일 때, 변형률은 0.14%이므로 탄성계수는 아래와 같이 계산된다.

0.2% 오프셋 방법

$$E = \frac{103 \times 10^6 \text{ Pa}}{0.0014} = 73 \times 10^9 \text{ Pa} = 73 \text{ GPa}$$

이 값은 알루미늄에 대한 공칭값(70 GPa)에 가깝다. 그러나 그림 5.12에 있는 합금강과 달리 항복점이 날카롭고 분명하게 나타나지 않는다. 따라서 항복응력은 0.2% 오프셋 방법에 의하여 원점에서 0.2%만큼 치우친 점에서 기울기 *E*로 그린 직선과

그림 5.12

구조강 샘플에 대하여 측정된 응력-변형률 선도가 (a) 넓은 범위의 변형률 구간과 (b) 저변형률 구간과 항복점을 포함한 영역만을 확대한 변형률 구간에서 나타나 있다.

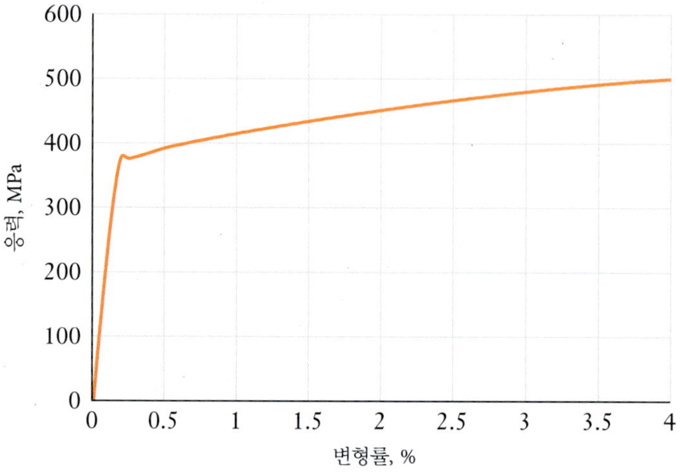

(a)

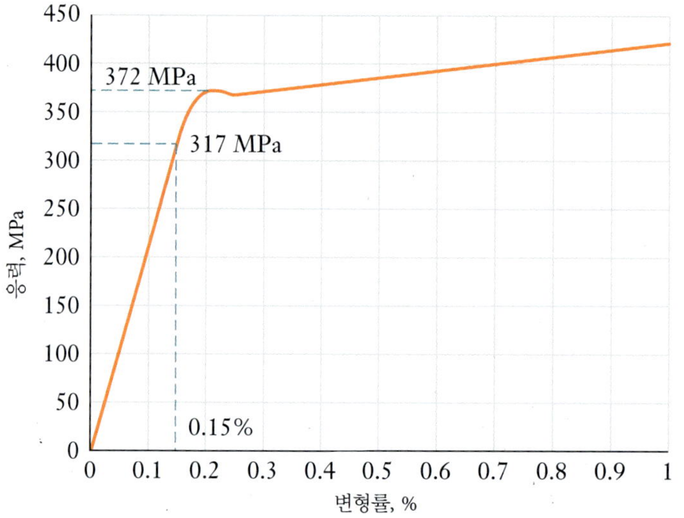

(b)

그림 5.13

알루미늄 샘플에 대하여 측정된 응력-변형률 선도. 탄성계수는 저변형률 영역에서 곡선의 기울기로부터 결정되고, 항복응력은 오프셋(0.2%) 방법을 이용하여 구한다.

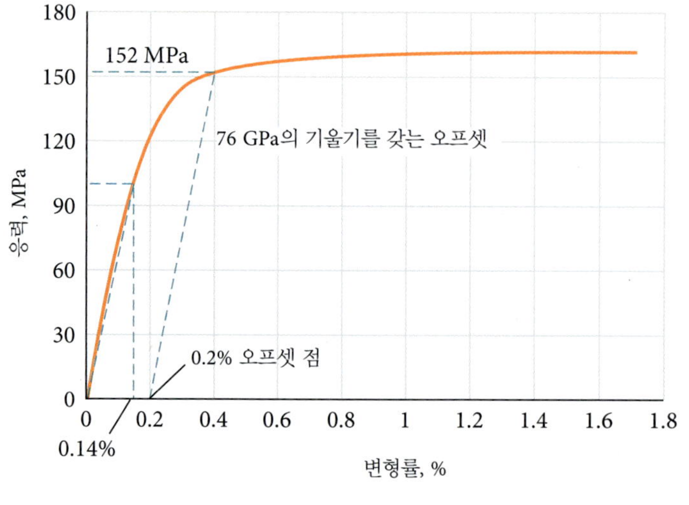

선도의 교점으로부터 결정된다. 그림 5.13의 횡축에 오프셋 점을 정하고, 이 점에서 기울기 76 GPa인 직선을 그려서 응력–변형률 선도와 교차하는 점이 항복점이고, S_y = 152 MPa이 된다. 이 값은 재료가 현저히 항복을 시작해서 더 이상 사용할 수 없을 때에 해당하는 응력의 크기이다.

표 5.1과 5.2는 몇 개의 금속에 대한 탄성계수, **포아송 비**, 비중량과 극한 및 항복강도를 포함하는, 재료의 특성치를 나타낸다. 그러나 어떤 금속재료에 대한 특성치는 표에 나와 있는 값들과 다를 수도 있다. 가능하다면, 특히 피손이 사람들의 부상으로 나타날 수 있는 경우에, 재료 특성치를 직접 측정하거나 재료 공급처에 연락해서 얻어야만 한다. 표 5.2에 있는 금속 및 합금에 대한 일반적인 사용법은 5.5 절에서 설명된다.

재료	탄성계수 E (GPa)	포아송 비, ν	비중량, ρ_w (kN/m^3)
알루미늄 합금	72	0.32	27
구리 합금	110	0.33	84
강 합금	207	0.30	76
스테인리스강	190	0.30	76
티타늄 합금	114	0.33	43

* 주어진 수치는 대표값이고, 특정한 재료에 대한 값은 조성과 가공 프로세스에 따라 변할 수 있다.

표 5.1
선택된 금속의 탄성계수와 비중량

재료		극한 응력, S_u (MPa)	항복 응력, S_y (MPa)
알루미늄 합금	3003-A	110	41
	6061-A	124	55
	6061-T6	310	276
구리 합금	Naval brass-A	376	117
	Cartridge brass-CR	524	434
강 합금	1020-HR	455	290
	1045-HR	638	414
	4340-HR	1041	910
스테인리스강	303-A	600	241
	316-A	579	290
	440C-A	759	483
티타늄 합금	Commercial	551	482

* 주어진 수치는 대표값이고, 특정한 재료에 대한 값은 조성과 가공 프로세스에 따라 변할 수 있다. A = 풀림, HR = 열간가공, CR = 냉간가공, 그리고 T = 템퍼링(뜨임).

표 5.2
선택된 금속의 극한 및 항복강도

예제 5.3 U볼트의 치수 변화

예제 5.2에 있는 지름 10 mm의 강재 U볼트에 대하여 (a) 변형률, (b) 길이의 변화, 그리고 길이가 325 mm인 볼트 직선부에서의 지름의 변화를 결정하라. 탄성계수는 경험값인 E = 210 GPa을 이용하고, 포아송 비는 ν = 0.3을 이용하라(그림 5.14 참조).

그림 5.14

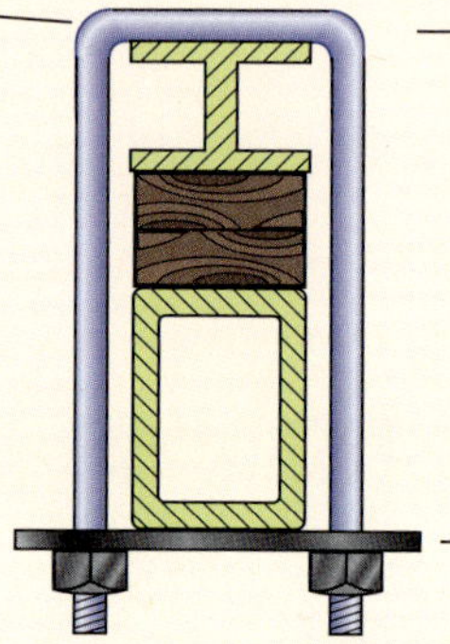

접근방법

U볼트의 직선부에서의 응력은 예제 5.2에서 이미 구했고, $\sigma = 5.093 \times 10^7$ Pa이었다. 식 (5.5), (5.3) 그리고 (5.8)을 (a), (b) 그리고 (c)에 각각 적용함으로써 변형률, 길이의 변화, 그리고 지름의 변화를 계산한다.

풀이

(a) 직선부에서의 변형률은 아래와 같다.

$$\varepsilon = \frac{5.093 \times 10^7 \text{ Pa}}{210 \times 10^9 \text{ Pa}} \qquad \leftarrow \left[\varepsilon = \frac{\sigma}{E}\right]$$

$$= 2.425 \times 10^{-4} \frac{\text{Pa}}{\text{Pa}}$$

$$= 2.425 \times 10^{-4}$$

이 값은 매우 작은 무차원 수이므로, 그 값을 ε = 0.02425%로 나타낸다.

(b) U볼트의 길이 변화(신장량)는 아래와 같다.

$$\Delta L = (2.425 \times 10^{-4})(0.325 \text{ m}) \qquad \leftarrow [\Delta L = \varepsilon L]$$

$$= 7.882 \times 10^{-5} \text{ m}$$

이 수치를 표 3.2에 있는 정의에 따라 mm(미크론)이라고 하는 국제단위계 단위로 변환한다.

$$\Delta L = (7.882 \times 10^{-5} \text{m})\left(10^6 \frac{\mu\text{m}}{\text{m}}\right)$$

$$= 78.82 (\text{m})\left(10^6 \frac{\mu\text{m}}{\text{m}}\right)$$

$$= 78.82 \times \mu\text{m}$$

여기에서 “micro”라는 국제단위계 접두사 μ는 1/1,000,000의 인수를 나타낸다.

(c) 지름의 변화는 U볼트의 신장량보다 훨씬 작다.

$$\Delta d = -(0.3)(0.01\text{ m})\left(\frac{7.882 \times 10^{-5}\text{m}}{0.325\text{ m}}\right) \qquad \leftarrow \left[\Delta d = -\nu d\frac{\Delta L}{L}\right]$$

$$= -7.276 \times 10^{-7}(\text{m})\left(\frac{\text{m}}{\text{m}}\right)$$

$$= -7.276 \times 10^{-7}\text{m}$$

10의 지수값이 큰 음수일 때, 이를 간결하게 표현하기 위하여, 표 3.3에 있는 “nano”라는 접두사를 적용한다.

$$\Delta d = (-7.276 \times 10^{-7}\text{m})\left(10^9\frac{\text{nm}}{\text{m}}\right)$$

$$= -727.6(\text{m})\left(\frac{\text{nm}}{\text{m}}\right)$$

$$= -727.6\text{ nm}$$

검토

U볼트의 신장량은 실제 작다. U볼트가 강으로 만들어져 있기 때문에, 이러한 결과는 예측되었다. 신장량은 대략 사람 머리카락의 지름과 같거나 또는 헬륨-네온 레이저에서 빛의 파장인 632.8 nm보다 약간 크다. 그러므로 볼트의 지름은 단지 빛의 한 파장보다 약간 큰 정도만큼 수축된다. 볼트가 4 kN(약 900 lb)의 하중을 전달한다 하더라도, 치수의 변화는 눈에 안 띌 정도이고 측정하기 위해서는 특별한 장비를 필요로 한다.

$$\varepsilon = 0.02425\%$$
$$\Delta L = 78.82\ \mu\text{m}$$
$$\Delta d = -727.6\text{ nm}$$

예제 5.4 **봉의 늘어남**

원형 봉이 합금강으로 만들어져서, 그림 5.12에 보이는 응력-변형률 특성을 가진다(그림 5.15 참조). 봉에 15.5 kN의 인장력(대략 승용차의 무게와 동일함)이 작용할 때, (a) 봉에서 응력과 변형률, (b) 늘어나는 양, (c) 지름의 변화, 그리고 (d) 강성을 계산하라. (e) 힘이 단지 4.5 kN이라면, 봉은 얼마만큼 늘어나겠는가? 포아송 비는 $\nu = 0.3$을 이용하라.

그림 5.15

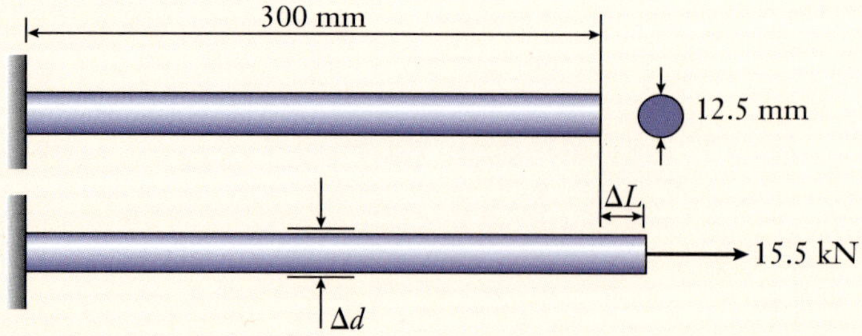

접근방법

우선 식 (5.2)를 적용하여 응력을 계산한다. 다음에 식 (5.5), (5.3), (5.8) 그리고 (5.7)을 각각 적용함으로써 변형률, 길이의 변화, 지름의 변화, 그리고 강성을 계산한다.

풀이

(a) 봉의 단면적은 아래와 같다.

$$A = \frac{\pi(12.5\ \text{mm})^2}{4} \qquad \leftarrow \left[A = \frac{\pi d^2}{4}\right]$$

$$= 122.7\ \text{mm}^2$$

응력은 아래와 같다.

$$\sigma = \frac{15.5\ \text{kN}}{122.7\ \text{mm}^2} \qquad \leftarrow \left[\sigma = \frac{F}{A}\right]$$

$$= 126.3 \times 10^6\ \frac{\text{N}}{\text{m}^2}$$

$$= 126.3\ \text{MPa}$$

봉 안에서의 변형률은 아래와 같이 주어진다.

$$\varepsilon = \frac{126.3\ \text{MPa}}{211{,}000\ \text{MPa}} \qquad \leftarrow \left[\varepsilon = \frac{\sigma}{E}\right]$$

$$= 5.986 \times 10^{-4}\left(\frac{\text{MPa}}{\text{MPa}}\right)$$

$$= 5.986 \times 10^{-4}$$

또는 0.05986%. 응력과 탄성계수는 동일한 단위를 갖고 있으므로, 그 둘의 단위는 식 (5.5)를 이용하여 변형률을 계산할 때, 서로 상쇄된다.

(b) 15.5 kN의 힘은 봉을 아래와 같이 늘어나게 한다.

$$\Delta L = (5.986 \times 10^{-4})(300\ \text{mm}) \qquad \leftarrow [\Delta L = \varepsilon L]$$

$$= 0.1796\ \text{mm}$$

(c) 강에 대하여 $\nu = 0.3$을 이용하면, 지름의 변화는 아래와 같다.

$$\Delta d = -(0.3)(12.5\text{ mm})\left(\frac{0.1796\text{ mm}}{300\text{ mm}}\right) \qquad \leftarrow \left[\Delta d = -\nu d\frac{\Delta d}{L}\right]$$

$$= -2.245 \times 10^{-3}(\text{mm})\left(\frac{\cancel{\text{mm}}}{\cancel{\text{mm}}}\right)$$

$$= -2.245 \times 10^{-3}\text{ mm}$$

음수의 부호규약은 지름이 수축한다는 것을 나타낸다.

(d) 봉의 강성은 재료의 탄성계수, 단면적과 길이를 이용하여 아래와 같이 결정된다:

$$k = \frac{(211\text{ GPa})(123\text{ mm})}{300\text{ mm}} \qquad \leftarrow \left[k = \frac{EA}{L}\right]$$

$$= 0.08651\left(\frac{\text{GN}}{\text{m}^2}\right)(\text{mm}^2)\left(\frac{1}{\text{mm}}\right)$$

$$= 86.51\ \frac{\text{MN}}{\text{m}}$$

(e) 4.5 kN의 힘이 작용할 때에 봉은 아래와 같이 늘어나게 된다.

$$\Delta L = \frac{4.5\text{ kN}}{86.51\text{ MN/m}} \qquad \leftarrow \left[\Delta L = \frac{F}{k}\right]$$

$$= 5.202 \times 10^{-5}(\cancel{\text{kN}})\left(\frac{\text{m}}{\cancel{\text{kN}}}\right)$$

$$= 5.202 \times 10^{-5}\text{ m}$$

검토

SI 단위계에서, 마이크로미터(μm) 단위는 백만분의 일 미터에 해당하며, 작은 길이와 직경의 변화를 나타내는 데 편리하다. 필기용 종이의 두께는 단지 75~100 mm이고, 봉은 대략 종이 두 장 정도의 두께만큼 늘어난다. 이러한 결과는 주어진 하중에서 봉 재료로 강이 선택되었을 때 예측되는 값이다. 봉의 지름은 3 mm보다 작은 아주 작은 양만큼 수축된다. 이런 작은 변화를 가시화하기 위하여, 봉의 최초 지름을 유효숫자 5자리까지 측정하면, 12.500 mm가 되고, 수축된 후에는 12.497 mm가 된다. 실제로 유효숫자 5자리까지 변화를 측정하기 위해서는, 민감하고 눈금 조정이 잘 된 측정 장비가 필요하다.

$$\sigma = 126.3\text{ MPa}$$

$$\varepsilon = 0.05986\%$$

$$\Delta L\ (\text{at } 15.5\text{ kN}) = 179.6\ \mu\text{m}$$

$$\Delta d = -2.245\ \mu\text{m}$$

$$k = 86.51\text{ MN/m}$$

$$\Delta L\ (\text{at } 4.5\text{ kN}) = 52.02\ \mu\text{m}$$

5.4 전단력

그림 5.4에서 인장응력 σ는 봉의 길이를 따라 작용하고, 또한 봉의 단면적에 수직방향으로 작용한다. 개략적으로 설명하면, 인장응력은 기계요소가 늘어나게 하고, 그 요소를 잡아당기려는 경향을 보인다. 그러나 과도한 힘은 하드웨어를 다른 방향에서 파손시킬 수 있다. 한 가지 예가 전단응력인데, 이 응력은 힘이 구조물이나 기계요소의 단면을 얇게 베어내거나 또는 단면을 잘라내려고 할 때 발생하게 된다.

전단력은 전단응력이 봉의 단면과 동일한 평면에서 작용한다는 점에서 인장력, 압축력과 다르다. 즉, 전단응력은 단면에 평행하게 작용하는 힘과 관련이 있다. 그림 5.16에 있는 탄성재료로 된 블록을 생각해 보자. 이 블록은 아래쪽으로 힘을 받고, 두 개의 강체 지지부에서 위로 반력이 작용한다. 힘이 작용하면, 재료는 그림에 전단면 **전단면**(*shear plane*)으로 표시된 두 개의 가장자리를 따라 얇게 베어지거나(전단되거나) 또는 잘려나가려는 경향을 보인다. 블록의 자유물체도가 그림 5.16(b)에 나와 있고, 수직방향의 평형 조건으로부터 $V = F/2$가 된다. 두 개의 힘 V를 **전단력**(*shear force*)이라 하고, 이 힘은 전단면에서 전단면에 평행하게 작용한다는 사실을 알 수 있다.

전단력

인장력과 압축력과 같이, 전단력도 우리가 상상할 수 있는 재료의 임의의 단면 전체에 분포되어 있다. 전단력은 그림 5.16(c)에서 보여주는 바와 같이 전단면 전체에 분포되어 작용하는 전단응력의 합이 된다. 이 경우에 **전단응력** τ(그리스 소문자 타우)는 아래와 같이 정의된다.

$$\tau = \frac{V}{A} \tag{5.9}$$

여기에서 A는 전단면의 단면적이다.

전단력은 때때로 볼트, 핀, 리벳, 용접과 접착제를 포함하는 구조물이나 기계의 요소 사이에 만들어지는 연결부과 관련이 있다. 실제로 볼 수 있는 두 가지 접합 형식은 단일전단이나 이중전단으로 알려져 있다. 이 용어는 전단력이 서로 접합되어 있는 두 개의 물체 사이에 전달되는 방식에 따라 결정된다. 그림 5.17은 접착제로 겹쳐서 접착되어 있는 **접합부**(lap joint)의 형상을 나타내는 그림이다. 자유물체도를 이용하여, 요소들을 분해하여 접착층 내에서 작용하는 전단력을 드러낼 수 있다.

단일전단

이중전단

그림 5.17(a)의 **단일전단**의 경우에, 전체 하중이 단지 하나의 접착층에 의하여 전달되므로, $V = F$가 된다. **이중전단**은 그림 5.17(b)에 나타나 있다. 이 경우에는 두 개의 면이 하중을 분담하기 때문에, 전단응력은 반이 되고, $V = F/2$가 된다. 이중전단 접합부는 전단력을 두 개의 면을 따라 동시에 전달한다.

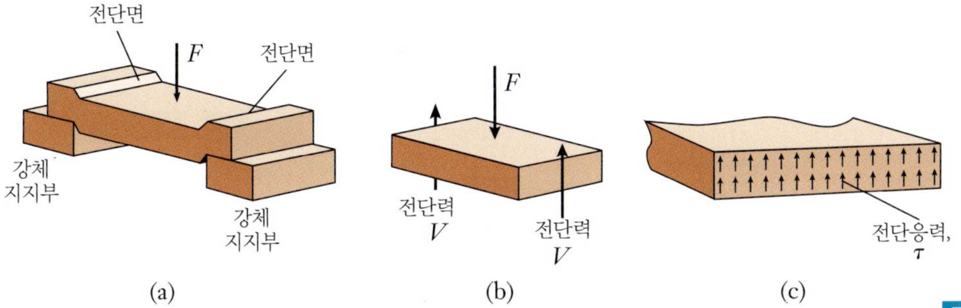

그림 5.16

전단력(V)과 전단응력(t)이 두 개의 강체 지지부 사이에서 가압되고 있는 재료에 작용한다.

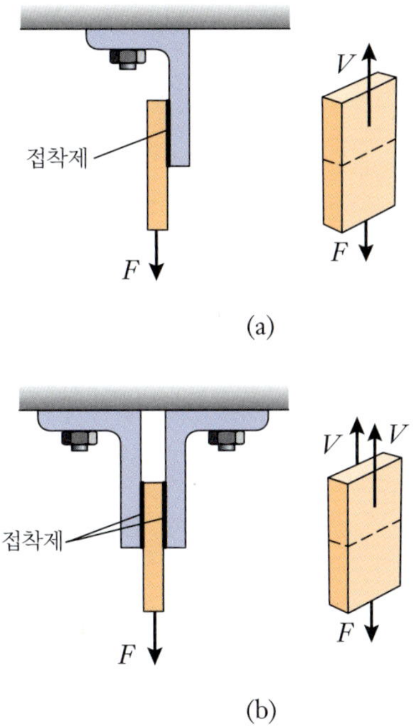

그림 5.17

(a) 단일전단력이, 그리고 (b) 이중전단력이 작용하고 있는 접착제로 접합되어 있는 접합부. 접착층은 굵은 선으로 표시되어 있다.

예제 5.5 철사 커터의 힌지 연결부

예제 4.6에서 철사 커터의 힌지 핀 B는 손잡이를 서로 누를 때, 385 N의 힘을 지지해야만 한다는 것을 알았다. 힌지 핀의 지름이 8 mm라면, 국제단위계의 MPa이라는 단위로 핀의 전단응력을 결정하라(그림 5.18 참조).

그림 5.18

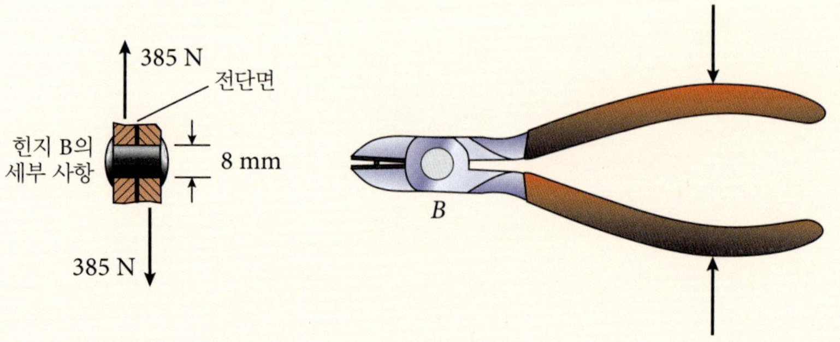

접근방법

예제 4.6에서 정적 평형조건을 적용하여 하나의 턱 부분/손잡이 결합부 사이에서 핀 B에 의하여 전달되는 힘과 그 외의 값을 구하였다. 이제 이 해석을 연장하여 힌지 핀의 재료가 어느 정도의 세기로 하중을 받는지를 조사한다. 385 N의 힘이 하나의 턱 부분/손잡이 결합부로부터 다른 결합부로 단지 하나의 전단면을 통하여 전달되기 때문에, 힌지 핀에는 단일전단력이 작용하고, V = 385 N이 된다. 식 (5.9)를 적용하여 전단응력을 계산한다.

풀이

핀의 단면적은 식 (5.1)을 이용하여 아래와 같이 구한다.

$$\Delta L = \frac{\pi(0.008 \text{ m})^2}{4} \qquad \leftarrow \left[A = \frac{\pi d^2}{4}\right]$$
$$= 5.027 \times 10^{-5} \text{ m}^2$$

전단응력은 아래와 같다.

$$\tau = \frac{385 \text{ N}}{5.027 \times 10^{-5} \text{ m}^2} \qquad \leftarrow \left[\tau = \frac{V}{A}\right]$$
$$= 7.659 \times 10^6 \frac{\text{N}}{\text{m}^2}$$
$$= 7.659 \times 10^6 \text{ Pa}$$

위의 식의 마지막 단계에서 우리는 표 3.2에 있는 파스칼이라는 단위의 정의를 이용하였다. 이 값을 아래와 같이 MPa이라고 하는 전형적인 응력의 단위로 변환한다.

$$\tau = (7.659 \times 10^6 \text{ Pa})\left(10^{-6} \frac{\text{MPa}}{\text{Pa}}\right)$$
$$= 7.659 \text{ (Pa)}\left(\frac{\text{MPa}}{\text{Pa}}\right)$$
$$= 7.659 \text{ MPa}$$

검토

385 N의 힘이 하나의 턱 부분/손잡이 결합부로부터 다른 결합부로 전달될 때, 힘은 B점을 잘라내서 두 조각 내려는 경향의 작용을 한다. 힌지 핀에는 하나의 전단평면을 통하여 단일전단력이 작용하고, 그 세기는 7.659 MPa인데 이 크기는 힌지 핀에 사용되는 보통 재료인 강의 항복강도보다 훨씬 작다.

$$\tau = 7.659 \text{ MPa}$$

예제 5.6 U자형 조인트

나사산이 새겨진 봉이 1.5 kN의 인장력을 받고, 그 힘은 U자형 조인트를 통해서 고정 베이스에 전달된다. 지름이 10 mm인 힌지 핀 내부에 작용하는 전단응력(MPa 단위로)을 계산하라(그림 5.19 참조).

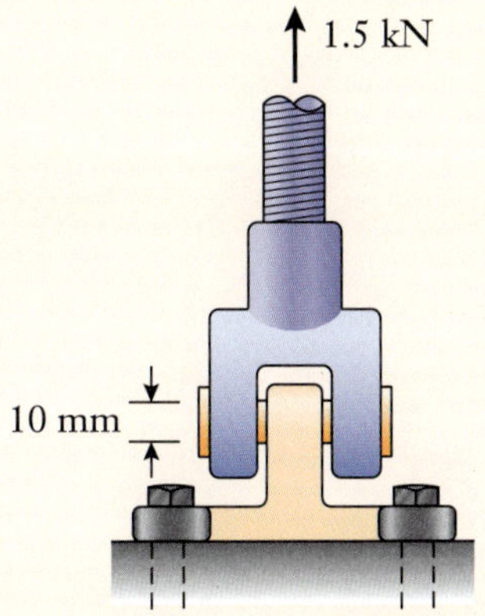

그림 5.19

접근방법

나사산이 새겨진 봉과 고정 베이스에 부착된 볼트에는 그 길이 방향을 따라 인장력이 작용한다. U자형 조인트의 힌지 핀은 길이에 대하여 수직방향의 힘을 전달하고, 그 힘은 전단력이 된다. 전단력의 크기를 결정하기 위하여, U자형 조인트의 자유물체도를 그리고, 힘이 어떻게 전달되는지를 그 위에 나타낸다(그림 5.20 참조).

풀이

1.5 kN의 힘이 두 개의 전단면을 통하여 핀으로부터 베이스로 전달되고, V = 750 N이 된다. 핀의 단면적은 아래와 같다.

$$A = \frac{\pi(10 \text{ mm})^2}{4} \qquad \leftarrow \left[A = \frac{\pi d^2}{4}\right]$$

$$= 78.54 \text{ mm}^2$$

그림 5.20

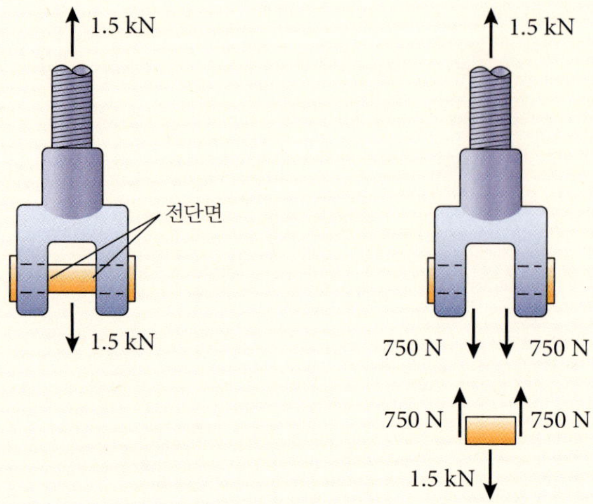

전단응력은 아래와 같다.

$$\tau = \frac{750\ \text{N}}{75.54\ \text{mm}^2} \qquad \leftarrow \left[\tau = \frac{V}{A}\right]$$
$$= 9.549 \times 10^6\ \frac{\text{N}}{\text{m}^2}$$
$$= 9.549\ \text{MPa}$$

검토

U자형 조인트에 작용하는 힘은 두 지점에서 핀을 통하여 쪼개거나 잘라내려는 경향을 나타낸다. 접합부에는 9.549 MPa의 세기로 이중전단력이 작용하고, 이 크기는 역시 힌지 핀에 보통 사용되는 재료인 강의 항복강도보다 훨씬 작다.

$$\tau = 9.549\ \text{MPa}$$

5.5 공업용 재료

지금까지 재료에 응력이 작용할 때 어떻게 반응하는가라는 관점에서, 공업용 재료의 기본 특성에 대하여 고려해 보았다. 다음 과정은 어떤 종류의 재료가 특수한 디자인 목적에 사용되어야 하는가를 결정하는 것이다. 다양한 재료가 공업용 제품에 적합하지만, 재료를 정확하게 선정하는 것이 설계 과정에서 중요한 과정이다. 기계공학자는 제품의 목적과 제작의 진행 과정을 고려하여 재료를 선택한다. 기계공학 분야에서 만나게 되는 중요한 종류의 재료는 다음과 같다.

- 금속과 그 합금
- 세라믹

- 폴리머
- 복합재료

전자재료는 전자, 컴퓨터 그리고 통신 장치에 널리 사용되고 있는 반도체를 포함하여 또 다른 부류를 형성한다. 마이크로프로세서와 메모리칩과 같은 장치는 전기 컨덕터로서 금속 재료를 사용하고, 절연체로서 세라믹 재료를 사용한다.

공학자는 재료의 성능, 가격, 가용성 그리고 유사한 용도에서의 과거 성능 기록을 참고하여 재료를 선택한다. 공업용 재료의 생산은 자연 자원과 에너지의 소비를 내포하고 있기 때문에, 환경에 대한 관심도 재료 선정에 필요한 요인이 된다. 선택된 재료로 최종 제품을 만드는 데 필요한 제작 과정이 많아지면 많아질수록, 가격은 경제적으로 그리고 환경적으로 더 상승한다. 재료의 전체 수명주기는 천연자원, 예를 들면 광석 형태의 천연자원의 사용을 포함한다. 주 원료 가공, 제품 제조 및 제작, 제품의 이용, 그리고 제품의 처분 또는 재료의 재생을 포함한다.

재료가 제품에 사용되도록 선택할 때, 공학자는 우선 사용할 재료의 종류를 결정할 필요가 있다. 일단 종류가 결정되면(예를 들면 금속과 그 합금), 공학자는 다음으로 그 종류에 속하는 어떤 재료가 가장 적합한지를 결정한다(예를 들면 강 또는 알루미늄). 많은 제품은 각각의 재료는 특정한 용도에 가장 알맞도록 하여, 여러 종류의 재료를 결합하여 사용하도록 설계된다. 예를 들면 자동차에는 프레임, 엔진 그리고 변속 시스템 요소에 약 50~60%의 강; 엔진과 바디 요소에 5~10% 알루미늄; 그리고 장식과 내부 요소에 10~20% 플라스틱이 사용된다. 나머지 부분은 창문에 사용되는 유리, 배터리에 사용되는 납, 타이어에 사용되는 고무 그리고 다른 재료들로 구성된다.

금속과 합금

금속은 비교적 단단하고 무거운 재료이다. 다른 말로 하면, 기술적인 관점에서 볼 때, 금속은 일반적으로 탄성계수와 밀도의 값이 크다. 금속의 강도는 기계 및 열처리와 기본 금속에 주의를 기울여 선택한 소량의 다른 요소를 첨가하는 과정인 **합금 과정**(*alloying*)을 통하여 증가할 수 있다. 설계의 관점에서 볼 때, 금속은 큰 힘을 전달해야만 하는 구조물과 기계류에 사용하기에 적합한 재료이다. 부정적인 측면에서 금속은 부식되기가 쉽고, 그 결과로 시간이 지나면서 악화되고 약해질 수 있다. 금속의 또 다른 장점은 금속을 만들고, 형상화하고, 부착하는 데 많은 다양한 방법들이 존재한다는 점이다. 금속은 주조, 압출성형, 단조, 압연, 절삭, 구멍 뚫기(drilling) 그리고 연마에 의하여 제작될 수 있어서 그 용도가 다양하다.

몇몇 금속은 가공과정과 합금을 통하여, 높은 **연성**(*ductility*)을 나타내는데, 연성이란 재료가 파괴되기 전에 상당한 양만큼 늘어나도 견뎌낼 수 있는 재료의 능력을 말한다. 그림 5.10의 응력-변형률 선도에서, 연성재료는 소성변형이 발생하는 넓은 영역을 갖고 있다. 사무용 종이 클립에 사용되는 강은 연성금속의 좋은 예이 연성다. 반면에 유리와 같은 취성재료는 기본적으로 소성변형 영역이 없다. 이런 분명한 이유로 인해서, 연성금속은 구조물이나 기계류에 사용하기에 아주 적합하다. 왜냐하면 이 금속에 과도한 하중이 작용할 때, 이 재료들은 재료가 파괴되기 전에 현저하게 늘어나거나 휘면서 사전에 경고를 하기 때문이다.

금속은 알루미늄, 구리, 강 그리고 티타늄 같은 많은 중요한 합금들을 포함한다(표 5.2).

- 3003급 알루미늄 합금은 때때로 넓고 평평한 판 형태로 생산되어서, 다른 제품에 사용되는 전자장비용 박스 또는 덮개를 만들 때 쉽게 휘고 형태를 바꿀 수 있다. 적당한 힘을 받는 기계가공된 기계요소에 사용되는 6061 합금은 풀림(A)과 뜨임(T6)의 두 종류가 있다. 풀림과 뜨임은 재료의 강도를 좋게 하기 위하여 열처리하는 가공 과정이다.
- 구리 합금은 황동(구리와 아연의 노란색 합금)과 청동(구리와 주석의 갈색 합금)을 포함한다. 이 재료들은 특별히 높은 강도를 갖고 있지 않으나, 부식에 잘 견디고, 납땜에 의하여 잘 결합될 수 있다. 구리 합금은 콘덴서와 열 교환기의 배관에 사용된다.
- 1020급 강은 흔하고 잘 가공되며, 비교적 비싸지 않은 중급의 합금강이다. 4340급은 1020급보다 더 큰 강도를 가지며, 더 비싼 재료이다. 모든 합금강은 철을 주성분으로 하여 소량의 탄소가 첨가되지만, 기계적 처리 및 열처리 그리고 탄소, 망간, 니켈, 크롬과 몰리브덴 금속의 추가 여부에 따라 다르게 구분된다.
- 스테인리스강에 대하여, 316 합금은 부식 방지용 너트, 볼트, 배관 이음쇠에 사용되고, 고강도 재료인 440C는 구름 베어링의 내륜과 외륜을 만드는 데 사용된다(4.6절).
- 티타늄 합금은 강하고, 가볍고, 부식에 잘 견딘다. 반면에 이 재료는 굉장히 비싸고 다른 금속보다 기계가공 하기가 어렵다. 티타늄은 화학 산업용 배관, 가스 터빈 날개, 고성능 비행기 구조물, 잠수함, 그리고 기타 필요한 경우에 사용된다.

세라믹

여러분은 **세라믹**(ceramics)을 생각하면 아마도 커피 머그잔, 정찬용 접시와 수공예품의 이미지가 떠오를 것이다. 반면에 공업용 세라믹은 높은 온도, 부식, 전기 절연 그리고 마모 방지가 요구되는 분야인 자동차, 항공, 전자, 통신, 컴퓨터와 의료 산업에 사용된다. 세라믹은 자연적으로 발생하는 광물과 화학적으로 처리된 분말을 화로에서 가열하여 만들어지며, 매우 견고한 기계요소를 만드는 데 사용된다.

세라믹은 단단하고, 취성이 강하며, 결정체로 된 재료인데, 금속과 비금속을 함유할 수 있다. 세라믹의 탄성계수는 매우 크지만, **취성**이 강하고, 과도한 하중이 작용할 때 갑자기 깨지는 경향을 나타내므로, 세라믹은 큰 인장 하중을 지지하는 데는 적합하지 않다. 세라믹으로 만들어진 기계요소는 작은 결함, 균열, 구멍, 볼트로 체결된 연결부 등이 발생할 때 현저하게 약해진다.

세라믹의 중요한 특성은 고열에 잘 견딜 수 있고, 다른 기계요소를 열로부터 차단할 수 있다. 세라믹은 제트엔진에서 발생한 고열로부터 터빈 날개를 보호하기 위한 열 차단 코팅재료로 사용된다. 세라믹은 또한 로켓 배기콘의 열보호 시스템과 많은 항공기의 조종석 유리에 사용되며, 또한 우주선이 재진입할 때 우주선의 구조재를 단열시키는 데 사용되었다.

세라믹의 몇 가지 예는 실리콘 실화물(Si_3N_4), 알루미나(Al_2O_3) 그리고 티타늄 탄화물(TiC)이 있다. 알루미나는 때때로 자동차의 배기 장치와 촉매 변환장치에 사용될 때 **벌집**(honey-comb) 형상을 갖는 지지물 형태로 만들어진다. 세라믹의 기계적, 전기적 그리고 열적 특성 때문에, 고급 세라믹 AlTiC (64% 알루미나와 36% 티타늄 탄화물)는 컴퓨터 하드 디스크 장치에 사용되어, 회전하는 디스크의 면 위에 있는 기록헤드를 지지한다.

공학자와 물리학자들은 사람의 엉덩이, 무릎, 손가락, 치아와 병든 심장 밸브의 수리 또는 교체를 포함하는 의학 분야에서 세라믹의 적용 범위를 넓혀 나가는 연구를 수행하고 있다. 세라믹은 비교적 오랜 시간 동안, 사람 신체 내부의 부식 환경을 잘 견딜 수 있는 몇 개 안 되는 재료 가운데 하나이다. 세라믹 임플란트와 금속 관절 대체물의 세라믹 코팅은 뼈가 자라는 것을 촉진시키고, 임플란트의 금속 부분을 면역 시스템으로부터 보호하는 것으로 알려져 왔다.

폴리머

플라스틱(plastics)과 탄성체(elastomer)가 폴리머의 두 가지 종류이다. "**폴리머**(polymer)"의 어원은 "많은 부품의"라는 의미의 그리스어이고, 이 말은 폴리머가 더 작은 구성단위 분자의 긴 사슬 형태의 거대한 분자라는 사실을 강조한다. 이 폴리머 거대분자는 거대한 분자 무게를 함유하고 있으며, 수십만 개의 원자를 포함할 수 있다. 각각의 거대분자는 규칙적으로 반복되는 패턴으로 서로 결합된, 수많은 더 간단한 형태의 구성단위로 만들어져 있다. 폴리머는 유기적인 화합물이다. 즉, 폴리머의 화학적 구성은 탄소 원소의 특성에 그 기반을 두고 있다. 탄소 원자는 어느 다른 원소보다도 서로서로 더 달라붙을 수 있고, 다른 원자(산소, 수소, 질소 그리고 염소와 같은)가 이러한 탄소 사슬에 부착된다. 그러므로 화학적 관점에서 볼 때, 공업용 폴리머는 규칙적인 패턴을 갖고 있으며, 탄소에 기반을 둔 거대한 사슬 형태의 분자들로 구성된다.

고무와 비단은 두 가지 종류의 자연적으로 발생하는 거대분자이나, 화학자와 화학공학자는 수백 개의 유용한 재료들을 개발해왔다. 합성 폴리머는 크게 두 그룹으로 분류된다. **플라스틱**(판재나 파이프 형태로 압출 성형되거나 광범위한 제품을 만들기 위하여 성형될 수 있다)과 **탄성체**(고무의 특성처럼 잘 변형된다). 앞에서 설명된 두 종류의 재료(금속과 그 합금 및 세라믹)와 달리 플라스틱과 탄성체는 비교적 부드러운 재료이다. 이 재료들의 탄성계수는 일반적으로 금속과 비교하여 매우 작다. 더욱이 재료 특성치 또한 온도에 따라 현저하게 변한다. 상온에서 폴리머는 늘어나면서 탄성거동을 보이지만, 온도가 낮아지면 취성을 나타낸다. 이 재료들은 강도가 요구되거나 고온에서의 작동이 요구되는 경우에는 잘 맞지 않는다. 그럼에도 불구하고 플라스틱과 탄성체는 여러 분야에 사용되는 주목할 만한 공업용 재료이다. 이들은 비교적 비싸지 않고, 가볍고, 열과 전기에 대하여 좋은 절연체이며, 모양을 변형하기 쉽고, 복잡한 형태의 부품으로 성형하기가 쉽다.

플라스틱은 다양한 산업분야에서 가장 많이 사용되고 있는 공업용 재료 가운데 하나이고, 몇 가지 가장 흔한 형태는 폴리에틸렌, 폴리스티렌, 에폭시 수지, 폴리카보네이트, 폴리에스테르와 나일론이다. 폴리머의 두 번째 그룹으로 분류되는 탄성체는 고무의 특성처럼 탄성거동을 보이며 쉽게 늘어날 수 있는 합성고무와 같은 거대분자이다. 탄성체는 많이 변형될 수 있고, 가해준 힘을 제거하면 바로 원래 모습으로 돌아올 수 있다.

가장 많이 사용되는 분야의 하나로서, 탄성체는 산악용 자전거로부터 항공기에 이르는 운송수단의 타이어를 만드는 데 사용된다. 다른 탄성체는 건물을 단열하는 데 사용되는 폴리우레탄 폼(foam), 실리콘 밀봉제와 접착제, 그리고 화학제품과 오일에 잘 견디는 네오프렌을 포함한다. 탄성체는 또한 기계에 의하여 발생하는 진동을 감소시킬 수 있는 지지물과 고정 블록을 만드는 데 사용된다. 탄성체로 만들어지는 진동 격리 마운트는 자동차의 엔진을 섀시에 부착하거나, 컴퓨터가 우연히 떨어지는 경우에 랩톱 또는 타블렛 컴퓨터의 하드 디스크 드라이브를 충격과 진동으로부터 격리하는 데 사용된다.

복합재료

이름이 암시하듯이, **복합재료**(composite materials)는 여러 재료의 혼합물이다. 복합재료의 구성은 특별한 용도에 맞게 주문 생산되고 맞춤 생산될 수 있다. 복합재료는 일반적으로 두 가지 요소로 **기지**(matrix)와 **강화재**(reinforcement)로 구성된다. 기지는 기지에 포함된 강한 강화 입자 또는 섬유(fiber)를 서로 지탱하고 결합하는 비교적 연성재료이다. 어떤 복합재료는 아주 여러 개의 가는 지름의 유리, 탄소 또는 케블라(Kevlar®) 섬유들로 강화되는 폴리머 기지(보통 에폭시 수지 또는 폴리에스터)로 구성된다.

복합재료는 고온에 아주 적합하지는 않다. 그 이유는 플라스틱과 탄성체처럼, 폴리머 기지가 온도가 증가할수록 부드러워지기 때문이다. 섬유 강화 복합재료의 주요 개념은 강한 섬유가 대부분의 가해진 힘을 지탱한다는 점이다. 복합재료의 다른 예는 강재 봉으로 강화된 콘크리트, 탄성체 기지에 강재 강화 벨트를 포함하는 자동차 타이어, 그리고 벨트의 장력을 지탱하기 위하여 섬유 또는 철사 끈을 사용하는 동력 전달 벨트가 있다(8.6절).

그림 5.21
이 비행기는 가벼운 무게와 고강도라는 향상된 성능 요구조건을 만족하기 위하여 알루미늄, 티타늄, 복합재료 그리고 다른 신소재들로 제작되었다.
jiawangkun/Shutterstock.com

복합재료는 기계적 성질이 각각의 구성 재료의 기계적 성질보다 우수하다는 점에서, “전체는 부분들의 합보다 크다”라는 속담의 한 예가 된다. 복합재료의 근본적인 장점은 복합재료는 매우 단단하고, 강하고, 가볍게 만들 수 있다는 점이다. 그러나 이러한 재료를 생산하는 데 필요한 추가 가공 과정으로 인해서 가격이 상승한다.

섬유 강화 복합재료의 광범위한 용도는 무게가 초미의 관심사인 항공 산업(그림 5.21)에서 시작되었다. 비행기 무게의 상당한 양은 복합재료를 기체, 수평 및 수직 안정장치, 부익(flap) 그리고 날개 스킨에 적용함으로써 감소될 수 있다. 보잉 767 상업용 여객기의 외부 표면적의 대략 30%가 복합재료로 만들어져 있다. 복합재료의 기술이 성숙되고 가격이 감소됨에 따라 복합재료는 자동차, 우주선, 보트, 건축 구조물, 자전거, 스키, 테니스 라켓 그리고 다른 소비제품에 채택되고 있다.

중점사항 새로운 재료의 설

공학자와 과학자는 계속해서, 혁신적인 제품의 설계에 사용될 수 있는 새로운 재료들을 개발하고 있다. 금속, 세라믹, 플라스틱과 같은 종래의 재료에서 재료의 무게, 강도, 그리고 밀도는 서로 연계되어 있다. 예를 들어, 많은 고강도 재료는 강하지만 또한 무거워서, 무게를 최소화하는 것이 중요한 환경에 적용할 때는 제약이 따른다. 그러나, 공학자들은 재료에 대한 전통적인 가정을 극복할 수 있는 새로운 재료들을 개발하고 있다.

한 가지 예로서, 나노구조의 세라믹은 아주 작은 버팀목(strut)과 이음매(joint)가 결합되어 있어서, 세라믹의 구조 및 기계적인 특성이 변할 수 있으며 결과적으로 무게에 덜 연계된다. 이러한 나노구조물들은 자동차, 항공, 그리고 에너지 분야에서 이제까지 적용하지 못했던 가장 강하면서 가벼운 물질의 개발이 가능하게 한다. 나노구조물들은 또한 스펀지처럼, 찌그러진 후에 원래의 형태대로 복원될 수 있는 재료의 개발을 가능하게 한다.

생물학적 시스템에서 영감을 얻어서, 현재 개발되고 있는 다른 재료들도 있다. 남가주 대학(USC)에서, 온도에 서로 다르게 반응하는 두 개의 재료로 구성되는 재료(bi-thermal)는 에너지 비용을 줄이기 위하여 형상을 바꿀 수 있다. 예를 들면, 그림 5.22에 나와 있듯이 이 구조물은 동적으로 공간을 환기시키고 햇볕을 가림으로써, 소규모 환경에서 온도를 조절할 수 있다. 이러한 반응 재료의 거동은 사람의 피부와 냉각을 위하여 모공을 열거나 에너지 보존을 위하여 모공을 닫는 다른 자연계 시스템을 시뮬레이션 할 수 있다. 스웨덴 왕립공과대학(RIT)의 연구자들은 식물과 조류의 세포벽에서 발견되는 나노 크기의 섬유 실을 서로 단단하게 엮어서 나노종이를 개발하였다. 나노종이의 구조는 주철보다 더 강하고 질기며, 비교적 낮은 온도와 압력에서 재생 가능한 재료로부터 제작될 수 있다. 나노종이의 또 다른 형태는 금속 나노 철사로부터 만들어진다. 오일 무게의 20배 만큼 흠뻑 젖을 수 있는 능력 때문에, 나노종이는 오일 유출과 다른 환경 독소를 청소하는 것을 돕는 데 사용되고 있다. 매사추세츠공과대학(MIT)의 연구자들은 새로운 종류의 자력-조립 PV (protovoltaic) 전지를 개발하였다. 이 전지는 식물에서 발견되는 수리 메커니즘을 모사하여, 현재의 PV 전지보다 40% 더 효율적으로 에너지를 변환할 것으로 기대된다. 이 새로운 전지는 현재 한계가 있는 태양광 패널의 수명을 어쩌면 무제한으로 연장할 수 있다.

다른 새롭게 개발된 재료로 하버드 대학의 가볍고, 얇고, 강한 생체-모방 플라스틱이 있는데, 곤충의 날개를 모방하였으며, 생체에 적합해서 쓰레기 봉투, 포장재, 그리고 기저귀 등에 사용된다. Northwestern 대학과 미시간 주립대학에서, 새로운 열전기 재료는 괄목할만한 효율로 폐열을 전기로 변환하여, 공학자들이 공장, 발전소, 차량 그리고 선박에서 배출되는, 이전에는 낭비되던 폐열을 다시 사용할 수 있도록 해 준다.

이러한 발견은 계속해서 기계공학자들이 설계하고 개발하는 다양한 제품과 시스템에 영향을 미친다. 예를 들어, 스스로 자신을 수리할 수 있는 재료로 작업할 수 있는 것을 상상해보자. 여러분은 균열을 수리할 수 있는 유리를 가지고 또는 부식을 방지하기 위하여 자신의 보호용 코팅을 갱신할 수 있는 금속을 가지고 제품을 설계할 수 있게 될 것이다. 이것은 공학자가 제품, 시스템과 기계류를 설계할 때, 곧 실현 가능한 자원이 될 수 있는 재료공학 분야의 몇 가지 예가 된다.

그림 5.22
니켈-마그네슘 격자와 같은 thermobimetals는 서로 다른 열팽창계수를 갖는 두 개의 얇은 판 형태의 금속으로 구성된다. 가열이 되면 이 금속은 뒤틀리고 빌딩의 표면처럼 움직여서, 빌딩이 자동적으로 환기가 되도록 한다.
Doris Kim Sung 제공

예제 5.7 무게를 최소로 하기 위한 재료의 선정

트러스 구조를 설계할 때, 공학자는 봉에 대한 금속 재료가 세 가지 구속조건에 따라 선택되어야 한다는 사실을 발견하게 된다(그림 5.23 참조). 봉은 반드시

- 힘의 크기 F를 지지해야만 한다.
- 길이가 L이어야 한다.
- ΔL보다 적게 늘어나야만 한다.

봉의 단면적과 재료는 설계자가 선택하게 된다. 강, 알루미늄 그리고 티타늄 가운데 봉의 무게를 최소화하기 위하여 어떤 재료를 추천하겠는가?

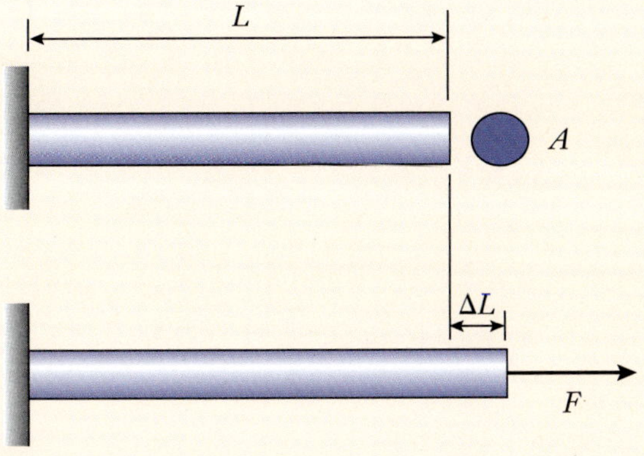

그림 5.23

접근방법

최상의 재료를 결정하기 위하여 봉의 무게와 신장량을 계산할 때, 두 가지의 재료 특성치(밀도와 탄성계수)를 고려해야만 한다. 봉의 무게는 $w = \rho_w AL$이고, 여기서 ρ_w는 표 5.1에 열거된 금속의 단위 체적당 무게를 나타낸다. 봉의 재료에 대한 길이와 단면적, 탄성계수와 가해진 힘은 식 (5.6)에 의하여 관계가 성립한다.

풀이

봉의 면적은 알려지지 않았지만, 다음의 물리량(F, L, ΔL)과 탄성계수 E를 이용하여 나타낼 수 있다.

$$A = \frac{FL}{E\Delta L} \qquad \leftarrow \left[\Delta L = \frac{FL}{EA}\right]$$

봉의 무게에 대한 표현식을 대입하고, 약간의 대수적인 계산을 하여, 아래의 식을 얻는다.

$$\begin{aligned} w &= (\rho_w L)\left(\frac{FL}{E\Delta L}\right) \qquad \leftarrow [w = \rho_w AL] \\ &= \left(\frac{FL^2}{\Delta L}\right)\left(\frac{\rho_w}{E}\right) \\ &= \frac{FL^2/\Delta L}{E/\rho_w} \end{aligned}$$

이 식의 분자는 문제에서 주어진 변수들의 그룹이다. 즉 가해진 힘, 봉이 길이 그리고 허용 신장량이다. 따라서 분자의 값들은 고정되어 있다. 반면에 분모는 E/ρ_w 재료 자신의 특성을 나타낸다. 봉의 무게를 최소화하기 위하여, 가능한 한 E/ρ_w의 값이 커지는 재료를 선택해야 한다. 그 다음에 봉의 단면적은 $A = FL/E\Delta L$ 표현식의 결과로부터 결정될 수 있다. 표 5.1에 열거된 탄성계수와 비중량값을 이용하여, 강에 대한 E/ρ_w는 아래와 같이 결정할 수 있다.

$$\frac{E}{\rho_w} = \frac{207 \times 10^9 \text{ Pa}}{76 \times 10^3 \text{ N/m}^3}$$

$$= 2.724 \times 10^6 \left(\frac{\text{N}}{\text{m}^2}\right)\left(\frac{\text{m} \cdot \text{m}^2}{\text{N}}\right)$$

$$= 2.724 \times 10^6 \text{m}$$

비슷한 방법으로 알루미늄(2.667×10^6 m)과 티타늄(2.651×10^6 m)에 대한 값들을 구한다. 표 5.3에 이 값들을 표로 만들어 보면, 강이 알루미늄이나 티타늄보다 약간의 장점을 나타내는 것을 알 수 있다. 그러나 그 차이는 불과 몇 퍼센트 정도이다.

표 5.3

재료	E/ρ_w (m)
강	2.724×10^6
알루미늄	2.667×10^6
티타늄	2.651×10^6

검토

매개변수 E/ρ_w는 단위 중량당 재료의 강성에 대한 측정량이다. 인장력을 포함하는 적용분야에 대하여, 구조물이 높은 강성과 가벼운 무게를 갖도록 E/ρ_w를 최대로 하는 재료를 선택해야 한다. 결과가 보여주듯이, 강은 약간의 장점을 나타내지만 E/ρ_w의 비는 알루미늄이나 티타늄과 거의 같다. 그러나 재료의 가격이 주요 인자라고 하면 강은 분명히 바람직한 선택이 될 것인데, 그 이유는 알루미늄은 어느 정도 강보다 더 비싸고, 티타늄은 강보다 현저하게 비싸기 때문이다. 물론 우리의 해석이 부식, 강도, 연성과 기계가공성을 고려하지는 않았다. 이 인자들은 현재 상태에서 중요할 수 있고, 최종 추천에도 영향을 끼칠 수 있다. 여러분은 가격과 성능이 상충관계에 있는 경우에 어떻게 재료를 선택해야 하는지를 알 수 있다.

강이 약간의 장점을 나타낸다.

5.6 안전계수

기계공학자는 광범위한 제품과 다양한 종류의 하드웨어에 대하여 형상과 치수를 결정하고 재료를 선택한다. 이러한 설계 결정을 뒷받침하는 해석에서는 작용하는 인장응력, 압축응력 그리고 전단응력과 재료의 특성치 및 나중에 기계공학을 공부하면서 부딪치게 될 다른 인자들이 고려된다. 설계자는 기계요소가 다양한 원인에 의하여 파손되거나 아니면 무용지물이 될 수 있다는 사실을 깨달아야 한다. 예를 들어, 기계요소는 항복을 일으켜 영구변형되거나, 재료의 취성이 강해서 갑자기 많은 조각으로 파괴되거나 또는 부식을 통하여 손상을 입을 수 있다. 이 절에서는 공학자가 기계요소가 인장응력이나 전단응력으로 인하여 항복이 발생하는지를 결정하는 데 사용하는 간단한 모델을 소개한다. 이러한 해석은 연성재료의 항복개시를 예측하여 기계공학자가 하드웨어 한 부분의 재료가 항복응력을 초과하는 하중을 받지 않도록 할 수 있는 유용한 도구가 된다. 이 항복은 가능한 여러 가지 파손 메커니즘 중 한 가지에 불과하지만, 이 절에서 다른 종류의 파손을 예측하는 해석은 제공하지 않을 것이다.

실용적인 관점에서 볼 때 공학자는 그들의 해석, 실험, 경험과 설계 코드에도 불구하고, 아무 것도 완벽하지 않다는 것을 인식하고 있다. 더욱이 공학자가 아무리 주의 깊게 구조물이나 기계에 작용하게 될 힘을 예측하려고 시도한다 할지라도 기계요소는 우연히 과도한 하중을 받거나 오용될 수 있다. 이러한 이유로, 안전계수로 불리는 다목적 매개변수가 일반적으로 예측하지 못한 결과, 부정확성, 불확실성, 잠재적인 조립 결함과 **재료 퇴화**(degradation)를 고려하기 위하여 도입된다. **안전계수**(*factor of safety*)는 파손이 발생할 때 응력과 정상적으로 사용할 때 응력의 비로 정의된다. 연성항복을 기준으로 하는 안전계수는 1.5와 4.0 사이의 값이 종종 선택된다. 즉, 재료의 강도가 정상적으로 사용할 때 필요한 강도의 150~400%가 되도록 설계되어야 한다. 평균보다 높은 신뢰도를 갖는 공업용 재료, 즉 잘 제어된 운전 조건에서는 안전계수의 아래쪽 값이 적합하다. 새로운 재료가 처음 사용되거나 다른 불확실성이 존재할 때, 더 큰 안전계수를 사용해야 더 안전하게 설계할 수 있게 된다. 안전계수

그림 5.3에서와 같이 직선 봉이 인장하중을 받게 될 때, 항복을 일으킬 가능성은 응력 σ와 재료의 항복강도 S_y를 비교하여 평가된다. $\sigma > S_y$이면, 연성항복으로 인한 파손이 예측된다. 공학자는 인장응력 안전계수를 아래와 같이 정의한다.

$$n_{\text{tension}} = \frac{S_y}{\sigma} \quad \textbf{(5.10)}$$

안전계수가 1보다 크면 기계요소는 항복을 일으키지 않게 된다는 것을 예측할 수 있으며, 안전계수가 1보다 작으면 파손이 일어날 것으로 예측된다. 대신에 순수 전단을 받는 요소에 대하여 전단응력 τ는 전단 항복강도에 비교되고, 안전계수가 S_{sy}로 표시된다. 이보다 더 고급의 응력 해석법에서 밝혀진 대로, 재료의 파손에 대한 한 가지 이론식은 전단 항복강도와 인장 항복강도의 관계를 아래의 표현식에 따라 나타낸다.

$$S_{sy} = \frac{S_y}{2} \quad \textbf{(5.11)}$$

그러므로 전단 항복강도는 표 5.2에 열거되어 있는 표준 인장시험으로부터 구한 강도 값으로부터 결정될 수 있다. 연성재료가 전단항복을 일으킬 가능성을 평가하기 위하여, 전단 안전계수를 이용하여 아래와 같이 응력과 강도를 비교한다.

$$n_{\text{shear}} = \frac{S_{sy}}{\tau} \tag{5.12}$$

공학자가 특정 설계를 위하여 선택하는 안전계수값은 설계자 자신의 배경, 유사 요소에 대한 해석 경험, 수행해야 할 실험량, 재료의 신뢰도, 파손의 결과, 유지보수와 검사 절차, 그리고 가격 비용 등을 포함하는 많은 매개변수에 의존하게 된다. 어떤 우주선 요소는 항공 분야에서 초미의 관심사인 무게를 줄이기 위하여, 안전계수가 1보다 약간만 더 크도록 설계된다. 실수에 대한 외관상 작은 여유를 보상하기 위하여, 이 요소는 광범위하게 해석되고 시험되어 풍부한 종합적 경험을 갖고 있는 공학자 팀에 의하여 개발되고 검토될 것이다. 힘과 하중조건이 확실하게 알려져 있지 않은 경우나, 요소 파손의 결과가 심각하거나, 생명을 위태롭게 할 경우에는 안전계수값을 크게 하는 것이 적절하다. 공학 편람과 설계코드는 일반적으로 안전계수에 대한 범위를 추천하므로, 가능할 때마다 이 참고자료들을 사용하여야 한다. 1.3절에 있는 기계공학의 상위 10대 업적에 대하여 설명할 때 보았듯이, 설계코드는 많은 기계제품에 대한 안전 표준규격을 설정한다.

예제 5.8 기어–축 연결부 설계

평기어가 동력 전달 장치에 사용되는데, 이 평기어가 단면이 5 × 5 mm이고 길이가 45 mm인 키에 의하여 지름이 25 mm인 축에 부착된다(그림 5.24 참조). 키는 1045급 강으로 만들어지고, 축과 기어에 기계가공된 홈에 맞춰 끼워진다. 기어의 이에 6.5 kN의 힘이 작용할 때, (a) 키에서의 전단응력과 (b) 항복을 기준으로 하는 안전계수를 결정하라.

그림 5.24

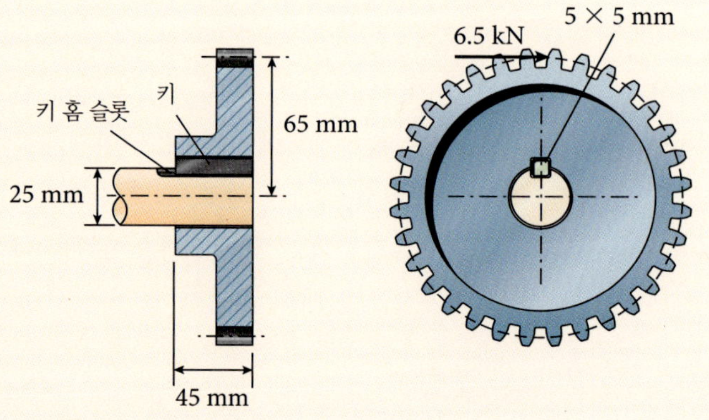

접근방법

토크는 키를 통하여 기어와 축 사이에 전달되고, 이 키는 기어와 축 사이에 전달되는 힘에 의하여 단일전단평면을 따라서 절단되려는 경향을 나타낸다(그림 5.25 참조). 기어에 회전 평형조건을 적용하여 전단력의 크기를 결정한다. 6.5 kN의 힘이 기어를 시계방향향으로 회전시키려 하지만, 기어와 키 사이의 전단력은 반시계방향향으로 토크를 작용하여 균형을 이룬다.

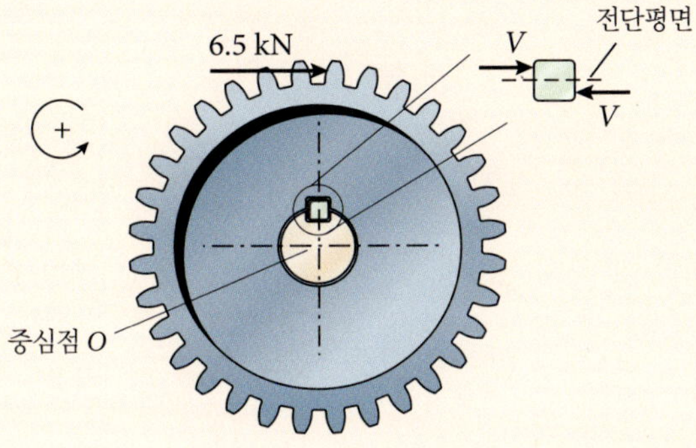

그림 5.25

풀이

(a) 키에 작용하는 전단력은 키에 작용하는 토크와 축의 중심에 대한 6.5 kN 힘에 의한 토크 사이의 평형조건으로부터 결정된다.

$$-(6.5\text{ kN})(65\text{ mm}) + V(12.5\text{ mm}) = 0 \qquad \leftarrow \left[\sum_{i=1}^{N} M_{o,i} = 0\right]$$

그 결과, $V = 33.8$ kN이 된다. 이 힘은 아래의 단면적을 갖는 키의 전단평면에 골고루 분포한다.

$$A = (45\text{ mm})(5\text{ mm}) = 225\text{ mm}^2$$

전단응력은 아래와 같다.

$$\tau = \frac{33.8\text{ kN}}{225\text{ mm}^2} \qquad \leftarrow \left[\tau = \frac{V}{A}\right]$$
$$= 150.2\text{ MPa}$$

(b) 표 5.2로부터 항복강도 $S_y = 414$ MPa이나 이 값은 인장하중에 대한 항복강도이다. 식 (5.11)을 따라 이 합금의 전단 항복강도는 아래와 같다.

$$S_{sy} = 414\,\frac{\text{MPa}}{2} \qquad \leftarrow \left[S_{sy} = \frac{S_y}{2}\right]$$
$$= 207\text{ MPa}$$

연성항복을 기준으로 하는 키에 대한 안전계수는 아래와 같다.

$$n_{\text{shear}} = \frac{207\text{ MPa}}{150.2\text{ MPa}} \qquad \leftarrow \left[n_{\text{shear}} = \frac{S_{sy}}{\tau}\right]$$

$$= 1.378 \frac{\cancel{\text{MPa}}}{\cancel{\text{MPa}}}$$
$$= 1.378$$

이 값은 무차원 수이다.

검토

안전계수가 1보다 크기 때문에, 추가적으로 38%의 여유가 있으며, 기어와 축 사이의 연결부가 항복을 일으키지 않을 만큼 충분히 튼튼하다는 것을 계산 결과가 나타내고 있다. 기어의 이에 작용하는 힘이 그 양보다 더 증가한다면 키는 항복을 일으키게 될 것이고, 설계는 실패가 될 것이다. 그러한 경우에 키의 단면적을 늘리거나, 더 고강도의 재료가 필요하게 될 것이다.

$$\tau = 150.2 \text{ MPa}$$
$$n_{\text{shear}} = 1.378$$

요약

기계공학자의 중요 역할 중의 하나는 구조물과 기계요소를 신뢰할 수 있고 파손되지 않도록 설계하는 것이다. 공학자는 요소가 안전할 것인지 또는 지나치게 변형되거나 파괴될 때까지 하중이 과도하게 작용하여 위태롭게 될지를 결정하기 위하여 응력, 변형률과 강도를 분석한다. 이 장에서 소개된 중요한 양, 그 양에 대한 일반적인 기호 그리고 단위가 표 5.4에 요약되어 있고, 주요 방정식들은 표 5.5에 정리되어 있다.

일반적으로, 공학자는 설계과정에서 응력해석을 수행하고, 그 계산 결과를 바탕으로 재료와 치수를 선정하게 된다. 제2장에서 소개된 대로, 요소의 형상이나 하중 조건이 특히 복잡할 때, 공학자는 응력과 변형량을 계산하기 위하여 컴퓨터 원용설계(computer-aided design: CAD) 도구를 사용하게 된다. 그림 5.26은 윈드 터빈 블레이드에 대한 컴퓨터 원용 응력 해석의 결과를 보여준다.

그림 5.26
운전 중에 있는 윈드 터빈 블레이드에 대한 컴퓨터 원용 응력 해석 결과. 응력의 크기에 따라 색깔이 달라지는 것을 알 수 있다.

Autodesk, Inc. 이미지 제공

물리량	전형적인 기호	전형적인 단위
인장응력	σ	Pa, kPa, MPa
전단응력	τ	Pa, kPa, MPa
탄성계수	E	GPa
항복강도		
인장	S_y	MPa
전단	S_{sy}	MPa
극한강도	S_u	MPa
변형률	ε	—
포아송 비	ν	—
안전계수	$n_{tension}$, n_{shear}	—
강성	k	N/m

표 5.4
응력과 재료 특성치를 해석할 때 필요한 물리량, 기호 그리고 단위들

인장과 압축	
응력	$\sigma = \dfrac{F}{A}$
변형률	$\varepsilon = \dfrac{\Delta L}{L}$
재료 응답	$\sigma = E\varepsilon$
봉의 변형	
신장	$\Delta L = \dfrac{FL}{EA}$
지름 변화량	$\Delta d = -\nu d \dfrac{\Delta L}{L}$
후크의 법칙	$F = k\Delta L$
강성	$k = \dfrac{EA}{L}$
전단	
응력	$\tau = \dfrac{V}{A}$
항복강도	$S_{sy} = \dfrac{S_y}{2}$
안전계수	
인장	$n_{tension} = \dfrac{S_y}{\sigma}$
전단	$n_{shear} = \dfrac{S_{sy}}{\tau}$

표 5.5
재료와 응력을 해석할 때 필요한 주요 방정식

이 장에서 우리는 인장력, 압축력, 그리고 전단력으로 알려진 하중조건과 연성 항복이라고 하는 파손 메커니즘에 대하여 공부하였다. 다음의 개념이 구조물과 기계류를 설계할 때 재료를 선정하고 치수를 정하는 데 중심이 된다.

- **응력**은 재료의 힘이 작용하는 면에 골고루 분포하는 힘의 세기이다. 응력이 작용하는 방향에 따라, 인장응력일 수도 전단응력일 수도 있다.
- **변형률**은 원래의 단위 길이당 길이의 변화이다. 두 개 길이의 비로써 정의되기 때문에, 변형률은 무차원 양이고, 때때로 소수값을 갖는 %로 나타낸다. 변형률이 0.1%이면, 길이가 1 m인 봉은 0.001의 비율인 1 mm만큼 늘어나게 된다.
- **강도**는 재료에 작용하는 응력을 견뎌내는 재료의 능력을 나타낸다. 기계공학자는 항복이 발생할지를 평가하기 위하여, 응력과 재료의 강도를 비교한다.

기계공학의 중요한 부분은 설계 과정의 중요한 구조물이나 기계요소를 설계할 때 사용될 재료를 선정하는 일이다. 재료를 선정하는 것이 설계 과정에서 중요한 과정이고, 기계공학자는 재료를 선정하는 결정을 할 때 성능, 경제성, 환경과 제작문제를 고려해야만 한다. 이 장에서 기계공학에서 만나게 되는 네 가지 종류의 재료의

특성을 소개하였다: 금속과 그 합금, 세라믹, 폴리머, 그리고 복합재료. 각각의 종류의 재료는 각자만의 장점, 특성과 우선 적용분야를 가지고 있다.

기계요소에 작용하는 힘이 결정되면 요소의 치수가 주어지고, 제품에 필요한 재료가 결정되며, 설계의 신뢰도가 평가된다. 안전계수는 정상적인 사용 중의 응력에 대한 재료가 파손될 때의 응력의 비이다. **흔히 알려진 것**(우리가 알고 있고, 설계에 고려할 수 있는 것), **알려졌으나 모르는 것**(우리가 모르나, 적어도 우리가 모른다는 것을 알고 있는 것)과 **인식하지 못해 모르는 것**(우리가 인식하지 못하기 때문에 우리를 놀라게 하고, 뜻밖에 설계를 손상시킬 수 있는 모르는 것)이 있다고들 한다. 안전계수는 설계의 신뢰도를 향상시키고, 제품을 사용할 때 불확실성, 재료 그리고 조립 부품에서의 알려졌으나 모르는 것과 인식하지 못해 모르는 것을 고려하기 위하여 도입되었다.

자습과 복습

5.1 인장하중을 받고 있는 봉에 대하여 응력과 변형률은 어떻게 정의되는가?

5.2 응력과 변형률에 대한 전형적인 단위는 무엇인가?

5.3 응력-변형률 선도를 그리고, 선도의 중요한 특징에 대하여 설명하라.

5.4 재료의 탄성거동과 소성거동의 차이점은 무엇인가?

5.5 탄성계수, 비례한도, 탄성한도, 항복점과 극한점을 정의하라.

5.6 강과 알루미늄의 탄성계수의 값은 대략 얼마인가?

5.7 오프셋(0.2%) 방법을 이용하여 어떻게 항복강도를 구하는가?

5.8 포아송 비는 무엇인가?

5.9 인장응력과 전단응력은 어떤 점에서 다른가?

5.10 금속과 그 합금, 세라믹, 폴리머 그리고 복합재료의 특성과 적용 분야에 대해 논하라.

5.11 전단 항복강도 S_{sy}와 인장시험에서 구한 항복강도 S_y의 관계를 설명하라.

5.12 안전계수는 무엇인가? 안전계수가 아주 작을 때는 언제인가? 안전계수가 아주 클 수 있는가?

5.13 설계의 안전계수가 지나치게 크거나 지나치게 작은지를 결정할 때 공학자가 고려해야 할 몇 가지 상충관계에 대하여 논하라.

연습문제

P5.1

인장응력이 작용하고 있는 기계 구조물 또는 기계의 실세 물리적인 예를 찾아보라.

(a) 실제 예에 대하여 분명하고, 물리량이 잘 표시된 그림으로 나타내라.

(b) 기계 구조물 또는 기계의 치수 및 기계 구조물 또는 기계에 작용하는 힘의 크기와 방향을 추정하라. 이 값들을 그림에 나타내라. 왜 치수와 힘이 여러분이 정한 값들을 갖도록 추정하는지 간단하게 설명하라.

(c) 응력의 크기를 계산하라.

P5.2

1 Mg의 용기가 지름이 15 mm인 강재 케이블에 매달려있다. 케이블에서의 응력은 얼마인가?

P5.3

1020급 강의 항복강도가 290 MPa이고 탄성계수가 207 GPa이다. 다른 급 강의 항복강도가 910 MPa이다. 탄성계수는 얼마인가?

P5.4

지름이 4.75 mm인 강재 케이블이 고리가 있는 볼트(eyebolt)에 부착되어, 2.25 N의 인장력을 받고 있다(그림 P5.4). 케이블에서의 응력을 계산하고 Pa, kPa 및 MPa의 단위로 나타내라.

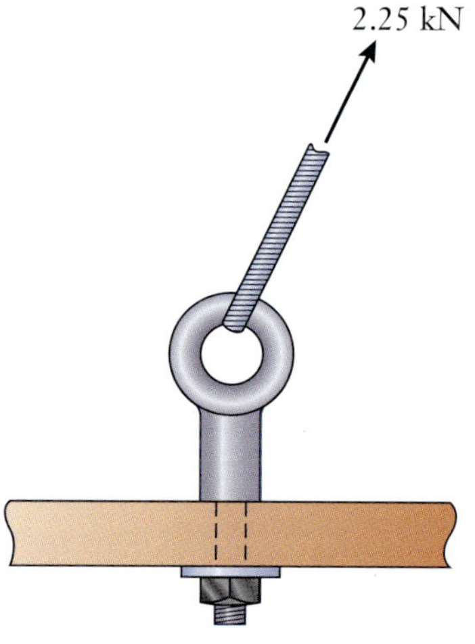

그림 P5.4

P5.5

530 N인 여성이 눈으로 덮힌 산길에 서 있을 때, 스키화와 눈 사이에 작용하는 압축응력이 눈이 부스러지지 않고 지지할 수 있는 강도보다 더 크기 때문에, 스키화가 눈 속에 약간 빠진다. 그녀의 크로스컨트리용 스키는 길이가 1.65 m이고 폭은 50 mm이다. 스키화 밑바닥의 치수를 추정한 다음에, 그녀가 스키화 대신에 스키를 신고 있을 때, 눈에 작용하는 응력의 감소율을 %로 계산하라.

P5.6

기계 기사가 복동식 볼트 절단기의 손잡이를 누를 때, 링크 AB가 7.5 kN의 힘을 전달한다(그림 P5.6). 링크의 직사각형 단면이 14 mm × 4 mm일 때, 링크에서의 인장응력을 계산하라.

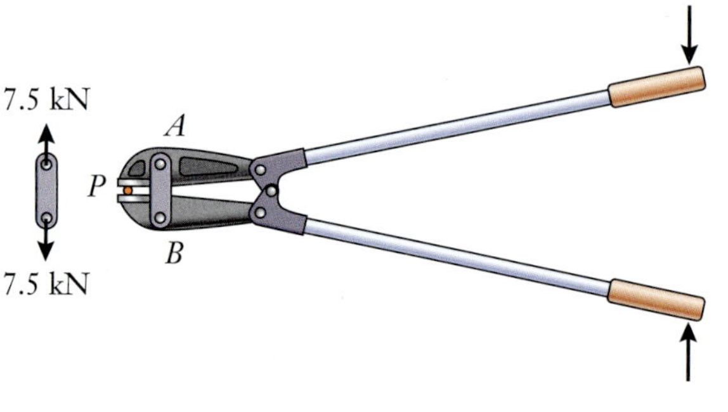

그림 P5.6

P5.7

그림 P5.7을 참조하라.

(a) 벡터 대수학 법이나 다각형법을 사용하여, 세 개의 힘의 총합이 수직으로 작용하도록 할 *F*의 크기를 결정하라.

(b) *F*의 값에 대하여, 지름이 10 mm인 볼트의 직선 몸체부(shank)에서의 응력을 결정하라.

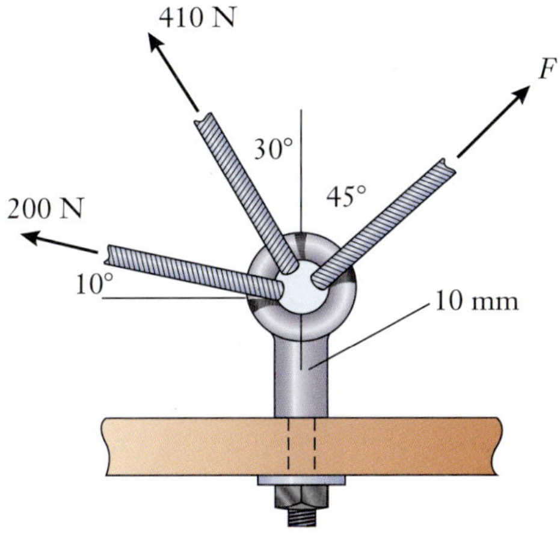

그림 P5.7

P5.8

공작실에서, 띠톱날이 두 개의 가이드 블록 *B* 사이에서 이송되는 공작물을 절단하고 있다(그림 P5.8). 작업 중에 톱날의 응력이 35 MPa이 되려면, 톱날에 작용하게 될 인장력 *P*는 얼마가 되어야 하는가? 톱니의 크기는 톱날의 폭에 비하여 상대적으로 작으므로 무시한다.

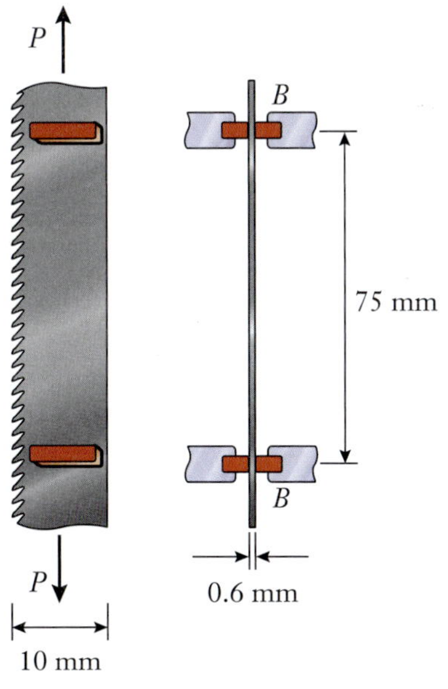

그림 P5.8

P5.9

지름이 8 mm인 알루미늄 봉 위에 정확하게 10 cm 간격으로 선이 새겨져 있다(그림 P5.9). 2.11 kN의 힘이 가해진 후에, 선 사이의 간격이 10.006 cm로 늘어났다.

(a) 봉에서의 응력과 변형률을 계산하라.

(b) 늘어난 봉의 전체 길이는 얼마인가?

그림 P5.9

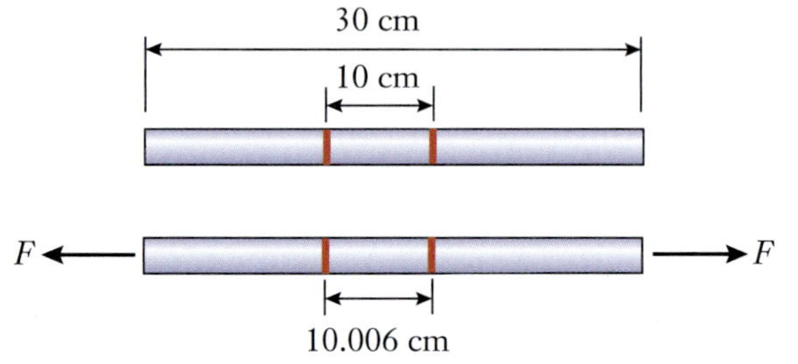

P5.10

20.25 kN의 승용차의 타이어의 폭이 165 mm(그림 P5.10). 각각의 타이어는 승용차의 길이 방향으로 108 mm 거리에 걸쳐서 도로와 접촉한다. 각각의 타이어와 도로 사이의 압축응력을 계산하라. 승용차의 질량 중심의 위치와 축간거리(축거)의 치수가 그림에 나타나 있다.

그림 P5.10

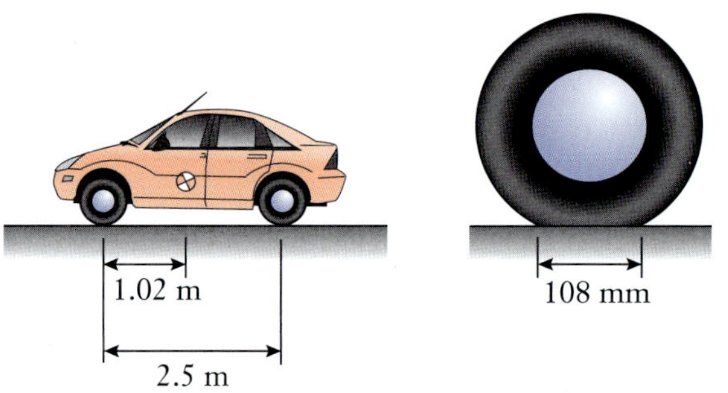

P5.11

그림 P5.11에 보이는 응력-변형률 선도의 특성을 갖는 재료에 대하여 탄성계수와 항복강도를 결정하라. 오프셋(0.2%) 방법을 이용하라.

그림 P5.11

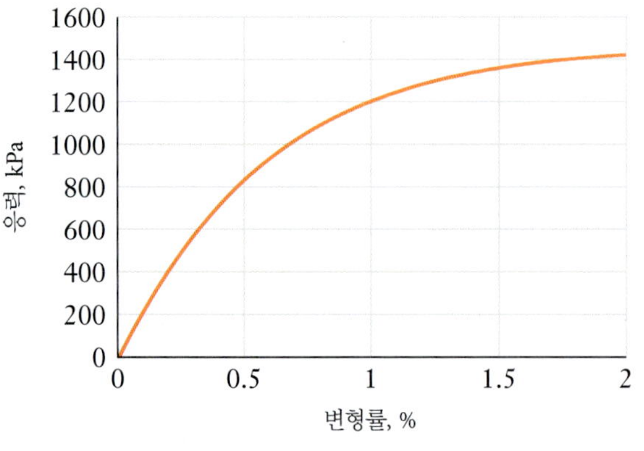

P5.12

길이가 300 mm인 봉이 P5.11의 재료로 만들어진다. 봉이 원래의 길이로부터 얼마만큼 늘어나야만, 봉이 항복을 일으키게 되는가?

P5.13

강재 볼트와 고정용 조립체가 지하 탄광에서 통로 천장을 강화하는 데 사용된다(그림 P5.13). 설치할 때, 볼트에 22 kN의 인장력이 작용한다. 볼트가 1045 합금강으로 만들어진다면 볼트에서의 응력, 변형률과 신장량을 계산하라.

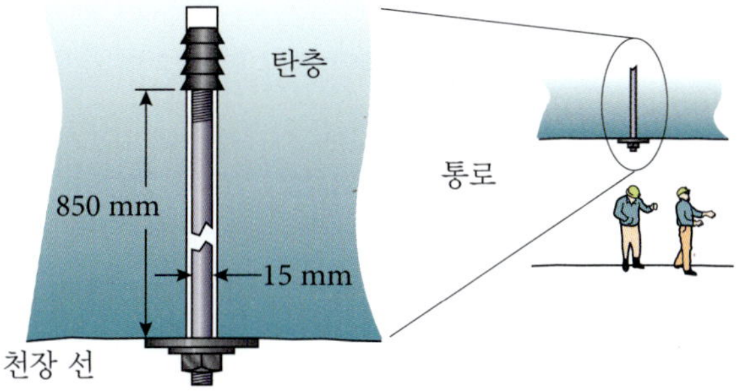

그림 P5.13

P5.14

길이가 25 cm이고 직경이 8 mm인 원형 봉이 1045급 강으로 만들어진다.

(a) 봉에 5 kN의 인장력이 작용할 때, 봉에서의 응력과 변형률 및 신장량을 계산하라.

(b) 봉이 항복을 일으키려면, 얼마의 힘이 작용해야 하는가?

(c) 봉이 항복을 일으키기 위하여, 봉이 원래의 길이보다 얼마만큼 더 늘어나야만 하는가?

P5.15

교량의 하부구조를 수리하기 위한 두 개의 단으로 이루어진 시스템의 각각의 플랫폼이 두 개의 강재 케이블에 의하여 지지된다(그림 P5.15). 모든 지지용 케이블의 지름은 12.5 mm이다. 하중은 각각의 플랫폼의 가운데에 작용한다고 가정한다. 각각의 케이블이 *A*-*D*점에서 얼마만큼 늘어나는지를 결정하라.

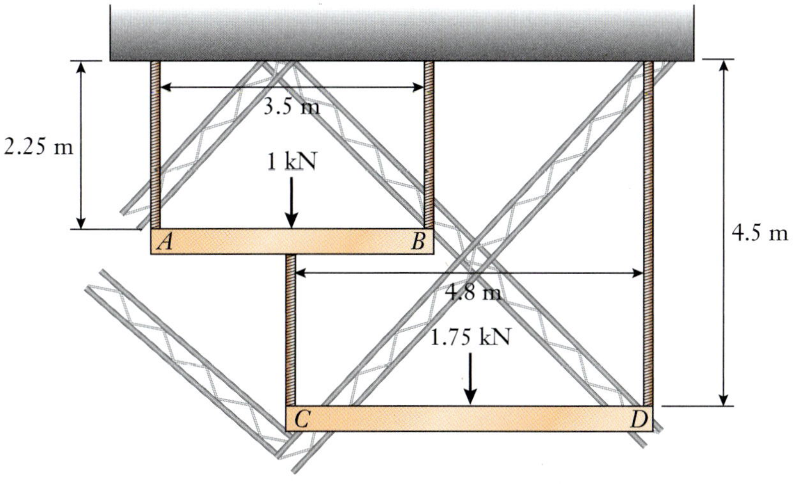

그림 P5.15

P5.16

P5.15의 시스템에 대하여, 800 N인 두 명의 노동자가 다리를 수리하기 위하여, 시스템의 플랫폼에 한 명씩 서려고 한다고 가정한다. 다음의 설계 조건을 만족해야만 한다. 각각의 케이블은 가장 나쁜 하중 조건에서도 0.25 mm보다 적게 늘어나야만 한다. 각각의 케이블에 필요한 최소 지름을 결정하라.

P5.17

공학자가 1020급 강으로 만들어지고, 길이가 40 cm인 봉이 20 kN의 인장력을 받도록 결정한다. 다음의 두 가지 설계 조건을 만족해야만 한다. 응력은 145 MPa 이하로 유지되어야만 하고, 봉은 0.125 mm보다 적게 늘어나야만 한다. 이 두 가지 조건을 만족시키기 위한 적절한 봉의 지름값을 결정하라. 답안을 작성할 때에, 가장 가까운 mm로 반올림하라.

P5.18

전단응력이 작용하고 있는 기계 구조물 또는 기계의 실제 물리적인 예를 찾아보라.

(a) 실제 예에 대하여, 분명하고 물리량이 잘 표시된 그림으로 나타내라.

(b) 기계 구조물 또는 기계의 치수 및 기계 구조물 또는 기계에 작용하는 힘의 크기와 방향을 추정하라. 이 값들을 그림에 나타내라. 왜 치수와 힘이 여러분이 정한 값들을 갖도록 추정하는지 간단하게 설명하라.

(c) 응력의 크기를 계산하라.

P5.19

작은 강판이 지름이 10 mm인 볼트에 의하여 직각 브래킷에 결합되어 있다(그림 P5.19). 강판의 A점에서의 인장응력과 볼트에 작용하는 전단응력을 결정하라.

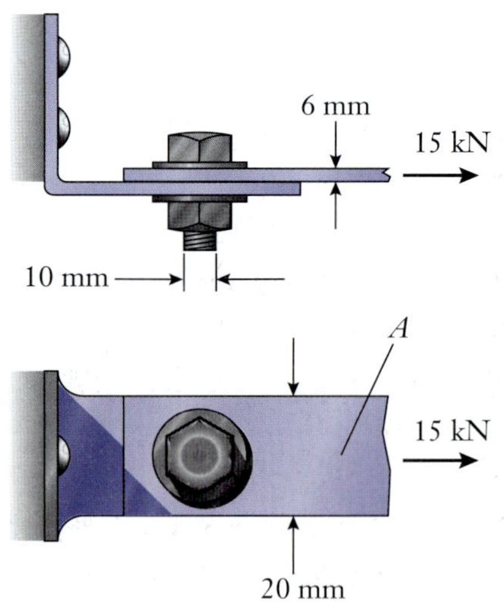

그림 P5.19

P5.20

2.75 kN의 힘이 수직 판에 작용하며, 이 수직 판은 지름이 5 mm인 다섯 개의 리벳에 의하여 수평 트러스에 결합되어 있다(그림 P5.20).

(a) 리벳이 하중을 균등하게 받는다고 할 때, 리벳에 작용하는 전단응력을 결정하라.

(b) 최악의 경우, 네 개의 리벳은 부식되어 하중이 단지 한 개의 리벳에 의하여 전달된다고 가정한다. 이 경우에 전단응력은 얼마인가?

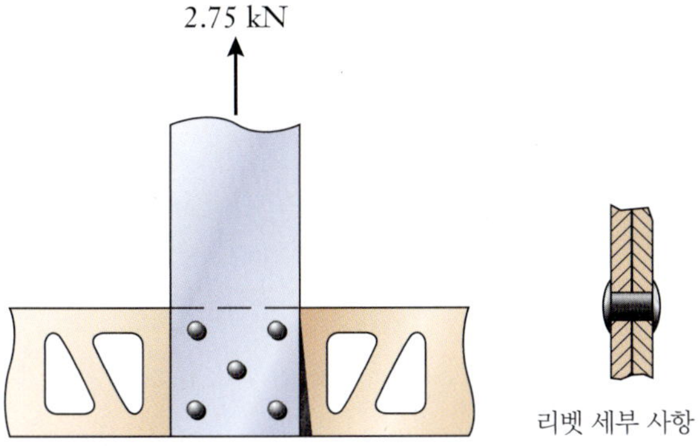

그림 P5.20

P5.21

문제 P4.17에 나온 콘크리트 그릇의 연결부 *B*에 대한 상세도가 그림 P5.21에 나타나 있다. 지름이 10 mm인 U자형 연결구의 볼트에 작용하는 전단응력을 결정하라.

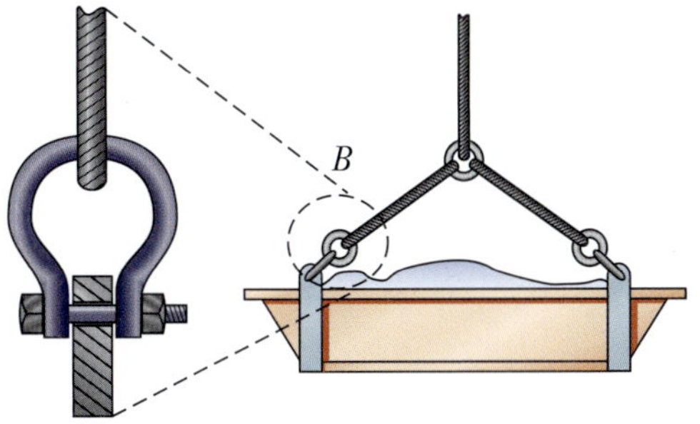

그림 P5.21

P5.22

그림 P5.22의 타이다운(tie-down) 마운트가 화물 트럭의 바닥에 볼트로 고정되어 있으며, 1.2 kN의 인장력을 받고 있는 강재 케이블을 구속하고 있다. 지름이 6 mm인 볼트에 작용하는 전단응력을 결정하라. 볼트와 케이블 사이의 작은 수평 및 수직 편심거리는 무시하라.

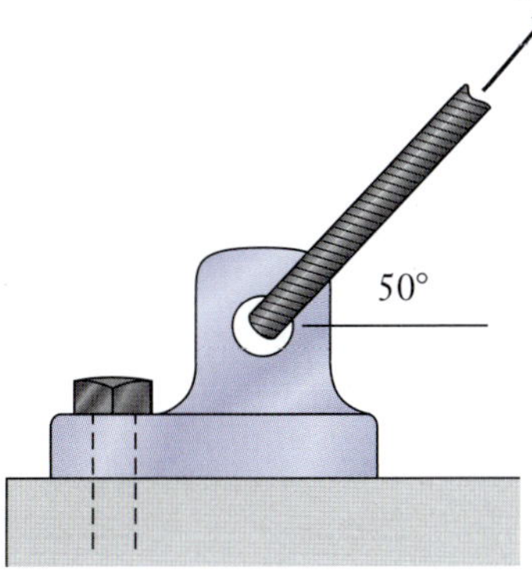

그림 P5.22

P5.23

평기어가 35 N · m의 토크를 지름이 20 mm인 구동축에 전달한다. 지름이 5 mm인 고정나사가 기어의 허브에 나사산으로 체결되어서, 축에 기계가공되어 있는 작은 구멍에 끼워져 있다. 전단면 *B-B*를 따라, 고정나사에 작용하는 전단응력을 결정하라(그림 P5.23).

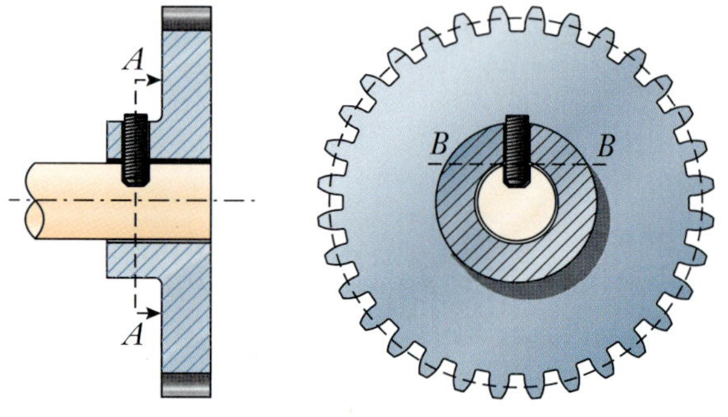

그림 P5.23

P5.24

플라스틱 파이프가 미소 전자장치 청정실에 탈이온수를 수송하는데, 파이프의 한쪽 끝은 폐쇄되어 있다(그림 P5.24). 수압은 p_0 = 350 kPa이며, 단부 캡은 파이프의 단부에 접착제로 부착되어 있다. 접착제에 작용하는 전단응력 τ를 계산하라.

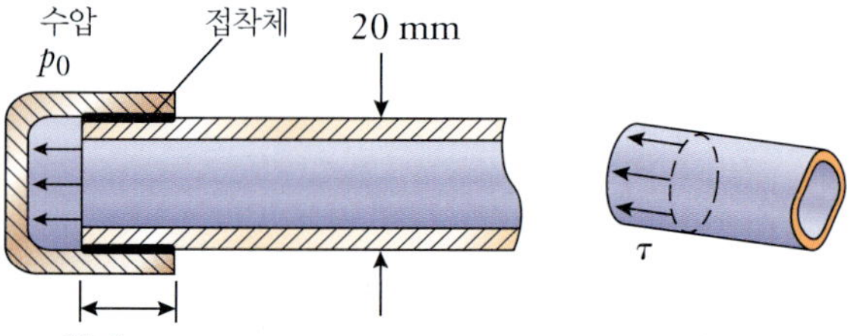

그림 P5.24

P5.25

구조강과 스테인리스강은 모두 주로 철로 만들어진다. 스테인리스강은 왜 녹슬지 않는가? 쟁점에 대하여 연구하여, 그 이유를 설명하는 대략 250단어의 보고서를 작성하라. 여러분의 정보에 대하여 적어도 세 개의 참고문헌을 인용하라.

P5.26

최근의 기술 발전은 그라핀(graphene)의 생산이 가능하도록 하였는데, 그라핀은 원자 한 개 두께의 탄소 원자 판재로서, 빽빽하게 채워져서 벌집(honey-comb) 구조를 만든다. 이 재료는 뛰어난 전기적, 열적 그리고 광학적 특성을 나타내기 때문에, 전자요소를 설계할 때 이상적인 후보가 된다. 이러한 특성들은 박테리아를 죽이는 능력과 초기 시험에서 나타난 강보다 200배 더 큰 파손강도에 의하여 더 보충된다. 이 재료에 대하여 연구하고, 현재 공학에서의 그라핀 적용분야에 대한 대략 250단어의 보고서를 작성하라. 적어도 세 개의 참고문헌을 인용하라.

P5.27

작은 사다리에는 알루미늄 C-형재로 만들어진 수직 기둥재와 수평 디딤재가 있다(그림 P5.27). 앞쪽에 하나 그리고 뒤쪽에 하나인 두 개의 리벳이 각각의 디딤재의 양쪽 끝부분을 고정시킨다. 이 리벳은 발판부재를 좌우 기둥부재에 부착시킨다. 몸무게가 900 N인 사람이 발판부재의 중간에 선다. 리벳이 6061-T6 알루미늄으로 만들어진다면, 리벳의 지름 *d*는 얼마여야 하는가? 안전계수로 6을 이용하고, 답을 1.5 mm에 가장 가깝게 반올림하라.

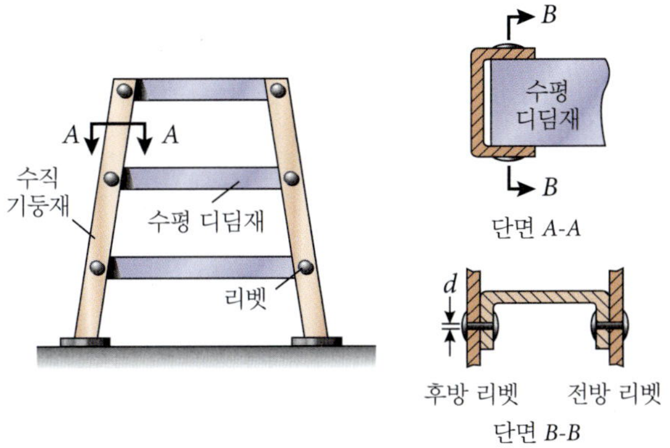

그림 P5.27

P5.28

P5.27에 대하여 최대한 조심스럽게 설계하는 경우, 계산할 때 몸무게가 900 N인 사람이 발판부재 위의 어디에 서도록 명시해야 하는가? 그러한 하중 조건에 대한 리벳 지름을 결정하라.

P5.29

지름이 10 mm인 볼트가 선박용 프로펠러를 지름이 30 mm인 보트의 구동축에 연결한다(그림 P5.29). 프로펠러가 뜻하지 않게 수중의 장애물을 타격할 때, 엔진과 동력 전달장치를 보호하기 위하여, 볼트는 볼트에 작용하는 전단응력이 175 MPa에 도달하게 되면 절단되도록 설계되어 있다. 날개의 접촉점과 구동축의 중심 사이의 유효반경을 100 mm로 가정하여, 프로펠러 날개와 볼트가 전단되도록 하는 장애물 사이의 접촉력을 결정하라.

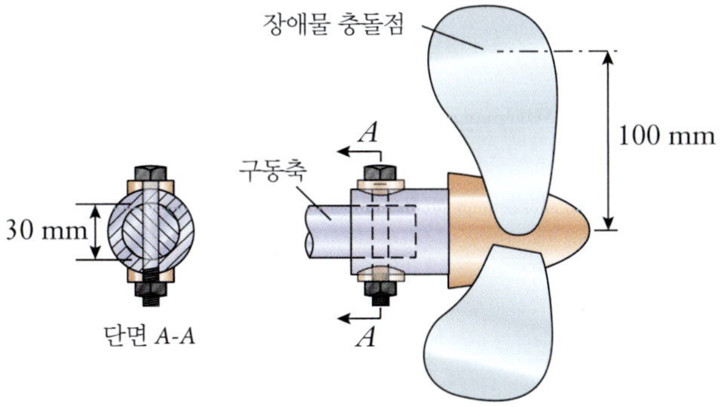

그림 P5.29

P5.30

기계 기사가 고착된 볼트를 풀 때, 바이스 그립 플라이어의 손잡이를 꽉 쥔다(그림 P5.30). 확대된 단면도가 그림에 보이는 A점의 연결부는 4.1 kN의 힘을 지지한다.

(a) A점에 있는 지름이 6 mm인 리벳에 작용하는 전단응력을 결정하라.

(b) 리벳이 4340 합금강으로 만들어질 때, 항복점을 기준으로 하는 안전계수를 결정하라.

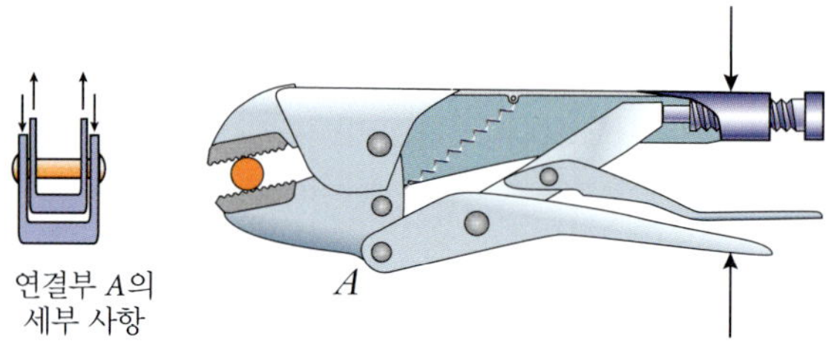

그림 P5.30

P5.31

복합 레버식 전단 가위가 A점에서 철사를 자른다(그림 P5.31).

(a) 손잡이 CD의 자유물체도를 이용하여, D점에 있는 리벳에 작용하는 힘의 크기를 결정하라.

(b) D점에 있는 연결부의 확대 단면도를 참조하여, 리벳에 작용하는 전단응력을 결정하라.

(c) 리벳이 4340 합금강으로 만들어질 때, 안전계수는 얼마인가?

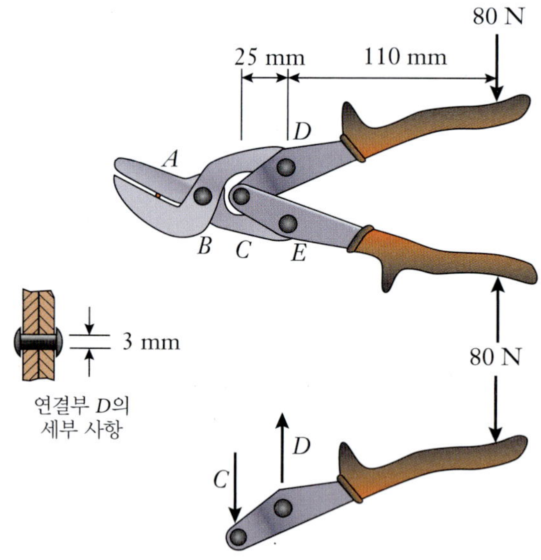

그림 P5.31

P5.32

판재와 봉은 주로 부러진 뼈의 재활을 돕는 데 사용된다(그림 P5.32). 볼트가 뼈로부터 1300 N의 힘을 지지하고 있을 때, 지름이 5 mm인 아래쪽 생물의학 볼트에 작용하는 전단응력을 계산하라.

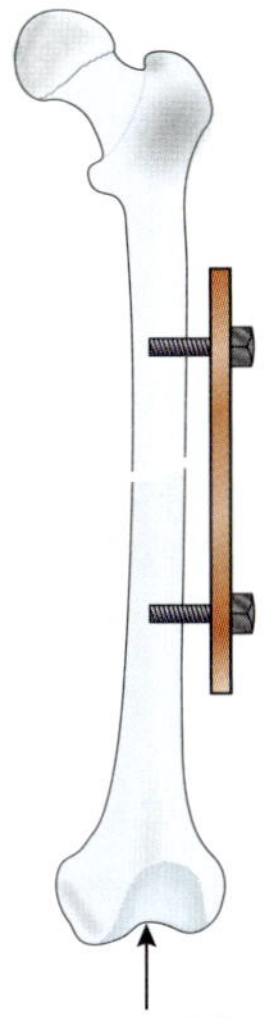

그림 P5.32

P5.33*

접착 테이프는 비교적 큰 전단응력을 지지할 수는 있지만, 상당히 큰 인장응력을 지지할 수는 없다. 이 문제에서 여러분의 조는 한 조각의 접착 테이프의 전단강도를 측정하게 된다. 그림 P5.33를 참조하라.

(a) 길이가 L이고 폭이 b인 똑같은 테이프 조각을 12개 자른다. 정확한 테이프 조각의 길이는 중요하지 않지만, 조각들을 쉽게 다룰 수 있어야 한다.

(b) 테이프에 인장력 F를 가하고 측정할 수 있는 수단을 개발하라. 예를 들면, 사하중(dead weight; 청량 음료 캔이나 운동용 아령)이나 소형 낚시용 자를 사용한다.

(c) 테이프의 일부만이 테이블 표면에 붙도록, 테이프 한 조각을 테이블 가장자리에 붙이고, 테이블 표면에 붙는 테이프의 길이가 1 inch/(적당한 값)부터 몇 inch/(적당한 값)에 이르도록 하라.

(d) 테이프를 따라 직선으로 인장력을 가하도록 주의하면서, 접착층이 테이블에서 미끄러지거나 전단되게 하는 데 필요한 F의 값을 측정한다. 여섯 개의 서로 다른 길이 a에 대한 인장 시험 결과를 표로 작성한다.

(e) a에 대한 인장력과 전단응력에 대한 그래프를 작성하라. 그래프로부터, 테이프가 미끄러져서 테이블에서 느슨해질 때 전단응력의 값을 추정하라.

(f) 얼마의 길이 a에서, 테이프가 테이블에서 전단되기 전에 끊어졌는가?

(g) 힘 F의 작용방향을 테이블 표면에 수직하게 하여, 테이프를 전단시키는 대신에 테이블에서 떼어내려는 실험을 반복하라. 테이프의 전단강도와 박리강도를 비교하라.

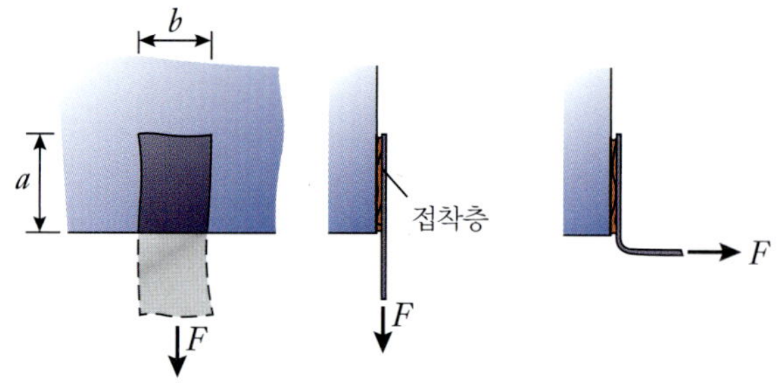

그림 P5.33

P5.34*

P5.15의 교량 수리 시스템을 이용하여, 두 가지 다른 형태의 플랫폼 지지 구조를 활용하는 2차원 형상을 개발하라. 다음의 설계 조건을 만족해야만 한다. 교량에 접근하는 2단 시스템의 상부 단은 도로로부터 2.25 m 아래쪽에 설치되어야 하고, 하부 단은 도로로부터 4.5 m 아래쪽에 설치되어야 한다. 각 단에는 몸무게가 900 N인 근로자가 최대 두 명까지만 설 수 있어야 한다. 지름이 12.5 mm인, 길이가 서로 다른 표준의 구조강 케이블(S_y = 250 MPa)을 사용하도록 한다. 가장 나쁜 하중 조건에서의 안전계수를 고려하여, 네 가지 설계(여러분이 제안한 세 가지와 P5.15에 있는 한 가지)에 대한 해석을 수행하여, 어느 형상이 가장 큰 안전계수를 필요로 하는지를 결정하라.

P5.35*

매달리는 형태의 연결통로가 새로운 고층 쇼핑몰에 설치되기 위해 설계되고 있다. 이 통로의 폭은 3.5 m이고, 길이는 36 m이며, 300 kN의 하중이 균일 분포된다. 이 연결통로는 아래쪽 공간을 최대한 넓게 활용하기 위하여, 단지 6 m 길이의 길다란 서스펜션 로드에 의해 지탱된다. 봉의 개수, 봉의 직경, 그리고 봉의 위치를 다음의 지침에 따라서 결정하라:

- 여러분은 비용을 고려하여 결정해야 한다.
- 여러분은 봉의 크기와 위치를 결정할 때, 최소한 서로 다른 두 가지 재료를 고려해야 한다.
- 여러분은 안전계수 2.0을 사용하는, 가장 나쁜 하중 조건도 가정해야 한다.

여러분의 접근, 풀이, 그리고 검토 결과를 보고서 형태로 제출하라.

참고문헌

Ashby, M. F., *Materials Selection in Mechanical Design*. Butterworth Heinemann, 1999.

Askeland, D. R., and Phulé, P.P., *The Science and Engineering of Materials*, 4th ed. Thomson-Brooks/Cole, 2003.

Dujardin, E., Ebbesen, T. W., Krishan, A., Yianilos, P. N. and Treacy, M. M. J., "Young's Modulus of Single-Walled Nanotubes," *Physical Review B*, **58**(20), 1998, pp. 14013-14019

Gere, J. M., and Timoshenko, S. P., *Mechanics of Materials*, 4th ed. PWS publishing, 1997.

Hooke, R., *De Potentia Restitutiva*. London, 1678, p. 23.

Iijima, S. "Helical Microtubules of Graphitic Carbon," *Nature*, **354**, 1991, pp. 56-58

Yu, M. F., Files, B. S., Arepalli, S., and Ruoff, R. S., "Tensile Loading of Ropes of Single Wall Carbon Nanotubes and Their Mechanical Properties," *Physical Review Letters*, **84**, 2000, pp. 5552-5555.

CHAPTER 06

유체공학
Fluids Engineering

이 장의 목적

6-1 유체공학이 미소유체소자학, 공기역학, 스포츠 기술 및 제약 같은 다양한 분야에 응용된다는 점을 이해하기

6-2 고체와 유체의 차이점과 유체의 밀도 및 점도 특성량의 물리적 의미를 기술용어로 설명하기

6-3 층류 유동과 난류 유동의 특성을 이해하기

6-4 유체공학에서 가장 중요한 수치인 무차원 레이놀즈 수를 계산하기

6-5 특정 응용분야에서 부력, 항력 및 양력과 같은 유체력의 크기를 구하기

6-6 파이프를 흐르는 유체의 체적유량 및 압력강하를 해석하기

6.1 서론

이 장에서는 유체공학이 어떠한 과목이며, 이 유체공학이 공기역학, 생의학 및 생물공학, 배관 시스템, 미소유체소자학 및 스포츠 공학 같은 다양한 응용 분야에서 어떠한 역할을 하는지를 소개한다. 유체는 액체와 기체로 분류되며, 이 유체 분야의 학습은 또한 유체 정역학과 유체 동역학으로 나뉜다. 기계공학 엔지니어는 유체 정역학 이론을 적용하여 선박, 탱크 및 댐과 같은 정지 물체에 작용하는 유체의 압력과 부력을 계산한다. 유체 동역학은 유체나 기체가 이동하거나 물체가 다른 정지 유체를 관통할 때의 거동에 관한 것이다.

수력학과 공기역학은 공학에서 가장 흔히 접하게 되는 유체인 물과 공기의 운동에 초점을 맞춘 전문분야이다. 이 분야들은 고속 차량뿐만 아니라 대양과 대기의 운동을 망라한다. 일부 엔지니어와 과학자들은 복잡한 컴퓨터 연산모델을 적용하여 대기와 대양 그리고 전 지구적인 기후 간의 상호작용을 시뮬레이션하고 이해한다(그림 6.1 참조). 공기 중의 미세 오염물질 입자의 이동, 향상된 기상 예보, 그리고 빗방울과 우박의 강수량은 역점을 두고 다루어야 할 핵심 사안 중의 일부이다. 유체역학 분야는 엄밀한 분야이므로, 이 분야에서는 응용 수학과 컴퓨터 과학의 발달과 연계하여 많은 진전이 이루어졌다. **유체공학**(*fluids engineering*)은 그림 6.2에 있는 기계공학 주제들과 한층 더 폭넓은 관계를 형성하고 있다.

요소 5: 유체공학

미국의 10대 기계공학 업적분야 목록(표 1.1)을 다시 들여다보면, 미국 발전량의 88% 정도는 액체와 증기 사이를 끊임없이 반복 순환하는 물이 수반되는 과정에 의해 생산된다. 즉, 석탄, 석유, 천연가스 및 핵연료를 사용하여 물을 가열시켜 증기를 발생시키고, 이어서 터빈과 발전기를 구동시킨다. 미국 발전량의 또 다른 7%는 수력발전소에서 생산되고 풍력에 의한 발전량은 여전히 작은 부분을 차지하고 있다. 이후에 7.7절에서 알 수 있는 바와 같이 포괄적으로 말하자면, 미국 발전량의 98% 이상이 유체공학의 한 가지 형태나 또 다른 형태로 수반되는 과정을 통해 생산된다. 유체의 특성, 유체가 발생시키는 힘들, 그리고 유체가 하나의 위치에서 다른 위치로 흐르는 방식은 기계공학의 주요 관점들이다.

유체역학은 또한 생체의용공학에서 중심적인 역할을 하는데, 이 분야는 미국의 10대 기계공학 업적분야 중의 하나를 차지한다. 생체의용공학의 응용분야로는 에어로졸 스프레이를 흡입함으로써 약제를 공급하고 동맥과 정맥을 흐르는 혈액의 흐름을 인도하는 장치의 설계 등이 있다. 이 장치들은 유체의 상태량을 미시적인 규모로 활용함으로써 화학적 및 의학적인 진단을 수행할 수 있다. 이렇게 떠오르는 분야를 **미소유체소자학**(*microfluidics*)이라고 하는데, 이 분야는 유전자 연구와 제약학적 발견에서 진전을 이루게 할 잠재력을 제공한다. 전자공학 분야가 소형화에서 혁명을 겪었듯이, 지금은 방 하나를 차지하고 있는 화학 및 의학 실험실 장비들도 소형화되고 있고 한층 더 경제적으로 제작되고 있다.

미소유체소자학

정지 유체나 이동 유체가 발생시키는 힘들은 기계공학 엔지니어가 설계하는 하드웨어에 중요하다. 이전까지는 중력이나 연결부품 간의 상호작용에 의해 힘이 발생하게 되는 기계 시스템을 살펴보았다. 힘은 또한 액체에 의해서도 발생되므로

그림 6.1

유체공학 분야는 매우 대규모의, 심지어는 행성 규모의 운동을 수반하기도 한다. 이 사진에서 볼 수 있는 목성의 대홍반(Great Red Spot)뿐만 아니라 지구에서의 폭풍은 유체역학의 원리에 따라 형성되어 이동한다.

NASA 및 미국립우주과학자료센터 제공

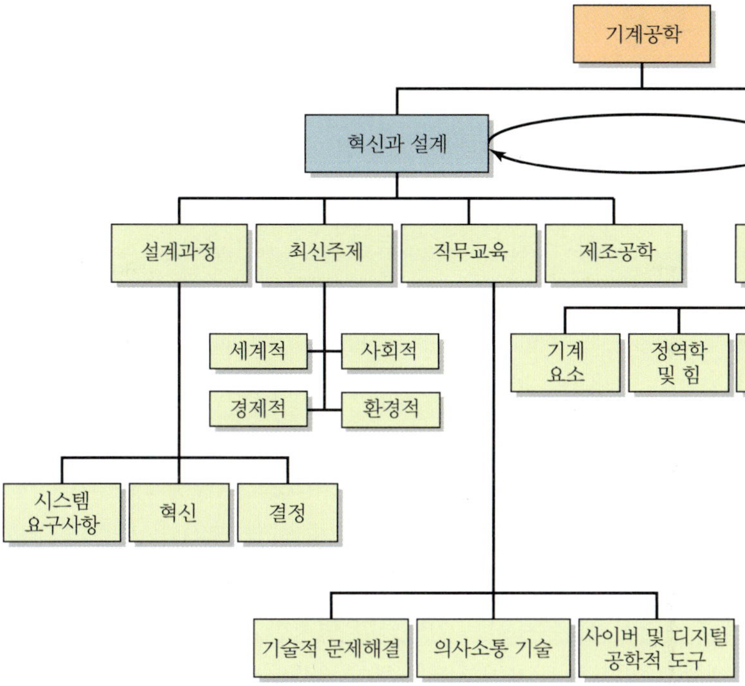

그림 6.2
이 장에서 중점을 두고 있는 주제(음영부분)와 기계공학의 전체 학습 프로그램과의 관계

이 장에서는 부력, 항력 및 양력과 같은 유체력에 대하여 알아볼 것이다. 그림 6.3과 같이 기계공학 엔지니어는 복잡한 컴퓨터 원용공학 도구를 적용하여 항공기와 자동차 주위의 복잡한 기류를 이해한다. 실제로, 그러한 동일한 방법들을 적용하여 더욱더 멀리 날아갈 수 있는 골프공이 설계되었고 스키 점퍼, 경륜 선수, 마라토너와 다른 육상 선수들이 경기력을 향상시킬 수 있게 되었다.

그림 6.3
기계공학 엔지니어는 항공기 착륙장치가 발생시키는 이러한 보텍스(vortex) 구조를 포함하는 3차원 기류의 컴퓨터 시뮬레이션을 응용한다.
ANSYS사 제공

6.2 유체의 특성

이미 일상생활의 여러 가지 상황에서 유체의 거동과 특성을 어느 정도 직관을 하고 있겠지만, 이 장은 겉으로 보기에 단순한 질문으로 시작된다. 즉, 공학적인 견지에서 볼 때, 도대체 유체란 무엇인가? 과학자들은 물질의 화합물을 저마다 서로 다른 방식으로 분류한다. 화학자는 재료를 원소 주기율표 체계대로 원자 및 화학적 구조에 따라 분류한다. 전기 공학자는 재료를 재료가 전기에 반응하는 방식에 따라 전도체, 부도체, 또는 반도체로 분류하기도 한다. 기계공학 엔지니어는 물질을 고체와 유체로 분류하기도 한다. 이 고체와 유체 간의 기술적인 차이점은 힘이 작용할 때 이들이 어떻게 거동하느냐에 중점을 두고 있다.

제5장에서는 고체 재료의 거동이 응력–변형률 선도로 어떻게 표현되는지를 보았다. 탄성 고체로 되어 있는 봉은 후크(Hooke)의 법칙[식 (5.4)]을 따르기 마련이어서 신장량은 봉에 작용하는 힘에 비례하게 된다. 고체 물체에 인장력이나 압축력 또는 전단력이 가해지면, 대개는 작은 양만큼만 변형한다. 항복 응력에 도달하지 않는 한, 고체 재료는 일단 힘이 제거되면 원래의 형상으로 되돌아간다.

반면, 유체는 끊임없이 움직이지 않고서는 전단력에 저항할 수 없는 물질이다(전단력과 전단응력은 5.4절에 설명되어있음). 전단력은 그 양이 아무리 적더라도 유체에 작용하게 되면 유체를 움직이게 하는 원인이 되므로 유체는 전단력이 제거될 때까지 계속 유동하게 된다. 유체 물질은 더 나아가 액체와 기체로 분류되고, 여기에서는 유체가 쉽게 **압축**(*compressive*) 될 수 있느냐에 따라 그 차이점을 두고 있다(그림 6.4). 액체에 힘이 가해지면, 액체는 이동하여 그 형상이 변할 수는 있어도 그 체적은 뚜렷하게 변하지는 않는다. 대부분의 공학적인 응용 목적상 액체는 비압축성 유체이다. 항공기의 날개를 조종하고 도로공사장의 건설 장비를 움직이게 하고 자동차 브레이크를 제어하는 유압 시스템은 압력을 액체 유압유로부터 피스톤과 그 외의 액츄에이터(actuator)에 전달함으로써 큰 힘을 발휘하게 된다. 유체의 두 번째 부류인 기체는 그 분자들이 서로 간에 넓게 분리되어 팽창하여 밀폐된 공간을 충만시킨다. 기체는 쉽게 압축되므로 압축되면 밀도와 압력도 그에 따라 증가한다.

고체와 액체의 근본적인 차이는 전단력을 받았을 때 거동하는 방식이 다르다는 것이다. 그림 6.5(a)에는 정지 표면과 수평 이동 평판 사이에서 전단을 받고 있

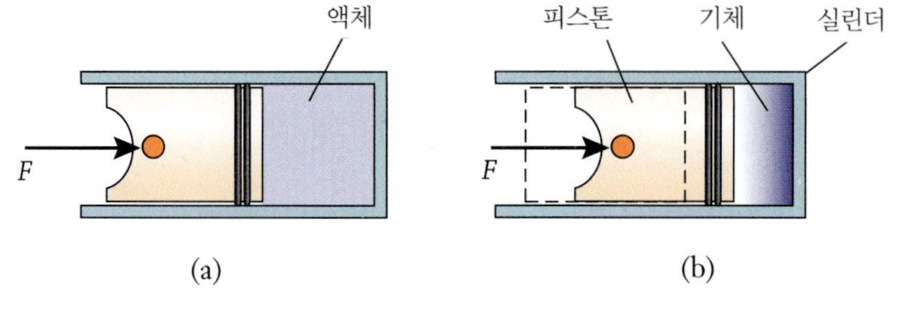

그림 6.4
(a) 공학에서 대부분의 실용적인 목적상 액체는 비압축성이므로 힘이 작용하더라도 원래의 체적을 유지한다. (b) 실린더 내의 기체는 피스톤과 힘 F에 의해서 압축된다.

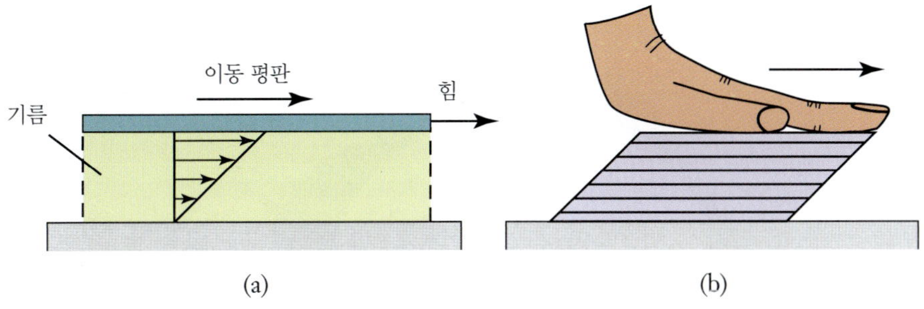

그림 6.5
(a) 기름 층은 이동 평판과 정지 표면 사이에서 전단된다. (b) 유체의 전단 운동은 개념적으로는 탁자 위에 한 벌의 트럼프 카드 뭉치를 올려놓고 카드 뭉치의 맨 윗면을 손바닥으로 압력을 가하면서 수평으로 미끄럼 이동시킬 때와 유사하다.

는 유체의 얇은 층이 도시되어있다. 이 이동 평판은 정지 표면에서 작은 거리만큼 떨어져 있고 유체는 기계용 기름(기계유)의 얇은 층이라고 가정한다. 힘이 상부의 평판에 가해지면, 평판은 기름 위를 미끄러지면서 기름을 전단시키게 된다. 유체인 기름은 **유동**(*flow*)이라고 하는 연속 운동으로 전단응력에 반응한다. 이와 유사한 사례로는 탁자 위에 한 벌의 트럼프 카드 뭉치를 올려놓고 카드 뭉치의 맨 윗면을 손바닥으로 압력을 가하면서 수평으로 미끄럼 이동시킬 때이다[그림 6.5(b)]. 맨 위에 있는 카드는 손을 따라 이동하지만, 맨 밑에 있는 카드는 탁자에 달라붙어 있게 된다. 그 사이에 있는 카드들은 각각 인접한 카드에 대하여 약간씩 미끄러지면서 전단을 일으키게 된다. 그림 6.5(a)의 기름 층은 이와 유사한 방식으로 거동하는 것이다.

유동

유체 층은 오락용 에어 하키 테이블 위에서 퍽(puck)이 미끄러질 때, 자동차 타이어가 도로 표면상의 물 위를 지나면서 수막현상을 일으킬 때, 그리고 워터 슬라이드를 타고 내려와 입수할 때, 두 개의 표면 사이에서도 전단된다. 컴퓨터 데이터 저장 분야에서 하드 디스크 드라이브에 있는 읽기/쓰기 헤드(그림 6.6)는 디스크가 회전할 때 디스크 표면에 형성되는 대단히 얇은 공기-액체 윤활제 막 위에 떠서 미끄럼 이동한다. 실제로 읽기/쓰기 헤드와 디스크 사이의 공기층은 하드 디스크 드라이브 설계에서 중요한 부분이며, 이 공기층이 없다면 기록 헤드와 자성 매체 사이에서 일어나는 급속한 마모와 발열 때문에 제품은 신뢰성이 있게 기능하지 못하게 될 수도 있다.

실험적인 증거를 보면, 대부분의 공학 응용에서 접촉상태에 있는 고체 표면과 유체 사이에는 **점착**(*no-slip*)이라는 조건이 미시적 수준으로 발생한다는 사실을 알 수 있다. 유제 막은 단지 분사 몇 개의 두께에 불과한네도 고체 표면에 부착하고 나머지 유체는 고체 표면에 대하여 이동한다. 그림 6.5(a)의 기름 막(유막)의 사례에서, 점착 조건이라 함은 유체의 최하층은 정지하게 되고 유체의 최상층은 인접 평판과 같은 속도로 이동하게 된다는 것을 의미한다. 유막의 두께를 절단하여 그 단면을 살펴보면, 각각의 유체 층은 그 속도가 두께에 걸쳐 점차적으로 변화하면서 서로 다른 속도로 이동함을 알 수 있다.

점착 조건

그림 6.6

컴퓨터 하드 디스크 드라이브에 있는 읽기/쓰기 헤드는 디스크가 회전할 때 디스크 표면에 형성되는 대단히 얇은 공기-윤활제 층을 미끄럼 이동한다.

Bragin Alexey/Shutterstock.com

그림 6.7의 상부 평판이 유체 층 위를 일정한 속도로 미끄럼 이동할 때에 유체는 뉴톤의 제2운동법칙에 따라 평형상태에 있게 된다. 작용력 F는 유체가 평판에 가하는, 다음 식과 같은 전단응력의 축적 효과에 의해 균형을 이루게 된다.

$$\tau = \frac{F}{A} \tag{6.1}$$

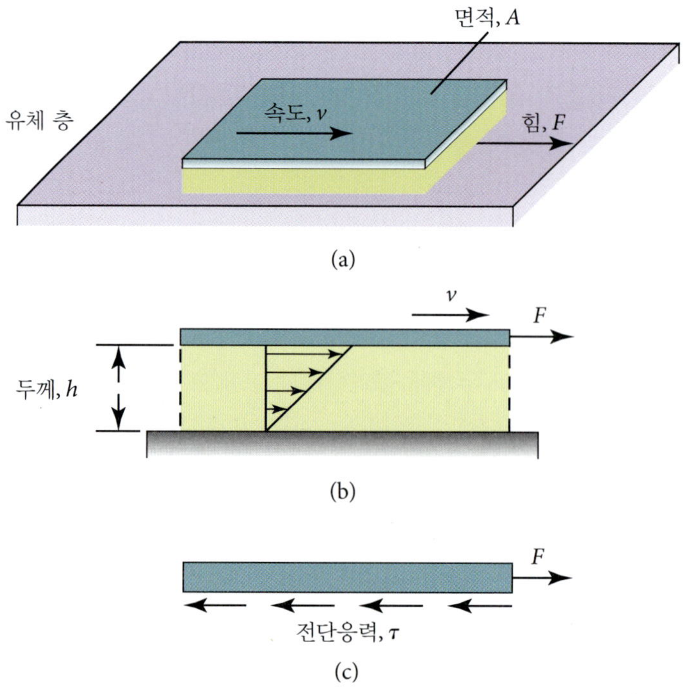

그림 6.7

(a) 유체 층은 정지 표면과 이동 평판 사이에서 전단된다. (b) 유체의 속도는 그 두께에 걸쳐 변화한다. (c) 작용력은 유체가 가하는 전단응력에 의해 균형을 이루게 된다.

유체	밀도 ρ (kg/m^3)	점도 μ (kg/m · s)
공기	1.20	1.8×10^{-5}
헬륨	0.182	1.9×10^{-5}
담수(민물)	1000	1.0×10^{-3}
해수	1026	1.2×10^{-3}
가솔린	680	2.9×10^{-4}
SAE 30유	917	0.26

표 6.1
대표적인 기체 및 액체의 실내 온도 및 압력에서의 밀도 및 점도

정상 운동을 발달시킴으로써 유체를 전단력에 저항할 수 있게 하는 유체의 특성량(또는 성질)을 **점도**(또는 **점성**, *viscosity*)라고 한다. 이 점도는 모든 기체와 액체의 물리적 특성량이므로 이는 유체의 점착성, 마찰, 또는 저항을 나타내는 척도가 된다. 예를 들면, 꿀과 메이플 시럽은 물에 비하여 점도값이 상대적으로 높다. 모든 유체는 어느 정도 내부 마찰이 존재하며, 실험 결과에 따르면 여러 가지 경우에 전단응력의 크기는 평판의 미끄럼 이동 속도에 정비례한다. 이러한 물질을 **뉴톤 유체**(*Newtonian fluids*)라고 하며, 이들은 다음의 관계식을 만족한다.

점도

뉴톤 유체

$$\tau = \mu \frac{v}{h} \tag{6.2}$$

여기에서 비례계수 μ[그리스 소문자 mu(뮤), 부록 A에 수록되어 있음]는 유체 점도라고 하며, 유체의 전단응력과 평판 속도와의 관계를 나타낸다. 식 (6.2)가 차원의 동차성을 유지하려면, 점도는 차원이 질량/(길이 · 시간)이어야 함을 알 수 있다.

점도값은 표 6.1에 몇 가지 대표적인 유체의 값이 수록되어있다. μ의 수치는 일반적으로 작다. 점도 특성량 값은 유체공학에서 자주 사용되므로 **포아즈**(*poise*, P)라고 하는 특별한 단위가 생겨나게 되었으며, 이는 인체의 모세혈관을 흐르는 혈액 유동을 연구한 프랑스 물리학자이자 과학자인 쟝 포아즈이유(Jean Poiseuille; 1797~1869)를 기려 명명되었다. **포아즈**는 다음과 같이 정의된다.

포아즈

$$1\text{ P} = 0.1 \frac{\text{kg}}{\text{m} \cdot \text{s}}$$

중점사항 미시적 시스템과 거시적 시스템 설계에서의 유체

유체역학은 다양한 크기에 걸친 광범위한 기계 시스템 설계에서 중요한 역할을 한다. 대형 실험장비는 이제 파이프, 밸브 및 펌프로 조합된 미소유체소자 장치로 대체되어 유체 시료를 단일의 실리콘 칩에 넣어서 처리를 한다. 이러한 장치는 *랩온어칩*(*lab-on-a-chip*)이라고도 하는데 빗방울보다 수천 배 더 적은 유체량을 처리하는 원리에 기초하고 있다. 이처럼 적은 체적량을 취급하는 것은 시료가 매우 비싸거나 양이 많아지면 위험하게 될지도 모를 때 좋다.

그림 6.8

(a) 세포, 조직 및 기관계 내 유체유동 연구용 미소유체소자 랩온어칩
(b) 국지 강수율 결정 현상을 잘 이해시켜주는 대기 기류 유동 화상

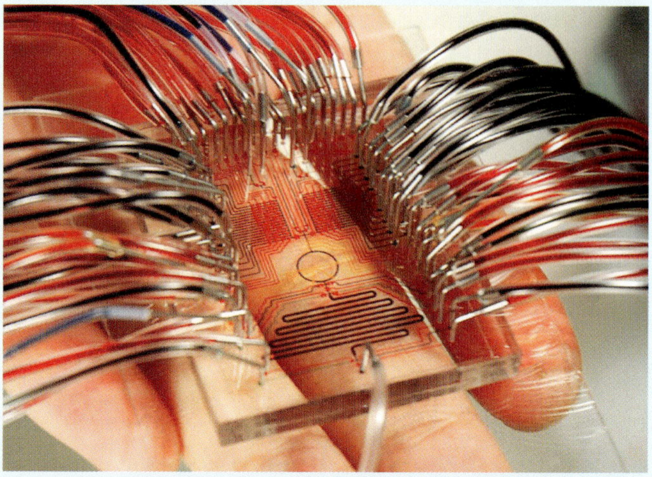

(a)

(b)

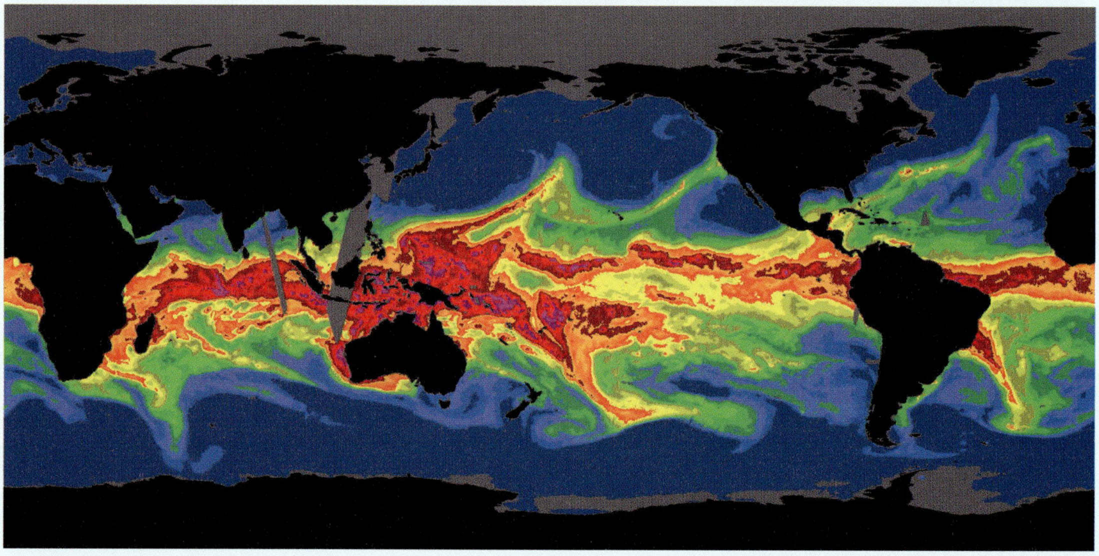

미소유체소자 장치에서는 파이프와 채널이 사람 머리카락 굵기보다 더 작은 치수로 설계 제작되어 생물학적 화합물이 이를 통해 펌핑된다. 미소유체소자 장치에서의 체적량은 너무 적어서 나노리터(10^{-9}L) 단위나 심지어는 피코리터(10^{-12}L) 단위로 측정되곤 한다. 이렇게 소규모로 유체를 조작함으로써 제약 실험을 자동화하고, 환경에서 생물학적 약제와 화학약품을 검출하고, DNA를 분석하여 유전자 지도를 작성하고, 연료 전지에서 연료와 산화제의 층류 유동을 제어하고, 자가 감염진단시험을 하고, 생물 세포를 분류하고, 심지어는 정확한 약제 투여량을 공급하는 기술적인 기회가 주어지게 된다.

유체역학의 다른 관점에서는 난류 유동을 새롭게 이해함으로써 엔지니어가 한층 더 효율적인 비행기, 배 및 우주선을 설계하고, 도시 오염 확산을 배제하고, 전 지구적인 기상 예측 시스템을 개선할 수 있게 하고 있다[그림 6.8(b)]. 물리학자와 엔지니어들은 동체 주위의 기류나 수중 어뢰를 가로지르는 횡류를 포함하여 표면 근방에서의 난류 유동을 이해하려고 오랫동안 애써왔다. 그러나 최근 호주의 멜버른 대학(Univ. of Melbourne) 연구팀은 표면 근방에서의 예측 불가능한 유동과 표면에서 멀리 떨어진 곳에서의 예측 가능한 유동 패턴 사이의 관계를 알아냈다. 엔지니어들은 대규모 유동 환경을 더욱더 잘 이해하게 됨으로써 이러한 환경에서 한층 더 효과적이고 효율적으로 작동하는 대형 시스템을 설계할 수 있게 될 것이다.

단위 kg/(m · s)와 P는 각각 점도의 단위로 사용된다. 포아즈에 대하여 부가 설명을 하자면, μ의 수치가 주로 10의 몇 승을 수반하기 때문에 이보다 더 작은 단위인 **센티포아즈**(*centipoise*; cP)가 사용되기도 한다. 표 3.3의 SI 접두어에 따르면, 센티포아즈는 1 cP = 0.01 P로 정의된다. 센티포아즈는 실온에서 담수(민물)의 점도가 1 cP이므로 비교적 기억하기에 편리한 단위이다.

센티포아즈

예제 6.1 공작기계의 미끄럼 홈

밀링머신은 공장과 금속가공 작업장에서 금속 소재에 슬롯(slot: 가늘고 긴 홈)과 그루브(groove: U자형 단면 홈)를 절삭 가공하는 데 사용된다(그림 6.9). 기계가공될 재료는 고정된 상태로 급속 회전 절삭공구 밑을 이동한다. 소재와 고정구는 점도가 240 cP인 기름으로 윤활되는 미끄럼 홈을 원활하게 미끄럼 이동한다. 2개의 미끄럼 홈(guideways)은 각각이 길이가 40 cm이고 폭이 8 cm이다(그림 6.10). 특별한 절삭 가공을 하려고 설치를 하면서 기계기술자는 구동기구의 맞물림을 풀고 소재를 고정하는 미끄럼 이송대에 90 N의 힘을 가하여 1초에 15 cm씩 밀려갈 수 있게 하였다. 미끄럼 이송대와 미끄럼 홈 간의 유막 두께를 계산하라.

그림 6.9

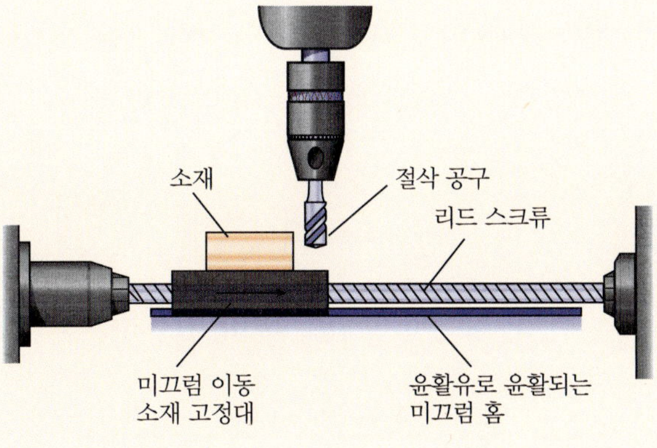

그림 6.10

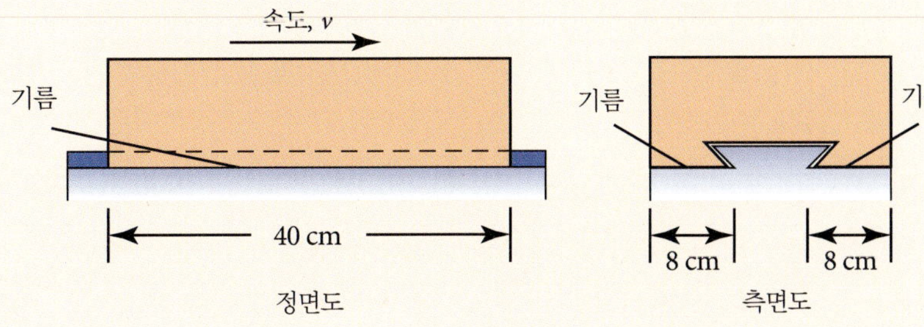

접근방법

기계기술자가 이송대를 밀면, 유막이 그림 6.7에 도시되어 있는 것과 유사하게 전단된다. 이송대는 v = (0.15 m)/(1 s) = 0.15 m/s의 속도로 밀린다. 이송대와 미끄럼 홈 간의 접촉면적은 A = 2(0.08 m)(0.4 m) = 0.064 m^2이다. 유막두께는 식 (6.1)과 (6.2)를 적용하여 힘, 속도, 접촉면적 및 유막두께의 관계에서 계산한다.

풀이

먼저 기름 점도 cP의 정의를 사용하여 차원이 일치하는 단위로 변환시킨다.

$$\mu = (240 \text{ cP})\left(0.001 \frac{\text{kg/(m}\cdot\text{s)}}{\text{cP}}\right)$$

$$= 0.24(\cancel{\text{cP}})\left(\frac{\text{kg/(m}\cdot\text{s)}}{\cancel{\text{cP}}}\right)$$

$$= 0.24 \frac{\text{kg}}{\text{m}\cdot\text{s}}$$

식 (6.1)을 적용하면, 기름 층에서의 전단응력은 다음과 같다.

$$\tau = \frac{90 \text{ N}}{0.064 \text{ m}^2} \qquad \leftarrow \left[\tau = \frac{F}{A}\right]$$

$$= 1406 \frac{\text{N}}{\text{m}^2}$$

그러면 유막의 두께는 식 (6.2)에 따라 다음과 같다.

$$h = \frac{(0.24 \text{ kg/(m}\cdot\text{s)})(0.15 \text{ m/s})}{1406 \text{ N/m}^2} \qquad \leftarrow \left[\tau = \mu\frac{v}{h}\right]$$

$$= 2.56 \times 10^{-5}\left(\frac{\text{kg}}{\text{m}\cdot\text{s}}\right)\left(\frac{\text{m}}{\text{s}}\right)\left(\frac{\text{m}^2}{\text{N}}\right)$$

$$= 2.56 \times 10^{-5}\left(\frac{\cancel{\text{kg}}}{\cancel{\text{m}}\cdot\cancel{\text{s}}}\right)\left(\frac{\text{m}}{\cancel{\text{s}}}\right)\left(\frac{\cancel{\text{m}^2}\cdot\cancel{\text{s}^2}}{\cancel{\text{kg}}\cdot\cancel{\text{m}}}\right)$$

$$= 2.56 \times 10^{-5} \text{ m}$$

이 값은 작은 수치이므로, 표 3.3의 SI 접두어를 적용하여 백만분의 1의 계수를 표시한다. 유막의 두께는 다음과 같이 된다.

$$h = (2.56 \times 10^{-5} \text{ m})\left(10^6 \frac{\mu\text{m}}{\text{m}}\right)$$

$$= 25.6 \ (\cancel{\text{m}})\left(\frac{\mu\text{m}}{\cancel{\text{m}}}\right)$$

$$= 25.6 \ \mu\text{m}$$

검토

사람 머리카락의 굵기(직경이 대략 70~100 mm)와 비교하면 유막은 정말로

얇지만 기계의 가동부품 간에 존재하는 윤활량이 불규칙하지는 않다. 식 (6.2)를 살펴보면 전단응력은 유막두께에 반비례한다는 것을 알 수 있다. 기름 양이 절반이면, 이송대를 미는 데 2배의 정도 힘이 들게 된다.

$$h = 25.6\ \mu\text{m}$$

6.3 압력과 부력

부력(buoyancy), **항력**(drag) 그리고 **양력**(lift)과 같은 힘들은 유체가 고체 구조물이나 차량과 상호작용을 할 때 발생한다. 6.6절과 6.7절에 기술되어 있는 바와 같이, 항력과 양력은 유체와 고체 물체 간에 상대운동이 존재할 때 발생한다. (예컨대, 항공기가 공기 중을 이동하는 것처럼) 차량이 유체 속을 이동하기도 하고 (초고층 건물에 충돌하는 한바탕의 돌풍처럼) 유체가 구조물 주위를 흘러가기도 한다. 그러나 유체와 고체 물체 간에는 상대운동이 없을 때에도 힘이 발생하기도 한다. 물체가 유체에 잠겨있기만 해도 발생하는 힘을 **부력**이라고 하는데, 이 힘은 배제되는 유체의 중량과 관계가 있다. 부력

유체량의 중량(무게)은 유체의 밀도 ρ[그리스 소문자로서 rho(로)라고 읽음]와 체적(부피)으로 결정된다. 표 6.1에는 대표적인 기체와 액체의 밀도값이 수록되어 있다. 체적이 V인 유체의 중량은 다음 식으로 나타낸다.

$$w = \rho g V \tag{6.3}$$

여기서 g는 중력가속도로 9.81 m/s^2이다.

수영장 바닥까지 수영을 하거나 등산을 하게 될 때면, 주위의 물이나 공기의 압력이 변화하므로 상승된 압력이나 감소된 압력에 적응하고자 귀가 "먹먹(pop)"해진다. 경험상, 액체나 기체 속에서의 압력은 깊이에 따라 증가한다. 그림 6.11에 있는 액체 비커를 살펴보면, 레벨 0과 1 사이의 압력차 p는 그 사이에 개재되어 있는 액체의 중량 때문에 발생한다. 두 레벨 사이의 깊이를 h라고 하면, 액체기둥의 중량은 $w = \rho g A h$이고, 여기에서 Ah는 액체기둥의 체적이다. 그림 6.11에 있는 자유물체도를 사용하면, 액체기둥의 힘 평형식으로부터 레벨 1에서의 압력은 다음과 같음을 알 수 있다.

$$p_1 = p_0 + \rho g h \tag{6.4}$$

압력(*pressure*)은 깊이가 증가할수록 그리고 유체의 밀도가 클수록 커진다. 압력

제5장의 응력과 유사하게, 압력의 차원은 "단위 면적당 힘"이다. SI 단위계에서는 압력의 단위가 **파스칼**(1 Pa = 1 N/m^2)인데, 이는 공기와 여러 가지 기체로 화학 파스칼

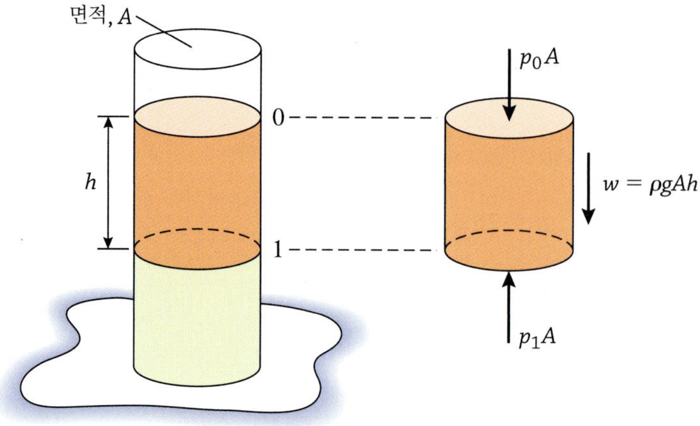

그림 6.11
액체가 채워져 있는 비커의 평형. 압력은 윗부분의 유체 중량 때문에 깊이에 따라 증가한다.

실험을 했던 17세기 과학자이자 철학자인 블레즈 파스칼(Blaise Pascal)의 이름을 딴 것이다.

부력

선박이 항구에 정박해 있거나 열기구가 지상 위를 날 때에는 주위 유체 때문에 발생하게 되는 **부력**(*buoyancy force*)을 받는다. 그림 6.12와 같이 잠수함이 잠수하여 일정한 깊이에 잠겨있을 때에는 위쪽으로 향하는 부력과 잠수함의 중량이 평형을 이루기 때문에 잠수함에 작용하는 순 힘(알짜 힘)은 0이다. 부력 F_B는 물체에 의해 배제되는 유체의 중량과 같으므로 다음 식과 같이 된다.

$$F_B = \rho_{유체}\, g\, V_{물체} \tag{6.5}$$

여기에서, ρ는 유체의 밀도이고, V는 물체에 의해 배제되는 유체의 체적이다. 역사적으로, 이 결과는 그리스 수학자이자 발명가인 **아르키메데스**(Archimedes)의 업적인데, 그는 히에로스 II세 왕(King Hieros II)이 임무를 부여한 금관 제조에서 사기를 밝혀낸 것으로 알려져 있다. 이 왕은 파렴치한 금 세공업자가 왕관의 금의 일부를 은으로 바꿔치기했다고 의심하였다. 아르키메데스는 식 (6.5)로 구체화된 원리가 왕관이 순금으로 제작되었는지, 아니면 그보다 밀도가 더 낮은 (그리고 더 가치가 떨어지는) 금과 은의 합금으로 제작되었는지를 판별하는 데 사용될 수 있다는 사실을 알고 있었다(제6장의 연습문제 P6.9 참조).

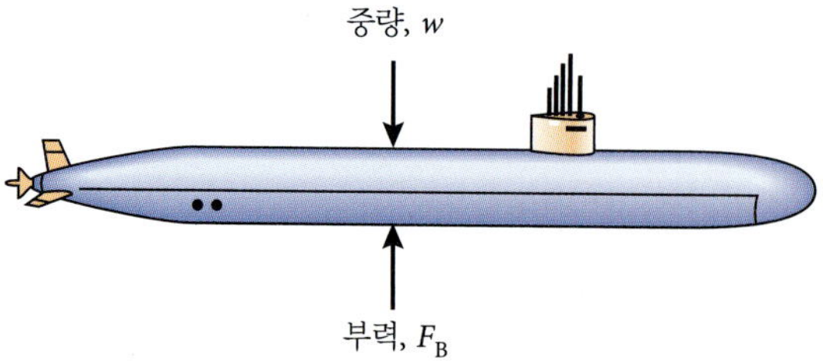

그림 6.12
잠수 상태에 있는 잠수함에 작용하는 부력

예제 6.2 항공기의 연료 용량

상업용 여객기가 90,000 L의 최대 연료 정격으로 채워진다. 제트연료의 밀도로 840 kg/m^3를 사용하여 연료의 중량을 계산하라.

접근방법

제트연료의 체적과 밀도가 주어졌으므로 식 (6.3)을 차원이 일치하는 단위로 변환시킨 다음 적용하여 연료의 중량을 계산하면 된다. 유도단위인 L의 정의는 표 3.2에 수록되어 있다.

풀이

먼저 연료의 체적을 m^3 단위로 변환시킨다.

$$
\begin{aligned}
V &= (90{,}000\ \text{L})\left(0.001\ \frac{\text{m}^3}{\text{L}}\right) \\
&= 90\ (\text{L})\left(\frac{\text{m}^3}{\text{L}}\right) \\
&= 90\ \text{m}^3
\end{aligned}
$$

그리고 연료의 중량을 다음과 같이 구한다.

$$
\begin{aligned}
w &= \left(840\ \frac{\text{kg}}{\text{m}^3}\right)\left(9.81\ \frac{\text{m}}{\text{s}^2}\right)(90\ \text{m}^3) \qquad \leftarrow [w = \rho g V] \\
&= 7.416 \times 10^5 \left(\frac{\text{kg}}{\text{m}^3}\right)\left(\frac{\text{m}}{\text{s}^2}\right)(\text{m}^3) \\
&= 7.416 \times 10^5\ \frac{\text{kg}\cdot\text{m}}{\text{s}^2} \\
&= 7.416 \times 10^5\ \text{N}
\end{aligned}
$$

이 수치의 10의 승수가 크므로, SI 접두어를 적용하여 한층 더 간단하게 나타내면 다음과 같다.

$$
\begin{aligned}
w &= (7.416 \times 10^5\ \text{N})\left(10^{-3}\ \frac{\text{kN}}{\text{N}}\right) \\
&= 741.6\ (\text{N})\left(\frac{\text{kN}}{\text{N}}\right) \\
&= 741.6\ \text{kN}
\end{aligned}
$$

검토

이 연료량을 명료하게 따져보면, 중량이 70톤이 넘는다. 여객기는 통상적으로 연료 부분이 25~45%를 차지하고 이륙 중량을 1,600~3,000 kN로 잡는다. 예컨대, 보잉 767-200은 대략 90,000 L의 연료를 보유하고 이륙 중량은 대개 1,800 kN이다.

$$w = 741.6\ \text{kN}$$

예제 6.3 심해 구조 잠수정

잠수함 사고 시에 구조임무를 목적으로 하는 심해 구조 잠수정은 대양에서 최대 1.5 km 깊이까지 잠수할 수 있다. 그 깊이에서의 수압은 수면에서의 압력보다 MPa 단위로 얼마나 더 큰가?

접근방법

압력차를 구하려면, 식 (6.4)를 적용하여야 하는데, 이 식은 수압이 깊이에 비례하여 증가한다는 것을 의미한다. 해수의 밀도는 표 6.1에서 1026 kg/m^{3}로 판독하고 해수의 밀도는 일정하다고 가정한다.

풀이

대양의 표면(p_0)과 잠수함(p_1) 간의 압력차를 $\Delta p = p_1 - p_0$로 표시한다. 압력 증가는 다음과 같이 된다.

$$\Delta p = \left(1026\ \frac{\text{kg}}{\text{m}^3}\right)\left(9.81\ \frac{\text{m}}{\text{s}^2}\right)(1500\ \ \text{m}) \quad \leftarrow \ [p_1 = p_0 + \rho g h]$$

$$= 1.510 \times 10^7\left(\frac{\text{kg}}{\text{m}^2 \cdot \text{m}}\right)\left(\frac{\text{m}}{\text{s}^2}\right)(\text{m})$$

$$= 1.510 \times 10^7 \frac{\text{kg}}{\text{s}^2 \cdot \text{m}}$$

여기에서, 이 양의 차원을 곧바로 알아차릴 수가 없으므로, 다음과 같이 분자와 분모 모두에 m 차원을 곱하여 약간 변형시킨다. 즉,

$$\Delta p = 1.510 \times 10^7\left(\frac{\text{kg} \cdot \text{m}}{\text{s}^2}\right)\left(\frac{1}{\text{m}^2}\right)$$

$$= 1.510 \times 10^7 \frac{\text{N}}{\text{m}^2}$$

$$= 1.510 \times 10^7\ \text{Pa}$$

다음으로 표 3.3에 있는 승수를 사용하여 이 양을 원하는 MPa 단위로 변환시키면 다음과 같다.

$$\Delta p = (1.510 \times 10^7\ \text{Pa})\left(1 \times 10^{-6} \frac{\text{MPa}}{\text{Pa}}\right)$$

$$= 15.10\ \ \text{Pa}\left(\frac{\text{MPa}}{\text{Pa}}\right)$$

$$= 15.10\ \ \text{MPa}$$

검토

이 깊이에서 수압은 표준 대기압 0.013 MPa보다 150배 이상 더 크다. 1.5 MN을 넘는 힘이 심해 구조 잠수정 선체의 m^{2}마다 작용하므로, 매 cm^{2}에 작

용하는 힘은 다 성장한 판다(panda)의 중량과 같다. 해수의 밀도는 이 깊이에 걸쳐 분명히 변화할 것이지만 이와 같이 하여도 양호한 압력차 추정치가 나온다.

$$\Delta p = 15.10 \ \text{MPa}$$

예제 6.4 대형 백상아리의 공격

전통 스릴러 영화인 죠스(*Jaws*)에서는 퀸트 선장(Captain Quint)이 자신의 보트를 공격하는 대형 백상아리에게 우여곡절 끝에 작살을 꽂는다. 각각의 작살은 케이블에 부착되어있는데, 이 케이블은 다시 속이 비어있는 방수통에 매어져 있다. 퀸트의 의도는 상어가 방수통을 물속에서 끌고 다니게 하여 상어가 지치게 하는 것이다. 방수통이 무게가 150 N이 나가는 200 L들이일 때, 상어가 보트 아래로 잠수하여 이 방수통을 완전히 잠기게 하려면 상어는 어느 정도의 힘을 이겨내야만 하는가?(그림 6.13 참조)

접근방법

상어가 이겨내야만 하는 힘을 구하려면, 방수통에 작용하는 세 가지 힘, 즉 중량 w, 케이블의 장력 T 및 부력 F_B를 고려해야만 한다(그림 6.14). 상어는 케이블의 장력을 극복해야만 하는데, 이 장력은 다른 2개의 힘에 종속된다. 먼저, 방수통의 자유물체도를 그린 다음 위쪽을 양(+)의 방향으로 선정하여 표시한다. 부력은 해수의 밀도에 비례하는데, 표 6.1에 1,026 kg/m^{3}으로 수록되어 있다.

그림 6.13

그림 6.14

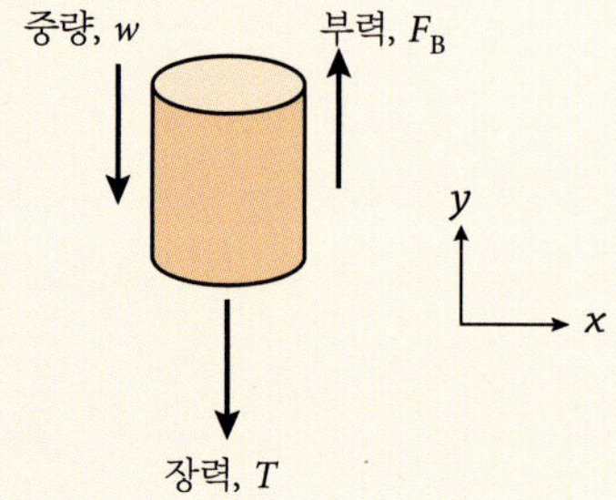

풀이

방수통의 중량이 주어져 있으므로, 먼저 식 (6.5)를 적용하여 부력의 크기를 계산한다. 방수통의 체적을 표 3.2의 변환계수를 사용하여 차원이 일치하는 단위인 m^3로 변환시킨다.

$$V = (200\ \text{L})\left(1 \times 10^{-3}\ \frac{\text{m}^3}{\text{L}}\right)$$
$$= 0.200\ (\text{L})\left(\frac{\text{m}^3}{\text{L}}\right)$$
$$= 0.200\ \text{m}^3$$

부력은 다음과 같이 된다.

$$F_B = \left(1026\ \frac{\text{kg}}{\text{m}^3}\right)\left(9.81\ \frac{\text{m}}{\text{s}^2}\right)(0.200\ \text{m}^3) \qquad \leftarrow [F_B = \rho_{\text{유체}}\, g V_{\text{물체}}]$$
$$= 2013\left(\frac{\text{kg}}{\text{m}^3}\right)\left(\frac{\text{m}}{\text{s}^2}\right)(\text{m}^3)$$
$$= 2013\ \frac{\text{kg}\cdot\text{m}}{\text{s}^2}$$
$$= 2013\ \text{N}$$

여기에서는 표 3.2에서 N의 정의를 사용하였다. 자유물체도와 표시된 양의 부호규약을 참고하면 방수통의 힘 평형식은 다음과 같이 된다.

$$F_B - T - w = 0 \qquad \leftarrow \left[\sum_{i=1}^{N} F_{y,i} = 0\right]$$

케이블의 인장력을 구하면 다음과 같다.

$$T = 2013\ \text{N} - 150\ \text{N}$$
$$= 1863\ \text{N}$$

검토

상어 측면에서 살펴보면, 상어는 부력과 방수통 중량의 차인 케이블 인장력을 느낄 것이다. 방수통의 중량이 F_B와 같다면, 케이블 인장력은 0이 될 것이다. 이때 방수통은 중립적으로 부유될 것이므로 상어는 방수통을 끌고 다니는 데 일을 훨씬 적게 해도 된다.

$$T = 1863\ \text{N}$$

6.4 층류 유동과 난류 유동

비행기를 타고 여행을 해본 사람이라면, 악천후로 인한 난기류나 산악지대 상공의 기류 때문에 시트 벨트를 착용하라고 하는 기장의 안내방송을 들었던 기억이 날 것이다. 또한 층류 유동과 난류 유동을 직접 겪었던 다른 경험도 있을 것이다. 정원용 호스의 밸브를 약간만 개방시켜서 (노즐이 달려 있지 않은) 호스에서 나오는 물줄기가 어떻게 질서정연하게 분출되는지 살펴보면, 물줄기의 형상이 시시각각 크게 변하지 않는데, 이는 물의 층류 유동을 보여주는 고전적인 예이다. 점점 더 밸브를 개방시키게 되면, 원활했던 물줄기가 요동을 치고 분열되어, 난류가 되는 시점에 결국 도달하게 된다. 처음에는 유리처럼 투명하게 보였던 물이 이제는 붕괴되어 균일치 않게 된다. 일반적으로 천천히 흐르는 유체는 층류상태로 원활하게 보이지만 충분히 빠른 속도에 이르게 되면 유동 패턴이 난류가 되어 무작위 형태를 보인다.

그림 6.15(a)의 구 둘레의 기류와 같이, 유체가 물체 주위를 원활하게 흐를 때에는, 유체가 층류 형태로 이동한다고 한다. **층류**(*laminar*) 유동은 유체가 상대적으로 천천히 이동할 때 발생한다("상대적"이라고 짧게 정확한 정의가 내려져 있음). 유체가 한층 더 빠르게 구를 지나 흐르게 되면, 유동 패턴은 특히 구의 **후단**(*trailing edge*)에서 무작위 상태가 된다. 그림 6.15(b)에 나타난 불규칙한 유동 패턴을 **난류**(*turbulent*)라고 한다. 구의 후방에는 작은 와류와 소용돌이가 발달하게 되어 구의 하류는 구가 존재함으로써 심하게 붕괴되는 상태가 되어 버린다.

층류

난류

유체가 층류 패턴인지 난류 패턴인지를 결정하는 규준은 다음과 같은 몇 가지 요인에 달려있다. 즉, 유체가 외부 유동하게 되는 물체의 크기(또는 유체가 내부 유동하게 되는 파이프나 덕트의 크기), 물체의 속도(또는 유체의 속도), 그리고 유체의 밀도와 점도 특성량 등이다. 이러한 변수 간의 정확한 관계는 19세기 후반부에 파이프에서의 층류 유동과 난류 유동 간의 천이에 관하여 실험하였던 오스본 레이놀즈(Osborne Reynolds)라고 하는 영국 엔지니어에 의해 발견되었다. 이러한 천이에 관하여 기술하면서 발견된 무차원 매개변수인 **레이놀즈 수**(Re)는 현재 유체공

레이놀즈 수

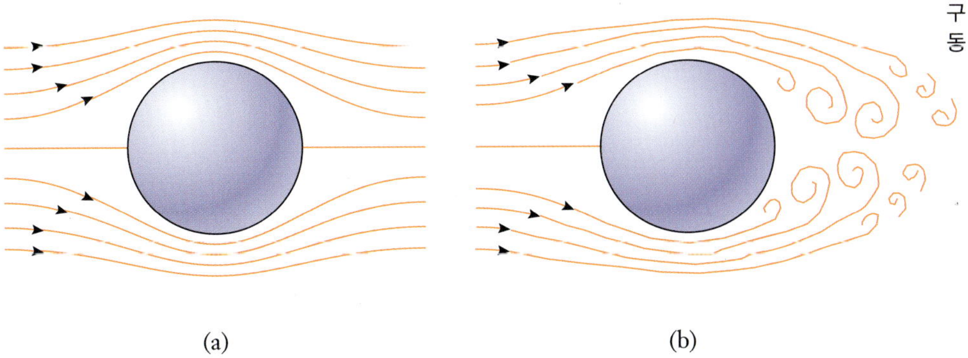

그림 6.15
구 주위 유체의 (a) 층류 유동 및 (b) 난류 유동

학에서 가장 중요한 변수로서 인식되어 있는데, 다음 식과 같이 정의된다.

$$Re = \frac{\rho v l}{\mu} \tag{6.6}$$

특성길이

이 식은 유체의 밀도와 점도, 속도 v, 문제의 특성을 직접적으로 나타내는 **특성길이**(*characteristic lengtft*) l로 이루어져 있다. 파이프를 통하여 펌핑되고 있는 원유는 특성길이 l이 파이프의 직경이고, 그림 6.15에서 구를 지나 흐르는 물은 l이 구의 직경이며, 빌딩의 환기장치는 l이 공기 덕트의 직경인데, 이외에도 여러 가지 예를 들 수 있다.

레이놀즈 수의 물리적인 의미는 유체 내에 작용하는 관성력과 점성력의 비로서 해석되는데, 관성력은 밀도에 비례(뉴톤의 제2운동법칙)하고 점성력은 점도에 비례한다[식 (6.2)]. 유체가 속도는 빠르면서 점도가 매우 낮거나 밀도가 매우 높으면, 레이놀즈 수는 커지게 되고 그 반대도 성립한다. 유체의 관성은 유체를 붕괴시키는 경향이 있으므로 유동(흐름)이 불규칙하게 되는 원인이 된다. 반면에, 점성 효과는 마찰과 유사하여 에너지를 소산시킴으로써 유체를 안정화시켜 유동이 원활하게 된다.

계산 측면에서 보면, 기계공학에서 발생하는 층류를 수반하는 상황은 대개 비교적 손쉬운 수학식으로 기술할 수 있지만, 난류일 때는 일반적으로 그렇게 되지 않는다. 그러나 이러한 식들의 유용성은 저속에서의 구, 평판 및 원통형과 같은 이상적인 형태에 제한되게 된다. 엔지니어가 현실적인 하드웨어와 실제 운전속도에서 유체유동의 복잡성을 이해하려면 대개 실험과 상세한 컴퓨터 시뮬레이션이 필요하다.

예제 6.5 레이놀즈 수

다음 상황에서 레이놀즈 수를 계산하라. (a) 직경이 7.62 mm인 윈체스터(Winchester) 총알이 총구에서 730 m/s의 속도로 발사된다. (b) 담수(민물)가 직경이 1 cm인 관 속을 평균 속도 0.5 m/s로 흐른다. (c) SAE 30유가 (b)와 같은 조건으로 흐른다. (d) 선체 직경이 10 m인 고속 공격 잠수함이 8 m/s로 순항한다.

접근방법

각각의 상황에서 레이놀즈 수를 계산하려면, 수치량들이 차원이 일치하는가를 확인하면서 식 (6.6)에 정의를 적용한다. 공기, 담수(민물), 기름 및 해수의 밀도와 점도값들은 표 6.1에 수록되어 있다.

풀이

(a) 총알 직경이 7.62 mm이므로, 이를 m 단위로 변환시키면 다음과 같이 된다(표 3.3).

$$d = (7.62\ \text{mm})\left(1 \times 10^{-3}\ \frac{\text{m}}{\text{mm}}\right)$$
$$= 0.00762\ (\text{mm})\left(\frac{\text{m}}{\text{mm}}\right)$$
$$= 0.00762\ \text{m}$$

레이놀즈 수는 다음과 같다.

$$Re = \frac{(1.20\ \text{kg/m}^3)(730\ \text{m/s})(0.00762\ \text{m})}{1.8 \times 10^{-5}\ \text{kg/(m}\cdot\text{s)}} \quad \leftarrow \left[Re = \frac{\rho v l}{\mu}\right]$$
$$= 3.708 \times 10^5 \left(\frac{\text{kg}}{\text{m}^3}\right)\left(\frac{\text{m}}{\text{s}}\right)(\text{m})\left(\frac{\text{m}\cdot\text{s}}{\text{kg}}\right)$$
$$= 3.708 \times 10^5$$

(b) 관 속을 흐르는 담수의 레이놀즈 수는 다음과 같다.

$$Re = \frac{(1000\ \text{kg/m}^3)(0.5\ \text{m/s})(0.01\ \text{m})}{1.0 \times 10^{-3}\ \text{kg/(m}\cdot\text{s)}} \quad \leftarrow \left[Re = \frac{\rho v l}{\mu}\right]$$
$$= 5000 \left(\frac{\text{kg}}{\text{m}^3}\right)\left(\frac{\text{m}}{\text{s}}\right)(\text{m})\left(\frac{\text{m}\cdot\text{s}}{\text{kg}}\right)$$
$$= 5000$$

(c) 담수 대신에 SAE 30유를 관을 통하여 펌핑하려면, 레이놀즈 수는 다음과 같이 감소되어야 한다.

$$Re = \frac{(917\ \text{kg/m}^3)(0.5\ \text{m/s})(0.01\ \text{m})}{0.26\ \text{kg/(m}\cdot\text{s)}} \quad \leftarrow \left[Re = \frac{\rho v l}{\mu}\right]$$
$$= 17.63 \left(\frac{\text{kg}}{\text{m}^3}\right)\left(\frac{\text{m}}{\text{s}}\right)(\text{m})\left(\frac{\text{m}\cdot\text{s}}{\text{kg}}\right)$$
$$= 17.63$$

(d) 잠수함의 속도는 8 m/s이므로, 레이놀즈 수는 다음과 같이 된다.

$$Re = \frac{(1026\ \text{kg/m}^3)(8\ \text{m/s})(10\ \text{m})}{1.2 \times 10^{-3}\ \text{kg/(m}\cdot\text{s)}} \quad \leftarrow \left[Re = \frac{\rho v l}{\mu}\right]$$
$$= 6.8 \times 10^7 \left(\frac{\text{kg}}{\text{m}^3}\right)\left(\frac{\text{m}}{\text{s}}\right)\text{m}\left(\frac{\text{m}\cdot\text{s}}{\text{kg}}\right)$$
$$= 6.8 \times 10^7$$

검토

무차원 양에 대하여 예측한 대로, *Re*의 분자의 단위는 분모의 단위와 정확히 상쇄된다. 실험실에서 측정한 결과를 보면, 유체는 *Re*가 대략 2,000보다 더 작을 때에는 관 속을 층류 패턴으로 흐른다고 되어 있다. *Re* 값이 클 때에는 유동이 난류가 된다. 문제 (b)에서는 관 속의 물의 흐름이 난류로 예상되지만, 문제 (c)에서의 유동은 기름이 물보다 점성이 더 크기 때문에 확실히 층류가 된다.

$$\begin{aligned} Re_{\text{총알}} &= 3.708 \times 10^5 \\ Re_{\text{담수관로}} &= 5000 \\ Re_{\text{유관로}} &= 17.63 \\ Re_{\text{잠수함}} &= 6.8 \times 10^7 \end{aligned}$$

중점사항 무차원 수

기계공학 엔지니어는 대개 무차원 수를 사용하여 문제를 처리한다. 이 무차원 수는 단위가 없는 순수한 숫자이거나 단위들이 서로 소거되어 결국 순수한 숫자만 남게 되는 변수군이다. 무차원 수는 2개의 서로 다른 숫자들의 비(ratio)이기도 하는데, 이때에는 분자의 차원과 분모의 차원이 상쇄된다. 이미 학습한 두 가지 무차원 수는 레이놀즈 수 *Re*와 포아송 비 ν(제5장 참조)이다.

잘 알고 있는 무차원 수로서 또 다른 예로는 마하 수 *Ma*를 들 수 있는데, 이는 항공기의 속도를 측정하는 데 사용된다. 이 마하 수는 19세기 물리학자인 에른스트 마하(Ernst Mach)의 이름을 딴 것이다. 마하 수는 $Ma = v/c$ 식으로 정의되며, 이는 공기 중의 음속 c에 대한 항공기의 속도 v의 비를 나타낸다. 지상에서는 음속이 대략 1100 km/h 정도이지만 대기압과 기온이 더 낮은 고도에서는 그 값이 감소된다. v와 c의 값은 모두 동일한 차원(예컨대, km/h)으로 나타내야 하므로 *Ma* 식에서는 단위가 상쇄된다. 상업용 여객기는 $Ma = 0.7$의 속도로 순항하겠지만, 초음속 전투기는 $Ma = 1.4$로 이동하기도 한다.

6.5 관 내 유동

압력, 점도 및 레이놀즈 수의 개념에 대한 실질적인 응용은 파이프, 호스 및 덕트 내에서의 유체 유동이다. 물, 가솔린, 천연가스, 공기 및 기타 유체의 분배 이외에도 **관유동**(pipe flow)은 인체 순환계(그림 6.16)라고 하는 생의학 분야에서 중요한 주제이기도 하다. 혈액은 신체의 동맥과 정맥을 흘러 조직에 산소와 영양분을 공급하고 이산화탄소와 다른 폐기물을 제거한다. 혈관계는 여러 갈래로 갈라지는 비교적 굵은 동맥과 정맥, 그리고 온몸에 걸쳐 분포되어 있는 훨씬 더 가느다란 모세혈관으로 구성되어 있다. 어떤 면에서 보면, 이러한 혈관 속을 흐르는 혈류(혈액유동)는 유압 및 공압 공학과 같은 응용에서 마주치게 되는 유동과 유사하다.

유체는 고압 위치에서 저압 위치로 흐르는 경향이 있다. 유체가 반응하여 이동하게 되면, 압력차와 균형을 이루게 되는 점성 전단응력이 발달하여 **정상유동**(steady flow)이 발생하게 된다. 인체 순환계에서는 다른 모든 요인들이 일정한 상

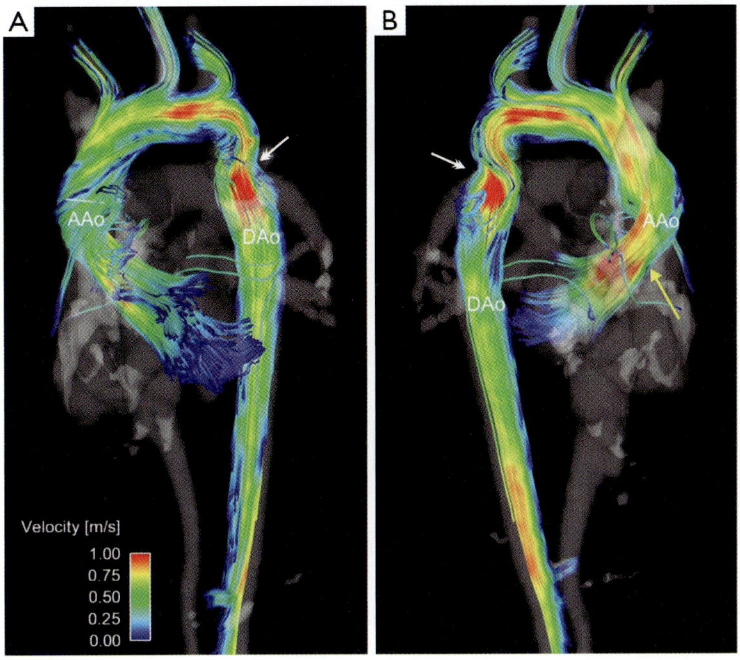

그림 6.16
인체 순환계에서의 혈류는 여러 가지 면에서 다른 공학적 응용에서의 관 내 유체 유동과 유사하다. 이러한 인체 순환계 영상은 자기공명영상 처리를 통하여 얻어지며, 내과 및 외과 의사에게 정확한 진단과 시술 계획을 세우는 데 필요한 정보를 제공한다.

태에서, 심장과 대퇴부 동맥 간의 혈압차가 클수록 혈액은 빨리 흐르게 된다. 파이프, 호스 또는 덕트의 길이를 따라 발생하는 압력변화는 **압력강하**(*pressure drop*)라고 하고 Δp로 표시한다. 유체의 점성이 클수록 운동을 발생시키는 데 필요한 압력차는 크게 된다. 그림 6.17에는 개념을 나타내고자 관에서 떼어 낸 유체 체적의 자유물체도가 그려져 있다. 압력강하는 전단응력과 관계가 있으므로, Δp는 유체의 점도 및 속도에 따라 증가하게 된다는 사실을 미리 알 수 있다.

압력강하

(입구, 펌프, 밸브 또는 모서리 부와 같이) 교란을 일으키는 곳에서 멀리 떨어져 있는 관 부분에서, 그리고 레이놀즈 수 값이 충분히 작을 때에는 관 내 유동이 난류이다. 실험 자료에는, 관 내에서의 층류 유동은 $Re < 2000$일 때 발생하는 것으로 나타나 있다. 비점착 조건을 상기한다면, 유체의 속도는 관 내부표면 상에서 정확히 0이다. 대칭의 원리에 따르면, 유체는 관의 중심선을 따라 가장 빠르게 이동하게 되고 관의 반경 R에서 0의 속도로 감소한다(그림 6.18). 실제로, 층류 유동에서의 속도 분포는 반경에 대한 포물선 함수이며, 다음 식과 같다.

$$v = v_{\max}\left(1 - \left(\frac{r}{R}\right)^2\right) \quad (Re < 2000 \text{ 일 때}) \tag{6.7}$$

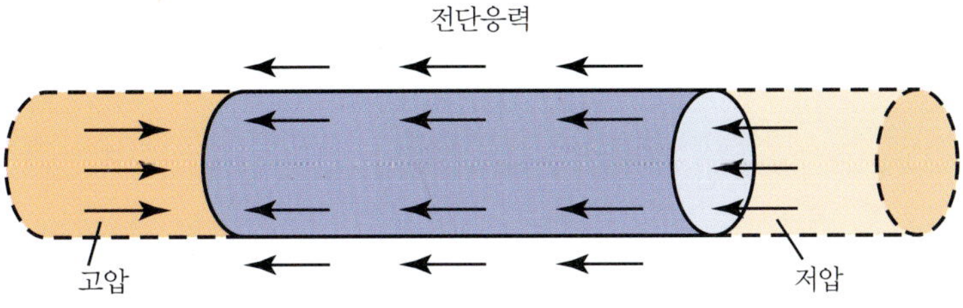

그림 6.17
파이프 내 유체 체적의 자유물체도. 두 곳의 위치 간의 압력차는 유체와 파이프의 내부 표면 간의 점성 전단 응력과 균형을 이룬다. 유체는 평형상태에 있으므로 일정한 속도로 이 동하게 된다.

그림 6.18
관 내 정상 층류 유동. 유체의 속도는 관의 중심선을 따라 최대가 되고, 단면에 걸쳐 포물선 형태로 변하여 관의 표면에서 0이 된다.

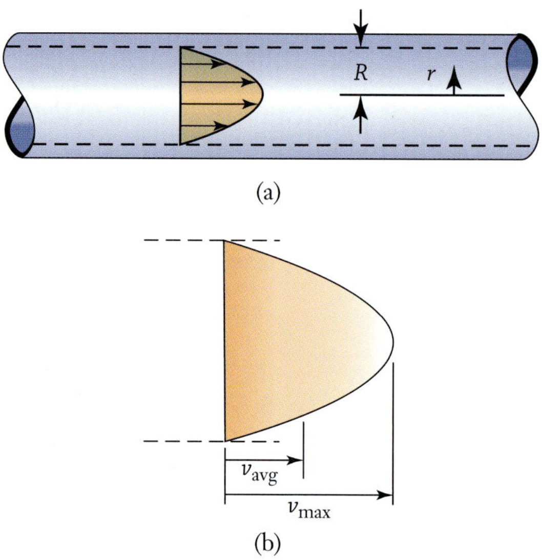

여기에서, r은 관 중심선에서 바깥쪽으로 측정한 거리이다. 유체의 최대 속도는 다음 식으로 구한다.

$$v_{max} = \frac{d^2 \Delta p}{16 \mu L} \quad (Re < 2000\text{일 때}) \tag{6.8}$$

이 최대 속도는 관의 중심선에서 발생하며, 압력강하, 관 직경 $d = 2R$, 유체점도 μ 그리고 관 길이 L에 따라 달라진다. 엔지니어들은 관 직경을 측정하는 것이 더 쉽기 때문에 일반적으로 반경보다는 관 직경을 명시하기 마련이다. 식 (6.8)에서 항 $\Delta p/L$은 관의 단위 길이당 발생한 압력강하를 의미한다.

유체의 속도 측면에서 살펴보면, 대개는 특정 시간간격 Δt 동안에 관 내를 흐르는 유체의 체적 ΔV를 나타내는 양을 아는 것이 한층 더 중요하다. 이 양을 식으로 나타내면 다음과 같다.

$$q = \frac{\Delta V}{\Delta t} \tag{6.9}$$

체적유량

이 양은 **체적유량**(*volumetric flow rate*)이라고 하며, SI 단위계에서는 그 단위가 m^3/s 또는 L/s이다. 이 단위들 간의 변환계수는 표 6.2에 수록되어 있다. 단위 m^3/s을 단위 L/s로 바꿀 때에는 표의 첫 열에서 변환계수 1000을 취하면 다음과 같이 된다.

$$1 \frac{m^3}{s} = 1000 \frac{L}{s}$$

표 6.2
SI 단위 간 체적유량의 변환계수

m^3/s	L/s
1	1000
10^{-3}	1

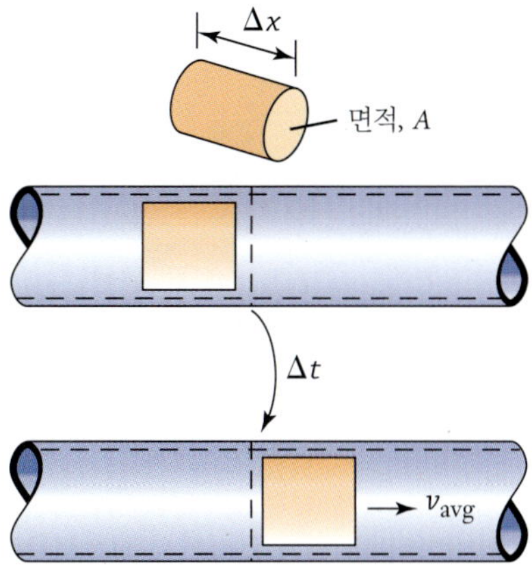

그림 6.19
관 내의 체적유량

체적유량은 관 직경과 관계가 있고 관 속을 흐르는 유체 속도에도 관계가 있다. 그림 6.19에는 관 속을 흐르는 단면적이 A이고 길이가 Δx인 원통형 요소가 나타나 있다. 시간간격 Δt 동안에, 관의 어떤 단면이라도 이를 지나가는 유체의 체적은 $\Delta V = A\Delta x$로 나타낼 수 있다. 관 내 유체의 평균 속도는 $v_{avg} = \Delta x/\Delta t$이므로, 체적 유량은 다음과 같이 나타낼 수도 있다.

$$q = Av_{\text{avg}} \tag{6.10}$$

유동이 층류일 때에는, 유체의 평균 속도와 최대 속도[식 (6.8)] 간에는 그림 6.18(b)와 같이 다음과 같은 관계가 있다.

$$v_{\text{avg}} = \frac{1}{2}v_{\text{max}} \quad (\text{Re} < 2000\text{일 때}) \tag{6.11}$$

관 내 유체 유동에서 레이놀즈 수를 식 (6.6)으로 계산할 때에는, 평균 속도 v_{avg}와 관 직경 d를 사용하여야만 한다.

식 (6.8), 식 (6.10) 및 식 (6.11)을 결합시키면, 비압축성 정상 층류 유동일 때 관 내의 체적 유량은 다음 식과 같다.

$$q = \frac{\pi d^4 \Delta p}{128\mu L} \quad (Re < 2000 \text{ 일 때}) \tag{6.12}$$

이 식을 **포아즈이유 법칙**(*Poiseuille's Law*)이라고 하며, 식 (6.7), (6.8) 및 (6.11)과 같이 이 식도 층류 유동 조건으로 제한된다. 관 속을 흐르는 유량을 체적 단위로 측정하게 되면, 유량은 관 직경의 4승에 비례하고 압력 강하에 정비례하며 관 길이에 반비례한다. 포아즈이유 법칙은 관 길이, 관 직경 및 압력 강하를 알고 체적유량을 구하고자 할 때, 압력 강하를 구하고자 할 때, q, L, Δp를 알고 관의 소요 직경을 구하고자 할 때 사용할 수 있다.

포아즈이유 법칙

유체의 압축성이 중요하지 않을 때에는 그림 6.20와 같이 관 직경이 변화하더라도 체적유량은 일정한 상태가 유지될 것이다. 본질적으로 유체는 관 내의 어떤

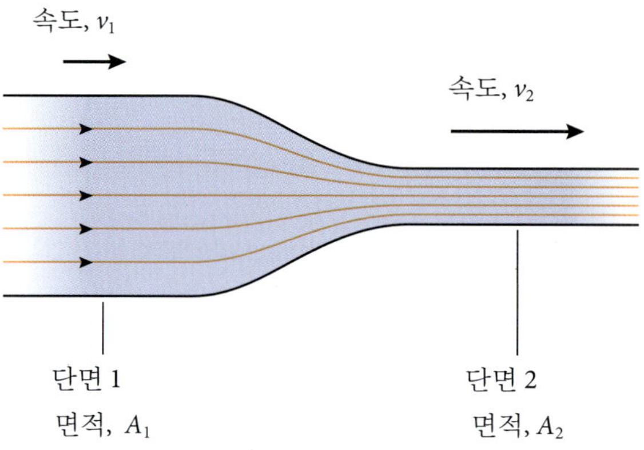

그림 6.20
교축부가 있는 관 내의 유체 유동

지점에서도 생성될 수도 없고 농축될 수도 없으므로, 관 속으로 유입된 유체의 양은 똑같이 관으로부터 유출되어야만 한다. 그림 6.20에서는 관의 단면적이 단면 1과 2 사이에서 감소되어있다. 단위 시간당 교축부에서 유출되어야 하는 유체의 체적은 교축부로 유입되는 유체의 체적과 같아야 하므로, 단면 2에서의 유체 속도는 더 커야만 한다. 식 (6.10)을 적용하면, 유동하는 유체의 평균 속도는 다음 식에 따라 변화한다.

$$A_1 v_1 = A_2 v_2 \tag{6.13}$$

파이프, 호스 또는 덕트의 단면적이 더 작아지게 되면, 유체 속도는 더 커지게 되고, 그 역도 성립한다. 사람들은 이러한 사실을 깨닫기도 전에, 아마도 정원용 호스의 끝을 손가락으로 조작하여 물이 더 멀리 분무되게 함으로써 체적 유량을 이미 실험해 봤을 것이다.

중점사항 인체 내의 혈류

인체 내의 혈류(혈액유동)는 이러한 유체공학의 원리가 적용되는 관심 분야이다. 순환계는 동맥의 벽에 있는 신축 근육에 의해 부위별로 조절되어 신체의 각 부위에 흘러야 할 혈류량을 조정하게 된다. 혈압은 심장의 유출량과 모세혈관계의 수축 및 저항의 정도에 의해 결정된다. 식 (6.12)에서 Δp는 직경의 4승 비율로 정해지므로 혈관의 직경은 혈압을 결정하는 데 중요한 요인이 될 수 있다. 만약, 혈관의 직경이 2배만큼 감소하고 다른 모든 요인들은 변하지 않고 그대로이면, 혈압은 16배만큼 증가하여 동일한 체적유량비를 유지하게 된다. 일부 고혈압 약들은 이 원리에 준하여 조제되어 혈관 벽의 수축을 제한함으로써 혈압을 낮춘다.

물론, 포아즈이유 식을 인체 내에서의 혈류를 기술하고자 적용하는 데에는 수많은 유보조건과 제한조건들이 관련된다. 무엇보다도 먼저, 혈액은 심장이 뛸 때마다 맥동을 하므로 정상상태로 흐르지 않는다. 게다가 포아즈이유 법칙을 해석할 때에는 관이 강체라는 조건으로 하고 있지만, 혈관은 유연하고 순응적인 조직이다. 또한 혈액은 균질 액체가 아니다. 아주 소규모로, 모세혈관의 직경은 실제로 혈구 자체보다 더 작으므로, 혈구들이 가장 작은 모세혈관을 통과하기 위해서는 구부러지고 접혀질 수밖에 없다. 포아즈이유 식이 직접 적용될 수는 없겠지만, 그렇다고 하더라도 이 식은 혈관 직경과 혈관의 부분적인 막힘이 혈압에 영향을 끼치는 중요한 요인이라는 사실을 정량적으로 보여주고 있다.

예제 6.6 자동차 연료 관로

자동차가 65 km/h로 주행 중에 연비 정격은 12 km/L이다. 연료 탱크에서 엔진으로 연결되는 연료 관로는 내경이 10 mm이다. (a) 연료의 체적유량을 m^3/s 단위로 구하라. (b) 가솔린의 평균 속도는 mm/s 단위로 얼마인가? (c) 이 유동에서 레이놀즈 수는 얼마인가?

접근방법

자동차의 속도와 연비 정격의 주어진 정보를 사용하여 가솔린이 소비되는 체적유량을 구한다. 그런 다음, 연료 관로의 단면적[식 (5.1)]을 구하고, 유동의 평균 속도를 구하는 데 식 (6.10)을 적용한다. 마지막으로 식 (6.6)을 사용하여 레이놀즈 수를 계산하는데, 여기에서 특성 길이는 연료 관로의 직경이다. 가솔린의 밀도와 점도는 표 6.1에 수록되어 있다.

풀이

(a) 체적유량은 차량 속도와 연비 정격의 비이다.

$$q = \frac{65 \text{ km/h}}{12 \text{ km/L}}$$

$$= 5.417 \left(\frac{\text{km}}{\text{h}}\right)\left(\frac{\text{L}}{\text{km}}\right)$$

$$= 5.417 \frac{\text{L}}{\text{h}}$$

체적유량을 시간당 기준에서 초당 기준으로 변환시키면 다음과 같다.

$$q = \left(5.417 \frac{\text{L}}{\text{h}}\right)\left(\frac{1}{3600} \frac{\text{h}}{\text{s}}\right)$$

$$= 1.505 \times 10^{-3} \left(\frac{\text{L}}{\text{h}}\right)\left(\frac{\text{h}}{\text{s}}\right)$$

$$= 1.505 \times 10^{-3} \frac{\text{L}}{\text{s}}$$

다음으로 이 양을 표 6.2의 변환계수를 적용하여 차원이 일치하는 m^3 기준으로 변환시킨다.

$$q = \left(1.505 \times 10^{-3} \frac{\text{L}}{\text{s}}\right)\left(1 \times 10^{-3} \frac{\text{m}^3/\text{s}}{\text{L/s}}\right)$$

$$= 1.505 \times 10^{-6} \left(\frac{\text{L}}{\text{s}}\right)\left(\frac{\text{m}^3/\text{s}}{\text{L/s}}\right)$$

$$= 1.505 \times 10^{-6} \frac{\text{m}^3}{\text{s}}$$

(b) 연료 관로의 단면적은 다음과 같다.

$$A = \frac{\pi}{4}(10\text{ mm})^2 \quad \leftarrow \left[A = \frac{\pi d^2}{4}\right]$$
$$= 78.54\ \text{mm}^2$$

또는, 1 m = 1000 mm이므로 A = 7.854 × 10^{-5} m^2이다. 가솔린의 평균 속도는 다음과 같다.

$$v_{avg} = \frac{1.505 \times 10^{-6}\ \text{m}^3/\text{s}}{7.854 \times 10^{-5}\ \text{m}^2} \quad \leftarrow [q = Av_{avg}]$$
$$= 1.916 \times 10^{-2}\left(\frac{\text{m}^2 \cdot \text{m}}{\text{s}}\right)\left(\frac{1}{\text{m}^2}\right)$$
$$= 1.916 \times 10^{-2}\frac{\text{m}}{\text{s}}$$

즉, v_{avg} = 19.16 mm/s이다.

(c) 연료 관로의 직경이 d = 10 mm = 0.010 m이므로, 이 유동의 레이놀즈 수는 다음과 같다.

$$Re = \frac{(680\ \text{kg/m}^3)(0.01916\ \text{m/s})(0.010\ \text{m})}{2.9 \times 10^{-4}\ \text{kg/(m} \cdot \text{s)}} \quad \leftarrow \left[Re = \frac{\rho v l}{\mu}\right]$$
$$= 449.3\left(\frac{\text{kg}}{\text{m}^3}\right)\left(\frac{\text{m}}{\text{s}}\right)(\text{m})\left(\frac{\text{m} \cdot \text{s}}{\text{kg}}\right)$$
$$= 449.3$$

검토

Re < 2000이므로 유동은 원활하여 층류라고 예상된다. 연비 정격이 클수록 체적유량, 속도 및 레이놀즈 수는 작아지게 되므로 동일한 속도를 유지하는 데 연료가 덜 필요하게 된다.

$$q = 1.505 \times 10^{-6}\frac{\text{m}^3}{\text{s}}$$
$$v_{avg} = 19.16\ \text{mm/s}$$
$$Re = 449.3$$

▶ 6.6 항력

기계공학 엔지니어가 자동차, 항공기, 로켓 및 기타 수송체를 설계할 때에는, 일반적으로 공기나 물속을 통과하는 고속운동(그림 6.21)에 저항하게 되는 항력 F_D를 알아야 할 필요가 있다. 이 절에서는 항력과 **항력계수**(*coefficient of drag*) C_D를 설명할 것이다. 이 매개변수는 물체가 유선형이 되어야 하는 범위를 정량화해주므로, 물체가 유체를 통과할 때 (또는 유체가 물체 주위를 흐를 때) 겪게 되는

항력계수

그림 6.21
그림과 같이 비행 중인 갈락틱(Virgin Galactic) 사의 스페이스쉽 2호는 항력 적응형 성능을 구비하여 설계되었다. 2개의 고리 날개는 후방으로 쭉 뻗어 있어서, 각각의 날개를 하강 중에 수직으로 회전시켜 항력을 증가시키게 설계되어 있어, 기체가 불안정하게 되거나 과열되거나 하는 일이 없이 감속된다. 혁신적이기는 하지만, 이 항력 적응형 시스템은 2014년 추락에서 알 수 있듯이 정밀한 타이밍 조절에 달려 있다.

Getty Images News/Getty Images

저항의 크기를 계산하는 데 사용된다.

부력(6.3절)은 정지 유체에서도 발생되지만, 항력과 양력(6.7절)은 유체와 고체 물체 간의 상대운동에서 발생하게 된다. **유체역학**(*fluid dynamics*)이라는 기계공학 분야는 이동 유체의 거동과 유체를 통과하는 물체의 운동을 다룬다.

유체역학

항력의 크기는 층류 유동과 난류 유동의 구분 없이 모든 레이놀즈 수에서 다음 식으로 구한다.

$$F_D = \frac{1}{2}\rho A v^2 C_D \tag{6.14}$$

여기에서, ρ는 유체의 밀도이고, A는 유동 유체와 대면하게 되는 면적으로 **정면 면적**(*frontal area*)이라고 한다. 일반적으로 양력의 크기는 유체가 부딪히는 물체 면적에 따라 증가한다. 양력은 또한 유체의 밀도(예컨대, 공기 대 물)에 따라 증가하고 속도의 제곱에 비례한다. 만약 다른 모든 요인들이 동일한 상태라면, 2배의 속도로 주행하는 자동차에 가해지는 항력의 크기는 다른 자동차의 4배가 될 것이다.

정면 면적

항력계수는 유동 유체에 대한 물체의 형상 및 방향과 항력 간의 복잡한 종속성을 나타내는 단일의 수치이다. 식 (6.14)는 항력계수의 수치를 알고 있다는 가정에서 유동이 층류이거나 난류이거나 상관없이 모든 문체에 타당하게 적용할 수 있다. 그러나 C_D를 구하는 수학식은 이상화된 기하형상(예; 구, 평판 및 원통)과 제한된 조건(예; 저레이놀즈 수)에서만 사용할 수 있다. 많은 경우에, 기계공학 엔지니어는 항력계수를 수학적으로 나타낼 수 없는 상황에서도 실제 결과값을 구해 낼 수밖에 없는 처지에 있다. 그와 같은 경우에, 엔지니어는 실험실에서의 실험과 컴퓨터 시뮬레이션의 조합에 의존하게 된다. 이와 같은 방법을 거쳐 항력계수값들은 광범위하게 적용될 수 있도록 공학 문헌에 표로 작성되어있다. 표 6.3에 있는 대표적인 자료를 사용하면 상이한 환경에서 항력계수의 상대적인 크기에 대한 직관력을 개발

표 6.3
여러 가지 시스템에서의 항력계수 및 정면 면적의 수치

시스템	정면 면적, A (m^2)	항력 계수, C_D
저연료비의 승용차(95 km/h)	1.9	0.34
스포츠카(95 km/h)	2.1	0.29
SUV 차량(95 km/h)	2.7	0.45
자전거와 선수(경륜자세)	0.37	0.9
자전거와 운전자(일반자세)	0.53	1.1
사람(서 있는 자세)	0.62	1.2

하게 될 수 있다. 예컨대, 상대적으로 뭉툭한 SUV 차량은 스포츠카보다 항력계수가 더 크다(또한, 정면 면적도 더 크다). 이 표에 있는 C_D값과 A값뿐만 아니라 다른 출판된 자료를 사용하면 항력은 식 (6.14)를 사용하여 계산할 수 있다.

예시로, 그림 6.22에는 구 주위에 유체가 흐를 때 이 구에 작용하는 항력 (또는 구가 유체 속을 이동할 때 발생하게 되는 힘)이 그려져 있다. 구가 이동하거나 유체가 흐르거나 상관없이, 양자 간의 상대속도 v는 동일하다. 유체가 바라볼 때 구의 정면 면적은 $A = \pi d^2/4$이다. 사실상, 구와 유체 간의 상호작용에는 약제를 에어로졸 분무로 공급하는 장치나 공기 중에서의 오염물질 입자의 운동이나 폭풍우 속의 빗방울과 우박의 모델링에 적용할 수 있는 중요한 공학적 응용의 예가 포함된다. 그림 6.23은 표면이 매끄러운 구의 항력계수가 $0.1 < Re < 100{,}000$의 범위에서 Re의 함수로서 어떻게 변화하는지를 보여주고 있다. 이보다 더 높은 값인 $1000 < Re < 100{,}000$에서 항력계수는 $C_D \approx 0.5$의 값으로 거의 일정하다.

식 (6.14)를 그림 6.23에 적용하게 되면, 구에 작용하는 항력을 계산하는 데 사용할 수 있다. Re가 매우 작을 때에는 유동이 원활하여 층류이므로 항력계수는 대략 다음 식으로 구한다.

$$C_D \approx \frac{24}{Re} \quad (\text{Re} < 1\text{일 때의 구}) \qquad \textbf{(6.15)}$$

이 결과는 그림 6.23의 로그 그래프에서 점선으로 나타나 있다. 식 (6.15)의 결과는 레이놀즈 수가 1보다 더 작을 때에만 더욱 더 일반적인 C_D곡선과 일치한다는 사실을 알 수 있다. 식 (6.15)를 식 (6.14)에 대입하면 저속에서의 구의 항력 근사식이 나온다.

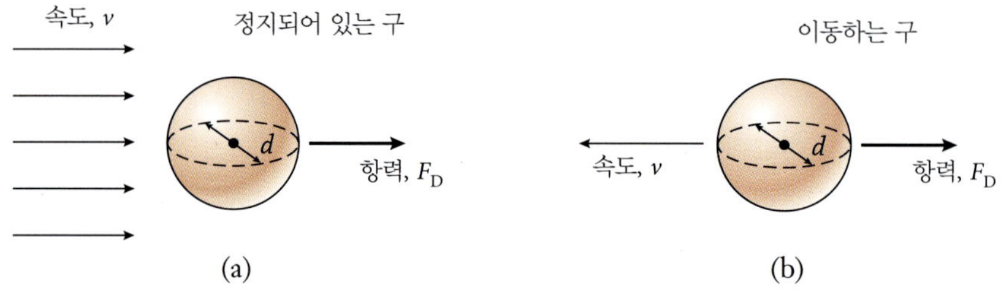

그림 6.22
항력은 유체와 물체 간의 상대운동에 종속된다. (a) 유체가 정지되어있는 구를 지나 흐르면 항력 F_D가 생성된다. (b) 이번에는 유체가 정지되어 있고 구가 유체 속을 이동한다.

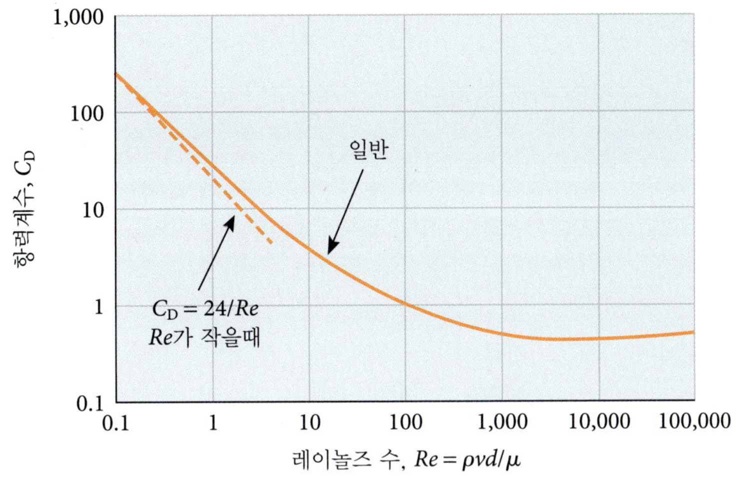

그림 6.23
표면이 매끄러운 주의 항력계수의 레이놀즈 수에 대한 종속성(실선)과 식 (6.15)로 구한 낮은 Re에서의 계산값(점성)

$$F_D \approx 3\pi\mu dv \quad (Re\ ,\ 1\text{일 때의 구}) \tag{6.16}$$

이 결과는 저속에서만 타당하긴 하지만, F_D의 크기가 속도, 유체 점도 및 구의 직경에 관하여 어떻게 증가하는지를 알 수 있다. 실험 결과를 보면 레이놀즈 수가 커짐에 따라 식 (6.16)으로 계산한 항력값이 실험값보다 더 낮게 나타나기 시작함을 알 수가 있다. 유체 유동 패턴의 기본 특성은 Re가 커짐에 따라 층류에서 난류로 변화하기 때문에(그림 6.15), 식 (6.15)와 식 (6.16)은 Re가 1보다 작아서 유동이 반드시 층류일 때에만 적용할 수 있다. 이 식들을 계산에 사용할 때에는 $Re < 1$ 조건을 충족하는지를 반드시 확인하여야 한다.

예제 6.7 날아가고 있는 골프공

직경이 42.7 mm인 골프공이 티(tee)에서 110 km/h로 타구되었다. 골프공에 작용하는 항력을 각각 (a) 표면이 매끄러운 구형으로 가정하고, (b) 0.27의 실제 항력계수를 사용하여 구하라.

접근방법

문제 (a)에서 항력을 구하려면, 먼저 표 6.1에 있는 공기의 밀도와 점도로 레이놀즈 수[식 (6.6)]를 계산하여야 한다. 이 상황에서 Re가 1보다 더 작으면 식 (6.16)을 적용하는 것이 조건에 맞는다. 반면에, 레이놀즈 수가 1보다 더 크면 이 식을 사용할 수가 없으므로 그림 6.23에서 구한 C_D로 식 (6.14)를 사용하여 항력을 구하면 된다. 문제 (b)에서 항력을 구할 때에도 이 후자의 해결 방법을 사용하면 된다.

풀이

(a) 골프공의 속도를 차원이 일치하는 단위로 구하면 다음과 같다.

$$v = \left(110\ \frac{\text{km}}{\text{h}}\right)\left(1000\ \frac{\text{m}}{\text{km}}\right)\left(\frac{1}{3600}\ \frac{\text{h}}{\text{s}}\right)$$
$$= 30.56\left(\frac{\text{km}}{\text{h}}\right)\left(\frac{\text{m}}{\text{km}}\right)\left(\frac{\text{h}}{\text{s}}\right)$$
$$= 30.56\ \frac{\text{m}}{\text{s}}$$

직경은 d = 42.7 mm = 0.0427 m이므로, 레이놀즈 수는 다음과 같이 된다.

$$Re = \frac{(1.20\ \text{kg/m}^3)(30.56\ \text{m/s})(0.0427\ \text{m})}{1.8 \times 10^{-5}\ \text{kg/(m}\cdot\text{s)}} \qquad \leftarrow \left[Re = \frac{\rho v l}{\mu}\right]$$
$$= 8.699 \times 10^4\left(\frac{\text{kg}}{\text{m}^3}\right)\left(\frac{\text{m}}{\text{s}}\right)(\text{m})\left(\frac{\text{m}\cdot\text{s}}{\text{kg}}\right)$$
$$= 8.699 \times 10^4$$

이 값은 1보다 훨씬 더 크므로 식 (6.16)이나 항력계수를 구하는 식 (6.15)를 사용하면 안 된다. 그림 6.23을 참조하면, 이 Re값은 $C_D \approx 0.5$에서 곡선의 평평한 부분에 놓이게 된다. 골프공의 정면 면적은 다음과 같다.

$$A = \frac{\pi(0.0427\ \text{m})^2}{4} \qquad \leftarrow \left[A = \frac{\pi d^2}{4}\right]$$
$$= 1.432 \times 10^{-3}\ \text{m}^2$$

그러면 항력은 다음과 같이 된다.

$$F_D = \frac{1}{2}\left(1.20\ \frac{\text{kg}}{\text{m}^3}\right)(1.432 \times 10^{-3}\ \text{m}^2)\left(30.56\ \frac{\text{m}}{\text{s}}\right)^2(0.5)$$
$$= 0.4012\left(\frac{\text{kg}}{\text{m}^3}\right)(\text{m}^2)\left(\frac{\text{m}^3}{\text{s}^2}\right) \qquad \leftarrow \left[F_D = \frac{1}{2}\rho A v^2 C_D\right]$$
$$= 0.4012\ \frac{\text{kg}\cdot\text{m}}{\text{s}^2}$$
$$= 0.4012\ \text{N}$$

(b) 그 대신에 C_D = 0.27이면, 항력이 다음과 같이 감소된다.

$$F_D = \frac{1}{2}\left(1.20\ \frac{\text{kg}}{\text{m}^3}\right)(1.432 \times 10^{-3}\ \text{m}^2)\left(30.56\ \frac{\text{m}}{\text{s}}\right)^2(0.27)$$
$$= 0.2167\left(\frac{\text{kg}}{\text{m}^3}\right)(\text{m}^2)\left(\frac{\text{m}^2}{\text{s}^2}\right) \qquad \leftarrow \left[F_D = \frac{1}{2}\rho A v^2 C_D\right]$$
$$= 0.2167\ \frac{\text{kg}\cdot\text{m}}{\text{s}^2}$$
$$= 0.2167\ \text{N}$$

검토

골프공을 표면이 매끄러운 구라고 처리하여 간단화하면, 오목부(dimple)들이 공 주위의 기류를 변화시켜서 항력계수를 낮추게 되는 방식을 무시해도 된다. C_D를 감소시키면 골프공은 더 멀리 날아가게 된다. 골프공의 항공역학적 거동은 또한 공이 티에서 타격되었을 때 받을 수도 있는 어떤 스핀에 의해 크게 영향을 받게 된다. 스핀은 별도의 양력을 제공하기도 하여 그렇지 않았을 때 도달할 수 있는 거리보다 공이 더 멀리 날아가게 한다.

$$F_D = 0.4012 \text{ N (매끄러운 구)}$$
$$F_D = 0.2167 \text{ N (실제 골프공)}$$

예제 6.8 자전거 운전자가 받는 공기저항

예제 3.9에서는 사람이 운동 중에 100~200 W의 동력을 발생시킬 수 있다는 근사값 계산을 한 적이 있다. 높은 값인 200 W에 근거하여 사람이 그 정도 수준으로 동력을 발휘하여 자전거를 타면서도 공기저항을 극복할 수 있는 속도(그림 6.24)를 대략적으로 계산하라. 답을 km/h 단위로 표현하라. 계산을 할 때에는, 자전거 타이어와 도로 간의 구름 저항뿐만 아니라 베어링, 체인 및 스프로킷에서 발생하는 마찰도 무시하라. 동력을 구하는 수학식은 $P = Fv$인데, 여기에서 F는 힘의 크기이고 v는 힘이 가해지는 물체의 속도이다.

접근방법

속도를 구하려면 운전자가 부딪치게 되는 유일한 저항은 공기저항뿐이라고 가정하여야 한다. 항력은 식 (6.14)로 구할 수 있으며, 표 6.3에는 경륜자세에서 자전거 선수의 정면 면적이 $A = 0.37 \text{ m}^2$일 때, $C_D = 0.9$로 수록되어 있다. 항력을 계산하려면, 공기 밀도의 수치값이 필요한데 이 값은 표 6.1에 1.20 kg/m^3로 실려 있다.

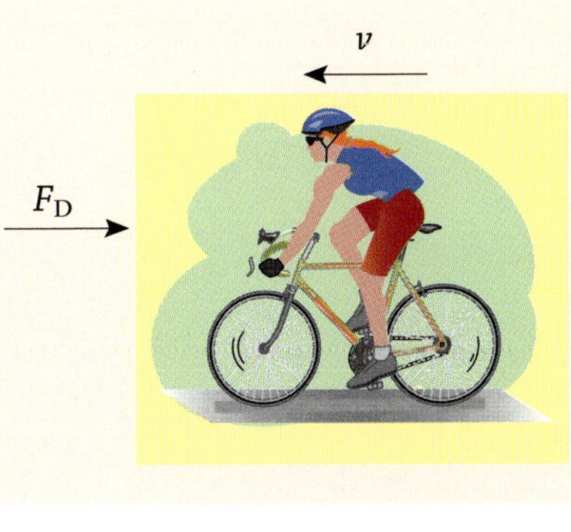

그림 6.24

풀이

먼저, 자전거 운전자의 속도를 구하는 일반 기호식을 구한 다음, 수치값들을 대입시켜야 한다. 운전자에 의해 발생되는 동력은 공기저항으로 발생하는 손실과 균형을 이루게 된다.

$$P = \left(\frac{1}{2}\rho A v^3 C_D\right)v \qquad \leftarrow [P = Fv]$$

$$= \frac{1}{2}\rho A v^3 C_D$$

운전자의 속도는 다음과 같이 된다.

$$v = \sqrt[3]{\frac{2P}{\rho A C_D}}$$

다음으로, 수치값을 이 식에 대입한다. 그런 다음, 운전자의 동력을 표 3.2에 수록된 계수를 사용하여 차원이 일치하는 단위로 변환시키면 다음과 같이 된다.

$$P = (200\ \text{W})\left(1\frac{(\text{N}\cdot\text{m})/\text{s}}{\text{W}}\right)$$

$$= 200\ (\text{W})\left(\frac{(\text{N}\cdot\text{m})/\text{s}}{\text{W}}\right)$$

$$= 200\ \frac{\text{N}\cdot\text{m}}{\text{s}}$$

그러면, 운전자의 속도는 다음과 같다.

$$v = \sqrt[3]{\frac{2(200(\text{N}\cdot\text{m})/\text{s})}{(1.20\ \text{kg/m}^3)(0.37\ \text{m}^2)(0.9)}} \qquad \leftarrow \left[v = \sqrt[3]{\frac{2P}{\rho A C_D}}\right]$$

$$= 10.00\ \sqrt[3]{\frac{\text{N}\cdot\text{m}^2\cdot\text{m}^2}{\text{kg}\cdot\text{m}^2\cdot\text{s}}}$$

$$= 10.00\ \sqrt[3]{\frac{((\text{kg}\cdot\text{m})/\text{s}^2)\cdot\text{m}^2}{\text{kg}\cdot\text{s}}}$$

$$= 10.00\ \sqrt[3]{\frac{\text{m}^3}{\text{s}^3}}$$

$$= 10.00\ \frac{\text{m}}{\text{s}}$$

마지막으로, 이 값을 km/h의 상용단위로 변환시킨다.

$$v = \left(10.00\ \frac{\text{m}}{\text{s}}\right)\left(\frac{1}{1000}\frac{\text{km}}{\text{m}}\right)\left(3600\ \frac{\text{s}}{\text{h}}\right)$$

$$= 36.01\left(\frac{\text{m}}{\text{s}}\right)\left(\frac{\text{km}}{\text{m}}\right)\left(\frac{\text{s}}{\text{h}}\right)$$

$$= 36.01\ \text{km/h}$$

검토

이 계산에서는 다른 형태의 마찰들이 가정에서 무시되었으므로 운전자의 속도가 과장되어 산출되었다는 것을 알아야 한다. 그렇지만 이 추정치는 아주 타당하고, 흥미롭게도 공기저항이 제공하는 저항이 중요하다는 것을 알 수 있다. 공기저항을 극복하는 데 요구되는 동력은 운전자 속도의 세제곱에 따라 증가한다. 운전자가 2배로 열심히 운동을 한다면, 속도는 $\sqrt[3]{2} \approx 1.26$배 만큼만 증가하게 되어 26%만큼 더 빨라지게 될 것이다.

$$v = 36.01 \text{ km/h}$$

예제 6.9 엔진오일의 점도

밀도가 900 kg/m^{3}인 실험용 엔진 오일의 점도를 구하고자 실험실에서 시험을 하고 있다. 직경이 1 mm인 강철 구를 오일이 들어 있는 아주 큰 투명 탱크에 빠뜨린다(그림 6.25). 이 구가 오일 속을 수 초 동안 낙하한 후에는 일정 속도로 낙하하게 된다. 시험기사가 탱크에 10 cm 간격으로 떨어져 있는 표시를 통과하는 데 9초가 걸렸다고 기록하였다. 강철의 밀도를 7830 kg/m^{3}라고 할 때, 오일의 점도는 얼마인가?

접근방법

오일의 점도를 계산하려면, 항력을 포함하는 힘 평형식을 사용하여 강철 구가 오일 속에서 낙하하는 속도를 구하여야 한다. 구가 탱크 속으로 낙하되면 초기에는 중력 때문에 아래쪽으로 가속될 것이다. 짧은 거리를 지나고 난 후에는 자유물체도에서 위쪽으로 작용하는 항력 F_D와 부력 F_B가 구의 중량 w와 정확하게 균형을 이루게 될 것이다(그림 6.26). 그러면 점도는 식 (6.16)의 항력에서 구할 수 있다. 마지막으로 식 (6.16)을 사용할 때의 요구조건인 레이놀즈 수가 1보다 작다는 사실을 확인함으로써 해를 재확인하면 된다.

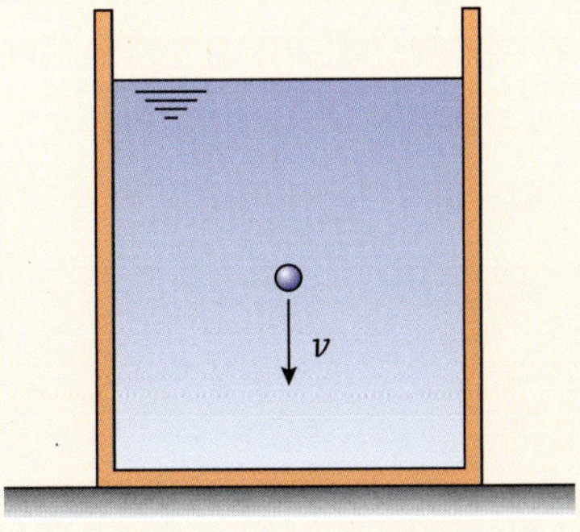

그림 6.25

그림 6.26

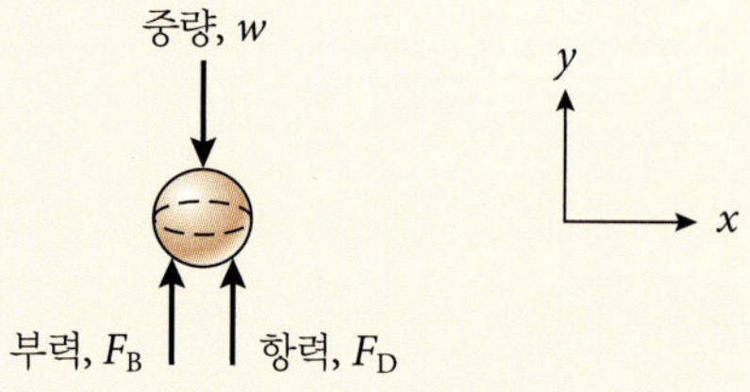

풀이

구의 종단속도(terminal velocity)는 $v = (0.10\text{ m})/(9\text{ s}) = 0.0111\text{ m/s}$이다. y방향에 힘 평형식을 적용하면 다음과 같다.

$$F_D + F_B - w = 0 \qquad \leftarrow \left[\sum_{i=1}^{N} F_{y,i} = 0\right]$$

따라서 항력은 $F_D = w - F_B$이다. 구의 체적은 다음과 같다.

$$V = \frac{\pi(0.001\text{ m})^3}{6} \qquad \leftarrow \left[V = \frac{\pi d^3}{6}\right]$$
$$= 5.236 \times 10^{-10}\text{ m}^3$$

그러므로 구의 중량은 다음과 같다.

$$w = \left(7830\,\frac{\text{kg}}{\text{m}^3}\right)\left(9.81\,\frac{\text{m}}{\text{s}^2}\right)(5.236 \times 10^{-10}\text{ m}^3) \qquad \leftarrow [w = \rho g V]$$
$$= 4.022 \times 10^{-5}\left(\frac{\text{kg}}{\text{m}^3}\right)\left(\frac{\text{m}}{\text{s}^2}\right)(\text{m}^3)$$
$$= 4.022 \times 10^{-5}\,\frac{\text{kg}\cdot\text{m}}{\text{s}^2}$$
$$= 4.022 \times 10^{-5}\text{ N}$$

구가 오일에 잠기게 될 때, 발생하는 부력은 다음과 같다.

$$F_B = \left(9000\,\frac{\text{kg}}{\text{m}^3}\right)\left(9.81\,\frac{\text{m}}{\text{s}^2}\right)(5.236 \times 10^{-10}\text{ m}^3) \qquad \leftarrow [F_B = \rho_{\text{유체}}\, g V_{\text{물체}}]$$
$$= 4.623 \times 10^{-6}\left(\frac{\text{kg}}{\text{m}^3}\right)\left(\frac{\text{m}}{\text{s}^2}\right)(\text{m}^3)$$
$$= 4.623 \times 10^{-6}\,\frac{\text{kg}\cdot\text{m}}{\text{s}^2}$$
$$= 4.623 \times 10^{-6}\text{ N}$$

그러므로 항력은 다음과 같다.

$$F_D = (4.022 \times 10^{-5}\text{ N}) - (4.623 \times 10^{-6}\text{ N})$$
$$= 3.560 \times 10^{-5}\text{ N}$$

구에 작용하는 항력을 구하는 식 (6.16)에 의하면, 점도는 다음과 같이 된다.

$$\mu = \frac{3.560 \times 10^{-5}\ \mathrm{N}}{3\pi\,(0.001\ \mathrm{m})\,(0.0111\ \mathrm{m/s})} \quad \leftarrow \quad [F_D = 3\pi\mu dv]$$

$$= 0.3403\left(\frac{\mathrm{kg\cdot m}}{\mathrm{s^2}}\right)\left(\frac{1}{\mathrm{m}}\right)\left(\frac{\mathrm{s}}{\mathrm{m}}\right)$$

$$= 0.3403\ \frac{\mathrm{kg}}{\mathrm{m\cdot s}}$$

검토

해가 일치하는지를 재확인하고자 할 때에는, 종단속도가 충분히 작아서 $Re < 1$이라는 가정이 성립하고 식 (6.16)을 사용한 것이 적절한지를 입증하면 된다. 측정된 점도값을 사용하여 레이놀즈 수를 계산해보면 다음과 같다.

$$Re = \frac{(900\ \mathrm{kg/m^3})(0.011\ \mathrm{m/s})(0.001\ \mathrm{m})}{0.3403\ \mathrm{kg/(m\cdot s)}} \quad \leftarrow \quad \left[Re = \frac{\rho v l}{\mu}\right]$$

$$= 0.0291\left(\frac{\mathrm{kg}}{\mathrm{m^3}}\right)\left(\frac{\mathrm{m}}{\mathrm{s}}\right)(\mathrm{m})\left(\frac{\mathrm{m\cdot s}}{\mathrm{kg}}\right)$$

$$= 0.0291$$

이 값이 1보다 작기 때문에, 식 (6.16)을 적용하는 것이 조건에 맞다는 것이 확인되었다. 만약 다른 결과가 나왔다면, 계산된 밀도값은 버리고, 그 대신에 그림 6.23에서 C_D를 구한 다음, 식 (6.14)를 적용하면 된다.

$$\mu = 0.3403\ \frac{\mathrm{kg}}{\mathrm{m\cdot s}}$$

6.7 양력

양력(lift force)도 항력과 유사하게 고체 물체와 유체 간의 상대운동으로 발생된다. 항력은 유체 유동 방향에 평행하게 작용하지만, 양력은 수직으로 작용한다. 예컨대, 그림 6.27에 나타나 있는 비행기의 상황에서 날개 주위에서의 공기의 고속유동은 비행기 중량과 균형을 이루는 수직 양력 F_L을 발생시킨다. 그림에는 비행 중의 항공기에 작용하는 네 가지 힘, 즉 비행기 중량 w, 제트엔진에 의해 발생되는 추력 F_T, 날개에 의해 발생되는 양력 F_L 그리고 공기 속을 지나가는 비행기의 운동방향과 반대로 작용하는 항력 F_D가 나타나 있다. 정상 수평 비행에서는 이러한 힘이 균형을 이루어 비행기를 평형상태로 유지시키므로, 엔진의 출력은 바람의 저항을 이겨내고 날개의 양력은 항공기의 중량을 지지할 수가 있다. 양력은 항공 기 날개와 기타 비행 제어표면뿐만 아니라 프로펠러, 압축기 및 터빈 블레이드, 선박

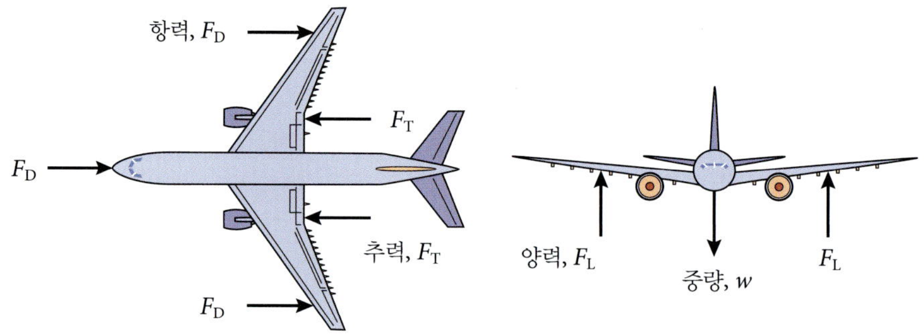

그림 6.27
비행기에 작용하는 중량, 추력, 양력 및 항력

의 수중 익, 그리고 상업용 및 경주용 자동차의 차체 형상 설계에 중요하다.

공기역학

구조물과 그 주위를 흐르는 공기 간의 상호작용을 모두 취급하는 기계공학 분야를 **공기역학**(*aerodynamics*)이라고 한다. 엔지니어가 항력과 양력의 공기역학적 해석을 수행할 때에는 반드시 물체의 기하형상과 유체의 거동에 관하여 실제와 가까운 가정을 하게 된다. 예를 들어, 유체의 점성이나 압축성을 무시함으로써 공학 해석 문제는 엔지니어가 충분히 예비설계를 개발하거나 측정결과를 해석할 수 있을 정도로 단순화될 수 있다.

반면에, 엔지니어들은 이와 같은 가정이 어떤 응용에는 의미가 있지만, 다른 응용에는 적합하지 않을 수도 있다는 사실을 염두에 두어야 한다. 식 (6.15)와 식 (6.16)을 사용할 때와 같이 기계공학 엔지니어들은 특정 식을 적용할 때 수반되는 가정과 제한조건을 알고 있어야 한다. 예컨대, 이 장에서는 공기가 연속유체이지, 서로서로 충돌하는 개별 분자들의 집합체가 아니라고 가정한다. 이 가정은 저속 및 저고도에서 자동차와 항공기 주위에서의 공기유동을 수반하는 대부분의 응용에서 유효하다. 그러나 고고도 대기권에서의 비행기나 우주선들에 대해서는 이러한 가정이 적절할리가 없으므로, 그 대신에 엔지니어와 과학자들은 기체 운동이론의 관점에서 유체력들을 살펴보아야 할 것이다.

풍동

충격파

기계공학 엔지니어들은 공기가 고체 물체 주위를 흐를 때 발생되는 힘을 이해하고 측정하는 실험을 수행하고자 할 때에는 대개 그림 6.28과 같은 **풍동**(*wind tunnel*)을 사용한다. 풍동을 사용하게 되면, 엔지니어는 상이한 속도 및 비행조건에서 항공기, 우주선, 로켓의 성능을 최적화할 수 있다. 이와 같은 시험에서는 기류에 의해 발달되는 항력 및 양력을 측정하기 위하여 물체의 비례 모델을 제작하여 특별한 장착대에 부착시킨다(그림 1.13). 풍동은 또한 고고도 비행과 초음속 비행에 관련되는 실험을 수행하는 데에도 사용된다. 그림 6.29에는 충격파가 고고도 대기권 연구용 항공기의 축소 모델에서 퍼져 나가고 있는 모습이 나타나 있다. **충격파**(*sftock wave*)는 항공기 주위를 흐르는 공기의 속도가 음속을 초과할 때 발생하며, **소닉 붐**(sonic boom)이라고 하는 소음을 유발한다. 풍동은 또한 바람저항을 감소시키고 이에 따라 연비를 증가시킬 목적으로 자동차의 프로파일과 표면을 설계

그림 6.28
항공기 및 비행 연구에 사용되는 풍동 단지의 항공 사진
NASA제공

하는 데에도 사용된다. 저속 풍동은 심지어 올림픽 스포츠 영역에도 적용되어 스키 점프 선수가 자세를 향상시키게 하거나 엔지니어가 공기역학적 성능이 향상된 자전거, 자전거 헬멧, 스포츠 의류를 설계할 수 있게 한다.

속도 이외에도, 항공기 날개[일반적으로는 날개보다는 **익형**(*airfoil*)으로 더 잘 알려져 있음]에 의해 발생되는 양력의 크기는 날개의 형상과 기류에 대한 경사각에 따라 달라진다(그림 6.30). 날개의 경사각은 **받음각**(*angle of attack*) α라 하며, 양력은 일반적으로 **실속 조건**(stall condition)이라고 하는 지점까지는 α에 따라 커진다. 그림 6.31에서는 공기가 날개를 지나 흐르면서 수직양력을 발생시키고 있다. 양력

익형

받음각

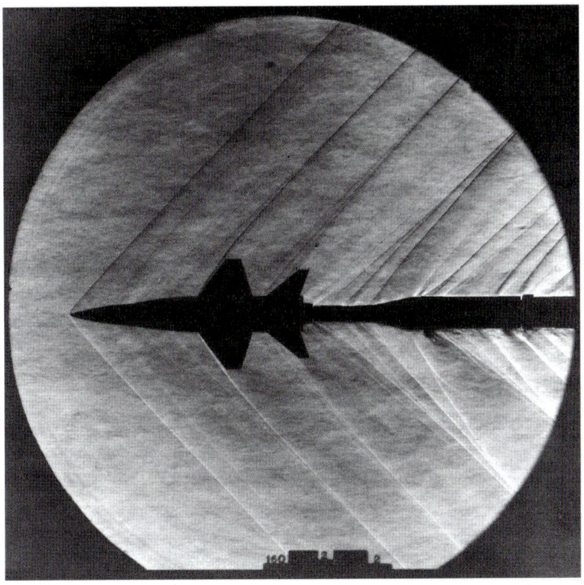

그림 6.29
초음속 풍동 시험 중에 충격파가 고고도 대기권 연구용 항공기의 축소 모델에서 퍼져 나가고 있는 모습
NASA제공

그림 6.30

고성능 군용전투기가 55°의 가파른 받음각으로 상승하고 있는 모습

Lockheed-Mantin 허가로 게재

은 날개의 위 표면과 아래 표면 사이에 존재하는 압력차와 관계가 있다. 유체가 물체에 가하는 힘은 압력과 면적의 곱으로 나타낼 수 있기 때문에, 양력은 날개의 아래 표면상의 압력이 위 표면상의 압력보다 더 크므로 발생하게 된다.

실제로 날개는 유동 유체의 압력, 속도 및 고도 간의 균형점을 취하는 데 유리하도록 설계되는데, 이는 18세기의 수학자이자 물리학자인 다니엘 베르누이(Daniel Bernoulli)가 공헌한 결과물이다. 이 원리는 어떠한 에너지도 유체점성 때문에 소산되지 않고 어떤한 일도 유체에 행해지거나 유체에 의해 행해지지 않으며, 어떠한 열전달도 발생하지 않는다는 가정을 바탕으로 하고 있다. 아울러, 이러한 제한조건들은 유동 유체를 보존적 에너지 시스템으로 구성하는 골격을 이루어 **베르누이 식**(*Bernoulli's equation*)은 다음과 같이 된다.

베르누이 식

$$\frac{p}{\rho} + \frac{v^2}{2} + gh = \text{일정} \tag{6.17}$$

여기에서 p와 ρ는 각각 유체의 압력과 밀도이며 v는 유체속도, g는 중력가속 상수이고 h는 기준점에서 측정한 유체의 높이이다. 이 등식의 좌변에 있는 3개의 항은 각각 압력에 의해 발생되는 힘의 일, 유동 유체의 운동에너지, 중력에 의한 위치에너지를 나타낸다. 이 식은 차원이 일치해야 하므로 각각의 양은 단위가 "단위 질량당 에너지"여야 한다. 그림 6.32의 날개 주위의 유동에서는 압력과 속도에 비하여

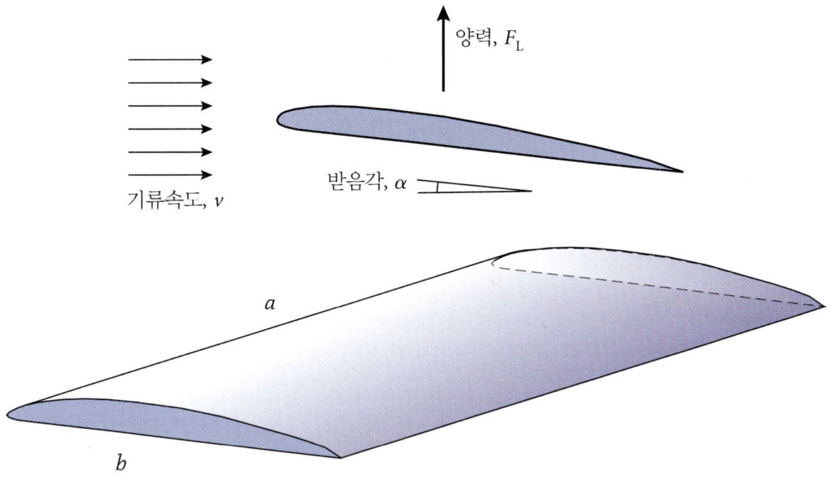

그림 6.31
양력은 유체가 받음각 α만큼 경사진 날개를 지나 흐를 때 생성된다.

높이 변화가 작기 때문에 중력에 의한 위치에너지 항 gh를 무시할 수가 있다. 그러므로 공기가 날개의 위 표면과 아래 표면을 따라 이동할 때 양$[(p/\rho) + (v^2/2)]$은 거의 일정하다. 여러 가지 이유로, 공기가 날개의 위 표면 위로 흐를 때는 속도가 증가하게 되므로 압력은 식 (6.17)에 상응하는 양만큼 감소하게 된다. 날개의 양력은 저압의 위 표면과 고압의 아래 표면 간의 불균형에 의해 발생된다.

날개에 작용하는 유체에 의해 생성되는 양력은 식 (6.14)에서 취급했던 항력과 마찬가지로 **양력계수**(*coefficient of lift*)로 C_L 정량화되어 다음 식으로 계산할 수 있다.

양력계수

$$F_L = \frac{1}{2}\rho A v^2 C_L \tag{6.18}$$

여기에서, 면적은 그림 6.31에서 $A = ab$가 된다. 양력계수의 수치들은 다양한 날개 설계에 대하여 공학문헌에서 찾아볼 수 있고 표로 작성되어 있다. 그림 6.33에는 소형 단기통 비행기에 사용될 수 있는 날개 형태에서 받음각에 대한 C_L의 종속관계가 그래프로 나타나 있다. 항공기 날개는 일반적으로 어느 정도 **캠버**(camber)가 형성되어 있는데, 이는 날개 중심 선이 하향 오목형상으로 약간 만곡되었기 때문이다. 이러한 방식으로 날개는 0의 받음각에서도 유한한 양력계수를 발생시킬 수가 있다. 예컨대, 그림 6.33에서는 $\alpha = 0°$에서도 C_L는 0.3이 되어, 항공기가 활주로 위에서나 수평비행 중에도 양력을 발생시킬 수가 있다. 항공기 날개는 정상 순항비행 중에는 효율을 위해 캠버를 약간만 형성시킨다. 실속이 염려되는 이륙과 착

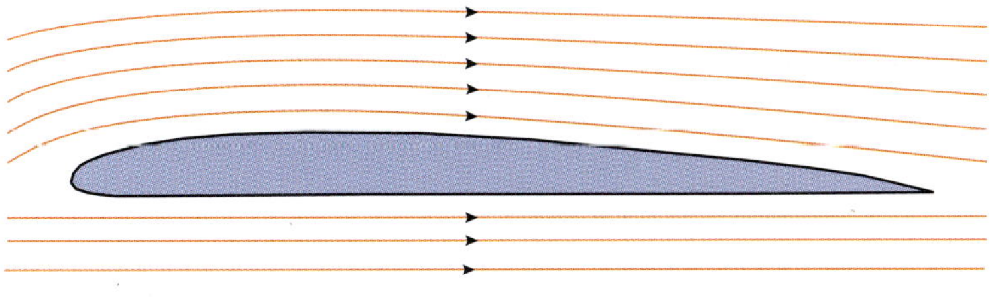

그림 6.32
날개 단면 주위의 유동 패턴

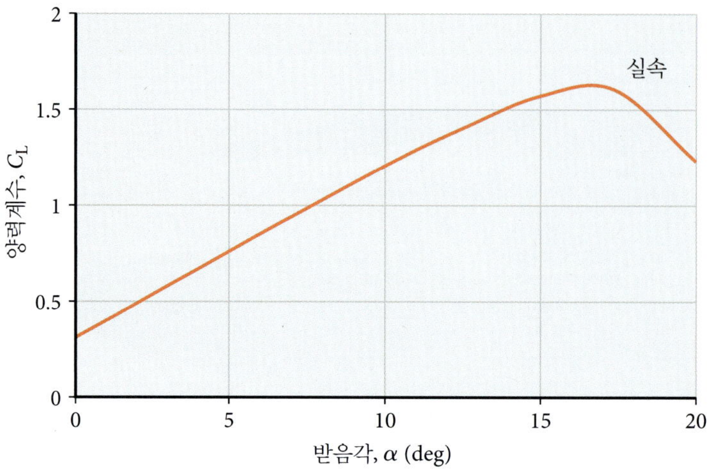

그림 6.33
소형 단기통 엔진 항공기에서 사용되는 날개 형태의 양력계수

륙의 저속 비행 중에는 날개의 후단에 **플랩**(flap)을 확장시킴으로써 캠버를 추가로 형성시킬 수 있다. 이외에도 양력계수는 접근각이 커지면 감소하게 되어 결국 실속(stall)이라고 하는 비행현상으로 이어지게 되는데, 이때에는 날개의 양력을 발생하는 능력이 급격하게 감소하게 된다.

중점사항 스포츠에서의 항공역학

스포츠에서 공을 타격하고 던지고 차게 되면, 공의 궤적은 급격하게 방향이 바뀔 수 있다. 야구에서는 이 현상이 커브 볼을 투구하는 숨은 전략이 되고, 골프에서는 티 샷에서 골프공이 오른쪽으로 휘게(slicing) 되거나 왼쪽으로 굽어지게(hooking) 되는 원인이 되며, 축구에서는 프리킥에서 공을 "휘어지게(bent)" 만들어 골키퍼를 속이게 된다. 크리켓과 테니스도 경기 중에 공이 커브를 이루는 스포츠이다. 각각의 경우에, 공의 궤적은 주위 공기와의 복잡한 상호작용과 공을 던지고 치고 찰 때 공에 부여되는 회전 양에 따라 달라진다. 공이 날아가는 도중에는 양력과 항력을 받게 되고, 또한 공의 회전과 관련이 있으면서 일반적으로 Magnus 효과라고 알려진 횡력도 받게 된다. 공이 회전을 하게 되면 공기의 점성 때문에 얇은 공기층이 공의 회전 측면을 따라 차례대로 끌리게 된다. 공의 솔기와 봉합 실뿐만 아니라 공 표면의 거칠기 또한 공기가 공을 회전시키는 데 중요한 요인들이다. 공의 회전방향과 작용 기류의 방향이 일치하는 쪽에서는, 공기 속도가 증가하게 되므로 압력은 베르누이 원리에 따라 감소하게 된다. 그 반대쪽에서는 기류가 공의 회전방향과 반대방향으로 작용하게 되어 압력은 이에 상응하여 더 높아지게 된다. 공의 양쪽 간의 압력 비균형으로 횡력이 생성되는데, 이 횡력이 공의 궤적을 휘어지게 한다. 이 원리는 골프공을 칠 때나 축구공을 찰 때 효과적으로 공에 회전을 주는 골프채나 축구 클리트(cleat)를 포함하여 광범위한 스포츠 장비의 설계에 사용된다.

또한 유동, 항력, 부력 및 양력을 이해하게 되면 엔지니어는 올림픽 수영복에 사용되는 첨단 재료, 자전거 선수와 3종 경기 선수가 사용할 혁신적인 자전거, 바퀴 및 헬멧, 그리고 스피드 스케이트 선수용 공기역학적 경기복을 포함하여 육상선수의 기록을 향상시킬 새로운 기술을 개발할 수 있게 된다.

요약

이 장에서는 유체의 물리적 특성량, 층류 유동과 난류 유동의 차이점, 그리고 부력, 항력 및 양력이라고 하는 힘들을 소개하였다. 기계공학 엔지니어는 물질을 고체와 유체로 분류하므로 양자 간의 차이점은 이들이 전단응력에 어떻게 반응하는가에 중점을 두고 있다. 고체 재료는 적은 양만큼만 변형하여도 그 강성으로 인하여 전단응력에 저항하기 마련이지만, 유체는 연속 정상운동으로 유동함으로써 반응하게 된다.

기계공학 엔지니어는 유체공학 원리를 항공역학, 생의학공학, 미소유체소자학 및 스포츠공학과 같은 응용에 적용한다. 파이프, 호스 및 덕트 속을 흐르는 유체의 유동은 이러한 다양성의 일례이다. 물, 가솔린, 천연가스 및 공기를 배관계통을 통하여 분배시키는 것 이외에도 관 내 유체 유동에 숨어있는 원리는 인체의 순환계와 호흡계 분야에 적용될 수도 있다. 이 장에서 사용된 주요 변수, 부호 및 상용 단위들은 표 6.4에 요약되어 있고, 주요 식들은 표 6.5에 수록되어 있다.

표 6.4
유체공학에서 사용하는 양, 기호, 단위

양	상용 기호	상용 단위
면적	A	m^2
항력계수	C_D	—
양력계수	C_L	—
밀도	ρ	kg/m^3
힘		
부력	F_B	N
항력	F_D	N
양력	F_L	N
중량	w	N
길이		
특성 길이	l	m
관 길이	L	m
마하 수	Ma	—
압력	p	Pa
레이놀즈 수	Re	—
전단응력	τ	Pa
시간간격	Δt	s
속도	v, v_{avg}, v_{max}	m/s
점도	μ	kg/(m · s)
체적	V, ΔV	L, m^3
체적유량	q	L/s, m^3/s

표 6.5
유체공학에서 사용하는 주요 식

베르누이 식	$\frac{p}{\rho} + \frac{v^2}{2} + gh = $ 일정
부력	$F_B = \rho_{유체}\, gV_{물체}$
항력 일반식 제한식: 구 ($Re < 1$일 때)	$F_D = \frac{1}{2}\rho A v^2 C_D$ $C_D = \frac{24}{Re}$
양력	$F_L = \frac{1}{2}\rho A v^2 C_L$
관 유동 속도	$v_{max} = \frac{d^2 \Delta p}{16\mu L}$ $v_{avg} = \frac{1}{2} v_{max}$ $v = v_{max}\left(1 - \left(\frac{r}{R}\right)^2\right)$
압력	$p_1 = p_0 + \rho gh$
레이놀즈 수	$Re = \frac{\rho v l}{\mu}$
전단력	$\tau = \mu \frac{v}{h}$
체적유량	$q = \frac{\Delta V}{\Delta t}$ $q = Av_{avg}$ $q = \frac{\pi d^4 \Delta p}{128\, \mu L}$ $A_1 v_1 = A_2 v_2$
중량	$w = \rho g V$

부력은 물체가 유체 속에 잠겨있을 때 발생하게 되므로 이는 배제된 유체 중량과 관계가 있다. 항력과 양력은 유체와 고체 물체 간의 상대 운동이 있을 때 발생되므로, (자동차의 경우에서와 같이) 유체가 정지하고 물체가 이동하고 있는 상황, (건물에 대한 바람하중과 같이) 유체가 이동하고 물체가 정지하고 있는 상황, 또는 이 두 가지가 조합되어 있는 상황 등 모두를 포괄한다. 항력과 양력의 크기는 일반적으로 항력계수와 양력계수로 계산이 되는데, 이 계수들은 물체의 형상 및 유동 유체에 대한 물체의 방향에 종속되는 이러한 힘들의 복잡성을 포착해 놓은 수치 양들이다.

자습과 복습

6.1 유체의 밀도와 점도의 SI 상용단위는 무엇인가?

6.2 유체 내 압력은 길이에 따라 어떤 식으로 증가하는가?

6.3 유체의 층류 유동과 난류 유동 간의 차이점을 몇 가지 서술하라.

6.4 레이놀즈 수의 정의는 무엇인가? 그리고 그 중요성은 무엇인가?

6.5 유체가 부력, 항력 및 양력을 발생시키는 상황의 예를 들고 이러한 힘을 어떻게 계산할 수 있는지를 설명하라.

6.6 항력계수와 양력계수는 무엇이며 어떤 매개변수에 종속되는가?

6.7 베르누이 원리는 무엇인가?

연습문제

P6.1

수은의 점도[1.5×10^{-3} kg/(m · s)]를 센티포아즈(cP)의 단위로 변환하라.

P6.2

마이클 펠프스(Michal Phelps)는 2008 베이징 올림픽에서 8개의 금메달을 따내 기록을 수립하였다. 펠프스가 팬케이크 시럽으로 채워진 풀장에서 경기를 했다고 가정할 때, 경기 시간이 증가할 것인지 아니면 감소할 것인지 그렇지 않으면 그대로 유지될 것인지에 관한 견해는 어떠한가? 문제점을 조사해 보고 본인의 견해를 받쳐줄 250자 정도의 보고서를 작성하라. 자료로는 적어도 2개의 참고문헌을 인용하라.

P6.3

SUV 왜건 차량 연료 탱크에는 가솔린이 50 L 들어간다. 탱크가 비었을 때에 비해서 탱크가 가득 찼을 때 자동차는 얼마나 더 무거워지는가?

P6.4

깊이가 5.5 m인 가솔린 저장 탱크의 바닥 압력은 맨 위의 압력보다 얼마나 더 큰가? Pa 단위로 답하라.

P6.5

혈압은 관습적으로 수은주에서 mm 단위로 측정되고 판독치는 예컨대 120과 80과 같이 2개의 숫자로 나타낸다. 처음 숫자는 심장수축 시의 값으로 이는 심장이 수축될 때 발생되는 최대 압력이다. 나중 숫자는(심장이완 시 값으로) 심장이 휴지 상태일 때의 압력이다. 주어진 심장수축 시 값과 심장이완 시 값 간의 압력차는 kPa 값으로 얼마인가? 수은의 밀도는 13.54 Mg/m^3이다.

P6.6

높이가 6 m이고 폭이 4 m인 사각형 수문이 위가 트인 담수 탱크의 끝에 달려있다(그림 6.6). 수문은 상부가 힌지로 부착되어 있고 힘 F로 제자리에 유지되어 있다. 식 (6.4)에서 압력은 물의 깊이에 비례하고, 수문에 가해지는 평균 압력 p_{avg}는 다음 식과 같다.

$$p_{avg} = \frac{\Delta p}{2}$$

여기에서 Δp는 수문의 바닥에서의 압력(p_1)과 수면에서의 압력(p_0) 간의 차이다. 수문에 작용하는 합력은 다음과 같다.

$$F_{\text{water}} = p_{\text{avg}} A$$

여기에서, A는 물이 작용하는 문의 면적이다. 합력은 압력이 깊이에 따라 증가하므로 수문의 바닥에서부터 위로 2 m인 지점에 작용한다. 수문을 제자리에 유지시키는 데 필요한 힘 F를 구하라.

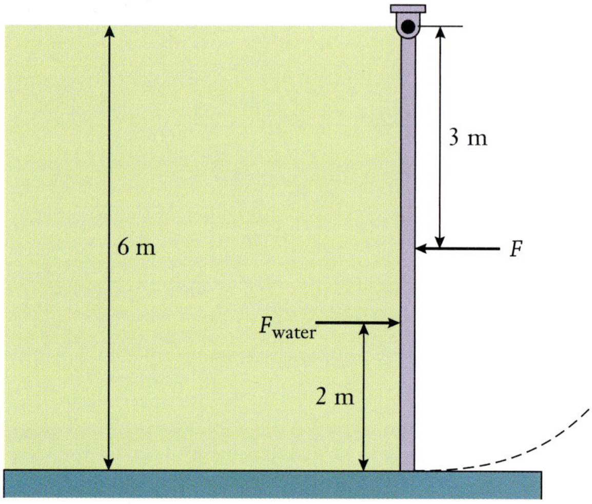

그림 P6.6

P6.7

P6.6의 시스템에서, 수문을 닫힌 상태로 유지하는 데 필요한 힘을 최소화하기 위한 설계 요구조건을 가정하라. 힌지는 수문의 위쪽에 다는 게 좋은가? 아니면 바닥에 다는 게 좋은가? 답을 뒷받침하라.

P6.8

수영장에서 놀고 있는 어린이가 사용할 수 있는 안전 부유기구의 10배 이내의 근사치를 정하라. 설계 개념은 어린이의 각 팔에 어깨까지 끼울 수 있는, 부풀릴 수 있고 환형이며 플라스틱 재질의 물놀이용 튜브에 관한 것이다. 어린이의 몸무게(체중)와 부력을 고려하여 몸무게가 220 N까지의 어린이에게 적합한 크기를 구하라.

P6.9

고대의 어떤 왕이 자신의 왕관이 질량이 3 kg인 금관이라고 믿고 있었지만, 실제로는 부정 직한 금속 세공업자가 금(1.93×10^4 kg/m^3)과 은(1.06×10^4 kg/m^3)을 혼합하여 질량이 같게 나오도록 만든 것이었다.

(a) 아르키메데스(Archimedes)가 왕관을 줄에 매달아서 물속에 완전히 잠기게 했다고 가정한다. 그런 다음 이 줄을 막대저울에 연결시켰을 때, 줄에 걸린 장력을 측정하면 얼마인가?

(b) 이번에는 질량이 3 kg인 순금 덩어리로 만든 왕관으로 시험을 반복하였을 때, 줄에 걸린 장력은 얼마인가?

P6.10

스쿠버 다이버는 밸러스트 추를 착용하여 중립 부력을 얻는다. 이 상태에서는 다이버의 부력이 추와 정확하게 균형을 이루므로 수면으로 떠오르거나 바닥으로 가라앉지도 않는다. 어떤 다이버가 담수에서는 밀도가 1.17×10^4 kg/m^{3}이고 무게가 45 N인 납 합금 밸러스트를 착용한다. 이 다이버가 해수에서 유영할 때 부력을 중립적으로 유지하려면 밸러스트를 50%만큼 더 착용하여야 한다. 이 다이버의 체중은 얼마인가?

P6.11

(포말기가 달려있지 않은) 수도꼭지나 (노즐이 달려있지 않은) 호스에서 나오는 물줄기를 스케치하여 층류 유동과 난류 유동 간의 천이 과정을 조사하라. 물줄기의 속도는 물 밸브를 조정하여 조절할 수 있다.

(a) 층류–난류 천이점에서, 보다 더 낮은 속도 두 가지와 더 높은 속도 두 가지 등 네 가지의 상이한 유체속도에서 유동을 스케치하라.

(b) 음료수 용기와 같이 체적을 알고있는 용기를 채우는 데 필요한 시간 Δt를 구하여 물의 속도를 개략적으로 구하라. 물줄기의 직경을 자로 측정하여 물의 평균 속도를 식 (6.9)와 (6.10)으로 계산하라.

(c) 각각의 속도에서, 레이놀즈 수를 계산하라.

(d) 난류가 시작되는 레이놀즈 수 값을 적시하라.

P6.12

직경이 5 cm인 관을 물이 평균 속도 1.25 m/s로 흐른다.

(a) 체적유량은 L/s 단위로 얼마인가?

(b) 관 직경이 교축부에서 20%만큼 감소되었을 때, 물의 평균 속도는 몇 %만큼 변화하는가?

P6.13

유전과 유조선 터미널을 연결하는 배관에서, 밀도가 953 kg/m^{3}이고 점도가 0.287 kg/(m · s)인 기름이 직경이 1.2 m인 배관을 9.5 km/h의 속도로 흐른다. 레이놀즈 수는 얼마인가? 유동상태는 층류인가 난류인가?

P6.14

식 (6.7)의 포물선 속도분포에서 평균 유속은 최댓값의 절반[식 (6.11)]임을 증명하라.

P6.15

직경이 4 mm인 어떤 인체 동맥을 흐르는 혈액의 평균 속도가 0.28 m/s이다. 레이놀즈 수를 계산하고 유동이 층류인지 난류인지를 판별하라. 혈액의 점도와 밀도는 각각 대략 4 cP와 1.06 Mg/m^{3}이다.

P6.16

(a) P6.15의 동맥을 흐르는 혈액의 체적유량을 구하라.

(b) 이 동맥의 단면에 걸쳐서 최대 속도를 계산하라.

(c) 이 동맥을 따라 매 10 cm마다 혈압 감소량을 구하라.

P6.17

보잉 787 드림 라이너는 이에 필적하는 767보다 연료효율이 20% 더 좋은 것으로 발표되었고 마하 0.85로 비행하게 된다. 중형 보잉 767은 항속거리가 12,000 km이고 연료용량이 90,000 L이며 마하 0.80으로 비행한다. 음속을 1125 km/h라고 가정하고, 드림라이너의 2기 엔진 각각에서 분사되는 연료의 체적유량을 계산하라.

P6.18

P6.17 보잉 드림 라이너의 각각의 엔진연료 관로는 직경이 22 mm이고 제트연료의 밀도와 점도는 각각 800 kg/m^{3}과 8.0×10^{-3} kg/(m · s)라고 가정한다. 연료의 평균 속도를 m/s 단위로 계산하고 이 유동의 레이놀즈 수를 구하라. 또한 유동이 층류인지 난류인지를 판별하라.

P6.19

(a) 직경이 30 mm인 관에서 층류 상태를 유지하면서 펌핑할 수 있는 물의 최대 체적유량은 얼마인가? 계산결과를 L/min 단위로 나타내라.

(b) SAE 30유일 때는 최대 체적유량이 얼마인가?

P6.20

언제나 대략 20개의 화산이 지구에서 활동적으로 분출하고 있고, 매년 50~70개의 화산이 분출한다. 지난 100년 동안, 매년 평균 850명이 화산 분출로 사망하였다. 과학자와 엔지니어들이 용암 유동의 역학을 연구한 결과, 용암의 유량(속도)이 분출 후에 구조되어야 할 사람들에게 치명적이라고 정확하게 예측하였다. 제프리(Jeffrey) 식은 용암유량과 점성 간의 관계를 다음과 같이 도출했다.

$$V = \frac{\rho g t^2 \sin(\alpha)}{3\mu}$$

여기에서 ρ는 용암의 밀도, g는 중력가속도, t는 유동두께, α는 경사도 그리고 μ는 용암의 점도이다. 용암의 점도와 밀도의 일반적인 값은 각각 4.5×10^3 kg/(m · s)와 2.5 g/cm^{3}이다. 그림 P6.20의 유동속도를 cm/s와 km/h 단위로 구하라.

P6.21

P6.20의 화산 유동 모델과 유동 매개변수를 사용하여 두 가지 그래프를 작성하라.

(a) 하나의 그래프에는 경사도가 0°에서 90°까지 변화할 때, km/h 단위의 유동속도를 경사도의 함수로 작성하라.

(b) 다른 그래프에는 용암두께가 0에서 300 cm까지 변화할 때, km/h 단위의 유동속도를 용암두께의 함수로 작성하라.

(c) 경사도와 용암두께가 유동속도에 미치는 영향을 설명하고 비교하라.

그림 P6.20

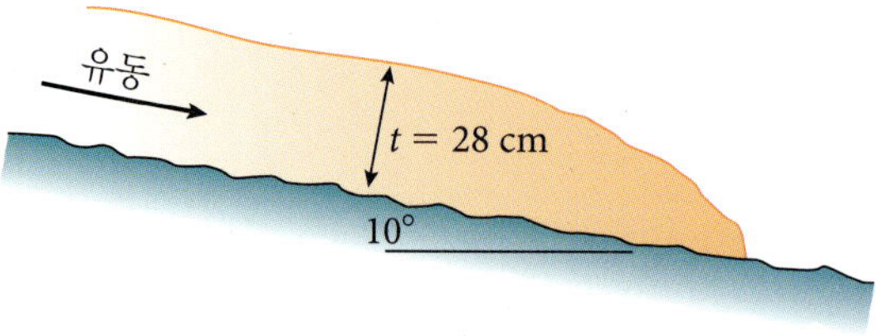

P6.22

강철제 저장 탱크가 가솔린으로 가득 차 있다. 탱크는 내부가 부분적으로 부식되어 있어 작은 녹 입자가 연료를 오염시켰다. 녹 입자는 대략적으로 구형이고 평균 직경이 25 mm이며 밀도가 5.3 g/cm^{3}이다.

(a) 녹 입자가 가솔린 속을 낙하할 때 종단 속도는 얼마인가?

(b) 녹 입자가 5 m를 낙하하여 바닥에 침전될 때까지 거리는 시간은 얼마인가?

P6.23

안개 속의 작은 물방울은 직경이 40 mm인 구형으로 간주된다. 이 물방울이 고요한 공기를 통해 지상으로 떨어질 때 종단 속도(terminal velocity)를 계산하라. 이 경우에 물방울의 부력을 무시하는 것은 타당한가?

P6.24

제품을 생산하는 목공공장에서 한 점의 참나무 가구에 사포질을 하는 동안에 50 mm 크기의 구형 먼지 입자들이 공기 중으로 날린다.

(a) 이 먼지들이 공기 중에서 낙하할 때 입자들의 종단 속도는 얼마인가?

(b) 공기가 흐르지 않는다고 가정할 때, 톱밥 먼지구름이 가라앉아 땅바닥까지 2 m를 낙하할 때까지 거리는 시간은 얼마인가? 마른 참나무의 밀도는 대략 750 kg/m^{3}이다.

P6.25

(a) 직경이 1.5 mm인 강철구(7,830 kg/m^3)가 SAE 30유 탱크 속으로 낙하한다. 종단 속도는 얼마인가?

(b) 이 강철구가 밀도가 같은 다른 기름 속으로 낙하할 때 종단 속도가 1 cm/s라고 할 때, 이 기름의 점도는 얼마인가?

P6.26

체중이 775 N인 스카이다이버가 자유낙하 중에 240 km/h의 종단 속도에 도달한다. 다이버의 정면 면적이 0.750 m^{2}일 때, 다음은 각각 얼마인가?

(a) 스카이다이버에 작용하는 항력의 크기

(b) 항력계수

P6.27

직경이 14 mm인 구가 SAE 30유가 들어있는 비커 속으로 낙하한다. 하향운동 중의 일부 구간에서 구의 낙하속도가 2 m/s로 측정되었다. 이 시험 구에 작용하는 항력은 N 단위로 얼마인가?

P6.28

저고도 기상연구 기구, 온도 센서 및 전파 발신기의 무게를 모두 합하면 11 N이 나간다. 헬륨으로 부풀리면, 기구는 직경이 1.3 m인 구형이 된다. 기구의 크기에 비하여 전파 발신기의 체적은 무시할 수 있다. 기구가 지상에서 띄워져서 이내 종단 상승속도에 도달한다. 대기의 밀도변화를 무시할 때, 기구가 고도 300 m에 도달할 때까지 걸리는 시간은 얼마인가?

P6.29

잠수함이 무선 표지(radio beacon)가 들어있는 구형의 부유 부표(buoy)를 내보낸다. 이 부표는 직경이 30 cm이고 무게가 100 N이다. 해수 중에서 부표의 항력계수는 $C_D = 0.45$이다. 부표가 해수면까지 떠오를 때 정상 속도는 얼마인가?

P6.30

식 (6.16)을 식 (6.14)에 대입하여 항력계수가 저레이놀즈 수에서 식 (6.15)와 같이 됨을 증명하라.

P6.31

(a) 호화 스포츠카가 정면 면적이 2.08 m^2이고 95 km/h에서 항력계수가 0.29이다. 이 속도에서 차량의 항력은 얼마인가?

(b) SUV 차량이 95 km/h에서 $C_D = 0.45$이고 정면 면적은 2.70 m^2으로 약간 크다. 이때의 항력은 얼마인가?

P6.32

어떤 낙하산이 항력계수가 $C_D = 1.5$이다. 낙하산과 스카이다이버의 무게가 합쳐서 1 kN이라고 하면, 스카이다이버가 지상에 접근할 때 종단 속도가 25 km/h가 되도록 하려면 낙하산의 정면 면적은 얼마나 되어야 하는가? 이때 부력을 무시하는 것이 타당한가?

P6.33

잠수함은 통기구(vent)를 열어 밸라스트 탱크에서 공기를 빼내고 물을 유입시켜 채워서 잠수한다. 또한 이물(뱃머리)에 있는 수평타를 아래쪽으로 기울여서 잠수함이 수면 밑으로 밀려들어 가게 한다. 잠수함이 27 km/h로 순항할 때 양력계수가 0.11인 1.9 m^2의 수평타에 의해 발생되는 잠수력을 계산하라.

P6.34

(a) 동차성의 원리를 사용하여 베르누이 식을 다음과 같은 형태로 기술할 때 각각의 항은 차원이 압력인 것을 증명하라.

$$p + \frac{1}{2}\rho v^2 + \rho g h = \text{일정}$$

(b) 베르누이 식을 다음식과 같이 변형시켜 기술할 때 각각의 항은 차원이 길이인 것을 증명하라.

$$\frac{p}{\rho g} + \frac{v^2}{2g} + h = \text{일정}$$

P6.35

벤츄리 유량계(venturi flowmeter)라고 하는 기구는 2개의 지점 간의 압력변화를 측정하여 유동 유체의 속도를 측정하는 데 사용된다(그림 P6.35). 물이 관 속을 흐르고, 교축부에서는 관의 단면적이 A_1에서 더 작은 값인 A_2로 감소한다. 2개의 압력 센서가 교축부의 전후에 설치되어 있고, 이 센서로 측정된 압력변화량($p_1 - p_2$)은 물의 속도를 구하기에 충분한 자료이다. 식 (6.13)과 (6.17)을 사용하여, 교축부 하류에서의 속도가 다음 식과 같음을 증명하라.

$$v_2 = \sqrt{\frac{2(p_1 - p_2)}{\rho(1 - (A_2/A_1)^2)}}$$

이러한 소위 벤츄리 효과는 자동차 카뷰레이터와 의료 환자에게 약물을 들이 마시도록 공급하는 흡입기와 같은 하드웨어 작동의 배경원리이다.

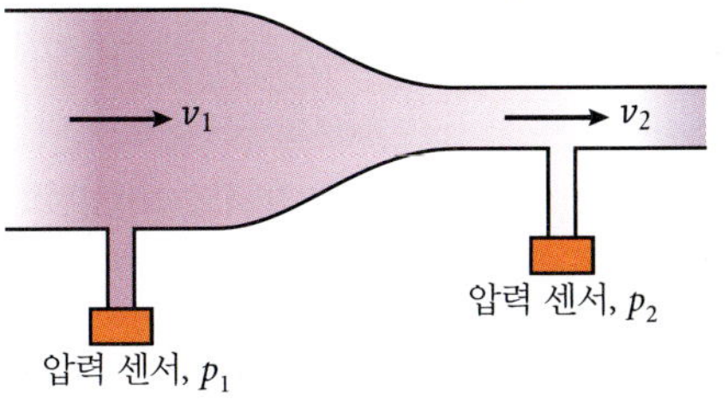

그림 P6.35

P6.36

직경이 2.5 cm에서 1.25 cm로 감소되는 교축부가 있는 원관 속을 물이 흐른다. 교축부 바로 상류에서의 물의 속도는 1.3 m/s이다. P6.35의 결과를 사용하여 다음을 구하라.

(a) 교축부 하류에서의 물의 속도

(b) 교축부 전후의 압력강하

P6.37*

근해 석유 굴착용 플랫폼에서는 바닷물을 담수화하여 담수 공급 장치의 수원으로 사용한다. 이 공급 장치에는 4개의 단계가 있어서 바닷물을 빨아들이는 대형 흡입관에서 시작하여 결국은 흐르는 바닷물을 담수화하여 소형 노즐로 구석구석까지 담수를 공급하게 된다. 제1단계에서 흡입관의 직경은 0.9 m이고 바닷물은 0.11 m/s로 흐른다. 제2단계에서 관의 직경은 0.5 m이다. 담수화는 제2단계와 제3단계에서 일어난다. 제3단계에서 담수용 관의 직경은 0.2 m이며, 최종 단계에서 노즐 직경은 0.05 m이다.

(a) 모든 단계에서 체적유량이 일정하다고 가정하고 중력 효과를 모두 무시할 때, 유동이 층류인지 난류인지를 매 단계마다 결정하라.

(b) 본인이 소속된 팀에게 매 단계마다 층류 유동을 확실히 보장할 수가 없는 환경에서 유사한 4단계 공급 장치를 설계하여 배치해야 하는 임무가 부여되었을 때, 추천할만한 특정한 설계 방안을 제시하라. 단, 각각의 후속 단계마다 관의 직경은 감소하지만, 이 장치의 전체 크기는 달라져도 되고 다른 유체가 사용될 수도 있다고 가정한다.

P6.38*

최근 연구에서는 역년에 걸쳐 전 세계가 소비할 수 있는 에너지를 약 17 TW라고 추정하고 있다. 이러한 당황스러운 동력 양 때문에 에너지 부족을 점점 더 걱정하게 되어 이용되지 않은 에너지 원을 탐사하려고 하고 있다. 한 가지 주요 에너지원은 전 세계에 기체 형태(즉, 공기와 바람)나 액체 형태(즉, 대양과 강)의 동적인 유체 자원으로 저장되어 있다. 엔지니어들은 그와 같은 유체의 동적 특성을 에너지원으로 끌어들여 이용할 수 있는 혁신적인 방법을 창출하고 있다. 본인이 소속된 팀의 임무는 기체나 액체 형태인 유체의 운동을 동력화하고 있는 네 가지의 혁신적인 방법을 연구하는 것이다. 각각의 방법이 에너지를 발생시키는 방법의 주 메커니즘과 각각의 방법이 얼마나 많은 양의 에너지를 매년 전 세계 생산량에 공헌할 수 있는지를 기술하라. 명확한 가정과 계산으로 전문적인 기술 보고서를 작성하라.

P6.39*

본인이 소속된 팀은 275 kg의 적재물을 운반할 수 있는 뗏목을 설계하도록 고용되었다. 이 뗏목의 기본 설계는 바닥이 평평한 형태이며 직경이 같은 속이 빈 파이프 4개가 플랫폼의 양쪽에 2개씩 배치되어 파이프 길이 만큼의 플랫폼을 떠받치고 있다(그림 P6.39 참조). 플랫폼은 그 폭이 2 m이고 두께가 7.5 cm이다. 본인의 팀은 세 가지 다른 크기의 파이프와 세 가지 다른 플랫폼 재료에서 선정이 가능하다. 파이프 조건은 각각 다음과 같다.

- 파이프 A: 내경: 0.2540 m, 외경: 0.2667 m, 단가: $7.10/개
- 파이프 B: 내경: 0.2667 m, 외경: 0.2794 m, 단가: $14.50/개
- 파이프 C: 내경: 0.2794 m, 외경: 0.2921 m, 단가: $21.80/개

파이프는 그 길이를 3.048 m로만 구매할 수 있지만, 추가 비용을 들이지 않고 더 짧게 자를 수 있다. 플랫폼 조건은 각각 다음과 같다.

- 플랫폼 X: 밀도: 498 kg/m3, 단가: $25.05/m
- 플랫폼 Y: 밀도: 560 kg/m3, 단가: $16.10/m
- 플랫폼 X: 밀도: 605 kg/m3, 단가: $9.85/m

파이프는 그 길이를 3.048 m로만 구매할 수 있으며, 플랫폼의 길이는 cm 단위까지 가장 근접하게 구매할 수 있다.

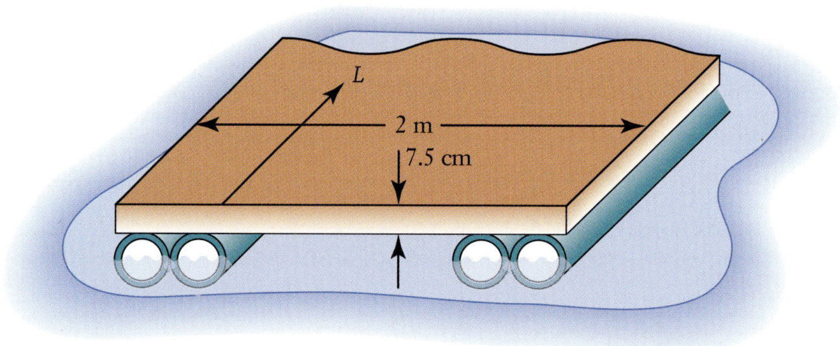

그림 P6.39

파이프와 플랫폼을 선정하고자 할 때에는, 반드시 본인의 설계가 가장 비용 효과가 크게 되게 해야 하고 플랫폼과 적재물 지지 시에는 그림 P6.39와 같이 각각의 파이프의 단면이 물속에 반 정도만 잠기게 하여야 한다. 뗏목은 약 20°C의 담수에서 사용되며 재료를 체결하거나 연결하는 데 들어가는 질량은 플랫폼 재료의 상태량에 포함되고 파이프의 전체 질량은 무시할 수 있으며 적재물은 플랫폼의 중앙부에 균형을 맞추고 있다고 가정한다.

참고문헌

Adian R. J.,"Closing in on Models of Wall Turbulence," *Science*, July 9, 2010, pp. 155-156.

Ehrenman, G., "Shrinking the Lab Down to Size," *Mecftanical engineering*, May 2004, pp. 26-32.

Jeffreys, H., "The Flow of Water in an Inclined Channel of Rectangular Section," *Philosopftical Magazine*, XLIX, 1925

Kuethe, A. M., and Chow, C. Y., *Foundations of Aerodynamics : Bases of Aerodynamic Design,* 5 ed. Hoboken, NJ: John Wiley and Sons, 1998.

Nichols, R. L., "Viscosity of Lava," The *Journal of Geology,* **47**(3), 1939, pp.290-302.

Olson, R. M., and Wright, S. J., *Essentials of Engineering Fluid Mecftanics,* 5th ed. New York: Harper and Row, 1990.

Ouellette, J., "A New Wave of Microfluidic Devices," *The Industrial Physicist*, August–September, 2003, pp. 14-17.

Thilmany, J., "How Does Beckham Bend It?" *Mechanial Engineering*, April 2004, p.72.

CHAPTER 07

열에너지 시스템

Thermal and Energy Systems

이 장의 목적

7-1 기계공학에서 다루는 여러 가지 에너지, 열, 일, 동력 계산과 SI단위계로 이 값들의 표현

7-2 전도, 대류, 복사 열전달 방식에 관한 설명

7-3 기계 시스템에 에너지 보존 원리 적용

7-4 열기관 작동 방식 설명과 열효율 한계에 대한 이해

7-5 2행정 및 4행정 내연기관, 발전소의 기본 원리 설명

7.1 서론

지금까지 기계공학의 5가지 요소, 즉 기계설계, 전문실습, 구조물과 기계에서의 힘, 재료와 응력, 유체역학에 관하여 살펴보았다. 제1장에서 기계공학이란 동력을 생산하거나 소비하는 기계장치 개발 과정으로 간단하게 설명하였다. 지금부터는 기계공학의 6번째 분야로 **열에너지 시스템**(*thermal and energy system*)을 다루어 보도록 한다(그림 7.1 참조). 이 분야는 내연기관, 항공기 추진, 냉난방시스템, 신재생에너지원(태양열, 풍력, 수력, 지열, 바이오매스) 발전과 기타 에너지원(석유, 가스, 석탄, 원자력) 발전 장치를 포함한다. 앞으로 공학도가 에너지 문제를 연구하고 해결하는 것이 점점 중요해질 것이다. 14개 NAE 대도전 중 3가지(제2장), 즉 태양에너지를 경제적으로 이용하기, 융합반응으로 에너지 만들기, 탄소 제거방법 개발하기 등이 에너지와 연관되어 있다.

요소 6:
열에너지 시스템

에너지는 볼 수도 없고 손으로 잡을 수도 없지만 물체를 가속하거나, 가열하거나, 길이를 늘이거나, 물체를 들어 올리는 데 필요하다. 에너지 특성과 여러 가지 에너지 형태 그리고 에너지 변환 방법은 바로 기계공학의 핵심 내용이다. 예를 들어 그림 7.2의 내연기관에서 디젤유가 연소되어 열이 방출되면, 엔진은 이 열로 엔진 크랭크축을 회전시켜서 자동차를 움직인다. 동력을 생산하고 소비하는 기계 장치는 연료에 저장된 화학 에너지를 열에너지로 변환시키는 과정, 열에너지를 기계에너지와 축 회전으로 변환시키는 과정, 냉방과 난방 목적으로 에너지를 전달하는 과

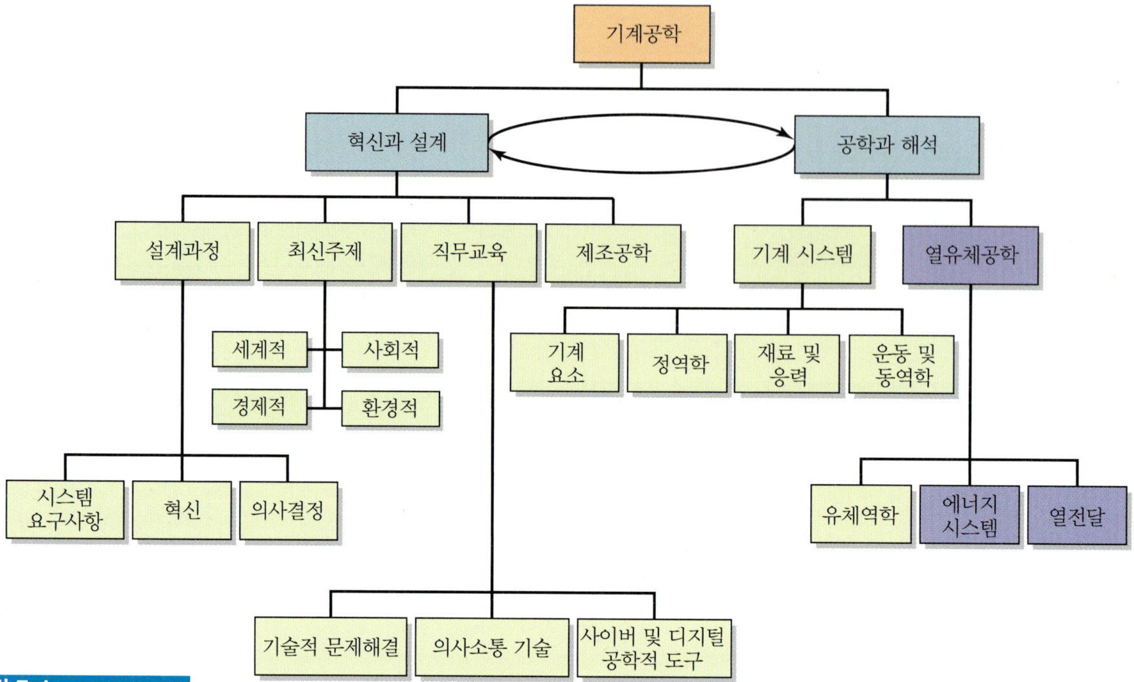

그림 7.1
기계공학 전반 프로그램과 이 장의 주제(음영된 박스)와의 관계

정을 포함한다.

이 장의 전반부에서는 에너지 시스템의 작동과 효율을 이해하기 위해 필요한 물리적 원리와 용어를 공부한 후, 이 내용을 후반부 7.6절~7.7절의 2행정, 4행정 엔진, 발전기와 관련된 사례연구에 적용한다.

7.2 기계에너지, 일 및 동력

중력위치에너지

표준 중력가속도

지표면 근방에서 표준 **중력가속도**(*acceleration of gravity*)는 다음과 같다.

$$g = 9.8067\ \frac{\text{m}}{\text{s}^2} \approx 9.81\ \frac{\text{m}}{\text{s}^2}$$

이 값은 위도 45°의 해수면에 대한 값이며 국제 협약으로 채택되었다. **중력위치에너지**(*gravitational potential energy*)는 중력장에서 물체의 높이 변화와 관련이 있으며, 높이는 지표면이나 작업대 면으로부터 상대 높이로 측정된다. 물체가 수직 거리 Δh만큼 이동하는 경우에 중력위치에너지 변화량 U_g는 다음과 같다.

$$U_g = mg\Delta h \tag{7.1}$$

여기서 m은 물체의 질량으로 물체가 상향이동($\Delta h > 0$)하는 경우에 중력위치에너지는 증가하지만($U_g>0$), 하향이동(($\Delta h < 0$)하는 경우에 중력위치에너지는 감소한다($U_g<0$). 중력위치에너지는 수직 위치에 따라 저장된다.

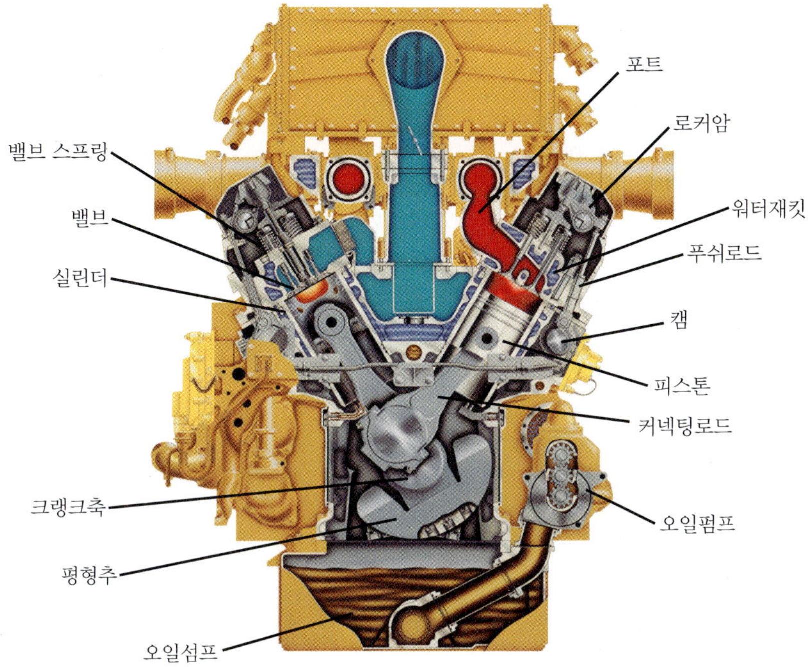

그림 7.1

건설장비 동력용 디젤 엔진의 단면도. 이 엔진은 디젤 연료 연소열을 기계적 일로 바꾼다.

캐터필러 인코퍼레이티드(Caterpillar Inc.) 제공

J	kW · h
1	2.778×10^{-7}
3.600×10^{6}	1

표 7.1

에너지와 일에 대한 SI 단위 사이의 변환계수

에너지와 일이 포함된 계산에서는 SI단위 주울을 사용하는 것이 일반적이다. 표 3.2에서 주울은 1 J = 1 N · m로 정의된 유도단위이다. SI단위계에서 작거나 큰 값을 나타낼 때 접두어를 사용한다. 예를 들어, 1 kJ = 10^3 J이며 1 MJ = 10^6 J이다. 경우에 따라 **킬로와트-아우어**(*kilowatt-hour*: kW · h)가 에너지와 일에 대한 차원으로 사용되기도 한다. 어떤 단위를 선택할지는 나중에 다루도록 한다. 에너지와 일에 관한 단위 변환계수는 표 7.1에 있으며 표에서 첫 번째 행은 다음을 의미한다.

킬로와트-아우어

$$1\ \text{J} = 2.778 \times 10^{-7}\ \text{kW} \cdot \text{h}$$

탄성위치에너지

탄성위치에너지(*elastic potential energy*)는 물체가 늘어나거나 구부러질 때 후크(Hooke) 법칙(5.3절)에 따라 물체에 저장되는 에너지이다. 강성도가 k인 스프링인 경우에 저장된 탄성위치에너지는 다음과 같다.

$$U_e = \frac{1}{2}k\Delta L^2 \tag{7.2}$$

여기서 ΔL은 스프링이 인장되거나 압축될 때의 변형길이이다. 원래 길이가 L_0인 스

프링이 힘을 받아 길이가 L로 늘어났다면 변형량은 $\Delta L = L - L_0$가 된다. ΔL은 양수(스프링이 인장되는 경우)일 수도 있고 음수(스프링이 압축되는 경우)일 수도 있지만, 탄성위치에너지는 항상 양수다. 5장에서 설명한 바와 같이 k의 단위는 단위 길이당 힘이므로 일반적으로 N/m를 사용한다. 식 (7.2)는 모양이 코일 스프링과 같지 않더라도 적용될 수 있다. 제5장에서 인장 또는 압축 상태에 있는 봉재의 힘·변형량 거동 해석을 설명한 바가 있는데, 이 경우에 스프링 상수는 식 (5.7)로 구하였다.

운동에너지

운동에너지(*kinetic energy*)는 물체의 운동과 관련된 에너지이다. 물체에 힘이나 모멘트가 작용하면 물체가 움직이고, 속력에 의하여 운동에너지를 저장한다. 운동은 진동(스테레오 스피커), 회전(엔진의 플라이 휠) 또는 병진(엔진이나 압축기 피스톤의 직선운동) 형태이다. 직선상에서 속력 v로 이동하는 질량 m인 물체의 운동에너지는 다음과 같이 정의된다.

$$U_k = \frac{1}{2} m v^2 \tag{7.3}$$

중력위치에너지와 탄성위치에너지의 경우와 마찬가지로 J이 운동에너지 단위로 사용된다.

힘에 의한 일

힘에 의한 일(*work of a force*)은 그림 7.3과 같이 내연기관, 압축기, 공압, 유압 장비 등의 실린더 내에서 왕복 운동하는 피스톤으로 설명된다. 그림 7.3(a)에서는 피스톤에 힘 F를 가하여 오른쪽으로 이동하면서 실린더 내의 가스가 압축되는 반면, 그림 7.3(b)에서는 힘 F에 대항하며 피스톤이 왼쪽으로 이동하면서 고압 가스가 팽창한다. 위의 두 경우는 자동차 엔진의 압축행정과 동력행정(팽창행정)에 해당한다고 볼 수 있다. 피스톤이 Δd만큼 이동할 때 힘이 수행하는 일 W는 다음 식으로 구한다.

$$W = F \Delta d \tag{7.4}$$

그림 7.3(a)에서 힘이 작용하는 방향과 피스톤의 이동방향이 동일하기 때문에 힘이 수행하는 일은 양수이다($\Delta d > 0$). 반대로 그림 7.3(b)에서와 같이 힘이 작용하는 방향과 피스톤의 이동방향이 서로 반대인 경우에는 $\Delta d < 0$이므로 일은 음수가 된다.

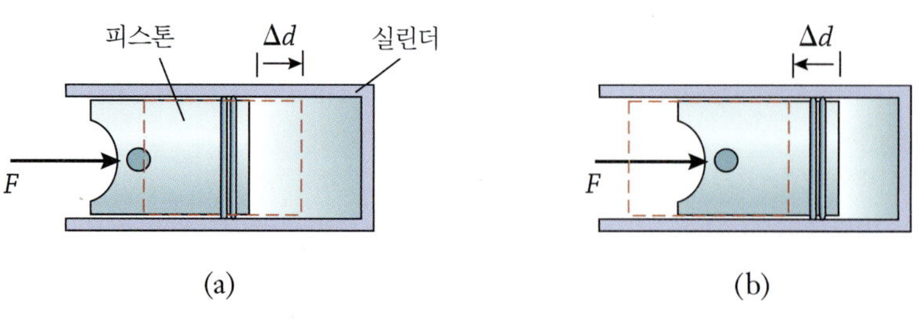

그림 7.3 실린더 내에서 운동하는 피스톤에 작용하는 힘이 수행하는 일. (a) 가스가 압축될 때($\Delta d > 0$) 힘과 변위는 같은 방향 (b) 가스가 팽창할 때($\Delta d < 0$) 힘과 변위는 반대 방향

동력

동력(*power*)은 일이 수행되는 빠르기로 정의되며, 시간 간격 Δt 동안 일 W를 수행하는 경우에 평균동력은 다음 식으로 계산한다.

$$P_{\text{avg}} = \frac{W}{\Delta t} \tag{7.5}$$

일이 빨리 수행될수록 Δt가 작아지므로 평균동력은 증가한다. 보통 공학자들은 SI 단위계 동력 단위로 와트(1 W = 1 J/s)를 사용한다.

예제 7.1 U볼트에 저장된 탄성위치에너지

예제 5.2와 5.3에서 다룬 U볼트의 2개 직선부에 저장된 탄성위치에너지를 구하시오.

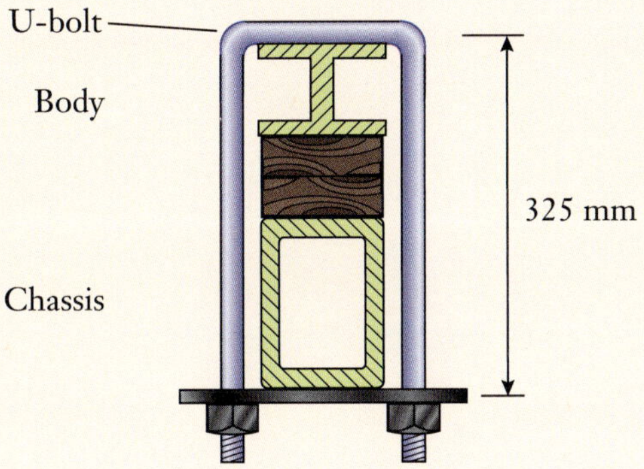

그림 7.4

접근방법

계산해야 할 값은 인장에 의해 U볼트의 직선부에 저장된 탄성위치에너지이다. 앞의 예제에서 사용한 치수와 상태량을 식 (5.7)에 대입하면 직선부에 대한 스프링 상수를 구할 수 있다.

$$k = \frac{EA}{L} \tag{5.7}$$

U볼트 직선부 길이는 L = 325 mm, 단면적은 $A = 7.854 \times 10^{-5}$ m^{2}이며 늘어난 길이는 $\Delta L = 78.82\ \mu\text{m} = 7.882 \times 10^{-5}$ m이다. 식 (7.2)를 사용하면 탄성위치에너지를 구할 수 있다.

풀이

강의 탄성계수에 대한 어림값을 사용하면 U볼트 직선부의 강도는 다음과 같다.

$$k = \frac{(210 \times 10^9 \text{ Pa})(7.854 \times 10^{-5} \text{ m}^2)}{0.325 \text{ m}} \qquad \leftarrow \left[k = \frac{EA}{L} \right]$$

$$= 5.075 \times 10^7 \left(\frac{\text{N}}{\text{m}^2} \right) (\text{m}^2) \left(\frac{1}{\text{m}} \right)$$

$$= 5.075 \times 10^7 \frac{\text{N}}{\text{m}}$$

위 식에서 단위정리하면서 유도단위인 파스칼의 정의를 사용하였다(1 Pa = 1 N/m^2) 탄성위치에너지는 다음과 같다.

$$U_e = \frac{1}{2}\left(5.075 \times 10^7 \frac{\text{N}}{\text{m}} \right)(7.882 \times 10^{-5} \text{ m})^2 \qquad \leftarrow \left[U_e = \frac{1}{2}k\Delta L^2 \right]$$

$$= 0.1576 \left(\frac{\text{N}}{\text{m}} \right) (\text{m})^2$$

$$= 0.1576 \text{ N} \cdot \text{m}$$

$$= 0.1576 \text{ J}$$

검토

U볼트 직선부가 두 곳이므로 저장된 탄성위치에너지는 2(0.1576 J) = 0.3152 J로 비교적 적당한 값이다.

$$U_e = 0.3152 \text{ J}$$

예제 7.2 제트 항공기 운동에너지

최대 하중 1.6 MN을 적재하고 640 km/h 속력으로 운항하는 보잉 767 비행기의 운동에너지를 구하시오.

접근방법

비행기 하중과 속력이 주어진 경우에 운동에너지를 구하는 문제이다. 식 (7.3)을 적용하려면 비행기의 질량을 계산하고, 속력 단위를 차원이 일치하도록 바꿔야 한다.

풀이

비행기 질량은 다음과 같다.

$$m = \frac{1.6 \times 10^6 \text{ N}}{9.81 \text{ m/s}^2} \qquad \leftarrow [w = mg]$$

$$= 163.1 \times 10^3 \frac{\text{N} \cdot \text{s}^2}{\text{m}}$$

$$= 163.1 \times 10^3 \text{ kg}$$

항공기 속력을 SI 기본단위로 바꾸면 다음과 같다.

$$v = \left(640\ \frac{\text{km}}{\text{h}}\right)\left(1000\ \frac{\text{m}}{\text{km}}\right)\left(\frac{1}{3600}\ \frac{\text{h}}{\text{s}}\right)$$
$$= 177.8\ \left(\frac{\cancel{\text{km}}}{\cancel{\text{h}}}\right)\left(\frac{\text{m}}{\cancel{\text{km}}}\right)\left(\frac{\cancel{\text{h}}}{\text{s}}\right)$$
$$= 177.8\ \frac{\text{m}}{\text{s}}$$

운동에너지는 다음과 같다.

$$U_k = \frac{1}{2}(163.1\ \times 10^3\ \text{kg})\left(177.8\ \frac{\text{m}}{\text{s}}\right)^2 \qquad \leftarrow \left[U_k = \frac{1}{2}mv^2\right]$$
$$= 2.578\ \times 10^9\left(\frac{\text{kg}\cdot\text{m}}{\text{s}^2}\right)(\text{m})$$
$$= 2.578\ \times 10^9\ \text{N}\cdot\text{m}$$
$$= 2.578\ \times 10^9\ \text{J}$$
$$= 2.578\ \text{GJ}$$

검토

이 예제에서 10억을 나타내는 접두사 "기가(G)"를 사용했다. 또한 비행기가 운항하는 동안 운동에너지가 큰 양임을 알 수 있다.

$$U_k = 2.578\ \text{GJ}$$

예제 7.3 엘리베이터의 소요동력

근사값 계산(order-of-magnitude)을 사용하여 4층 건물에서 운행되는 화물용 엘리베이터 구동 전기모터의 용량을 와트 단위로 구하시오. 엘리베이터의 자체 중량은 2.25 kN이고, 10 kN 화물을 운반할 수 있다.

접근방법

엘리베이터의 동력을 구하기 위하여 공기저항, 구동 메커니즘의 마찰, 기타 비효율성을 무시한다. 설계 시점에 명확히 알려지지 않았지만 모터 용량을 구하기 위하여 필요한 정보에 대하여 타당한 값을 추정할 필요가 있다. 따라서 엘리베이터가 1층에서 4층까지 올라가는 데 걸리는 시간을 20초, 이동 거리는 15 m로 추정한다. 모터가 수행해야 할 일량은 총 중량(12.25 kN)과 높이 차이의 곱이다. 식 (7.5)를 적용하여 모터의 평균동력을 구한다.

풀이

완전 적재된 엘리베이터를 4층까지 이동하는 데 필요한 일은

$$\begin{aligned} W &= (12.25\ \text{kN})(15\ \text{m}) \qquad \leftarrow [W = F\Delta d] \\ &= 183.8\ \text{kN}\cdot\text{m} \end{aligned}$$

평균동력은

$$\begin{aligned} P_{\text{avg}} &= \frac{183.8\ \text{kN}\cdot\text{m}}{20\ \text{s}} \qquad \leftarrow \left[P_{\text{avg}} = \frac{W}{\Delta t}\right] \\ &= 9.190\ \frac{\text{kN}\cdot\text{m}}{\text{s}} \end{aligned}$$

마지막으로 이 값을 와트 단위로 바꾸면 다음과 같다.

$$\begin{aligned} P_{\text{avg}} &= 9.190\left(\frac{\text{kN}\cdot\text{m}}{\text{s}}\right)\left(1\,\frac{\text{kW}}{(\text{kN}\cdot\text{m})/\text{s}}\right) \\ &= 9.190\left(\frac{\cancel{\text{kN}\cdot\text{m}}}{\cancel{\text{s}}}\right)\left(\frac{\text{kW}}{\cancel{(\text{kN}\cdot\text{m})/\text{s}}}\right) \\ &= 9.190\ \text{kW} \end{aligned}$$

검토

실제 설계자는 모터 효율, 과적 가능성, 안전율과 같은 다른 인자를 고려할 것이기 때문에 계산이 보다 정확해질 것이다. 그러나 예비 계산상 모터의 정격은 수 마력도, 수백 마력도 아닌 수십 마력이면 충분하다는 사실을 알 수 있다.

$$P_{\text{avg}} = 9.190\ \text{kW}$$

7.3 에너지로 천이되는 열

앞 절에서는 기계 시스템에 저장될 수 있는 에너지 유형에 대하여 알아보았다. 에너지는 한 형태에서 다른 형태로 변환될 수 있는데, 낙하 물체의 위치에너지가 운동에너지로 변환되는 것이 일례이다. 이와 유사하게 연료에 저장되어 있는 화학에너지는 연소할 때 열로 방출된다. 열은 온도차 때문에 온도가 높은 곳에서 낮은 곳으로 전달되는 에너지이다.

에너지를 생산하거나 소비하는 기계장치를 설계할 때 엔지니어는 온도를 다루고 에너지를 전달하기 위하여 열의 특성을 탐구한다(그림 7.5). 이 절에서는 열과 관련이 있는 몇 가지 개념과 연료를 연소하는 경우의 열방출, 그리고 전도, 대류, 복사에 의한 열전달에 관하여 알아보기로 한다.

그림 7.5
기계공학자는 공학용 수치 해석 프로그램으로 제트엔진 터빈 블레이드 온도를 구한다.

Paul Nylander, http://bugman123.com

발열량

연료가 연소하면 화학반응으로 열이 방출될 뿐만 아니라 수증기, 일산화탄소, 입자상 물질(미립자) 등이 배출된다. 연료는 보일러의 석유와 같은 액체, 발전소의 석탄과 같은 고체, 버스연료인 프로판과 같은 가스일 수 있다. 각 경우마다 연료에 화학에너지가 저장되어 있고 연소과정 중에 열이 방출된다. 기계공학자는 화학에너지로 저장된 에너지의 방출을 유용한 에너지로 변환시키는 기계류를 설계한다.

보일러, 발전소, 가솔린 엔진에서 연소과정의 에너지 출력은 **발열량**(*heating value*) H로 측정된다. 발열량은 단위 연료당 방출되는 열에너지양으로 몇 가지 연료에 대한 값이 표 7.2에 있다. 열은 두 곳 사이에서 전달되는 에너지로 정의되므로 발열량은 연료 단위질량당 방출되는 에너지양이다. 연소되는 연료량이 많을수록 더 많은 열이 발생한다. 연료의 에너지 함량을 나타내는 SI 단위계의 표준단위는 주울이다.

연료 발열량의 일반적 단위는 MJ/kg이다.

연료의 연소계산에서 질량 m을 연소하여 방출되는 열량은

$$Q = mH \tag{7.6}$$

형태	연료	발열량, H (MJ/kg)
가스	천연가스	47
	프로판	46
액체	가솔린	45
	디젤	43
	연료유	42
고체	석탄	30
	목재	20

* 수치값은 대표값으로, 화학적 조성에 따라 바뀔 수 있다.

표 7.2
여러 가지 연료의 발열량*

표 7.2로부터 1 kg 가솔린을 태우면 45 MJ 열이 발생한다. 이 열을 모두 운동에너지로 바꾸는 엔진을 설계할 수 있다면 1,000 kg 자동차는 300 m/s 속력까지 가속될 수 있다. 이 속력은 해수면 높이에서 음속과 같다. 물론 효율 100%인 엔진과 연료의 화학에너지를 기계에너지로 완전하게 바꾸는 엔진은 없으므로 위의 계산은 이상적이다. 발열량은 단지 연료가 제공하는 열량으로 그 열을 효율적으로 사용하는 것은 보일러, 발전소, 엔진 등에 달려있다.

발열량은 연료의 화학적 조성과 연소방법에 따라 변할 수 있다. 예를 들어 석탄의 발열량은 채굴위치에 따라 15~35 MJ/kg 값을 갖는다. 연료가 연소할 때 연료부산물로 물은 수증기 또는 액체로 존재할 수 있다. 물이 액체로 응축하는지, 수증기로 나가는지에 따라 발열량은 다르다. 연소하며 발생한 수증기를 응축하여 상변화 잠열을 회수함으로써 연료로부터 약 10% 추가열을 얻을 수 있다. 자동차 엔진에서 연소 부산물로 생긴 물은 수증기 형태로 배출되어 연소가스와 함께 대기로 손실된다. 마찬가지로 대부분의 가정용 가스보일러는 불응축성이므로 수증기가 굴뚝으로 배출된다.

비열

강철 생산 공정에서 열전달과 온도변화의 예를 볼 수 있다. 강의 열처리 공정에서 고온의 강철을 기름탱크나 물탱크에 담가서 급냉시키는 경우가 있다. (담금질) **담금질**(*quenching*) 목적은 강철의 내부구조를 변경시킴으로써 강철을 강화시키는 것이다. 재료의 연성(5.5절 참조)은 **불림**(*tempering*)이라고 하는 재가열 공정을 거침으로써 향상시킬 수 있다. (불림) 예를 들어 800°C 강철을 기름에서 담금질하면 열은 강철에서 기름으로 전달되어 기름탱크는 뜨거워진다. 강철의 열에너지는 감소하면서 온도가 떨어진다. 마찬가지로 기름탱크의 온도와 내부에너지는 상승하게 된다. 물질이 열을 받아서 내부에너지로 저장할 수 있는 능력은 물질의 양, 물리적 성질, 온도의 변화량에 따라 달라진다. **비열**(specific heat)은 단위질량 물질을 1°C만큼 높이는 데 필요한 열량으로 정의된다.

강철과 기름 사이에 일어나는 열전달은 눈으로 직접 볼 수 없다는 점에서 실체가 없기는 하지만, 온도변화가 발생하므로 측정이 가능하다. 열과 온도는 동일하지는 않지만 온도가 변화되었다는 사실로 열이 전달되었다는 사실을 알 수 있다. 예를 들어 아스팔트 도로가 낮에 햇볕을 받으면 밤에도 따뜻한 채로 있다. 차도는 면적이 크고 무겁기 때문에 난로에서 동일한 온도로 데워진 물주전자보다 훨씬 더 많은 에너지를 저장할 수 있다.

질량 m인 물체에 열이 전달되어 온도가 T_0에서 T로 상승하면 전달 열량은 다음 식과 같다.

$$Q = mc(T - T_0) \tag{7.7}$$

표 7.3
여러 물질의 비열

형태	연료	비열, *c* (kJ/(kg · °C))
액체	오일	1.9
	물	4.2
고체	알루미늄	0.90
	구리	0.39
	강	0.50
	유리	0.84

비열 *c*는 물질의 온도 상승에 필요한 흡열량으로 재료마다 그 값이 다르다. 비열 단위는 단위온도 변화당 단위질량당 에너지로 SI 단위계에서는 kJ/(kg·°C)이다.

표 7.3에 여러 물질에 대한 비열이 나타나 있다. 예를 들어 강철 시편의 비열은 0.5 kJ/kg·°C로 1 kg의 온도를 1°C만큼 올리기 위해서 0.5 kJ의 열을 가해야 한다. 특별히 물의 비열은 기름이나 금속보다 크다. 이 사실은 물이 온도를 조절하는 데 중요한 역할을 하는 이유 중 하나이며, 물은 열에너지를 저장하고 전달하는 효율적인 수단으로 사용된다.

식 (7.7)에서 $T > T_0$이면 Q는 양수로 열이 물체로 흐르지만, $T < T_0$이면 Q는 음수로 열이 물체로부터 흘러나감을 의미한다. 기계공학의 요소인 힘, 모멘트, 각속도, 일에서 알 수 있듯이 부호 규약은 물리량의 방향을 파악하는 데 유용하다.

온도 변화가 크지 않은 경우에 비열을 상수로 취급할 수 있다. 융해, 기화처럼 물질이 상변화하는 동안 전달된 열은 물질의 온도를 변화시키지 않으므로 식 (7.7)이 적용되지 않는다. 상변화를 일으키는 데 필요한 열량을 **잠열**(*latent heat*)이라고 한다.

잠열

열전달

열에너지는 온도차 때문에 온도가 높은 곳에서 낮은 곳으로 전달되는 에너지라고 설명하였다. **열전달**(*heat transfer*) 메커니즘으로는 전도, 대류, 복사 등 3가지가 있는데 각각 서로 다른 기계공학 분야에서 나타난다. 난로 위에 놓여 있는 뜨거운 팬의 손잡이를 잡아보면 손잡이 길이방향으로의 열전달, 즉 **전도**(*conduction*)를 실감하게 된다. 이 과정이 그림 7.6 금속막대에 나타나 있다. 막대 끝은 고온 T_h이고, 다른 끝은 T_l로 유지된다. 막대 길이방향으로 온도가 다르므로 열은 전류가 흐르는 것처럼 막대를 따라 전달된다. 전압이 전기회로에 전류를 만들 듯이 온도차 $T_h - T_h$는 막대를 따라 전도되는 열을 발생한다.

전도

시간 Δt 동안 막대를 따라 흐르는 열량은 다음과 같다.

$$Q = \frac{\kappa\, A\Delta t}{L}(T_\mathrm{h} - T_\mathrm{l}) \qquad \textbf{(7.8)}$$

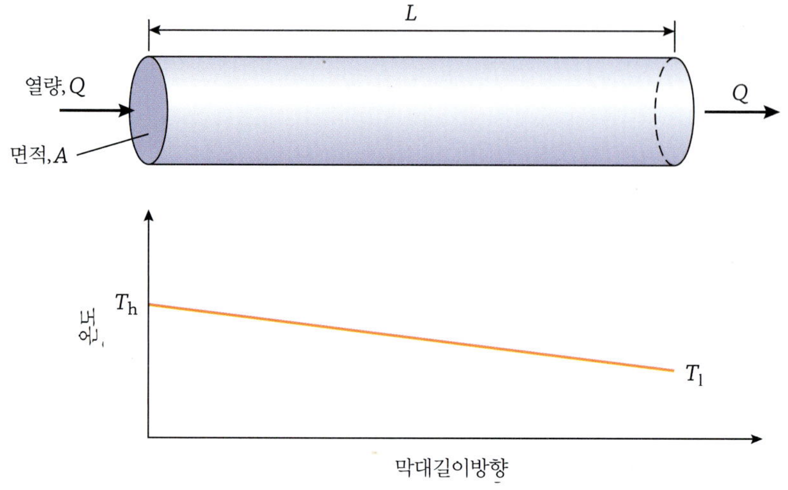

그림 7.6
금속 막대 길이방향의 열전도

표 7.4
여러 물질의 열전도도

물질	열전도도, κ W/(m · °C)
강철	45
구리	390
알루미늄	200
유리	0.85
목재	0.3

푸리에의 법칙

이 식은 프랑스 과학자 푸리에(Joseph Fourier; 1768 1830)의 이름을 따서 **푸리에의 열전도 법칙**이라고 한다. 열전도는 재료의 단면적 A에 비례하고 길이 L에 반비례한다. 위 식에서, κ(그리스 소문자 카파)는 **열전도도**(*thermal conductivity*)라고 하며 표 7.4에 여러 물질에 대한 값이 나와 있다.

열전도도

열전도도 값이 큰 재료에서는 열이 빨리 전달된다. 금속재료는 일반적으로 κ값이 크지만 유리섬유와 같은 단열재는 그 값이 작다. 표 7.4에서 알루미늄의 열전도도 값이 200 W/m·°C인데, 이것은 한 변의 길이가 1 m이고 두께가 1 m인 정사각형 알루미늄판에서 양면의 온도차가 1°C인 경우에 초당 전달되는 열량이 200 J임을 의미한다. 금속 사이에도 κ값이 현저하게 차이난다. 알루미늄의 열전도도는 강철의 열전도도보다 400% 더 크며, 구리의 κ는 알루미늄보다 약 2배 더 크다. 알루미늄과 구리의 경우에 열이 주변으로 한층 더 잘 전달되므로 열점이 형성되지 않아 음식이 타지 않는 점 때문에 조리기구용으로 많이 사용된다.

대류

열은 전도 이외에 유체 이동에 의한 **대류**(*convection*)형태로 전달될 수도 있다. 예를 들어, 자동차 엔진의 냉각 시스템에서 물과 부동액의 혼합물이 펌프로 강제 순환되어 엔진 블록의 내부 통로를 흐른다. 엔진에서 발생한 열은 대류에 의해 냉각수로 전달되고 라디에이터에 의해 공기로 방출된다. 이 경우에 펌프가 냉각수

중점사항 전 세계적 에너지 소비

최근 세계적으로 에너지 생산과 소비는 중대한 전환점을 맞이하고 있다. 2007년도 미국은 주거(22%), 산업(49%), 수송분야(29%)에서 110 × 10^{18} kJ 에너지를 소비하였다. 그 이후 에너지 총 소비량이 100 × 10^{18} kJ로 감소함으로써 인구밀도 3위인 미국은 에너지 소비면에서 효율적이 되었다고 볼 수 있다. 미국은 1950년대 후반에 소비가 국내 생산량을 앞지르기 시작했고 에너지 수요와 공급의 격차를 해소하기 위하여 에너지를 수입하기 시작하였다. 2000년과 2010년 사이에 미국은 전체 에너지 소비의 25~35%를 수입하였으며 대부분 원유이다. 그림 7.7을 참조하라.

2000년에 미국은 세계 최대 소비국이었으나 지금은 세계에서 인구밀도가 가장 높은 중국이 세계 최대 에너지 소비국이다. 또한 중국은 최대 석탄 수출국에서 수입국으로 전환되고 있다. 중국 가정마다 이전보다 더 많은 전자제품과 자동차를 사용하고 있다. 실제 2009년도에 중국은 신차 판매량에서 미국을 추월하였다. 일부에서는 중국의 에너지 소비곡선의 급격한 상승을 염려하지만 중국 정부는 국가적으로 재생에너지 사업과 녹색 기술 개발과 같은 노력을 기울이고 있다. 세계 최대 수력발전소 삼협댐(Three Gorges dam)은 재생에너지원으로 전환하려는 중국의 노력을 보여주고 있다.

인구밀도 2위인 인도의 에너지 소비도 급속하게 바뀌고 있다. 2012년에 인도는 33.8 × 10^{18} kJ 에너지를 소비하여 중국, 미국, 러시아 다음으로 세계 4번째 에너지 소비국이다. 인도의 수송, 산업, 주거분야의 기반이 급속히 성장하면서 2040년까지 연간 거의 3% 성장이 예상된다. 인도 인구의 약 25%는 전기 혜택을 받지 못하고 있다. 그러나 공학자들의 노력으로 에너지 저장, 분배에 대한 효율적이고 효과적인 방법이 개발될 것이기 때문에 인도뿐만 아니라 세계 다른 지역의 전기를 사용하지 못하는 사람들의 숫자가 줄어들 것이다.

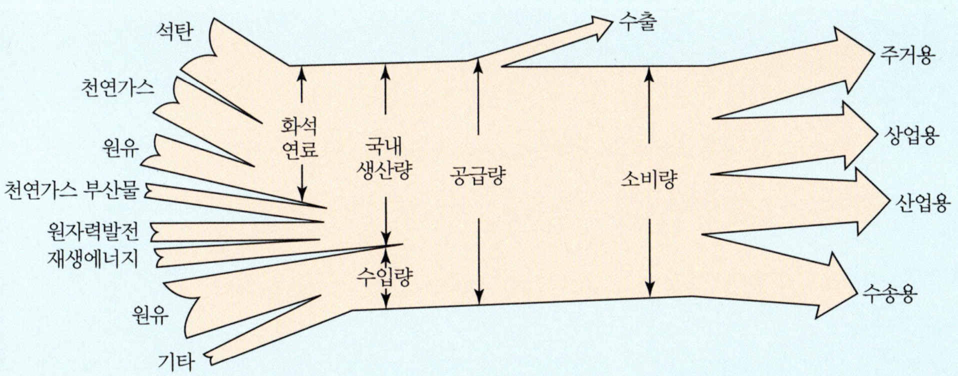

그림 7.7 미국의 에너지 생산과 소비 형태

United States Department of Energy, Energy Information Administration.

를 순환시키기 때문에 **강제대류**(*forced convection*) **열전달**이라고 한다. 주방용 오븐은 강제대류 기능이 있어서 열기를 순환시켜서 음식물을 신속하고 균일하게 데운다. 한편 액체 또는 가스가 자체 온도 변화로 발생되는 부력 때문에 펌프나 송풍기 없이도 스스로 순환할 수도 있다. 공기는 가열되면 밀도가 작아지므로 부력 때문에 상승하여 순환하게 된다. 따뜻한 유체가 상승하고 차가운 유체가 하강하여 그 자리를 메우는 것을 **자연대류**(*natural convection*)라고 한다. 대기의 상승 온난기류는 자연대류 흐름으로 산등성이와 강, 호수 근처에서 발달하는데, 이것 때문에 세일 플레인(sailplane)이나 행글라이더, 새들이 하늘에 떠 있는 것이다. 실제로 지구의 기후, 대양, 지구 중심의 마그마에서 나타나는 여러 가지 현상은 자연대류와 관계가

강제대류

자연대류

있다. 태양의 가스층에는 목성 정도의 크기인 거대한 대류 셀이 나타나기도 하는데, 이들은 자기장과 상호작용하여 태양 흑점의 형성에 영향을 준다.

복사

제3의 열전달 메커니즘으로 **복사**(*radiation*)가 있다. 이것은 직접적인 물리적 접촉 없이 열이 방출되고 흡수되는 특성을 가지는데, 핵 처리과정이나 원자력 발전 분야의 방사선과는 무관한다. 복사는 열이 전자기파 스펙트럼 중의 원적외선에 의해 전달될 때 발생한다. 원적외선은 공기뿐만 아니라 진공의 우주 공간을 통해 전달될 수 있다. 예를 들면, 태양에서 나오는 에너지는 복사과정을 통하여 지구에 도달하며, 그와 같은 전자기파는 공기나 땅 또는 물에 흡수되어 열로 변환된다. 가정용 난방 장치의 라디에이터에는 증기와 고온수가 순환하는 코일 모양의 금속관이 있다. 이 라디에이터에 손을 대면 열이 전도에 의해 손으로 직접 전달되는 것을 느낄 수 있지만, 라디에이터를 만지지 않고 어느 정도 떨어져 있어도 복사를 통하여 여전히 따뜻함을 느낄 수 있다.

예제 7.4 가정의 에너지 소비

미국의 평균 한 가정은 연간 103 GJ 에너지를 소비한다. 이 에너지를 생산하기 위하여 몇 Mg의 석탄을 태워야 하는가?

접근방법

표 7.2에서 석탄 발열량 30 MJ/kg을 사용하여 식 (7.6)에 적용하면 석탄 질량을 구할 수 있다.

풀이

석탄 질량은

$$m = \frac{103\ \text{GJ}}{30\ \text{MJ/kg}} \qquad \leftarrow [Q = mH]$$

$$= 3.433 \times 10^3\ (\text{J})\left(\frac{\text{kg}}{\text{J}}\right)$$

$$= 3.433 \times 10^3\ \text{kg}$$

“메가” 접두사 정의를 사용하면

$$w = (3.433 \times 10^3\ \text{kg})\left(\frac{1}{1000}\ \frac{\text{Mg}}{\text{kg}}\right)$$

$$= 3.433\ (\text{kg})\left(\frac{\text{Mg}}{\text{kg}}\right)$$

$$= 3.433\ \text{Mg}$$

검토

승용차 무게 1,100 kg과 비교하면 석탄 양은 3대 승용차 무게와 같다. 석탄은 재생에너지원이 아니므로 가정에서 사용하는 에너지를 공급할 수 있는 재생 에너지원을 계속 개발해야만 한다.

$$w = 3.433 \ \text{Mg}$$

예제 7.5 엔진의 연료 소비

평균 출력이 50 kW인 가솔린 엔진이 있다. 엔진의 비효율성을 무시하고, 시간당 소비되는 연료의 체적을 리터로 구하시오.

접근방법

연료 체적을 구하기 위해 표 7.2에서 가솔린 발열량 45 MJ을 사용한다. 식 (7.6)으로부터 1 kg 가솔린을 연소하면 45 MJ 열이 발생한다. 표 6.1에서 가솔린 밀도 680 kg/m^{3}을 사용하여 사용 연료량을 체적으로 구한다.

풀이

시간당 엔진의 출력 에너지는 다음과 같다.

$$W = \left(50 \ \frac{\text{kJ}}{\text{s}}\right)(3600 \ \text{s}) \qquad \leftarrow \left[P_{\text{avg}} = \frac{W}{\Delta t}\right]$$

$$= 1.8 \times 10^5 \left(\frac{\text{kJ}}{\cancel{\text{s}}}\right)(\cancel{\text{s}})$$

$$= 1.8 \times 10^5 \ \text{kJ}$$

이 에너지양은 180 MJ에 해당한다. 이 양을 방출하기 위해 연소해야 할 가솔린 양은

$$m = \frac{180 \ \text{MJ}}{45 \ \text{MJ}/\text{kg}} \qquad \leftarrow [Q = \ mH]$$

$$= 4 \, (\cancel{\text{MJ}}) \left(\frac{\text{kg}}{\cancel{\text{MJ}}}\right)$$

$$= 4 \ \text{kg}$$

연료 체적을 구하면

$$V = \frac{4 \ \text{kg}}{680 \ \text{kg}/m^3} \qquad \leftarrow [m = \rho V]$$

$$= 5.882 \times 10^{-3} (\cancel{\text{kg}}) \left(\frac{\text{m}^3}{\cancel{\text{kg}}}\right)$$

$$= 5.882 \times 10^{-3} \ \text{m}^3$$

표 3.2의 리터에 관한 정의를 사용하면

$$V = (5.882 \times 10^{-3}\ \mathrm{m^3})\left(1000\ \frac{\mathrm{L}}{\mathrm{m^3}}\right)$$
$$= 5.882\ (\mathrm{m^3})\left(\frac{\mathrm{L}}{\mathrm{m^3}}\right)$$
$$= 5.882\ \mathrm{L}$$

검토

연소열을 기계에너지로 바꿀 때 엔진의 비효율성을 무시하면 계산 결과는 실제 연료 소비량보다 적을 것이다.

$$V = 5.882\ \mathrm{L}$$

예제 7.6 드릴 막대 담금질

직경 8 mm, 길이 15 cm인 강철 드릴 막대를 기름통에서 열처리한다. 850°C 드릴을 담금질하여 600°C로 냉각한 후 다시 20°C에서 담금질한다. 두 번 담금질하는 동안 제거되는 열량을 구하시오.

접근방법

식 (7.7)을 사용하여 담금질하는 동안 막대에서 전달되는 열량을 계산한다. 표 5.2로부터 강철 밀도 ρ_w = 76 kN/m^{3}을 사용하여 질량을 구한다. 표 7.3으로부터 강철 비열은 0.50 kJ/(kg·°C)이다.

풀이

막대 단면적 A는 다음과 같다.

$$A = \pi\frac{(0.008\ \mathrm{m})^2}{4} \qquad \leftarrow \left[A = \pi\frac{d^2}{4}\right]$$
$$= 5.027 \times 10^{-5}\ \mathrm{m^2}$$

막대 체적 V는

$$V = (5.027 \times 10^{-5}\ \mathrm{m^2})(0.15\ \mathrm{m}) \qquad \leftarrow [V = AL]$$
$$= 7.540 \times 10^{-6}\ \mathrm{m^3}$$

따라서 막대 중량은

$$w = \left(76 \times 10^3\ \frac{\mathrm{N}}{\mathrm{m^3}}\right)(7.540 \times 10^{-6}\ \mathrm{m^3}) \qquad \leftarrow [w = \rho_w V]$$
$$= 0.5730\ \left(\frac{\mathrm{N}}{\mathrm{m^3}}\right)(\mathrm{m^3})$$
$$= 0.5730\ \mathrm{N}$$

질량은

$$m = \frac{0.5730\ \text{N}}{9.81\ \text{m/s}^2} \qquad \leftarrow [w = mg]$$

$$= 5.841 \times 10^{-2}\,(\text{N})\left(\frac{\text{s}^2}{\text{m}}\right)$$

$$= 5.841 \times 10^{-2}\left(\frac{\text{kg}\cdot\text{m}}{\text{s}^2}\right)\left(\frac{\text{s}^2}{\text{m}}\right)$$

$$= 5.841 \times 10^{-2}\ \text{kg}$$

위 식에서 뉴톤 단위를 기본단위 킬로그램과 초로 나타내었다. 두 번 담금질 하는 동안 제거된 열량은

$$Q_1 = (5.841 \times 10^{-2}\,\text{kg})\left(0.50\,\frac{\text{kJ}}{\text{kg}\cdot{}^\circ\text{C}}\right)(850\,^\circ\text{C} - 600\,^\circ\text{C}) \leftarrow [Q = mc(T - T_0)]$$

$$= 7.301\,(\text{kg})\left(\frac{\text{kJ}}{\text{kg}\cdot{}^\circ\text{C}}\right)(^\circ\text{C})$$

$$= 7.301\ \text{kJ}$$

$$Q_2 = (5.841 \times 10^{-3}\,\text{kg})\left(0.50\,\frac{\text{kJ}}{\text{kg}\cdot{}^\circ\text{C}}\right)(600\,^\circ\text{C} - 20\,^\circ\text{C}) \leftarrow [Q = mc(T - T_0)]$$

$$= 16.94\,(\text{kg})\left(\frac{\text{kJ}}{\text{kg}\cdot{}^\circ\text{C}}\right)(^\circ\text{C})$$

$$= 16.94\ \text{kJ}$$

검토

열은 막대에서 기름으로 전달된다. 두 번의 담금질에 의해 기름통 온도는 식 (7.7)로 계산된 양만큼 올라간다. 두 번째 담금질에 의한 온도 감소가 첫 번째 보다 훨씬 크므로 더 많은 열이 제거되는 것이 당연하다.

$$Q_1 = 7.301\ \text{kJ}$$
$$Q_2 = 16.94\ \text{kJ}$$

예제 7.7 창문을 통한 열전달

건물의 난방 환기 시스템을 평가하기 위하여 창문 크기를 측정해 보니 사무실 벽에 1 m × 1.3 m인 창문이 있고 두께 3 mm인 유리가 끼워져 있다. 겨울철 창문을 통한 열손실을 계산하려고 유리의 안쪽 표면과 바깥쪽 표면 온도를 측정하니 1.5 °C 온도 차이가 있다. 시간당 창문을 통해 손실되는 열량을 와트 단위로 구하시오.

접근방법

식 (7.8)로부터 창문을 통한 전도 열량을 구한다. 유리의 열전도도는 표 7.4에서 0.85 W/(m·°C)이다.

풀이

식 (7.8)의 단위를 맞추기 위하여 유리 두께를 다음과 같이 바꾼다.

$$L = (3\ \text{mm})\left(\frac{1}{1000}\frac{\text{m}}{\text{mm}}\right) = 0.003\ \text{m}$$

시간당 열손실은 다음과 같다.

$$Q = \frac{(0.85\ \text{W}/(\text{m}\cdot{}^\circ\text{C}))(1\ \text{m})(1.3\ \text{m})(1\ \text{h})}{0.003\ \text{m}}(1.5\ {}^\circ\text{C}) \quad \leftarrow \left[Q = \frac{\kappa A \Delta t}{L}(T_h - T_l)\right]$$

$$= 1.989 \times 10^6 \left(\frac{\text{J/s}}{\text{m}\cdot{}^\circ\text{C}}\right)(\text{m}^2)(\text{h})\left(\frac{1}{\text{m}}\right)({}^\circ\text{C})\left(\frac{3600\ \text{s}}{\text{h}}\right)$$

$$= 1{,}989{,}000\ \text{J}$$

1시간 동안 계속 열이 흐르므로 평균 열손실률은

$$\frac{Q}{\Delta t} = \left(1.989 \times 10^6 \frac{\text{J}}{\text{h}}\right)\left(\frac{1}{3600}\frac{\text{h}}{\text{s}}\right) = 552.5\left(\frac{\text{J}}{\text{h}}\right)\left(\frac{\text{h}}{\text{s}}\right) = 552.5\ \frac{\text{J}}{\text{s}} = 552.5\ \text{W}$$

검토

실제 창문과 공기 사이에 대류가 일어나므로 창문 표면 온도를 측정하기가 어렵다. 이 정도 열손실을 보상하기 위해서 500 W급 소형 전기 히터가 있으면 충분하다.

$$\frac{Q}{\Delta t} = 552.5\ \text{W}$$

7.4 에너지 보존과 변환

에너지, 일, 열의 개념을 가지고 에너지 변환을 살펴보도록 한다. 자동차 엔진, 제트엔진, 발전소는 가능한 효율적으로 연료를 연소하여 에너지를 변환시켜 동력을 발생하는 시스템이다. 특히 연료에 저장된 화학에너지가 열로 방출되고 다시 기계적 일로 변환된다. 자동차 엔진의 경우에 기계적 일은 크랭크축의 회전 형태로 나타나고, 제트엔진에서는 주로 추진력(thrust), 발전소에서는 전기에너지가 최종 출력 형태이다.

에너지 보존, 변환 원리는 **시스템**(*system*) 개념에 기초한다. 시스템은 물질의 집합으로 경계에 의하여 주변과 분리되어 있다고 가정한다. 이러한 관점은 구조물이나 기계에 작용하는 힘을 구하기 위하여 자유물체도를 사용한 제4장의 관점과 매우 유사하다. 그 경우에 자유물체도 주위에 가상경계를 지나는 모든 힘이 자유물체도에 포함된다. 마찬가지로 주변과 시스템을 구분하여 시스템으로부터 열과 일의 출입, 시스템 내의 위치, 운동에너지 변화를 확인하여 열에너지 시스템을 해석한다. 시스템

그림 7.8과 같은 열에너지 시스템의 개략도를 보면 열량 Q가 시스템으로 유입되며 이 열은 전도, 대류, 복사에 의하여 전달된다. 동시에 시스템이 기계적 일 W를 수행한다. 시스템의 내부에너지는 ΔU만큼 변화하며, 내부에너지 변화는 시스템 온도 상승(이 경우 열에너지가 저장된다), 운동에너지 변화(U_k), 중력위치에너지(U_g) 또는 탄성위치에너지(U_e) 변화에 해당한다. **열역학 제1법칙**(*first law of thermodynamics*)은 이 3가지 양이 다음 식에 따라 평형을 이루는 것이다. 열역학 제1 법칙

$$Q = W \times \Delta U \tag{7.9}$$

기계공학의 다른 측면에서 알 수 있듯이 열흐름의 방향, 내부에너지의 증가 또는 감소 여부, 시스템이 주변에 일을 행하는지 받는지 알기 위하여 **부호 규약**(*sign convention*)이 유용하다. 시스템으로 열이 들어오면 Q는 양이고, 시스템이 주위에 일을 행할 때 W는 양이며, 시스템의 내부에너지가 증가할 때 ΔU는 양이다. 이 양 중 하나가 음수이면 역이 성립한다. 예를 들어 주변이 시스템에 일을 하면 $W<0$이다. 시스템 내부에너지가 일정한 경우($\Delta U = 0$), 공급열은 정확하게 시스템이 행한 일과 같다. 마찬가지로 열이 유입되는 동안($Q > 0$), 일이 없으면($W = 0$) 시스템 내부에너지가 증가한다($\Delta U > 0$). 부호 규약

식 (7.10)은 에너지 보존 외에도 열, 일 및 에너지 사이에 등가성이 존재한다는 것과 에너지를 변환하는 기계를 제작하는 것이 가능함을 말해준다. 예를 들어 제1법칙은 가솔린이 연소하여 방출하는 열 Q가 기계적 일 W로 변환되는 내연기관의 작동원리를 설명해 준다. 제1법칙에 의해 공기조화기에서 제트엔진, 발전설비에 이르기까지 기계공학의 여러 분야에서 다양한 장치를 구현할 수 있는 기회가 마련된 것이다. 이러한 장치들이 얼마나 효율적으로 열, 일 및 에너지를 변환할 수 있는가에 관한 제한조건은 7.5절에서 설명한다.

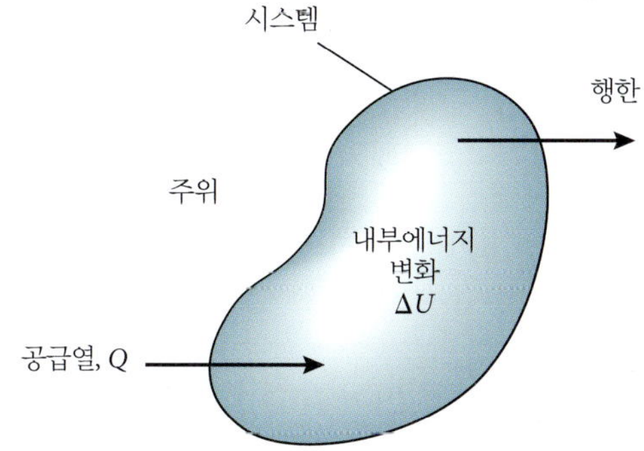

그림 7.8
열에너지 시스템에서 에너지 평형에 대한 열역학 제1법칙

예제 7.8 수력 발전소

그림 7.9와 같은 수력발전소에서 물의 낙차는 100 m이고, 유량은 500 m^3/s이다. 터빈과 발전기의 비효율성과 물의 점성 마찰손실을 무시할 때 초당 발생되는 전기에너지를 구하시오.

접근방법

발전량을 계산하기 위해 다음 사항을 인식해야 한다. 저수지 물이 낙하하면서 위치에너지가 운동에너지로 변환되고, 물의 운동에너지는 터빈과 발전기의 회전으로 변환된다. 물이 터빈에서 강으로 유출될 때 속도와 저수지 취수구에서의 물의 속도를 무시한다. 실제로 운동에너지 성분은 중력위치에너지의 전체 변화량에 비하면 매우 작다. 열출입이 없으므로 중력위치에너지 변화는 식 (7.9)의 일에 해당한다. 표 6.1처럼 물의 밀도는 1,000 kg/m^3이다.

풀이

수로와 터빈을 지나 하류로 방출되는 저수조 물의 질량은

$$m = (500\ \text{m}^3)\left(1000\ \frac{\text{kg}}{\text{m}^3}\right)$$
$$= 5 \times 10^5\ (\text{m}^3)\left(\frac{\text{kg}}{\text{m}^3}\right)$$
$$= 5 \times 10^5\ \text{kg}$$

단위시간당 저수지 중력위치에너지 변화는

$$\Delta U_g = (5 \times 10^5\,\text{kg})\left(9.81\ \frac{\text{m}}{\text{s}^2}\right)(-100\ \text{m}) \qquad \leftarrow [U_g = mg\Delta h]$$
$$= -4.905 \times 10^8\left(\frac{\text{kg}\cdot\text{m}}{\text{s}^2}\right)(\text{m})$$
$$= -4.905 \times 10^8\ \text{N}\cdot\text{m}$$
$$= -4.905 \times 10^8\text{J}$$
$$= -490.5\ \text{MJ}$$

그림 7.9

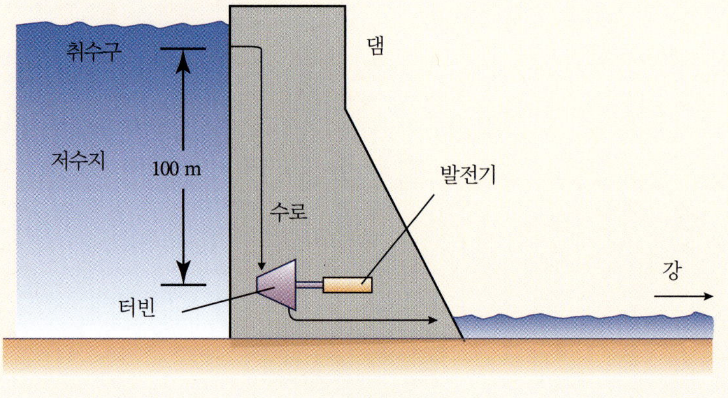

저수지 위치에너지가 감소하므로 내부에너지 변화는 음수이다. 터빈과 발전기 비효율성과 마찰을 무시하면, 열역학 제1법칙은 다음과 같다.

$$W - (490.5\,\text{MJ}) = 0 \qquad \leftarrow [Q = W + \Delta U]$$

따라서 단위시간당 490.5 MJ의 전기에너지가 발생한다. 평균동력 정의에 대한 식 (7.5)를 사용하면 출력은

$$P_{avg} = \frac{490.5\,\text{MJ}}{1\,\text{s}} \qquad \leftarrow \left[P_{avg} = \frac{W}{\Delta t}\right]$$
$$= 490.5\,\frac{\text{MJ}}{\text{s}}$$
$$= 490.5\,\text{MW}$$

검토

출력이 490.5 MW로 높지만 마찰과 효율을 고려하면 실제 출력은 낮다.

$$P_{avg} = 490.5\ \text{MW}$$

예제 7.9 자동차 디스크 브레이크

무게 1,200 kg의 자동차가 100 km/h로 주행하다가 브레이크로 제동하여 정차하였다. 이 자동차의 앞바퀴와 뒷바퀴에 주철제 브레이크가 있는데 앞바퀴 브레이크가 전체 제동용량의 75%를 제공하도록 설계되었다. 자동차의 운동에너지는 브레이크 패드와 로터 사이의 마찰을 통해 열로 변환된다(그림 7.10) 제동하기 전에 7 kg 앞바퀴 브레이크 로터온도가 25°C라면 정차 후 온도는 얼마인가? 주철의 비열은 0.43 kJ/(kg·°C)이다.

접근방법

자동차가 정지하게 되면 초기 운동에너지의 일부는 공기 저항, 타이어의 구름 저항 및 브레이크 패드의 마모를 통하여 손실되지만, 이러한 요인들은 기본 근사과정에서 무시한다. 자동차의 운동에너지[식 (7.3)]의 감소로 발생한 열은 브레이크 로터 온도를 증가시킨다. 식 (7.7)을 사용하면 온도 상승을 구할 수 있다.

풀이

차원적으로 단위를 맞추어 초기속도를 구하면

$$v = \left(100\,\frac{\text{km}}{\text{h}}\right)\left(1000\,\frac{\text{m}}{\text{km}}\right)\left(\frac{1}{3600}\,\frac{\text{h}}{\text{s}}\right)$$

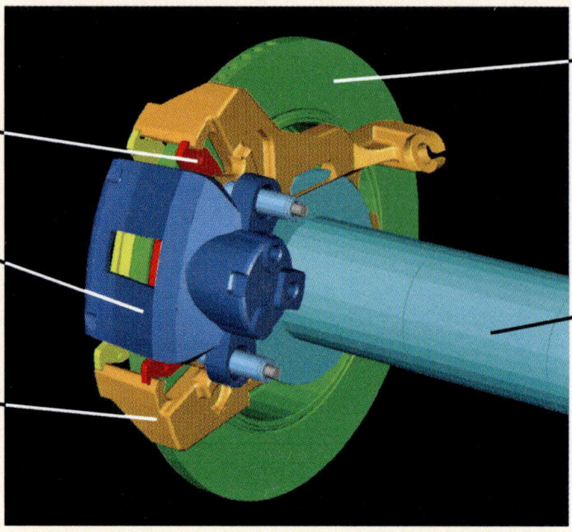

그림 7.10

Mechanical ynamics 사의 허락에 의한 게재

$$= 27.78\left(\frac{\text{km}}{\text{h}}\right)\left(\frac{\text{m}}{\text{km}}\right)\left(\frac{\text{h}}{\text{s}}\right)$$
$$= 27.78\,\frac{\text{m}}{\text{s}}$$

감소되는 자동차 운동에너지는

$$\Delta U_k = \frac{1}{2}(1200\text{ kg})\left(27.78\,\frac{\text{m}}{\text{s}}\right)^2 \quad \leftarrow \left[U_k = \frac{1}{2}mv^2\right]$$
$$= 4.630 \times 10^5\left(\frac{\text{kg}\cdot\text{m}}{\text{s}^2}\right)(\text{m})$$
$$= 4.630 \times 10^5\ \text{N}\cdot\text{m}$$
$$= 4.630 \times 10^5\ \text{J}$$
$$= 463.0\ \text{kJ}$$

앞바퀴 브레이크가 제동용량의 3/4을 담당하므로 앞바퀴 로터로 전달되는 열량은 다음과 같다.

$$Q = (0.75)(463.0\text{ kJ})$$
$$= 347.3\text{ kJ}$$

따라서 온도 상승은

$$347.3\text{ kJ} = 2(7\text{ kg})\left(0.43\,\frac{\text{kJ}}{\text{kg}\cdot{}^\circ\text{C}}\right)(T - 25\,^\circ\text{C}) \qquad \leftarrow [Q = mc(T - T_0)]$$

여기서 2는 앞바퀴의 로터 2개를 고려한 숫자이다. 최종 온도는 T = 82.69 °C이다.

검토

브레이크는 자동차 운동에너지를 열로 바꾸고, 그 열은 로터 온도 상승에 의해 내부에너지로 저장된다. 운동에너지가 완전히 열로 바뀐다고 가정하였으므로, 이 온도는 최고 온도 한계이다.

$$T = 82.69\ ^\circ\text{C}$$

7.5 열기관과 효율

공학의 중요한 역할 중 하나는 연료를 연소하여 기계적 일을 발생시키는 장치를 개발하는 것이다. 가장 단순한 방식은 천연가스를 연소하여 건물을 난방하는 것이다. 다음 단계로 열에서 일을 발생시키는 것이다. 기계공학자는 연소 장치와 열을 유용한 일로 변환시키는 장치의 효율에 관심을 가진다. 이러한 장치의 효율을 증가시키면 자동차의 연비가 향상되고 출력이 증가하며 엔진 무게를 줄일 수 있다. 이 절에서 에너지 변환 및 동력 발생에 적용했을 때 실제 효율과 이상 효율의 개념을 설명한다.

열기관

그림 7.11에 개략적으로 표시된 **열기관**(*heat engines*)은 공급된 열을 기계적 일로 바꿀 수 있는 장치이다. 열기관은 일정한 온도 T_h로 유지되고 있는 고온의 열저장소에서 열량 Q_h를 받아, 그중 일부를 기계적 일 W로 변환하며, 나머지 열 Q_l은 일정한 온도 T_l ($T_l < T_h$)로 유지되고 있는 저온의 열저장소로 배출한다. **열저장소**(heat reservoir)는 열용량이 매우 커서 열이 제거되거나 공급되어도 그 온도가 변화하지 않는 물체이다.

열저장소

이러한 개념을 자동차 엔진과 관련시켜 보면, Q_h는 엔진 연소실에서 연료가 연소되면서 방출되는 열을 나타내며, W는 크랭크축의 회전 및 토크와 관련된 기계적 일이며, Q_l은 엔진블록을 데우고 배기관으로 배출되는 열이다. 엔진은 공급된 열을 기계적 일로 완전히 변환시킬 수가 없으므로, 일부가 손실되어 주위로 배출된다. 열은 그림 7.11에 T_h로 표시되어 있는 가솔린 연소 온도에서 전달되며, 배출열 Q_l은 그보다 낮은 온도 T_l에서 배출된다. 발전소에 적용해 보면 Q_h는 석탄, 석유, 천연가스와 같은 연료를 연소시킬 때 발생되는 열을 나타낸다. 연소로 방출된 에너지는 발전에 사용되지만, 일부 폐열을 냉각탑을 통하여 대기로 배출하거나 인근에 있는 강, 호수 또는 바다로 배출한다. W를 열기관의 유용 일로 간주하면 이와 같은

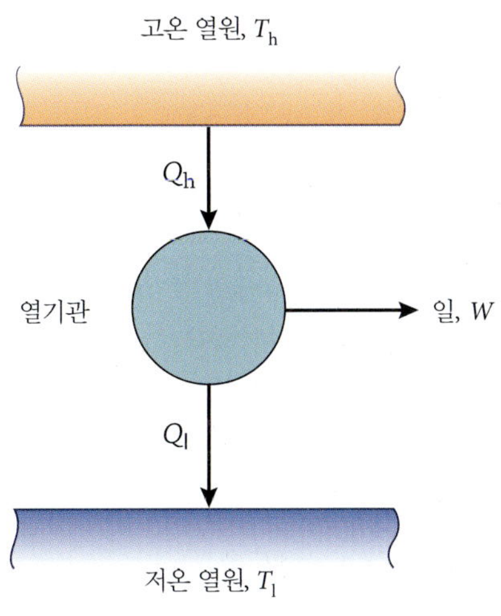

그림 7.11 고온과 저온의 열원 사이에서 작동하는 열기관의 개념도

열에너지 시스템은 공급열 Q_h를 완전히 유용 일 W로 바꿀 수 없다는 특징이 있다.

식 (7.9)를 참조하면 열기관에 대한 에너지 균형은 내부에너지 변화가 없으므로 다음과 같다.

$$Q_h - Q_l = W \tag{7.10}$$

실제 효율

열기관의 **실제 효율**(*real efficiency*) η는 다음과 같이 공급된 열에 대한 일의 비로 정의된다.

$$\eta = \frac{W}{Q_h} \tag{7.11}$$

식 (7.10)으로부터 $\eta = 1 - Q_l / Q_h$임을 알 수 있다. 엔진에 공급된 열은 배출된 열보다 많으므로($Q_h > Q_l$) 열효율은 항상 0과 1 사이에 있다.

실제 효율은 공급열(지불한 것)에 대한 출력일(얻은 것)의 비로 표현할 때가 많으며, 주로 퍼센트로 나타낸다. 자동차 엔진의 총 효율이 20%라면, 연료 5리터를 소비할 때마다 1리터 가치의 에너지만 유용한 자동차 동력으로 변환된다는 것이다. 이것도 숙련된 기계공학자들이 수많은 연구 개발로 최적화된 열기관의 경우에 해당되는 것이다. 물리법칙에 의해 열을 일로 바꾸는 능력에 한계가 있다는 점을 감안하면 겉보기에는 낮아보여도 그다지 나쁜 값은 아니다. 표 7.5는 기계공학에서 다루는 다양한 **열에너지 시스템**에 대한 실제 효율을 보여준다.

표 7.5

열에너지 시스템에 대한 실제 효율

에너지 시스템	입력	출력	실제효율, η
엔진과 모터			
내연기관	가솔린	크랭크축 일	15-25%
디젤엔진	디젤유	크랭크축 일	35-45%
전기모터	전기	축일	80%
자동차	가솔린	운동	10-15%
발전소			
화석연료발전소	연료	전기	30-40%
연료전지	연료와 산화제	전기	30-60%
핵발전소	연료	전기	32-35%
태양광전지	햇빛	전기	5-15%
풍력터빈	바람	축일	30-50%
파력에너지 변환기	파도와 조류	전기	10-20%
수력발전소	수류	전기	70-90%
가정용			
강제대류 보일러	천연가스	열	80-95%
온수가열기	천연가스	열	60-65%

중점사항 재생에너지

재생에너지원은 소비를 능가하는 비율로 자연적으로 재충전되는 에너지원이다. 석유, 가스, 우라늄 같은 에너지원은 고정된 양만큼 존재하거나 소비하는 율만큼 만들거나 생산할 수 없다. 기계공학자는 모든 형태의 에너지 사용이 계속 증가하므로 재생과 비재생에너지의 획득, 저장, 효과적인 사용에서 중요한 역할을 해야 한다(그림 7.12). 무엇보다 화석에너지원은 감소하므로 재생에너지원을 획득하여 사용하는 혁신적 시스템을 설계하고 개발하는 것이 중요하다.

*수력에너지*는 전 세계의 대표적인 재생에너지원으로 수력발전, 조력발전, 파력발전, 해양온도차 발전 등을 포함한다.

*풍력에너지*는 세계적으로 발전분야에서 두 번째로 큰 재생에너지원으로 기존의 수평방식과 다리우스(Darrieus) 형태 같은 수직방식 등 여러 가지가 있다.

태양이 1분간 지구에 공급하는 에너지는 전 세계가 1년간 소비하는 에너지보다 많다. 태양광 전지를 사용하면 *태양에너지*를 전기에너지로 바꿀 수 있다. 또한 태양열 발전소는 햇빛으로 수증기를 발생시켜 발전기를 돌린다. 이 발전소는 수증기를 효율적으로 발생시키기 위하여 포물형 홈통, 태양열 접시, 태양열 발전탑 같은 태양열 집열기를 사용한다. 태양에너지는 *바이오매스*에 저장되어 연료로 사용되기도 한다. 바이오매스는 유기물질, 목재, 농산물, 비료, 에탄올과 바이오디젤 같은 알코올 연료 등이다.

*지열에너지*는 지구 내부열로 수증기나 고온수로 회수하여 건물 난방, 발전에 사용한다. 지열에너지는 태양열에너지, 풍력에너지와 달리 365일 항상 사용할 수 있다.

*연료전지*는 연료와 산화제의 전기화학 과정을 통해 전기를 만드는 장치이다. 연료는 알코올, 메탄과 같은 재생원이거나 풍력이나 태양열로 가수분해하여 얻은 수소이며, 산화제는 공기 중 산소나 염소 등이다.

에너지 시스템에 대한 기계 장치를 개발하거나 새로운 에너지 해결책을 강구하거나, 기계공학자는 지구의 에너지 문제 해결에 있어서 선두적 역할을 할 것이다.

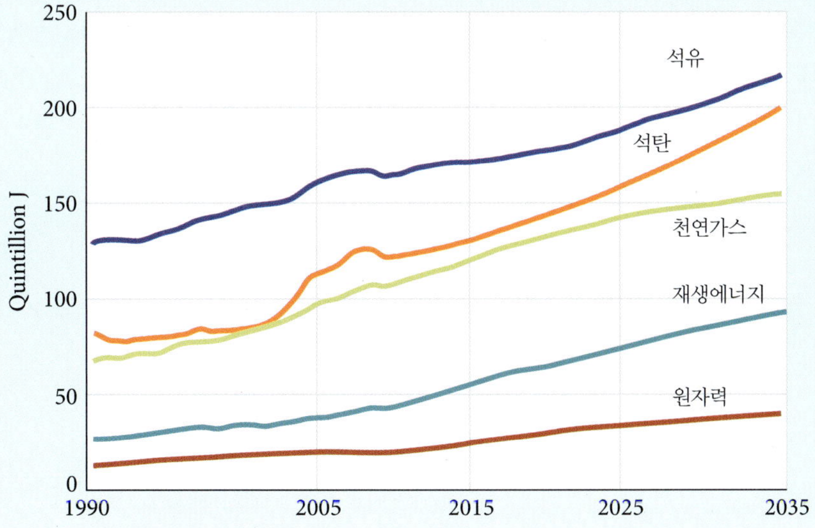

그림 7.12

연료 형태에 따른 세계적 에너지 사용

Based on data from United States Energy Information Administration, International Energy Outlook 2014 report #:DOE/EIA-0383(2014).

식 (7.9)는 열원에서 얻을 수 있는 일량의 상한을 설정한다. 즉, 기계에 공급된 열량보다 더 많은 일을 얻어낼 수는 없다. 그러나 누구도 아직까지 열을 전부 일로 변환시키는 기계를 개발하지 못하고 있다는 점에서 보면 지나치게 낙관적이다. 현실적으로 자동차 엔진 효율은 20% 수준이고 발전소 효율은 35% 수준으로, 이러한 수치가 실제 열기관의 능력을 나타낸다. **열역학 제2법칙**(*second law of thermodynamics*)은 이러한 관찰 결과를 공식화한 것으로 열을 버리지 않는 엔진을 개발하

열역학 제2법칙

는 것이 불가능함을 나타내고 있다.

> 어떠한 장치도 사이클로 작동하면서 공급된 열량의 일부를 방열하지 않고서 일로 바꿀 수 없다.

이 문장의 역이 타당하다면, 연료를 전혀 소모하지 않고도 공기에서 열을 흡수하여 항공기나 자동차에 동력을 공급할 수 있는 엔진을 설계할 수도 있을 것이다. 마찬가지로, 바닷물에서 추출한 열만으로 동력을 공급받는 잠수함도 건조할 수 있을 것이다. 이를 테면, (연료가 전혀 필요하지 않게 되므로) 아무 것도 없이 무엇인가(자동차, 항공기 또는 잠수함의 운동에너지)를 얻을 수 있다는 말이다. 물론, 실제 경험상 그와 같은 장치는 불가능하며 그 효율은 절대 이상적이지 않다. 열역학 제1법칙은 에너지가 보존되고 변환될 수 있다는 점을 규정하고 있는 반면, 제2법칙은 에너지가 사용될 수 있는 방식에 제한을 가하고 있다.

열이 이상적으로 일로 변환되는 것이 불가능하다면, 열기관이 달성할 수 있는 최대 효율은 얼마일까? 이 상한선은 프랑스 공학자 사디 카르노(Sadi Carnot; 1796~1832)가 구하였는데, 그는 물리 법칙에 의해 설정된 제한조건에서 최대 일을 생산하는 열기관 제작에 관심이 많았다. 정확하게 카르노 사이클로 동작하는 열기관을 제작할 수 없지만, 이 엔진은 실제 엔진을 평가하고 설계할 경우에 유용한 점을 제공한다. 이 사이클은 실린더-피스톤 장치에 있는 이상가스의 수축, 팽창에 기초한다. 사이클의 각 단계에서 열이 이상가스에 공급되기도 하고, 일을 행하기도 하며 열이 제거되기도 한다. 이상가스와 실린더 그리고 피스톤은 그림 7.11처럼 고온 T_h와 저온 T_l의 열원 사이에서 작동하는 열기관을 형성한다. 열기관의 **이상 카르노 효율**(*ideal Carnot efficiency*)은 다음과 같다.

이상 카르노 효율

$$\eta_C = 1 - \frac{T_l}{T_h} \tag{7.12}$$

켈빈

온도비를 계산할 때 T_h와 T_l은 절대온도 **켈빈**(K)을 사용해야 한다. 표 3.2를 참고하면 섭씨온도와 절대온도 사이에는 다음 관계가 있다.

$$K = {}^\circ C + 273.15 \tag{7.13}$$

이론상 식 (7.12)로 구한 효율은 열기관 구조에 영향을 받지 않는다. 성능은 전적으로 두 열원의 온도로 결정되며, 열이 방출되는 온도를 낮추거나 열을 공급하는 온도를 높이면 효율이 증가한다. 그러나 연료의 연소온도, 엔진을 구성하는 금속의 용융점, 주위 온도 등으로 T_h를 높이거나 T_l을 낮추는 데 제한이 있다.

더욱이 마찰과 유체의 점성, 손실과 관련된 실제 비효율성은 η_C 계산에 고려되지 않았다. 따라서 카르노 효율은 에너지 보존 원리에 근거한 한계로서 보아야 하며, 식 (7.11)과 표 7.5의 실제 효율 η에 대한 상한값이다. 엔진의 실제 효율은 항상 카르노 효율보다 훨씬 적다. 표 7.5의 실제 효율값은 열에너지 시스템 관련 계산에 사용된다.

7.6 내연기관

내연기관(internal combustion engines)은 가솔린, 디젤, 에탄올, 프로판 연료에 저장된 화학에너지를 기계적 일로 변환시키는 열기관이다. 엔진 연소실에서 연료와 공기의 혼합물을 연소하여 발생된 열은 엔진 크랭크축의 회전운동으로 변환된다. 내연기관의 적용 범위는 자동차, 모터사이클, 인력거, 항공기, 선박, 펌프, 동력기구, 레크레이션 장비, 발전기 등 광범위하고 다양하다. 기계공학자들은 내연기관을 설계할 때 연비, 동력 대 중량 비, 소음, 배출가스, 비용 등 여러 가지 중요 인자를 예측할 수 있는 수치모델을 개발해야 한다. 여기서는 4행정과 2행정 엔진에 대한 몇 가지 설계, 용어, 에너지 원리를 살펴보도록 한다.

단기통 엔진의 주요 요소는 그림 7.13에서 보는 것처럼 피스톤, 실린더, 커넥팅로드, 크랭크축이다. 이러한 부품들은 피스톤의 왕복운동을 크랭크축의 회전운동으로 변환시킨다. 연료가 연소되면 고온 고압의 연소가스는 피스톤을 밀고 커넥팅로드에 의하여 크랭크축이 회전하게 된다. 엔진은 공기와 연료를 실린더 내로 흡입하는 장치와 배기가스를 배출하는 장치도 갖추고 있다. 이러한 과정은 4행정 엔진과 2행정 엔진에서 별도로 구분하여 설명할 것이다.

단기통 엔진 형태는 비교적 단순하지만 작은 크기 때문에 출력에 한계가 있다. 다기통 엔진에서는 피스톤과 실린더가 V자형, 직렬형, 방사형 등으로 배열된다. 일반적으로 자동차에는 실린더가 일직선으로 배열된 직렬형 4기통 엔진(그림 7.14)이 사용된다. V-6 또는 V-8 엔진은 한 열에 3개 또는 4개 실린더를 2열로 배열함으로써 엔진 블록이 짧고 컴팩트하다[그림 1.9(c)와 7.2]. 실린더 열 사이의 각도는 대개 60°, 90°이며, 180°인 경우는 실린더가 수평으로 마주보고 배열되어 있다. V-12나 V-16과 같은 엔진은 대형 트럭이나 고급 대형 승용차에서 볼 수 있으며 어떤 선박에서는 각 열에 9기통씩 총 6열로 구성된 54기통 엔진을 사용하기도 한다.

내연기관에서 발생되는 동력은 실린더의 개수뿐만 아니라 스로틀 각도와 속도에 따라 다르다. 자동차 엔진마다 출력이 최대가 되는 특정 속도가 있다. 예를 들어 어떤 엔진 출력이 160 kw이라 하더라도 이 엔진이 모든 운전 조건에서 항상 그런 것은 아니다. 그림 7.15에 V 6 자동차 엔진의 **동력 성능곡선**(*power curve*)이 있다.

동력 성능곡선

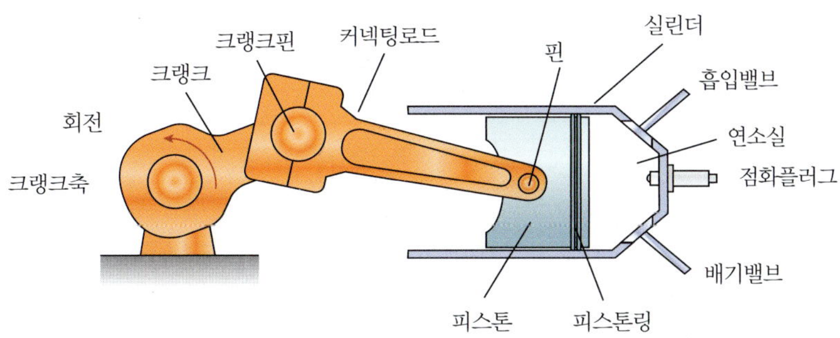

그림 7.13
단기통 내연기관의 배치도용

그림 7.14
최고 동력 55 kW인 1.4 L 4기통 엔진. 이 엔진은 플러그인 하이브리드 시보레 볼트용이다.
General Motors Corp. Used with permission, GM Media Archives.

그림 7.15
2.5 L 자동차 엔진 속도에 대한 출력 측정
General Motors Corp. Used with permission, GM Media Archives.

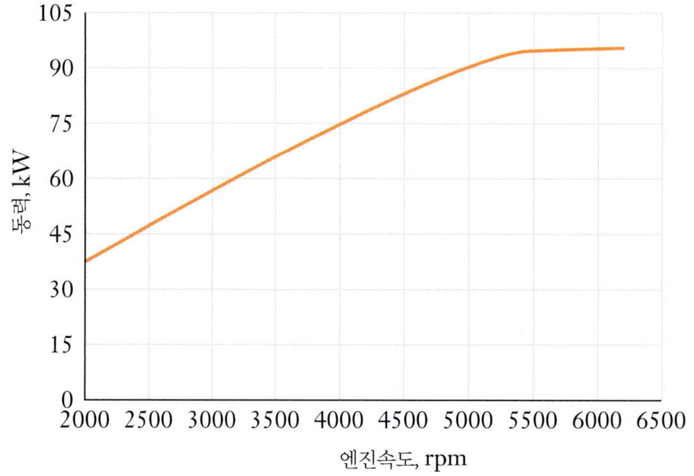

이 엔진은 스로틀을 완전 개방한 상태에서 시험한 것으로 6,000 rpm 속도 근방에서 최고 동력에 도달한다.

내연기관 4행정 사이클

엔진 밸브

그림 7.16에 4행정 과정이 단계별로 나타나 있다. 엔진은 실린더마다 2개 **밸브**가 있는데 하나는 연료와 공기의 흡기용이고 다른 하나는 연소생성물의 배기용이다. 4행정 엔진에서는 밸브 개폐기구가 중요하다. 그림 7.17은 흡기 또는 배기 밸브 기구의 모양을 보여주고 있다. 밸브 헤드가 실린더 흡·배기 포트의 매끈한 면과 접촉하는 순간 밸브가 닫히게 된다. 약간 편심된 형태의 **캠**(*cam*)은 회전하면서 밸브의 개폐 운동을 제어한다. 캠은 크랭크축과 동기되어 회전하므로 연소 사이클과 실린더 내 피스톤 위치에 따라 정확한 순간에 밸브가 개폐된다.

오토(Otto) 사이클

4행정 엔진은 피스톤이 실린더 내에서 4행정(크랭크축의 2회전에 해당)하는 **오토**(*Otto*) **사이클**에 따라 작동한다. 이 엔진의 작동 원리는 독일의 발명가인 니콜라

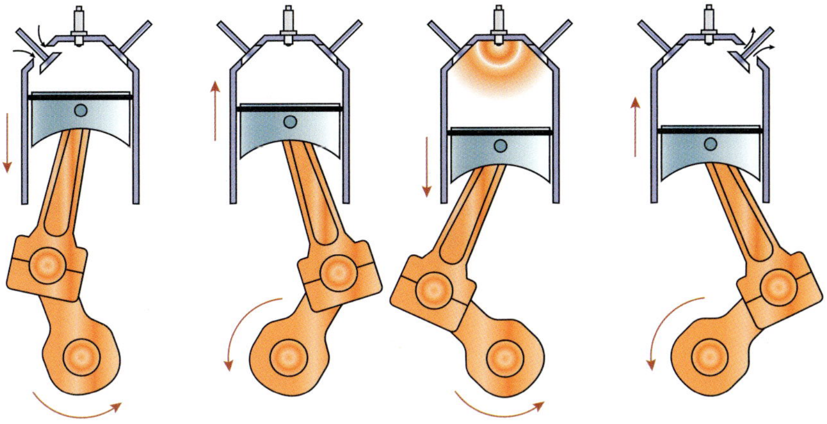

그림 7.16
4행정 엔진 사이클의 각 단계

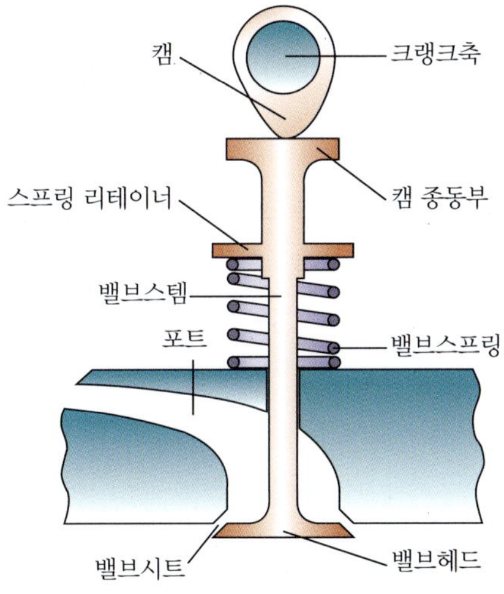

그림 7.17
4행정 내연기관의 캠 및 밸브기구

우스 오토(Nicolaus Otto; 1832~1891)의 이름을 따라 명명된 것인데, 그는 최초로 실용적인 액체연료용 피스톤 엔진을 개발한 것으로 인정을 받고 있다. 피스톤이 실린더의 정상부에 위치하여 커넥팅 로드와 크랭크가 서로 일렬로 배열된 지점을 "**상사점**(*top dead center:* TDC)"이라 하며, 반대로 크랭크축이 180° 회전하여 피스톤이 상사점에서 멀어진 지점을 "**하사점**(*bottom dead center:* BDC)"이라고 한다. 그림 7.16을 참조하여 사이클의 4단계를 설명하면 다음과 같다.

상사점
하사점

- **흡입행정** : 피스톤은 상사점을 지난 직후 실린더 하부로 이동하기 시작한다. 이 단계에서 흡기밸브는 이미 열려져 있지만 배기밸브는 닫혀있다. 피스톤이 내려감에 따라 실린더 체적은 증가하고 실린더 내부 압력은 외부 대기 압력보다 약간 떨어지므로, 연료-공기 혼합물이 실린더 내로 유입된다. 피스톤이 하사점에 도달하면 흡기밸브가 닫히게 되어 실린더는 완전 밀폐된다.
- **압축행정** : 피스톤은 실린더 위로 이동하면서 연료-공기 혼합물을 압축시킨다. 압축행정 전후의 실린더 체적비를 엔진의 **압축비**라고 한다. 압축행정 말기에

압축비

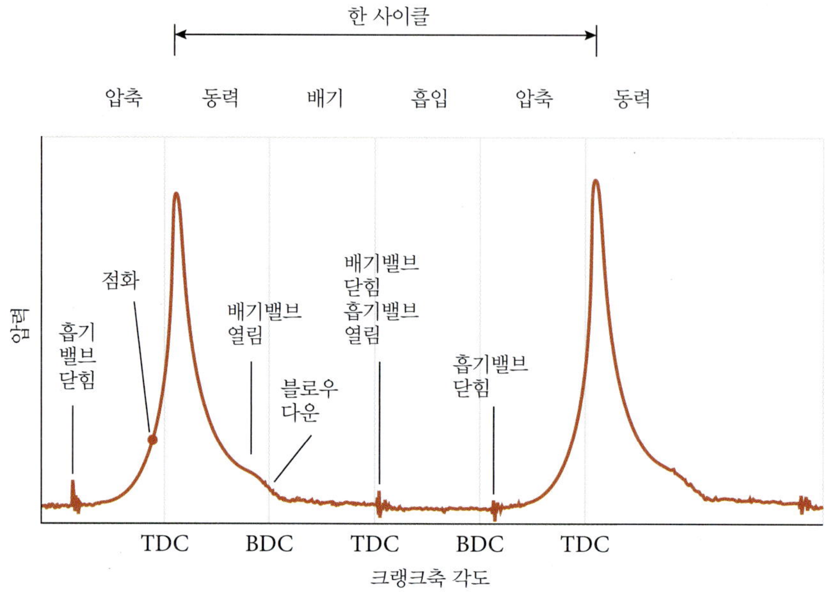

그림 7.18
900 rpm으로 작동하는 4 행정 엔진의 압력 선도

점화 플러그에 의해 고압의 연료–공기 혼합물을 점화시킨다. 연소는 피스톤이 상사점에 도달하기 직전부터 직후까지 미소한 거리를 이동하는 동안 거의 일정한 체적에서 급속하게 일어난다. 오토 사이클에서 실린더 내부가스 압력의 변화를 가시화하기 위하여, 단기통 엔진에서 측정한 실린더 압력을 그림 7.18에 나타내었다. 최고 압력은 약 3.1 MPa이다. 각 압력 펄스에 대하여 압력 상승 원인의 일부는 실린더 압축과정과 관계있지만, 압력상승의 대부분은 "점화" 이후의 연소과정 때문이다.

- **동력행정** : 흡기 및 배기밸브가 닫힌 상태에서 실린더 안의 고압가스에 의하여 피스톤은 아래로 내려간다. 팽창가스가 피스톤을 밀면서 행한 일은 커넥팅로드를 거쳐 크랭크축을 회전시킨다. 그림 7.18에서 보듯이 동력행정 동안 실린더 내부 압력은 급속히 감소한다. 행정 말에 가스 압력이 대기압보다 약간 높으므로 배기밸브가 열리면서 연소가스 일부가 배기밸브를 통해 배출되는데, 하사점 직전에 짧은 기간 동안 배출되는 것을 **블로우 다운**(*blowdown*)이라고 한다.

블로우 다운

- **배기행정** : 피스톤이 하사점을 통과할 때 실린더에는 아직 압력이 대기압 정도인 연소가스가 들어있다. 오토 사이클의 마지막 단계에서는 배기밸브가 열린 상태에서 피스톤이 상사점으로 이동하면서 연소가스를 강제로 배출한다. 배기행정 말기 피스톤이 상사점에 도달하기 직전에 배기밸브가 닫히고 흡기밸브가 열리면서 다음 사이클이 시작된다.

단기통 엔진에서 밸브와 피스톤 운동의 관계를 이해하기 위해 900 rpm에서 크랭크축은 초당 15번 회전하고 한 행정이 33 ms밖에 걸리지 않는다는 사실을 기억해야 한다. 실제 자동차 엔진은 더 빠르게 운전되어 밸브개폐 간의 시간 간격이 짧기

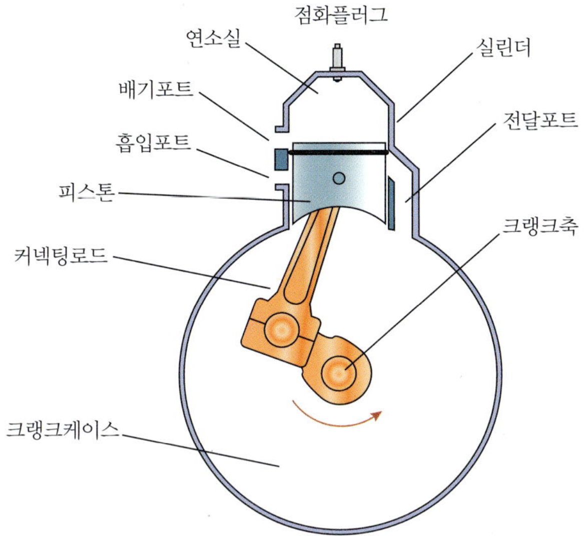

그림 7.19
크랭크케이스 압축 원리로 작동하는 2행정 내연기관의 단면

때문에 각 단계에서 정확한 타이밍이 중요하다. 오토 사이클에서는 4행정 중 한 행정에서만 동력이 발생되므로 크랭크축은 운전 시간의 25% 동안만 구동되고 있는 것이다. 그러나 엔진 플라이휠에 저장되어 있는 운동량 때문에 엔진은 나머지 행정 중에도 계속 회전하며, 다기통 엔진에서는 다른 실린더의 동력행정과 겹치기 때문에 계속 회전한다.

내연기관 2행정 사이클

내연기관의 두 번째 방식은 2행정 사이클로 1880년 영국 엔지니어 클러크(Dugald Clerk; 1854-1932)가 발명하였다. 그림 7.19는 이 사이클로 작동하는 엔진 단면을 나타낸다. **2행정 엔진**은 4행정 엔진과 달리 밸브가 없으므로 스프링, 캠축, 캠 등 밸브 트레인의 구성 요소가 필요없다. 대신 2행정 엔진은 크랭크케이스와 실린더를 연결시켜주는 **전달포트**(*transfer port*)를 통하여 연료-공기 혼합물이 실린더 내로 유입된다. 피스톤은 실린더 내에서 움직이면서 배기포트, 흡입포트, 전달포트를 차례대로 열거나 막으면서 밸브 시스템 역할을 한다. 이러한 방식의 엔진은 크랭크케이스 압축 원리로 작동한다.

전달포트

2행정 엔진은 크랭크축이 한 바퀴 회전할 때마다 사이클이 완료되므로 2행정 당 동력이 한 번 발생하게 된다. 그림 7.20에 도시되어 있는 바와 같이 **클러크 사이클**(*Clerk cycle*)은 다음과 같이 작동된다.

클러크 사이클

- 하향행정 : 피스톤이 상사점 부근에 있을 때 연소실에는 압축된 연료-공기 혼합물이 들어있다. 점화플러그가 스파크를 일으키면 가스가 팽창하면서 피스톤이 동력을 발생하여 크랭크축에 토크와 회전이 전달된다. 피스톤이 실린더 아래로 약간 이동하면서 배기포트가 열리고 실린더의 가스는 압력이 높은 상태이기 때문에 개방된 포트를 통하여 배출되기 시작한다. 이 과정에서 상향행정에

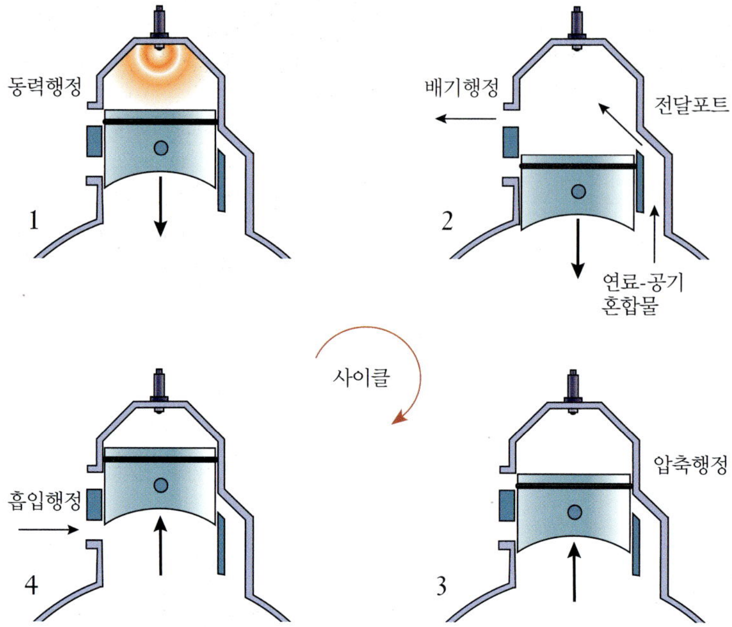

그림 7.20
2행정 내연기관의 작동단계

사용될 새로운 연료와 공기는 크랭크케이스 안에 대기상태로 있다. 피스톤이 계속 하강하여 크랭크케이스의 체적이 감소함에 따라 이미 크랭크케이스 안에 들어와 있던 연료–공기 혼합물의 압력은 증가하게 된다. 이때 피스톤이 전달포트를 통과하면서 전달포트가 개방되면 크랭크케이스 내부에 있는 연료–공기 혼합물은 전달포트를 통하여 실린더로 흘러들어 가며 이 과정 동안 피스톤은 흡기포트를 막고 있다.

- **상향행정** : 일단 피스톤이 하사점을 통과하면 대부분의 배기가스는 실린더에서 배출된다. 다시 피스톤이 올라가면서 전달포트와 배기포트가 모두 막히고 크랭크케이스 내부 체적이 팽창하므로 압력이 떨어지게 된다. 피스톤이 흡기포트를 통과하면서 흡기포트가 열리므로 새로운 연료–공기 혼합물이 크랭크케이스로 유입된다. 이 혼합물은 다음 연소 사이클에서 사용되기 위해 저장되며, 피스톤이 상사점에 도달하기 직전에 점화플러그가 스파크를 일으켜서 동력사이클이 다시 시작된다.

2행정 엔진과 4행정 엔진은 각각 장점이 있다. 2행정 엔진은 4행정 엔진에 비하면 구조가 간단하고, 가벼우며, 가격이 저렴하다. 기계공학자는 가능한 모든 일을 단순화시키려고 하는데 2행정 엔진은 가동 부품이 적으므로 고장 우려가 거의 없다. 그러나 2행정 엔진의 흡기, 압축, 동력, 배기 단계는 4행정 엔진의 경우처럼 분명하게 구분되어 있지 않다. 새로운 연료–공기 혼합물이 크랭크케이스에서 실린더로 유입될 때에 배기가스와 혼합되는 것을 피할 수 없다. 따라서 2행정 엔진의 배기에는 일부 미연소된 연료가 존재하게 되어 환경을 오염시키고 연비를 떨어뜨리게 된다. 또한 크랭크케이스는 연료-공기 혼합물을 저장하는 데 사용되므로 4행정 엔진의 경우처럼 오일 섬프(oil sump)로 사용할 수 없다. 대신 2행정 엔진에서는 연료와 윤활유를 혼합하여 윤활하므로 배출가스와 환경문제를 일으키는 원인이 되기도 한다.

7.7 전력발생

전 세계에서 사용하는 전기에너지의 대부분은 고온, 고압 수증기로 터빈과 발전기를 구동하는 발전소에서 생산된다. 미국의 발전기술을 살펴보면 2013년에 평균 발전용량이 1075 GW이고 4조 kWh의 전기에너지가 생산되었다. 에너지의 단위인 kWh(**킬로와트 아워**)는 1 kW 에너지원으로 1시간 동안 발생시킨 에너지양이다. 예를 들면, 100 W 전구는 시간당 0.1 kWh의 에너지를 소비한다. 표 7.6의 여러 가지 발전기술에서 알 수 있는 바와 같이 2012년에 미국에서는 화석연료 발전소가 총 발전 용량의 68% 정도를 감당하며(세계적으로는 63%), 원자력 발전소는 전기를 19% 정도 생산하였다(세계적으로는 11%). 기타 전력원으로 풍력, 태양열, 수력 등과 같은 재생에너지원이 약 12% 정도 차지한다(세계적으로는 22%).

킬로와트 아워

거시적 관점에서 보면 발전소는 연료와 공기를 공급받아 전기를 생산하고 연소가스와 폐열을 주위로 방출한다. 7.5절에서 설명한 것처럼 열기관은 공급된 열을 모두 유용한 기계일로 바꾸지 못하므로 얼마의 열은 방출해야 한다. 이러한 폐열을 방출하기 위하여 강, 호수 근처에 발전소를 세우거나 냉각탑을 설치한다. 부산물인 폐열은 야생 생물의 서식지와 초목의 성장을 방해할 수 있으므로 **열오염**(*thermal pollution*)이라 하기도 한다.

열오염

그림 7.21에서 보듯이 화석 연료를 사용하는 발전소의 사이클은 2개 루프로 이루어져 있다. **1차 루프**는 증기 발생기, 터빈, 발전기, 응축기 및 펌프로 구성되어 있다. 물을 액체와 수증기 상태로 변화하며 1차 루프를 순환한다. **2차 루프** 목적은 터빈 출구의 저압 수증기를 응축하는 것이다. 냉각수는 강, 호수, 바다에서 끌어와 많은 관을 통해 흐른다. 터빈에서 나오는 수증기가 이 관과 접촉하면 냉각되어 액체

1차 루프

2차 루프

표 7.6 2012년 미국과 전 세계의 전력원

발전소 형태	미국 기여(%)	전 세계 기여(%)
석탄	38	40
천연가스	30	23
원자력	19	11
재생	12	22
기타	1	4
합 계	100	100

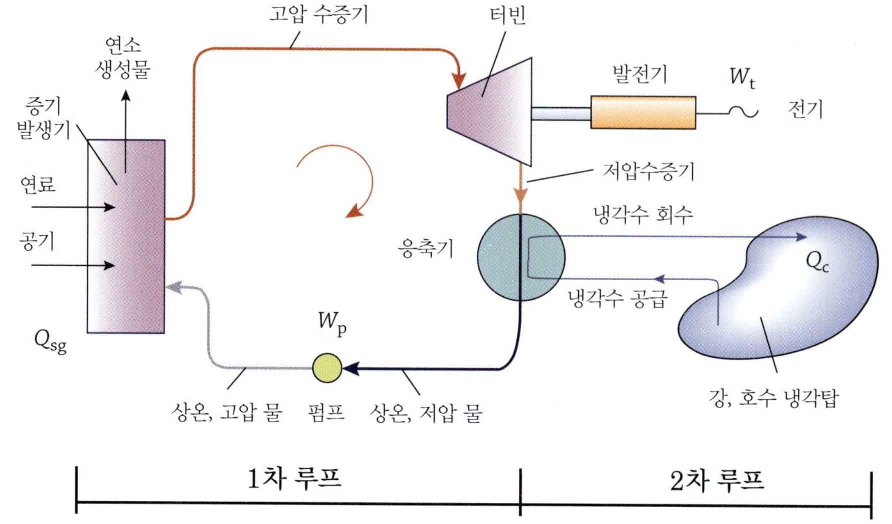

그림 7.21
발전소의 에너지 사이클

로 응축하고 2차 루프의 냉각수는 냉각열원으로 돌아가기 전에 약간 가열된다. 많은 양의 냉각수가 없는 경우 냉각탑이 사용된다. 이 경우 연못에서 끌어온 2차 루프 냉각수는 응축기에서 가열되고 냉각탑에서 분무된다. 자연대류에 의해 공기가 냉각탑에 흡인되어 위로 흐르면서 물이 같이 올라가 냉각되어 대부분의 물이 응축되지만 일부는 대기로 증발한다. 1차 루프에서 순환하는 물은 2차 루프의 냉각수와 완전히 구분되어 있으며, 서로 전혀 혼합되지 않는다.

랭킨 사이클

발전소는 물이 액체와 수증기 사이에서 상변화하면서 **랭킨 사이클**(*Rankine cycle*)로 작동하는데, 이 사이클은 스코틀랜드의 공학자, 물리학자인 랭킨(William John Rankine; 1820~1872)의 이름에서 유래되었다. 물과 수증기는 발전소(증기 발생기)에서 터빈으로 에너지를 이동하는 열매체로 사용된다. 미국 전력의 90% 정도는 기본 랭킨사이클에서 약간 수정된 사이클을 통해 생산되고 있다.

펌프
증기 발생기
터빈
응축기

발전소의 **펌프**(*pump*)는 액체상태의 물을 **증기 발생기**(*steam generator*)로 보내는데 이때 펌프를 구동하기 위하여 기계일 W_p가 필요하다. 연료가 연소하면서 발생한 고온의 연소가스는 증기 발생기의 내부관을 가열하여 관 속의 물이 수증기로 바뀐다. 즉 증기 발생기에서 Q_{sg}의 열량이 1차 루프의 물로 전달되어 고온, 고압상태의 수증기가 발생하고, 이 수증기는 **터빈**(*turbine*)으로 흘러들어가 터빈축을 돌려 기계일이 발생한다. 수차와 유사한 터빈 각 단의 블레이드는 수증기의 제트류와 부딪히면서 터빈축이 회전하고, 터빈축과 연결된 발전기는 출력 W_t의 전기에너지를 생산한다. 터빈에서 나온 저압 수증기는 **응축기**(*condenser*)로 들어가서 주위로 열량 Q_c를 방출하여 저온, 저압수로 응축된 다음 펌프로 재순환된다. 물은 수증기보다 효과적으로 펌핑되며, 물이 펌프에서 증기 발생기로 공급되면 한 사이클을 마치게 된다.

보통 펌프동력은 터빈에서 가져오므로 발전소의 순수 출력은 $W_t - W_p$이다.

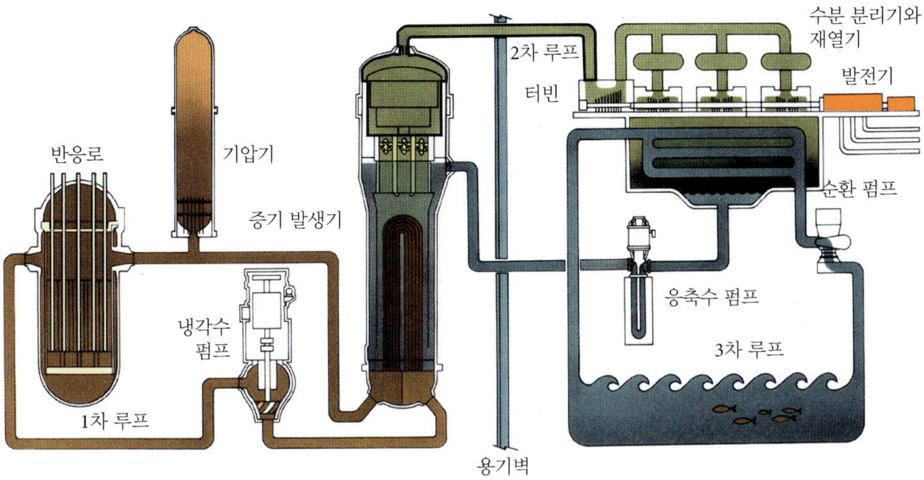

그림 7.22
핵발전소의 1차, 2차, 3차 루프

Reprinted with permission by Westinghouse Electric Company.

실제 효율은 "공급열"에 대하여 "출력일"의 비이므로 발전소 효율은 공급열량에 대한 순수 출력이다.

$$\eta = \frac{W_t - W_p}{Q_{sg}} \approx \frac{W_t}{Q_{sg}} \quad \textbf{(7.14)}$$

위 식에서 펌프 공급일이 터빈 출력일에 비하여 작다는 가정을 하였다. 화석연료를 사용하여 전기를 발생하는 대부분 발전소의 실제 효율은 약 30~40%이다.

원자력 발전소에서 반응로는 열원 기능을 하며, 방사능 물질로 만들어진 연료봉은 석탄, 석유, 천연가스 같은 화석연료를 대신한다. 원자력 발전소의 반응로는 원자 단위에서 물질구조가 바뀌는 핵분열 원리로 작동하는데, 원자핵이 쪼개지면서 막대한 에너지가 방출되며 이 연료봉은 단위질량당 막대한 에너지를 가지고 있다. 1 g의 우라늄 동위원소 U-235는 석탄 3,000 kg에 해당하는 열량이 발생할 수 있다.

그림 7.22에 원자력 발전설비가 나와 있다. 이 설비는 별도의 내부 순환회로가 2개 있다는 점에서 화석연료 발전설비와 다르다. 1차 순환회로의 물은 핵연료와 직접 접촉하여 반응로에서 나오는 열을 증기 발생기로 전달한다. 안전상 1차 순환회로와 순환수는 용기벽 밖으로 나오지 못한다. 증기 발생기는 1차 순환회로 순환수에서 2차 순환회로 순환수에 열을 전달하는 기능만 하고 2개 순환회로는 완전히 격리되어 있다. 2차 순환회로의 수증기는 기존의 증기 사이클처럼 터빈과 발전기를 구동시킨다. 3차 순환회로는 강, 호수, 바닷물을 끌어와 응축기로 보낸다. 이러한 방식으로 터빈에서 나오는 저압 수증기는 응축되어 증기 발생기로 보내진다. 3개 순환회로의 물은 서로 혼합되지 않지만, 증기 발생기와 응축기를 통해 열은 교환된다.

예제 7.10 태양열 발전기 설계

수증기를 발생시켜 터빈/발전기를 구동하는 태양열 발전시스템을 설계한다. 다음과 같은 가정과 시스템 요구사항을 고려하여 설계하시오.

- 1초당 0.9 kJ 태양에너지가 1 m^2 지면에 떨어진다.
- 이 시스템의 실제 효율 목표값은 26%이다.
- 이 시스템은 24시간 동안 평균 1MW 전력을 생산한다.
- 열기관은 주변 대기로 폐열을 방출한다.

(a) 이 요구사항을 만족하는 태양열 시스템을 설계하시오. (b) 발생 수증기가 T_l = 25°C과 T_h = 400°C 사이에서 작동하는 카르노 열기관을 구동한다고 가정할 때 이 엔진에 대한 효율의 상한을 구하시오.

접근방법

우선 제2장에서 소개된 일반 설계과정을 따라 필요한 추가 시스템 요구사항을 조사한다. 다음으로 여러 가지 개념안을 개발하고 가장 효율적인 안에 집중한다. 그리고 시스템의 보다 상세한 기하학적 사양을 결정한다. 마지막으로 식 (7.12)를 사용하여 제안된 엔진의 효율을 계산한다.

풀이

(a) **시스템 요구사항** : 문제에서 주어진 요구사항에 더하여 시스템 성능에 관한 다른 가정을 할 필요가 있다.

- 태양열 발전기는 하루의 약 1/3 동안만 작동한다. 따라서 하루 평균 1 MW의 출력을 얻기 위해 낮 동안 3 MW를 생산하도록 설계해야 한다.
- 낮 동안 잉여 동력을 저장하고 야간에 사용하는 방법을 고안해야 하지만 여기서는 이 점을 고려하지 않는다.

개념 설계 : 이 단계에서 태양열 발전시스템에 대한 많은 개념안을 개발할 것이다. 이것은 물을 가열하기 위해서 전기를 만드는 태양 전지 패널 시스템, 물을 가열하기 위하여 축열재에 열을 저장하는 수동 태양열 시스템, 직접 물을 가열하기 위하여 거울을 사용하는 태양열 에너지 시스템 등이 포함된다. 이상적으로 많은 대안을 만들어낼 수 있고 신기술에 대한 아이디어 개발도 포함된다. 시뮬레이션 모델은 가장 효율적인 안을 선택하는 데 도움을 줄 수 있다. 도랑 형태 거울을 사용하는 태양열 에너지가 창업 비용, 효율, 제작 해석을 통해 가장 효율적인 옵션이라고 결정되었다고 가정한다. 그림 7.23을 참고하시오.

상세 설계 : 포물선 형태 거울로 태양열을 집중하여 물을 가열함으로써 수증기를 만들기로 결정한다. 표준 12 m^2 거울을 사용할 경우 3 MW 동력을 발생시키기 위해 필요한 거울 개수를 결정해야 한다. 목표 실제효율 η = 0.26을

그림 7.23

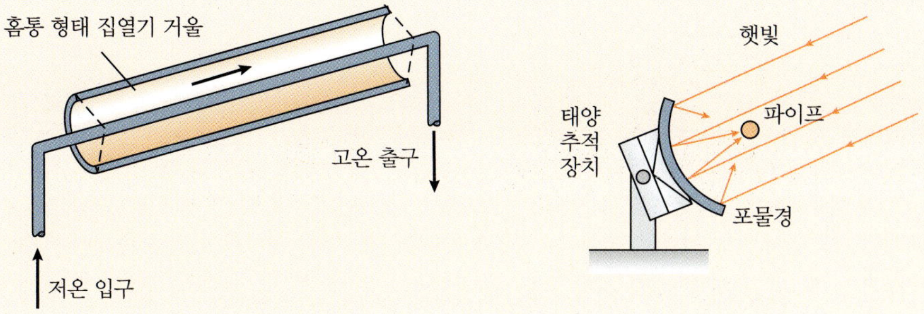

사용함으로써 1초 동안 발전소의 입력과 출력을 계산한다. 햇빛이 시스템에 공급한 열량 Q_h는 식 (7.11)로 발전소 출력과 연관된다.

식 (7.5)를 사용하면 단위시간당 생산되는 전기에너지는 다음과 같다.

$$W = (3\ \text{MW})(1\ \text{s}) \qquad \leftarrow \left[P_{avg} = \frac{W}{\Delta t}\right]$$
$$= 3\ \text{MW} \cdot \text{s}$$
$$= 3\left(\frac{\text{MJ}}{\text{s}}\right)(\text{s})$$
$$= 3\ \text{MJ}$$

발전소 효율을 감안하면 공급해야 할 열량은

$$Q_h = \frac{3\ \text{MJ}}{0.26} \qquad \leftarrow \left[\eta = \frac{W}{Q_h}\right]$$
$$= 11.54\ \text{MJ}$$

따라서 햇빛을 수집할 면적은

$$A = \frac{1.154 \times 10^4\ \text{kJ}}{0.9\ \text{kJ/m}^2}$$
$$= 1.282 \times 10^4\ (\text{kJ})\left(\frac{\text{m}^2}{\text{kJ}}\right)$$
$$= 1.282 \times 10^4\ \text{m}^2$$

이 면적은 한 변이 100 m인 면적에 해당한다. 따라서 발전소에 필요한 거울 개수는 다음과 같다.

$$N = \frac{1.282 \times 10^4\ \text{m}^2}{12\ \text{m}^2}$$
$$= 1068\ \frac{\text{m}^2}{\text{m}^2}$$
$$= 1068$$

(b) 주어진 두 온도 사이에 작동하는 열기관의 카르노 효율은 대략 56%이다.

$$\eta_c = 1 - \frac{(25 + 273.15)\ \text{K}}{(400 + 273.15)\ \text{K}} \qquad \leftarrow \left[\eta_c = 1 - \frac{T_l}{T_h}\right]$$
$$= 1 - 0.4429\left(\frac{\text{K}}{\text{K}}\right)$$
$$= 0.5571$$

위 식에서 식 (7.13)을 사용하여 온도를 절대온도 켈빈으로 바꾸었다.

검토

설계과정에서 태양복사량을 감소시키는 구름 양, 대기 습도, 거울 위의 먼지 같은 인자를 무시하였다. 따라서 실제 발전소 크기는 예상값보다 더 크겠지만 예비 설계 관점에서 이 계산으로 발전소 크기를 가늠할 수 있다. 엔진의 이상 효율 56%는 물리적으로 허용되는 최댓값으로 실제로는 결코 달성할 수 없다. 이런 점에서 효율 26%는 생각하는 것처럼 그리 낮은 값이 아니다.

포물형 도랑 형태 거울 시스템

$$N = 1068 \text{ mirrors}$$
$$\eta_c = 0.5571$$

예제 7.11 발전소 배출물

1 GW전력을 생산하는 석탄화력 발전소에서 연소 생성물로 황이 방출되는 문제점이 발생하였다. 석탄은 1% 황을 포함하며 대기 중의 수분과 반응하여 산성비가 된다. 따라서 발전소는 배기가스로부터 96% 황을 제거하는 스크라버 시스템을 설치하였다. (a) 발전소 효율 32%를 사용하여 발전소의 1일 연료 소비량을 구하시오. (b) 하루 동안 스크라버를 빠져나가는 황의 양을 구하시오.

접근방법

발전소가 1초 동안 받는 열량, 생산 일량, 대기로 배출하는 황을 고려해본다. 실제 효율은 "출력일"과 "공급열"의 비이므로 식 (7.15)를 사용하면 발전소에 공급된 열량을 구할 수 있다. 표 7.2로부터 석탄의 발열량은 30 MJ/kg이다. 황의 함량과 스크라버 효율에 대한 정보를 이용하면 매일 방출되는 황의 양을 구할 수 있다.

풀이

(a) 식 (7.5)를 사용하면 1초당 생산일은 다음과 같다.

$$W_t = (1\ \text{GW})(1\ \text{s}) \qquad \leftarrow \left[P_{avg} = \frac{W}{\Delta t} \right]$$
$$= 1\ \text{GW} \cdot \text{s}$$
$$= 1\left(\frac{\text{GJ}}{\text{s}}\right)(\text{s})$$
$$= 1\ \text{GJ}$$

석탄을 연소하여 증기 발생기에 공급해야 하는 열량은

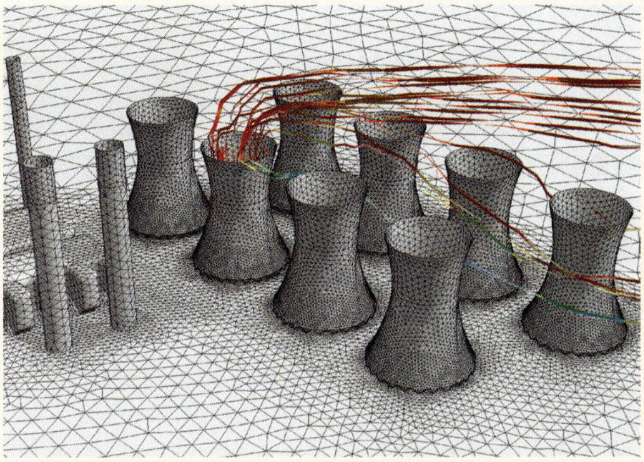

그림 7.24

Fluent사의 허락에 의하여 게재

$$Q_{sg} = \frac{1\ \text{GJ}}{0.32} \qquad \leftarrow \left[\eta = \frac{W_t}{Q_{sg}}\right]$$
$$= 3.125\ \text{GJ}$$

위 식에서 펌프일 W_p는 작기 때문에 무시하였다. 식 (7.6)을 사용하면 1초당 소비되는 연료량은

$$m_{coal} = \frac{3125\ \text{MJ}}{30\ \text{MJ/kg}} \qquad \leftarrow [Q = mH]$$
$$= 104.2(\text{MJ})\frac{\text{kg}}{\text{MJ}}$$
$$= 104.2\ \text{kg}$$

위 식에서 분자, 분모의 차원이 일치하도록 Q_{sg}에 대한 SI 접두사를 바꾸었다. 따라서 하루에 발전소가 소비하는 석탄량은

$$m_{coal} = \left(104.2\frac{\text{kg}}{\text{s}}\right)\left(60\frac{\text{s}}{\text{min}}\right)\left(60\frac{\text{min}}{\text{h}}\right)\left(24\frac{\text{h}}{\text{day}}\right)$$
$$= 9.000 \times 10^6\left(\frac{\text{kg}}{\text{s}}\right)\left(\frac{\text{s}}{\text{min}}\right)\left(\frac{\text{min}}{\text{h}}\right)\left(\frac{\text{h}}{\text{day}}\right)$$
$$= 9000 \times 10^6\frac{\text{kg}}{\text{day}}$$

(b) 황의 함유량이 1%이고 스크라버 효율이 96%인 경우 1일 황배출량은 다음과 같다.

$$m_{sulfur} = (0.01)(1 - 0.96)\left(9.000 \times 10^6\frac{\text{kg}}{\text{day}}\right)$$
$$= 3.600 \times 10^3\frac{\text{kg}}{\text{day}}$$

검토

각 변수의 값이 크므로 간략히 결과를 나타내기 위하여 SI 접두사를 사용하였다. 일반적으로 석탄은 중량비로 0.5~4% 황을 포함한다. 따라서 발전소의 황 배출량은 사용하는 석탄에 따라 다소 다를 수 있다. 미국은 발전소 배출가스로부터 황을 제거하기 위하여 스크라버 시스템을 설치하고 있지만 모든 국가가 사용하지는 않는다. 결국 화석 연료 소비에 따른 대규모 오염 영향은 실제 꽤 높을 수 있다. 기계공학자는 풍부하고 저렴한 전기 공급 필요와 환경 문제 사이의 균형을 이루면서 공공정책 결정에 중요한 역할을 하게 된다.

$$m_{\text{coal}} = 9.000\ \frac{\text{Gg}}{\text{day}}$$

$$m_{\text{sulfur}} = 3.600\ \frac{\text{Mg}}{\text{day}}$$

중점사항 크라우드 소싱 혁신 에너지 해법

대기업에 근무하는 사람만이 글로벌 에너지 문제에 대한 혁신적 해법을 개발하는 것이 아니고 XPRIZE, OpenIDEO와 같은 크라우드 소싱 시합을 통해 학생, 개인 공학자, 발명가 등이 상금을 놓고 경쟁하며 아이디어를 글로벌 단계로 가져갈 기회를 얻을 수도 있다. XPRIZE에서 The Energy and Environment Prize 그룹은 서로 다른 지역 사이에 에너지 분배, 저장, 효율, 사용 등 청정에너지의 혁신적 해법에 도전하고 있다. 많은 도전 영역들이 진행되고 있거나 다음과 같이 이미 인정받은 것도 있다.

- 소형이고 착용 가능한 전자제품부터 전기자동차, 항공기에 이르기까지 광범위한 시스템에 동력을 공급할 수 있는 혁신적 배터리 기술
- 주행 중 충전하는 장비를 도로에 장착함으로써 자동차 수송 기반구조의 전기화
- 지상 동력으로 항공기에 동력을 공급하는 것처럼 탄소 배출 없이 에너지를 제공하는 동력 무선전송 기술
- 전기 없이 살아가는 전 세계 약 20억 인구에게 전기를 공급하기 위해 대규모로 태양에너지를 수집, 저장, 분배하는 기술
- 균형잡힌 동력, 재생에너지 생산, 정전 시 신속한 회복을 제공하는 가정 단위 에너지 저장 장치

이러한 시합을 통해 기계공학자는 기술적, 사회적, 환경적, 경제적 분야에 상당한 영향력을 미친다. 전 세계 많은 대학팀이 소규모 스타트업, 대기업, 정부 기관 등과 협력하여 이러한 시합에서 경쟁하는데 기계공학도는 앞으로도 계속 혁신적 파트너쉽과 변형기회에서 중요한 역할을 하게 될 것이다.

요약

이 장에서는 기계공학에서 다루는 열에너지 시스템의 배경 원리를 몇 가지 소개하였다. 내연기관, 발전소, 제트 비행기는 열을 일로 변환시키는 기술에 기초하며 각각에 관하여는 제1장에서 기계공학의 10가지 업적을 설명하는 가운데 충분히 강조하여 설명하였다. 앞으로 지구의 에너지 문제를 해결하는 데 재생에너지원과 비재생에너지원으로부터 에너지의 혁신적 생산, 저장, 사용이 중요한 역할을 할 것이다. 요약하면 에너지가 취할 수 있는 다양한 형태와 에너지 효율적 변환 방법이 기계공학의 핵심이다.

이 장에서 소개된 물리량과 사용 기호, 단위 등이 표 7.7에 요약되어 있고, 열에너지 시스템 해석에 사용되는 방정식은 표 7.8에 있다. 열기관은 연료를 연소시켜서 동력을 발생시키고, 발열량은 연소과정에서 방출되는 열량을 나타낸다. 열역학 제1법칙에 따라 물질 내로 열이 전달되면 비열에 따라 물질의 온도를 상승시키기도 하고, 기계일로 변환되기도 한다. 또한, 열은 전도, 대류, 복사 방식으로 전달되는 에너지이다. 기계공학자는 효율을 증가시키고자 하는 목표를 가지고 열기관을 설계한다. 이상 카르노 열기관 효율은 열이 공급되는 온도와 배출되는 온도로 제한을 받게 된다. 표 7.5에서 보듯이 실제 열기관의 효율은 상당히 낮다.

표 7.7
열에너지 시스템 해석의 사용 변수, 기호, 단위

물리량	기호	단위
에너지	U_g, U_e, U_k, D_U	J, kW · h
일	W, W_t, W_p	J
열	Q, Q_h, Q_l, Q_{sg}, Q_c	J
평균동력	P_{avg}	W
발열량	H	MJ/kg
비열	c	kJ/(kg · °C)
열전도도	κ	W/(m · °C)
시간 간격	Δt	s, min, h
온도	T, T_0, T_h, T_l	°C, K
실제 효율	η	—
이상 카르노 효율	η_C	—

표 7.8
열에너지 시스템 해석에 사용되는 방정식

에너지	
중력위치에너지	$U_g = mg\Delta h$
탄성위치에너지	$U_e = \frac{1}{2}k\Delta L^2$
운동에너지	$U_k = \frac{1}{2}mv^2$
힘이 행한 일	$W = F\Delta d$
평균동력	$P_{avg} = \frac{W}{\Delta t}$
발열량	$Q = mH$
비열	$Q = mc(T - T_0)$
열전도	$Q = \frac{\kappa A \Delta t}{L}(T_h - T_l)$
에너지 보존	$Q = W + \Delta U$
효율	
실제	$\eta = \frac{W}{Q_h}$
카르노	$\eta_c = 1 - \frac{T_l}{T_h}$
발전소	$\eta \approx \frac{W_t}{Q_{sg}}$

자습과 복습

7.1 중력위치에너지와 탄성위치에너지, 운동에너지는 어떻게 계산하는가?
7.2 일과 동력의 차이점은 무엇인가? 국제단위계로 대표적인 단위는 무엇인가?
7.3 연료의 발열량은 무엇인가?
7.4 물질의 비열은 무엇인가?
7.5 열이 전도, 대류, 복사 과정을 통하여 전달되는 예를 드시오.
7.6 "열전도도"를 정의하시오.
7.7 열기관이란 무엇인가?
7.8 열기관 효율을 어떻게 정의하는가?
7.9 실제 효율과 카르노 이상 효율의 차이점은 무엇인가? 어느 효율이 항상 큰가?
7.10 켈빈 스케일로 절대온도는 어떻게 구하는가?
7.11 내연기관에서 피스톤, 커넥팅로드, 크랭크축 메커니즘을 그리시오.
7.12 4행정, 2행정 기관 사이클의 작동원리를 설명하시오.
7.13 4행정과 2행정 기관 사이클의 장단점을 설명하시오.
7.14 발전소 개략도를 그리고 작동원리를 간략히 설명하시오.

연습문제

P7.1

중량 13 N인 장난감 자동차가 4.5 m/s로 움직일 때 운동에너지를 구하시오.

P7.2

반경 6.0 cm 몸체에 감긴 줄을 당겨 잔디 깎는 기계를 시동한다. 줄에 걸리는 장력이 80 N이고 시동 전 몸체가 3바퀴 회전할 때 수행한 일은 얼마인가?

P7.3

영화 **백투더 퓨처**(*Back to the Future*)에서 독 브라운(Doc Brown)과 마티 맥플라이(Marty McFly)가 타임머신의 동력으로 1.21 GW를 필요로 한다. 들로리안(DeLorean) 스포츠카 출력이 1.08×10^5 W라고 하면 타임머신은 몇 배의 동력이 필요한가?

P7.4

단거리 경주 선수가 200 N 힘과 600 W 동력으로 달리고 있다. 1 km 달리는 데 걸리는 시간을 구하시오.

P7.5

야구 시합에서 포수가 0.1 m 거리에서 158 km/h 공을 받아 정지시킨다. 0.14 kg 야구공을 멈추는 데 필요한 힘을 구하시오.

P7.6

문제 6.31에 나오는 2대의 자동차가 95 km/h에서 공기저항을 극복하기 위해 필요한 엔진 동력은 얼마인가?

P7.7

중량 13.8 kN인 트럭이 95 km/h 속력으로 고속도로를 주행할 때 연비가 12.75 km/L이다. 이 경우 공기저항, 구름 저항, 기타 마찰을 극복해야 한다.

(a) 95 km/h에서 항력계수가 0.6, 트럭의 전면적이 3.0 m^2일 때 항력을 구하시오.

(b) 95 km/h에서 공기저항을 극복하기 위하여 필요한 동력을 구하시오.

(c) 문제 (b)에서 시간당 소비 연료량을 구하시오(다른 마찰 무시).

P7.8

문제 7.7의 트럭이 경사도 2% 언덕을 올라가고 있다. 여러 가지 마찰을 무시할 경우 언덕을 올라가는 데 필요한 추가 동력을 구하시오.

P7.9

농업부산물인 바이오매스 발열량(예를 들어 수확잔해물, 동물 배설물, 식품생산품 유기물질)이 10 ~ 17 MJ/kg이다. 500 kg 바이오매스를 태울 경우 방출열량이 얼마인가?

P7.10

온도 425°C에서 주조된 3.3 kN의 강철을 초기 온도 38°C인 기름탱크에 넣어서 담금질한다. 시간이 지나면서 주물이 냉각되고 기름탱크 온도가 올라가는데 최종 평형온도는 얼마인가? 기름의 단위 체적당 중량은 8.8 N/L, 기름 탱크 체적은 2 m^3이다.

P7.11

건물 내장재 중량이 220 kN이고 평균 비열이 1.05 kJ/(kg · °C)이다. 보일러의 비효율성을 무시할 경우 건물 온도를 0°C에서 20°C까지 올리기 위해 연소할 천연가스량을 구하시오.

P7.12

5.0 kg 강철 기어를 150°C로 가열한 후 10°C, 0.5갤론 물탱크에 넣는다. 강철과 물의 최종온도를 구하시오.

P7.13

열이 주로 전도, 대류, 복사를 통하여 전달되는 공학적인 사례를 각각 2가지씩 들어보시오.

P7.14

두께 2.5 cm, 넓이가 30 cm^2인 단열재 판재로 사각형 상자를 만든다. 단열재의 열전도도를 측정하기 위해 상자 안에 100 W의 전기 히터를 넣는다. 상자 표면에 부착한 열전대로 측정한 내부 표면과 외부 표면의 온도가 각각 65°C와 30°C인 경우 열전도도는 얼마인가?

P7.15

길이가 20 cm, 직경이 4 mm인 용접봉의 열전도도가 κ = 52 W/(m · K)이다. 용접봉의 양쪽 끝은 각각 500°C와 50°C로 유지되어 있다.

(a) 1초 동안 용접봉을 따라 흐르는 열은 얼마인가?

(b) 용접봉의 중간 지점 온도는 얼마인가?

P7.16

두께 200 mm의 벽돌로 지은 벽의 높이와 폭이 각각 3 mm, 7.5 m이다. 벽돌의 열전도도는 0.7 W/(m · °C)이다. 벽의 안쪽, 바깥쪽 온도가 25°C, 0°C일 때 하루 동안 벽을 통해 손실되는 열을 구하시오.

P7.17

11 kN의 자동차가 105 km/h에서 완전히 정차하였다. 앞바퀴 디스크 브레이크 로터가 제동 능력의 60%를 제공할 경우, 로터의 온도상승을 구하시오. 2개의 주철제 로터는 각각 무게가 65 N이고 비열은 586 J/(kg · °C).이다.

P7.18

소형 수력발전소에서 초당 1.9 m^3의 물이 발전 설비를 통과하여 흐른다. 물은 저수지에서 터빈까지 45 m의 높이를 수직 낙하한다. 발전소 출력을 계산하여 kW의 단위로 나타내시오. 물의 밀도는 표 6.1에 수록되어 있다.

P7.19

그림 P7.19(a)의 포장 배달 시스템에서 상자가 스프링 위에 떨어진 후 컨베이어 벨트로 보내진다. 질량 m인 상자가 스프링보다 h만큼 높은 곳에서 떨어져 스프링이 ΔL만큼 압축된다[그림 P7.19(b)]. 상자의 위치에너지가 스프링의 탄성에너지로 바뀔 때 ΔL에 대한 식을 구하시오.

P7.20

풍력 터빈은 바람의 운동에너지를 기계 또는 전기 동력으로 변환한다. 풍력 터빈을 통과하는 공기 질량은 다음 식으로 구하며, 이 값은 운동에너지 계산에 사용된다.

$$\frac{\text{질량}}{\text{초}} = \text{속도} \cdot \text{면적} \cdot \text{밀도}$$

공기밀도는 1.23 kg/m^3이고 면적은 터빈 로터 블레이드가 휩쓴 면적으로 질량유량은

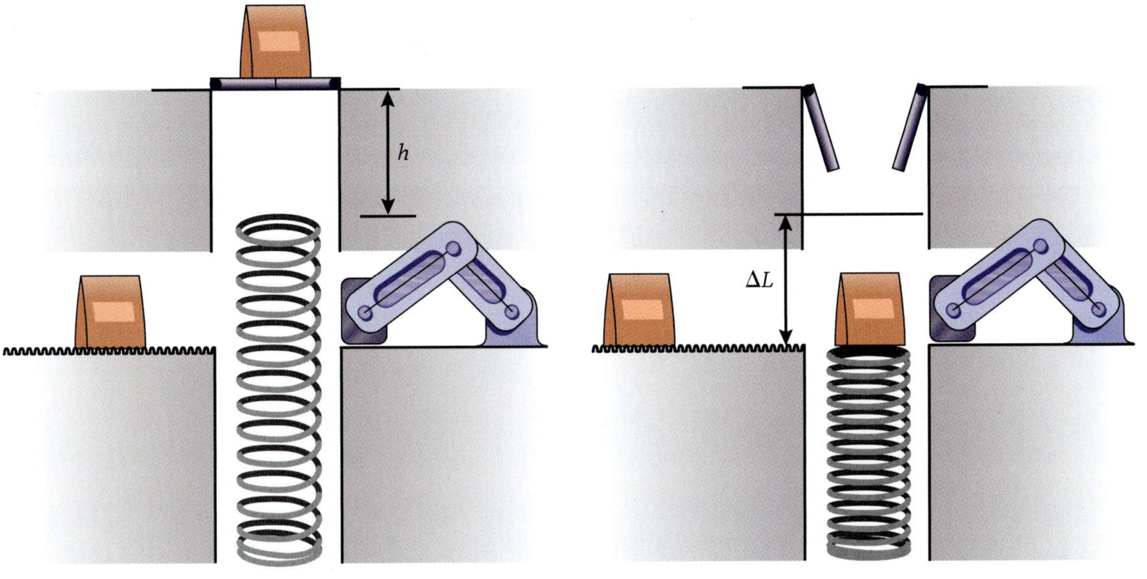

(a) (b)

그림 P7.19

공기가 발생하는 단위시간당 운동에너지양을 계산하는 데 사용될 수 있다. 세계 최대 풍력터빈 중 하나가 노르웨이에 있는데 55 km/h 풍속에서 10 MW 생산을 목표로 한다. 블레이드 직경은 145 m이다. 발생 동력은 얼마인가? 동력은 단위시간당 에너지양이라는 사실을 기억하시오.

P7.21

마찰과 공기 항력 그리고 기타 비효율성을 무시할 때, 1,300 kg의 자동차가 정지 상태에서 80 km/h로 가속되는 경우 소비되는 가솔린의 양은 얼마인가? mL 단위로 답하시오. 가솔린의 밀도는 표 6.1을 참조하시오.

P7.22

2002년 여름 펜실베니아주 큐크릭(Quecreek)의 한 탄광에서 작업 중이던 광부들이 석탄층 붕괴로 70 m 지하에 갇히게 되었다. 갱도에 물이 차오르면서 광부들은 통로의 막다른 곳에 피신하여 구조를 기다리고 있었다. 구조대는 신선한 공기를 공급하고 지하수를 퍼내기 위하여 지하에 구멍을 여러 개 뚫었다. 파이프 마찰과 펌프의 비효율성을 무시할 때, 탄광에서 분당 75 m^3의 물을 퍼올리는 데 필요한 평균동력을 kW 단위로 구하시오. 물의 밀도는 표 6.1을 참조하시오.

P7.23

지열에너지 시스템은 지각 아래 저장된 열에너지를 추출한다. 지하로 90 m 들어갈 때마다 지하수 온도는 2.8°C씩 증가한다. 지열로 만들어진 수증기나 고온수는 지상으로 수송하여 집 또는 건물을 난방하기도 하며 열기관으로 전기를 발생시키기도 한다. 지열 발전설비의 실제 효율이 8%라고 가정하고 80°C의 지하수를 220 N/s로 처리해서 20°C 지표면으로 배출하는 경우의 출력을 구하시오.

P7.24

카르노 사이클로 작동하는 이상 열기관이 물의 비등점(100°C)에서 열을 공급받아 물의 빙점(0°C)에서 열을 방출한다. 이 열기관이 75 kW의 기계적 일을 생산할 때, 시간당 열기관에 공급해야 하는 열량을 J 단위로 구하시오.

P7.25

어느 발명가가 60°C 열원과 −7°C 열원 사이에서 작동하며 125 kJ열을 공급받고 30 kJ 일을 발생하는 열기관을 설계했다고 주장한다. 타당성 여부를 판단하시오.

P7.26

사람이 눈을 깜빡일 때 걸리는 시간은 7 ms 정도라고 한다. 4행정 기관에서 동력 행정이 눈 깜빡할 사이에 이루어진다면, 이 기관의 회전 속도(분당 회전 수)는 얼마인가? 또한 이 속도는 승용차 경우에 적당한가?

P7.27

4행정 기관은 35 kW의 출력이 발생한다. 가솔린 밀도는 표 6.1, 가솔린의 발열량은 표 7.2, 전형적 효율은 표 7.5의 값을 사용하여 이 기관의 연료 소비율을 시간당 리터의 단위로 개략적으로 구하시오.

P7.28

자동차가 평탄한 도로를 80 km/h로 주행할 때 20 kW가 발생한다. 엔진 출력은 공기 항력과, 타이어와 노면 사이의 구름 저항, 동력전달계통의 마찰 등을 극복하는 데 사용된다. 이 차량의 연비를 km/L 단위로 구하시오. 가솔린의 밀도는 표 6.1, 전형적 효율은 표 7.5의 값을 사용하시오.

P7.29

대학 캠퍼스에 20,000대 컴퓨터가 있는데 컴퓨터를 사용하지 않을 때도 CRT 모니터는 전기를 소비한다. 이 모니터는 평판형 디스플레이보다 전기를 더 많이 사용한다.

(a) 각 CRT 모니터가 일 년 동안 0.1 kW를 사용하면 연간 소비에너지는 몇 kW·h 인가?

(b) 전기요금이 kWh당 12센트라면 모니터 전기비로 매년 얼마나 지출되는가?

(c) 상시 전원을 사용하는 모니터보다 절전 기능모니터는 전기를 72% 덜 소비한다. 대학교 전체 컴퓨터에 절전기능을 추가하면 전기료가 얼마나 절감되는가?

P7.30

데스크탑 컴퓨터 전원공급장치는 공급전력의 65% 정도만 전자부품이 필요한 직류로 변환시키고 나머지는 열로 손실된다. 미국에서 평균 2억 3300만 대 컴퓨터가 매년 각각 300 kWh 에너지를 소비한다.

(a) 개발 중인 공명기반 스위칭 모드 시스템의 신형 전원공급장치를 사용하여 효율이 80%로 증가한다면 매년 절약되는 에너지가 얼마인가? kWh 단위로 표시하시오.

(b) 2014년에 미국은 4.1×10^{12} kWh 전기에너지를 생산했다. 몇 % 정도 감소하겠는가?

(c) 전기요금이 kW당 12센트라면 절감비용이 얼마인가?

P7.31

P7.30번 문제의 신형전원장치 가격이 추가로 5달러 비싸면

(a) kW당 12센트 전기요금으로 절약된 전기요금이 추가된 장치비용을 상쇄하는 데 걸리는 시간이 얼마인가?

(b) 일반적으로 컴퓨터 업그레이드 기간이 얼마인가?

(c) 컴퓨터 제작업체라면 경제적 관점에서 신형 전원공급 장치에 대해 어떻게 추천하겠는가?

P7.32

천연가스 발전소 출력이 750 MW인 경우에 표 7.5의 전형적인 효율을 사용하고 펌프 소비동력을 무시하여 다음을 구하시오.

(a) 증기 발생기에서 물/증기로 공급되는 열량

(b) 발전소 인근 하천으로 방출되는 폐열량

P7.33

P7.32번의 발전소에서 하천수 유량은 285 m^3/s으로 응축기 냉각수원으로 사용한다. 발전소에서 강물로 전달되는 열량으로 하천 온도가 얼마나 올라가는가? 물의 밀도와 비열은 표 6.1, 7.3에 있다.

P7.34

재생에너지에 대한 참신한 응용을 구상하고 기술적, 사회적, 환경적, 경제적 요구사항을 서술하시오. 글로벌 관점으로 기술하되 특정 지역과 인종, 즉 인구통계학에 기초하여 설명하시오.

P7.35

학교 도서관이 신책 1,000권을 구매했는데 1층으로 배달되었다. 한 그룹에게 책을 적절한 서가 위치에 꽂도록 임무를 부여한 경우 서가로 책을 옮기는 데 필요한 일을 계산하시오. 이 일을 수행하는 데 그룹 멤버들이 소비하는 내부에너지도 구해 보시오. 마지막으로 열역학 제1법칙을 사용하고 다른 에너지 손실을 무시할 때 멤버들의 평균 내부온도 변화를 계산하시오.

P7.36

대학 본부가 학기 동안 평일에 캠퍼스 유동인구를 이용하여 저장할 수 있는 에너지 하한과 상한을 구하기 위하여 그룹에게 과제를 주었다. 다음 내용을 포함하여 답변을 뒷받침하는 명확한 근거를 제시하시오.

- 유동 인구에 관한 가정(예를 들어 위치, 유동량 등)
- 유동 인구 에너지를 이용하기 위해 사용할 방법에 대한 설명
- 명확한 계산 과정과 계산값의 타당성에 대한 검토

P7.37

어느 그룹이 가전제품과 개인용 전자장비 전원 공급용 태양에너지 사용에 관한 타당성 용역 계약을 체결하였다. 하루 종일 연속 사용하거나 자주 사용하는 전자제품(전등이나 스마트폰은 제외)이나 가전제품을 선정한 다음 최소한의 태양 패널과 배터리를 사용하여 전자제품을 연속 사용할 수 있도록 동력 공급 시스템을 설계해야 한다. 필요로 하는

태양패널, 배터리, 기타 부품의 사양을 결정하시오. 어떠한 전류형태가 필요한지를 포함하여 제품의 동력 소비에 대한 가정을 뒷받침하는 명확한 근거를 제시하시오. 결론을 입증할만한 모든 계산과정을 보이시오. 산업 목적으로 동일 제품 1,000대에 공급하는 규모로 증가할 경우 가능성에 대하여 예상되는 문제점도 함께 설명하시오.

다음 가정을 사용한다.

- 이 시스템은 대학교 반경 100 km 내에서 일 년 내내 사용될 것이며 태양에 적절히 노출되도록 설치되어야 한다.
- 초과 발생되어서 배터리에 저장될 수 없거나 제품이 즉시 사용할 수 없는 에너지는 열에너지 형태로 손실될 것이다.
- 설계에 사용된 배터리는 특정 암페어-시간값에 대한 특정 전압을 공급할 것이다.
- 구성부품 사이 연결은 에너지 손실이 없다.

참고문헌

Ferguson, C. R., and Kirkpatrick, A. T., *Internal Combustion Engines: Applied Thermosciences*, 2nd ed. Hoboken, NJ: Wiley, 2000.

Holman, J. P., *Heat Transfer*, 9th ed. New York: McGraw-Hill, 2002.

International Energy Outlook 2014. United States Department of Energy, Energy Information Administration, report DOE/EIA-0383(2014).

Sonntag, R. E., Borgnakke, C., and Van Wylen, G. J., *Fundamentals of Thermodynamics*, 6th ed. Hoboken, NJ: Wiley, 2002.

CHAPTER 08

운동 및 동력전달

Motion and Power Transmission

이 장의 목적

8-1 전속도, 일 및 동력을 수반하는 계산을 수행하기

8-2 설계 관점에서 한 가지 유형의 기어를 또 다른 유형의 기어에 사용하게 되는 상황에 관하여 토론하기

8-3 V 벨트와 타이밍 벨트의 몇 가지 설계 특성을 설명하기

8-4 단순 및 복합 기어열과 벨트 구동장치에서 축 속도와 토크를 계산하고 전달되는 동력량을 계산하기

8-5 유성 기어열을 스케치하여 입력 및 출력 연결점을 규정하고, 그 작동 방식을 설명하기

8.1 서론

이 장에서는 기계공학의 7번째 요소 영역으로서 **동력전달**(*power transmission*) 장치의 설계 및 운전에 중점을 둔다. 기계는 일반적으로 기어, 축, 베어링, 캠, 링키지 및 다른 요소 성분으로 구성된다. 이러한 기구들은 동력을 한 지점에서 다른 지점으로, 예컨대 자동차의 엔진에서 구동 바퀴로 전달할 수 있다. 기구의 또 다른 기능은 한 가지 형태의 운동을 또 다른 형태로 변형시키는 것일 것이다. 이러한 면에서 응용 예를 들면, 7.6절에서 학습하였던 것으로, 내연기관 피스톤의 왕복운동을 크랭크축의 회전운동으로 바꾸는 기구가 있다. 그림 8.1과 8.2에 나타나 있는 **로봇 조종기 팔**(robotic manipulator arm)은 기구의 다른 예이다. 각각의 팔은 그 위치가 조인트에 있는 모터로 제어되는 일련의 상호 연결된 링크들이다.

요소 7:
운동 및 동력전달

기계공학 엔지니어는 이와 같은 기계의 위치, 속도 및 가속도, 이뿐만 아니라 기계를 움직이게 하는 힘과 토크의 값을 구한다. 전체적으로 이 장에서 설명할 주제는 그림 8.3에 도시되어 있는 기계공학 분야의 계통도에 포함된다. 기계의 해석 및 설계는 부분적으로 앞의 여러 장에서 학습하였던 힘 계와 에너지 시스템 주제의 연장이다.

기계공학에서 특히 일반적인 유형의 기구는, 동력을 전달하거나 축의 회전속도를 변화시키거나 축에 가해지는 토크를 조절할 목적으로, 기어열과 동력전달 장치에 조립되는 개별 기어로 구성되어있다. 이와 밀접한 관계가 있는 유형의 구동열에

그림 8.1

기계공학 엔지니어는 창고에 있는 화물을 정밀하게 이동시키기 위하여 이러한 로봇 조종기 팔을 구성하는 링크와 조인트를 설계한다.

FANUC Robitics North America사 허가로 게재

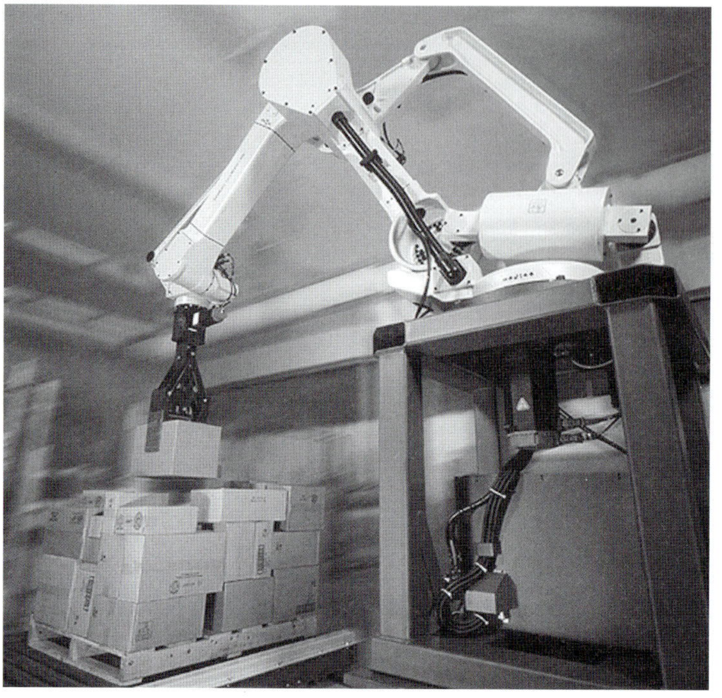

그림 8.2

국제우주정거장에 있는 카나담2(Canadarm2)가 분리 준비를 하고 있는 일본 우주항공 탐사청(JAXA)의 무인 HTV-3을 위치시키고 있다. JAXA와 NASA의 우주비행사들은 로봇 팔의 다중 링크를 제어하여 HTV-3의 방위를 정한 다음 분리시켰다.

NASA 제공

서는 벨트와 체인을 사용하여 동일한 기능을 달성한다. 이 장의 제일 앞부분에서는 회전운동의 기초 개념을 소개한 다음, 다양한 유형의 기어와 벨트를 설명하고 엔지니어가 특정한 설계 응용에서 여러 가지 다른 유형의 기구 중 하나의 유형을 선택하게 되는 상황을 설명할 것이다. 또한 단순 기어열, 복합 기어열 및 유성 기어열 해석에 사용할 수 있는 몇 가지 방법을 알아볼 것이다.

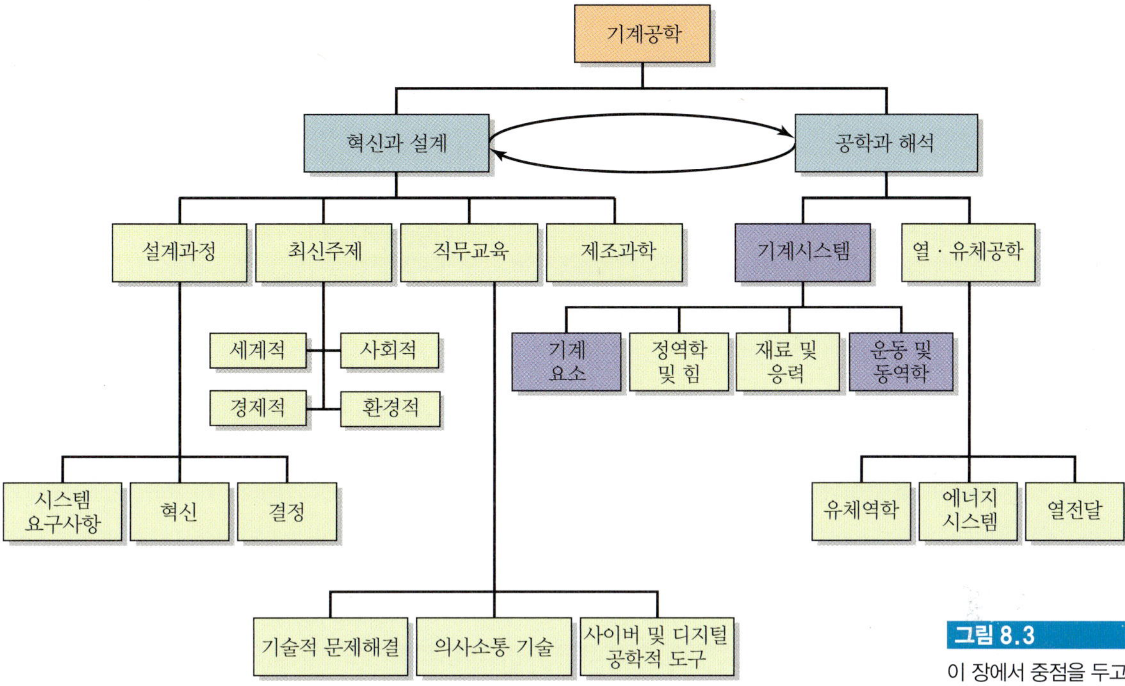

그림 8.3
이 장에서 중점을 두고 있는 주제(음영부분)와 기계공학의 전체 학습 프로그램과의 관계

8.2 회전운동

각속도

기어(동일한 목적이라면 어떤 물체라도 좋음)가 회전할 때면, 기어상의 각각의 점은 회전중심 주위를 원을 그리며 움직인다. 그림 8.4의 직선 링크는 그림 8.1과 8.2의 로봇 팔과 같은 부품을 의미할 수도 있다. 링크는 지지부에서 그 축의 중심을 중심으로 하여 회전한다. 링크 위의 모든 점들은 각도 θ[그리스 소문자 theta(세타)]가 증가함에 따라 중심점(O)이 동일한 각각의 동심원을 따라 움직인다. 링크상의 임의의 점 P의 속도는 회전각의 증가에 따른 위치변화로 결정된다. 시간간격 Δt 사이에, 링크는 최초 각도 θ에서 최종 각도 $\theta + \Delta\theta$로 이동하게 되는데, 최종 위치는 점선으로 표시되어 있다. 점 P가 반경이 r인 원을 따라 움직이게 되면 이 점이 이동하는 거리는 기하학적 원호길이가 된다.

$$\Delta s = r\Delta\theta \qquad \textbf{(8.1)}$$

각도 $\Delta\theta = \Delta s/r$은 두 가지 길이, 즉 원호와 원의 반경($r$)의 비이다. Δs와 r을 동일한 단위, 즉 mm로 나타내면 $\Delta\theta$는 무차원 수가 된다. 무차원 각도 측정단위를 **라디안**(*radian*) (rad)이라고 하며, 2π rad는 360°와 값이 같다. 식 (8.1)에서는 차원이 같아야 하므로 각도의 단위는 도(deg)가 아니라 무차원 단위인 라디안(rad)으로 표시된다.

라디안

점 P의 속도는 단위 시간당 이동거리, 즉 $v = \Delta s/\Delta t = r(\Delta\theta/\Delta t)$로 정의된다.

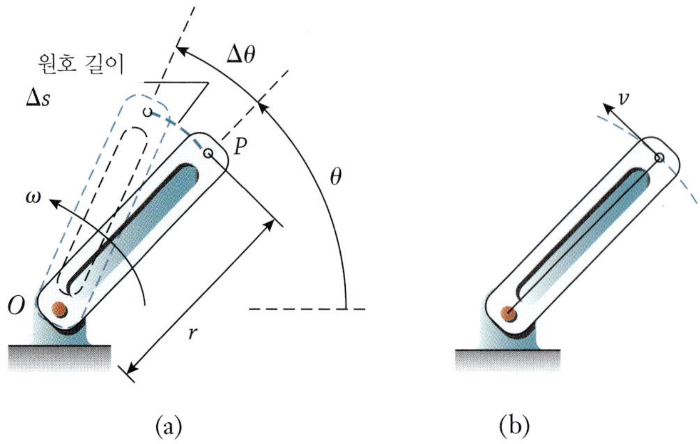

그림 8.4
(a) 링크의 회전 운동
(b) 각각의 점은 원을 그리며 움직이고 속도는 반경에 비례하여 증가한다.

각속도 표준형태식에서는 ω[그리스 소문자 omega(오메가)]를 링크의 회전속도 또는 **각속도**(*angular velocity*)로 정의한다. 그러므로 점 P의 속도는 다음 식으로 나타낸다.

$$v = r\omega \tag{8.2}$$

예컨대, ω의 단위가 초당 라디안(rad/s)이고 r의 단위가 mm이면 v의 단위가 초당 밀리미터(mm/s)가 된다. 각속도의 적절한 단위는 ω가 사용되고 있는 내용에 따라서 선정된다. 기계공학 엔지니어가 엔진, 축 또는 기어의 속도를 언급할 때는, 타코미터(tachometer)로 측정하는 것처럼 분당 회전수(rpm)의 단위를 사용하는 것이 관례이다. 회전속도가 매우 클 때에는 각속도는 그 대신에 초당 회전수(rps)로 표현되기도 하는데 이는 60배만큼 작다. 그러나 식 (8.2)에서는 ω를 (rpm)이나 (rps)의 단위로 나타내는 것이 부적절하다. 그 이유를 알아보려면, v의 도함수에서 ω가 각도 $\Delta\theta$로 정의되었다는 사실을 기억하여, 이 각도를 원호길이 Δs에 대한 무차원 라디안으로 측정하여야만 정확하게 계산이 된다. 요약하자면, 식 (8.2)를 적용할 때에는 무조건 ω를 단위 시간당 라디안의 차원(예를 들면, rad/s)으로 표현하면 된다.

표 8.1에는 일반적으로 선택하는 네 가지 각속도 단위, 즉 rpm(분당 회전수), rps(초당 회전수), deg/s(초당 도) 및 rad/s(초당 라디안)이 열거되어 있다. 예컨대, 표에서 제1열을 읽어보면 다음과 같다.

$$1\ \text{rpm} = 1.667 \times 10^{-2}\ \text{rps} = 6\frac{\text{deg}}{\text{s}} = 0.1047\ \frac{\text{rad}}{\text{s}}$$

회전 일과 회전 동력

기계공학 엔지니어는 축이 회전하는 속도를 규정하는 일 이외에도, 기계가 견인하거나 전달하거나 생산하는 동력의 양도 구해야 한다. 식 (7.5)로 표현된 것처럼, **동력**(power)은 소정의 시간간격 동안 일이 수행되는 율(rate)로 정의된다. 기계적 일 자체는 (제7장에서 살펴 본 바와 같이) 거리를 따라 이동하는 힘과 관계가 있기도 하고, 이와 유사하게 각도를 따라 회전하는 토크와도 관계가 있다. 제4장에서 토크

rpm	rps	deg/s	rad/s
1	1.667×10^{-2}	6	0.1047
60	1	360	6.283
0.1667	2.777×10^{-3}	1	1.745×10^{-2}
9.549	0.1592	57.30	1

표 8.1
여러 가지 각속도 단위 간의 변환계수

를 축의 축선 둘레에 작용하는 모멘트로 정의하였기 때문에, 후자는 특히 기계, 기어열 및 벨트 구동장치와 관계가 있다.

그림 8.5에는 모터가 기어에 가하는 토크 T가 예시되어 있다. 이 기어는 더 나아가 동력을 기어에 전달하는 과정 중에 동력전달 장치의 다른 기어들과 연결되기도 한다. 모터는 회전기어에 토크를 가함으로써 일이 수행된다. 식 (7.4)와 유사하게 **토크 일**(*work of a torque*)은 다음 식으로 계산된다.

토크 일

$$W = T\Delta\theta \tag{8.3}$$

여기에서, 각도 $\Delta\theta$는 재차 강조하는데 단위가 라디안이다. 힘 일에서와 같이, W의 부호는 토크가 회전을 강화(이때에는 W가 양)시키는 경향이 있는지 아니면 그 반대(이때에는 W가 음)인지에 달려있다. 이 두 가지 상황은 그림 8.5에 나타나 있다. 일의 공학단위는 표 7.1에 실려있다.

기계 동력은 힘이나 토크가 시간간격 동안에 수행되는 율로서 정의되었다. 기계 응용에서는 동력을 kW(표 7.2)로 나타낸다. 식 (7.5)에는 평균 동력이 정의되어 있지만, 기계를 해석할 때에는 대개 순간동력이 더 유용하다. **순간동력**(*instantaneous power*)은 병진운동계에서는 힘과 속도의 곱으로, 회전운동계에서는 토크와 각속도의 곱이다.

순간동력

$$P = Fv\,(\text{힘}) \tag{8.4}$$

$$P = T\omega\,(\text{토크}) \tag{8.5}$$

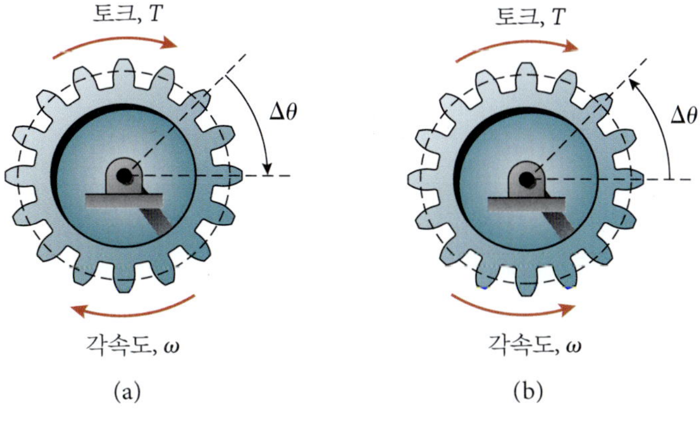

그림 8.5
회전기어에 작용하는 토크에 의해 수행되는 일.
(a) 모터에 공급되는 토크는 회전을 강화하므로 W는 양(+)이다.
(b) 토크가 반 대방향으로 가해지면 W는 음(−)이다.

예제 8.1 각속도 변환

표 8.1에 수록되어 있는 rpm과 rad/s 간의 변환계수를 증명하라.

접근방법

rpm을 rad/s로 변환시키려면 시간과 각도 모두를 변환시켜야 한다. 1 min은 60 s이고 1회전(한 바퀴)은 2π rad이다.

풀이

단위를 다음과 같이 변환시킨다.

$$1\frac{\text{rev}}{\text{min}} = \left(\frac{\text{rev}}{\text{min}}\right)\left(\frac{1}{60}\frac{\text{min}}{\text{s}}\right)\left(2\pi\frac{\text{rad}}{\text{rev}}\right)$$

$$= 0.1047\left(\frac{\text{rev}}{\text{min}}\right)\left(\frac{\text{min}}{\text{s}}\right)\left(\frac{\text{rad}}{\text{rev}}\right)$$

$$= 0.1047\ \frac{\text{rad}}{\text{s}}$$

검토

rad/s와 rpm 간의 역 변환계수를 이 값의 역수로 구하면, 1 rad/s = $(0.1047)^{-1}$ rpm = 9.549 rpm이다.

$$1\ \text{rpm} = 0.1047\ \frac{\text{rad}}{\text{s}}$$

예제 8.2 전자장치용 냉각 팬

소형 팬이 1,800 rpm에서 회전하여 전자 회로기판 적층대(그림 8.6 참조)를 냉각시킨다. (a) 모터의 각속도를 deg/s와 rad/s 단위로 나타내라. (b) 길이가 4 cm인 팬 날개 끝의 속도를 구하라.

그림 8.6

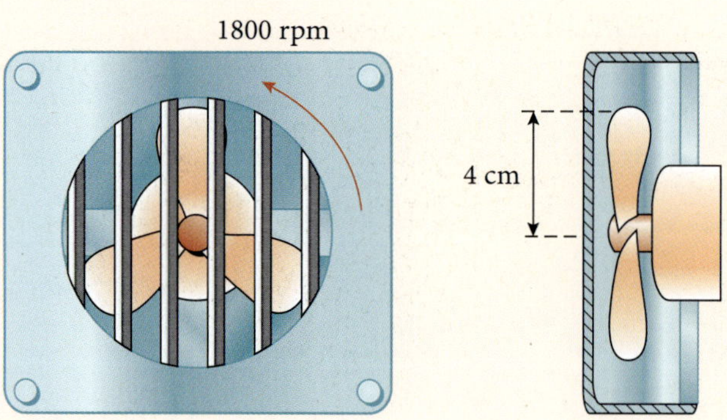

접근방법

여러 가지 각속도 단위 간의 변환계수는 표 8.1에 수록되어 있으므로, 제1열에서 1 rpm = 6 deg/s = 0.147 rad/s를 취한다. 문제 (b)에서 팬 날개 끝의 속도는 그 끝과 축 중심을 연결하는 선에 직교한다(그림 8.7). 속도는 식 (8.2)에 차원이 일치하는 단위인 rad/s의 각속도를 적용하여 계산한다.

그림 8.7

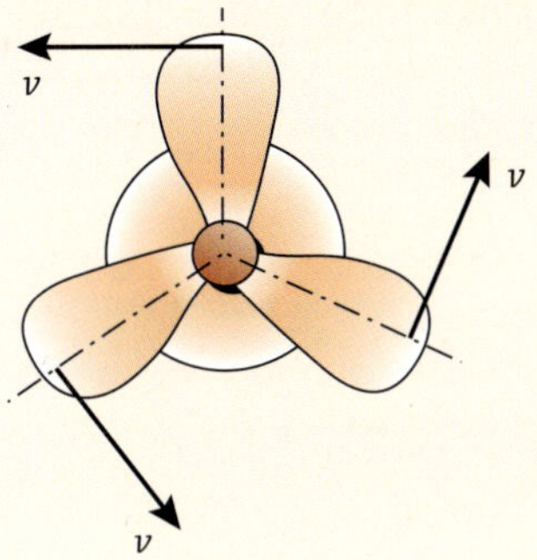

풀이

(a) 각속도는 두 가지 상이한 단위에서 다음과 같다.

$$\omega = (1800\ \text{rpm})\left(6\frac{\text{deg/s}}{\text{rpm}}\right)$$
$$= 1.080 \times 10^4(\text{rpm})\left(\frac{\text{deg /s}}{\text{rpm}}\right)$$
$$= 1.080 \times 10^4\frac{\text{deg}}{\text{s}}$$
$$\omega = (1800\ \text{rpm})\left(0.1047\frac{\text{rad/s}}{\text{rpm}}\right)$$
$$= 188.5\ (\text{rpm})\left(\frac{\text{rad/s}}{\text{rpm}}\right)$$
$$= 188.5\frac{\text{rad}}{\text{s}}$$

(b) 팬 날개 끝의 속도는 그 끝과 축 중심을 연결하는 선에 직교하는 방향을 향하며 그 크기는 다음과 같다.

$$v = (0.04\ \text{m})\left(188.5\frac{\text{rad}}{\text{s}}\right) \qquad \leftarrow [v = rw]$$
$$= 7.540\,(\text{m})\left(\frac{\text{rad}}{\text{s}}\right)$$
$$= 7.540\,\frac{\text{m}}{\text{s}}$$

중간단계에서, 계산과정 중에 rad 단위를 소거하였는데, 이는 rad이 반경에 대한 원호의 비로서 정의되는 무차원 양이기 때문이다.

검토

팬 날개 끝은 7.540 m/s의 속도로 축 중심 둘레의 원형 경로를 따라 움직인다. 각각의 날개 속도의 방향(크기가 아님)은 축이 회전함에 따라 구심 가속도가 그 원인이 되는 효과에 의해 변화한다.

$$\omega = 1.080 \times 10^4 \frac{\text{deg}}{\text{s}} = 188.5 \frac{\text{rad}}{\text{s}}$$

$$v = 7.540 \frac{\text{m}}{\text{s}}$$

예제 8.3 자동차 엔진의 동력

완전개방(전개) 스로틀 상태에서, 4기통 자동차 엔진은 3,600 rpm의 속도에서 200 N · m의 토크를 발생시킨다. 이 엔진은 kW 단위로는 얼마나 큰 동력을 발생시키는가?

접근방법

엔진의 순간동력 출력을 구하는 데 식 (8.5)를 사용하면 된다. 중간단계에서, 먼저 표 8.1의 변환계수 1 rpm = 0.1047 rad/s를 적용하여 회전속도를 차원이 일치하는 단위인 rad/s로 변환시켜야 한다.

풀이

엔진 속도는 차원이 일치하는 단위로는 다음과 같다.

$$\omega = (3600 \ \text{rpm})\left(0.1047 \frac{\text{rad/s}}{\text{rpm}}\right)$$

$$= 376.9(\cancel{\text{rpm}})\left(\frac{\text{rad/s}}{\cancel{\text{rpm}}}\right)$$

$$= 376.9 \frac{\text{rad}}{\text{s}}$$

엔진이 발생시키는 동력은 다음과 같다.

$$P = (200 \ \text{N} \cdot \text{m})\left(376.9 \frac{\text{rad}}{\text{s}}\right) \qquad \leftarrow [P = T\omega]$$

$$= 7.538 \times 10^4 (\text{N} \cdot \text{m})\left(\frac{\cancel{\text{rad}}}{\text{s}}\right)$$

$$= 7.538 \times 10^4 \frac{\text{J}}{\text{s}}$$

여기에서는 rad 단위가 무차원이기 때문에 각속도 항에서 소거시켰다.

$$P = \left(7.538 \times 10^4 \frac{\text{N} \cdot \text{m}}{\text{s}}\right)\left(1 \times 10^{-3} \frac{\text{kW}}{(\text{N} \cdot \text{m})/\text{s}}\right)$$

$$= 75.38 \left(\frac{\text{N} \cdot \text{m}}{\text{s}}\right)\left(\frac{\text{kW}}{(\text{N} \cdot \text{m})/\text{s}}\right)$$

$$= 75.38 \ \text{kW}$$

검토

이 값은 자동차 엔진이 발생시킬 수 있는 최대 동력의 대표값이다. 그러나 보통의 주행상황에서는 엔진의 동력 출력이 상당히 작으므로 스로틀을 설정하여 엔진속도와 전동장치에 전달되는 토크를 결정한다.

$$P = 75.38 \text{ kW}$$

8.3 설계응용: 기어

회전속도, 일 및 동력을 적절히 설명한 이전의 기초이론을 바탕으로 하여 이제는 기계설계와 관련이 있는 몇 가지 내용을 설명하기로 한다. 기어는 회전하는 원판에 특별하게 형성된 이빨을 맞물리게 함으로써 축 간에 회전, 토크 및 동력을 전달하는 데 사용된다. 기어열은 축의 회전속도는 증가시키지만 토크를 감소시키거나, 속도와 토크를 일정하게 유지시키거나, 회전속도는 감소시키지만 토크를 증가시키고자 하는 데 사용된다. 기어가 포함되어 있는 기구는 기계설계에서 아주 일반적이므로, 전동식 캔 따개, 현금지급기, 전동드릴 및 헬리콥터 전동장치에서와 같이 다양하게 응용된다. 이 절에서는 다양한 형태의 기어를 설명하는 데 사용하는 특징과 용어에 중점을 두고 이러한 기어들에 관하여 알아보는 것이 목적이다.

기어 이빨의 형상은 수학적으로 정의가 되어 있으므로 해당 업계 단체에 의해 제정된 규약과 표준에 따라 정밀하게 기계가공된다. 예컨대, **미국 기어 제조업체 협회**(the American Gear Manufacturers Association)는 기어의 설계 및 생산을 표준화하는 지침을 개발하였다. 기계공학 엔지니어는 기어 제조업체와 공급업자에게서 직접 재고 기어를 구매할 수도 있고 용도에 적합한 미리 제작된 감속기와 전동장치를 곧 바로 구입할 수도 있다. 어떤 경우에는, 표준 기어가 (저소음 및 저진동 레벨 같은) 충분한 성능을 제공하지 못할 때에는 전문 기계공작공장에 연락하여 기어를 주문 생산할 수도 있다. 그러나 대부분의 기계에서 기어와 감속기는 일반적으로 규격부품으로서 선정된다.

4.6절에서 설명한 구름 요소 베어링에서와 같이 "최상의" 기어 형태는 한 가지

그림 8.8
맞물림 상태에 있는 두 개의 평기어의 근접촬영 사진
저자 제공

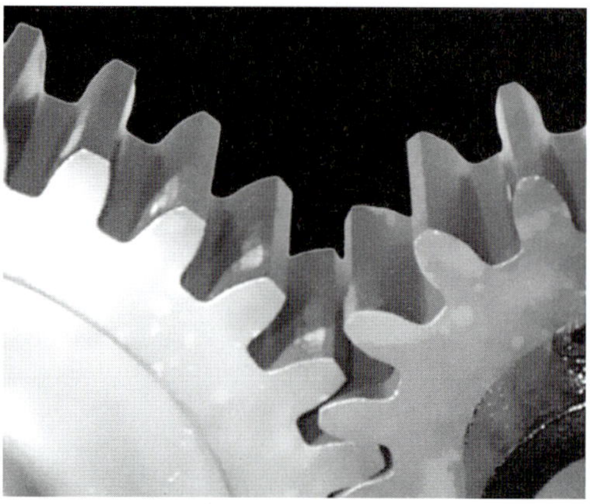

만 존재하는 것이 아니므로, 응용에 적합한지를 바탕으로 하여 각각의 변형을 선정하여야 한다. 이어지는 항목에서는 평기어, 랙과 피니언, 베벨 기어, 헬리컬 기어 및 웜 기어와 같은 기어 형태를 설명할 것이다. 엔지니어가 생산품에 대하여 최종적 내리는 선택은 비용과 기어의 용도 간의 균형을 반영하는 것이다.

평기어

평기어(spur gear)는 산업용 기어 중에서 가장 단순한 유형이다. 그림 8.8에 도시되어 있는 바와 같이, 평기어는 원통형 소재를 절삭 가공한 것이므로 이빨에는 기어 장착 축과 평행하게 이빨 면이 형성되어있다. 그림 8.9(a)의 **외접기어**(*external gear*)에는 이빨이 원통의 외부에 형성되어있고, 내접기어 또는 링 기어에는 그와는 반대로 이빨이 내부에 위치되어 있다[그림 8.9(b)]. 이빨이 서로 들어맞게 형성되어 있는 두 개의 기어가 맞물려서 운동이 하나의 축으로부터 또 다른 하나의 축으로 전달될 때, 이 두 개의 기어는 **기어세트**(*gearset*)를 형성한다고 한다. 그림 8.10에는 평기어세트가 도시되어 있고 이빨의 기하형상을 기술하는 데 사용되는 일부 용어

외접기어

기어세트

그림 8.9
(a) 맞물림 상태에 있는 2개의 외접 평기어
(b) 몇 가지 크기의 내접기어 또는 링 기어
Boston Gear Company 허가로 게재

(a)

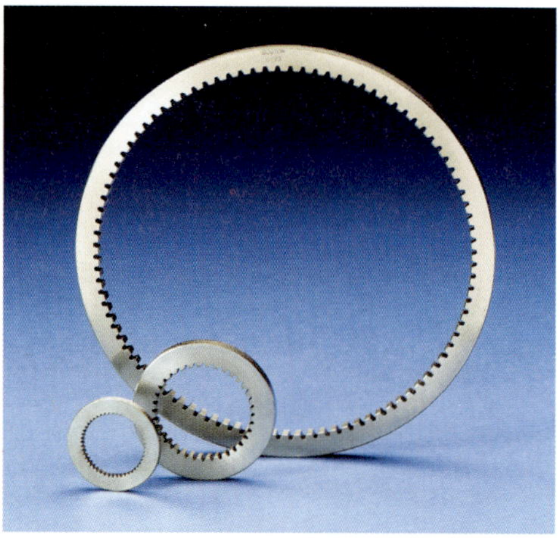

(b)

들이 표시되어있다. 규약에 따라 작은 기어(구동기어)는 **피니언**(*pinion*)이라고 하고, 다른 쪽 **기어**(피동기어)는 간단히 기어(gear)라고 한다. 피니언과 기어는 이빨이 접근하고 서로 접촉하고 그런 다음 분리되는 지점에서 맞물린다.

피니언

기어세트에서는 여러 개의 개별 이빨의 집합체가 연속적으로 접촉하고, 맞물리고, 맞물림이 풀리지만, 피니언과 기어는 개념적으로 서로 가압되고 서로 원활하게 구름 운동하는 두 개의 원통이라고 볼 수도 있다. 그림 8.11에 예시되어 있는 바와 같이, 두 개의 외접기어에서는 이 원통들이 서로의 외부에서 구름 운동하고, 기어세트가 외접기어와 내접기어로 구성되어있을 때에는 하나의 기어가 다른 기어의 내부에서 구름 운동하기도 한다. 그림 8.10의 용어를 참조하면, 평기어의 유효반경 r(이는 개념상의 구름 원통의 반경이기도 함)은 **피치반경**(*pitch radius*)이라고 한다. 피니언과 기어 간의 연속 접촉은 두 개의 **피치원**(*pitch circle*)의 교선에서 일어난다고 가정할 수 있다. 피치반경은 기어 중심에서 이빨의 상부 랜드까지의 거리도 아

피치반경과 피치원

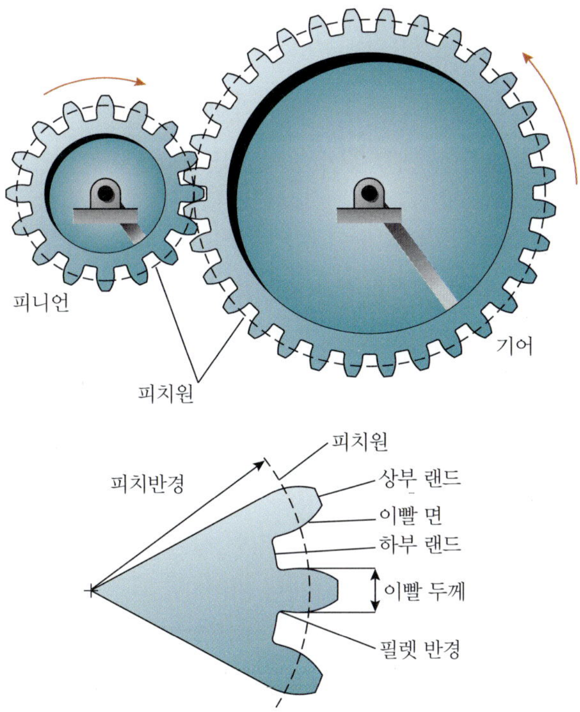

그림 8.10
평기어와 이빨의 기하형상 용어

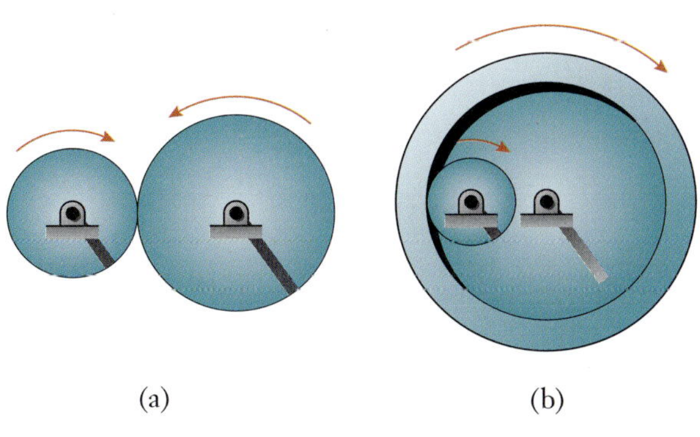

그림 8.11
(a) 2개의 외접기어로 되어있는 기어세트의 구성 (b) 한 개의 외접기어와 한 개의 내접기어로 되어 있는 기어세트의 구성. 각각의 경우에 회전은 서로 구름 운동하는 두 개의 원통과 유사하다.

니고 하부 랜드까지의 거리도 아니다. 그 대신에 r은 단지 등가 원통이 피니언이나 기어와 동일한 속도로 회전한다고 할 때 이 등가 원통의 반경이다.

이빨 두께와 인접 이빨 간의 간격은 기어의 피치원을 따라 측정된다. 이빨 간격은 피니언과 기어가 회전할 때 이빨이 서로에 대하여 구속되지 않도록 이빨 두께 자체보다 약간 더 커야만 한다. 반면에, 이빨 간의 간격이 너무 크면 간극과 자유놀음(free play) 때문에 좋지 않은 덜거덕거림, 진동, 속도 섭동, 피로마모 및 최종적인 기어 손상이 일어나게 된다. 서로에 대한 이빨의 근접성은 **지름피치**(*diametral pitch*)라고 하는 양으로 측정되며 다음 식과 같다.

지름피치

$$p = \frac{N}{2r} \tag{8.6}$$

여기에서, N은 기어의 이빨 개수이고 r은 피치반경이다. 지름피치는 그 단위가 cm 단위의 기어 지름당 이빨 개수이다. 피니언과 기어가 맞물리려면, 양자는 지름피치가 동일해야만 하며, 그렇지 않으면 기어세트는 축이 회전하기 시작하면 구속되어 버린다. 기어 제조업체가 공급하는 제품 카탈로그에는 지름피치에 따라 호환 가능한 기어들이 분류되어 있다. r과 N은 식 (8.6)에 비례하기 때문에 기어의 이빨 개수가 2개가 되면 그 반경도 똑같이 2배가 된다. 이빨 간격은 또한 **모듈**(*module*)이라고 하는 양으로도 측정하며 다음 식과 같다.

모듈

$$m = \frac{2r}{N} \tag{8.7}$$

여기에서, 단위는 mm이다.

원칙적으로, 기어 이빨의 형상이 상호보합적인 피니언과 기어는 각각의 축 간에 회전을 전달할 수 있다. 그러나 기어 이빨의 형상이 임의적이면, 피니언 이빨이 기어 이빨과 효율적으로 맞물리지 않을 수도 있고 효율적으로 맞물림이 풀리지 않을 수도 있기 때문에, 일관적인 운동을 전달하지 못할 수도 있다. 그러므로 현대적인 평기어의 이빨 형상은 피니언과 기어 간에 운동이 원활하게 전달되도록 수학적으로 최적화되어있다. 그림 8.12에는 기어세트의 회전 3단계가 기어세트의 일부만으로 도시되어있다. 피니언 이빨과 기어 이빨이 맞물리기 시작하면, 이빨들은 서로의 표면에서 구름 운동하므로 그 접촉점은 피치원의 한쪽에서 다른 쪽으로 미끄럼 이동한다. 이러한 이빨의 단면 형상을 **인볼루트 형상**(*involute profile*)이라고 하는데, 이 형상 때문에 이빨 간 접촉점이 맞물림 중에 이동한다는 사실이 설득력을 얻게 된다. 용어 "involute"는 "intricate"와 유사어인 만큼, 이 평기어 이빨의 특별한 형상 때문에 피니언이 일정한 속도로 회전하면 기어도 일정한 속도로 회전하는 것이 보장된다. 인볼루트 형상의 이러한 수학적 특성 때문에 엔지니어들이 기어세트를 서로 구름 운동하는 두 개의 원통으로 볼 수 있게 되면서 **기어세트의 기본 성질**(*fundamental property of gearsets*)이라고 하는 것이 확립되었다. 즉,

인볼루트 형상

기어세트의 기본 성질

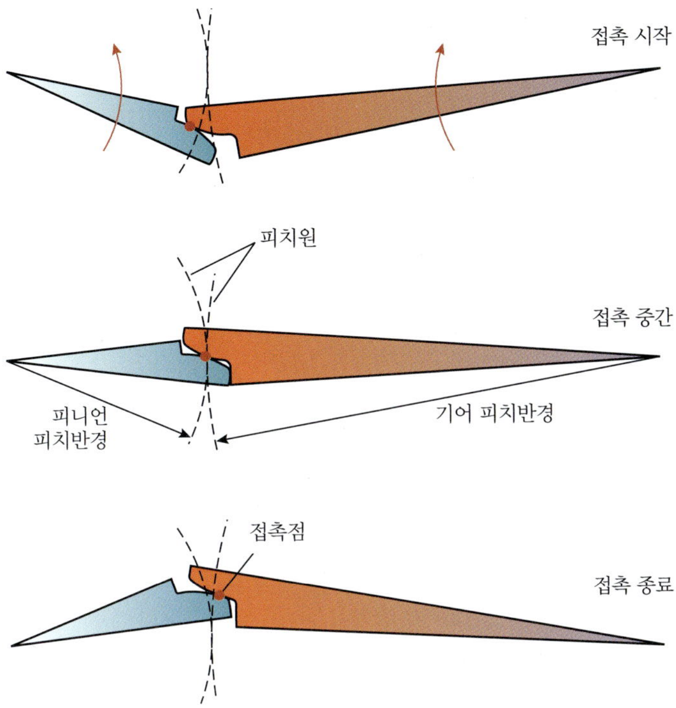

그림 8.12
접촉상태에 있는 이빨 쌍

이빨이 인볼루트 형상인 평기어에서는 하나의 기어가 일정한 속도로 회전하면 다른 기어도 일정한 속도로 회전하게 된다.

이 장에서는 이후의 모든 부분에서 이 성질을 사용하여 기어세트와 기어열을 해석할 것이다.

랙과 피니언

기어는 축의 회전운동을 슬라이더의 직선운동이나 병진운동으로 변환시키는 데 사용되기도 한다. **랙과 피니언**(rack and pinion) 기구는 기어세트의 제한적인 경우로, 이 기어세트에서는 기어가 반경이 무한대여서 직선 성향을 나타낸다. 이러한 랙과 피니언의 구성은 그림 8.13에 나타나 있다. 피니언의 중심이 고정되어있는 상태에서 랙은 피니언이 회전하게 되면 수평으로—그림 8.13(b)에서는 피니언이 시계방향으로 회전하면 왼쪽으로—이동하기 마련이다. 랙 자체는 롤러로 지지할 수도 있

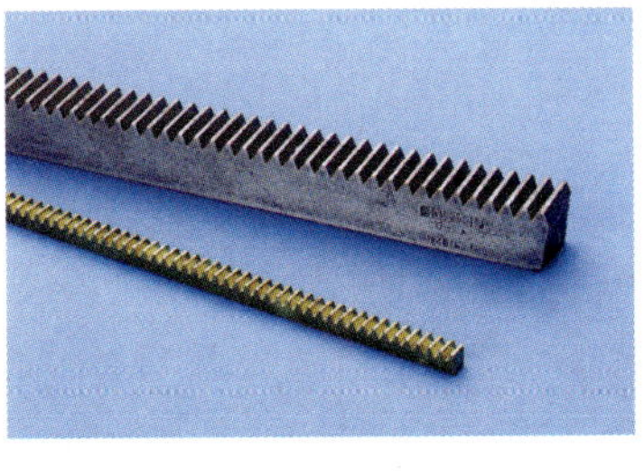

(a)

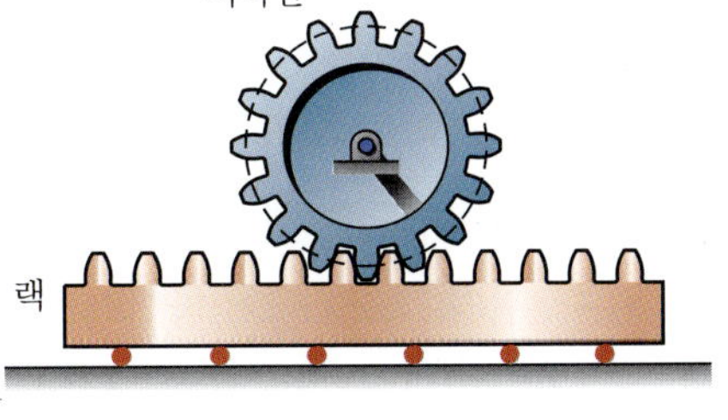

(b)

그림 8.13
(a) 랙
(b) 랙과 피니언 기구
Boston Gear Company 허가로 게재

그림 8.14

맞물림 상태에 있는 두 개의 베벨 기어

Boston Gear Company 허가로 게재

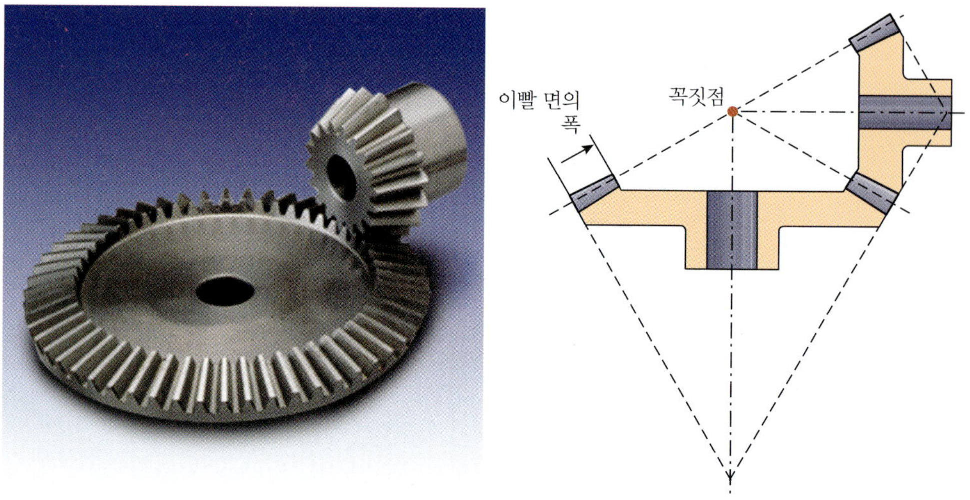

고 윤활 처리된 원활한 표면 위를 미끄럼 이동할 수도 있다. 랙과 피니언은 자동차 앞바퀴를 조향하는 기구나 절삭 헤드가 정지되어 있는 밀링 머신, 연삭장치에서 기계공작대의 위치를 결정하는 기구에 많이 사용된다.

베벨 기어

평기어의 이빨은 원통에 배열되어있지만, 베벨 기어는 꼭지가 잘린 절두형 원추대 같이 생긴 소재에 이빨을 변형적으로 형성시켜 제조된다. 그림 8.14에는 **베벨 기어**(bevel gears)세트의 사진과 단면도가 도시되어있다. 이 그림을 보면 베벨 기어세트 설계로 어떻게 축 회전을 90°만큼 방향을 바꿀 수 있는지를 알 수 있을 것이다. 베벨 기어(그림 8.15)는 두 개의 축이 직각으로 연결되어야 하고 축 중심선의 연장선이 서로 접촉교차하게 되는 응용에 적합하다.

헬리컬 기어

평기어의 이빨은 그 이빨 면이 축과 평행하게 직선이기 때문에, 두 개의 이빨이 서로 접촉하게 되면 각각의 이빨의 전체 폭에 걸쳐 갑자기 접촉하게 된다. 마찬가지로, 그림 8.12의 맞물림 순서에서는 이빨이 전체 이빨 폭에 걸쳐 한 번에 분리되어 접촉이 떨어진다. 이와 같이 상대적으로 급격하게 맞물리고 맞물림이 풀리기 때문에 평기어가 다른 유형의 기어보다 소음과 진동을 더 많이 발생시키게 된다. **헬리컬 기어**(helical gears)는 평기어의 대체물로 한층 더 원활하고 정숙한 맞물림을 제공한다.

헬리컬 기어는 이빨이 여전히 원통에 형성된다는 점에서는 평기어와 유사하지만 기어 축에 평행하지는 않다. 그 이름이 의미하듯이, 헬리컬 기어의 이빨들은 그 대신에 소정의 **각도**[*angle*; **나선각**(helix angle)]로 경사져 있으므로 각각의 이빨은 골이 깊지 않은 나선형으로 기어를 감싸고 있는 형상이다(그림 8.16). 일부 **베벨 기어**(그림 8.15에 도시되어 있음)에서도 이빨이 점진적으로 맞물리게 하고자 하는 동

나선각

스파이럴 베벨 기어

그림 8.15
베벨 기어의 모둠 사진. 일부는 이빨 면이 직선이고 일부는 나선형이다.

Boston Gear Company 허가로 게재

일한 목적으로 이빨이 직선형인 대신에 **나선형**(*spiral*)으로 되어있다.

헬리컬 기어는 평기어보다 제작하기가 한층 더 복잡하고 비용이 많이 든다. 반면에 헬리컬 기어세트는 고속기계에 사용하면 소음과 진동이 한층 덜 발생하는 이점을 제공한다. 예컨대 자동차의 자동변속장치는 바로 이러한 이유 때문에 일반적으로 내접 헬리컬 기어와 외접 헬리컬 기어를 모두 사용하여 구성되어있다. 헬리컬 기어세트에서는 이빨 간 접촉이 이빨의 한쪽 가장자리에서 시작하여 점차적으로 이빨 폭에 걸쳐 진행되므로 이빨의 맞물림과 풀림이 원활하게 이루어진다. 헬리컬 기어의 또 다른 장점은 이빨 간에 작용하는 힘이 한층 더 넓은 표면적에 분포되어 접촉응력이 감소되기 때문에, 비슷한 크기의 평기어와 비교할 때 한층 더 큰 토크와 동력을 지지할 수 있다는 것이다.

(a)

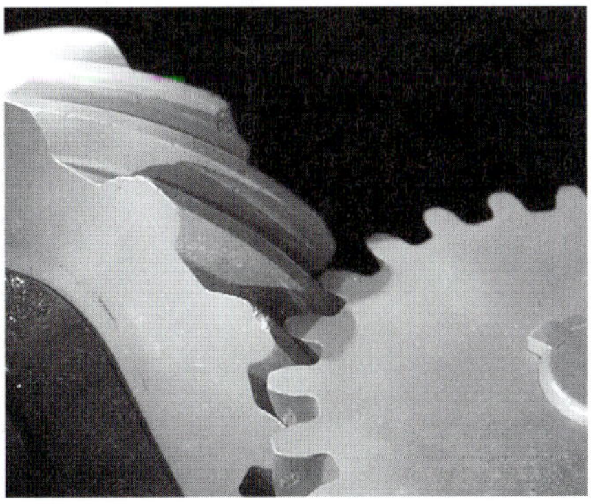

(b)

그림 8.16
(a) 헬리컬 기어
(b) 맞물림 상태에 있는 교차형 헬리컬 기어 쌍

저자 제공

그림 8.17
헬리컬 기어와 교차형 헬리컬 기어의 모둠사진

Boston Gear Company 허가로 게재

교차형 헬리컬 기어

나선형 이빨이 평행 축에 장착되는 기어에 어떻게 형성될 수 있는지는 알았지만, 직교하는 축에 부착되는 기어에도 헬리컬 이빨을 형성시킬 수 있다. 그림 8.16(b)의 **교차형 헬리컬 기어**(*crossed helical gears*)는 두 개의 직교축을 연결하지만, 베벨 기어세트 응용과는 달리 이 축들은 서로 **편위**(offset)되어 있으므로 축 중심선의 연장선은 접촉교차하지 않는다. 헬리컬 기어와 교차형 헬리컬 기어의 예가 그림 8.17에 도시되어있다.

웜 기어세트

교차형 헬리컬 기어 쌍의 나선각(helix angle)이 충분히 클 때 이를 **웜**과 **웜 기어**(worm and worm gear)라고 한다. 그림 8.18에는 이러한 유형의 기어세트가 예시되어 있는데, 이 기어세트에서 웜 자체에는 스크류의 나선처럼 원통체에 여러 번 감겨져 있는 단지 하나의 이빨이 있다. 웜이 회전할 때마다, 웜 기어는 회전방향으로 이빨 한 개씩만큼 전진한다.

(a)

(b)

(c)

그림 8.18
(a) 1개의 이빨이 있는 웜
(b) 웜 기어
(c) 웜 기어세트

Boston Gear Company 허가로 게재

웜 기어세트는 감속비를 크게 할 수 있다. 예컨대, 웜은 이빨이 1개뿐이고 웜 기어는 이빨이 50개일 때, 이 기어세트[그림 8.18(c)]에서의 감속은 50배가 된다. 감속비가 큰 기어열을 작은 물리적 공간에 집어넣을 수 있는 능력이 웜 기어세트의 매력적인 특징이다. 그러나 웜 기어세트의 이빨 형상은 인볼루트 형이 아니므로 맞물림 중에 이빨 간에 심각한 미끄러짐이 발생한다. 이 마찰은 다른 형태의 기어와 비교할 때 동력 손실, 발열 및 비효율의 주요 원이 된다.

웜 기어세트의 또 다른 특징은 단지 한 방향으로만, 즉 웜으로부터 웜 기어로만 구동될 수 있도록 설계될 수가 있다. 그와 같은 **역전방지**(*self-locking*)형 기어세트에서는 웜 기어로 웜을 구동시켜도 동력전달이 역전될 수가 없다. 이러한 일방향 운동전달 능력은 안전을 이유로 시스템이 기계적으로 역구동이 되지 않도록 하는 것이 좋은 호이스트나 잭 같은 응용에 사용될 수 있다. 그러나 웜 기어세트라고 해서 모두 역전방지가 되는 것은 아니며 이 특성은 나선각, 웜과 웜 기어 간의 마찰량, 진동의 유무 같은 요인에 좌우된다.

역전방지

중점사항 나노머신

이 장에서 설명한 기계들은 일반적으로 아주 크지만(예; 산업용 로봇장치, 전동장치), 새로운 종류의 기계가 나노규모로 개발되어 개별 원자로부터 제작되고 있다. 이러한 나노머신들은 대형 기계로는 이전에 결코 불가능하였던 임무를 수행할 수 있다. 예컨대 나노머신들은 언젠가는 암세포를 분해하고, 손상된 뼈와 조직을 복원하고, 매립지를 제거하고, 먹는 물에서 불순물을 검출하여 제거하고, 전무후무한 정밀도로 약물을 체내에 공급하고, 새로운 오존 분자들을 생성하고 독성물질이나 석유 유출물을 제거하는 데 사용될 수 있을 것이다.

그림 8.19(a)에는 분자 조립체에 정밀 운동제어를 제공하게 될 나노머신의 개념 설계가 도시되어 있다. 이 안출된 장치에는 레버를 사용하여 회전 링을 구동시키는 캠 기구가 포함되어있다. 나노기어와 같은 한층 더 단순한 기계요소들은 한층 더 복잡하고 기능적인 나노머신이 용이하게 실현될 수 있도록 개발되었다. 연구자들은 탄소 나노튜브의 외부에 벤젠 분자를 부착시킴으로써 이러한 안정된 나노기어를 개발하였다[그림 8.19(b)]. 이러한 나노기어의 랙과 피니언 형태는 독일과 프랑스의 연구팀에 의해 개발되었는데, 이는 외과용 메스를 전후로 이동시키거나 주사기의 플런저를 미는 데 사용될 수 있다.

이러한 기어, 랙, 피니언을 나노 수준이나 마이크로 수준으로 형성시키는 것은 일반적으로 돈과 시간이 많이 드는 과정이었다. 그러나 콜롬비아 대학(Columbia Univ.)의 연구팀은 두 개의 재료를 서로 다른 냉각속도로 수축시킬 때 형성되는 자기조립 마이크로 기어를 다음과 같이 개발하였다. 즉, 금속 박막을 열팽창성 중합체의 윗면에 퇴적시킨다. 중합체가 냉각되면 금속은 휘어져서 중합체에 균일 간격의 "이빨"을 형성한다. 금속 강성과 냉각속도에 변화를 주면 크기가 다른 기어와 이빨을 형성시킬 수 있다.

미래의 나노머신에 동력을 공급하는 것은 엔지니어가 극복하여야 할 부가적인 도전이 될 것이다. 현재 이러한 나노머신에 쓰이는 동력은 식물이 햇빛에서 에너지를 생성하고자 사용하는 광합성 과정을 묘사하여 레이저 광과 같은 화학적인 동력원에서 끄집어 낼 수밖에 없다. 그러나 과학자와 엔지니어들은 현재 초음파나 자기장 또는 전류에 의해 구동되는 나노발전기를 포함하는 다른 동력원을 개발하고 있다. 엔지니어에 의해 설계되고 개발되어 시험되고 있는 나노기계들은 곧 전 지구적으로 의료, 환경, 에너지 문제에 광범위한 영향을 끼치게 될 것이다.

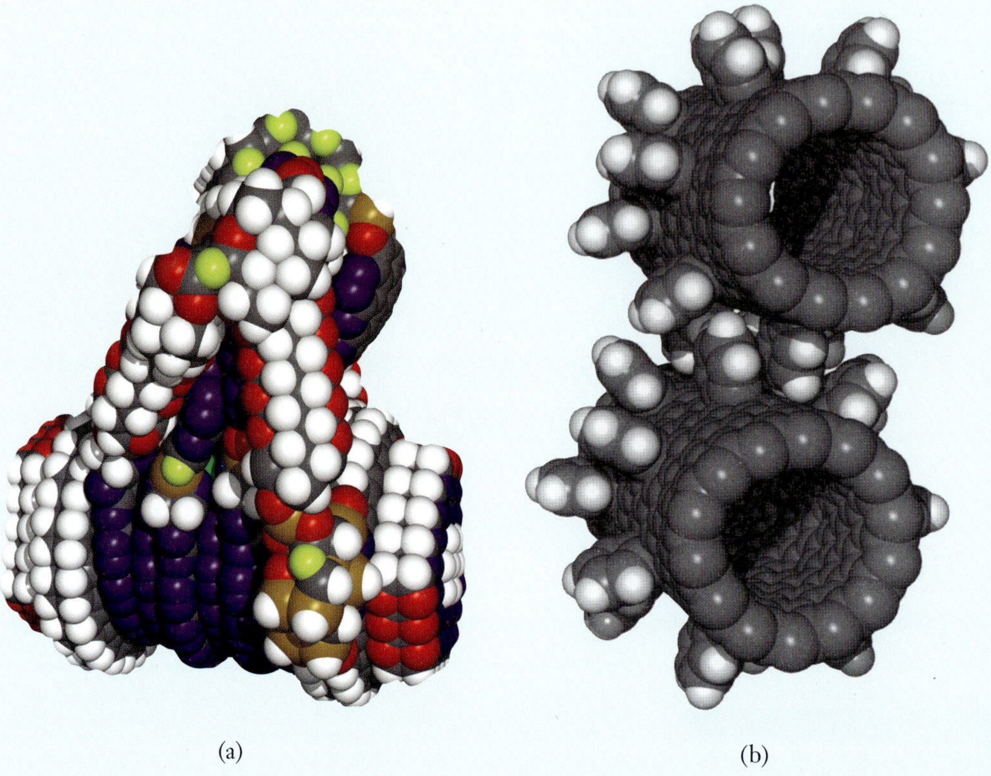

그림 8.19
(a) 대략 2,500개의 원자로 구성되어 움직이면서 개별적인 분자를 조립하는 기구(b) 수백 개의 개별적인 원자로 구성된 나노기어

(a) Institute for Molecular Manufacturing, www.imm.org. (b) NASA 제공

8.4 기어세트의 속도, 토크 및 동력

기어세트는 서로 맞물리는 한 쌍의 기어이며, 전동장치와 같은 축 간에 회전, 토크 및 동력을 전달하는 대규모 시스템의 기본 요소를 형성한다(그림 8.20). 이 절에서, 두 개의 맞물림 기어의 속도, 토크 및 동력 특성에 대하여 알아볼 것이다. 이후의 절에서는 이러한 결과들을 단순 기어열, 복합 기어열 및 유성 기어열에 확대 적용할 것이다.

속도

그림 8.21(a)에는 두 개의 기어가 있는데, 이 중에서 작은 기어는 피니언(p로 표시)이라하고 큰 기어는 기어(g로 표시)라 한다. 피니언과 기어의 **피치반경**(pitch radii)을 각각 r_p와 r_g로 표시한다.

피니언이 각속도 ω_p로 회전하게 되면, 그 피치원 위에 있는 점의 속도는 식 (8.2)에 따라 $v_p = r_p\omega_p$가 된다. 마찬가지로 기어의 피치원 위에 있는 점의 속도는 $v_g = r_g\omega_g$가 된다. 피니언의 이빨과 기어의 이빨은 서로 미끄러지지 않기 때문에, 피치원 위에서 접촉하고 있는 점들의 속도는 동일하므로 $r_g\omega_g = r_p\omega_p$가 된다. 피니

그림 8.20
전동장치의 변속 포크는 출력축의 속도가 변화되도록 상부 축을 따라 기어를 미끄럼 이동시키는 데 사용된다.
저자 제공

언 축의 각속도가 기어세트의 입력이 되는 상태에서는 그림 8.21(a)의 출력축의 각속도는 다음과 같다.

$$\omega_g = \left(\frac{r_p}{r_g}\right)\omega_p = \left(\frac{N_p}{N_g}\right)\omega_p \qquad \textbf{(8.8)}$$

피치반경 r_p와 r_g로 계산을 하기보다는 이빨 개수 N_p와 N_g로 계산하는 것이 더 간단하다. 기어에서 이빨 개수를 세는 것은 간단한 일이지만, 피치반경을 측정하는 것은 그렇게 손쉬운 일이 아니다. 피니언과 기어가 원활하게 맞물리게 하려면, 지름피치나 모듈로 측정하여 이빨 간의 거리가 동일하도록 제작되어야 한다. 식 (8.6)과 식 (8.7)에서는 기어의 이빨 개수가 그 피치반경에 비례한다. 피니언과 기어의 지름피치(또는 모듈)는 동일하므로, 식 (8.8)의 반경비 또한 이빨 개수의 비와 같다.

기어세트의 **속도비**(*velocity ratio*)는 다음과 같이 정의된다. 속도비

$$VR = \frac{\text{출력 속도}}{\text{입력 속도}} = \frac{\omega_g}{\omega_p} = \frac{N_p}{N_g} \qquad \textbf{(8.9)}$$

이 값은 **기계적 이득**(mechanical advantage)이 기구에 작용하는 입력 힘과 출력 힘의 관계를 나타내는 상수인 것처럼, 출력 속도와 입력 속도의 관계를 나타내는 상수이다.

토크

나음으로는 **토크**가 어떻게 피니언 축으로부터 기어 축으로 전달되는지를 알아보자. 예컨대 그림 8.21(a)의 피니언은 모터로 구동되고 있고 기어 축은 기중기나 펌

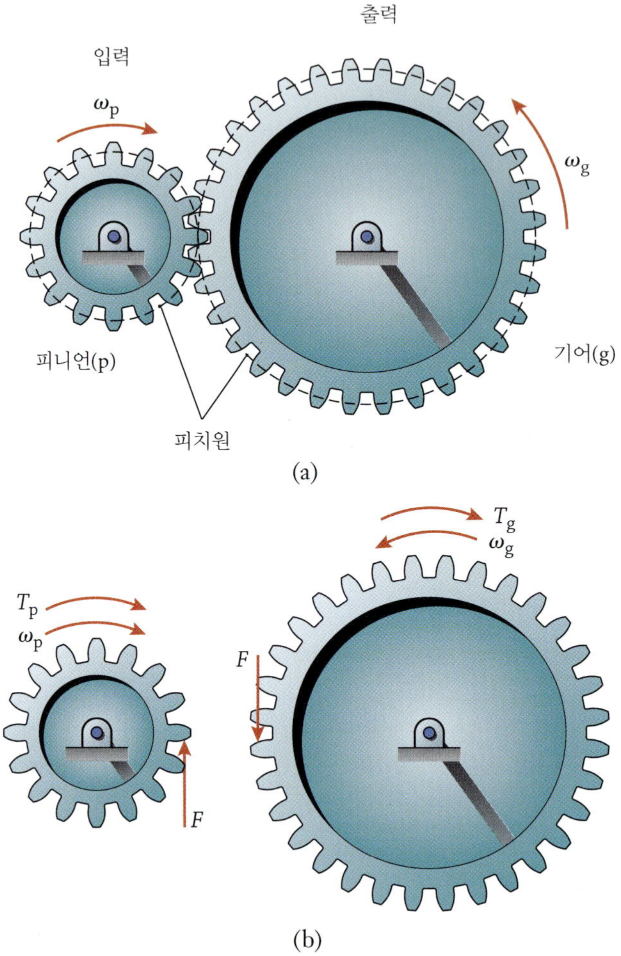

그림 8.21
(a) 피니언과 기어는 기어 입력 세트를 형성한다.
(b) 피니언과 기어가 이빨 힘과 입력 및 출력 토크의 구동성분을 표현하기 위해 개념적으로 분리되어 있다.

프 같은 기계적 부하에 연결되어있다고 가정한다. 그림 8.21(b)의 그림에서, 모터는 토크 T_p를 피니언에 가하고, 토크 T_g는 구동되고 있는 부하에 의해 기어 축에 가해진다. 이 그림에 표시되어 있는 이빨 힘 F는 토크가 피니언과 기어 간에 전달되는 물리적 수단이다. 전체 맞물림력은 F와, 두 개의 축 중심을 통과하는 작용선을 따라 작용하는 또 다른 성분력의 합력이다. 이 제2의 힘성분은, 그림 8.21(b)에 수평을 향하도록 표시되어 있어야 하는데, 피니언과 기어를 서로 분리시키려고 하지만 토크 전달에는 기여하지 않으므로, 그림을 간명하게 나타내고자 생략하였다. 피니언과 기어를 서로 분리시켰다고 가정하면, F와 분리력은 맞물려 있는 이빨에 대하여 같은 크기로 서로 반대방향으로 작용한다.

기어세트가 일정한 속도로 움직이면, 피니언과 기어의 중심에 가해지는 토크의 합은 각각 0이므로, $T_p = r_p F$와 $T_g = r_g F$이다. 미지력 F를 소거하면 기어세트의 출력 토크식을 피치반경이나 이빨 개수로 다음식과 같이 구할 수 있다.

$$T_g = \left(\frac{r_g}{r_p}\right)T_p = \left(\frac{N_g}{N_p}\right)T_p \tag{8.10}$$

식 (8.9)와 유사하게, 기어세트의 **토크 비**(*torgue ratio*)는 다음과 같이 정의된다.

토크 비

$$TR = \frac{\text{출력 토크}}{\text{입력 토크}} = \frac{T_g}{T_p} = \frac{N_g}{N_p} \tag{8.11}$$

식 (8.9)와 식 (8.11)에서 알 수 있는 바와 같이, 기어세트의 토크 비는 정확히 속도비의 역수이다. 기어세트를 입력축에 대하여 출력축의 속도가 증가($VR > 1$) 되게 설계하였다고 하면 전달되는 토크의 양은 동일한 계수만큼 감소($TR < 1$)하게 된다. 기어세트는 속도를 토크로 변환시키므로 양자를 모두 동시에 증가시키는 것은 불가능하다. 이 원리의 일반적인 예를 들어보면, 자동차나 트럭의 전동장치를 저단 기어에 놓게 되면, 엔진 크랭크축의 회전 속도는 전동장치에 의해 감소되므로 구동 바퀴에 가해지는 토크는 증가한다.

동력

식 (8.5)에 따라 모터에 의해 피니언에 공급되는 **동력**(power)은 $P_p = T_p\omega_p$이다. 반면에, 기어에 의해 기계적 부하에 전달되는 동력은 $P_g = T_g\omega_g$이다. 식 (8.9)와 식 (8.11)을 결합하면 다음의 식을 구할 수 있다.

$$P_g = \left(\frac{N_g}{N_p}T_p\right)\left(\frac{N_p}{N_g}\omega_p\right) = T_p\omega_p = P_p \tag{8.12}$$

이 식에서는 입력 동력 레벨과 출력 동력 레벨이 정확하게 동일함을 알 수 있다. 기어세트에 공급되는 동력은 기어세트가 부하에 전달하는 동력과 동일하다. 실용적인 면에서 보면, 실제 기어세트는 어느 것이라도 마찰 손실을 발생시키지만, 식 (8.12)는 전체 동력 레벨에 비하여 마찰이 작은 고품질의 기어와 베어링으로 되어 있는 기어세트에 잘 들어맞는 근사식이다. 요약하자면 기어세트의 입력과 출력 간의 어떠한 동력 감소라도 그것은 **마찰손실**(frictional losses)과 관계가 있는 것이지, 속도와 토크의 내재적인 변화와는 관계가 없다.

8.5 단순 기어열과 복합 기어열

단순 기어열

단일의 피니언과 기어의 조합에서는 타당한 속도비의 범위가 5~10이다. 이보다 속도비가 더 크면, 크기 제한 때문이나 피니언이 이빨이 거의 없어서 기어와 원활하게 맞물릴 수가 없기 때문에, 실용적이지 못하게 된다. 그러므로 두 개 이상의 기어가 직렬로 형성되어 있는 기어열을 구성할 생각을 하여야 한다. 그와 같은 기구를 **단순 기어열**(*simple geartrain*)이라고 하는데, 각각의 축에는 단일의 기어가 지지되어 있는 것이 특징이다.

그림 8.22에는 기어가 4개인 단순 기어열의 예가 도시되어 있다. 여러 개의 기어와 축을 구별하기 위해서, 입력 기어를 기어 1이라고 하고 나머지 기어는 순서대로 숫자를 부여하는 부호규약을 정하기로 한다. 각각의 기어의 이빨 개수와 회전 속도는 각각 기호 N_i와 ω_i로 나타내기로 한다. 이제 관심거리는 입력축의 속도가 ω_1으로 주어졌을 때 출력축의 속도 ω_4를 구하는 것이다. 각각의 기어가 회전하는 방향은 외접기어세트에서는 각각의 맞물림 점에서 회전방향이 역전된다는 사실을 인식하고 구하면 된다.

단순 기어열은 일렬의 연결된 기어세트로 볼 수 있다. 이러한 면에서, 식 (8.9)를 각각의 기어 쌍에 반복적으로 적용할 수 있다. 제1 맞물림 점에서 시작하면, ω_2는 반시계방향으로 다음 식과 같다.

$$\omega_2 = \left(\frac{N_1}{N_2}\right)\omega_1 \tag{8.13}$$

제2 맞물림 점에서는 다음과 같다.

$$\omega_3 = \left(\frac{N_2}{N_3}\right)\omega_2 \tag{8.14}$$

기어열을 설계할 때 그 관심의 대상은 중간축의 속도인 ω_2와 ω_3라기보다는 입력축 속도와 출력축 속도 간의 관계이다. 식 (8.13)과 식 (8.14)를 결합하면 다음 식과 같이 중간변수 ω_2를 소거할 수 있다.

$$\omega_3 = \left(\frac{\cancel{N_2}}{N_3}\right)\left(\frac{N_1}{\cancel{N_2}}\right)\omega_1 = \left(\frac{N_1}{N_3}\right)\omega_1 \tag{8.15}$$

바꿔서 말하면, 제2 기어의 효과(와 특히 크기 및 이빨 개수)는 제3 기어가 관련되어있는 한 상쇄된다. 최종 맞물림 점까지 진행하면 출력 기어의 속도는 다음과 같이 된다.

기어	1	2	3	4
이빨	N_1	N_2	N_3	N_4
속도	ω_1	ω_2	ω_3	ω_4

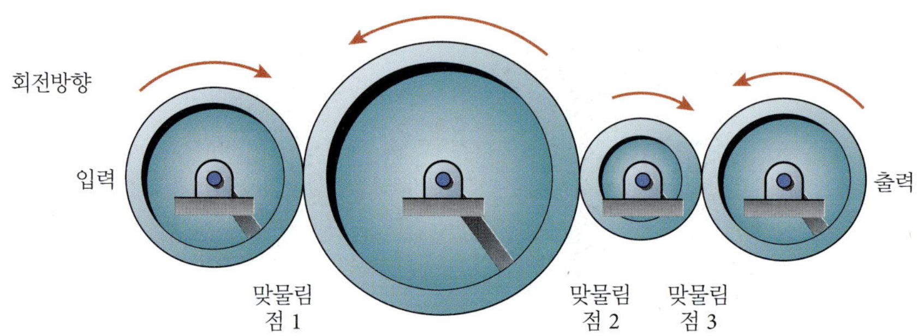

그림 8.22 각각의 축에 있는 4개의 기어가 직렬연결로 형성된 단순 기어열. 기어의 이빨 형상은 그림을 간명하게 하고자 생략하였다.

$$\omega_4 = \left(\frac{N_3}{N_4}\right)\omega_3 = \left(\frac{N_3}{N_4}\right)\left(\frac{N_1}{N_3}\right)\omega_1 = \left(\frac{N_1}{N_4}\right)\omega_1 \quad (8.16)$$

이러한 단순 기어열에서 출력축과 입력축 간의 전체 속도비는 다음과 같다.

$$VR = \frac{\text{출력 속도}}{\text{입력 속도}} = \frac{\omega_4}{\omega_1} = \frac{N_1}{N_4} = \frac{N_{\text{입력}}}{N_{\text{출력}}} \quad (8.17)$$

중간 기어 2와 3의 크기는 기어열의 속도비에 전혀 영향을 주지 않는다. 이 결과는 기어 개수가 몇 개가 되더라도 상관없이 모든 단순 기어열에 확대 적용되며, 일반적으로 속도비는 입력 기어와 출력 기어의 크기에만 종속되게 된다. 이와 유사하게, 이상적인 기어 쌍에 의한 동력변화에 식 (8.12)를 적용하면, 제1 기어에 공급되는 동력은 최종 기어에 의해 전달되는 동력과 균형을 이루어야만 한다. 이상적인 기어 세트에서는 $VR \times TR = 1$이기 때문에 토크 비는 마찬가지로 기어 2와 3의 이빨 개수에 의해 영향을 받지 않으므로 다음 식과 같이 된다.

$$TR = \frac{\text{출력 토크}}{\text{입력 토크}} = \frac{T_4}{T_1} = \frac{N_4}{N_1} = \frac{N_{\text{출력}}}{N_{\text{입력}}} \quad (8.18)$$

단순 기어열의 중간 기어들은 전체적으로 속도 변화나 토크 변화를 전혀 제공하지 못하기 때문에 때로는 **공전 기어**(*idler gear*)라고도 한다. 중간 기어들이 *VR*과 *TR*에 전혀 직접적인 영향을 주지는 못하지만, 이들은 설계자가 이 기어들을 개재시켜 인접 기어들의 크기를 점차 증가 또는 감소시킬 수 있을 정도로 간접적인 기여를 한다. 공전 기어를 추가시키면 입력축과 출력축을 서로로부터 더 멀리 분리되게 할 수도 있지만, 이후의 절에서 설명할 동력전달 체인 및 벨트도 이 목적으로 사용할 수 있다. 공전 기어

복합 기어열

단순 기어열의 변형으로 더 큰 속도비나 토크 비가 필요하거나 감속기를 물리적으로 콤팩트하게 만들어야 할 때에는 **복합 기어열**(*compound geartrain*)을 동력전달 장치에 사용할 수 있다. 복합 기어열은 각 각의 중간축에 기어가 두 개 이상이 되도록 하는 원칙을 바탕으로 하고 있다. 그림 8.23의 기어 열에서는, 중간축이 이빨 개수가 서로 다른 두 개의 기어를 지지하고 있다. 입력축과 출력축 간의 총 속도비 ω_4/ω_1를 구하려면, 식 (8.9)를 각각의 맞물림 기어 쌍에 적용한다.

맞물려 있는 제1 기어 쌍에서부터 시작하면 다음의 식이 나온다.

$$\omega_2 = \left(\frac{N_1}{N_2}\right)\omega_1 \quad (8.19)$$

기어 2와 3은 동일 축에 장착되어 있기 때문에, $\omega_3 = \omega_2$이다. 기어 3과 4 사이 다음 맞물림 점을 처리하면 다음과 같다.

그림 8.23

제2 기어와 제3 기어가 동일 축에 장착되어 같이 회전하는 복합 기어열. 기어 이빨 형상은 도면을 간명하게 하고자 생략하였다.

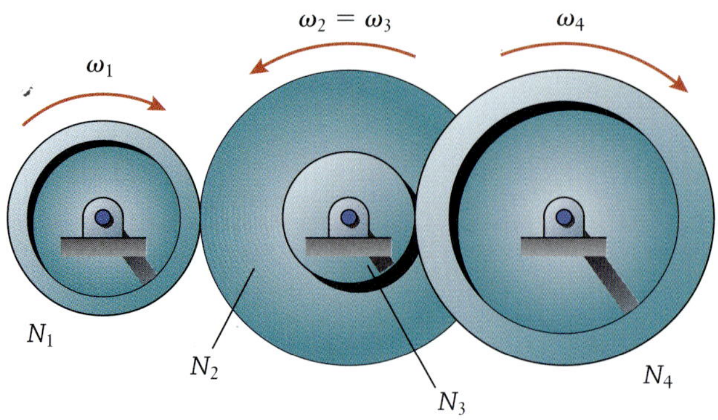

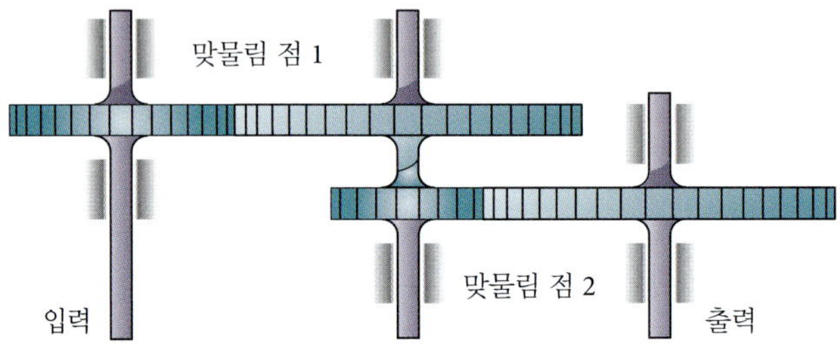

$$\omega_4 = \left(\frac{N_3}{N_4}\right)\omega_3 \tag{8.20}$$

식 (8.19)와 식 (8.20)을 결합하면 출력축의 속도는 다음과 같이 된다.

$$\omega_4 = \left(\frac{N_3}{N_4}\right)\left(\frac{N_1}{N_2}\right)\omega_1 \tag{8.21}$$

또한 속도비는 다음과 같다.

$$VR = \frac{\text{출력 속도}}{\text{입력 속도}} = \left(\frac{\omega_4}{\omega_1}\right) = \left(\frac{N_1}{N_2}\right)\left(\frac{N_3}{N_4}\right) \tag{8.22}$$

복합 기어열의 속도비는 각각의 맞물림 점에서 기어 쌍 간의 속도비의 곱이므로, 이 결과는 추가되는 단의 개수가 얼마가 되더라도 모든 복합 기어열에 일반적으로 적용될 수 있다. 단순 기어열에서의 기어와는 달리, 복합 기어열에서는 중간 기어의 크기가 속도비에 영향을 준다. 임의의 기어의 시계방향 또는 반시계방향 회전은 실용적인 방법으로 정하면 된다. 맞물린 점의 개수가 짝수이면 출력축은 입력축과 동일한 방향으로 회전한다. 이와 반대로 맞물린 점의 개수가 홀수이면, 입력축과 출력축은 서로 반대 방향으로 회전한다.

중점사항

자동차 설계에서 기어열의 진보

세계적으로 자동차 연비 기준이 높아지게 되어 기계공학 엔지니어에게는 한층 더 효율적인 자동차 설계를 요구하는 압력이 가중되고 있다. 미국, 일본, 중국, 캐나다, 호주 그리고 대한민국 등 모든 나라에는 자동차 연비 규정이 있는데, 다른 나라들이 이를 곧 따라잡을 판이다. 수십 년 동안 엔지니어들은 엔진의 효율을 향상시키는 데 초점을 맞춰 왔지만, 이제는 자동차의 트랜스미션(동력전달 장치)을 변형시키는 데에도 초점을 돌려 왔다. 트랜스미션은 역사적으로 3단, 4단 또는 5단 속도를 제공하는 기어열을 하우징 내부에 배열하였다. 그러나 이제는 자동차 제조사들이 그 이상의 속도를 낼 수 있는 트랜스미션을 설계할 때의 이익을 인식하고 있다.

트랜스미션은 엔진과 자동차 바퀴를 연결시켜 주기 때문에, 자동차에서는 결정적인 부품이다. 또한, 그림 8.24와 같이 다양한 고정밀 기어열로 구성되어 있는 아주 복잡한 부품 중에 하나이기도 하다. 포드(Ford)와 제너럴 모터스(General Motors)는 10단 트랜스미션을 공동으로 개발하였으며, 현대, 폴크스바겐(Volkswagen), 기아 또한 고유의 10단 트랜스미션을 개발하고 있다. 기어가 많아졌다는 것은, 마치 기어가 많은 자전거가 자전거 운전자에게 도움을 주어 광범위한 노면 조건에 걸쳐서 더욱더 효율적이 되도록 하듯이, 엔진이 더 용이하게 작동되게 하는 것을 의미한다.

이렇게 트랜스미션이 진보하게 되면 연료를 동력으로 하는 자동차의 연비에 도움이 되기 마련임과 동시에 전기자동차의 효율도 향상될 수 있는데, 전기자동차 중의 일부에는 이미 기계식 트랜스미션이 탑재되고 있다. 공간과 중량 제한이 고단의 트랜스미션 개발에 제약 조건이 되기는 하지만, 기계공학 엔지니어들은 자동차 기술을 개발하는 책임을 선도하여 광범위한 자동차의 성능과 연비를 향상시켜가고 있다.

그림 8.24
자동차 트랜스미션의 일부
Gajic Dragan /Shutterstock.com

예제 8.4 단순 기어열에서의 속도, 토크 및 동력

단순 기어열의 입력축이 250 rpm의 작동 속도에서 1 kW의 동력을 공급하는 모터로 구동된다(그림 8.25 참조). (a) 출력축의 속도와 회전 방향을 구하라. (b) 출력축이 기계 부하에 전달하는 토크의 크기는 얼마인가?

그림 8.25

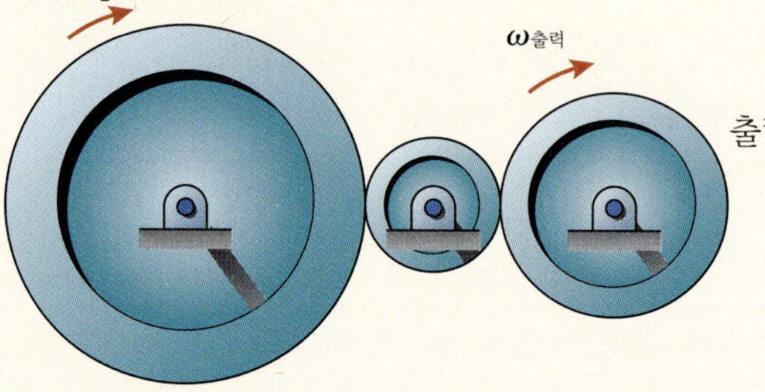

접근방법

출력축의 회전 방향을 구하려면, 그림에서 입력축은 시계방향으로 회전하고 각각의 맞물림 점에서 회전 방향이 역전된다는 사실을 알고 있어야 한다. 그러므로 이빨이 30개인 기어는 반시계방향으로 회전하고 이빨이 50개인 출력 기어는 시계방향으로 회전한다. 출력축의 속도를 구하는 데 식 (8.17)을 적용한다. 문제 (b)에서 마찰을 무시할 수 있는 공전 기어열에서는 입력 동력 레벨과 출력 동력 레벨이 동일하다. 속도, 토크 및 동력의 관계에는 식 (8.5)를 적용하면 된다.

풀이

(a) 출력축의 속도는 다음과 같다.

$$\omega_{출력} = \left(\frac{80}{50}\right)(250 \text{ rpm}) \qquad \leftarrow \left[VR = \frac{N_{입력}}{N_{출력}}\right]$$

$$= 400 \text{ rpm}$$

(b) 순간 동력은 토크와 회전 속도의 곱이다. 차원이 일치되도록 계산하려면, 먼저 출력축 의 속도를 표 8.1에 수록되어 있는 변환계수를 사용하여 초당 라디안(rad/s)의 단위로 변환시켜야만 한다.

$$\omega_{출력} = 400 \text{ rpm}\left(0.1047 \frac{\text{rad/s}}{\text{rpm}}\right)$$

$$= 41.88\left(\frac{\text{rpm} \cdot \text{rad/s}}{\text{rpm}}\right)$$

$$= 41.88 \frac{\text{rad}}{\text{s}}$$

출력 토크는 다음과 같이 된다.

$$\begin{aligned} T_{출력} &= \frac{1000\ \text{W}}{41.88\ \text{rad/s}} \qquad \leftarrow \left[T = \frac{P}{\omega}\right] \\ &= 23.88\frac{\text{W}\cdot\text{s}}{\text{rad}} \\ &= 23.88\left(\frac{\text{N}\cdot\text{m}}{\text{s}}\right)(\text{s})\left(\frac{1}{\text{rad}}\right) \\ &= 23.88\ \text{N}\cdot\text{m} \end{aligned}$$

여기에서는, 1 W = 1(N · m)/s의 정의와 1 kW = 1,000 W라는 관계가 사용되었다.

검토

식 (8.17)에는 출력 각속도와 입력 각속도의 비가 포함되어 있기 때문에, 축속도는 rpm을 포함하여 각속도에 적합한 단위라면 어느 것으로 나타내도 된다. 또한, 이빨이 30개인 기어의 속도는 그 크기가 작기 때문에 입력 기어나 출력 기어보다 더 크게 된다. 식 $P = T\omega$로 토크를 계산할 때에는 rad이 각도의 무차원 단위이므로 각속도에서 이를 직접 소거시켜도 된다.

$$\omega_{출력} = 400\ \text{rpm}$$
$$T_{출력} = 23.88\ \text{N}\cdot\text{m}$$

예제 8.5 동전교환기의 기어열

기어 감속 기구는 지폐를 받아들여서 검사하고 동전으로 바꿔서 내보내는 기계, 즉 동전 교환기에 사용된다. 제1 감속단계의 피니언 이빨 개수와 기어 이빨 개수는 그림 8.26에 나타나 있다. 이빨이 1개인 웜은 이빨이 16개인 웜 기어와 맞물려 있다. 출력축 속도와 직류 모터 속도 간의 속도비를 구하라.

접근방법

출력축과 입력축 간의 속도비를 구하려면 모터 속도가 총 2개 단계에서, 즉 제1단계, 이빨이 10개인 피니언과 이빨이 23개인 기어로 구성된 기어세트에서, 제2단계, 웜과 웜 기어 간의 맞물림에서 감속된다는 사실을 알고 있어야 한다. 모터 축의 각속도는 $\omega_{입력축}$으로 표시되어 있다. 전달 축의 속도를 구하려면, 식 (8.9)를 적용하면 된다. 제2 감속단계에서, 웜 기어는 전달 축이 한 바퀴 돌 때마다 이빨이 한 개씩 전진하게 된다.

그림 8.26

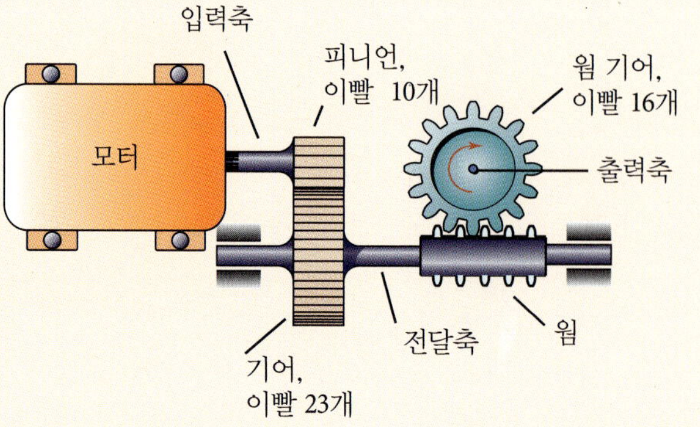

풀이

전달축의 속도는 다음과 같다.

$$\omega_{전달축} = \frac{10}{23}\omega_{입력축} \qquad \leftarrow \left[\omega_g = \left(\frac{N_p}{N_g}\right)\omega_p\right]$$

$$= 0.4348\ \omega_{입력축}$$

즉, $\omega_{입력축} = 2.3\ \omega_{전달축}$ 웜 기어는 이빨이 16개이고 웜은 단지 1개뿐이므로, 전달축의 속도와 출력축의 속도는 다음과 같은 관계가 있다.

$$\omega_{출력축} = \left(\frac{1}{16}\right)\omega_{전달축}$$

$$= 0.0625\ \omega_{전달축}$$

기어열의 전체 속도비는 다음과 같다.

$$VR = \frac{0.0625\ \omega_{전달축}}{2.3\ \omega_{전달축}} \qquad \leftarrow \left[VR = \frac{\omega_{출력축}}{\omega_{입력축}}\right.$$

$$= 2.717 \times 10^{-2}$$

검토

출력축의 속도는 입력축의 2.7%로 감속되었으므로 감속 계수는 36.8이다. 이 값은 큰 감속비가 필요한 설계 응용에서 웜 기어 사용 결과와 일치한다.

$$VR = 2.717 \times 10^{-2}$$

8.6 설계응용: 벨트 및 체인 구동장치

기어열과 유사하게, 벨트 및 체인 구동장치들도 축 간에 회전과 토크와 동력을 전달하는 데 사용할 수 있다. 몇 가지 용례로는 압축기, 설비, 공작기계, 박판 금속 압연기, 자동차 엔진(그림 7.13 참조)을 들 수 있다. **벨트 및 체인 구동장치**(belt and chain drives)는 구동장치열의 요소를 충격으로부터 절연시킬 수 있고, 축 간 작동거리를 비교적 길게 할 수 있으며, 어느 정도의 축 정렬 불일치를 수용할 수 있다. 이와 같은 유리한 특성들은 크게 벨트와 체인의 가용성에서 유래한다.

그림 8.27과 8.28에 도시되어 있는 일반적인 형태의 동력전달 벨트는 **V벨트**(*V-belt*)라고 하며, 이는 벨트의 단면이 쐐기형상인 점에 맞춰 명명된 것이다. V벨트가 걸리는 홈이 형성되어 있는 **풀리**(pulley)는 **활차**(*sheave*)라고 한다. 2개의 축 간에 동력이 효율적으로 전달되게 하려면 벨트는 인장에 강해야 하고 활차와의 마찰접촉이 좋아야 한다. 실제로 벨트의 단면은 활차 홈에 쐐기와 같이 꽉 끼이도록 설계되어 있다. 축 간에 동력을 전달하는 V벨트의 능력은 벨트의 **쐐기각**(wedge angle)과 벨트 및 활차 표면 간의 마찰량에 의해 결정된다. V벨트의 외부는 마찰량을 증가시키고자 합성고무로 되어있다. 탄성중합체 재료는 탄성계수가 작고 쉽게 늘어나기 때문에, V벨트는 일반적으로 대부분의 벨트 인장을 부담하는 섬유나 강철 보강선재로 내부가 강화되어있다. V벨트 활차

V벨트가 동력전달에 아주 적합하기는 하지만, 벨트와 활차 간의 유일한 접촉이 마찰이기 때문에 양자 간에는 어느 정도의 미끄러짐이 발생한다. 반면에 기어들 간에는 이빨끼리 직접 기계적으로 맞물리므로 미끄러짐이 발생할 수가 없다. 기어열은 **동기**(*synchronous*)적인 회전방법이다. 즉, 입력축과 출력축이 동기화되어 서로 정확하게 회전한다. 미끄러짐은 압축기나 발전기를 구동시키는 가솔린 엔진에 동기

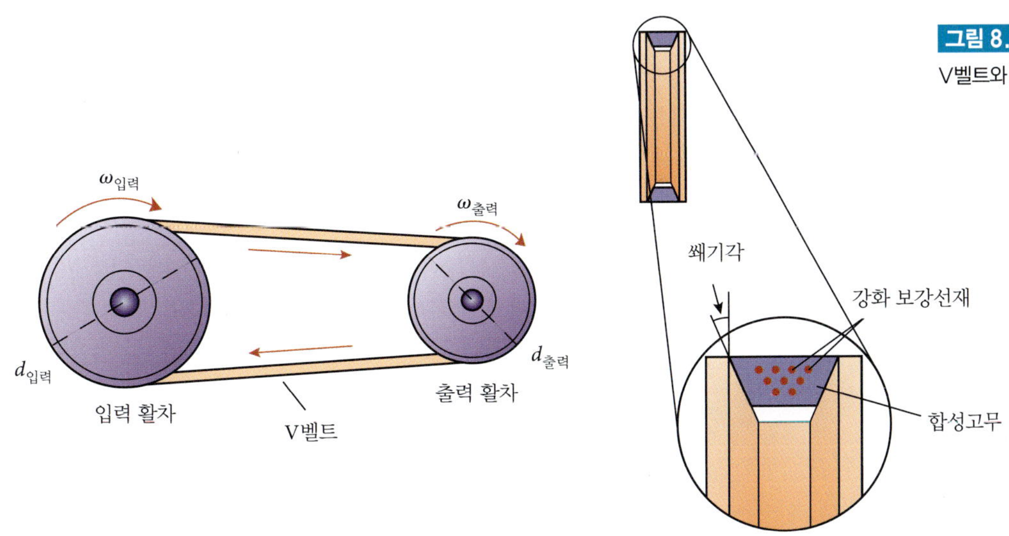

그림 8.27
V벨트와 활차

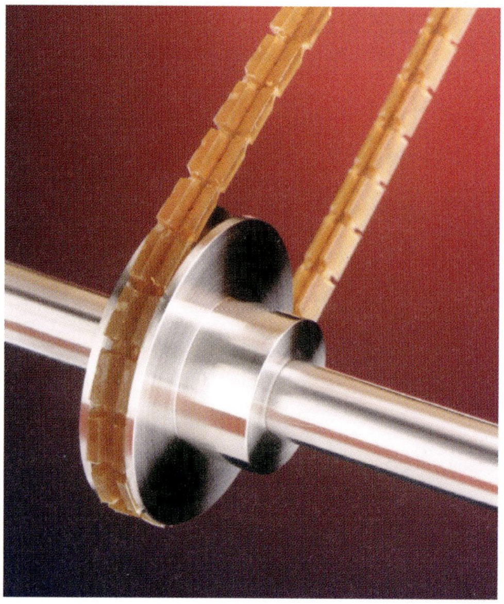

그림 8.28
활차에 접촉하고 있는 분절형 V벨트
W. M. Berg사 허가로 게재

서와 같이 엔지니어가 동력전달에만 관심이 있다면 문제가 되지 않는다. 반면에 로봇 조종기와 자동차 엔진 밸브의 타이밍과 같은 정밀 응용에서는 축의 회전이 동기화 상태를 완벽하게 유지되도록 하여야 한다. 타이밍 벨트는 활차의 정합 홈에 맞물리는 성형 톱니를 형성시킴으로써 이러한 필요성을 처리하고 있다. 그림 8.29에 예시되어 있는 것과 같은 **타이밍 벨트**(*timing belt*)는 벨트의 최대 특징—기계적 절연과 긴 축 간 작동거리—과 동기 운동을 제공하는 기어세트의 능력을 조합한 것이다.

타이밍 벨트

체인구동(*chain drives*; 그림 8.30 및 8.31)은 동기 운동이 요구될 때, 특히 큰 토크와 동력이 전달되어야 할 때 사용할 수 있는 또 다른 설계 대안이다. 체인 구동장치는 금속 링크 구성이므로, 체인 및 스프로킷 기구는 벨트보다 더 큰 힘은 전달할 수가 있고 고온 환경에서 견딜 수도 있다.

체인구동

타이밍 벨트와 체인에서는 (그리고 활차에서의 미끄러짐을 무시할 수 있는 V벨트에서는) 2개의 축 간의 각속도는 기어 세트와 유사하게 서로 비례한다. 예컨대 그림 8.27에서 제1 활차를 감을 때의 벨트 속도[$(d_{입력}/2)\omega_{입력}$]는 제2 활차를 감을 때의 벨트 속도[$(d_{출력}/2)\omega_{출력}$]와 같아야만 한다. 식 (8.9)에서와 같은 식으로, 출력축과 입력축 간의 속도비는 다음과 같다.

그림 8.29
타이밍 벨트에 형성된 톱니의 확대도. 벨트의 단면에 강화 보강선재가 노출되어 있다.
W. M. Berg사 허가로 게재

그림 8.30
동력전달 구동장치에 사용되는 체인과 스프로킷
저자 제공

그림 8.31
엔지니어와 과학자들은 직접 전자회로의 생산에 사용되는 기술을 채용하여 마이크로 기계식 체인을 제작하였다. 이 체인에서 각 링크 간의 거리는 50 mm로 사람 머리카락 직경보다 더 작다.
Sandia National Laborato- ries 허가로 게재

$$VR = \frac{\text{출력 속도}}{\text{입력 속도}} = \frac{\omega_{\text{출력}}}{\omega_{\text{입력}}} = \frac{d_{\text{입력}}}{d_{\text{출력}}} \tag{8.23}$$

여기에서 $d_{\text{입력}}$과 $d_{\text{출력}}$은 각각 입력축 활차와 출력축 활차의 피치 직경을 나타낸다.

예제 8.6 컴퓨터 스캐너

탁상형 컴퓨터 스캐너의 기구는 모터 축의 회전을 스캐닝 헤드의 왕복운동으로 변환시킨다(그림 8.32). 스캔 동작 단계 중에 구동 모터는 180 rpm으로 회전한다. 모터 축에 부착되어있는 기어는 이빨이 20개이고, 타이밍 벨트는 이빨이 8개/cm이다. 다른 2개의 기어는 표시되어 있는 크기이다. 스캐닝 헤드가 이동하는 속도를 cm/s 단위로 계산하라.

접근방법

스캐닝 헤드의 속도를 구하려면, 먼저 식 (8.9)를 적용하여 전달축의 속도를 구하여야 한다. 그런 다음, 전달축의 회전 속도와 벨트 속도의 관계는 식 (8.2)를 사용하면 된다.

그림 8.32

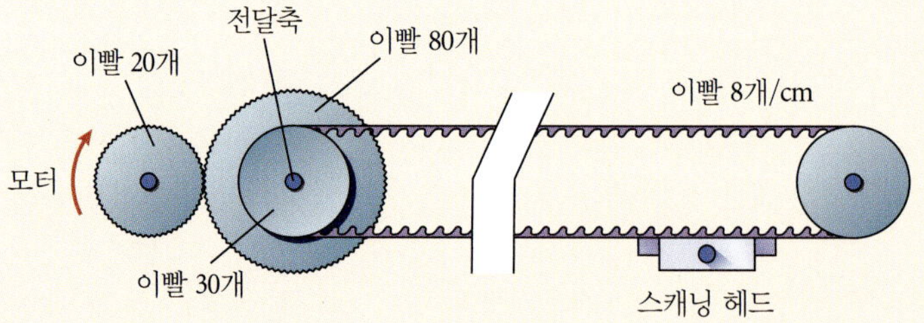

풀이

전달축의 각속도는 다음과 같다.

$$\omega = \left(\frac{20}{80}\right)(180\ \text{rpm}) \qquad \leftarrow \left[\omega_g = \left(\frac{N_p}{N_g}\right)\omega_p\right]$$
$$= 45\ \text{rpm}$$

이빨이 30개인 기어와 80개인 기어가 동일 축에 장착되어 있기 때문에, 이빨이 30개인 기어 또한 45 rpm으로 회전한다. 전달축이 한 바퀴씩 회전할 때마다, 타이밍 벨트의 이빨 30개가 기어와 맞물리므로 타이밍 벨트는 다음과 같은 거리만큼 전진한다.

$$x = \frac{30\text{개/rev}}{8\text{개/cm}}$$
$$= 3.75\left(\frac{\text{teeth}}{\text{rev}}\right)\left(\frac{\text{cm}}{\text{teeth}}\right)$$
$$= 3.75\ \frac{\text{cm}}{\text{rev}}$$

타이밍 벨트의 속도 v는 축 속도 v와, 벨트가 매 회전마다 전진하는 양 x의 곱이다. 스캐닝 헤드의 속도는 다음과 같다.

$$v = \left(3.75\ \frac{\text{cm}}{\text{rev}}\right)(45\ \text{rpm})$$
$$= 168.75\left(\frac{\text{rev}}{\text{min}}\right)\left(\frac{\text{cm}}{\text{rev}}\right)$$
$$= 168.75\ \frac{\text{cm}}{\text{min}}$$

속도는 단위로 다음과 같다.

$$v = \left(168.75\ \frac{\text{cm}}{\text{min}}\right)\left(\frac{1}{60}\ \frac{\text{min}}{\text{s}}\right)$$
$$= 2.812\left(\frac{\text{cm}}{\text{min}}\right)\left(\frac{\text{min}}{\text{s}}\right)$$
$$= 2.812\ \frac{\text{cm}}{\text{s}}$$

검토

이 기구는 감속과 회전운동과 직선운동 간의 변환을 총 2개 단계로 달성한다. 제1단계, 모터 축의 (입력) 각속도는 전달 축의 속도로 감속된다. 제2단계, 타이밍 벨트는 전달 축의 회전운동을 스캐닝 헤드의 (출력)직선운동으로 변환시킨다.

$$v = 2.812\ \frac{\text{cm}}{\text{s}}$$

예제 8.7 **러닝머신의 벨트 구동장치**

타이밍 벨트는 러닝머신의 동력을 모터에서 걷기/뛰기용 벨트를 지지하는 롤러에 전달시키는 데 사용된다(그림 8.33). 2개의 축에 있는 활차의 피치 지름은 각각 25 mm와 75 mm이며 롤러는 직경이 45 mm이다. 4.5 km/min의 뛰기 속도에서는 모터를 어떤 속도로 설정해야 하는가? rpm 단위로 답하라.

접근방법

적절한 모터 속도를 구하려면, 먼저 롤러의 각속도를 구한 다음 이 각속도와 모터 속도의 관계를 구한다. 걷기/뛰기용 벨트의 속도는 식 (8.2)에 의해 롤러의 각속도와 관계가 있다. 타이밍 벨트의 속도는 롤러의 활차와 접촉상태에 있거나, 모터의 활차와 접촉상태에 있거나 동일하기 때문에, 이 2개의 축의 각속도는 식 (8.23)으로 관계를 나타낼 수 있다.

풀이

걷기/뛰기용 벨트의 속도를 차원이 일치하는 단위로 나타내면 다음과 같다.

그림 8.33

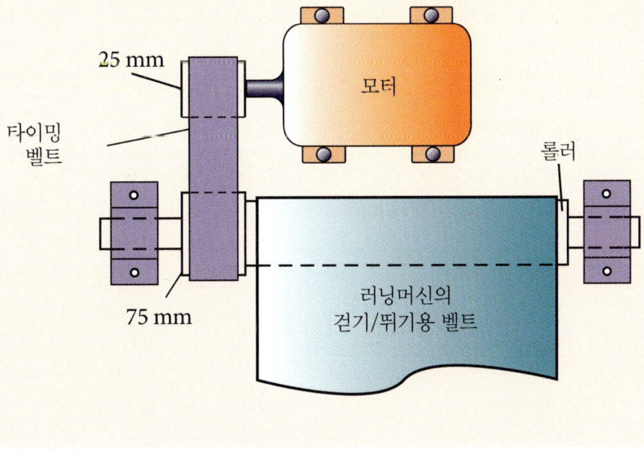

$$v = \left(\frac{1\ \text{km}}{4.5\ \text{min}}\right)\left(1000\ \frac{\text{m}}{\text{km}}\right)\left(1000\ \frac{\text{mm}}{\text{m}}\right)\left(\frac{1}{60}\ \frac{\text{min}}{\text{s}}\right)$$

$$= 3704\left(\frac{\text{km}}{\text{min}}\right)\left(\frac{\text{m}}{\text{km}}\right)\left(\frac{\text{mm}}{\text{m}}\right)\left(\frac{\text{min}}{\text{s}}\right)$$

$$= 3704\ \frac{\text{mm}}{\text{s}}$$

롤러의 각속도는 다음과 같다.

$$\omega_{\text{roller}} = \frac{3704\ \text{mm/s}}{(45\ \text{mm})/2} \quad \leftarrow [v = rw]$$

$$= 164.6\left(\frac{\text{mm}}{\text{s}}\right)\left(\frac{1}{\text{mm}}\right)$$

$$= 164.6\ \frac{\text{rad}}{\text{s}}$$

여기에서는 무차원의 rad 단위가 롤러의 각도에 사용되었다. 롤러의 속도를 공학단위인 rpm으로 나타내면 다음과 같다.

$$\omega_{\text{roller}} = \left(164.6\ \frac{\text{rad}}{\text{s}}\right)\left(9.549\ \frac{\text{rpm}}{\text{rad/s}}\right)$$

$$= 1572\left(\frac{\text{rad}}{\text{s}}\right)\left(\frac{\text{rpm}}{\text{rad/s}}\right)$$

$$= 1572\ \text{rpm}$$

직경이 7.25 cm인 활차가 롤러와 동일한 속도로 회전하기 때문에, 모터 축의 속도는 다음과 같다.

$$\omega_{\text{roller}} = \left(\frac{75\ \text{mm}}{25\ \text{mm}}\right)(1572\ \text{rpm}) \quad \leftarrow \left[VR = \frac{d_{\text{input}}}{d_{\text{output}}}\right]$$

$$= 4716\left(\frac{\text{mm}}{\text{mm}}\right)(\text{rpm})$$

$$= 4716\ \text{rpm}$$

검토

이 벨트 구동장치는 2개의 벨트(타이밍 벨트와 걷기/뛰기용 벨트)가 동일한 축에 있는 롤러 및 활차와 각각 접촉상태에 있다는 점에서 복합 기어열과 유사하다. 롤러와 직경이 7.25 cm인 활차는 직경이 서로 다르기 때문에, 2개의 벨트는 서로 다른 속도 v로 움직이고 미끄러짐은 발생하지 않는다고 가정한다. 많은 러닝머신 모터가 최대 4,000~5,000 rpm으로 정격된다. 그러므로 속도가 최대속도 범위의 높은 값 쪽이긴 하지만 답은 러닝머신의 속도로 확실히 타당하다.

$$\omega_{\text{motor}} = 4716\ \text{rpm}$$

8.7 유성 기어열

지금까지는 기어열의 축들이 지지부에 의해 감속기의 하우징에 연결되어 있었으며 이 축 자체의 중심들은 움직이지 않았다. 앞 절의 기어세트, 단순 기어열, 복합 기어열 및 벨트 구동장치들은 모두 이러한 형식이었다. 그러나 일부 기어열에서는 특정 기어의 중심들이 움직이도록 되어있기도 하다. 이와 같은 기구를 유성 기어열이라고 하는데 이는 기어들의 운동이(여러 가지 면에서) 항성(별) 주위를 도는 행성(유성)의 공전운동과 유사하기 때문이다.

단순 기어세트와 유성 기어세트는 그림 8.34에 대비되어 있다. 개념적으로는 단순 기어세트의 중심들이 **기초부**(ground)에 고정되어 있는 링크에 의해 연결되어 있는 것으로 도시되어 있다. 반면에, 그림 8.34(b)의 유성 시스템에서는 **태양 기어**(*sun gear*)의 중심이 정지되어 있지만 **유성 기어**(*planetary gear*)의 중심은 태양 기어 주위를 선회(공전)할 수가 있다. 유성 기어는 자신의 중심 주위를 회전(자전)하면서 태양 기어와 맞물려서 전체가 태양 기어의 중심 주위를 선회(공전)한다. 이 두 기어의 중심들을 연결하는 링크를 **캐리어**(*carrier*)라고 한다. 유성 기어열은 대개 감속기로 사용되며, 그 용례를 들면 경부하 헬리콥터의 전동장치에 사용되고 있는 그림 8.35의 기어열이 있다.

태양 기어

유성 기어

캐리어

그림 8.34(b)에서 태양 기어의 중심을 동력원이나 기계 부하에 연결하는 것은 손쉽다. 그러나 유성 기어의 공전 때문에 유성 기어를 다른 기계의 축에 직접 연결하는 것은 가능하지 않다. 한층 더 기능적인 기어열을 구성하려면, 그림 8.36의 **링**

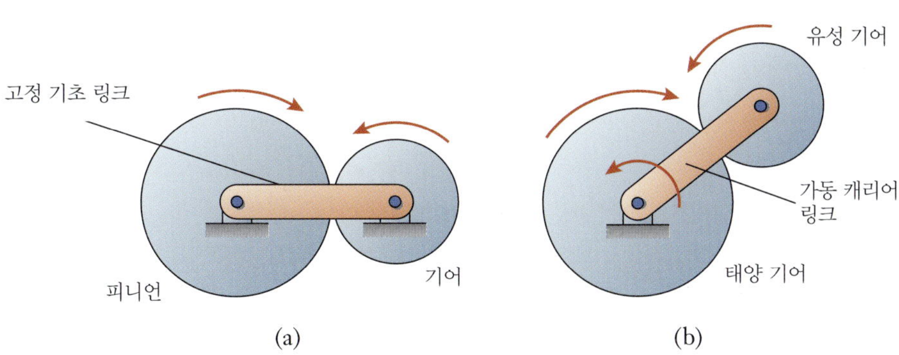

그림 8.34
(a) 피니언 및 기어가 고정 기초 링크에 의해 연결되어 있는 단순 기어세트
(b) 유성 기어 및 캐리어 링크가 태양 기어의 중심 주위를 회전(공전)할 수 있는 유성 기어열

그림 8.35
헬리콥터의 전동장치에 사용되고 있는 유성 기어열. 링 기어의 직경은 대략 30 cm 정도이다.

NASA-Lewis Research Center 제공

링 기어 **기어**(*ring gear*)를 사용하여 유성 기어의 운동을 링 기어와 그 축의 회전으로 변환시키면 된다. 링 기어는 내접기어이지만 태양 기어와 유성 기어는 외접기어이다.

이 구성에서는, 그림 8.37과 같이 유성 기어열의 입출력 연결점이 태양 기어의 축, 캐리어의 축 및 링 기어의 축으로 세 곳이다. 이 연결부들은 2개의 입력축(예컨대, 캐리어 및 태양 기어)과 1개의 출력축(이 경우에는 링 기어)으로 된 기어열, 또는 1개의 입력축과 2개의 출력축으로 된 기어열로 형성되도록 구성할 수도 있다. 그러므로 유성 기어열은 2개의 동력원에서 나오는 동력을 1개의 출력으로 통합할 수도 있고, 1개의 동력원에서 나오는 동력을 2개의 출력으로 분할할 수도 있다. 예컨대, 후륜구동 자동차에서는 엔진에서 공급되는 동력을 차동장치(이후 설명할 것임)라고 하는 특별한 형식의 유성 기어열로 2개의 구동바퀴에 분할한다. 또한 유성 기어열 연결부 가운데 1개를 기초부(즉, 링 기어)에 고정시키는 것이 가능하므로 이때에는 단지 1개의 입력축과 1개의 출력축(이 경우에는 캐리어 및 태양 기어)만 있다. 그 변형으로는 2개의 축을 연결할 수가 있으므로 이로써 연결점의 개수를 3개에서 2개로 줄일 수 있다. 이와 같은 가변적인 구성들은 자동차용 자동변속기의 변속조작에 이용된다. 엔지니어는 태양 기어, 유성 기어 및 링 기어의 크기를 정확하게 정하고 입력 연결부와 출력 연결부를 선정함으로써 콤팩트한 크기의 기어열로 매우 작거나 매우 큰 속도비를 달성할 수가 있다.

유성 기어열은 일반적으로 소음과 진동 그리고 기어 이빨에 가해지는 힘을 감소시키고자 1개 이상의 유성 기어로 구성된다. 그림 8.38에는 **밸런스형 유성 기어열**(*balanced planetary geartrain*)이 도시되어 있다. 유성 기어가 여러 개 있을 때에는 유성 기어들을 원주 둘레에 균일하게 분배하는 다수(8개까지는 되지 않음)의 다리가 있기 때문에 캐리어를 **스파이더**(*spider*)라고 하기도 한다.

밸런스형 유성 기어열

스파이더

여러 축의 회전과 단순 및 복합 기어열을 통한 동력의 전달을 가시화하는 것은 일반적으로 손쉬운 일이다. 그러나 유성시스템은 동력이 기어열을 통하여 여러 경로로 전달될 수 있을 정도로 한층 더 복잡하므로 항상 회전방향을 결정할 수 있을 만큼 직관적이지가 않다. 예컨대, 그림 8.36의 캐리어와 태양 기어가 모두 시계방

그림 8.36

유성 기어열의 전면도와 단면도

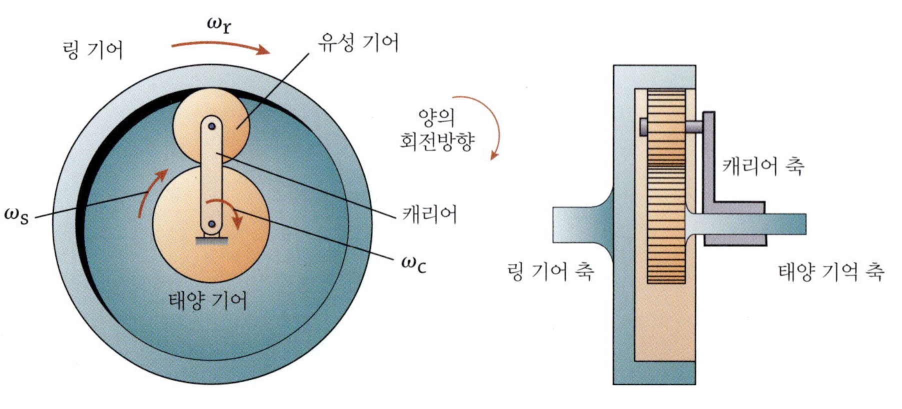

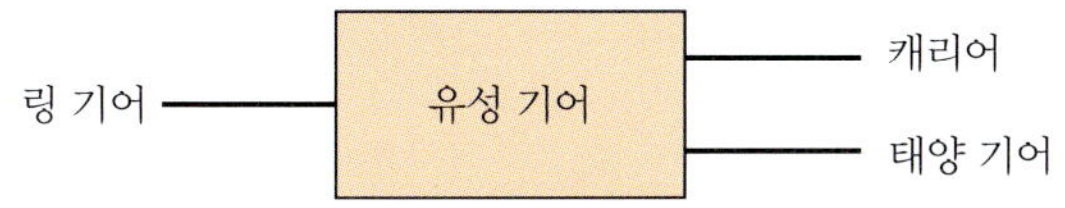

그림 8.37
유성 기어열에 대한 세 개의 입출력 연결점

향으로 구동되면서 캐리어의 속도가 태양 기어의 속도보다 더 클 때에는 링 기어도 시계방향으로 회전하게 된다. 그러나 태양 기어의 속도가 점차 증가하게 되면 링 기어는 감속되어 정지한 다음 실제로 반대방향으로 역전하게 되므로 반시계방향으로 회전하게 된다. 직관에 의지하는 대신에 이러한 사실을 염두에 두고서 태양 기어의 회전속도(ω_s), 캐리어의 회전속도(ω_c) 및 링 기어의 회전속도(ω_r) 간의 관계를 나타내는 설계식을 적용하면 된다.

$$\omega_s + n\omega_r - (1 + n)\,\omega_c = 0 \tag{8.24}$$

태양 기어와 링 기어의 이빨 개수를 각각 N_s와 N_r이라고 하면, 식 (8.24)의 기어열의 **형상계수**(*form factor*)는 다음 식과 같다.

형상계수

$$n = \frac{N_r}{N_s} \tag{8.25}$$

이 매개변수는 유성 기어열의 속도 계산에 도입되어 계산을 한층 더 편리하게 해주는 크기 비이며, 특히 n은 어떤 기어의 이빨 개수도 아니다. n값이 크면 유성 기어열은 태양 기어가 상대적으로 작으며 그 역도 성립된다. 태양 기어 이빨 개수(N_s), 유성 기어 이빨 개수(N_p) 및 링 기어 이빨 개수(N_r) 간에는 다음과 같은 관계가 있다.

$$N_r = N_s + 2N_p \tag{8.26}$$

각각의 축이 회전하는 방향은 식 (8.24)에서 각속도 항의 양(1) 또는 음(2)의 기호로 구별할 수 있다. 그림 8.36에 도시되어 있는 바와 같이, 축이 시계방향으로 회전하면 축의 회전을 양(1)으로 하고 반시계방향으로 회전하면 음(2)으로 하는 부호규약을 적용한다. 이 **부호규약**(*sign convention*)을 일관적으로 적용하여 계산 결과

부호규약

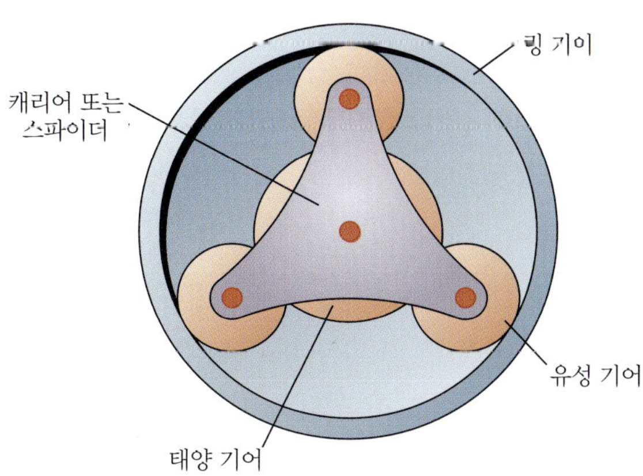

그림 8.38
유성 기어가 세 개인 밸런스형 유성 기어열

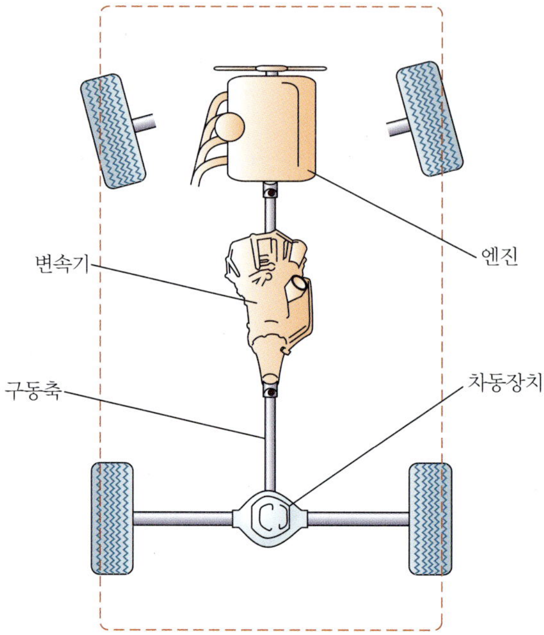

그림 8.39
후륜구동 자동차의 구동장치열

에 따라 축이 회전하는 방향을 표시하면 된다. 물론, 시계방향 규약은 임의적이므로 반시계방향을 양(1)으로 잡아도 된다. 어쨌든, 양의 회전에 대한 규약을 정하였으므로 모든 계산에서 일관적으로 사용할 것이다.

차동장치

차동장치(*differential*)는 자동차에 사용되는 특별한 유형의 유성 기어열이다. 후륜구동(뒷바퀴 굴림식) 차량용 구동장치열의 **배열**(layout)은 그림 8.39에 도시되어 있다. 엔진은 자동차의 전방에 위치되어있고 크랭크축이 전동장치에 동력을 공급한다. 엔진 크랭크축의 속도는 전동장치로 감속되며 구동축이 차량의 길이를 따라 뒷바퀴까지 뻗어있다. 전동장치는 엔진 크랭크축의 회전속도와 구동축의 회전속도 간의 속도비를 조절한다. 이어서 차동장치가 구동축에서 나오는 토크를 전달하여 운전석 쪽 바퀴와 조수석 쪽 바퀴 간에 분할한다. 그러므로 차동장치는 입력축(구동축)이 1개이고 출력축(바퀴축)이 2개이다. 후륜구동 자동차의 밑을 들여다보면 변속기, 구동축, 차동장치를 볼 수 있을 것이다.

차동장치는 차량이 모퉁이를 돌 때, 줄곧 엔진에 의해 동력이 공급되게 하면서 뒷바퀴들을 서로 다른 속도로 회전할 수 있게 한다. 자동차가 방향전환을 하게 되면, 커브 곡선의 바깥쪽 구동바퀴는 안쪽 구동바퀴보다 더 큰 거리를 구르게 된다. 구동바퀴들이 동일 축에 연결되어 동일한 속도로 회전하도록 구속되어 있다면, 커브 곡선의 안쪽과 바깥쪽 간의 속도 차 때문에 구동바퀴들은 방향전환 중에 미끄러져 밀리게 될 것이다. 이러한 문제를 해결하고자 기계공학 엔지니어는 구동축과 뒷바퀴 축 간의 배열을 고려한 차동장치를 개발하여 차량이 도로를 따라 커브를 돌 때 뒷바퀴들이 서로 다른 속도로 회전할 수 있게 한 것이다. 그림 8.40에는 자동차 차동장치의 구성이 도시되어있다. 캐리어는 외부 링 기어에 부착되어 있는 구조적

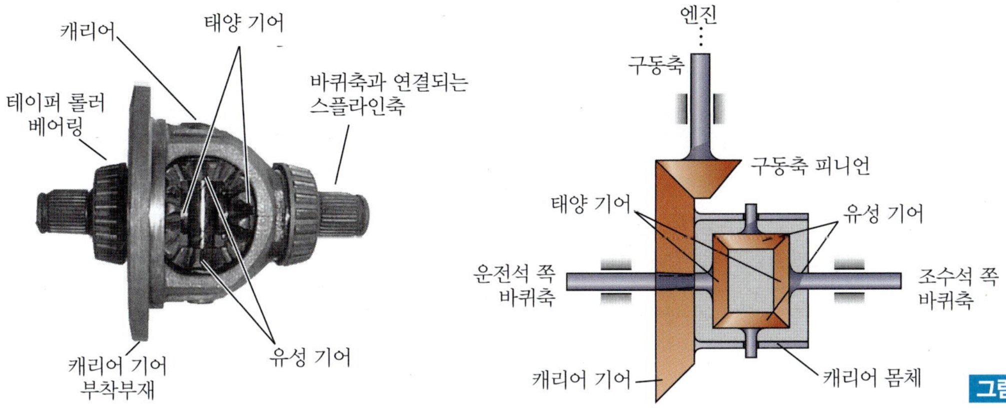

그림 8.40

소형 세단 자동차의 차동장치. 여기에는 베벨형 기어로 구성된 유성 기어열이 도시되어 있음.

저자 제공

외피인데, 이 링 기어는 이어서 구동축의 피니언이 맞물려 있다. 캐리어가 회전하게 되면, 2개의 유성 기어는 도면의 안팎으로 선회(공전)한다. 베벨형 기어 구성이므로, 이에 상당하는 유성 기어열의 링 기어와 태양 기어는 피치지름이 같아야 한다. 이러한 이유로 차동기어의 링 기어와 태양 기어는 호환이 가능하므로 관습적으로는 둘 다 태양 기어라고 한다.

예제 8.8 유성 기어열의 속도

유성 기어열은 입력이 2개(태양 기어 및 캐리어)이고 출력이 1개(링 기어)이다(그림 8.41 참조). 오른쪽에서 봤을 때, 중공 캐리어 축은 3,600 rpm으로 시계방향으로 구동되고 태양 기어 축은 2,400 rpm으로 반시계방향으로 회전된다. (a) 링 기어의 속도와 방향을 구하라. (b) 캐리어 축은 방향 역전이 가능한 전기모터로 구동된다. 대신에 캐리어 축이 3,600 rpm으로 반시계방향으로 구동되는 경우를 다시 계산하라. (c) 캐리어 축의 속도가 얼마이고 방향이 어느 쪽일 때, 링 기어는 회전하지 못하게 되는가?

접근방법

각각의 작동 조건에서 특정 기어의 속도와 방향을 구하려면, 그림 8.36에 표시된 부호규약과 함께 식 (8.24)와 (8.25)를 적용한다. 시계방향 회전을 양(+)이라고 할 때, 문제 (a)에서 알고 있는 속도는 ω_c = 3600 rpm과 ω_s = 2,400 rpm이다. 문제 (b)에서는 캐리어 축이 방향이 역전되었으므로 ω_c = 3,600 rpm이다.

그림 8.41

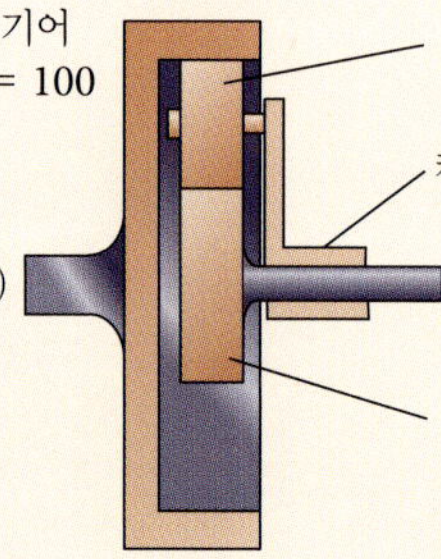

풀이

(a) 그림에 표시된 이빨 개수를 근거로 하면 형상계수는 다음과 같다.

$$n = \frac{100\text{개}}{20\text{개}} \qquad \leftarrow \left[n = \frac{N_r}{N_s} \right]$$

$$= 5\frac{\text{개}}{\text{개}}$$

$$= 5$$

주어진 양을 유성 기어열 설계식[$\omega_s + n\omega_r - (1 + n)\omega_c = 0$]에 대입하면 다음과 같다.

$$(-2400 \text{ rpm}) + 5\omega_r - 6(3600 \text{ rpm}) = 0$$

그러므로 $\omega_r = 4{,}800$ rpm이다. ω_r은 양(+)이므로 링 기어는 시계방향으로 회전한다.

(b) 캐리어 축이 역회전하면 $\omega_c = 3{,}600$ rpm이다. 유성 기어열 설계식[$\omega_s + n\omega_r - (1 + n)\omega_c = 0$]을 사용하면 링 기어의 속도는 다음과 같이 된다.

$$(-2400 \text{ rpm}) + 5\omega_r - 6(-3600 \text{ rpm}) = 0$$

그러므로 $\omega_r = 3{,}840$ rpm이다. 링 기어는 문제 (a)에서와 반대방향으로 한 층 더 낮은 속도로 회전한다.

(c) 태양 기어의 속도와 캐리어의 속도는 유성 기어열 설계식[$\omega_s + n\omega_r - (1 + n)\ \omega_c = 0$]으로 관계를 나타낼 수 있으므로, 특별 조건에서는 다음과 같다.

$$(-2400 \text{ rpm}) - 6\omega_c = 0$$

그러므로 $\omega_c = -400$ rpm이다. 캐리어 축은 링 기어가 정지된 상태에서 400 rpm으로 반시계방향으로 구동되어야만 한다.

검토

형상계수는 링 기어의 이빨 개수와 태양 기어의 이빨 개수의 비이므로 무차원 수이다. 이 계산에는 단지 회전속도만 제시되어 있고 식 (8.2)에서 처럼 점의 속도는 제시되어 있지 않기 때문에 각속도의 단위를 단위 시간당 라디안으로 변환시키기보다는 rpm의 단위를 사용하는 것이 조건에 맞다. 이 결과들은 광범위한 운동 범위를 발생시키는 유성 기어열의 복잡하지만 유연한 특성을 나타내고 있다.

$$
\begin{aligned}
\text{시계방향 캐리어: } \omega_r &= 4800 \text{ rpm (시계방향)} \\
\text{반시계방향 캐리어: } \omega_r &= 3840 \text{ rpm (반시계방향)} \\
\text{정지 링: } \omega_c &= 400 \text{ rpm (반시계방향)}
\end{aligned}
$$

예제 8.9 유성 기어열의 토크

앞 예제의 문항 (a)에서 캐리어와 태양 기어가 각각 1.5 kW와 3.75 kW를 발생시키는 엔진으로 구동된다(그림 8.42). 출력 링 기어의 축에 가해지는 토크를 구하라.

접근방법

출력축에 가해지는 토크를 계산할 때, 기어열에 가해지는 동력이 평형을 이루려면 출력축이 총 5.25 kW를 기계 부하에 전달하여야만 한다는 사실을 알고 있어야 한다. 식 (8.5)를 차원이 일치하는 단위로 적용하려면, 먼저 동력단위를 W에서 (N · m)/s로 변환시켜야 한다.

풀이

링 기어 출력축의 속도를 차원이 일치하는 단위로 나타내면 다음과 같다.

$$
\begin{aligned}
\omega_r &= (4800 \ \text{rpm})\left(0.1047 \frac{\text{rad/s}}{\text{rpm}}\right) \\
&= 502.6(\text{rpm})\left(\frac{\text{rad/s}}{\text{rpm}}\right) \\
&= 502.6 \frac{\text{rad}}{\text{s}}
\end{aligned}
$$

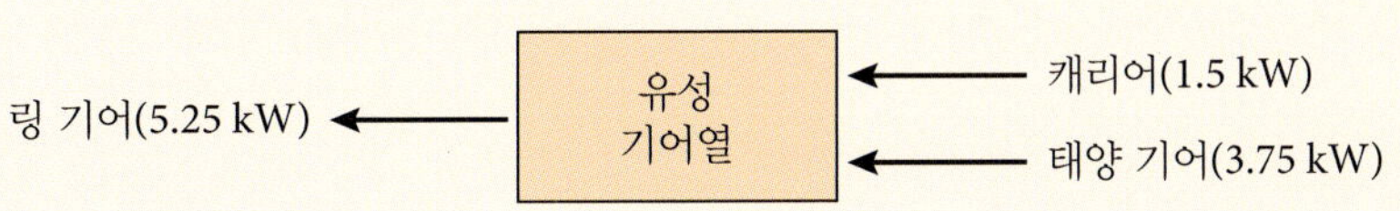

그림 8.42

기어열에 가해지는 총 동력은 $P = 5.25$ kW이므로 차원이 일치하는 단위로는 다음과 같이 된다.

$$P = (5.25\ \text{kW})\left(1000\ \frac{(\text{N}\cdot\text{m})/\text{s}}{\text{kW}}\right)$$

$$= 5250\ (\cancel{\text{kW}})\left(\frac{(\text{N}\cdot\text{m})/\text{s}}{\cancel{\text{kW}}}\right)$$

$$= 5250\ \frac{\text{N}\cdot\text{m}}{\text{s}}$$

그러므로 출력 토크는 다음과 같다.

$$T = \frac{5250\ (\text{N}\cdot\text{m})/\text{s}}{502.6\ \text{rad/s}} \qquad \leftarrow [P = T\omega]$$

$$= 10.45\left(\frac{\text{N}\cdot\text{m}}{\cancel{\text{s}}}\right)\left(\frac{\cancel{\text{s}}}{\cancel{\text{rad}}}\right)$$

$$= 10.45\ \text{N}\cdot\text{m}$$

검토

앞에서와 같이, rad은 각도의 무차원 단위이므로 토크를 계산할 때 rad을 직접 소거하면 된다. 이 기어열을 전체적으로 볼 때, 입력 동력은 기어열 내의 마찰을 무시할 수 있는 범위에서 기계 부하에 전달되는 동력과 등가이다.

$$T = 10.45\ \text{N}\cdot\text{m}$$

요약

이 장에서는 기어열과 벨트 구동장치의 내용으로 기계의 운동 및 동력전달 장치의 주제를 설명하였다. 이 장에서 도입된 중요한 양들과 이들의 상용 기호 및 단위는 표 8.2에 요약되어 있으며, 표 8.3에는 사용된 주요 식들이 재정리되어 있다. 기어열과 벨트/체인 구동장치의 운동에는 기계 부품, 힘과 토크, 그리고 에너지와 동력이 모두 포함된다.

기어세트, 단순 기어열, 복합 기어열, 유성 기어열 및 벨트/체인 구동장치는 동력을 전달하고 축의 회전속도를 변화시키고 축에 공급되는 토크를 조절하는 데 사용된다. 한층 더 포괄적으로 말하자면, 기어열과 벨트/체인 구동장치는 기계공학에서 일반적으로 마주치게 되는 기구들의 예이다. 기구는 한 가지 유형의 운동을 또 다른 유형의 운동으로 변환시키고자 할 때 조립하게 되는 기어, 활차, 벨트, 체인, 링크, 축, 베어링, 스프링, 캠, 리드 스크류 및 기타 기본 요소의 조합이다. 다양한 기구에 사용되는 수천 가지의 방법들은 로봇 장치, 엔진, 자동공급기구, 의료기기, 컨베이어 시스템, 안전 걸쇠, 래칫(ratchet) 및 자기전개 우주 구조물을 포함한 용례가 실려있는 출판 및 온라인 기계공학 자료에서 찾아 볼 수 있다.

양	상용 기호	상용 단위
속도	v	mm/s, m/s
각도	θ	deg, rad
각속도	ω	rpm, rps, deg/s, rad/s
토크	T	N · m
일	W	J
순간 동력	P	W
지름피치	p	이빨 개수/cm
모듈	m	mm
이빨 개수	N	—
속도비	VR	—
토크 비	TR	—
형상계수	n	—

표 8.2
운동 및 동력전달 기계를 해석할 때 사용하는 양, 부 호 및 단위

표 8.3 운동 및 동력전달 기계를 해석할 때 사용하는 주요 식

속도	$v = r\omega$
토크 일	$W = T\Delta\theta$
순간 동력	
힘	$P = Fv$
토크	$P = T\omega$
기어 설계	
모듈	$m = \frac{2r}{N}$
지름피치	$p = \frac{N}{2r}$
속도비	
기어세트	$VR = \frac{N_p}{N_g}$
단순 기어열	$VR = \frac{N_{input}}{N_{output}}$
복합 기어열	$VR = \left(\frac{N_1}{N_2}\right)\left(\frac{N_3}{N_4}\right)\cdots$
벨트/체인 구동장치	$VR = \frac{d_{input}}{d_{output}}$
토크 비	$TR = \frac{1}{VR}$
유성 기어열	
형상계수	$n = \frac{N_r}{N_s}$
속도	$\omega_s + n\omega_r - (1 + n)\,\omega_c = 0$
이빨	$N_r = N_s + 2N_p$

자습과 복습

8.1 각속도의 단위를 몇 가지 열거하라.

8.2 각속도의 단위로 rad/s를 사용해야 하는 계산 유형은 어떤 것인가?

8.3 평균 동력과 순간동력 간의 차이점은 무엇인가?

8.4 평기어의 이빨 형상을 스케치하라.

8.5 기어세트의 기본 성질은 무엇인가?

8.6 용어 "지름피치"와 "모듈"을 정의하라.

8.7 랙과 피니언이란 무엇인가?

8.8 헬리컬 기어와 평기어는 어떻게 다른가?

8.9 베벨 기어와 교차형 헬리컬 기어를 사용할 때 축 방향의 차이점을 스케치하여 나타내어라.

8.10 단순 기어열과 복합 기어열은 어떻게 다른가?

8.11 기어열의 속도비와 토크 비는 어떻게 정의되는가?

8.12 공전 기어열의 속도비와 토크 비 사이에는 어떤 관계가 있는가?

8.13 V벨트와 타이밍 벨트의 차이점들은 무엇인가?

8.14 유성 기어열을 스케치하여 주 성분에 용어를 부여하고 어떻게 작동하는지 설명하라.

8.15 자동차 구동열의 주 성분을 기술하라.

8.16 자동차 운행에서 차동장치는 무슨 기능을 하는가?

연습문제

P8.1

자동차가 50 km/h로 주행하는데, 이는 타이어(그림 P8.1)의 중심 C의 속도이기도 하다. 타이어의 외경이 375 mm일 때, 타이어의 회전속도를 rad/s, deg/s, rps 및 rpm으로 각각 구하라.

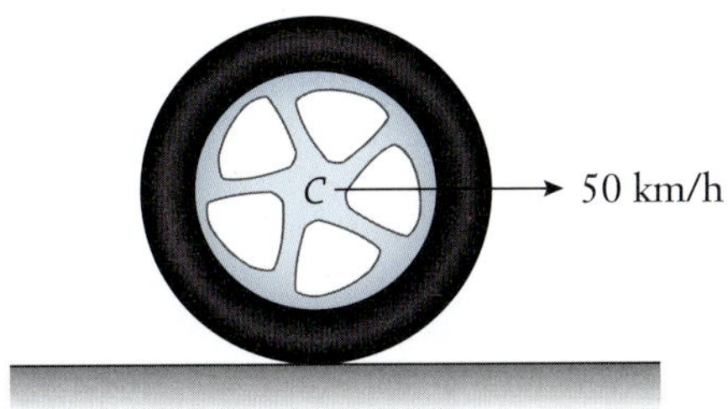

그림 P8.1

P8.2

p8.1의 타이어가 이제는 빙판 위에 놓여서 동일한 회전속도로 헛돌면서 앞으로 나아가지 못하고 있다고 가정한다. 타이어의 최고점의 속도와 빙판과 접촉하고 있는 타이어의 최저점의 속도를 구하고, 속도방향도 확정하라.

P8.3

컴퓨터 하드 드라이브의 디스크가 7,200 rpm으로 회전한다(그림 P8.3). 반경 30 mm에서 데이터 흐름이 디스크에 자기적으로 기록되고 데이터 비트 간의 간격은 25 mm이다. 읽기/쓰기 헤드가 통과하는 초당 비트의 개수를 구하라.

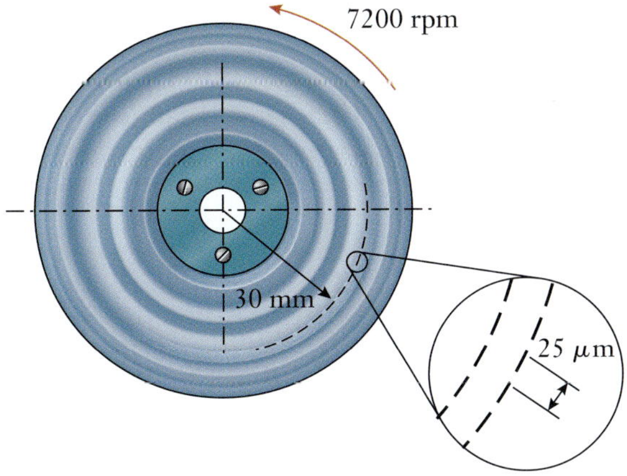

그림 P8.3

P8.4

산업용 로봇의 2개의 링크 길이가 각각 AB = 550 mm 및 BC = 450 mm이다(그림 P8.4). 이 두 링크 사이의 각도는 로봇 팔이 기초부 A 주위를 300°/s로 회전할 때 40°로 일정하게 유지된다. 로봇 그리퍼의 중심 C의 속도를 계산하라.

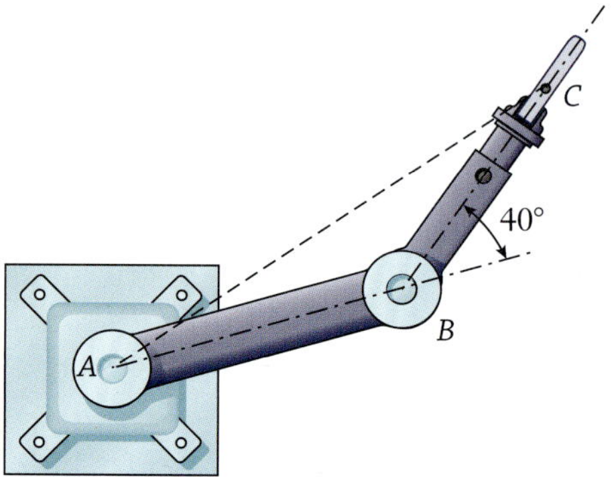

그림 P8.4

P8.5

p8.4의 산업용 로봇에서, 로봇 팔이 기초부 A 주위를 회전하기를 멈추었다고 가정한다. 그러나 링크 BC가 조인트 B 주위를 회전하기 시작한다. 링크 BC가 0.2 s만에 90°를 회전할 때 점 C의 속도를 계산하라.

P8.6

구동 원판이 280 rpm의 일정 속도로 시계방향으로 회전한다(그림 P8.6). A에 있는 연결 핀의 속도를 구하라. 또한, B의 칼라(collar)가 일정한 속도로 움직이는가? 답을 설명하라.

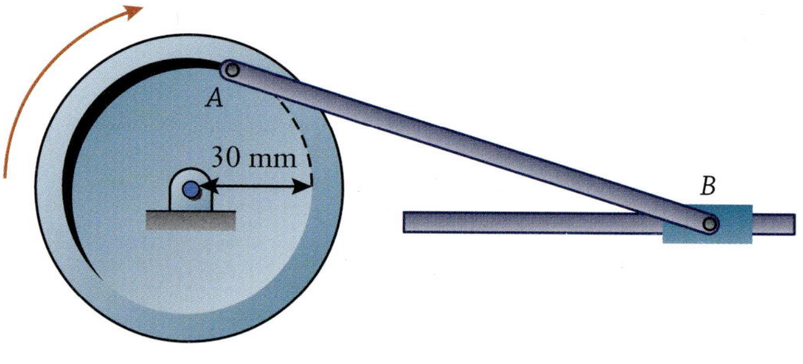

그림 P8.6

P8.7

건설 현장에서 가솔린 엔진이 물 펌프를 구동시키면서 10 kW를 발생시킨다. 엔진 속도가 450 rmp일 때, 엔진의 출력축으로부터 펌프로 전달되는 토크 T를 구하라. N · m 단위로 답하라.

P8.8

소형 자동차 엔진이 2100 rpm에서 260 N · m의 토크를 발생시킨다. 엔진의 동력 출력을 kW와 hp 단위로 구하라.

P8.9

선박 추진용 디젤 엔진이 670 kW의 최대 동력과 5,300 N.m의 토크를 발생시켜야 한다. 이 제품에 필요한 엔진 속도를 rpm단위로 구하라.

P8.10

도로 건설용 디젤 엔진이 1,800 rpm에서 260 kW를 발생시킨다. 이 속도에서 엔진이 발생시키는 토크를 N · m 단위로 계산하라.

P8.11

어린이가 회전 놀이기구 답판에 접선력을 가하여 밀고 있다(그림 P8.11). 40 rpm의 일정한 회전속도를 유지하려면 어린이가 90 N의 일정한 힘을 가하여 베어링과 회전 답판의 마찰에 의한 감속효과를 극복하여야 한다. 회전 놀이기구를 작동시키기 위해 어린이가 가해야 하는 동력을 kW 단위로 계산하라. 회전 답판의 직경은 2.5 m이다.

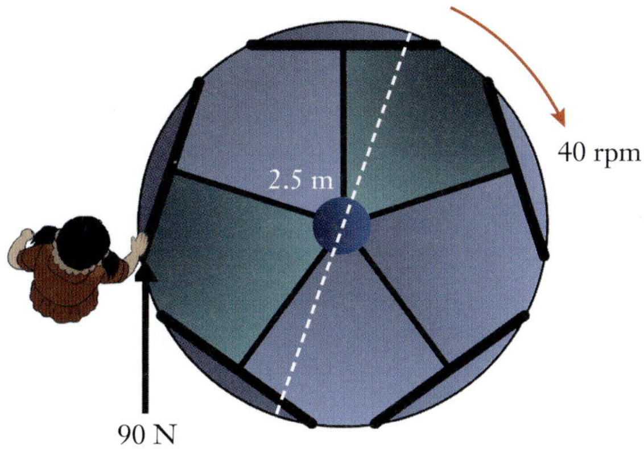

그림 P8.11

P8.12

스로틀 완전개방 상태에서 작동하는 2.5 L 자동차 엔진에 의해 발생되는 동력이 한정된 속도 범위에 걸쳐서 측정되었다(그림 P8.12). 엔진 속도의 함수로 작성된 아래의 토크 그래프를 사용하여 엔진 속도(rpm)에 따라 엔진의 동력 출력(kW 단위)이 어떻게 변화하는지를 나타내는 제2 그래프를 작성하라.

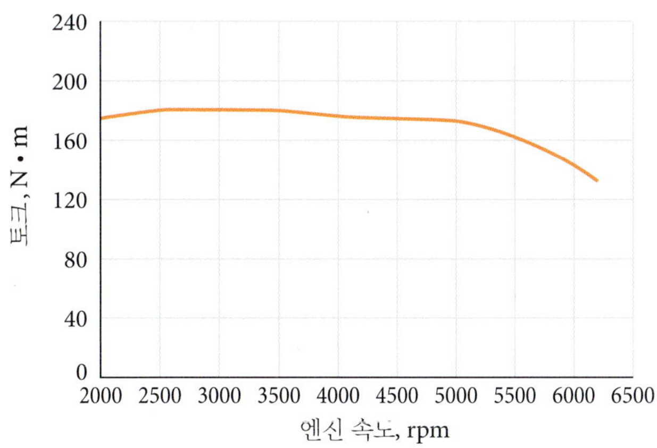

그림 P8.12

P8.13

평기어 세트가 다음의 제원으로 설계되었다.

피니언 기어 : 이빨 개수 = 32, 직경 = 80 mm

출력 기어 : 이빨 개수 = 96, 직경 = 200 mm

이 기어세트가 원활하게 작동될 수 있는지를 결정하라.

P8.14

입력 피니언의 반경은 3.8 cm이고 출력 기어의 반경은 11.4 cm이다. 이 기어세트의 속도비와 토크 비를 계산하라.

P8.15

기어세트의 토크 비는 0.75이다. 피니언 기어의 이빨은 36개이고 지름피치는 8이다. 출력기어의 이빨 개수와 두 기어의 반경을 각각 구하라.

P8.16

3개의 기어, 즉 1개의 입력 기어, 1개의 공전 기어 및 1개의 출력 기어로 기어열을 설계하고 있다. 기어열의 지름피치는 16이다. 입력 기어의 직경은 공전 기어 직경의 2배이고 출력 기어 직경의 3배가 되어야 한다. 전체 기어열은 높이가 400 mm보다 크지 않고 길이가 610 mm보다 크지 않은 사각형 영역에 들어가야 한다. 각각의 기어의 적절한 이빨 개수와 직경을 구하라.

P8.17

단순 기어열을 구성하는 헬리컬 기어들의 이빨 개수가(그림 P8.17)에 표시되어 있는 바와 같다. 중앙기어가 125 rpm으로 회전하여 두 개의 출력축을 구동시킨다. 각각의 출력축의 속도와 회전방향을 구하라.

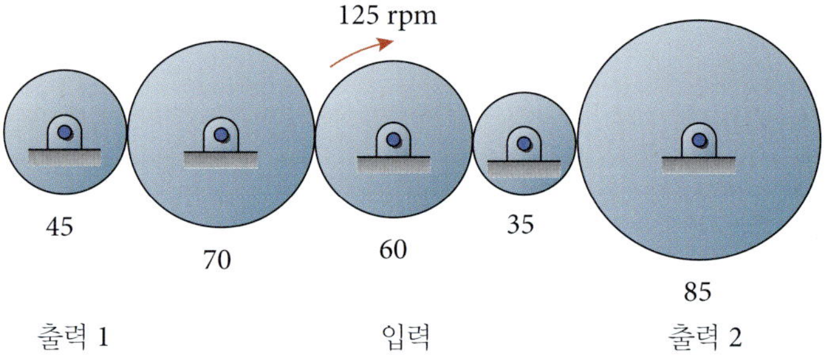

그림 P8.17

P8.18

복합 기어열의 평기어 이빨 개수가 해당 그림에 표시되어 있다(그림 P8.18).

(a) 출력축의 속도와 회전 방향을 구하라.

(b) 기어열이 3 kW의 동력을 전달할 때, 입력축과 출력축에 가해지는 토크를 계산하라.

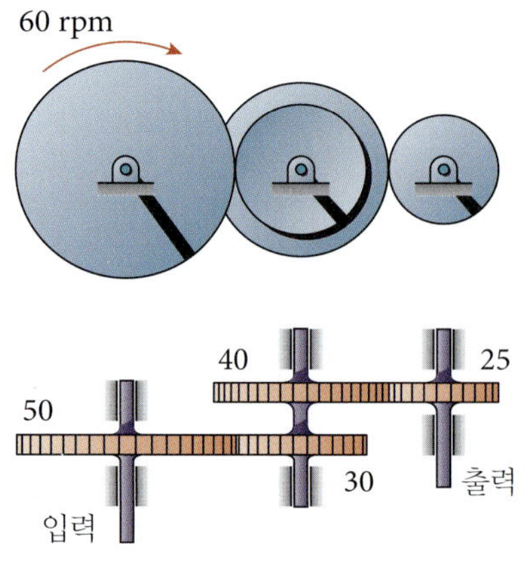

그림 P8.18

P8.19

컴퓨터의 자기하드 드라이브의 디스크가 그 중심 스핀들 주위를 회전하면서, 기록 헤드

C가 데이터를 읽고 쓴다(그림 P8.19). 헤드는 암에 의해 특정 데이터 트랙 위에 위치하게 되는데, 이 암은 B에 있는 베어링 주위를 피벗 회전한다. 액츄에이터 모터 A는 제한된 회전각만큼 요동하고 반경이 6 mm인 피니언은 원호형상의 분절(segment)을 따라 회전하는데, 이 분절의 반경은 B를 중심으로 하여 52 mm이다. 액츄에이터 모터가 트랙별 검색 작동 중에 작은 운동 범위에 걸쳐 3,000 deg/s로 회전할 때 읽기/쓰기 헤드의 속도를 계산하라.

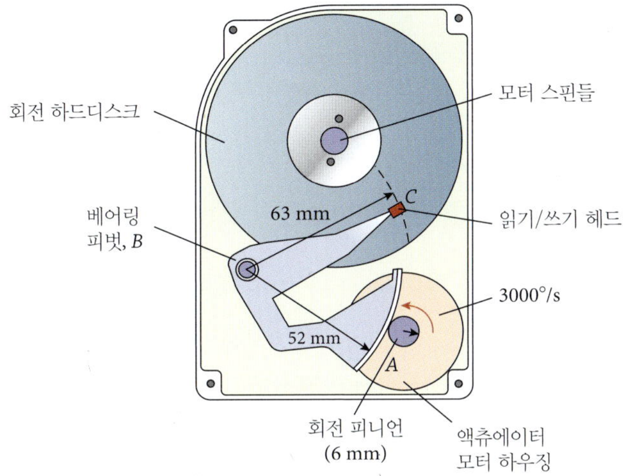

그림 P8.19

P8.20

그림 P8.20의 복합 기어열에서, 속도비와 토크 비 식을 그림에 표시되어 있는 이빨 개수로 구하라.

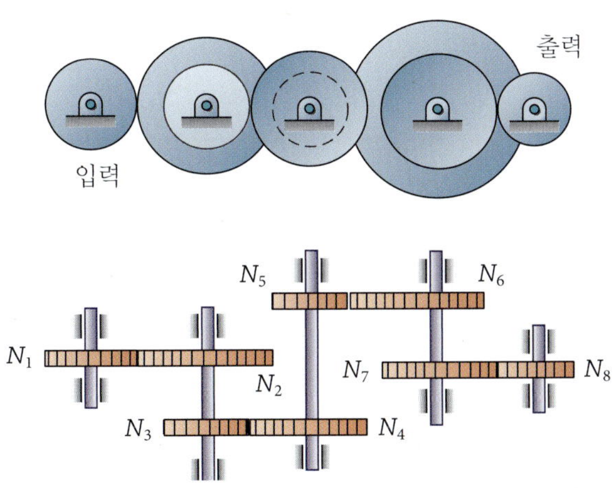

그림 P8.20

P8.21

밀링 머신에서 모터로 구동되는 랙과 피니언 시스템에서, 피니언은 이빨이 50개이고 피치 반경은 20 mm이다(그림 P8.21). 어떤 운동 범위에서 모터는 800 rpm으로 회전한다.

(a) 랙의 수평 속도를 구하라.

(b) 14 N · m의 최대 토크가 모터에 의해 공급될 때, 랙에서 발생되어 밀링 머신에 전달되는 견인력을 구하라.

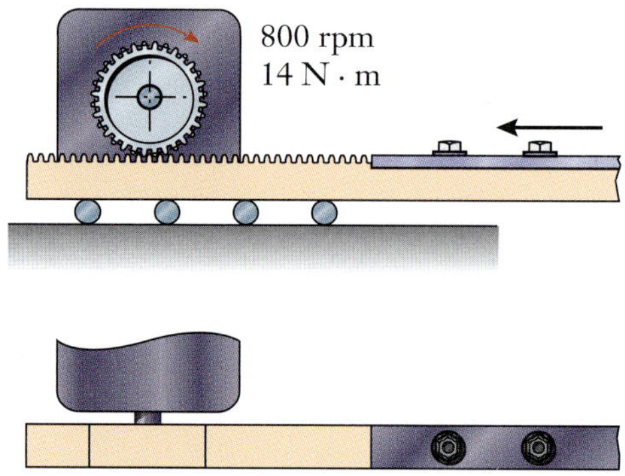

그림 P8.21

P8.22

중심 간의 거리가 1.5 m인 2개의 기어가 벨트로 연결되어 있다. 직경이 0.40 m인 작은 기어는 50 rad/s의 각속도로 회전하고 있다. 직경이 1.1 m인 큰 기어의 각속도를 계산하라.

P8.23

표준형 자전거를 타고 1 h에 주파한 세계 거리기록은 54.526 km로, 런던에서 2015년에 수립되었다(그림 P8.23). 고정기어 자전거가 사용되었는데, 이는 자전거가 효과적으로 기어가 오직 하나뿐이라는 것을 의미한다. 운전자가 일정 속도로 페달을 구동한다고 가정하고, 이 기록을 달성하는 데 얼마나 빨리 전방 기어/스프로킷을 페달로 구동시켰겠는가?

그림 P8.23

P8.24

(a) 본인, 친구 또는 가족의 다단 변속 이륜 자전거의 스프로킷(sprocket)을 직접 조사하여 이빨 개수를 세어서 (입력) 페달 크랭크와 (출력) 뒷바퀴 간의 속도비를 구하라. 체인 구동장치의 앞뒤에서 어느 스프로킷을 선택하느냐에 따라 속도비가 어떻게 변화하는가를 나타내는 표를 작성하라. 각각의 속도 설정에서의 속도비를 표로 작성하라.

(b) 스프로킷의 회전 속도와 속도가 24 km/h인 자전거에서, 체인 구동장치의 속도 설정 중의 하나에서의 체인 속도를 구하라. 계산과정 중에 차원이 일치하는 결과를 구하려면 여러 가지 항들의 단위를 어떻게 변환시켜야 하는지를 보여라.

P8.25

본인 (또는 친구나 가족) 자동차의 몇 가지 변속 설정에서 (입력) 엔진과 (출력) 구동바퀴 간의 속도비를 대략 구하라. 여기에서는 엔진 속도(타코미터에서 읽음), 차량 속도

(속도계에서 읽음) 및 바퀴의 외경을 알아야 한다. 계산과정 중에 차원이 일치하는 결과를 구하려면 여러 가지 항들의 단위를 어떻게 변환시켜야 하는지를 보여라.

P8.26

Segway® Personal Transporter용 전동장치의 기어열에는 소음과 진동을 감소시키고자 헬리컬 기어가 사용되어 있다(그림 P8.26). 차량 바퀴는 직경이 48 cm이고 최고 속도는 20.1 km/h이다.

(a) 각각의 기어세트는 속도비 값이 비정수가 되도록 설계되어 이빨은 매 회전마다 서로 다른 점에서 맞물리므로 마모가 감소되고 전동장치의 수명이 연장된다. 각각의 맞물림 점에서 속도는 얼마인가?

(b) 전체 기어열에서 속도비는 얼마인가?

(c) 모터 축은 최고 속도에서 rpm 단위로 얼마나 빨리 회전하여야 하는가?

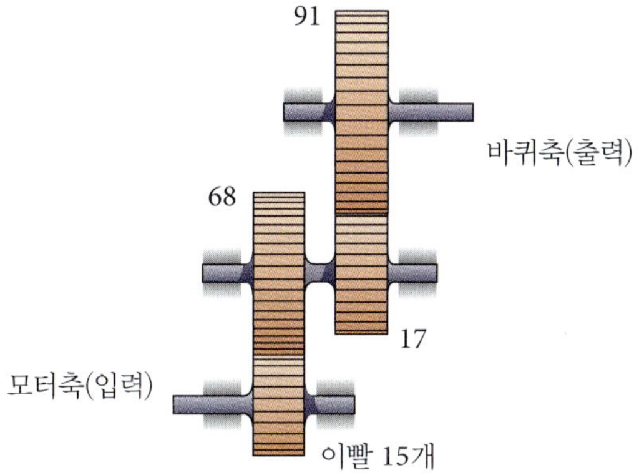

그림 P8.26

P8.27

탁상형 Blu-ray™ 플레이어에 디스크를 지지하는 출입식 트레이를 작동시키는 기구에는 나일론제 평기어, 랙 및 벨트 구동장치가 사용되어 있다(그림 P8.27). 랙과 맞물리는 기어는 모듈이 2.5 mm이다. 기어의 이빨 개수는 표시되어 있는 것과 같고 2개의 활차는 직경이 각각 7 mm와 17 mm이다. 랙은 디스크를 지지하는 트레이에 연결되어 있다. 이 트레이가 0.1 m/s로 이동하려면 모터는 얼마나 빨리 회전하여야 하는가?

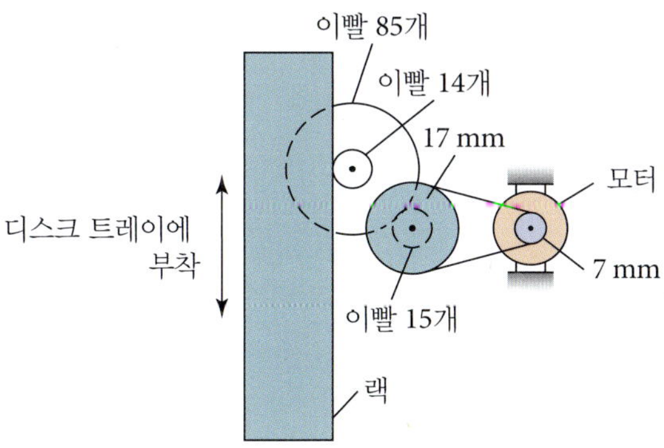

그림 P8.27

P8.28

유성 기어열에서 링 기어의 이빨 개수는 왜 식 $N_r = N_s + 2N_p$와 같이 태양 기어의 크기와 유성 기어의 크기와 관계가 있는가를 설명하라.

P8.29

$N_s = 48$이고 $N_p = 30$인 유성 기어열에서 입력으로 캐리어와 링 기어를, 출력으로 태양 기어를 사용한다. 그림 8.36을 오른쪽에서 바라봤을 때, 중공 캐리어 축은 시계방향으로 1,200 rpm으로 구동되고 링 기어 축은 반시계방향으로 1,000 rpm으로 구동된다.

(a) 태양 기어의 속도와 회전방향을 구하라.

(b) 캐리어가 반시계방향으로 2,400 rpm으로 구동되는 경우에 다시 계산하라.

P8.30

구름 요소 베어링(4.6절)은 밸런스형 유성 기어열(그림 P8.30)의 배열과 유사하다. 롤러, 보유기(separator), 내부 레이스 및 외부 레이스의 회전은 유성 기어열에서의 유성 기어, 캐리어, 태양 기어 및 링 기어의 회전과 유사하다. 도시된 직선형 롤러 베어링의 외부 레이스는 횡형 블록 마운트(pillow-block mount)에 의해 지지된다. 내부 레이스는 1,800 rpm으로 회전하는 축을 지지한다. 내부 레이스와 외부 레이스의 반경은 각각 $R_i = 16.0$ mm와 $R_o = 22.2$ mm이다. 롤러 1이 축을 선회하여 베어링의 최상부 위치에 복귀할 때까지 ms 단위로 시간이 얼마나 걸리는가? 롤러는 시계방향으로 선회하는가 아니면 반시계방향으로 선회하는가?

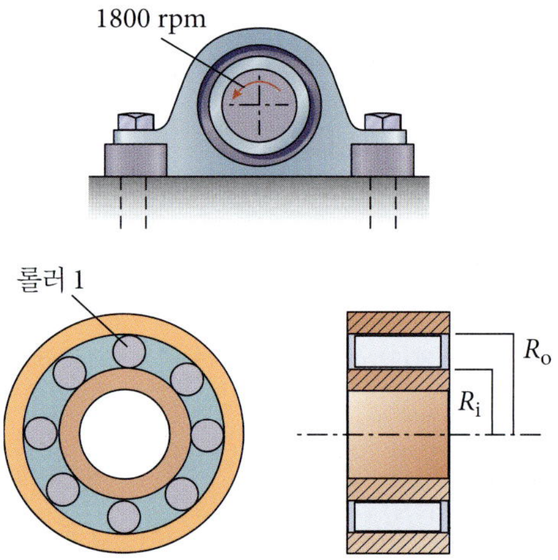

그림 P8.30

P8.31

그림 8.38과 유사한 유성 기어열의 링 기어는 이빨이 60개이고 시계방향으로 120 rpm으로 회전하고 있다. 유성 기어와 태양 기어는 크기가 동일하다. 태양 기어는 시계방향으로 150 rpm으로 회전하고 있다. 캐리어의 속도 및 회전 방향을 계산하라.

P8.32

(a) 유성 기어열의 태양 기어 축이 브레이크로 정지 상태로 유지되어 있다(그림 P8.32). 링 기어 축의 회전속도와 캐리어 축의 회전속도 간의 관계를 구하라. 이 축들은 동일 방향으로 회전하는가 아니면 반대방향으로 회전하는가?

(b) 이번에는 링 기어 축이 정지 상태로 유지되어 있는 경우로 다시 계산하라.

(c) 이번에는 캐리어 축이 정지 상태로 유지되어 있는 경우로 다시 계산하라.

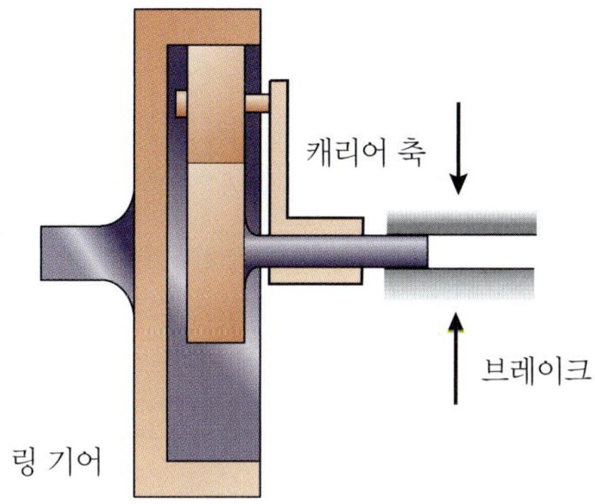

그림 P8.32

P8.33

자동차의 자동 변속장치에 사용되는 유성 기어열 배열 가운데 하나에서는 태양 기어 축과 캐리어 축이 연결되어 동일 속도 ω_o로 회전하는 것이다(그림 P8.33). 이 배열에서 링 기어 축의 속도를 기어열 형상계수 n으로 구하라.

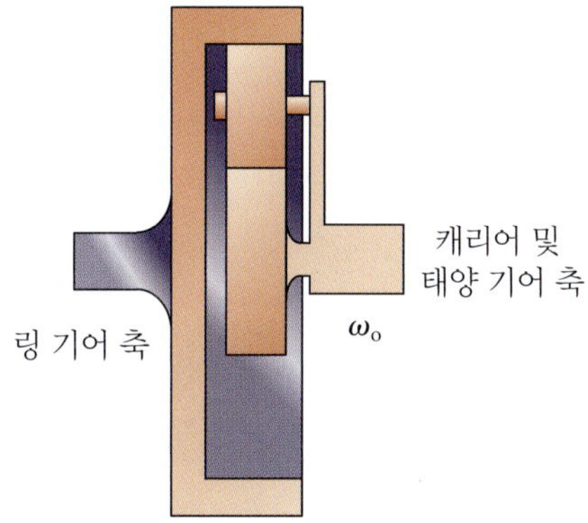

그림 P8.33

P8.34*

변속기를 그 전체 크기를 최소화하면서 총 속도비를 정확히 24:1로 제공하도록 설계하려고 한다. 또한, 입력축과 출력축의 회전 방향은 같아야만 한다. 각각의 기어의 이빨 수의 적절한 값을 결정하라.

P8.35*

2단 변속기(그림 P8.27)에서, 하부 축은 스플라인이 형성되어 있으므로 운전자가 변속 포크를 움직이게 되면 수평으로 미끄럼 이동할 수 있다. (제1 기어 구성에서) 대략 0.8의 속도비와 (제2 기어 구성에서) 대략 1.2의 속도비를 발생시키도록 변속장치를 설계하고 각각의 기어의 이빨 개수를 선택하라. 이빨이 40개와 80개 사이에서 오직 짝수개인 기이를 선정하라. 축 중심의 위치는 제1 기이 구성과 제2 기이 구성에서 동일하도록 기이의 크기는 제한조건 이 존재한다는 사실에 유의하여야 한다.

P8.36*

3,000 rpm으로 작동하고 있는 모터가 V벨트를 통하여 출력 활차에 연결되어 있다. 출력 활차는 별도의 컨베이어 벨트를 1,000 rpm으로 구동시킨다. 모터 활차와 출력 활차 중심 간의 거리는 최소 30 cm여야 하지만 60 cm 이상이 되어서는 안 된다. 활차 간에는 또한 적어도 10 cm의 간격이 있어야 한다. 모터 활차와 출력 활차의 적절한 직경을 구하라.

제1 기어 구성

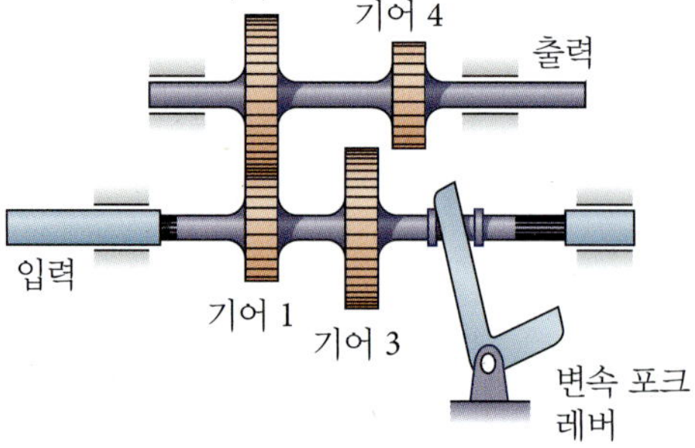

제2 기어 구성

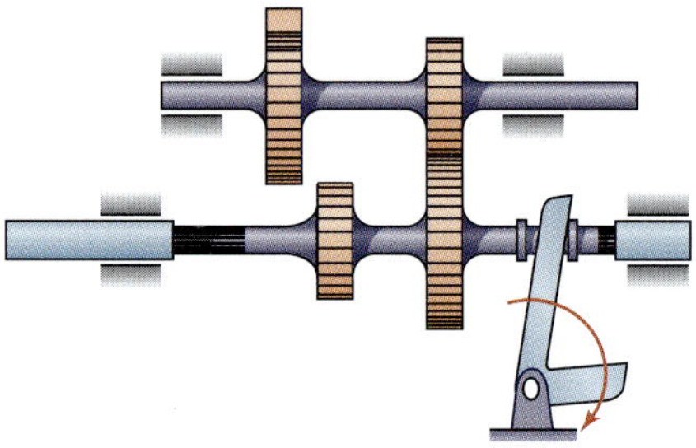

그림 P8.35

참고문헌

Drexler, K. E., *Nanosystems: Molecular Machinery, Manufacturing, and Computation*, Hoboken, NJ: Wiley Interscience, 1992.

Lang, G. F., "S&V Geometry 101," *Sound and Vibration*, 1999, **33**(5). pp. 16-26.

Norton, R. L., *Design of Machinery: An Interoduction to the Synthesis and Analysis of Mechanisms and Machines,* 3rd ed. New York: McGraw-Hill, 2004.

"Undercover Gears," *Gear Technology*, March/April 2002, p. 56.

Wilson, C. E., and Sadler, J. P., *Kinematics and Dynamics of Machinery*, 3rd ed. Upper Saddle River, NJ: Prentice Hall, 2003.

Appendix A

그리스어 알파벳

이름	대문자	소문자
Alpha	A	α
Beta	B	β
Gamma	Γ	γ
Delta	Δ	δ
Epsilon	E	ε
Zeta	Z	ζ
Eta	H	η
Theta	Θ	θ
Iota	I	ι
Kappa	K	κ
Lambda	Λ	λ
Mu	M	μ
Nu	N	ν
Xi	Ξ	ξ
Omicron	O	o
Pi	Π	π
Rho	P	ρ
Sigma	Σ	σ
Tau	T	τ
Upsilon	Υ	υ
Phi	Φ	ϕ
Chi	X	χ
Psi	Ψ	ψ
Omega	Ω	ω

표 A.1

Appendix B

삼각함수 복습

B.1 각도와 라디안

각의 크기는 도(°) 혹은 라디안으로 측정된다. 원 둘레의 한 회전은 360° 혹은 2π rad에 해당된다. 라디안의 단위는 rad로 줄여서 표현한다. 마찬가지로 반원은 180° 또는 π rad에 해당된다. 라디안(rad)과 각도(°)는 다음 공식을 이용하여 변환할 수 있다.

$$1 \text{ deg} = 1.7453 \times 10^{-2} \text{ rad} \tag{B.1}$$

$$1 \text{ rad} = 57.296 \text{ deg} \tag{B.2}$$

B.2 직각삼각형

직각은 90° 또는 $\pi/2$ rad을 나타낸다. 그림 B.1에서 보여주는 바와 같이 직각삼각형은 한 개의 직각과 두 개의 예각으로 구성된다. 예각은 90°보다 작은 각을 의미한다. 이 직각삼각형에서 예각은 부록 A에 열거된 그리스어 소문자 ϕ와 θ로 나타낸다. 삼각형의 세 개의 각을 더해주면 180°이므로, 예각들의 합은 다음과 같게 된다.

$$\phi + \theta = 90^\circ \tag{B.3}$$

직각으로 만나는 두 변의 길이를 x와 y라고 하자. 그리고 나머지 길이가 긴 변을 빗변이라 하며 그 길이를 z라고 하자. 예각은 빗변과 각각의 이웃 변이 만나서 이루는 각이다. 세 변의 길이는 피타고라스 정리에 의하여 다음과 같은 관계가 있다.

$$x^2 + y^2 = z^2 \tag{B.4}$$

직각삼각형에서 두 변의 길이를 알고 있다면, 다른 한 변의 길이는 이 식으로 얻을 수 있다.

직각삼각형 변의 길이와 각도들은 사인(sin), 코사인(cos), 탄젠트(tan)라고 부르는 삼각함수 값에 의해서 서로 연관된다. 이들 각 함수는 두 변의 길이의 비로 정

그림 B.1
각 변의 길이가 x, y, z이고 예각이 θ, ϕ인 직각삼각형

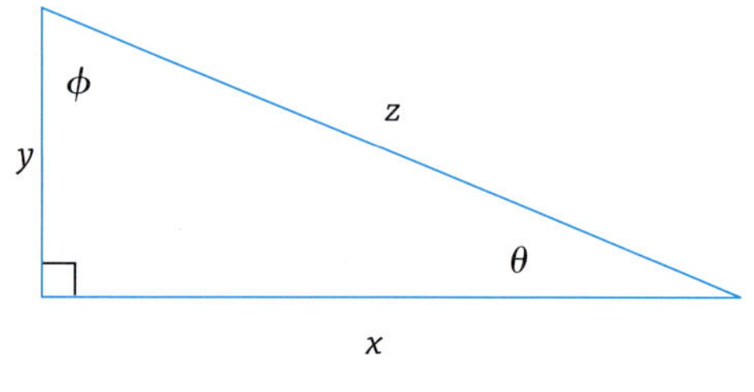

	0°	30°	45°	60°	90°
sin	0	0.5	$\frac{\sqrt{2}}{2}$	$\frac{\sqrt{3}}{2}$	1
cos	1	$\frac{\sqrt{3}}{2}$	$\frac{\sqrt{2}}{2}$	0.5	0
tan	0	$\frac{\sqrt{3}}{3}$	1	$\sqrt{3}$	∞

표 B.1
사인, 코사인, 탄젠트 함수의 값

의된다. 그림 B.1에서 $\sin\theta$, $\cos\theta$, $\tan\theta$는 다음과 같이 인접한 변의 길이 x와 반대편 변의 길이 y, 그리고 빗 변의 길이 z로 나타내진다.

$$\sin\theta = \frac{y}{z}\left(\frac{\text{반대편 변의 길이}}{\text{빗변의 길이}}\right) \quad \text{(B.5)}$$

$$\cos\theta = \frac{x}{z}\left(\frac{\text{인접 변의 길이}}{\text{빗변의 길이}}\right) \quad \text{(B.6)}$$

$$\tan\theta = \frac{y}{x}\left(\frac{\text{반대편 변의 길이}}{\text{인접 변의 길이}}\right) \quad \text{(B.7)}$$

같은 방법으로 예각 ϕ에 대해서도 다음 관계식을 얻는다.

$$\sin\phi = \frac{x}{z} \quad \text{(B.8)}$$

$$\cos\phi = \frac{y}{z} \quad \text{(B.9)}$$

$$\tan\phi = \frac{x}{y} \quad \text{(B.10)}$$

이 정의로부터 $\sin(45°) = \cos(45°) = \frac{\sqrt{2}}{2}$ 그리고 $\tan(45°) = 1$임을 알 수 있다. sin, cos, tan 함수의 다른 값들은 표 B.1에 열거되어 있다.

B.3 항등식

어떤 각 θ의 sin, cos 값은 다음 식에 의하여 서로 관련된다.

$$\sin^2\theta + \cos^2\theta = 1 \quad \text{(B.11)}$$

이 식은 피타고라스 정리와 직각삼각형에 대한 식 (B.5), (B.6)을 적용하여 유도된다. 두 개의 각 θ_1과 θ_2가 조합될 때, 이 두 각의 합과 차에 대한 sin, cos은 다음 식과 같이 된다.

$$\sin(\theta_1 \pm \theta_2) = \sin\theta_1\cos\theta_2 \pm \cos\theta_1\sin\theta_2 \quad \text{(B.12)}$$

$$\cos(\theta_1 \pm \theta_2) = \cos\theta_1\cos\theta_2 \mp \sin\theta_1\sin\theta_2 \quad \text{(B.13)}$$

$\theta_1 = \theta_2$인 경우에 이 식은 다음과 같이 배각공식이 된다.

$$\sin 2\theta = 2\sin\theta\cos\theta \tag{B.14}$$

$$\cos 2\theta = \cos^2\theta - \sin^2\theta \tag{B.15}$$

B.4 빗각삼각형

간단히 말해서 빗각삼각형은 직각이 아닌 3개의 내각을 가진다. 따라서 빗각삼각형은 직각을 포함하고 있지 않다. 빗각삼각형은 두 가지 형태가 있다. 하나는 세 개의 각 중에서 어떤 것도 90°를 넘지 않는 예각삼각형이고, 다른 하나는 한 개의 각이 90°보다 크고 나머지 두 개는 90°보다 작은 둔각삼각형이다. 모든 경우 삼각형의 각의 합은 180°이다.

삼각함수의 두 개의 정리가 빗각삼각형에서 변의 길이나 각을 구하는 데 사용될 수 있다. 이 이론을 사인(sin) 법칙과 코사인(cos) 법칙이라 부른다. 사인 법칙은 삼각형의 변의 길이와 마주보는 각의 사인값의 비례에 기초한다. 즉, 삼각형에서는 세 변의 길이와 마주보는 각의 사인 값의 비가 동일하다. 그림 B.2에서 표시된 변의 길이와 각을 참고하면, 사인 법칙은 다음과 같다.

$$\frac{a}{\sin A} = \frac{b}{\sin B} = \frac{c}{\sin C} \tag{B.16}$$

삼각형에서 두 변의 길이와 그 사이 각을 알고 있을 때에는, 세 번째 변의 길이를 구하는 데 코사인 법칙이 사용된다.

$$c^2 = a^2 + b^2 - 2ab\cos C \tag{B.17}$$

여기서 C = 90°일 때는 $c^2 = a^2 + b^2$이 되어서 (B.4)의 피타고라스 정리가 된다.

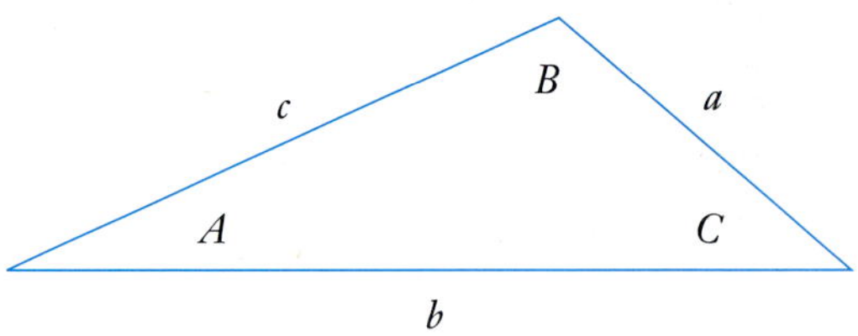

그림 B.2
변의 길이 a, b, c이고, 마주보는 각이 A, B, C인 빗각삼각형

찾아보기

ㅈ

ㅊ

A

B

C

D

E

N

O

P

Q

R

S

T

U

V

W

Y

기타

PRINCIPAL UNITS USED IN MECHANICS

Quantity	International System (SI)			U.S. Customary System (USCS)		
	Unit	Symbol	Formula	Unit	Symbol	Formula
Acceleration (angular)	radian per second squared		rad/s^2	radian per second squared		rad/s^2
Acceleration (linear)	meter per second squared		m/s^2	foot per second squared		ft/s^2
Area	square meter		m^2	square foot		ft^2
Density (mass) (Specific mass)	kilogram per cubic meter		kg/m^3	slug per cubic foot		slug/ft^3
Density (weight) (Specific weight)	newton per cubic meter		N/m^3	pound per cubic foot	pcf	lb/ft^3
Energy; work	joule	J	N·m	foot-pound		ft-lb
Force	newton	N	kg·m/s^2	pound	lb	(base unit)
Force per unit length (Intensity of force)	newton per meter		N/m	pound per foot		lb/ft
Frequency	hertz	Hz	s^{-1}	hertz	Hz	s^{-1}
Length	meter	m	(base unit)	foot	ft	(base unit)
Mass	kilogram	kg	(base unit)	slug		lb-s^2/ft
Moment of a force; torque	newton meter		N·m	pound-foot		lb-ft
Moment of inertia (area)	meter to fourth power		m^4	inch to fourth power		in.^{4}
Moment of inertia (mass)	kilogram meter squared		kg·m^2	slug foot squared		slug-ft^2
Power	watt	W	J/s (N·m/s)	foot-pound per second		ft-lb/s
Pressure	pascal	Pa	N/m^2	pound per square foot	psf	lb/ft^2
Section modulus	meter to third power		m^3	inch to third power		in.^{3}
Stress	pascal	Pa	N/m^2	pound per square inch	psi	lb/in.^{2}
Time	second	s	(base unit)	second	s	(base unit)
Velocity (angular)	radian per second		rad/s	radian per second		rad/s
Velocity (linear)	meter per second		m/s	foot per second	fps	ft/s
Volume (liquids)	liter	L	10^{-3} m^3	gallon	gal.	231 in.^{3}
Volume (solids)	cubic meter		m^3	cubic foot	cf	ft^3

SELECTED PHYSICAL PROPERTIES

Property	SI	USCS
Water (fresh)		
weight density	9.81 kN/m^3	62.4 lb/ft^3
mass density	1000 kg/m^3	1.94 $slugs/ft^3$
Sea water		
weight density	10.0 kN/m^3	63.8 lb/ft^3
mass density	1020 kg/m^3	1.98 $slugs/ft^3$
Aluminum (structural alloys)		
weight density	28 kN/m^3	175 lb/ft^3
mass density	2800 kg/m^3	5.4 $slugs/ft^3$
Steel		
weight density	77.0 kN/m^3	490 lb/ft^3
mass density	7850 kg/m^3	15.2 $slugs/ft^3$
Reinforced concrete		
weight density	24 kN/m^3	150 lb/ft^3
mass density	2400 kg/m^3	4.7 $slugs/ft^3$
Atmospheric pressure (sea level)		
Recommended value	101 kPa	14.7 psi
Standard international value	101.325 kPa	14.6959 psi
Acceleration of gravity (sea level, approx. 45° latitude)		
Recommended value	9.81 m/s^2	32.2 ft/s^2
Standard international value	9.80665 m/s^2	32.1740 ft/s^2

SI PREFIXES

Prefix	Symbol	Multiplication factor
tera	T	10^{12} = 1 000 000 000 000
giga	G	10^9 = 1 000 000 000
mega	M	10^6 = 1 000 000
kilo	k	10^3 = 1 000
hecto	h	10^2 = 100
deka	da	10^1 = 10
deci	d	10^{-1} = 0.1
centi	c	10^{-2} = 0.01
milli	m	10^{-3} = 0.001
micro	μ	10^{-6} = 0.000 001
nano	n	10^{-9} = 0.000 000 001
pico	p	10^{-12} = 0.000 000 000 001

Note: The use of the prefixes hecto, deka, deci, and centi is not recommended in SI.